PROYECTO
SABER
HACER

Matemáticas

SERIE **RESUELVE**

El libro Matemáticas para 2.º curso de ESO es una obra colectiva concebida, diseñada y creada en el Departamento de Ediciones Educativas de Santillana Educación, S. L., dirigido por **Teresa Grence Ruiz**.

En su elaboración ha participado el siguiente equipo:
José Antonio Almodóvar Herráiz
Araceli Cuadrado Fernández
Lourdes Díaz Ruiz
Carles Dorce Polo
José Carlos Gámez Pérez
Silvia Marín García
Carlos Pérez Saavedra
Marta Redón Gómez
Domingo Sánchez Figueroa

EDICIÓN
José Antonio Almodóvar Herráiz
Silvia Marín García
Laura Sánchez Fernández

EDITOR EJECUTIVO
Carlos Pérez Saavedra

DIRECCIÓN DEL PROYECTO
Domingo Sánchez Figueroa

Las actividades de este libro no deben ser realizadas en ningún caso en el propio libro. Las tablas, esquemas y otros recursos que se incluyen son modelos para que el alumno los traslade a su cuaderno.

SANTILLANA

ESO 2

Índice

Esquema de la unidad

La estructura de las unidades didácticas es muy sencilla, ya que se trata de facilitar la localización de los contenidos fundamentales, de los ejemplos resueltos y de las actividades propuestas.

A lo largo de toda la unidad marcamos con iconos aquellos contenidos o actividades en los que se trabajan de manera particular las competencias básicas.

- Competencia matemática, científica y tecnológica
- Competencia social y cívica
- Conciencia y expresión artística
- Iniciativa y emprendimiento
- Comunicación lingüística
- Competencia digital
- Aprender a aprender

Introducción a la unidad: dos elementos básicos, una base sólida y una motivación adecuada.

Las **Claves para empezar** te permitirán recordar aquellos contenidos que te serán útiles para la unidad.

Comenzamos la unidad en torno a la historia, utilidades y curiosidades de algún invento.

Se especifican los contenidos (**Saber**) y los procedimientos (**Saber hacer**) de la unidad.

Vida cotidiana te propone un ejercicio sencillo, relacionado con la imagen de entrada.

Páginas de contenidos: SABER y SABER HACER como un todo integrado.

Nuestra propuesta para **Saber** son unos textos claros y estructurados. Los **Ejemplos** te ayudarán a afianzar esos saberes.

Junto a los textos encontrarás **informaciones complementarias**. Además, en **Resuelve el reto** pondremos a prueba tus conocimientos, y tu razonamiento matemático.

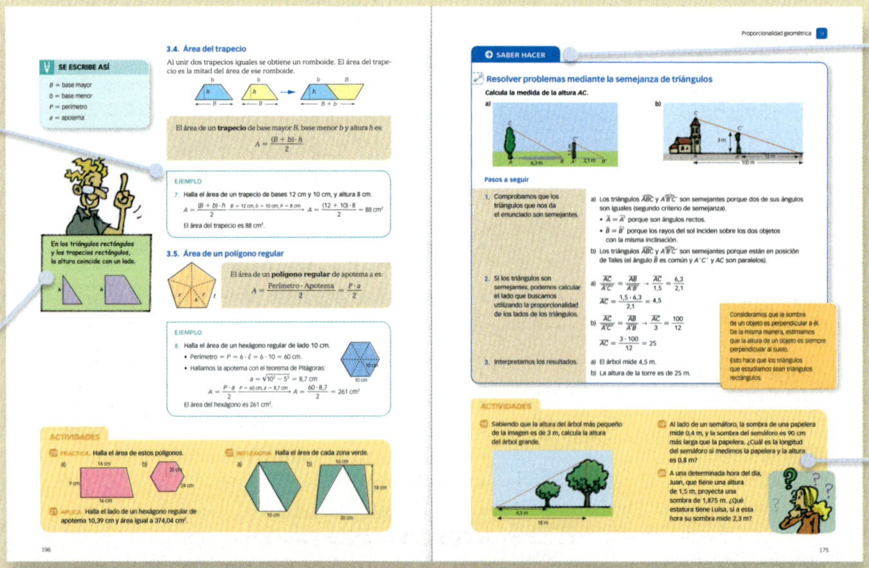

En la parte **Saber hacer** aprenderás, paso a paso, los procedimientos necesarios para tu desarrollo matemático.

Las actividades te ayudarán a **practicar, aplicar y reflexionar** sobre los conocimientos. Las actividades que acompañan a **Saber hacer** tienen como objetivo afianzar y dominar estos procedimientos.

Páginas de actividades finales: una forma práctica de aprender a aprender.

Las actividades finales terminan con una gran cantidad de **Problemas** que te permitirán adaptar tus conocimientos a contextos reales.

Nuestras **Actividades finales** están **secuenciadas** para que aproveches de la mejor forma posible la aplicación de los contenidos estudiados.

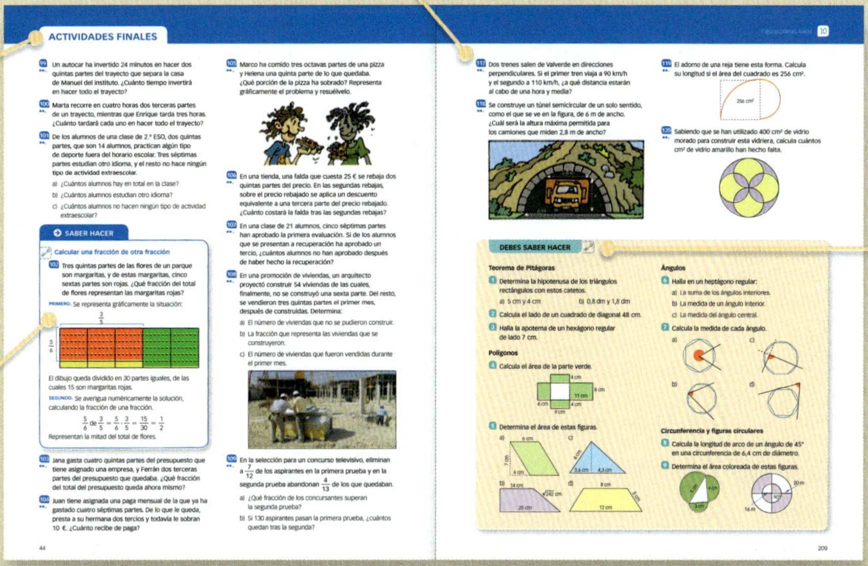

Cada actividad te informa de la **dificultad** que tiene.

Los **Saber hacer** te ayudarán a seguir profundizando en los procedimientos.

Para finalizar, **Debes saber hacer**. Esta autoevaluación básica te permitirá comprobar si has alcanzado los objetivos mínimos de la unidad.

Páginas de competencia matemática: un paso más en la aplicación de los contenidos aprendidos.

En la vida cotidiana es una actividad relacionada con el invento inicial, donde podrás trabajar con algunos contenidos de la unidad.

Con las **Formas de pensar** pondremos a prueba tu **razonamiento matemático**.

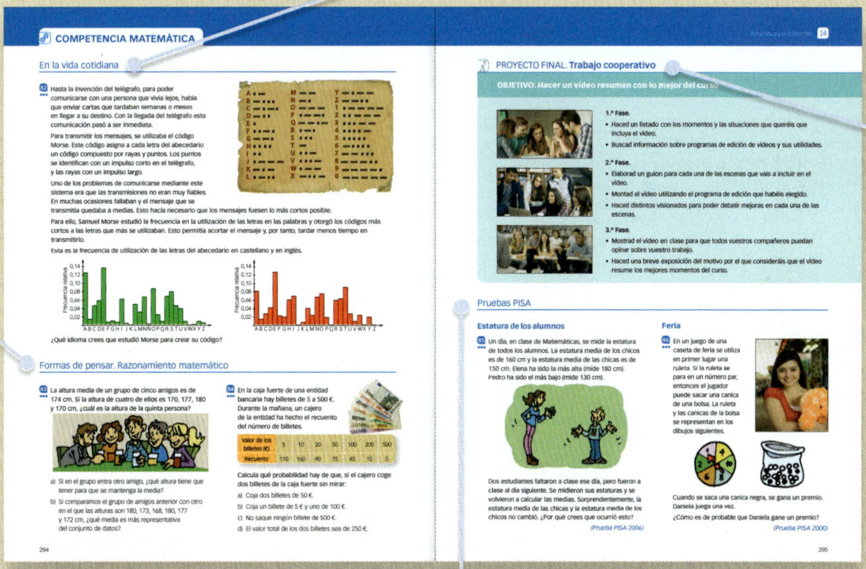

El **Proyecto final** te plantea objetivos que antes o después encontrarás en tu vida diaria. Con él mejorarás tus competencias para el **trabajo cooperativo**.

La unidad finaliza con las **Pruebas PISA**. Estas pruebas internacionales pretenden comprobar tu aprendizaje competencial y conviene que las conozcas.

CLAVES PARA EMPEZAR

Usos de los números enteros

Los números enteros se utilizan en muchas situaciones cotidianas. Los **enteros positivos** expresan situaciones del tipo: recibir, ganar, sumar, aumentar…

Los **enteros negativos** se usan para expresar situaciones del tipo: deber, gastar, restar, disminuir…

EJEMPLO

Observa el número entero asociado a cada situación:

Debo 5 € ► −5

Gano 80 € ► +80

Estoy a 30 m de profundidad ► −30

Estoy a 200 m de altura ► +200

ACTIVIDADES

1 Escribe el número entero asociado a cada situación.

a) La temperatura mínima de ayer fue 3 grados bajo cero.

b) Juana tiene 50 € ahorrados.

c) He pedido un préstamo de 500 €.

d) La temperatura aumentó en 8 grados del martes al jueves.

e) El submarino descendió 50 m.

f) Aquel pájaro volaba a 400 m de altura.

Jerarquía de las operaciones con números naturales

Para resolver operaciones combinadas, calculamos siguiendo este orden:

1.º Operaciones que hay dentro de los paréntesis y corchetes.

2.º Multiplicaciones y divisiones, de izquierda a derecha.

3.º Sumas y restas, de izquierda a derecha.

EJEMPLO

$$7 \cdot (8 - 2) : 3 + 9$$
$$= 7 \cdot 6 : 3 + 9 =$$
$$= 42 : 3 + 9 =$$
$$= 14 + 9 = 23$$

ACTIVIDADES

2 Calcula estas operaciones combinadas.

a) $82 - 14 : 2 \cdot 3 + 12 : 3$

b) $18 : 3 \cdot 5 - 24 : 6 : 2 + 25$

c) $7 \cdot 6 : 21 + 25 : 5 + 16 \cdot 2 : 8$

d) $55 : 5 - (9 : 3) \cdot 3 + 17$

236 a.C.
Arquímedes diseña el primer ascensor de la historia a partir de dos de sus inventos: la polea compuesta y el tornillo de Arquímedes.

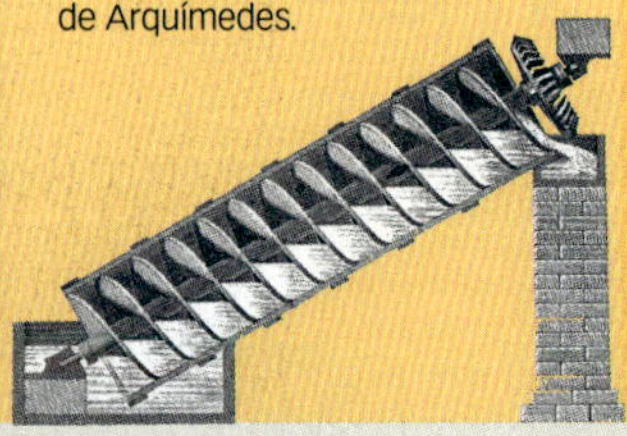

1000 d.C.
En al-Ándalus se utiliza un ascensor con fines militares, diseñado para invadir fortalezas.

Se menciona su uso en el *Libro de los secretos* de Ibn Khalaf al-Murad.

Números enteros

1

SABER

- Números enteros. Operaciones con enteros
- Múltiplos y divisores de números enteros
- Factorización de un número entero
- Máximo común divisor y mínimo común múltiplo

SABER HACER

- Resolver operaciones de suma y resta con paréntesis
- Resolver operaciones combinadas con números enteros
- Calcular todos los divisores de un número
- Factorizar un número
- Resolver problemas utilizando el m.c.d. o el m.c.m.

? VIDA COTIDIANA

El ascensor

El ascensor es una máquina que sirve para trasladarse verticalmente.
La mayoría de nosotros solemos utilizarlo varias veces al día, su uso se hace imprescindible en edificios altos.

- Si hemos aparcado nuestro coche en la planta −3 y subimos por el ascensor a nuestra casa, que está situada en el 5.º piso, ¿cuántas plantas hemos subido?

Siglo XVII
Se empiezan a instalar prototipos de ascensores en palacios de familias adineradas en Francia e Inglaterra.

1851
Waterman inventa el primer montacargas.

1853
Elisha Otis construye el primer ascensor con mecanismo automático de seguridad en caso de avería del cable de sustento.

La compañía que se creó entonces todavía existe, Otis Elevator Company.

1957
Se comienzan a comercializar ascensores con puertas automáticas.

En la actualidad, los ascensores recorren alturas de más de 500 m.

1 Números enteros

SE ESCRIBE ASÍ

Los números enteros positivos se escriben habitualmente sin el signo + delante.

$+5 = 5 \qquad +8 = 8$

El conjunto de los números enteros se representa con la letra $\mathbb{Z}$ y está formado por:

- Números **enteros positivos**: $+1, +2, +3, +4, +5, \ldots$
- El número cero: 0.
- Números **enteros negativos**: $-1, -2, -3, -4, -5, \ldots$

1.1. Representación en la recta numérica

Los números enteros se representan ordenados en la recta numérica.

- El cero, 0, divide la recta en dos partes iguales.
- Los enteros positivos se sitúan a la derecha del cero: $+1, +2, +3, \ldots$
- Los enteros negativos se sitúan a la izquierda del cero: $-1, -2, -3, \ldots$

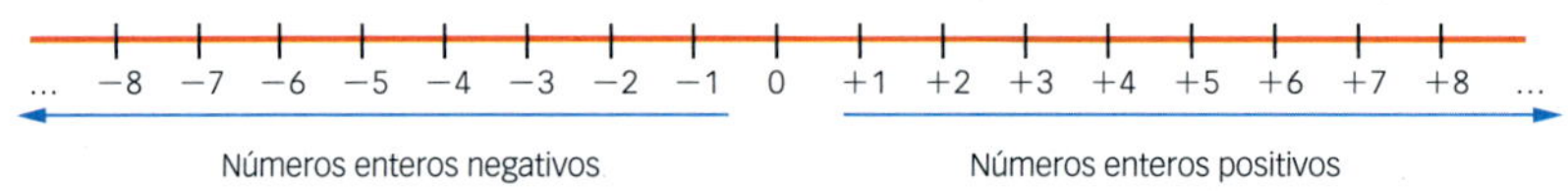

EJEMPLO

1. Representa estos números enteros en la recta numérica:

$$-9, -6, -3, -2, 0, +5, +6, +8$$

1.2. Valor absoluto de un número entero

El **valor absoluto** de un número entero *a* es el número que se obtiene al prescindir de su signo. Se escribe $|a|$.

EJEMPLO

2. Halla el valor absoluto de −7 y +5.

Valor absoluto de $-7 \rightarrow |-7| = 7$ Valor absoluto de $+5 \rightarrow |+5| = 5$

ACTIVIDADES

1 PRACTICA. Representa en la recta numérica:

$$-4, +6, -7, +2, -5, +3, -8$$

2 PRACTICA. Escribe el valor absoluto de:

a) -9 b) $+6$ c) $+9$ d) -4

3 APLICA. ¿Cuántos números enteros están comprendidos entre -20 y $+20$?

4 REFLEXIONA. Si dos números enteros, uno positivo y otro negativo, están a la misma distancia del cero, ¿qué relación hay entre sus valores absolutos?

1.3. Opuesto de un número entero

El **opuesto de un número** entero es otro número entero con el mismo valor absoluto pero de signo contrario. El opuesto de *a* se representa como Op (*a*).

EJEMPLO

3. Halla el opuesto de −3 y +3. Represéntalos en la recta numérica.

Op (−3) = +3

Op (+3) = −3

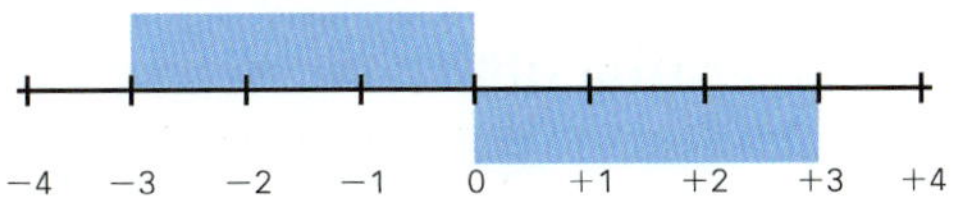

Dos números opuestos están en la recta a igual distancia del origen.

SE ESCRIBE ASÍ

Para «mayor que», el símbolo es $>$.

Para «menor que», el símbolo es $<$.

1.4. Comparación de números enteros

Un número entero es mayor que otro cuando está situado más a la derecha que él en la recta numérica.

- En un grupo de enteros positivos, es mayor el que tiene mayor valor absoluto.
- En un grupo de enteros negativos, es mayor el que tiene menor valor absoluto.
- Un número entero positivo es mayor que cualquier entero negativo.
- El cero es mayor que cualquier entero negativo y menor que cualquier entero positivo.

RESUELVE EL RETO

¿Qué es mayor: el valor absoluto del opuesto de un número o el opuesto de su valor absoluto?

EJEMPLO

4. Compara cada pareja de números enteros.

a) +6 y +3 b) −4 y −9 c) −8 y +1

a) $\left.\begin{array}{l}|+6| = 6\\ |+3| = 3\end{array}\right\} 6 > 3 \rightarrow +6 > +3$

b) $\left.\begin{array}{l}|-4| = 4\\ |-9| = 9\end{array}\right\} 4 < 9 \rightarrow -4 > -9$

c) $-8 < +1$, ya que un entero negativo es menor que cualquier positivo.

ACTIVIDADES

5 PRACTICA. Escribe el opuesto de cada número.

−6, +5, −8, +9, −11, +12, −4

6 PRACTICA. Compara cada pareja de números.

a) −3 y +6 c) 0 y +5 e) +7 y +8

b) −8 y −2 d) −6 y 0 f) −11 y −9

7 APLICA. Ordena de menor a mayor.

−7, −2, +5, 0, +3, −8, +4, −10

8 REFLEXIONA. Escribe un número entero y calcula el opuesto de su opuesto.

¿Qué observas? ¿Ocurre siempre lo mismo para cualquier número?

2 Operaciones con números enteros

2.1. Suma y resta de números enteros

Para **sumar dos números enteros**:

- Si los sumandos tienen el **mismo signo**, se suman sus valores absolutos y al resultado se le pone el mismo signo.
- Si tienen **signo diferente**, se restan los valores absolutos y al resultado se le pone el signo del sumando de mayor valor absoluto.

Para **restar dos números enteros**, se suma al primero el opuesto del segundo.

EJEMPLO

5. Calcula.

a) $\underbrace{(+5) + (+9)} = +14$

Mismo signo → $|+5| + |+9| = 5 + 9 = 14$

b) $\underbrace{(+5) + (-9)} = -4$

Distinto signo → $|-9| - |+5| = 9 - 5 = 4$, y ponemos signo $-$.

c) $(+5) - (+9) = (+5) + \text{Op}\,(+9) = (+5) + (-9) = -4$

Para sumar y restar varios números enteros, primero se escriben estos en **forma abreviada**, quitando los paréntesis de los números. Después sumamos los números con signo $+$, sumamos los que tienen signo $-$ y restamos a la suma de los positivos la de los negativos.

EJEMPLO

6. Calcula $(-3) - (+5) - (-9) + (+2)$.

En forma abreviada: $-3 - 5 + 9 + 2$.

Suma de positivos: $9 + 2 = 11$
Suma de negativos: $3 + 5 = 8$
} Resultado: $11 - 8 = 3$

ACTIVIDADES

9 PRACTICA. Calcula.

a) $(-3) + (-7)$
b) $(+8) + (-4)$
c) $(-3) - (-7)$
d) $(+8) - (-4)$

10 PRACTICA. Expresa abreviadamente y calcula.

a) $(+3) + (-2) - (-5) - (+2)$
b) $(-1) - (-4) + (+6) - (+2)$

11 APLICA. Calcula.

a) $7 - 2 + 4 - 5 - 1$
b) $-3 + 2 - 1 - 6 - 2$
c) $-4 - 1 - 5 + 7 + 4$
d) $6 + 2 - 3 + 4 - 5$

12 REFLEXIONA. Completa en tu cuaderno.

a) $(+3) + \square = -9$
b) $(-5) - \square = +1$
c) $\square + (-1) = +1$
d) $\square - (-2) = +4$

SABER HACER

Resolver operaciones de suma y resta con paréntesis

Calcula el resultado de esta operación:

$$-5 - (-3 + 2) + (4 - 6)$$

Pasos a seguir

1. Eliminamos los paréntesis.
Si el paréntesis tiene delante un signo −, los signos de los números de dentro cambian.
Si va delante un signo +, los números mantienen su signo.

$$-5 \ominus (-3 + 2) \oplus (4 - 6) =$$

Signo − ↓ ↓ ↓ ↓ Signo +

$$= -5 + 3 - 2 + 4 - 6$$

2. Calculamos el resultado de la expresión abreviada obtenida como ya sabemos.

Suma de positivos: $3 + 4 = 7$

Suma de negativos: $5 + 2 + 6 = 13$

Resta: $7 - 13 = -6$

$-5 - (-3 + 2) + (4 - 6) = -6$

Para sumar y restar varios números enteros sin paréntesis, también se pueden resolver las operaciones en el orden en que aparecen.

$$\underbrace{-5 + 3}_{=-2} - 2 + 4 - 6 =$$

$$= \underbrace{-2 - 2}_{=-4} + 4 - 6 =$$

$$= \underbrace{-4 + 4}_{=0} - 6 = -6$$

ACTIVIDADES

13 Expresa en forma abreviada y calcula.

a) $(-2) - (-7) - (+4) - (-3) + (+2)$

b) $(+5) - (+4) - (+2) + (-1) + (-3)$

c) $(-1) - (-1) - (+1) + (-1) - (-1)$

d) $(+4) - (+2) - (-5) + (-1) - (-2)$

e) $(-5) - (+3) + (-1) + (+2) - (-5)$

f) $(+1) - (+2) + (+3) - (+7) - (-8)$

14 Calcula.

a) $3 - 6 - 7 + 2 - 4 - 5 + 1$

b) $-2 - 2 - 4 + 6 + 3 + 5$

c) $6 - 1 - 2 - 4 + 5 + 2$

d) $-8 - 1 - 2 + 4 - 1 + 3 - 7$

e) $2 + 3 - 1 + 4 - 6 - 7 + 5$

15 Efectúa estas operaciones eliminando primero los paréntesis.

a) $(4 - 1) - (2 - 3)$

b) $(8 + 2) + (3 - 5)$

c) $(-8 + 10) - (10 - 8)$

d) $(-4 - 5) - (7 + 2)$

e) $(9 - 3) + (5 - 9)$

16 Halla el resultado de estas operaciones.

a) $-9 + (3 - 2 - 1) + 7$

b) $4 + (6 - 3) - (2 - 1)$

c) $-7 - (4 - 6) - (1 + 5)$

d) $5 - (4 + 2 + 3) - 6$

e) $-3 - (-1 - 2 - 3) + (5 - 1)$

17 Calcula.

a) $-8 - (-3 - 2 + 1 - 4) + 5$

b) $2 + (1 + 5 - 6 - 3) - 8$

c) $-1 - (-2 - 3 + 4) - (1 - 5)$

d) $-(2 - 1) + (-4 + 2) - 11$

e) $9 - (2 - 5) + (3 - 1 - 2) - 4 - 7$

f) $-4 + (-1 + 6) - (-2 + 1 - 3 + 5) + 6$

18 Completa estas operaciones para que todas las igualdades sean ciertas.

a) $-1 - (-2 - \square) = 4 = -5 + \square$

b) $(1 + \square - 3) - 1 = -1 = 6 - \square$

c) $3 - (\square - 1) = -3 = \square + 4$

d) $(5 - \square + 1) - 2 = -4 = \square + 2$

e) $9 + (2 - \square - 3) = 13 = -7 - \square$

2.2. Multiplicación de números enteros

Para **multiplicar dos números enteros**, primero se multiplican sus valores absolutos. El resultado tendrá el signo + si los dos factores tienen el mismo signo y signo − si tienen signos diferentes.

EJEMPLO

7. Calcula.

Mismo signo → Resultado +

a) $(+3) \cdot (+4) = +12$

b) $(-3) \cdot (-4) = +12$

Distinto signo → Resultado −

c) $(+3) \cdot (-4) = -12$

d) $(-3) \cdot (+4) = -12$

Para calcular el producto de varios números enteros, se multiplican sus valores absolutos. El resultado tendrá signo + si el número de factores negativos es par, y tendrá signo − si es impar.

EJEMPLO

8. Calcula.

a) $(+5) \cdot (+8) \cdot (-2) = -80$

b) $(-10) \cdot (+3) \cdot (-5) = +150$

2.3. División de números enteros

Para **dividir dos números enteros**, primero se dividen sus valores absolutos. El resultado tendrá el signo + si los dos factores tienen el mismo signo y signo − si tienen signos diferentes.

EJEMPLO

9. Calcula.

Mismo signo → Resultado +

a) $(+35) : (+7) = +5$

b) $(-35) : (-7) = +5$

Distinto signo → Resultado −

c) $(+35) : (-7) = -5$

d) $(-35) : (+7) = -5$

RESUELVE EL RETO

Encuentra dos números enteros cuyo cociente sea mayor que ellos.

ACTIVIDADES

19 PRACTICA. Calcula.

a) $(-7) \cdot (-4)$

b) $(-6) \cdot (+10)$

c) $(+8) \cdot (+9)$

d) $(+4) \cdot (+5)$

20 PRACTICA. Divide.

a) $(-63) : (+9)$

b) $(-24) : (-3)$

c) $(-14) : (-2)$

d) $(+35) : (-5)$

21 APLICA. Completa.

a) $\square \cdot (-7) = +21$

b) $(+5) \cdot \square = -35$

c) $\square \cdot (+9) = 0$

d) $(+24) : \square = +4$

e) $\square : (-7) = +7$

f) $(-10) : \square = -10$

22 REFLEXIONA. Halla el signo de un producto de 99 factores con un tercio de ellos negativos.

SABER HACER

Resolver operaciones combinadas con números enteros

Calcula el resultado de esta operación:

$$(+12) : (-6) - [(-4) : (+2)] : (-2) + (-3) \cdot (-2) - (-6 - 1)$$

Recuerda que al resolver las operaciones que hay entre paréntesis, el resultado queda entre paréntesis.

$2 - (-6 - 1) = 2 - (-7) =$
$= 2 + 7 = 9$

Pasos a seguir

1. Realizamos las operaciones que hay entre paréntesis y corchetes.
2. Calculamos las multiplicaciones y divisiones en el orden en el que aparecen.
3. Calculamos las sumas y restas en el orden en el que aparecen.

$$(+12) : (-6) - [(-4) : (+2)] : (-2) + (-3) \cdot (-2) - (-6 - 1) =$$
$$= (+12) : (-6) - (-2) : (-2) + (-3) \cdot (-2) - (-7) =$$
$$= -2 - 1 + 6 - (-7) =$$
$$= -3 + 6 + 7 =$$
$$= 3 + 7 =$$
$$= 10$$

ACTIVIDADES

23 Calcula.

a) $(-2) \cdot (-7) : (+14)$
b) $(+12) : (-2) \cdot (+3)$
c) $(-15) : (-3) : (-5)$
d) $(+4) \cdot (+2) - (-5) : (+5)$
e) $(-8) : (+4) - (+16) : (-2)$
f) $6 - (+10) : (-2) + (+9) \cdot (-1)$

24 Completa los huecos en tu cuaderno.

a) $(-12) : (+6) - 1 = 3 - \square$
b) $(+10) \cdot [(+2) : (-2)] = 5 + \square$
c) $6 - (-8) : (+2) = \square - 4$
d) $(+5) \cdot (+3) + 2 = \square + 3$

25 Efectúa estas operaciones.

a) $9 - (+8) : (-4) - 2 + (+3) \cdot (+2)$
b) $[9 - (+8) : (-4)] : (+11) - (+6) : (-3)$
c) $-5 - [4 - 1 + 3] : (+2) - (10 - 8)$
d) $-6 : (3 - 2 - 2) - (1 - 2 + 3)$
e) $4 \cdot [3 - 2 \cdot (-5)] - 12 : 3 + 6 : 2$
f) $5 \cdot (-2) - [10 + 2 \cdot (-4)] : 2 - (-12) : 6$

26 Averigua qué operaciones están bien hechas.

a) $-9 + (8 - 2 - 1) : (-5) = 10$
b) $4 - (-6 - 3) : (-2 - 1) = 1$
c) $(-7 - 1) : 4 - (6 + 2) : (-2) = -6$
d) $(-5 - 1 + 2 + 8) : (-2 - 1 - 1) = -1$
e) $-3 \cdot 2 - 2 \cdot 3 - (5 - 6 + 2) = 13$

27 ¿Qué operaciones dan el mismo resultado?

a) $-8 - 2 \cdot 4 + 3 \cdot 2 - 1$
b) $4 - (6 - 2 + 3) \cdot 5$
c) $5 + 6 \cdot (-2) - 2 \cdot 3 + 2$
d) $(12 - 14 + 6) \cdot (-7) + 2$
e) $2 \cdot (5 - 1 - 7) : 6 - 4$
f) $-9 : (6 + 2 - 1 - 4) - 8$

28 Coloca los paréntesis para que las igualdades sean ciertas.

a) $-1 - 2 \cdot 3 + 4 = -11$
b) $4 + 5 - 6 \cdot 2 - 3 = 3$
c) $4 + 5 - 6 \cdot 2 - 3 = 15$
d) $8 - 3 + 2 + 4 \cdot 6 = 31$

3 Múltiplos y divisores de números enteros

La divisibilidad se suele estudiar solo en los números enteros positivos, ya que para los negativos se cumplen las mismas propiedades.

Si la división $a : b$ es exacta, se cumple que:

a es **múltiplo** de b ↔ b es **divisor** de a

a es **divisible** por b

El conjunto de todos los múltiplos de un número se obtiene multiplicándolo por los sucesivos números enteros positivos. Se representa por $\dot{a}$. Un número tiene infinitos múltiplos.

$$\dot{a} = \{a \cdot 1, a \cdot 2, a \cdot 3, \ldots\}$$

El conjunto de todos los divisores de un número se obtiene realizando las sucesivas divisiones por los números positivos menores que él y seleccionando aquellos cuya división es exacta. Se representa por Div (a).

EJEMPLOS

10. **Calcula los primeros cinco múltiplos de 9.**

Múltiplos de 9 → $\dot{9} = \{9 \cdot 1, 9 \cdot 2, 9 \cdot 3, 9 \cdot 4, 9 \cdot 5, \ldots\} = \{9, 18, 27, 36, 45, \ldots\}$

11. **¿Es 8 divisor de 12? ¿Y de 16?**

8 no es divisor de 12 porque la división 12 : 8 no es exacta.

8 sí es divisor de 16 porque 16 : 8 = 2.

RESUELVE EL RETO

¿Cuál es el menor múltiplo de un número? ¿Y su menor divisor?

¿Cuál es el mayor divisor de un número?

Un número es **primo** cuando es positivo y sus únicos divisores son él mismo y la unidad. En caso contrario, es **compuesto**.

EJEMPLO

12. **Determina si los números 11 y 33 son primos o compuestos.**

Div (11) = {1, 11} → Dos divisores: es un número primo.

Div (33) = {1, 3, 11, 33} → Más de dos divisores: es compuesto.

ACTIVIDADES

29 PRACTICA. Calcula los cinco primeros múltiplos de cada número.

a) 4 b) 8 c) 19 d) 10 e) 13

30 PRACTICA. Calcula un número múltiplo de:

a) 2 y 3
b) 3 y 5
c) 2 y 16
d) 2, 3 y 5
e) 2, 3, 4 y 6
f) 2, 3, 5 y 7

31 APLICA. Copia en tu cuaderno y completa.

a) $\dot{\square} = \{3, 6, \square, 12 \ldots\}$

b) Div (□) = {□, 7}

c) Div (□) = {1, 2, 4, 8}

32 REFLEXIONA. Dados dos números, ¿podemos hallar el mayor de sus múltiplos comunes?

SABER HACER

Calcular todos los divisores de un número

Halla todos los divisores de 48.

Pasos a seguir

1. Dividimos el número entre los números naturales (1, 2, 3...) hasta llegar a una división en la que el cociente sea menor que el divisor.

48 | 1 → resto 0, cociente 48
48 | 2 → resto 0, cociente 24
48 | 3 → resto 0, cociente 16
48 | 4 → resto 0, cociente 12
48 | 5 → resto 3, cociente 9
48 | 6 → resto 0, cociente 8
48 | 7 → resto 6, cociente 6

Paramos de dividir, el cociente es menor que el divisor $6 < 7$

2. De cada división exacta, obtenemos dos divisores de ese número: el divisor y el cociente.

$48 : 1 = 48 \rightarrow$ 1 y 48 son divisores de 48.
$48 : 2 = 24 \rightarrow$ 2 y 24 son divisores de 48.
$48 : 3 = 16 \rightarrow$ 3 y 16 son divisores de 48.
$48 : 4 = 12 \rightarrow$ 4 y 12 son divisores de 48.
$48 : 6 = 8 \rightarrow$ 6 y 8 son divisores de 48.

El resto de divisiones no son exactas.

Los divisores de 48 son:

Div (48) = {1, 2, 3, 4, 6, 8, 12, 16, 24, 48}

Si ordenas los divisores de un número y multiplicas los que están en sus extremos, obtienes ese número.

1, 2, 3, 4, 6, 8, 12, 16, 24, 48

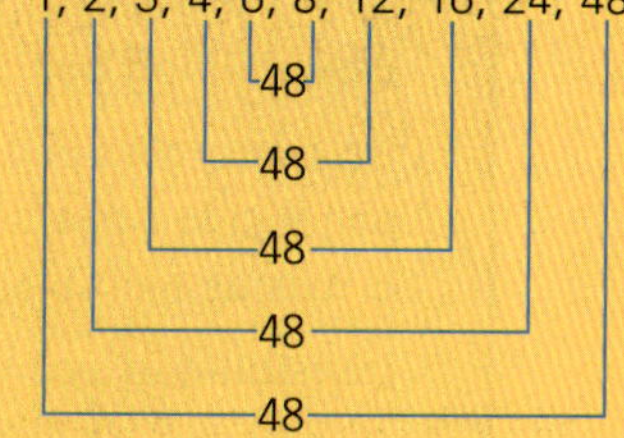

ACTIVIDADES

33 Halla todos los divisores de estos números y averigua cuáles son primos.

a) 18   b) 31   c) 32   d) 80   e) 79   f) 37   g) 42   h) 41   i) 96

34 Calcula todos los divisores de estos números y averigua cuáles son primos.

a) 199   b) 424   c) 582   d) 603   e) 856   f) 1 021

35 Estos son todos los divisores de un número. Completa en tu cuaderno los que faltan. ¿De qué número se trata en cada caso?

a) {1, □, □, 8}
b) {1, 5, □}
c) {1, 2, 3, 5, □, 10, 15, □}
d) {□, 2, 4, □, 8, 10, □, 40}

36 Halla los divisores de 24 y de 30. ¿Qué números aparecen en las dos listas? ¿Cuál es el mayor de sus divisores comunes?

37 ¿Tienen algún divisor común estas parejas de números?

a) 24 y 49   b) 48 y 95   c) 33 y 102

38 Razona si es verdadero o falso.

a) Todo múltiplo de un número es mayor que ese número.
b) Todo número es divisor de su doble y de su triple.
c) Existe un número que es divisor de todos los números.
d) Todos los números impares son primos.
e) Todos los números primos, salvo el 2, son impares.

39 María tenía un montón de lápices. Al agruparlos de 3 en 3 le ha sobrado 1. ¿Cuántos lápices puede tener María? Escribe cinco posibles soluciones.

40 Marcos quiere repartir 60 DVD en cajas de manera que en todas haya el mismo número de DVD y no sobre ninguno.

a) ¿Cuántos DVD puede poner en cada caja?
b) ¿Cuántas cajas obtendrá en cada caso?

4 Factorización de un número entero

4.1. Criterios de divisibilidad

Divisibilidad por 9

Un número es divisible por 9 si la suma de sus cifras es múltiplo de 9.

Divisibilidad por 10

Un número es divisible por 10 si acaba en 0.

Los **criterios de divisibilidad** son reglas que nos permiten averiguar, sin dividir, si un número es divisible por otro.

Los criterios más útiles son los asociados con los números primos:

Divisible por	Criterio de divisibilidad
2	Si la última cifra es 0 o par.
3	Si la suma de sus cifras es divisible por 3.
5	Si la última cifra es 0 o 5.
11	Si la diferencia entre la suma de las cifras de lugar par y la suma de las cifras de lugar impar es 0 o divisible por 11.

EJEMPLO

13. Averigua si 3 036 es divisible por 2, 3, 5 u 11.

Es divisible por 2 porque acaba en cifra par.

Es divisible por 3 porque $3 + 0 + 3 + 6 = 12$, que es divisible por 3.

No es divisible por 5, porque su última cifra no es 0 ni 5.

Es divisible por 11 porque $(3 + 3) - (0 + 6) = 0$.

4.2. Descomposición en factores primos

RESUELVE EL RETO

Escribe los cuatro primeros números múltiplos de 3 cuyas cifras sean todas 1.

Todo número entero se puede expresar de forma única como el producto de potencias de números primos. A esta expresión se le llama **factorización del número**.

EJEMPLO

14. Comprueba que la factorización de 40 es $2^3 \cdot 5$.

2 y 5 son primos. $2^3 \cdot 5 = 8 \cdot 5 = 40$. Luego es la factorización de 40.

ACTIVIDADES

41 PRACTICA. Comprueba si estos números son divisibles por 2, 3, 5, 9, 10 u 11.

a) 72
b) 147
c) 282
d) 331
e) 370
f) 267

42 APLICA. ¿Qué factorizaciones son incorrectas?

a) $2 \cdot 4 \cdot 5$
b) $2^3 \cdot 5 \cdot 7$
c) $5^2 \cdot 7^3 + 11$

43 REFLEXIONA. Calcula el valor de *a* y *b* para que el número 5*a*7*b* sea múltiplo de 2 y de 11.

SABER HACER

Factorizar un número

Descompón el número 702 como producto de factores primos.

Pasos a seguir

1. Dividimos el número entre los sucesivos números primos (2, 3, 5, 7, 11, 13...), tantas veces como se pueda hasta obtener la unidad.

- 702 es divisible por 2. $702 : 2 = 351$ $702 = \mathbf{2} \cdot 351$
- 351 no es divisible por 2. 351 es divisible por 3. $351 : 3 = 117$ $351 = \mathbf{3} \cdot 117$
- 117 es divisible por 3. $117 : 3 = 39$ $117 = \mathbf{3} \cdot 39$
- 39 es divisible por 3. $39 : 3 = 13$ $39 = \mathbf{3} \cdot 13$
- 13 es un número primo. $13 : 13 = 1$ $13 = \mathbf{13} \cdot 1$

Esta descomposición se puede escribir de forma abreviada de esta manera:

		FACTORES PRIMOS
	702	2
702 : 2 →	351	3
351 : 3 →	117	3
117 : 3 →	39	3
39 : 3 →	13	13
13 : 13 →		1

2. Escribimos el número como producto de los factores primos y si hay algunos repetidos los expresamos como potencias.

La factorización de 702 es:

$702 = 2 \cdot 3 \cdot 3 \cdot 3 \cdot 13 = 2 \cdot 3^3 \cdot 13$

La factorización termina al llegar a un número primo. Al dividir este por sí mismo, obtenemos la unidad.

ACTIVIDADES

44 Halla la factorización de estos números.

a) 15 e) 55 i) 400
b) 16 f) 72 j) 675
c) 24 g) 86 k) 405
d) 29 h) 270 l) 943

45 Determina si los siguientes números están bien factorizados. En caso de que no sea así escribe la factorización correcta.

a) $60 = 3 \cdot 4 \cdot 5$
b) $72 = 2 \cdot 6^2$
c) $104 = 2^3 \cdot 13$
d) $222 = 2 \cdot 3 \cdot 37$
e) $360 = 2^3 \cdot 3^2$
f) $2\,450 = 5^2 \cdot 7^2$

46 Escribe la descomposición factorial de estos números sabiendo que $105 = 3 \cdot 5 \cdot 7$.

a) 210 b) 1 050 c) 315 d) 945

47 Razona si estas afirmaciones son verdaderas o falsas.

a) En la factorización de un número acabado en 0 hay como mínimo dos factores primos, el 2 y el 5.
b) Si un número es múltiplo de 6, en su factorización estarán el 2 y el 3.
c) El menor número que es múltiplo de 2, 3, 5 y 7 a la vez es 210.
d) Un número puede ser múltiplo de 8 y no ser múltiplo de 2.

48 Del número *a* sabemos que su factorización es:

$$a = 2^3 \cdot 3^2 \cdot 5 \cdot b$$

a) ¿Es un múltiplo de 6? ¿Y de 45?
b) ¿Podemos decir que el número *a* es divisible por 20? ¿Y por 14?

Razona tus respuestas.

5 Máximo común divisor y mínimo común múltiplo

SE ESCRIBE ASÍ

El máximo común divisor de dos o más números, *a*, *b*, *c*..., se expresa como: m.c.d. (*a*, *b*, *c*...).

El mínimo común múltiplo de dos o más números, *a*, *b*, *c*..., se expresa como: m.c.m. (*a*, *b*, *c*...).

El **máximo común divisor** de varios números enteros es el mayor número entero positivo que es divisor de todos ellos.

El **mínimo común múltiplo** de varios números enteros es el menor número entero positivo que es múltiplo de todos.

EJEMPLO

15. Comprueba que m.c.d. (12, 28) = 4 y m.c.m. (12, 28) = 84.

Div (12) = {1, 2, 3, 4, 6, 12}

Div (28) = {1, 2, 4, 7, 14, 28}

Divisor común más grande = 4 → m.c.d. (12, 28) = 4

$\dot{12}$ = {12, 24, 36, 48, 60, 72, 84...}

$\dot{28}$ = {28, 56, 84, 112...}

Múltiplo común más pequeño = 84 → m.c.m. (12, 28) = 84

RESUELVE EL RETO

¿Cuál es el m.c.d. de dos números primos?
¿Cuál es su m.c.m.?

Para **calcular el m.c.d.** de varios números, se descomponen en factores primos y se multiplican los factores primos comunes elevados al menor de sus exponentes.

Para **calcular el m.c.m.** de varios números, se descomponen en factores primos y se multiplican los factores primos comunes y no comunes elevados al mayor de sus exponentes.

EJEMPLO

16. Calcula el m.c.d. y el m.c.m. de 12, 16 y 20.

$12 = 2^2 \cdot 3$ $\quad 16 = 2^4$ $\quad 20 = 2^2 \cdot 5$

m.c.d. (12, 16, 20) = $2^2 = 4$ $\quad$ m.c.m. (12, 16, 20) = $2^4 \cdot 3 \cdot 5 = 240$

Cuando m.c.d. (a, b) = 1, los números a y b no tienen divisores comunes (salvo el 1). Decimos que son primos entre sí.

ACTIVIDADES

49 PRACTICA. Calcula el m.c.d. de cada pareja de números.

a) 13 y 90 b) 72 y 12 c) 24 y 102 d) 8 y 74

50 PRACTICA. Calcula el m.c.m. de estos números.

a) 8 y 10 b) 55 y 75 c) 9 y 30 d) 4 y 44

51 APLICA. Halla el m.c.d. y el m.c.m. de:

a) 842, 77 y 91 c) 50, 60 y 75
b) 18, 90 y 360 d) 49, 91 y 119

52 REFLEXIONA. Da dos valores de x para que se cumpla que m.c.m. (x, 8) = 40.

SABER HACER

Resolver problemas utilizando el m.c.d. o el m.c.m.

Resuelve estos problemas.

a) Claudia tiene tres cintas de 9, 10 y 12 m, respectivamente, que quiere cortar en trozos iguales. ¿Qué longitud tendrán los trozos más largos que puede hacer?

b) Diego puede colocar los libros de una estantería en montones de 4, 6 u 8 libros sin que le sobre ninguno. ¿Cuántos libros como mínimo tiene Diego?

Pasos a seguir

1. Analizamos cada problema y decidimos si hay que hallar el máximo común divisor o el mínimo común múltiplo.

a) La longitud de cada trozo debe ser divisor de las longitudes de las tres cintas y, además, el máximo posible → Problema de m.c.d.

b) El número de libros debe ser múltiplo de 4, 6 y 8 y, además, tiene que ser el mínimo múltiplo. → Problema de m.c.m.

2. Descomponemos los números en factores primos.

a)

9	3	10	2	12	2
3	3	5	5	6	2
1		1		3	3
				1	

$9 = 3^2$ $10 = 2 \cdot 5$ $12 = 2^2 \cdot 3$

b)

4	2	6	2	8	2
2	2	3	3	4	2
1		1		2	2
				1	

$4 = 2^2$ $6 = 2 \cdot 3$ $8 = 2^3$

3. Calculamos el m.c.d. o el m.c.m. según corresponda.

a) m.c.d. $(9, 10, 12) = 1$

b) m.c.m. $(4, 6, 8) = 2^3 \cdot 3 = 24$

4. Interpretamos el resultado.

a) El trozo más largo medirá 1 m.

b) Tiene como mínimo 24 libros.

Si dos números no tienen divisores comunes, su m.c.d. es 1.

ACTIVIDADES

53 Queremos alicatar una habitación rectangular de 520 cm de largo por 240 cm de ancho con baldosas cuadradas, con el lado más grande posible, sin cortar ninguna. ¿Qué medida tendrá que tener cada baldosa?

54 Silvia tiene un reloj que hace una señal cada 30 minutos, otro que la hace cada 90 minutos y un tercero que la hace cada 150 minutos. A las 8 de la mañana, los tres relojes han coincidido al hacer la señal.

a) ¿Cuánto tiempo tiene que pasar para que vuelvan a coincidir los dos primeros?

b) ¿Y el segundo y el tercero?

55 Juan tiene cubos azules de 55 mm de arista y cubos rojos de 45 mm de arista. Los apila en dos columnas, una de cada color; quiere conseguir que las dos columnas sean igual de altas. ¿Cuántos cubos necesita, como mínimo, de cada color?

56 Mercedes tiene 14 cuentas azul cielo, 16 naranjas, 16 rojas y 10 azul marino. Quiere hacer el mayor número de collares iguales, sin que sobre ninguna cuenta.

a) ¿Cuántos collares iguales puede hacer?

b) ¿Cuántas cuentas de cada color tendrá que tener cada collar?

ACTIVIDADES FINALES

Números enteros

57 Expresa con números enteros.

a) El coche está aparcado en el sótano 4.

b) El pico de San Jerónimo tiene una altura de 1 236 m.

c) José le debe 10 € a su hermana.

d) Platón nació en el año 428 antes de Cristo.

e) El termómetro marca 5 grados centígrados bajo cero.

58 Escribe una situación de la vida cotidiana que corresponda a cada uno de estos números.

a) -4 b) $+15$ c) $+8$ d) -25 e) 0

59 Indica el número entero que corresponde a cada punto marcado en la recta numérica.

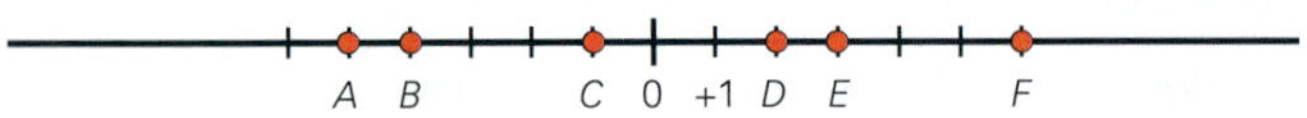

60 Encuentra los números enteros que están situados a una distancia igual o menor de tres unidades del número -7 y represéntalos en una recta numérica.

61 Si trazamos una circunferencia con centro en 0 y radio 6 unidades que corte a la recta numérica, ¿qué números enteros están dentro de ella?

62 Escribe el número anterior y posterior.

a) -4 c) 0 e) -80 g) -109

b) -1 d) -9 f) -99 h) -999

63 Calcula.

a) Op $(+13)$ d) $|0|$ g) Op (-7)

b) $|-4|$ e) $|+6|$ h) Op (9)

c) Op (-5) f) $|-10|$ i) $|+10|$

64 Representa en la recta numérica.

a) El opuesto de 5.

b) El valor absoluto de -4.

c) Los números cuyo valor absoluto es 3.

d) El número opuesto del valor absoluto de -7.

65 ¿Cuántos números enteros hay entre -12 y $+6$? ¿Y entre sus opuestos? ¿Y entre los opuestos de sus opuestos?

66 Razona.

a) ¿Es posible que el valor absoluto de un número entero sea negativo? ¿Por qué?

b) ¿Es posible que el opuesto de un número entero sea negativo? ¿Por qué?

67 Completa en tu cuaderno los huecos.

a) Op $(\square) = -5$ c) Op $(\square) = 6$ e) $|\text{Op}(\square)| = 8$

b) $|\square| = 4$ d) Op $(|\square|) = 3$ f) $|\square - 1| = 2$

68 Dados los números $-8, 5, 0, -2, 6, -1$:

a) Represéntalos en una recta numérica.

b) Ordénalos de más grande a más pequeño, utilizando el signo correspondiente.

69 Compara estas parejas de números y completa en tu cuaderno con el signo $<$ o $>$.

a) $-5 \square +8$ e) $-3 \square -1$

b) $-2 \square -10$ f) $+15 \square -25$

c) $+6 \square 0$ g) $-3 \square -8$

d) $0 \square +6$ h) $-2 \square -5$

70 Escribe, en cada caso, tres números enteros.

a) Más pequeños que 5 y más grandes que -2.

b) Más grandes que -4 y más pequeños que 2.

c) Más pequeños que -5 y más grandes que -10.

71 Compara y coloca en tu cuaderno el signo correcto.

a) Op $(+5) \square +5$ d) $|+2| \square |-1|$

b) $|-9| \square |+1|$ e) $|-6| \square$ Op (-6)

c) Op $(-3) \square |-1|$ f) Op $(-5) \square$ Op (-2)

72 Ordena estos números.

De mayor a menor

-3 $+4$ -8 -9 $+2$ 0 $+6$ -13 -5

De menor a mayor

$+5$ -7 -2 -8 $+1$ -6 $+4$ 0 -15

73 ¿Cuántos años pasan desde que nace una persona 250 años antes de Cristo hasta el nacimiento de otra el año 46 d. C.?

74 Jorge ha escrito tres números enteros negativos y los ha ordenado de menor a mayor.

a) Si halla los opuestos de los tres números, ¿cambiará el orden?

b) ¿Y si halla el valor absoluto de los tres?

c) ¿Qué pasaría en los dos casos anteriores si los tres números fueran enteros positivos?

75 La temperatura en un pueblo no bajó ayer de 5 °C bajo cero. A las 12 de la mañana era de -2 °C, la máxima del día. ¿Se superaron en algún momento los 0 °C? ¿Qué temperaturas pudo haber el resto del día?

Operaciones con números enteros

76 Resuelve estas operaciones.

a) (+4) + (−2)
b) (−3) + (−6)
c) (−15) + (−5)
d) (+4) − (−2)
e) (−3) − (−6)
f) (−15) − (−5)
g) (+4) + (−8)
h) (−1) + (+1)
i) (+2) + (+6)
j) (+4) − (−8)
k) (−1) − (+1)
l) (+2) − (+6)

77 Escribe cuatro pares de números enteros diferentes que sumados den −9.

78 Escribe cuatro pares de números enteros diferentes que restados den −2.

79 Razona si las siguientes afirmaciones son ciertas o falsas.

a) El resultado de la suma de dos números enteros positivos es otro número entero positivo.

b) El resultado de la resta de dos números enteros positivos es otro número entero negativo.

c) El resultado de la suma de un entero negativo y un entero positivo es otro número entero negativo.

d) El resultado de la resta de un entero negativo y un entero positivo es otro número entero negativo.

80 Completa los huecos en tu cuaderno.

a) (+5) − □ = 12
b) □ + (+2) = −7
c) (−3) − □ = 1
d) (−2) − □ + (+3) = −5

81 Completa la siguiente tabla en tu cuaderno y responde.

a	b	$a + b$	$b + a$	$a - b$	$b - a$
−1		+4			
	+5		−2		
+3				+6	
	−6				−5

a) La suma de enteros ¿es conmutativa?

b) ¿Y la resta de enteros?

82 Copia el cuadrado mágico en tu cuaderno y complétalo. Recuerda que la suma de cada columna, fila y diagonal es la misma.

−4		
	−5	
−8		−6

a) Suma −4 a todos los números de las celdas del cuadrado. El resultado ¿sigue siendo un cuadrado mágico? ¿Cuánto vale ahora la suma de cada fila?

b) ¿Qué ocurre si sumas 2 a cada celda?

83 Calcula y completa en tu cuaderno.

	+	(−1)	=	(+5)
+		+		+
4	+		=	
=		=		=
	+	(−12)	=	(−2)

84 Calcula estas sumas.

a) (+3) + (+6) + (−5)
b) (−8) + (−1) + (−2)
c) (−3) + (+3) + (−5)
d) (+3) + (−7) + (−4)

85 Calcula estas restas.

a) (+10) − (−5) − (−7)
b) (−2) − (−4) − (−8)
c) (−1) − (+7) − (+3)
d) (+4) − (+1) − (+6)

86 Resuelve estas operaciones.

a) (−3) − (+7) + (−1)
b) (+4) + (−6) − (+5)
c) (−4) − (−6) + (+8)
d) (−6) − (+2) + (−5)
e) (−2) + (−5) + (+3) − (−1) + (+6)
f) (+4) − (−1) − (+2) + (+5) − (+7)
g) (−3) − (−3) + (−5) − (−2) + (−3) − (−4)

87 Calcula.

a) −5 + 6 − 8 + 12 − 6
b) 2 − 8 + 13 − 7 + 9
c) −2 + 3 − 6 − 1 + 4
d) −3 + 6 − 11 + 5 − 1
e) −6 + 2 − 4 − 6 − 3

88 Elimina los paréntesis y calcula.

a) 5 − (3 + 4) − (6 − 5)
b) −(10 + 4 − 3) + 8
c) 12 − (6 − 3) − (−2 + 7)
d) −(−1 + 14 − 2) − (1 − 6)
e) −6 + (−5 − 3) − (−2 + 3)

89 Calcula estos productos.

a) (−5) · (−6)
b) (−10) · (+3)
c) (+15) · (−3)
d) (+12) · (+4)

90 Escribe cuatro pares diferentes de números enteros cuyo producto sea −48.

91 Calcula.

a) (−3) · (−2) · (−8)
b) (+7) · (−4) · (+2)
c) (−5) · (−6) · (+3)
d) (+5) · (0) · (+25)

92 Completa en tu cuaderno.

a	b	$a \cdot b$	$\|a \cdot b\|$
-2	-1		
$+3$		-6	
	-5	$+10$	
-6		-12	

93 Escribe el signo que tendrá el resultado de estos productos de números enteros.

a) 25 factores, 13 de ellos negativos.

b) El número -4 multiplicado por sí mismo 18 veces.

c) El número -2 multiplicado por sí mismo 13 veces.

d) 30 factores, la mitad de ellos negativos.

SABER HACER

Sacar factor común en operaciones con números enteros

94 Calcula: $-4 \cdot (+2) + (-4) \cdot (-6)$.

PRIMERO. Se determina si existe un factor que se repite en todos los sumandos. Ese factor se denomina factor común.

$$-4 \cdot (+2) + (-4) \cdot (-6)$$

-4 se repite en los dos sumandos

SEGUNDO. El factor repetido multiplica a la suma o resta del resto de números.

$$-4 \cdot (+2) + (-4) \cdot (-6) = -4 \cdot [(+2) + (-6)] = $$
$$= -4 \cdot (-4) = 16$$

95 Calcula sacando factor común.

a) $(-2) \cdot (+6) + (-5) \cdot (-2)$

b) $(-3) \cdot (+4) + (+4) \cdot (-1)$

c) $(+4) \cdot (-1) + (-7) \cdot (+4)$

d) $(-6) \cdot (-3) + (-6) \cdot (+2)$

96 Completa en tu cuaderno y calcula.

a) $5 \cdot (-4) + \square \cdot (-7) = 5 \cdot [\square + (-7)]$

b) $(-9) \cdot 2 + (-9) \cdot (-4) = \square \cdot [2 + (-4)]$

97 Calcula estas divisiones.

a) $(-25) : (-5)$

b) $(+27) : (-9)$

c) $(-18) : (+6)$

d) $(+12) : (+4)$

98 Escribe cuatro parejas de números enteros que, al dividirlos entre sí, den como cociente -4.

99 Calcula.

a) $(-36) : (-2) : (+3)$

b) $(+16) : (+2) : (-8)$

c) $(-18) : (-9) : (-1)$

d) $(+42) : (-2) : (-3)$

100 Copia y completa en tu cuaderno.

a	b	$a : b$	$\|a : b\|$
-12	$+2$		
-100		-5	
	-3	$+15$	
$+48$		$+6$	

101 Calcula.

a) $(-12) : (-3) \cdot (-4)$

b) $150 : (-5) \cdot (-3)$

c) $(+15) \cdot (-2) : (-10)$

d) $(-36) : (+2) \cdot (+4)$

102 Resuelve.

a) $(+18) : (-2) : (-3) \cdot (-5)$

b) $(-15) \cdot 3 : (-9) : 5$

c) $[(-12) : 3] \cdot [(-8) : (-4)]$

d) $(-18) : [(-9) : (-3)] \cdot (-6)$

e) $[(+4) : (-2) \cdot (+8)] : [(+2) + (+6)]$

103 Calcula estas operaciones combinadas.

a) $-2 \cdot (-6) - 5 \cdot (-3)$

b) $(-6) \cdot 2 + 3 \cdot (-4)$

c) $(-10) : (-5) + 2 : (-1)$

d) $3 \cdot (-5) - 4 : (-2) + 3$

e) $2 + 3 \cdot (-4) - (-2) + 2 \cdot 7 - (-3)$

f) $(-35) : (-7) + (-54) : (+9)$

104 Calcula.

a) $(-6) \cdot [-(-2) - 3 \cdot (-4)]$

b) $[(-6) \cdot 2 - 3] \cdot (-4)$

c) $2 \cdot [(-2) - (-3) \cdot 5] + (-10) : (-2)$

d) $[(-5) \cdot 3 + 8] \cdot 4 - (-2)$

e) $[(-25) : (-5) + 8] \cdot (-2) - [7 : (-1) + 12 - (-2)]$

f) $25 : [2 + (-7)] - 12 \cdot [(-3) - 2 \cdot (-4) + (-6)]$

105 Encuentra los errores en estas igualdades.

a) $(-3) + (-5) - (-8) = -3 - 5 - 8 =$
$= -8 - 8 = -(8 - 8) = 0$

b) $-9 - (-8) - (-7 - 2) = -9 + 8 + 7 - 2 =$
$= -1 + 7 - 2 =$
$= -6 - 2 = -8$

c) $5 - [-6 + 7 - (-2)] = 5 + 6 - 7 + 2 =$
$= 11 - 5 = 6$

d) $4 \cdot (-3) + (-5) \cdot (-2) = -12 - 10 = -22$

Divisibilidad de números enteros

106 Razona si estas afirmaciones son ciertas.

a) 3 es divisor de −15.
b) 4 es múltiplo de 12.
c) 25 es divisible por −5.
d) −48 es múltiplo de −6.

107 Completa en tu cuaderno con *múltiplo* o *divisor*.

a) 5 es □ de −25.
b) −243 es □ de −3.
c) 25 es □ de 125.
d) −1 es □ de 22.

108 Razona.

a) ¿Cuál es el múltiplo más pequeño que tiene un número? ¿Y su divisor más pequeño?
b) ¿Cuál es el divisor más grande que tiene un número?

SABER HACER

Calcular un múltiplo de un número comprendido entre otros dos números

109 Encuentra un múltiplo de 38 que esté comprendido entre 470 y 515.

PRIMERO. Se divide el menor de los números, 470, entre el número del que se quiere hallar el múltiplo, 38.

$$\begin{array}{r|l} 470 & 38 \\ \hline 14 & 12 \end{array}$$

SEGUNDO. Se aumenta en una unidad el cociente, y se multiplica por el número del que se quiere obtener el múltiplo.

$$\text{Múltiplo} = (12 + 1) \cdot 38 = 494$$

Se comprueba que 494 es múltiplo de 38 y está comprendido entre 470 y 515.

110 Calcula.

a) Un múltiplo de 27 comprendido entre 190 y 235.
b) El mayor múltiplo de 32 menor de 500.
c) El mayor múltiplo de 42 que tiene tres cifras.
d) El menor múltiplo de 29 que tiene cuatro cifras.

111 Calcula todos los divisores de estos números e indica cuáles son primos.

a) 68 b) 29 c) 120 d) 47 e) 346 f) 800

112 Completa esta tabla en tu cuaderno.

	Divisible por 2	Divisible por 3	Divisible por 5	Divisible por 10
300	×			
1025				
9312				
5262				

113 Aplica los criterios de divisibilidad y escribe tres números en cada caso.

a) Que sean divisibles por 9.
b) Que sean divisibles por 11.
c) Que sean divisibles por 9 y 11.
d) Que sean divisibles por 2, 9 y 11.

114 Escribe tres números capicúa de cinco cifras que sean divisibles por 2 y por 3, y otros tres que sean divisibles por 5 y por 9.

115 Escribe en tu cuaderno la lista de los quince primeros números primos.

116 Contesta razonando tu respuesta.

a) El doble de un número primo ¿puede ser también primo?
b) Un múltiplo de un número primo ¿es también primo?
c) El producto de dos números primos ¿es también un número primo?

SABER HACER

Calcular una cifra para que un número sea divisible entre otro

117 ¿Qué valor debe tener *a* para que el número 2*a*3*a* sea divisible por 3?

PRIMERO. Se aplica el criterio de divisibilidad. La suma de las cifras debe ser múltiplo de 3.

$$2 + a + 3 + a = 5 + 2a$$

La suma $5 + 2a$ debe ser múltiplo de 3.

SEGUNDO. Se analizan los valores de *a* para los que se cumple el criterio de divisibilidad.

$a = 2$, ya que $5 + 2 \cdot 2 = 9$

$a = 5$, ya que $5 + 2 \cdot 5 = 15$

$a = 8$, ya que $5 + 2 \cdot 8 = 21$

118 Completa los huecos en tu cuaderno para que:

a) 25□3 sea divisible por 3.
b) □4103 sea divisible por 11.
c) 43□ sea divisible por 2 y por 3.
d) 137□ sea divisible por 2 y por 5.

119 Halla la descomposición factorial de estos números.

a) 83 b) 48 c) 43 d) 60 e) 225 f) 300 g) 735 h) 1300

120 Halla el m.c.d. y el m.c.m. de los siguientes pares de números.

a) 24 y 18 b) 20 y 60 c) 84 y 105 d) 60 y 90

121 Escribe dos parejas de números que tengan como m.c.d. el número 10.

122 Escribe dos parejas de números que tengan como m.c.m. el número 28.

123 Si m.c.d. $(a, 12) = 6$, halla el valor de a.

SABER HACER

Saber si dos números son primos entre sí

124 Averigua si 18 y 35 son primos entre sí.

PRIMERO. Se factorizan ambos números.

$$18 = 2 \cdot 3^2 \qquad 35 = 5 \cdot 7$$

SEGUNDO. Se comprueba si el m.c.d. de los números es igual a 1.

El mayor de sus divisores comunes es 1, por tanto, los dos números son primos entre sí.

125 Averigua qué parejas de números son primos entre sí.

a) 16 y 25 b) 12 y 51 c) 18 y 49 d) 27 y 108

126 Escribe dos parejas de números primos entre sí.

Problemas con números enteros

127 Pedro tenía 357 € en la libreta de ahorros y a lo largo de un día se han registrado en ella estos movimientos:

- Recibo del agua: 103 €
- Recibo del gas: 125 €
- Ingreso en efectivo: 80 €
- Recibo de la luz: 213 €
- Nómina: 1 200 €

a) ¿De cuánto dinero dispone Pedro ahora?

b) ¿Ha estado en algún momento en *números rojos*?

128 Las temperaturas, máxima y mínima, registradas en una ciudad fueron:

Lunes: 11 °C y 6 °C
Martes: 5 °C y −2 °C
Miércoles: 3 °C y −1 °C
Jueves: −2 °C y −3 °C
Viernes: 7 °C y 3 °C

a) ¿Cuál ha sido la oscilación térmica cada uno de los días?

b) ¿En qué día se produjo la temperatura más alta?

c) ¿En qué día se produjo la temperatura más baja?

d) ¿Qué día ha habido la máxima oscilación térmica?

129 Sara vive en el cuarto piso. Baja 6 plantas para ir a su trastero y luego sube 3 para llevarle unos libros que ha recogido a su vecina Teresa. ¿En qué piso vive Teresa? ¿En qué piso está el trastero de Sara?

130 En un almacén quieren poner 84 botellas en cajas, sin que sobre ninguna. ¿De cuántas formas posibles las pueden distribuir poniendo el mismo número de botellas en cada una de las cajas?

131 En una clase de 32 alumnos se tienen que hacer grupos para realizar un trabajo de Ciencias. Si el mínimo de componentes de cada grupo es dos y el máximo cuatro, y no queremos que ningún alumno quede solo, ¿cuál es el número más pequeño de grupos que se pueden formar? ¿Y el mayor?

132 Juan tiene una colección de monedas que puede agrupar de tres en tres, de cinco en cinco y de siete en siete, sin que sobre ninguna. ¿Cuántas monedas tiene, sabiendo que son más de 215 pero menos de 350?

133 Manuel quiere poner los 250 envases de productos químicos que hay en el almacén en estantes. Si en cada estante tiene que haber un mínimo de 15 envases:

a) ¿De cuántas maneras diferentes puede colocar los envases, poniendo en cada estante el mismo número y sin que sobre ninguno?

b) ¿Se pueden colocar de forma que haya 21 en cada estante? ¿Por qué?

134 Sonia tenía 36 bocadillos de chorizo y 84 de queso. Los envasó en bolsas con el mismo número de bocadillos, todos del mismo tipo. Si hizo el mínimo número de bolsas posible, ¿cuántas bolsas obtuvo?

135 En una estación salen autobuses hacia Soria cada 25 minutos, hacia Córdoba cada 45 minutos y hacia Ourense cada hora. Si a las ocho de la mañana han salido los tres juntos:

a) ¿A qué hora coincidirán por primera vez los autobuses de Soria y Córdoba?

b) ¿A qué hora coincidirán los de Córdoba y Ourense?

c) ¿Y los de Soria y Ourense?

d) ¿A qué hora volverán a salir los tres autobuses al mismo tiempo?

136 En una escuela tienen que cortar una cartulina de 80 cm de largo y de 60 cm de ancho, en trozos cuadrados tan grandes como sea posible. ¿Cuántos trozos podrán hacer? ¿Qué medida tendrá cada trozo?

137 Andrés tiene 78 paquetes de galletas de limón, 130 de nata y 156 de miel. Tiene que meterlos en cajas con el mayor número posible de paquetes, y con el mismo número en cada caja. No se pueden mezclar diferentes paquetes en una caja.

a) ¿Cuántos paquetes de galletas tiene que poner en cada caja?

b) ¿Cuántas cajas necesitaría en cada caso?

138 Un local mide 35 m de largo por 25 m de ancho, y se quiere dividir, para hacer plazas de aparcamiento dobles, en trozos cuadrados lo más grandes posible, sin que sobre espacio. ¿Qué dimensión máxima de lado pueden tener las plazas? ¿Cuántas se obtendrán?

139 Álex tiene entre 20 y 40 libros de lectura. Si los organiza de tres en tres le sobran dos, y si lo hace de cinco en cinco, le sobra uno. ¿Cuántos libros tiene?

140 Mónica tiene cerca de 450 fotografías. Puede pegarlas en un álbum en grupos de 8, 9 o 12 fotografías sin que le sobre ninguna. ¿Cuántas fotografías tiene Mónica?

141 Enrique viaja cada 15 días a Londres, Ana cada 21 días y Luisa cada 24. Si todos han ido hoy al aeropuerto, ¿cuántas veces coincidirán en los próximos seis meses?

142 En una ruta de senderismo han puesto señales a ambos lados del camino. En un lado se ha colocado la señal cada 12 metros, y en el otro, cada 14 metros. Sabiendo que la primera señal de cada lado está situada a la misma altura, ¿qué distancia debemos recorrer a partir de ese punto para encontrar dos señales colocadas una frente a la otra?

143 Una cámara frigorífica es capaz de enfriar su interior a un ritmo de -4 °C cada media hora.

a) ¿Cuántos grados menos habrá después de 3 horas?

b) Si tras 6 horas el interior está a -7 °C, ¿cuál era la temperatura antes de las 6 horas?

DEBES SABER HACER

Números enteros

1 ¿Cuántos números enteros hay entre -6 y $+6$? Represéntalos en la recta numérica.

2 ¿Qué valores puede tener a en cada caso?

a) $|a| = 7$ b) $\text{Op}(a) = -7$

3 Ordena cada grupo de menor a mayor.

a) $-4, +5, -7, -9, +2, 0, +1$

b) $+6, 0, -3, +8, -9, -1, -4, +5$

Operaciones con números enteros

4 Calcula.

a) $(+5) + (-7)$

b) $(-6) + (-8)$

c) $(-9) - (-3)$

d) $(-4) - (+5)$

5 Opera.

a) $(+5) \cdot (-7)$

b) $(-2) \cdot (+4)$

c) $(-6) \cdot (-8)$

d) $(-9) : (-3)$

e) $(+10) : (+2)$

f) $(-40) : (+5)$

6 Calcula aplicando la jerarquía de las operaciones.

a) $-8 - 2 - 4 + 6 - 3 + 5$

b) $-9 \cdot 4 + 12 : (-6) + 8$

c) $3 + 5 \cdot (-2) - 4 + 12 : (-6)$

d) $(-6 - 3) \cdot [-4 + 2 : (-8 + 7)] \cdot (2 \cdot (-1) + 2)$

Divisibilidad con números enteros

7 Calcula todos los divisores de estos números y averigua los que son primos.

a) 123 b) 61 c) 218 d) 127

8 Factoriza los siguientes números.

a) 66 b) 45 c) 124 d) 1 225

Máximo común divisor y mínimo común múltiplo

9 Calcula.

a) m.c.d. (18, 24)

b) m.c.d. (36, 42)

c) m.c.m. (15, 21)

d) m.c.m. (14, 21, 27)

En la vida cotidiana

144 Un autobús con 62 turistas llega a un hotel cuya recepción se encuentra en la planta -2. Tras recoger las llaves de sus habitaciones, se dirigen a la zona del ascensor para subir a la planta que les ha correspondido.

El guía de la excursión necesita que los turistas suban lo antes posible a sus habitaciones porque tienen una visita guiada a la ciudad en menos de un cuarto de hora. Para organizar su subida, pide en recepción una relación de las habitaciones que les han asignado.

- Seis habitaciones dobles y tres triples en la planta 7.ª.
- Cuatro habitaciones dobles y dos triples en la planta 6.ª.
- Tres habitaciones dobles y tres triples en la planta 5.ª.
- Seis habitaciones dobles en la planta 4.ª.

El ascensor del hotel tiene capacidad para 8 personas. De hecho, tiene un sensor que en caso de subir más personas de lo permitido, hace sonar una pequeña alarma y bloquea el cierre de puertas.

a) ¿Cómo debe organizar el guía a los turistas para montar en el ascensor y tardar el menor tiempo posible en subir?

b) El guía, preocupado porque los turistas tienen que estar lo antes posible de vuelta en la recepción, ha medido el tiempo que se tarda en subir:

- En llegar de la planta -2 a la 7 sin paradas se tarda un minuto y medio.
- En cada parada se tardan 2 minutos más.

¿Cuál será el tiempo mínimo que tardarán los turistas en subir a sus habitaciones? ¿Les dará tiempo para bajar y poder coger el autobús que les llevará a la visita guiada?

Formas de pensar. Razonamiento matemático

145 Calcula todos los números enteros a y b que verifican estas condiciones. Cuando no exista ninguna solución, explica por qué ocurre y, si hay infinitas posibilidades, describe cómo son.

a) $|a| + |b| = 4$
b) $|a + b| = 4$
c) $|a| - |b| = 4$
d) $|a - b| = 4$
e) $|a| \cdot |b| = 12$
f) $|a \cdot b| = 12$
g) $|a| : |b| = 12$
h) $|a| : |b| = 1/2$
i) $a^2 = 64$
j) $a^2 = -64$
k) $a^3 = 64$
l) $a^3 = -64$

146 Si un número es múltiplo de otro, ¿cuál es su máximo común divisor?

147 Encuentra dos números que tengan como máximo común divisor 6 y como mínimo común múltiplo 36.

148 Descompón estos números como producto de tres factores.

a) 540 b) 1 256 c) 1 050 d) 432

149 Escribe en tu cuaderno los valores que puede tener la cifra que falta en cada uno de estos números para que sean múltiplos de 2 y de 3 a la vez.

a) $-25\square$
b) $-4\square4$
c) $\square410$
d) $245\square$

150 Se llama *números gemelos* al par de números primos que son impares consecutivos. El primer par de números gemelos es el 3 y el 5, ¿cuáles son los dos pares de números gemelos siguientes?

151 Si m y n son números enteros positivos, ¿cuál es el menor valor de m para que $2\,940 \cdot m = n^2$?

PROYECTO FINAL. **Trabajo cooperativo**

OBJETIVO: Organizar un campeonato escolar

1.ª Fase.

- Elaborad una lista con los posibles juegos o actividades deportivas con los que se puede organizar un torneo en vuestro centro.
- Detallad, para cada uno, sus necesidades (recursos necesarios, espacios en los que se celebrará el torneo…).

2.ª Fase.

- Realizad, para cada uno de ellos, un estudio pormenorizado del presupuesto económico necesario.
- Valorad la posibilidad de poder disponer de los espacios necesarios para realizar el torneo.
- Evaluad la posibilidad de poder encontrar patrocinadores externos para poder financiar económicamente la actividad o, por el contrario, si tendrá que ser el centro el que asuma el coste.

3.ª Fase.

- Decidid en común las actividades o juegos más factibles para realizar el campeonato. Basad vuestra decisión en las necesidades que se requieren y en el interés que pueden suscitar entre vuestros compañeros.
- Realizad un informe con vuestras propuestas detallando el presupuesto, los espacios que requerís y las reglas que regirán el campeonato.

Pruebas PISA

Monopatín

152 ●●● Marcos es un gran fan del monopatín. Entra en una tienda denominada PATINADORES para mirar algunos precios.

En esta tienda puedes comprar un monopatín completo. Pero también puedes comprar una tabla, un juego de 4 ruedas, un juego de 2 ejes y un conjunto de piezas para ensamblar los tres componentes anteriores y montar tu propio monopatín.

Los precios de los productos de la tienda son los que figuran en esta tabla.

a) Marcos quiere montar su propio monopatín. ¿Cuál es el precio mínimo y el precio máximo de los monopatines montados por uno mismo en esta tienda?

b) Marcos tiene 120 zeds para gastar y quiere comprar el monopatín más caro que pueda. ¿Cuánto dinero puede gastar Marcos en cada uno de los 4 componentes?

(Prueba PISA 2012)

Producto	Precio en zeds	
Monopatín completo	82 o 84	
Tabla	40, 60 o 65	
Un juego de cuatro ruedas	14 o 36	
Un juego de dos ejes	16	
Un juego de piezas para montar (cojines, almohadillas de goma, tornillos y tuercas)	10 o 20	

CLAVES PARA EMPEZAR

Representación gráfica de fracciones

Para representar fracciones se suelen utilizar figuras geométricas.

Para ello se divide la figura en tantas partes iguales como indique el denominador, y después, se marcan las partes que señale el numerador.

EJEMPLO

Representa gráficamente estas fracciones:

a) $\frac{5}{6}$ 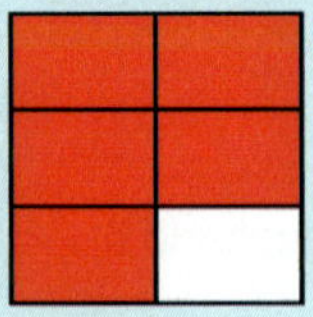

b) $\frac{7}{3}$ 

ACTIVIDADES

1 Representa las siguientes fracciones utilizando figuras geométricas y la recta numérica:

a) $\frac{5}{8}$

b) $\frac{7}{2}$

c) $\frac{9}{4}$

d) $\frac{2}{3}$

Máximo común divisor y mínimo común múltiplo

- El m.c.d. de varios números se obtiene descomponiendo los números en factores primos y multiplicando los factores primos comunes elevados al menor de sus exponentes.
- El m.c.m. se obtiene descomponiendo los números en factores primos y multiplicando los factores primos comunes y no comunes elevados al mayor de sus exponentes.

EJEMPLO

Calcula el máximo común divisor y el mínimo común múltiplo de 20 y 30.

$20 = 2^2 \cdot 5$

$30 = 2 \cdot 3 \cdot 5$

m.c.d. $(20, 30) = 2 \cdot 5 = 10$

m.c.m. $(20, 30) = 2^2 \cdot 3 \cdot 5 = 60$

ACTIVIDADES

2 Calcula el máximo común divisor y el mínimo común múltiplo de:

a) 12 y 24

b) 7 y 11

c) 5 y 40

d) 6 y 9

e) 42 y 54

f) 2, 8 y 16

g) 5, 7 y 20

h) 16, 18 y 20

i) 15, 27 y 33

j) 40, 60 y 80

Siglo XVII
Nace la pizza en Nápoles (Italia) como alimento para las familias humildes.

Fracciones

2

SABER

- Fracciones
- Fracciones equivalentes
- Comparación de fracciones
- Operaciones con fracciones

SABER HACER

- Calcular la fracción irreducible de una fracción dada
- Resolver operaciones con fracciones negativas
- Realizar operaciones combinadas con fracciones

? VIDA COTIDIANA

La pizza

La pizza es una de las comidas favoritas en todo el mundo. Aunque es un plato típicamente italiano, a día de hoy se cocina en los cinco continentes.

- Cortamos una pizza en 8 trozos, de los que mi hermano se come 3 y yo 4. ¿Qué fracción de pizza hemos comido cada uno? ¿Qué fracción de pizza sobra?

1738
Se abre en Nápoles la primera pizzería de la historia, cuya masa se elabora a mano.

Inicialmente ofrecía pizza a los viandantes y, más tarde, se estableció como restaurante.

1787
Aparecen en Viena las primeras amasadoras mecánicas. Este invento transforma el sistema de elaboración.

1889
Se crea una pizza con los colores de la bandera de Italia llamada Margarita en honor a la reina Margarita de Saboya.

1977
Se fabrica la primera amasadora eléctrica.

En la actualidad hay gran variedad en el mercado y pueden llegar a una capacidad de 150 kg de harina.

1 Fracciones

Una **fracción** es una expresión de la forma $\frac{a}{b}$ siendo a y b números enteros llamados **numerador**, a, y **denominador**, b, con $b \neq 0$.

Una fracción se puede interpretar de distintas formas:

- Fracción como **parte de la unidad**: el denominador b representa el número de partes iguales en que se divide la unidad. Y el numerador a representa el número de partes que se toman.
- Fracción como **cociente**: para calcular su valor se divide el numerador entre el denominador.
- Fracción como **operador** (fracción de un número): para calcular su valor se multiplica el numerador por el número, y el resultado se divide entre el denominador.

EJEMPLOS

1. Interpreta las siguientes fracciones como se indica.

	a) $\frac{3}{4}$	b) $\frac{7}{5}$
Fracción como parte de la unidad	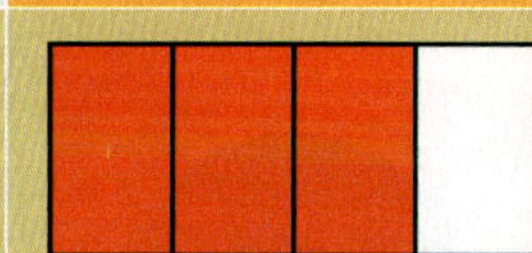	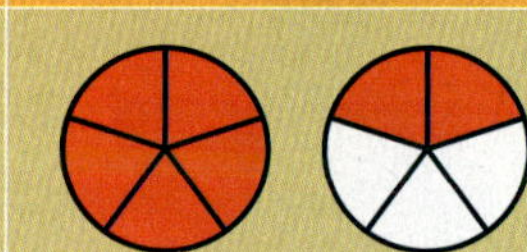
Fracción con un cociente	$3:4 = 0,75$	$7:5 = 1,4$

2. Calcula: $\frac{3}{4}$ de 20 → $20 \cdot 3 : 4 = 60 : 4 = 15$

RECUERDA

Una fracción es **propia** si el numerador es más pequeño que el denominador.

Una fracción es **impropia** si el numerador es más grande que el denominador.

Una fracción es **igual que la unidad** si el numerador y el denominador son iguales.

$$\frac{5}{5} = 1$$

Si comparamos una fracción con la unidad, la fracción puede ser **propia** (más pequeña que la unidad), **impropia** (más grande que la unidad) o **igual que la unidad**.

ACTIVIDADES

1 PRACTICA. Representa gráficamente estas fracciones como partes de la unidad.

a) $\frac{3}{5}$ b) $\frac{5}{4}$ c) $\frac{7}{8}$ d) $\frac{1}{2}$

2 PRACTICA. Interpreta las fracciones de la actividad 1 como un cociente.

3 PRACTICA. Calcula.

a) $\frac{3}{2}$ de 18 b) $\frac{7}{11}$ de 121 c) $\frac{5}{7}$ de 63

4 PRACTICA. Escribe tres fracciones propias, tres impropias y tres iguales a la unidad.

5 APLICA. Pablo tiene 12 billetes. Si tres cuartos de ellos son de 5 €, ¿cuántos billetes de 5 € tiene?

6 REFLEXIONA. Escribe fracciones que tengan este valor numérico:

a) 0,5 b) 2 c) 1 d) 2,5

2 Fracciones equivalentes

Dos fracciones, $\frac{a}{b}$ y $\frac{c}{d}$, son **equivalentes** y se escribe $\frac{a}{b} = \frac{c}{d}$, si se cumple que $\mathbf{a \cdot d = b \cdot c}$.

EJEMPLO

3. Determina si las fracciones $\frac{2}{3}$ y $\frac{6}{9}$ son equivalentes.

$\frac{2}{3}$ y $\frac{6}{9} \rightarrow 2 \cdot 9 = 6 \cdot 3 \rightarrow 18 = 18$

Por tanto, $\frac{2}{3}$ y $\frac{6}{9}$ son equivalentes, $\frac{2}{3} = \frac{6}{9}$.

Dos fracciones equivalentes representan la misma parte de la unidad.

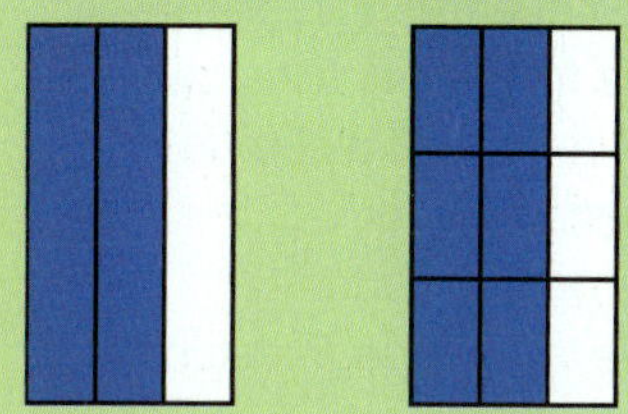

$\frac{2}{3} = \frac{6}{9}$

2.1. Obtención de fracciones equivalentes

Podemos utilizar dos métodos para obtener fracciones equivalentes a una fracción dada:

- **Amplificación**: multiplica el numerador y el denominador de la fracción por un mismo número distinto de cero. $\frac{a}{b} = \frac{a \cdot n}{b \cdot n}$
- **Simplificación**: divide el numerador y denominador de la fracción entre un divisor común. $\frac{a}{b} = \frac{a : n}{b : n}$

EJEMPLO

4. Escribe dos fracciones equivalentes a $\frac{6}{10}$, una por amplificación y otra por simplificación.

Amplificación: $\frac{6}{10} = \frac{6 \cdot 2}{10 \cdot 2} = \frac{12}{20} \quad \frac{6}{10} = \frac{12}{20} \rightarrow 6 \cdot 20 = 10 \cdot 12 = 120$

Simplificación: $\frac{6}{10} = \frac{6 : 2}{10 : 2} = \frac{3}{5} \quad \frac{6}{10} = \frac{3}{5} \rightarrow 6 \cdot 5 = 10 \cdot 3 = 30$

RESUELVE EL RETO

¿Puedes escribir una fracción equivalente a $\frac{6}{9}$ que tenga como denominador 15?

ACTIVIDADES

7 PRACTICA. Averigua cuáles de estas parejas de fracciones son equivalentes.

a) $\frac{6}{8}$ y $\frac{36}{48}$
b) $\frac{8}{5}$ y $\frac{24}{10}$
c) $\frac{9}{13}$ y $\frac{72}{104}$
d) $\frac{15}{12}$ y $\frac{60}{48}$

8 PRACTICA. Escribe tres fracciones equivalentes.

a) $\frac{150}{210}$ b) $\frac{112}{672}$ c) $\frac{66}{330}$

9 APLICA. Determina qué fracciones son equivalentes a $\frac{2}{5}$.

$\frac{6}{9}$ $\frac{6}{15}$ $\frac{9}{15}$ $\frac{9}{20}$ $\frac{18}{45}$ $\frac{21}{40}$

10 REFLEXIONA. Domingo ha escrito una fracción y ha calculado dos fracciones equivalentes a ella. Esas nuevas fracciones, ¿son equivalentes entre sí?

2.2. Reducción de fracciones a común denominador

Reducir fracciones a común denominador consiste en obtener otras fracciones equivalentes a ellas que tengan el mismo denominador.

EJEMPLO

5. Reduce a común denominador las fracciones $\frac{5}{6}$ y $\frac{7}{20}$.

Calculamos el mínimo común múltiplo de los denominadores:

$$\left.\begin{array}{l} 6 = 2 \cdot 3 \\ 20 = 2^2 \cdot 5 \end{array}\right\} \rightarrow \text{m.c.m. } (6, 20) = 2^2 \cdot 3 \cdot 5 = 60$$

Ese valor es el denominador común de las fracciones buscadas.

Para calcular el nuevo numerador de cada fracción, dividimos ese m.c.m. entre el denominador y el resultado lo multiplicamos por el numerador.

$$\frac{5}{6}: \quad 60 : 6 = 10 \rightarrow 5 \cdot 10 = 50 \rightarrow \frac{50}{60} \qquad \frac{7}{20}: \quad 60 : 20 = 3 \rightarrow 7 \cdot 3 = 21 \rightarrow \frac{21}{60}$$

RESUELVE EL RETO

Escribe tres parejas de fracciones tales que, al reducirlas a común denominador, el denominador de las nuevas fracciones sea 16.

2.3. Fracción irreducible

Podemos amplificar cualquier fracción, pero hay fracciones que no se pueden simplificar.

La **fracción irreducible** de una fracción dada es otra fracción equivalente a ella en la que el numerador y el denominador no tienen divisores comunes a excepción de la unidad.

Una fracción es irreducible si no se puede simplificar.

EJEMPLO

6. Determina si la fracción $\frac{4}{15}$ es irreducible.

Div (4) = {1, 2, 4} Div (15) = {1, 3, 5, 15}

El numerador y el denominador no tienen divisores comunes a excepción del 1. La fracción es irreducible.

ACTIVIDADES

11 PRACTICA. Reduce a común denominador cada pareja de fracciones.

a) $\frac{2}{3}$ y $\frac{7}{12}$ b) $\frac{5}{18}$ y $\frac{3}{24}$ c) $\frac{11}{60}$ y $\frac{9}{48}$

12 PRACTICA. Determina qué fracciones de las siguientes son irreducibles.

a) $\frac{12}{84}$ b) $\frac{14}{33}$ c) $\frac{22}{15}$ d) $\frac{28}{21}$ e) $\frac{33}{39}$

13 APLICA. Reduce a común denominador cada grupo de fracciones.

a) $\frac{5}{2}$, $\frac{3}{4}$ y $\frac{3}{10}$ b) $\frac{2}{3}$, $\frac{5}{12}$, $\frac{3}{8}$ y $\frac{11}{20}$

14 REFLEXIONA. María dice que ha escrito una fracción irreducible cuyo numerador y denominador son números pares. ¿Es eso posible? ¿Por qué?

SABER HACER

Calcular la fracción irreducible de una fracción dada

Halla la fracción irreducible de $\frac{42}{98}$.

Pasos a seguir

1. Factorizamos el numerador y el denominador de la fracción.

$$\begin{array}{r|l} 42 & 2 \\ 21 & 3 \\ 7 & 7 \\ 1 & \end{array} \qquad \begin{array}{r|l} 98 & 2 \\ 49 & 7 \\ 7 & 7 \\ 1 & \end{array}$$

2. Calculamos el m.c.d. del numerador y del denominador.

$$\left.\begin{array}{l} 42 = 2 \cdot 3 \cdot 7 \\ 98 = 2 \cdot 7^2 \end{array}\right\} \rightarrow \text{m.c.d.}\ (42, 98) = 2 \cdot 7 = 14$$

3. Dividimos el numerador y el denominador por el m.c.d.

$$\frac{42}{98} = \frac{42:14}{98:14} = \frac{3}{7} \rightarrow \text{Fracción irreducible}$$

Si el m.c.d. del numerador y el denominador de la fracción es 1, significa que la fracción es irreducible.

ACTIVIDADES

15 Calcula la fracción irreducible de estas fracciones.

a) $\frac{40}{42}$ b) $\frac{10}{18}$ c) $\frac{60}{64}$ d) $\frac{90}{88}$ e) $\frac{70}{33}$ f) $\frac{70}{63}$

16 Completa en tu cuaderno estas fracciones para que sean irreducibles. ¿Existe una única solución?

a) $\frac{\square}{2}$ b) $\frac{4}{\square}$ c) $\frac{1}{\square}$ d) $\frac{\square}{6}$ e) $\frac{210}{\square}$ f) $\frac{\square}{19}$

17 ¿Hay alguna fracción equivalente a $\frac{80}{36}$ que sea irreducible? ¿Y a $\frac{27}{77}$? Justifica tu respuesta.

18 Escribe tres fracciones que sean equivalentes entre sí. Después, calcula la fracción irreducible de todas ellas. ¿Qué observas?

¿Crees que ocurre lo mismo para cualquier conjunto de fracciones equivalentes?

19 Simplifica estas fracciones hasta llegar a su fracción irreducible.

20 Piensa y escribe.

a) Dos fracciones irreducibles que tengan como numerador 2.

b) Dos fracciones irreducibles que tengan como denominador 2.

21 Marcos dice que puede obtener la fracción irreducible $\frac{1}{4}$ simplificando la fracción $\frac{140}{440}$. ¿Tiene razón Marcos? ¿Por qué?

22 Razona si las siguientes afirmaciones son ciertas o falsas.

a) Al reducir dos fracciones a común denominador, las fracciones que se obtienen no son irreducibles.

b) Dos fracciones irreducibles diferentes pueden ser equivalentes.

c) Las fracciones con numerador 1 son irreducibles.

d) Las fracciones cuyos términos son números primos distintos son irreducibles.

3 Comparación de fracciones

Para **comparar dos o más fracciones**, se siguen estos criterios:

- Si tienen igual denominador, es mayor la fracción que tiene mayor numerador.
- Si tienen igual numerador, es mayor la fracción que tiene menor numerador.
- Si tienen distinto numerador y denominador, se reducen primero a común denominador y, después, se comparan los numeradores.

EJEMPLO

7. Compara.

a) $\frac{5}{7}$ y $\frac{2}{7}$

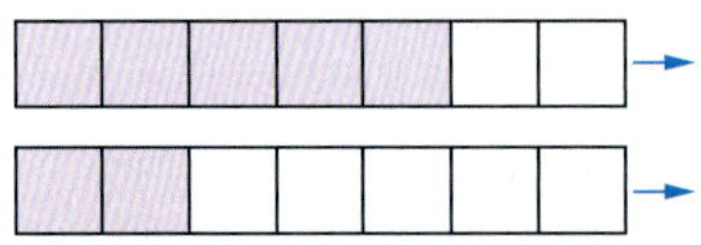

$\frac{5}{7}$, $\frac{2}{7}$ } $5 > 2 \rightarrow \frac{5}{7} > \frac{2}{7}$

b) $\frac{2}{5}$ y $\frac{2}{7}$

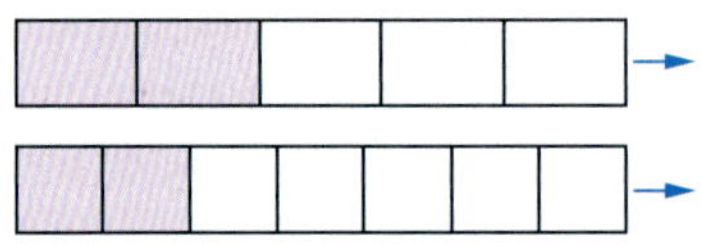

$\frac{2}{5}$, $\frac{2}{7}$ } $5 < 7 \rightarrow \frac{2}{5} > \frac{2}{7}$

c) $\frac{3}{4}$, $\frac{5}{8}$ y $\frac{7}{10}$

Como las tres fracciones tienen distinto numerador y denominador, reducimos primero a común denominador.

$$\text{m.c.m. } (4, 8, 10) = 40 \leftarrow \text{denominador común}$$

$$40 : 4 = 10 \rightarrow \frac{3}{4} = \frac{30}{40} \qquad 40 : 8 = 5 \rightarrow \frac{5}{8} = \frac{25}{40}$$

$$40 : 10 = 4 \rightarrow \frac{7}{10} = \frac{28}{40}$$

Ordenamos las fracciones:

$$\frac{25}{40} < \frac{28}{40} < \frac{30}{40} \rightarrow \frac{5}{8} < \frac{7}{10} < \frac{3}{4}$$

RESUELVE EL RETO

Escribe dos fracciones comprendidas entre $\frac{2}{3}$ y $\frac{10}{9}$.

NO OLVIDES

Para operar con fracciones y números enteros, podemos escribir los números como fracciones con denominador 1.

$$a = \frac{a}{1}$$

ACTIVIDADES

23 **PRACTICA.** Ordena de menor a mayor las siguientes fracciones.

a) $\frac{11}{7}$, $\frac{4}{7}$ y $\frac{9}{7}$

b) $\frac{15}{11}$, $\frac{15}{2}$ y $\frac{15}{9}$

c) $\frac{2}{3}$, $\frac{7}{12}$ y $\frac{13}{60}$

d) $\frac{4}{5}$, $\frac{9}{10}$ y $\frac{6}{15}$

24 **PRACTICA.** Escribe tres fracciones mayores que $\frac{11}{8}$ y otras tres menores.

25 **APLICA.** Ordena de mayor a menor.

a) $\frac{5}{2}$, 2 y $\frac{11}{4}$

b) 7, $\frac{20}{3}$ y $\frac{25}{6}$

c) $\frac{11}{4}$, $\frac{11}{5}$, 2 y $\frac{17}{8}$

d) $\frac{25}{4}$, 6, $\frac{23}{4}$ y $\frac{70}{12}$

26 **REFLEXIONA.** Indica cinco fracciones mayores que 4 con denominador 5 y otras cinco menores que 4 con numerador 27.

4 Operaciones con fracciones

4.1. Suma y resta de fracciones

- Para **sumar o restar** fracciones con **igual denominador**, se suman o se restan los numeradores y se deja el mismo denominador.
- Para **sumar o restar** fracciones con **distinto denominador**, se reducen primero a común denominador y, después, se suman o restan los numeradores dejando el nuevo denominador.

EJEMPLO

8. Resuelve estas operaciones.

a) $\frac{7}{6}+\frac{9}{6}-\frac{2}{6}-\frac{4}{6}=\frac{7+9-2-4}{6}=\frac{10}{6}=\frac{5}{3}$ (Simplificamos)

b) $\frac{1}{6}+\frac{3}{4}+\frac{3}{8}-\frac{7}{12}=\frac{4+18+9-14}{24}=\frac{17}{24}$

m.c.m. $(6, 4, 8, 12) = 24$

Las fracciones del tipo

$\frac{-a}{b}$ y $\frac{a}{-b}$

las escribimos $-\frac{a}{b}$.

$\frac{-2}{5}=\frac{2}{-5}=-\frac{2}{5}$

Son **fracciones negativas**.

Las fracciones del tipo

$\frac{-a}{-b}$

las escribimos $\frac{a}{b}$.

$\frac{-2}{-5}=\frac{2}{5}$

Son **fracciones positivas**.

4.2. Fracción opuesta

Dos fracciones son **opuestas** si la suma de las dos es cero.

Una fracción $\frac{a}{b}$ tiene siempre una fracción opuesta del tipo $\frac{-a}{b}$.

EJEMPLO

9. ¿Qué fracción es la opuesta de $\frac{3}{4}$?

Es $\frac{-3}{4}$, porque: $\frac{3}{4}+\frac{-3}{4}=\frac{3+(-3)}{4}=\frac{0}{4}=0$.

ACTIVIDADES

27 PRACTICA. Calcula y simplifica el resultado.

a) $\frac{2}{3}+\frac{5}{7}+\frac{7}{6}$

b) $4-\frac{14}{9}-\frac{17}{27}$

c) $2+\frac{4}{15}+\frac{7}{30}$

d) $\frac{25}{6}-\frac{7}{6}-\frac{4}{18}$

28 PRACTICA. Opera simplificando el resultado.

a) $\frac{15}{10}-\frac{12}{15}+\frac{4}{30}$

b) $\frac{6}{7}-\frac{2}{5}+\frac{8}{9}$

29 APLICA. Sara tiene 60 libros y presta 6 libros a Luis y 10 a David. ¿Qué fracción del total de libros le queda tras los préstamos?

30 REFLEXIONA. Calcula el valor de x.

$$\frac{x}{4}-3+\frac{3}{2}=\frac{11}{4}$$

31 REFLEXIONA. ¿Qué fracción es la opuesta de $-\frac{2}{5}$? ¿Y la opuesta de su opuesta?

4.3. Multiplicación y división de fracciones

El **producto de** dos o más **fracciones** es otra fracción que tiene como numerador el producto de los numeradores y como denominador el producto de los denominadores.

$$\frac{a}{b} \cdot \frac{c}{d} = \frac{a \cdot c}{b \cdot d}$$

Dos **fracciones** son **inversas** cuando su producto es igual a la unidad.

La fracción inversa de $\frac{a}{b}$, distinta de cero, es $\frac{b}{a}$.

EJEMPLOS

10. Calcula.

a) $\frac{3}{2} \cdot \frac{4}{5} = \frac{3 \cdot 4}{2 \cdot 5} = \frac{12}{10} = \frac{6}{5}$

b) $\frac{5}{4} \cdot 3 = \frac{5}{4} \cdot \frac{3}{1} = \frac{5 \cdot 3}{4 \cdot 1} = \frac{15}{4}$

11. ¿Cuál es la fracción inversa de $\frac{3}{4}$?

Es $\frac{4}{3}$, porque $\frac{4}{3} \cdot \frac{3}{4} = \frac{12}{12} = 1$.

Para **dividir dos fracciones**, multiplicamos la primera fracción por la fracción inversa de la segunda.

$$\frac{a}{b} : \frac{c}{d} = \frac{a}{b} \cdot \frac{d}{c} = \frac{a \cdot d}{b \cdot c}$$

RESUELVE EL RETO

Si divides una fracción propia entre una impropia, ¿cómo es la fracción que obtienes?

¿Y si divides una fracción impropia entre una propia?

EJEMPLO

12. Resuelve.

a) $\frac{5}{7} : \frac{3}{2} = \frac{5}{7} \cdot \frac{2}{3} = \frac{10}{21}$ (Inversa de $\frac{3}{2}$)

b) $\frac{5}{3} : 6 = \frac{5}{3} \cdot \frac{1}{6} = \frac{5}{18}$ (Inversa de $\frac{6}{1}$)

ACTIVIDADES

32 PRACTICA. Calcula y simplifica, si se puede.

a) $\frac{3}{2} \cdot \frac{2}{7}$ c) $\frac{7}{2} \cdot \frac{3}{11}$ e) $6 \cdot \frac{7}{4}$

b) $\frac{3}{4} \cdot \frac{8}{5}$ d) $\frac{9}{2} \cdot 4$ f) $\frac{7}{4} \cdot \frac{2}{3} \cdot \frac{12}{5}$

33 PRACTICA. Opera y da la fracción irreducible.

a) $\frac{3}{2} : \frac{2}{7}$ c) $\frac{7}{5} : \frac{8}{6}$ e) $6 : \frac{7}{4}$

b) $\frac{5}{7} : \frac{7}{5}$ d) $\frac{9}{2} : 4$ f) $\frac{7}{3} : \frac{2}{4} : \frac{5}{6}$

34 APLICA. Teo ha regado $\frac{3}{4}$ partes del jardín; $\frac{2}{3}$ de ellas son de césped. ¿Qué fracción de jardín es la parte de césped que ha regado?

35 REFLEXIONA. Cada hora se consume $\frac{1}{4}$ de una vela. Si queda $\frac{1}{2}$ vela, ¿cuántas horas durará encendida?

36 REFLEXIONA. ¿Cuál es la fracción inversa de la fracción inversa de $\frac{2}{5}$?

SABER HACER

Resolver operaciones con fracciones negativas

Resuelve estas operaciones.

a) $\frac{9}{2}+\left(-\frac{5}{4}\right)$ b) $\frac{3}{4}-\left(-\frac{4}{5}\right)$ c) $\left(-\frac{2}{3}\right)\cdot\frac{1}{4}$ d) $-\frac{3}{5}:\left(-\frac{6}{7}\right)$

Pasos a seguir

Sumas y restas

1. Eliminamos los paréntesis aplicando la regla de los signos.

a) $\frac{9}{2}+\left(-\frac{5}{4}\right)=\frac{9}{2}-\frac{5}{4}$ ($+\cdot-=-$)

b) $\frac{3}{4}-\left(-\frac{4}{5}\right)=\frac{3}{4}+\frac{4}{5}$ ($-\cdot-=+$)

2. Operamos con las fracciones resultantes.

a) $\frac{9}{2}-\frac{5}{4}=\frac{18-5}{4}=\frac{13}{4}$

b) $\frac{3}{4}+\frac{4}{5}=\frac{15+16}{20}=\frac{31}{20}$

Multiplicaciones y divisiones

1. Resolvemos la operación prescindiendo del signo.

c) $\frac{2}{3}\cdot\frac{1}{4}=\frac{2\cdot 1}{3\cdot 4}=\frac{2}{12}=\frac{1}{6}$

d) $\frac{3}{5}:\frac{6}{7}=\frac{3}{5}\cdot\frac{7}{6}=\frac{3\cdot 7}{5\cdot 6}=\frac{21}{30}=\frac{7}{10}$

2. Aplicamos la regla de los signos.

c) $\left(-\frac{2}{3}\right)\cdot\frac{1}{4}=-\frac{1}{6}$ ($-\cdot+=-$)

d) $-\frac{3}{5}:\left(-\frac{6}{7}\right)=\frac{7}{10}$ ($-\cdot-=+$)

Recuerda la regla de los signos:

$+\cdot+=+$
$-\cdot-=+$
$+\cdot-=-$
$-\cdot+=-$

$+:+=+$
$-:-=+$
$+:-=-$
$-:+=-$

ACTIVIDADES

37 Resuelve estas operaciones.

a) $-2+\frac{3}{6}$

b) $\frac{3}{-5}+\left(-\frac{2}{7}\right)$

c) $\frac{-2}{5}+(-5)$

d) $-\left(\frac{-1}{4}\right)-\left(-\frac{5}{6}\right)$

38 Opera, calculando de izquierda a derecha.

a) $\frac{1}{5}-2+\left(-\frac{4}{9}\right)$

b) $\frac{5}{3}-\left(-\frac{4}{9}\right)+\left(\frac{5}{-6}\right)$

c) $1-\left(\frac{3}{-5}\right)+\left(-\frac{2}{7}\right)$

d) $-\left(\frac{1}{-2}\right)-5+\left(\frac{-3}{4}\right)$

39 Completa en tu cuaderno.

a) $\frac{-1}{5}+\frac{\square}{\square}=-\frac{3}{20}$

b) $\frac{\square}{\square}-\left(\frac{3}{-2}\right)=-\frac{1}{4}$

c) $\frac{\square}{\square}+\left(\frac{-6}{7}\right)=-\frac{1}{3}$

d) $5-\frac{\square}{\square}=-\frac{1}{3}$

40 Halla qué operaciones dan el mismo resultado.

a) $\frac{5}{3}:\left(-\frac{3}{5}\right)$

b) $\frac{4}{3}\cdot\left(-\frac{2}{11}\right)$

c) $\frac{-6}{5}:\left(-\frac{7}{4}\right)$

d) $\frac{5}{9}\cdot(-5)$

41 Opera, calculando de izquierda a derecha.

a) $\frac{2}{3}:\frac{3}{4}\cdot\left(-\frac{1}{5}\right)$

b) $\left(-\frac{7}{3}\right)\cdot\frac{4}{5}:\frac{1}{6}$

c) $-\frac{2}{3}:\left(\frac{-3}{4}\right)\cdot\left(-\frac{2}{7}\right)$

d) $-\left(\frac{1}{-2}\right):(-5)\cdot\left(\frac{3}{-10}\right)$

42 Completa estas igualdades en tu cuaderno.

a) $\left(-\frac{2}{3}\right)\cdot\frac{\square}{\square}=\frac{14}{15}$

b) $\frac{\square}{\square}:\left(\frac{2}{-7}\right)=\frac{18}{7}$

c) $\frac{\square}{\square}\cdot\frac{2}{7}=-\frac{22}{21}$

d) $\left(\frac{2}{3}\right):\frac{\square}{\square}=\frac{-16}{27}$

5 Operaciones combinadas con fracciones

Para realizar **operaciones combinadas con fracciones**, hay que seguir este orden:

1.º Se realizan las operaciones que hay entre paréntesis y corchetes, de dentro hacia fuera.

2.º Se resuelven las multiplicaciones y divisiones, de izquierda a derecha.

3.º Se resuelven las sumas y restas, de izquierda a derecha.

EJEMPLO

13. Calcula.

a) $\frac{3}{4} - 4 + \frac{5}{6} : \frac{1}{3} + \frac{7}{8} \cdot \frac{5}{2} - 1$

Multiplicaciones y divisiones

$$\frac{3}{4} - 4 + \frac{15}{6} + \frac{35}{16} - 1 =$$

m.c.m. (4, 6, 16) = 48

$$= \frac{36}{48} - \frac{192}{48} + \frac{120}{48} + \frac{105}{48} - \frac{48}{48} = \frac{21}{48} = \frac{7}{16}$$

Simplificando

b) $-5 + \frac{2}{5} + 2 : \left(-\frac{5}{3}\right) + \left(-\frac{3}{2}\right) \cdot \frac{4}{5}$

Multiplicaciones y divisiones

$$-5 + \frac{2}{5} - \frac{6}{5} - \frac{12}{10} =$$

m.c.m. (5, 10) = 10

$$= -\frac{50}{10} + \frac{4}{10} - \frac{12}{10} - \frac{12}{10} = -\frac{70}{10} = -7$$

Simplificando

ACTIVIDADES

43 PRACTICA. Realiza estas operaciones.

a) $\frac{11}{7} + \frac{4}{5} : \frac{9}{2}$

b) $-\frac{13}{60} \cdot \frac{9}{8} - \frac{31}{44}$

c) $\frac{2}{3} : \frac{7}{12} - \frac{13}{6} \cdot 3$

d) $\frac{4}{5} + 4 \cdot \frac{9}{10} - \frac{6}{15}$

44 PRACTICA. Calcula.

a) $-\frac{11}{7} + \frac{4}{5} : 4 - \frac{1}{2}$

b) $-3 - \frac{3}{2} : \frac{3}{4} \cdot \frac{2}{7}$

c) $\frac{2}{3} - \frac{7}{12} - 5 \cdot \left(\frac{-3}{5}\right) : \frac{1}{7}$

d) $6 + \frac{4}{5} - \frac{3}{4} : \frac{8}{3} - \frac{17}{60}$

45 APLICA. Haz estas operaciones.

a) $\frac{12}{5} : 3 - \frac{9}{2} \cdot (-4) - \frac{4}{9} \cdot \left(\frac{-3}{5}\right) - \frac{1}{3}$

b) $-\frac{17}{6} + 2 \cdot \frac{11}{6} \cdot (-3) - \frac{7}{2} + \frac{7}{12} : \left(\frac{-7}{6}\right)$

c) $\frac{5}{4} \cdot \frac{3}{7} - 3 + \frac{11}{6} : (-2) \cdot \frac{3}{14} - 4$

46 REFLEXIONA. Completa en tu cuaderno.

a) $\frac{\square}{2} - \frac{3}{4} : \frac{1}{2} = 3$

b) $\frac{-2}{3} \cdot \frac{5}{\square} - 1 = \frac{-11}{6}$

SABER HACER

Resolver operaciones combinadas con fracciones

Resuelve esta operación.

$$\frac{3}{5}-\frac{2}{3}\cdot\frac{3}{4}+\left(2-\frac{1}{3}\right):\left[\left(\frac{1}{2}-3\right):2\right]$$

Para sumar o restar un número entero y una fracción:

$$2-\frac{1}{3}=\frac{2\cdot 3}{3}-\frac{1}{3}=\frac{6}{3}-\frac{1}{3}$$

Transformamos el número entero en fracción con el mismo denominador que la fracción que queremos sumarle o restarle.

Pasos a seguir

1. Resolvemos las operaciones de dentro de los corchetes y de los paréntesis.

$$\frac{3}{5}-\frac{2}{3}\cdot\frac{3}{4}+\left(2-\frac{1}{3}\right):\left[\left(\frac{1}{2}-3\right):2\right]=$$

Como fracción

$$=\frac{3}{5}-\frac{2}{3}\cdot\frac{3}{4}+\left(2-\frac{1}{3}\right):\left[\left(\frac{1}{2}-\frac{6}{2}\right):2\right]=$$

$$=\frac{3}{5}-\frac{2}{3}\cdot\frac{3}{4}+\left(\frac{6}{3}-\frac{1}{3}\right):\left[\left(-\frac{5}{2}\right):2\right]=$$

2. Calculamos las multiplicaciones y divisiones de izquierda a derecha.

$$=\frac{3}{5}-\frac{2}{3}\cdot\frac{3}{4}+\frac{5}{3}:\left(-\frac{5}{4}\right)=$$

$$=\frac{3}{5}-\frac{6}{12}-\frac{20}{15}=$$

m.c.m. (5, 12, 15) = 60

3. Calculamos las sumas y restas de izquierda a derecha.

$$=\frac{36}{60}-\frac{30}{60}-\frac{80}{60}=-\frac{74}{60}=-\frac{37}{30}$$

ACTIVIDADES

47 Calcula. No olvides simplificar, si puedes, el resultado.

a) $\left(\frac{7}{3}-\frac{2}{8}\right):\left(1-\frac{5}{15}\right)$

b) $-\frac{15}{11}\cdot\frac{9}{8}-\frac{31}{44}$

c) $2-\left[\frac{1}{2}-\left(\frac{3}{4}\cdot\frac{8}{2}+1\right)\right]-\frac{4}{3}$

d) $\frac{2}{3}-\frac{7}{12}\cdot\left(\frac{13}{6}-2\right)-\frac{1}{3}$

e) $\frac{4}{5}+4\cdot\frac{9}{10}-\frac{6}{15}$

f) $-3\cdot\frac{4}{5}-\frac{3}{4}+\left(2:\frac{9}{10}\right)$

g) $\frac{2}{3}+\frac{2}{5}\cdot\frac{7}{2}-\left(\frac{4}{3}-\frac{2}{5}:\frac{2}{4}\right)$

h) $\frac{2}{3}+\left[\frac{7}{5}-\left(1-\frac{2}{3}\right):\frac{3}{4}\right]+(-5)\cdot\frac{13}{60}-3$

48 Calcula estas operaciones y simplifica.

a) $4+\frac{1}{7}:\left(\frac{1}{2}+\frac{2}{3}\right)-\frac{8}{5}\cdot\frac{3}{4}$

b) $\frac{7}{11}\cdot\left(\frac{6}{5}-\frac{5}{6}\right):\frac{2}{11}+3\cdot\frac{5}{7}$

c) $\frac{2}{5}:\left(\frac{5}{3}-\frac{1}{5}+\frac{2}{15}\right)\cdot\frac{5}{2}+1:\frac{3}{4}$

d) $\frac{2}{5}:\left(\frac{5}{3}:\frac{2}{5}\right)\cdot\frac{5}{2}-\left(\frac{7}{5}+\frac{8}{3}\right)$

e) $\left[\left(\frac{2}{3}-\frac{1}{4}\right)\cdot 2-\frac{1}{10}\right]\cdot\left(\frac{2}{7}-\frac{5}{2}\right)$

f) $2-\frac{3}{2}\cdot\left[(-3):\left(\frac{1}{5}+\frac{1}{10}\right)\right]$

g) $\frac{8}{3}-\left[7\cdot\left(\frac{8}{3}+2:\frac{1}{6}\right)\right]$

h) $\left(4+\frac{1}{3}\right):7-\left(\frac{1}{2}\cdot\frac{3}{2}-3\right)$

ACTIVIDADES FINALES

Fracciones

49 Expresa estas situaciones con una fracción.

a) Marcos ha conseguido 180 cromos de los 200 que tiene la colección completa.

b) Alba ha esperado el autobús tres cuartos de hora.

c) Juan ha recolectado cinco doceavas partes de la cosecha.

d) Marina duerme ocho horas diarias.

e) Álex va a su pueblo, que está a 50 km, y ya ha recorrido 22 km.

f) Cuatro séptimas partes del presupuesto de un país se destinan a sanidad.

50 La parte coloreada de esta figura representa la cantidad de alumnos de un colegio que se quedan a comer cada día.

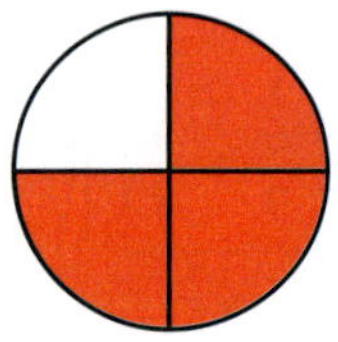

a) Expresa en forma de fracción la cantidad de alumnos que usan el comedor cada día.

b) Si en el colegio hay 1 452 alumnos, ¿cuántos asisten al comedor cada día?

51 Representa gráficamente las siguientes fracciones y exprésalas como un cociente.

a) $\frac{3}{5}$ b) $\frac{5}{8}$ c) $\frac{9}{10}$ d) $\frac{7}{16}$

52 Silvia camina diariamente 1 056 m para ir al instituto. Si ya ha recorrido 704 m, ¿qué fracción del total representa el camino recorrido? ¿Qué fracción del camino le falta por recorrer?

53 En un libro de cocina hemos encontrado una receta con los siguientes ingredientes:

- $\frac{1}{2}$ kg de queso tipo Burgos
- $\frac{1}{10}$ de un paquete de kilo de harina de trigo
- 4 huevos de 60 g cada uno
- $\frac{1}{5}$ de un paquete de kilo de azúcar
- $\frac{6}{10}$ de un brik de litro de leche entera
- $\frac{6}{100}$ de un paquete de kilo de mantequilla

Expresa la cantidad necesaria, en gramos o en mililitros, de cada uno de los ingredientes.

54 Calcula.

a) $\frac{1}{10}$ de 15 b) $\frac{12}{5}$ de 35 c) $\frac{7}{4}$ de $\frac{12}{8}$

55 Determina.

a) Tres cuartas partes de 100 €.

b) Dos quintas partes de una hora.

c) Tres veinteavas partes de un huerto de 500 m^2.

d) Dos terceras partes de un listón de 15 m.

56 Calcula.

a) $\frac{2}{3}$ de $\frac{3}{4}$ de 80 b) $\frac{2}{7}$ de $\frac{3}{5}$ de 140

57 Clasifica estas fracciones en propias, impropias o iguales que la unidad.

a) $\frac{13}{5}$ c) $\frac{8}{7}$ e) $\frac{23}{6}$ g) $\frac{7}{7}$

b) $\frac{7}{8}$ d) $\frac{12}{12}$ f) $\frac{4}{9}$ h) $\frac{15}{13}$

58 Piensa y escribe todas las fracciones:

a) Impropias positivas de numerador 5.

b) Propias positivas con denominador menor que 5.

Fracciones equivalentes

59 Determina si estas fracciones son equivalentes.

a) $\frac{2}{5}$ y $\frac{3}{10}$ b) $\frac{-7}{5}$ y $\frac{21}{-15}$ c) $\frac{32}{12}$ y $\frac{8}{3}$

60 Comprueba si son equivalentes.

a) $\frac{5}{200}, \frac{5}{40}$ y $\frac{1}{8}$ b) $-\frac{225}{1500}, \frac{-15}{100}$ y $-\frac{9}{60}$

SABER HACER

Calcular un término desconocido para que dos fracciones sean equivalentes

61 Calcula el término que falta para que estas fracciones sean equivalentes.

a) $\frac{15}{\square} = \frac{5}{3}$ b) $\frac{12}{10} = \frac{\square}{5}$

PRIMERO. Se multiplican en cruz los términos.

a) $\frac{15}{\square} = \frac{5}{3} \rightarrow 15 \cdot 3 = \square \cdot 5$

b) $\frac{12}{10} = \frac{\square}{5} \rightarrow 12 \cdot 5 = 10 \cdot \square$

SEGUNDO. Se resuelve la multiplicación.

a) $15 \cdot 3 = \square \cdot 5 \rightarrow 45 = \square \cdot 5$

b) $12 \cdot 5 = 10 \cdot \square \rightarrow 60 = 10 \cdot \square$

TERCERO. Se halla el número que cumple la igualdad.

a) Un número que multiplicado por 5 da 45 $\rightarrow \square = 9$

b) Un número que multiplicado por 10 da 60 $\rightarrow \square = 6$

62 Completa en tu cuaderno el número que falta para que las fracciones sean equivalentes.

a) $\frac{6}{\square} = \frac{9}{3}$ c) $\frac{8}{12} = \frac{2}{\square}$

b) $\frac{4}{5} = \frac{\square}{10}$ d) $\frac{\square}{9} = \frac{8}{18}$

63 Determina el valor de x en cada caso.

a) $\frac{2}{15} = \frac{x}{45}$ c) $\frac{x}{-7} = \frac{-60}{42}$

b) $\frac{3}{13} = \frac{12}{x}$ d) $\frac{x}{19} = \frac{9}{57}$

64 Calcula una fracción equivalente a:

a) $\frac{3}{24}$, que tenga como numerador 6.

b) $\frac{1}{18}$, que tenga como numerador 5.

c) $\frac{10}{3}$, que tenga como denominador 21.

d) $\frac{13}{7}$, que tenga como denominador 56.

65 Halla el valor de las letras para que las fracciones sean equivalentes.

a) $\frac{15}{100} = \frac{3}{x} = \frac{y}{200}$ c) $\frac{75}{90} = \frac{x}{6} = \frac{25}{y}$

b) $\frac{2}{28} = \frac{44}{x} = \frac{y}{14}$ d) $\frac{x}{24} = \frac{24}{y} = \frac{48}{72}$

66 Reduce a común denominador.

a) $\frac{2}{5}, \frac{7}{10}$ y $\frac{14}{30}$ c) $\frac{5}{6}, \frac{7}{8}, \frac{9}{10}$ y $\frac{11}{20}$

b) $\frac{11}{4}, \frac{9}{10}$ y $\frac{12}{15}$ d) $\frac{5}{4}, \frac{7}{6}, \frac{9}{12}$ y $\frac{1}{15}$

67 Calcula la fracción irreducible.

a) $\frac{10}{15}$ c) $\frac{22}{16}$ e) $\frac{144}{60}$

b) $\frac{252}{153}$ d) $\frac{140}{180}$ f) $\frac{68}{80}$

68 Copia en tu cuaderno y completa las fracciones para que sean irreducibles.

a) $\frac{\square}{4}$ c) $\frac{5}{\square}$ e) $\frac{60}{\square}$

b) $\frac{\square}{3}$ d) $\frac{6}{\square}$ f) $\frac{10}{\square}$

69 Responde razonadamente a estas cuestiones.

a) ¿Existe alguna fracción equivalente a $\frac{2}{5}$ que sea irreducible?

b) ¿Hay alguna fracción equivalente a $\frac{2}{5}$ que tenga como denominador 12?

c) ¿Existe alguna fracción equivalente a $\frac{2}{5}$ que tenga por numerador -10?

70 Para simplificar una fracción hemos dividido el numerador y el denominador por 5 y hemos obtenido la fracción $\frac{163}{37}$. ¿Es irreducible? ¿Cuál era la fracción original?

Comparación de fracciones

71 Ordena de menor a mayor.

a) $\frac{11}{5}, \frac{9}{5}, \frac{13}{5}, \frac{7}{5}$ d) $\frac{12}{5}, 3, \frac{19}{6}, \frac{32}{10}$

b) $\frac{13}{7}, \frac{13}{3}, \frac{13}{8}, \frac{13}{2}$ e) $2, \frac{11}{2}, \frac{23}{4}, \frac{27}{5}$

c) $\frac{6}{5}, \frac{5}{4}, \frac{7}{6}, \frac{3}{2}$ f) $-\frac{8}{7}, -3, \frac{1}{2}, \frac{9}{14}$

72 En una fiesta, Pablo come $\frac{3}{14}$ de una tarta y Jon $\frac{15}{70}$ de una tarta igual. ¿Quién ha comido más tarta? Razona tu respuesta.

73 Ordena, de mayor a menor.

a) $\frac{2}{5}, \frac{-1}{3}, \frac{4}{9}, \frac{-1}{4}$ y $\frac{5}{2}$ b) $\frac{3}{5}, \frac{1}{3}, \frac{-3}{8}$ y $\frac{-9}{4}$

74 Escribe una fracción comprendida entre cada pareja de fracciones.

Operaciones con fracciones

75 Resuelve estas sumas y restas.

a) $\frac{5}{12} + \frac{34}{12} + \frac{27}{12}$ c) $\frac{15}{6} - \frac{24}{9} + \frac{8}{2}$

b) $\frac{47}{6} - \frac{19}{6} - \frac{37}{6}$ d) $\frac{54}{7} + \frac{12}{11} + \frac{33}{13}$

76 Calcula.

a) $2 - \frac{1}{2}$ d) $\frac{3}{7} + \frac{11}{21} - 5 - \frac{12}{5}$

b) $\frac{4}{15} - 1 + \frac{8}{10}$ e) $-\frac{5}{2} + 8 - \frac{4}{6}$

c) $\frac{-12}{5} - 6$ f) $-5 + \frac{1}{8} - 2 + \frac{10}{9}$

77 Escribe la fracción opuesta de cada una.

a) $\frac{2}{3}$ b) $\frac{-3}{710}$ c) $\frac{12}{-5}$ d) $\frac{-17}{-3}$

ACTIVIDADES FINALES

78 Haz estas operaciones.

a) $2-\left(\frac{6}{11}+\frac{15}{2}\right)$

b) $-7+\left(\frac{26}{8}-4\right)$

c) $\left(\frac{6}{4}-\frac{5}{2}\right)-\left(\frac{3}{8}+\frac{13}{3}\right)$

d) $\left(4+\frac{1}{5}\right)-\left(\frac{-1}{3}+\frac{2}{5}-9\right)$

e) $\left(\frac{9}{5}+\frac{1}{3}\right)+\left(\frac{-6}{4}+\frac{7}{2}\right)+\frac{14}{8}$

79 Resuelve estas multiplicaciones.

a) $\frac{18}{4}\cdot\frac{2}{-11}$

b) $\frac{8}{15}\cdot 15$

c) $\frac{9}{12}\cdot\frac{6}{5}\cdot(-1)$

d) $\frac{7}{10}\cdot\frac{-14}{3}$

80 Escribe la fracción inversa en cada caso.

a) $\frac{4}{5}$ b) $-\frac{2}{7}$ c) $\frac{-1}{-6}$ d) $\frac{8}{-9}$

81 Resuelve estas divisiones de dos formas.

a) $\frac{8}{5}:\frac{7}{9}$

b) $\frac{-6}{8}:\frac{10}{5}$

c) $\frac{11}{3}:\frac{7}{3}$

d) $\frac{-25}{2}:\frac{17}{-3}$

82 Opera.

a) $4:\frac{-2}{5}:\frac{10}{3}$

b) $\frac{11}{3}:\frac{6}{4}:\frac{-15}{6}$

c) $\frac{3}{5}\cdot(-2):\frac{5}{6}$

d) $(-2):\frac{1}{14}:\frac{4}{9}$

e) $\frac{7}{2}:\frac{6}{9}:(-2)$

f) $\frac{2}{7}:4\cdot\frac{28}{3}$

SABER HACER

Operar con fracciones que tienen una operación en el numerador y el denominador

83 Calcula: $\dfrac{5\cdot\frac{3}{2}}{\frac{2}{3}+\frac{1}{6}}$

PRIMERO. Se resuelven las operaciones que hay en el numerador y en el denominador.

$$5\cdot\frac{3}{2}=\frac{15}{2} \qquad \frac{2}{3}+\frac{1}{6}=\frac{4}{6}+\frac{1}{6}=\frac{5}{6}$$

SEGUNDO. Se escribe la nueva fracción con los resultados obtenidos y se opera.

$$\frac{5\cdot\frac{3}{2}}{\frac{2}{3}+\frac{1}{6}}=\frac{\frac{15}{2}}{\frac{5}{6}}\xrightarrow{\text{dividimos}}\frac{15}{2}:\frac{5}{6}=\frac{90}{10}=9$$

84 Opera.

a) $\dfrac{1}{\frac{1}{5}}$

b) $\dfrac{\frac{-9}{15}}{\frac{7}{4}}$

c) $\dfrac{\frac{2}{6}+\frac{12}{3}}{\frac{4}{5}}$

d) $\dfrac{\frac{1}{5}}{\frac{15}{-4}}$

e) $\dfrac{\frac{12}{7}-\frac{4}{9}}{\frac{3}{2}+\frac{5}{6}}$

f) $\dfrac{\frac{1}{6}+3}{1-\frac{4}{3}}$

85 Calcula.

a) $\frac{-1}{2}:\frac{3}{8}\cdot\frac{5}{6}$

b) $\frac{2}{3}-\frac{7}{8}\cdot\frac{1}{4}$

c) $\left(\frac{2}{3}-\frac{7}{8}\right)\cdot\frac{1}{4}$

d) $5-\frac{4}{9}:\frac{2}{3}$

e) $\left(5-\frac{4}{9}\right):\frac{2}{3}$

f) $5-\frac{4}{9}\cdot\frac{2}{3}$

g) $5\cdot\frac{4}{9}:\frac{2}{3}$

h) $5\cdot\frac{4}{9}-\frac{2}{3}$

i) $5\cdot\frac{4}{9}+\frac{2}{3}$

j) $\left(5+\frac{4}{9}\right)\cdot\frac{2}{3}$

86 Haz estas operaciones, indicando los pasos realizados.

a) $\frac{3}{8}\cdot\left(\frac{1}{2}-\frac{2}{5}\right)-1$

b) $\frac{3}{8}\cdot\frac{1}{2}-\frac{2}{5}-1$

c) $\frac{5}{3}-\frac{2}{5}\cdot\left(\frac{7}{2}-\frac{1}{3}\right)$

d) $\left(\frac{5}{3}-\frac{2}{5}\right)\cdot\frac{7}{2}-\frac{1}{3}$

87 Opera.

a) $\left(\frac{1}{5}+\frac{7}{8}\right):\frac{4}{6}-\frac{1}{3}$

b) $\left(\frac{1}{5}+\frac{7}{8}:\frac{4}{6}\right)-\frac{1}{3}$

c) $\frac{1}{5}+\frac{7}{8}:\frac{4}{6}-\frac{1}{3}$

d) $\frac{1}{5}+\frac{7}{8}:\left(\frac{4}{6}-\frac{1}{3}\right)$

e) $\frac{1}{5}+\left(\frac{7}{8}:\frac{4}{6}-\frac{1}{3}\right)$

f) $\left(\frac{1}{5}+\frac{7}{8}\right):\left(\frac{4}{6}-\frac{1}{3}\right)$

88 Realiza las siguientes operaciones.

a) $\frac{5}{3}-\left(\frac{2}{5}\cdot\frac{7}{2}\right)-\frac{1}{3}$

b) $\frac{5}{3}-\left(\frac{2}{5}\cdot\frac{7}{2}-\frac{1}{3}\right)$

c) $\left(\frac{2}{3}\cdot 5-\frac{3}{4}\right)\cdot\frac{7}{2}$

d) $\left[\left(-\frac{7}{3}\right)\cdot\frac{4}{5}-2\right]\cdot\frac{5}{3}$

e) $\left(\frac{5}{4}-\frac{3}{8}\cdot\frac{4}{9}\right)-\frac{4}{5}\cdot 2$

f) $-3\cdot\frac{4}{15}-\left(\frac{7}{8}\cdot 5-9\right)$

89 Calcula.

a) $\left(\frac{3}{2}-\frac{1}{5}+\frac{1}{10}\right)\cdot 5-\frac{3}{4}\cdot\frac{6}{5}$

b) $\left[\left(\frac{3}{2}-\frac{1}{5}\right)\cdot 5-\frac{1}{10}\right]\cdot\frac{3}{4}-\frac{6}{5}$

c) $1-\frac{3}{2}\cdot 4-\frac{1}{3}\cdot\left(\frac{1}{5}-\frac{1}{10}\right)$

d) $1-\left[\frac{3}{2}\cdot 5-\frac{1}{2}\cdot\left(\frac{2}{3}+\frac{1}{9}\right)\right]$

90 Calcula.

a) $\left[8 - \frac{16}{5} \cdot \frac{4}{2} - \left(\frac{2}{9} - \frac{7}{2}\right) \cdot (-5)\right]$

b) $\frac{5}{6} \cdot \left[\frac{1}{3} - \frac{5}{6} + \left(\frac{4}{18} - \frac{16}{6}\right) \cdot 5\right] - 2$

c) $\frac{2}{5} \cdot \left(\frac{6}{4} + \frac{1}{10} - 4 \cdot \frac{2}{5}\right) \cdot 7 - \frac{8}{7}$

d) $\frac{2}{8} - \left(\frac{16}{5} - 6 \cdot \frac{16}{5}\right) + \frac{1}{3} \cdot \left(5 - \frac{1}{3} \cdot \frac{5}{2}\right)$

e) $9 - \frac{1}{3} : \left[4 + \left(\frac{2}{10} - \frac{6}{5}\right) \cdot \frac{12}{7} + \frac{5}{3}\right]$

f) $\frac{2}{5} : \frac{1}{10} \cdot (-2) - \left[\left(\frac{1}{8} - \frac{3}{4} : \frac{7}{4}\right) \cdot \frac{5}{3} + \frac{6}{11}\right]$

Problemas con fracciones

91 En una clase de 2.º ESO se hacen votaciones para escoger al delegado de la clase, y los resultados son: María, 14 votos; Julia, 6 votos; Álex, 8 votos, y Carlos, 2 votos. Escribe la fracción que representa la cantidad de votos que ha recibido cada uno de los candidatos.

92 Este dibujo corresponde a la distribución que un hortelano ha hecho de su huerto.

Expresa con una fracción la parte de cada tipo de cultivo, y determina los metros cuadrados que representa, sabiendo que el terreno tiene 2 600 m².

SABER HACER

Calcular una parte de un total

93 Martín compró 24 fresas para hacer pasteles. Le sobró un cuarto. ¿Cuántas gastó?

PRIMERO. Se calcula la fracción de fresas que usó.

$$1 - \frac{1}{4} = \frac{1}{1} - \frac{1}{4} = \frac{4}{4} - \frac{1}{4} = \frac{3}{4}$$

SEGUNDO. Se halla la fracción del número total.

$$\frac{3}{4} \text{ de } 24 = \frac{3 \cdot 24}{4} = \frac{72}{4} = 18$$

Martín gastó 18 fresas.

94 Si de los 450 pacientes que hay ingresados en un hospital, dos quintas partes están en la zona de traumatología, ¿qué fracción representa el resto de pacientes? Calcula cuántos pacientes hay de cada tipo.

95 En un centro deportivo, dos séptimas partes de los abonados practican *aquagym*; tres quintas partes, pilates; una décima parte, yoga, y los demás, otras modalidades. ¿Qué fracción representan los abonados que no practican ninguna de estas modalidades?

96 De los 750 km que separan Barcelona de Valladolid, una familia ha recorrido una quinta parte antes de comer, y una tercera parte más, después de comer. Calcula los kilómetros que les faltan por recorrer y los que han recorrido en cada tramo.

SABER HACER

Calcular el total si conocemos una parte

97 Marcos ha recorrido 90 km, que son $\frac{3}{7}$, del camino que ha de hacer. ¿Cuál es la longitud total del camino?

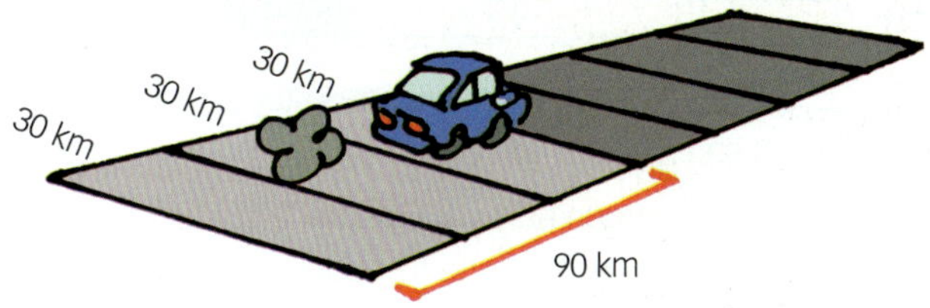

PRIMERO. Se calcula cuántos metros son una parte.

Si $\frac{3}{7}$ son 90 km → $\frac{1}{7}$ son 90 : 3 = 30 km

SEGUNDO. Se halla la longitud total del camino.

Si una de las 7 partes son 30 km, las 7 partes son:

$$30 \cdot 7 = 210 \text{ km}$$

La longitud total del camino es 210 km.

98 En una competición de atletismo tres quintos de los participantes son mujeres. Si hay 252 mujeres, ¿cuántos hombres participan en la competición?

ACTIVIDADES FINALES

99 Un autocar ha invertido 24 minutos en hacer dos quintas partes del trayecto que separa la casa de Manuel del instituto. ¿Cuánto tiempo invertirá en hacer todo el trayecto?

100 Marta recorre en cuatro horas dos terceras partes de un trayecto, mientras que Enrique tarda tres horas. ¿Cuánto tardará cada uno en hacer todo el trayecto?

101 De los alumnos de una clase de 2.º ESO, dos quintas partes, que son 14 alumnos, practican algún tipo de deporte fuera del horario escolar. Tres séptimas partes estudian otro idioma, y el resto no hace ningún tipo de actividad extraescolar.

a) ¿Cuántos alumnos hay en total en la clase?

b) ¿Cuántos alumnos estudian otro idioma?

c) ¿Cuántos alumnos no hacen ningún tipo de actividad extraescolar?

SABER HACER

Calcular una fracción de otra fracción

102 Tres quintas partes de las flores de un parque son margaritas, y de estas margaritas, cinco sextas partes son rojas. ¿Qué fracción del total de flores representan las margaritas rojas?

PRIMERO. Se representa gráficamente la situación:

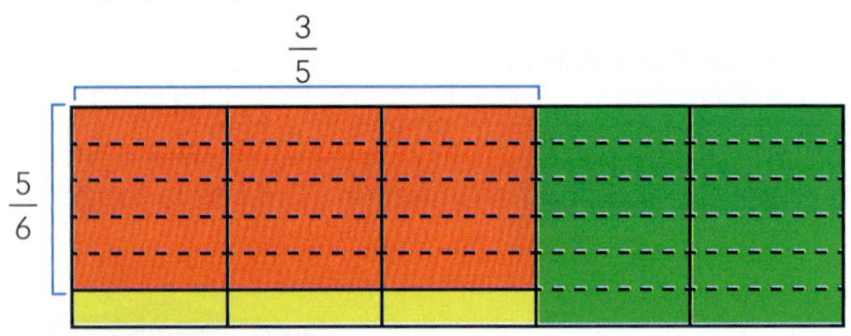

El dibujo queda dividido en 30 partes iguales, de las cuales 15 son margaritas rojas.

SEGUNDO. Se averigua numéricamente la solución, calculando la fracción de una fracción.

$$\frac{5}{6} \text{ de } \frac{3}{5} = \frac{5}{6} \cdot \frac{3}{5} = \frac{15}{30} = \frac{1}{2}$$

Representan la mitad del total de flores.

103 Jana gasta cuatro quintas partes del presupuesto que tiene asignado una empresa, y Ferrán dos terceras partes del presupuesto que quedaba. ¿Qué fracción del total del presupuesto queda ahora mismo?

104 Juan tiene asignada una paga mensual de la que ya ha gastado cuatro séptimas partes. De lo que le queda, presta a su hermana dos tercios y todavía le sobran 10 €. ¿Cuánto recibe de paga?

105 Marco ha comido tres octavas partes de una pizza y Helena una quinta parte de lo que quedaba. ¿Qué porción de la pizza ha sobrado? Representa gráficamente el problema y resuélvelo.

106 En una tienda, una falda que cuesta 25 € se rebaja dos quintas partes del precio. En las segundas rebajas, sobre el precio rebajado se aplica un descuento equivalente a una tercera parte del precio rebajado. ¿Cuánto costará la falda tras las segundas rebajas?

107 En una clase de 21 alumnos, cinco séptimas partes han aprobado la primera evaluación. Si de los alumnos que se presentan a recuperación ha aprobado un tercio, ¿cuántos alumnos no han aprobado después de haber hecho la recuperación?

108 En una promoción de viviendas, un arquitecto proyectó construir 54 viviendas de las cuales, finalmente, no se construyó una sexta parte. Del resto, se vendieron tres quintas partes el primer mes, después de construidas. Determina:

a) El número de viviendas que no se pudieron construir.

b) La fracción que representa las viviendas que se construyeron.

c) El número de viviendas que fueron vendidas durante el primer mes.

109 En la selección para un concurso televisivo, eliminan a $\frac{7}{12}$ de los aspirantes en la primera prueba y en la segunda prueba abandonan $\frac{4}{13}$ de los que quedaban.

a) ¿Qué fracción de los concursantes superan la segunda prueba?

b) Si 130 aspirantes pasan la primera prueba, ¿cuántos quedan tras la segunda?

110 Los resultados de la asignatura de Educación Física que han obtenido los alumnos han sido:

Excelente: un quinto de los alumnos
Notable: un décimo de los alumnos
Bien: la mitad de los alumnos
Suficiente: el resto de los alumnos

a) Determina qué fracción representa cada uno de los resultados obtenidos.

b) Calcula cuántos alumnos han obtenido suficiente, sabiendo que 10 alumnos han obtenido excelente.

111 Miguel compró una garrafa de agua de seis litros y medio, y se bebió una sexta parte. Si después Juan bebió la mitad de lo que quedaba, ¿qué cantidad de agua queda ahora en la garrafa?

112 Clara le ha dado a su hermano tres quintas partes de la quinta parte del dinero que tenía ahorrado.

Si todavía le quedan 22 €, ¿cuánto dinero tenía ahorrado Clara?

113 Un alumno hace $\frac{2}{9}$ de un trabajo cada día.

¿Cuántos días tardará en hacer todo el trabajo?

114 En una tienda se hace inventario de las existencias de agua almacenadas, y se contabilizan:

- 254 botellas de litro y medio
- 476 botellas de un cuarto de litro
- 384 botellas de medio litro
- 144 botellas de 25 cl

Calcula en litros la cantidad total de agua almacenada.

DEBES SABER HACER

Fracciones equivalentes

1 Indica qué fracciones son equivalentes a $\frac{12}{30}$.

a) $\frac{6}{15}$ c) $\frac{3}{7}$ e) $\frac{36}{60}$

b) $\frac{24}{60}$ d) $\frac{4}{10}$ f) $\frac{3}{4}$

2 Calcula la fracción irreducible.

a) $\frac{121}{33}$ b) $\frac{34}{18}$ c) $\frac{100}{150}$ d) $\frac{84}{126}$

3 Reduce a común denominador.

a) $\frac{1}{3}, \frac{2}{5}, \frac{7}{6}$ b) $\frac{1}{4}, \frac{2}{14}, \frac{7}{15}, \frac{9}{20}$

Comparación de fracciones

4 Ordena de menor a mayor.

a) $\frac{1}{7}, \frac{1}{5}, \frac{1}{9}$ b) $\frac{1}{6}, \frac{5}{15}, \frac{9}{14}$ c) $\frac{4}{9}, \frac{3}{9}, \frac{8}{9}$

Operaciones con fracciones

5 Opera.

a) $\frac{3}{8} + \frac{5}{6}$ b) $\frac{11}{2} - \frac{5}{7}$ c) $\frac{2}{5} \cdot \frac{3}{4}$ d) $\frac{2}{5} : \frac{3}{4}$

6 Calcula.

a) $\frac{1}{6} + \frac{3}{5} - \frac{4}{4}$ c) $\frac{1}{6} + \left(-\frac{2}{3}\right) + \frac{4}{7}$

b) $\frac{4}{5} \cdot \left(-\frac{7}{3}\right) : 3$ d) $5 \cdot \frac{6}{7} : \frac{3}{2}$

Operaciones combinadas

7 Calcula. Ten cuidado con el orden.

a) $-\frac{17}{4} - \left[\left(\frac{5}{3} - 1\right) : 4\right] \cdot \frac{3}{2} + 1$

b) $-2 + \frac{12}{5} : \frac{1}{2} - \left[3 \cdot \left(2 - \frac{5}{6}\right)\right] \cdot \left(\frac{1}{4} + 2\right)$

c) $\frac{9}{2} + \frac{2}{3} \cdot \frac{2}{5} - \frac{3}{10} - \left(\frac{5}{2} - 1\right) : \left(1 - \frac{5}{2}\right) - 1$

COMPETENCIA MATEMÁTICA

En la vida cotidiana

Receta para masa de pizza
- Tres quintas partes de harina
- Una quinta parte de agua
- Una décima parte de levadura
- El resto, de aceite

115 Los dueños de una pizzería suelen comprar todos los ingredientes que necesitan para elaborar la masa de sus pizzas semanalmente.

La receta varía sus cantidades dependiendo de la cantidad de masas que haya que elaborar pero, a modo orientativo, los cocineros saben que para realizar tres pizzas necesitan 870 g de harina.

Según su experiencia, dos tercios del total de pizzas vendidas cada semana se realizan en fin de semana, con el mismo número en viernes y en sábado. El resto de pizzas se venden a partes iguales en martes, miércoles y jueves. Los domingos y los lunes se cierra por descanso del personal.

Los dueños van a comprar los ingredientes necesarios para realizar esta semana 540 pizzas, que es lo que consideran que van a vender aproximadamente.

a) ¿Qué cantidad de cada ingrediente necesitan comprar?

b) ¿Qué cantidad de ingredientes se consumirán cada día?

Formas de pensar. Razonamiento matemático

116 Los egipcios en la antigüedad solo utilizaban símbolos para representar fracciones cuyo numerador fuera la unidad. El resto de fracciones las representaban expresándolas como sumas de las anteriores.

Así, para expresar $\frac{2}{3}$, ellos escribían $\frac{1}{2} + \frac{1}{6}$.

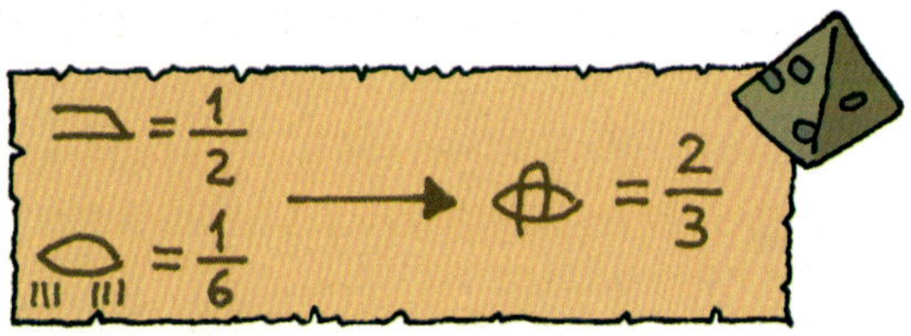

Otros símbolos que utilizaban para expresar fracciones eran:

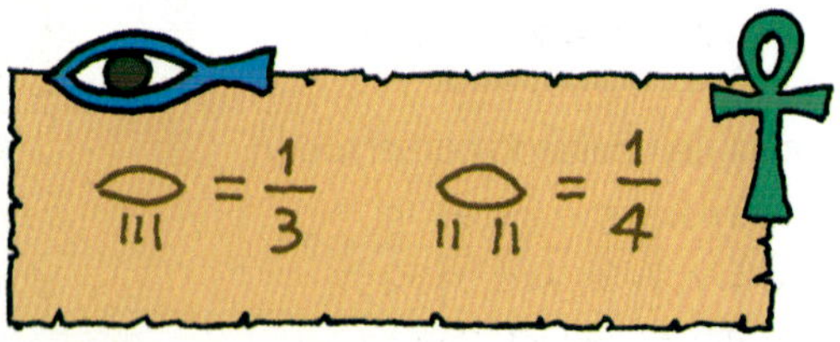

a) ¿Cómo crees que representaban $\frac{1}{5}$? ¿Y $\frac{1}{7}$?

b) Escribe con este método las siguientes fracciones:

$$\frac{3}{5}, \frac{4}{9}, \frac{2}{7} \text{ y } \frac{5}{11}$$

117 Escribe una fracción que sea mayor que $\frac{2}{5}$ y menor que $\frac{3}{5}$. ¿Podrías escribir dos fracciones? ¿Y tres?

Razona cuántas fracciones puedes escribir entre ellas.

118 Contesta, razonando tus respuestas.

a) Si una fracción propia actúa como operador sobre un número entero positivo, ¿cómo es el resultado: mayor o menor que ese número?

b) ¿Qué ocurre si la fracción es impropia?

c) Muestra con un ejemplo los resultados anteriores.

119 Escribe una fracción equivalente a $\frac{35}{100}$ que tenga dos cifras en el numerador y dos cifras en el denominador.

120 Razona tus respuestas.

a) Si reducimos a común denominador dos fracciones mayores que la unidad, las dos fracciones que obtienes, ¿son también mayores que la unidad?

b) ¿Qué ocurre si las fracciones que reducimos son menores que la unidad?

c) Si reduces a común denominador dos fracciones equivalentes, ¿qué ocurre siempre con una de ellas?

PROYECTO FINAL. **Trabajo cooperativo**

OBJETIVO: Decidir las infraestructuras que necesitan los habitantes de una localidad

1.ª Fase.

- Buscad información sobre las edades de los habitantes de vuestra población.
- Elaborad una tabla que recoja los principales grupos de edades (niños, jóvenes, adultos y personas ancianas). Indicad también la fracción que representa cada grupo de edad.

2.ª Fase.

- Elaborad una lista con las posibles infraestructuras que se podrían construir en función de cada uno de estos grupos de edad.
- Determinad, de la lista que habéis hecho, qué infraestructuras benefician al mayor número de personas posible.

3.ª Fase.

- Poned en común toda la información que se ha recogido y decidid cuál sería la infraestructura que construiríais por ser la más necesaria.
- Elaborad un artículo de periódico donde informéis a los ciudadanos sobre la construcción de la futura infraestructura.

Pruebas PISA

Frecuencia de goteo

121 ●●● Las infusiones intravenosas (goteo) se utilizan para administrar líquidos y fármacos a los pacientes.

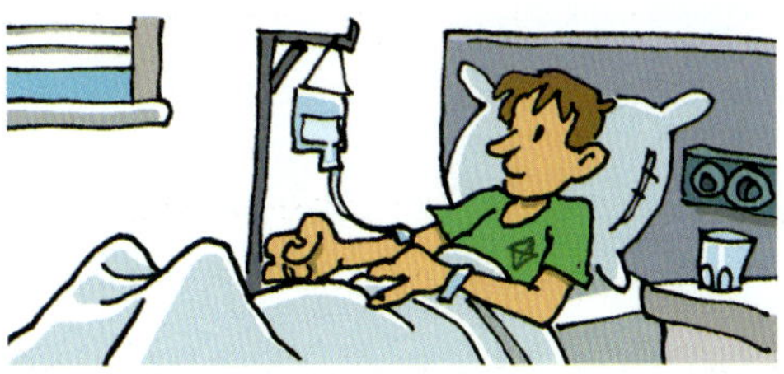

Las enfermeras tienen que calcular la frecuencia de goteo (G) de las infusiones intravenosas en gotas por minuto.

Utilizan la fórmula $G = \dfrac{gv}{60n}$ donde:

- g es el factor de goteo expresado en gotas por mililitro (ml).
- v es el volumen de la infusión intravenosa en mililitro (ml).
- n es el número de horas que ha de durar la infusión intravenosa.

a) Una enfermera quiere duplicar la duración de una infusión intravenosa. Explica exactamente cómo varía G si se duplica n, pero sin variar g y v.

b) Las enfermeras también tienen que calcular el volumen de la infusión intravenosa, v, a partir de la frecuencia de goteo, G.

Una infusión intravenosa, con una frecuencia de goteo de 50 gotas por minuto, ha de administrarse a un paciente durante 3 horas. El factor de goteo de esta infusión intravenosa es de 25 gotas por mililitro.

¿Cuál es el volumen de la infusión intravenosa expresado en mililitros?

(Prueba PISA 2012)

CLAVES PARA EMPEZAR

Potencias de números naturales

Una **potencia** es una forma abreviada de escribir una multiplicación de factores iguales.

$$a^n = \underbrace{a \cdot a \cdot a \cdot a \cdot \ldots \cdot a}_{n \text{ veces}}$$

El factor que se repite, *a*, es la **base**. El número de veces que se repite la base, *n*, es el **exponente**.

EJEMPLO

Producto	Potencia	Se lee
$9 \cdot 9$	9^2	9 al cuadrado
$11 \cdot 11 \cdot 11$	11^3	11 al cubo
$7 \cdot 7 \cdot 7 \cdot 7$	7^4	7 a la cuarta
$6 \cdot 6 \cdot 6 \cdot 6 \cdot 6$	6^5	6 a la quinta

ACTIVIDADES

1 Expresa como potencia y escribe cómo se lee la potencia obtenida.

a) $12 \cdot 12 \cdot 12$ b) $15 \cdot 15$ c) $4 \cdot 4 \cdot 4 \cdot 4 \cdot 4 \cdot 4 \cdot 4 \cdot 4$

2 Escribe cada potencia y calcula su valor.

a) 8 a la quinta b) 2 a la octava c) 3 a la cuarta

Potencias de base 10

Una **potencia de base 10 y exponente un número natural** es igual a la unidad seguida de tantos ceros como indica su exponente.

EJEMPLO

La descomposición polinómica de 24 312 es:

$$24\,312 = 2 \cdot 10\,000 + 4 \cdot 1\,000 + 3 \cdot 100 + 1 \cdot 10 + 2 =$$
$$= 2 \cdot 10^4 + 4 \cdot 10^3 + 3 \cdot 10^2 + 1 \cdot 10 + 2$$

ACTIVIDADES

3 Halla la descomposición polinómica de estos números.

a) 36 094 b) 275 800 c) 42 076 032

Potencias de exponente 0 y 1

Una potencia de **exponente 0** es igual a la unidad.

Una potencia de **exponente 1** es igual a la base.

ACTIVIDADES

4 Calcula el valor de estas potencias.

a) 7^0 c) 28^0 e) 11^0

b) 13^1 d) 26^1 f) 3^1

1969
Se establece en California la primera conexión entre ordenadores.

1990
Se crean las siglas «www» (World Wide Web).

Potencias y raíz cuadrada

3

SABER

- Potencias de números enteros y fracciones
- Operaciones con potencias
- Raíz cuadrada de números enteros y fracciones

SABER HACER

- Calcular el valor de la potencia de un número entero
- Calcular el producto o el cociente de potencias
- Calcular la raíz de un número
- Resolver operaciones combinadas con potencias y raíces

? VIDA COTIDIANA

La creación de Internet ha sido uno de los mayores pasos que ha dado la humanidad en los últimos tiempos. Permanecer informados constantemente y facilitar una conexión inmediata entre una persona y otra que se encuentra en cualquier rincón del mundo es la base de la sociedad actual.

- En Internet los datos se transfieren a velocidades del tipo 32kb/s, 64kb/s, 128kb/s, 256kb/s... ¿Qué tienen en común todos estos números?

1993
Se permite el uso comercial de Internet, a partir de entonces comenzó a crecer muy rápido.

1998
Se fabrica el primer teléfono móvil que incorpora acceso a Internet. Usaba el protocolo WAP. En la actualidad, la mayoría de los móviles tienen acceso a Internet y pueden alcanzar alta velocidad de transmisión de datos.

2000
Se crea el WIFI, sistema cuyo objetivo era la conexión inalámbrica a Internet y asegurar la compatibilidad entre equipos.

Wi Fi ™

1 Potencias de números enteros

CALCULADORA

Para hallar potencias de números enteros con la calculadora usamos la tecla $x^{\blacksquare}$.

2^6 → 2 $x^{\blacksquare}$ 6 = 64

$(-2)^6$ → (− 2) $x^{\blacksquare}$ 6 = 64

Una **potencia de un número entero** es una forma abreviada de escribir una multiplicación de números enteros iguales.

$$a^n = \underbrace{a \cdot a \cdot a \cdot a \cdot \ldots \cdot a}_{n \text{ veces}}$$

a → Se llama **base** y es el número entero que se repite.

n → Se llama **exponente** y es el número de veces que se multiplica ese número entero.

EJEMPLO

1. Expresa cada producto como potencia y escribe cómo se lee.

Producto	Potencia	Se lee
$(+3) \cdot (+3)$	$(+3)^2$	3 al cuadrado
$(-8) \cdot (-8) \cdot (-8)$	$(-8)^3$	−8 al cubo
$7 \cdot 7 \cdot 7 \cdot 7 \cdot 7$	7^5	7 a la quinta

Ten en cuenta que:

$(-2)^4 \neq -2^4$ porque

$(-2)^4 = (-2) \cdot (-2) \cdot (-2) \cdot (-2) = +16$

$-2^4 = -(2 \cdot 2 \cdot 2 \cdot 2) = -16$

Signo de una potencia de un número entero

En una potencia de base un número entero y exponente natural:

- Si la base es un entero positivo, la potencia es siempre positiva.
- Si la base es un entero negativo, la potencia es positiva cuando el exponente es par y negativa cuando es impar.

EJEMPLO

2. Calcula el signo de estas potencias.

a) $(-3)^6$ Base negativa y exponente par → Signo +

b) $(-2)^7$ Base negativa y exponente impar → Signo −

c) $(+4)^9$ Base positiva → Signo +

ACTIVIDADES

1 PRACTICA. Expresa como potencia.

a) $5 \cdot 5 \cdot 5 \cdot 5$

b) $2 \cdot 2 \cdot 2 \cdot 2 \cdot 2 \cdot 2$

c) $(-3) \cdot (-3) \cdot (-3)$

d) $(-7) \cdot (-7)$

2 PRACTICA. Indica el signo de cada potencia y escribe cómo se lee.

a) $(-2)^5$

b) $(-7)^3$

c) $(+4)^3$

d) 3^5

e) $(-5)^4$

f) $(-3)^7$

3 APLICA. Razona qué signo tiene cada potencia.

a) Tiene 11 factores iguales a −3.

b) Tiene 7 factores iguales a +2.

c) Tiene 18 factores iguales.

4 REFLEXIONA. ¿Para qué exponentes la potencia de un número entero tiene el mismo signo que la misma potencia de su opuesto?

SABER HACER

Calcular el valor de la potencia de un número entero

Halla el valor de las siguientes potencias:

a) 3^2 **b)** $(-3)^3$ **c)** $(-3)^4$ **d)** -3^4

Pasos a seguir

1. Tomamos el valor absoluto de la base y calculamos su potencia.

a) $3^2 = 3 \cdot 3 = 9$
b) $3^3 = 3 \cdot 3 \cdot 3 = 27$
c) $3^4 = 3 \cdot 3 \cdot 3 \cdot 3 = 81$
d) $3^4 = 3 \cdot 3 \cdot 3 \cdot 3 = 81$

2. Si la base es negativa y el exponente es un número impar, añadimos el signo $-$ al resultado. En caso contrario, la potencia es positiva.

a) Base positiva $\rightarrow$ Signo $+$
$3^2 = 9$

b) Base negativa, exponente impar $\rightarrow$ Signo $-$
$(-3)^3 = -27$

c) Base negativa, exponente par $\rightarrow$ Signo $+$
$(-3)^4 = 81$

d) Base positiva $\rightarrow$ Signo $+$;
Con el signo $-$ delante $\rightarrow$ Signo $-$
$-3^4 = -81$

La potencia -3^4 es una potencia con base positiva, 3. Al llevar delante el signo $-$, el resultado es negativo.
$-3^4 = -(3 \cdot 3 \cdot 3 \cdot 3) = -81$

ACTIVIDADES

5 Calcula las siguientes potencias de números enteros.

a) $(-2)^4$ d) 5^2 g) -7^3
b) 2^3 e) $(-7)^3$ h) $(-6)^2$
c) $(-1)^7$ f) $(-10)^4$ i) -9^2

6 Escribe la potencia en cada caso y calcula su valor.

a) Base -2 y exponente 5.
b) Base -1 y exponente 6.
c) $(-4) \cdot (-4) \cdot (-4) \cdot (-4)$
d) Tres factores iguales todos a 5.
e) Cinco factores iguales todos a -3.

7 Razona cuál es el signo de cada potencia y su valor.

35 factores iguales a -1

24 factores iguales a -1

7 factores iguales a -10

13 factores iguales a 1

8 Forma todas las potencias posibles y halla su valor.

Bases		Exponentes	
-3	-2	3	2
-10	5	4	

9 Indica si estas desigualdades son ciertas.

a) $(-3)^2 > (-2)^3$ c) $(-3)^3 < (-3)^4$ e) $4^2 < (-2)^3$
b) $(-3)^4 < -3^4$ d) $4^3 > 3^4$ f) $4^2 > (-4)^4$

10 Completa los huecos en tu cuaderno.

a) $(-2)^{\square} = -8$ c) $-\square^4 = -16$
b) $(-4)^{\square} = 256$ d) $\square^3 = 125$

11 Razona si estas afirmaciones son ciertas.

a) Dos números enteros distintos al elevarlos a la cuarta pueden dar el mismo resultado.
b) Si un número entero es menor que otro y los elevamos a un exponente común, el valor de la potencia del menor es menor que el de la potencia del mayor.

2 Potencias de fracciones

RECUERDA

Son fracciones negativas:

$$\frac{-3}{4} = \frac{3}{-4} = -\frac{3}{4}$$

Son fracciones positivas:

$$\frac{-3}{-4} = \frac{3}{4}$$

Para **elevar una fracción a una potencia**, elevamos el numerador y el denominador a esa potencia.

$$\left(\frac{a}{b}\right)^n = \underbrace{\frac{a}{b}\cdot\frac{a}{b}\cdot\frac{a}{b}\cdot\ldots\cdot\frac{a}{b}}_{n\text{ veces}} = \frac{a^n}{b^n}$$

EJEMPLO

3. Calcula.

a) $\left(\frac{2}{3}\right)^4 = \frac{2}{3}\cdot\frac{2}{3}\cdot\frac{2}{3}\cdot\frac{2}{3} = \frac{2^4}{3^4} = \frac{16}{81}$

b) $\left(-\frac{1}{5}\right)^3 = \left(-\frac{1}{5}\right)\cdot\left(-\frac{1}{5}\right)\cdot\left(-\frac{1}{5}\right) = \frac{(-1)^3}{5^3} = -\frac{1}{125}$

Signo de la potencia de una fracción

En una potencia de base una fracción y exponente natural:

- Si la base es una fracción positiva, la potencia es positiva.
- Si la base es una fracción negativa, la potencia es positiva cuando el exponente es par y negativa cuando es impar.

RESUELVE EL RETO

La potencia de una fracción propia, ¿es también propia? ¿Es mayor o menor que la fracción inicial?

EJEMPLO

4. Calcula.

a) $\left(-\frac{1}{2}\right)^6 = \frac{(-1)^6}{2^6} = \frac{1}{64}$ Base negativa y exponente par → Signo +

b) $\left(-\frac{1}{2}\right)^3 = \frac{(-1)^3}{2^3} = -\frac{1}{8}$ Base negativa y exponente impar → Signo −

c) $\left(\frac{3}{2}\right)^2 = \frac{3^2}{2^2} = \frac{9}{4}$ Base positiva → Signo +

ACTIVIDADES

12 PRACTICA. Expresa como potencia.

a) $\left(-\frac{2}{3}\right)\cdot\left(-\frac{2}{3}\right)\cdot\left(-\frac{2}{3}\right)$

b) $\left(\frac{-3}{4}\right)\cdot\left(\frac{-3}{4}\right)\cdot\left(\frac{3}{-4}\right)\cdot\left(\frac{3}{-4}\right)$

c) $\frac{3}{5}\cdot\frac{3}{5}\cdot\frac{3}{5}\cdot\frac{3}{5}$

d) $\left(-\frac{7}{8}\right)\cdot\left(-\frac{7}{8}\right)$

13 PRACTICA. Indica el signo de cada potencia.

a) $\left(-\frac{9}{2}\right)^5$ b) $\left(\frac{11}{3}\right)^7$ c) $\left(\frac{8}{-5}\right)^6$ d) $-\left(\frac{3}{11}\right)^8$

14 APLICA. Calcula.

a) $\left(-\frac{1}{2}\right)^6$ b) $\left(-\frac{5}{6}\right)^3$ c) $\left(\frac{3}{4}\right)^5$ d) $\left(\frac{-2}{3}\right)^7$ e) $\left(\frac{11}{-3}\right)^2$ f) $\left(\frac{5}{3}\right)^4$

15 REFLEXIONA. Razona tu respuesta. ¿La inversa de la potencia de una fracción es igual que la misma potencia de la fracción inversa?

3 Operaciones con potencias

3.1. Producto de potencias de la misma base

Para **multiplicar** dos o más **potencias con la misma base**, se deja la misma base y se suman los exponentes.

$$a^n \cdot a^m = a^{n+m}$$

EJEMPLO

5. Escribe estos productos como una sola potencia.

	Por la definición de potencia	Por la propiedad
$2^2 \cdot 2^3$	$\underbrace{2 \cdot 2}_{\text{2 veces}} \cdot \underbrace{2 \cdot 2 \cdot 2}_{\text{3 veces}} = 2^5$	$2^{2+3} = 2^5$
$(-4)^2 \cdot (-4)$	$\underbrace{(-4) \cdot (-4)}_{\text{2 veces}} \cdot \underbrace{(-4)}_{\text{1 vez}} = (-4)^3$	$(-4)^{2+1} = (-4)^3$

3.2. Cociente de potencias de la misma base

Para **dividir** dos o más **potencias con la misma base**, se deja la misma base y se restan los exponentes.

$$a^n : a^m = a^{n-m} \qquad n \geq m$$

EJEMPLO

6. Escribe estos productos como una sola potencia.

	Por la definición de potencia	Por la propiedad
$3^5 : 3^2$	$\dfrac{3^5}{3^2} = \dfrac{\cancel{3} \cdot \cancel{3} \cdot 3 \cdot 3 \cdot 3}{\cancel{3} \cdot \cancel{3}} = 3^3$	$3^{5-2} = 3^3$
$(-5)^3 : (-5)^2$	$\dfrac{(-5)^3}{(-5)^2} = \dfrac{\cancel{(-5)} \cdot \cancel{(-5)} \cdot (-5)}{\cancel{(-5)} \cdot \cancel{(-5)}} = -5$	$(-5)^{3-2} = -5$

NO COMETAS ESTOS ERRORES

Al multiplicar potencias de la misma base, los exponentes se suman, **NO** se multiplican.

$2^5 \cdot 2^3 = 2^{5+3} = 2^8$

$2^5 \cdot 2^3 \neq 2^{5 \cdot 3} = 2^{15}$

Al dividir potencias de la misma base, los exponentes se restan, **NO** se dividen.

$7^8 : 7^2 = 7^{8-2} = 7^6$

$7^8 : 7^2 \neq 7^{8:2} = 7^4$

ACTIVIDADES

16 PRACTICA. Expresa estas operaciones como una sola potencia. Usa la calculadora para hallar sus valores.

a) $(-2)^3 \cdot (-2)^6$

b) $\left(\dfrac{5}{2}\right)^4 \cdot \left(\dfrac{5}{2}\right)^3$

c) $\left(-\dfrac{1}{3}\right)^2 \cdot \left(-\dfrac{1}{3}\right)^5$

d) $(-2)^6 : (-2)^3$

e) $\left(\dfrac{5}{2}\right)^4 : \left(\dfrac{5}{2}\right)^3$

f) $\left(-\dfrac{1}{3}\right)^5 : \left(-\dfrac{1}{3}\right)^2$

17 APLICA. Escribe los productos y cocientes como una sola potencia y después opera.

a) $5^2 \cdot 5^2 + 3^6 : 3^5 - 10^2 \cdot 10^3$

b) $5^2 : 5 + 3^3 \cdot 3^2 + 10^2 : 10^2$

18 REFLEXIONA. Completa en tu cuaderno.

a) $4^6 \cdot 4^{\square} = 4^9$

b) $(-7)^{\square} : (-7)^3 = (-7)^3$

- Una potencia de exponente 0 es igual a la unidad.

$(-5)^0 = 1 \qquad \left(\frac{2}{3}\right)^0 = 1$

- Una potencia de exponente 1 es igual a la base.

$(-7)^1 = -7 \qquad \left(\frac{7}{2}\right)^1 = \frac{7}{2}$

3.3. Potencia de una potencia

Para **elevar una potencia a otra potencia**, se deja la misma base y se multiplican los exponentes.

$$(a^n)^m = a^{n \cdot m}$$

EJEMPLO

7. Expresa $(5^2)^4$ como una sola potencia.

Por la definición de potencia	Por la propiedad
$(5^2)^4 = \underbrace{5^2 \cdot 5^2 \cdot 5^2 \cdot 5^2}_{4 \text{ veces}} = 5^{2+2+2+2} = 5^8$	$(5^2)^4 = 5^{2 \cdot 4} = 5^8$

3.4. Potencia de un producto y de un cociente

- La **potencia de un producto** es igual al producto de las potencias de sus factores.

$$(a \cdot b)^n = a^n \cdot b^n$$

- La **potencia de un cociente** es igual al cociente de las potencias de sus factores.

$$(a : b)^n = a^n : b^n$$

EJEMPLO

8. Resuelve las siguientes operaciones con potencias.

	Por la definición	Por la propiedad
$(5 \cdot 2)^3$	$\underbrace{(5 \cdot 2) \cdot (5 \cdot 2) \cdot (5 \cdot 2)}_{3 \text{ veces}} = 10 \cdot 10 \cdot 10 = 1000$	$5^3 \cdot 2^3 = 125 \cdot 8 = 1000$
$(8 : 4)^4$	$\underbrace{(8 : 4) \cdot (8 : 4) \cdot (8 : 4) \cdot (8 : 4)}_{4 \text{ veces}} = 2 \cdot 2 \cdot 2 \cdot 2 = 16$	$8^4 : 4^4 = 4096 : 256 = 16$

RESUELVE EL RETO

Expresa en forma de potencia cuántos abuelos, bisabuelos y tatarabuelos tienes.

ACTIVIDADES

19 PRACTICA. Expresa como una sola potencia.

a) $(5^4)^3$ c) $[(-3)^4]^3$ e) $[(-3)^9]^0$

b) $(7^5)^2$ d) $[(-9)^3]^3$ f) $[(-9)^1]^4$

20 APLICA. Resuelve aplicando las propiedades de las potencias.

a) $\left[\left(\frac{2}{3}\right)^4 \cdot \frac{2}{3}\right]^3$ b) $\left[\left(-\frac{1}{2}\right)^2 : \left(-\frac{1}{2}\right)\right]^4$

21 APLICA. Averigua qué igualdades son falsas.

a) $10^4 = 2^4 \cdot 5^4$ c) $(-12)^4 = 6^2 \cdot (-2)^2$

b) $9^3 = (-27^3) : 3^3$ d) $6^5 = (-18)^5 : (-3)^5$

22 REFLEXIONA. Razona en cada caso el número que falta y completa en tu cuaderno.

a) $(5^{\square})^4 = 5^{20}$ c) $(2^3)^{\square} = 2^{27}$

b) $[(-6)^{\square}]^4 = (-6)^8$ d) $[(-8)^7]^{\square} = (-8)^{21}$

SABER HACER

> En un producto, o en un cociente, de potencias solo se pueden sumar, o restar, los exponentes si las bases son iguales.
> $7^3 \cdot 7^2 = 7^{3+2}$ $\quad 7^3 : 7^2 = 7^{3-2}$
> $5^3 \cdot 7^2 \rightarrow$ No se puede operar.
> $5^3 : 7^2 \rightarrow$ No se puede operar.

Calcular el producto o el cociente de potencias

Expresa, si se puede, con una sola potencia.

a) $5^7 \cdot 5^4$ **c)** $6^3 \cdot (-2)^3$ **e)** $7^5 \cdot (-2)^3$

b) $5^7 : 5^4$ **d)** $6^3 : (-2)^3$ **f)** $7^5 : (-2)^3$

Pasos a seguir

1. Estudiamos si las bases o los exponentes de las potencias son iguales.

   a) y b) 5^7 y 5^4 $\rightarrow$ La base de las dos potencias es la misma, 5.
   c) y d) $6^3 \cdot (-2)^3$ $\rightarrow$ Las bases son distintas, pero los exponentes son iguales, 3.
   e) y f) 7^5 y $(-2)^3$ $\rightarrow$ Las bases de las dos potencias son distintas y los exponentes también lo son.

2. Si las bases son iguales, sumamos o restamos los exponentes.

   a) $5^7 \cdot 5^4 = 5^{7+4} = 5^{11}$
   b) $5^7 : 5^4 = 5^{7-4} = 5^3$

3. Si las bases no son iguales, pero los exponentes sí lo son, multiplicamos o dividimos las bases.

   c) $6^3 \cdot (-2)^3 = (6 \cdot (-2))^3 = (-12)^3$
   d) $6^3 : (-2)^3 = (6 : (-2))^3 = (-3)^3$

4. Si no son iguales las bases ni los exponentes, no se puede expresar como una sola potencia.

   e) $7^3 \cdot (-2)^5 \rightarrow$ No se puede expresar como una sola potencia.
   f) $7^5 : (-2)^3 \rightarrow$ No se puede expresar como una sola potencia.

ACTIVIDADES

23 Expresa, si se puede, con una sola potencia.

a) $9^8 : 9^3$ d) $13^5 \cdot 2^7$ g) $15^4 : 5^6$

b) $11^6 \cdot 11^5$ e) $(-2)^3 \cdot 3^3$ h) $(-5)^6 : (-5)^2$

c) $(-6)^8 : (-6)^5$ f) $9^8 : (-3)^5$ i) $(-2)^4 \cdot (-2)^5$

24 Expresa con una sola potencia, si se puede, y calcula.

a) $\left(\frac{2}{3}\right)^7 : \left(\frac{2}{3}\right)^5$ d) $\left(\frac{2}{3}\right)^7 : \left(\frac{3}{2}\right)^5$

b) $\left(-\frac{4}{5}\right)^3 \cdot \left(-\frac{4}{5}\right)^6$ e) $\left(-\frac{10}{4}\right)^7 \cdot \left(-\frac{5}{2}\right)^7$

c) $\left(\frac{2}{3}\right)^5 : \left(\frac{3}{2}\right)^5$ f) $\left(\frac{-3}{2}\right)^3 \cdot \left(\frac{-3}{2}\right)^8$

25 Escribe tres productos de potencias de números enteros cuyo resultado sea 7^{10}.

26 Escribe tres cocientes de potencias de números enteros cuyo resultado sea 7^{10}.

27 Escribe tres productos de potencias de fracciones cuyo resultado sea $\left(\frac{3}{5}\right)^8$.

28 Escribe tres cocientes de potencias de fracciones cuyo resultado sea $\left(-\frac{2}{3}\right)^7$.

29 Completa los huecos en tu cuaderno.

a) $9^8 : \square^8 = (-3)^8$

b) $\left(-\frac{3}{2}\right)^{\square} \cdot \left(\frac{\square}{\square}\right)^3 = \left(-\frac{9}{4}\right)^3$

c) $(-6)^5 \cdot (-6)^{\square} = (-6)^9$

d) $\left(-\frac{2}{5}\right)^{\square} \cdot \left(-\frac{5}{3}\right)^3 = \left(\frac{10}{15}\right)^3$

e) $(-10)^3 : (\square)^3 = (-5)^3$

f) $\left(\frac{7}{4}\right)^4 \cdot \left(\frac{\square}{\square}\right)^4 = \left(\frac{7}{8}\right)^4$

g) $2^7 \cdot 15^{\square} = \square^7$

4 Raíz cuadrada de números enteros

4.1. Raíz cuadrada exacta

La **raíz cuadrada exacta** de un número *a* es otro número *b* que, al elevarlo al cuadrado, nos da el número *a*.

$$\sqrt{a} = b \rightarrow b^2 = a$$

El **radicando** es el número *a*, $\sqrt{\ }$ es el **símbolo de la raíz** y decimos que *b* es la **raíz cuadrada** de *a*.

Símbolo de raíz → $\sqrt{a} = b$ ← Raíz
↑ Radicando

Los números con raíz cuadrada exacta se llaman **cuadrados perfectos**.

- Un número entero positivo tiene siempre dos raíces cuadradas, una positiva y otra negativa.
- Un número entero negativo no tiene raíz cuadrada.

CALCULADORA

Para calcular la raíz de un número usamos la tecla $\sqrt{\blacksquare}$.

$\sqrt{\blacksquare}$ 25 = 5

$\sqrt{\blacksquare}$ − 25 = MATH ERROR

EJEMPLO

9. Calcula.

a) $\sqrt{25} = 5$ porque $5^2 = 25$
$\sqrt{25} = -5$ porque $(-5)^2 = 25$ } → Lo escribimos $\sqrt{25} = \pm 5$.

b) $\sqrt{-9}$ no existe; ningún número al cuadrado es negativo.

4.2. Raíz cuadrada entera

Si el radicando no es un cuadrado perfecto, su raíz cuadrada no es exacta.

La **raíz cuadrada entera** de un número *a* es el mayor número *b* cuyo cuadrado es menor que *a*. El **resto** de la raíz entera es la diferencia entre el radicando, *a*, y el cuadrado de la raíz entera, *b*.

$$\text{Resto} = a - b^2$$

ACTIVIDADES

30 PRACTICA. Calcula estas raíces cuadradas exactas.

a) $\sqrt{36}$ c) $\sqrt{64}$ e) $\sqrt{121}$

b) $\sqrt{100}$ d) $\sqrt{400}$ f) $\sqrt{90\,000}$

31 APLICA. Halla el valor de *a* en estas raíces cuadradas no exactas.

a) La raíz entera de *a* es 7 y el resto es 5.

b) La raíz entera de *a* es 9 y el resto es 1.

32 APLICA. ¿De qué número es raíz cuadrada exacta el número 13? ¿Y el −11?

33 REFLEXIONA. ¿Qué valores puede tomar la última cifra de un número que sea cuadrado perfecto?

34 REFLEXIONA. ¿Qué números coinciden con su raíz cuadrada?

SABER HACER

Calcular la raíz cuadrada de un número

Calcula la raíz cuadrada de estos números:

a) $\sqrt{196}$ **b)** $\sqrt{70}$

Pasos a seguir

1. Buscamos por tanteo el mayor número cuyo cuadrado es menor o igual que el radicando.

a) $\sqrt{196}$

$12^2 = 144 \rightarrow 144 < 196$

$13^2 = 169 \rightarrow 169 < 196$

$14^2 = 196$

b) $\sqrt{70}$

$7^2 = 49 \rightarrow 49 < 70$

$8^2 = 64 \rightarrow 64 < 70$

$9^2 = 81 \rightarrow 81 > 70$

2. Si el cuadrado de ese número es igual al radicando, la raíz cuadrada es exacta.

a) $\sqrt{196} = 14$, ya que $14^2 = 196$

3. Si el cuadrado es menor, ese número es la raíz entera. La diferencia entre el número y la raíz cuadrada de ese número es el resto.

b) $8^2 = 64 \rightarrow 64 < 70$

8 es el mayor número cuyo cuadrado es menor que 70.

La raíz entera es 8 y el resto es:

Resto $= 70 - 8^2 = 70 - 64 = 6$

Al hallar con la calculadora la raíz cuadrada de un número que no es cuadrado perfecto obtenemos un número decimal.

La raíz entera es el número que aparece a la izquierda del punto.

[√■] 70 [=] 8.366600

La raíz entera de 70 es 8.

ACTIVIDADES

35 Halla la raíz entera y el resto de estos números.

a) 38 b) 89 c) 120 d) 145 e) 168

36 Calcula las raíces enteras y los restos de estos números. ¿Qué observas?

a) 38 c) 83 e) 402

b) 51 d) 171 f) 486

37 Halla el radicando, la raíz entera y el resto.

a) Radicando: 75.

b) Raíz entera: 8. Resto: 3

c) Radicando: 88. Resto: 7.

38 Marta ha calculado $\sqrt{66}$ y dice que el resto es 17. ¿Ha realizado correctamente los cálculos?

39 Completa los huecos en tu cuaderno.

a) $\sqrt{26} = \sqrt{\square^2 + \square}$

b) $\sqrt{99} = \sqrt{\square^2 + \square}$

c) $\sqrt{123} = \sqrt{\square^2 + \square}$

d) $\sqrt{150} = \sqrt{\square^2 + \square}$

e) $\sqrt{226} = \sqrt{\square^2 + \square}$

40 Halla los cuadrados perfectos entre los que está comprendido el número cuya raíz entera, al obtenerla con la calculadora, es:

a) 3,4641016 c) 14,966629

b) 5,1961524 d) 28,982753

41 Un tablero cuadrado está formado por casillas cuadradas iguales. Halla el número de casillas que hay en el lado del tablero si este tiene:

a) 144 casillas c) 289 casillas

b) 361 casillas d) 484 casillas

42 Encuentra un número natural comprendido entre 169 y 196, cuya raíz entera tenga como resto:

a) 1 b) 9 c) 12 d) 14 e) 20 f) 22

¿Cuál es el mayor resto que se puede obtener?

43 ¿Cuántos números tienen como raíz entera 8? ¿Cuántos tienen como raíz 9? ¿Y 10?

44 Escribe cinco números tales que al hallar su raíz entera el resto sea 3. ¿Puedes escribir más números que cumplan esta condición? ¿Cuántos?

5 Raíz cuadrada de fracciones

La **raíz cuadrada de una fracción** es el cociente entre la raíz cuadrada del numerador y la raíz cuadrada del denominador.

$$\sqrt{\frac{a}{b}} = \frac{\sqrt{a}}{\sqrt{b}}$$

La **raíz cuadrada exacta de una fracción** es un número cuyo cuadrado es igual a dicha fracción.

$$\sqrt{\frac{a}{b}} = \frac{c}{d} \rightarrow \left(\frac{c}{d}\right)^2 = \frac{a}{b}$$

- Una fracción positiva tiene siempre dos raíces cuadradas, una positiva y otra negativa.
- Una fracción negativa no tiene raíz cuadrada.

EJEMPLO

10. Calcula.

a) $\sqrt{\frac{16}{25}} = \frac{\sqrt{16}}{\sqrt{25}} = \frac{4}{5} \rightarrow \left(\frac{4}{5}\right)^2 = \frac{4^2}{5^2} = \frac{16}{25}$

$\sqrt{\frac{16}{25}} = \frac{\sqrt{16}}{\sqrt{25}} = -\frac{4}{5} \rightarrow \left(-\frac{4}{5}\right)^2 = \frac{(-4)^2}{5^2} = \frac{16}{25}$

Es decir, $\sqrt{\frac{16}{25}} = \pm\frac{4}{5}$.

b) $\sqrt{-\frac{16}{25}} \rightarrow$ No existe ningún número con cuadrado negativo.

c) $\sqrt{\frac{1}{4}} = \frac{\sqrt{1}}{\sqrt{4}} = \pm\frac{1}{2}$

d) $\sqrt{\frac{10}{9}} = \frac{\sqrt{10}}{\sqrt{9}} = \pm\frac{\sqrt{10}}{3}$

RESUELVE EL RETO

La raíz cuadrada de una fracción positiva, ¿es siempre una fracción?

ACTIVIDADES

45 PRACTICA. Calcula.

a) $\sqrt{\frac{9}{100}}$ c) $\sqrt{\frac{4}{81}}$ e) $\sqrt{\frac{121}{25}}$

b) $\sqrt{\frac{64}{144}}$ d) $\sqrt{\frac{16}{441}}$ f) $\sqrt{\frac{36}{225}}$

46 PRACTICA. Completa las siguientes afirmaciones en tu cuaderno.

a) $\frac{2}{7}$ es una raíz cuadrada de la fracción ...

b) $-\frac{5}{3}$ es una raíz cuadrada de la fracción ...

47 APLICA. Completa los huecos en tu cuaderno.

a) $\sqrt{\frac{49}{\square}} = \frac{7}{2}$ c) $\sqrt{\frac{\square}{2}} = 4$

b) $\sqrt{\frac{\square}{4}} = -\frac{5}{\square}$ d) $\sqrt{\frac{\square}{3}} = -3$

48 REFLEXIONA. Razona tu respuesta.

a) La raíz cuadrada de una fracción impropia, ¿es también una fracción impropia?

b) El cuadrado de la raíz cuadrada de una fracción, ¿a qué es siempre igual?

SABER HACER

Resolver operaciones combinadas con potencias y raíces

Resuelve esta operación considerando el resultado positivo de la raíz cuadrada.

$$\left[(-2)^3\cdot\frac{1}{2}\right]^2:\sqrt{16}-(6^5:6^4)\cdot\sqrt{\frac{81}{36}}+1$$

> Cuando operamos con raíces, se suele tomar solo el resultado positivo.
>
> $\sqrt{9}=3$

Pasos a seguir

1. Resolvemos las operaciones de dentro de los paréntesis y corchetes.

$$\left[(-2)^3\cdot\frac{1}{2}\right]^2:\sqrt{16}-(6^5:6^4)\cdot\sqrt{\frac{81}{36}}+1=$$

$$=\left[-8\cdot\frac{1}{2}\right]^2:\sqrt{16}-(6^{5-4})\cdot\sqrt{\frac{81}{36}}+1=$$

2. Resolvemos las potencias y las raíces.

$$=\left[-\frac{8}{2}\right]^2:\sqrt{16}-6\cdot\sqrt{\frac{81}{36}}+1=$$

$$=[-4]^2:\sqrt{16}-6\cdot\sqrt{\frac{81}{36}}+1=$$

3. Calculamos las multiplicaciones y las divisiones de izquierda a derecha.

$$=16:4-6\cdot\frac{9}{6}+1=$$

4. Resolvemos las sumas y las restas.

$$=4-9+1=$$

$$=-4$$

ACTIVIDADES

49 Calcula y simplifica.

a) $4+\frac{1}{7}:\left(\frac{1}{2}+\frac{2}{3}\right)-\frac{8}{5}\cdot\sqrt{\frac{16}{9}}$

b) $\sqrt{\frac{4}{16}}\cdot\left(\frac{6}{5}-\frac{5}{6}\right)^2:\frac{2}{11}+3\cdot\frac{5}{7}$

c) $\frac{2}{5}:\left(\frac{5}{3}-\frac{1}{5}+\frac{2}{15}\right)\cdot\sqrt{\frac{9}{16}}+1:\left(-\frac{3}{4}\right)^2$

d) $\frac{2}{5}:\left(\frac{5}{3}:\frac{2}{5}\right)^2\cdot\frac{5}{2}-\left(\frac{7}{5}+\frac{8}{3}\right)^2$

e) $\left[\left(\frac{2}{3}-\frac{1}{4}\right)\cdot 2-\frac{1}{10}\right]\cdot\left(\frac{2}{7}-\frac{5}{2}\right)$

f) $-3-\sqrt{\frac{4}{25}}\cdot\left[(-3):\left(\frac{1}{5}+\frac{1}{10}\right)\right]^3$

g) $\frac{8}{3}-\left[7\cdot\left(\frac{8}{3}+2:\frac{1}{6}\right)\right]$

h) $\left(4+\frac{1}{3}\right)^3:\sqrt{\frac{1}{4}}+\left(\frac{1}{2}\cdot\frac{3}{2}-3\right)$

50 Resuelve estas operaciones.

a) $\sqrt{\frac{16}{25}}-\frac{7}{2}+\left[\left(\frac{3}{2}\right)^2+4-\frac{1}{8}\right]$

b) $\left(\frac{1}{5}+\frac{7}{2}\right)+\left[\left(\sqrt{\frac{9}{4}}-\frac{1}{7}\right)+6^3\right]$

c) $(-2)^3\cdot\frac{1}{2}-\frac{5}{3}+\left(-4:\sqrt{\frac{1}{64}}\cdot 3\right)$

d) $\frac{8}{7}\cdot 4-\left(\frac{6}{5}\right)^5-\left(\frac{11}{8}+\sqrt{\frac{144}{25}}-2\right)$

e) $\frac{3}{2}:\left[\left(-5+\frac{11}{8}\right)\cdot\left(-\frac{9}{4}\right)^3\right]$

f) $6^2-\left[3+\left(\frac{5}{8}\right)^3-\frac{3}{4}\right]\cdot\left(\sqrt{\frac{49}{4}}-1\right)$

g) $\left[\frac{3}{5}+\left(\frac{7}{3}-2\right)^3-\frac{13}{4}\right]:\left(\sqrt{\frac{49}{144}}+\sqrt{\frac{1}{16}}\right)$

h) $\left(-\frac{4}{5}\right)^3+\frac{2}{3}:\left[\left(\frac{5}{8}\right)^4-\frac{1}{2}\right]\cdot\left(\sqrt{\frac{25}{49}}-\frac{1}{4}\right)-2$

ACTIVIDADES FINALES

Potencias

51 Indica los términos de estas potencias, escribe cómo se leen y calcula su valor.

a) $(-2)^3$ d) 3^2 g) 1^{10}

b) -4^4 e) 2^6 h) $(-1)^{15}$

c) $\left(\dfrac{3}{5}\right)^5$ f) $\left(-\dfrac{7}{2}\right)^4$ i) $\left(\dfrac{-3}{4}\right)^8$

52 Escribe con números estas potencias y calcúlalas.

a) Base: 3, exponente: 8.

b) Exponente: 5, base: -4.

c) Cuatro quintos a la sexta.

d) Menos tres medios a la séptima.

53 Escribe en forma de potencia y calcula.

a) $(-3)\cdot(-3)\cdot(-3)\cdot(-3)$

b) $6\cdot 6\cdot 6\cdot 6$

c) $\dfrac{3}{5}\cdot\dfrac{3}{5}\cdot\dfrac{3}{5}\cdot\dfrac{3}{5}\cdot\dfrac{3}{5}$

d) $5\cdot 5\cdot 5\cdot 5\cdot 5\cdot 5$

e) $(-12)\cdot(-12)\cdot(-12)$

f) $\left(-\dfrac{1}{7}\right)\cdot\left(-\dfrac{1}{7}\right)$

54 Completa los huecos en tu cuaderno.

a) $3^{\square} = 9$

b) $5^{\square} = 1$

c) $(-3)^{\square} = 9$

d) $\square^5 = 32$

e) $\left(\dfrac{2}{5}\right)^{\square} = 1$

f) $\left(\dfrac{\square}{\square}\right)^3 = \dfrac{27}{8}$

g) $(-3)^{\square} = -27$

h) $\square^7 = -1$

i) $\square^3 = 8$

j) $\square^3 = -8$

k) $\left(-\dfrac{3}{4}\right)^{\square} = \dfrac{9}{16}$

l) $\left(-\dfrac{\square}{\square}\right)^2 = \dfrac{25}{49}$

55 Decide cuál es la potencia mayor.

56 Forma todas las potencias posibles en cada caso y ordénalas de menor a mayor.

Bases	Exponentes
3 5 2	2 4 3

Bases	Exponentes
-3 -5 -2	2 4 3

Bases	Exponentes
$\dfrac{1}{2}$ $-\dfrac{2}{3}$ $-\dfrac{3}{4}$	2 4 3

57 Halla, sin calcularlas, el signo de las potencias.

a) $(-3)^3$ d) 5^7 g) $(-5)^7$

b) 2^6 e) $(-2)^6$ h) 10^5

c) $\left(\dfrac{3}{2}\right)^5$ f) $\left(-\dfrac{7}{2}\right)^4$ i) $\left(\dfrac{-1}{2}\right)^9$

58 Opera y después indica el signo de la potencia.

a) $[(-2)+(-5)]^7$

b) $[(-6)-(-9)]^5$

c) $[(-7)-(-2)]^4$

d) $\left(\dfrac{2}{3}-\dfrac{3}{4}\right)^3$

e) $\left(2-\dfrac{11}{2}\right)^4$

f) $\left(\dfrac{5}{3}-\dfrac{2}{5}\right)^7$

59 Razona si estas afirmaciones son ciertas.

a) Dos fracciones distintas al elevarlas a la cuarta pueden dar el mismo resultado.

b) Si una fracción es menor que otra y las elevamos a un exponente común, el valor de la potencia de la menor es menor que el de la potencia de la mayor.

c) La potencia de una fracción impropia (de exponente distinto de 0 y 1) es mayor que dicha fracción impropia.

60 ¿Para qué valores del exponente son iguales la potencia de un número entero y la misma potencia de su opuesto?

61 Expresa cada número como una potencia, de tal forma que su base sea el menor número posible.

a) 125 b) -32 c) 16 d) 256 e) -400

62 Indica si son ciertas las siguientes igualdades.

a) $\left(-\dfrac{5}{3}\right)^2 = \dfrac{25}{3}$

b) $\left(\dfrac{-3}{-3}\right)^4 = 81$

c) $-\left(-\dfrac{7}{2}\right)^3 = \dfrac{-343}{8}$

d) $\dfrac{(-2)^5}{7^5} = \left(-\dfrac{2}{7}\right)^5$

e) $\dfrac{(-2)^4}{7^4} = \left(-\dfrac{2}{7}\right)^4$

f) $\dfrac{(-2)^4}{7^4} = \left(\dfrac{2}{7}\right)^4$

Operaciones con potencias

63 Multiplica.

a) $(-2)^3 \cdot (-2)^5$
b) $\left(\frac{3}{4}\right)^6 \cdot \left(\frac{3}{4}\right)^2$
c) $5^6 \cdot 5^7$
d) $6^7 \cdot 6^{11}$
e) $\left(-\frac{2}{5}\right)^3 \cdot \left(-\frac{2}{5}\right)^6$
f) $(-4)^5 \cdot (-4)^6$

64 Divide.

a) $(-6)^9 : (-6)^3$
b) $\left(\frac{2}{7}\right)^{10} : \left(\frac{2}{7}\right)^5$
c) $9^6 : 9^5$
d) $4^{13} : 4^7$
e) $\left(\frac{-1}{3}\right)^{12} : \left(\frac{-1}{3}\right)^9$
f) $(-2)^{15} : (-2)^{12}$

65 Expresa, si se puede, como una sola potencia.

a) $5^8 : 5^3$
b) $(-12)^6 : 4^6$
c) $(-2)^3 \cdot 3^4$
d) $\left(\frac{2}{7}\right)^5 : \left(\frac{-2}{7}\right)^3$
e) $7^5 \cdot 2^9$
f) $11^6 \cdot 11^5$
g) $\left(\frac{3}{7}\right)^3 \cdot \left(\frac{5}{6}\right)^3$
h) $9^8 : (-3)^8$

66 Expresa como una sola potencia.

a) $(2^4)^3$
b) $(7^0)^2$
c) $\left[\left(\frac{3}{4}\right)^6\right]^3$
d) $[(-5)^4]^2$
e) $[(-1)^3]^5$
f) $\left[\left(-\frac{2}{11}\right)^7\right]^8$
g) $[((-5)^4)^2]^4$
h) $[(2^5)^6]^2$

67 Expresa como una sola potencia y calcula.

a) $(2 \cdot 3)^3$
b) $[(-8) : 2]^2$
c) $(5 \cdot (-2))^5$
d) $\left(\frac{2}{3} \cdot \frac{2}{5}\right)^3$
e) $[(-2) \cdot (-1)]^{10}$
f) $(9 : 3)^5$
g) $[(-9) : (-3)]^4$
h) $\left[\left(-\frac{3}{2}\right) : \left(\frac{3}{4}\right)\right]^6$

68 Determina el signo de cada operación sin calcular su resultado.

a) $5^6 \cdot 5^{12}$
b) $[(-12) : 3]^2$
c) $[(-2)^7]^5$
d) $\left(-\frac{3}{4}\right)^5 : \left(-\frac{3}{4}\right)^2$
e) $(-5)^7 : (-5)^4$
f) $[(-9) : 3]^8$
g) $(4^{11})^4$
h) $\left[\left(-\frac{7}{3}\right)^3\right]^5$

69 Copia en tu cuaderno y completa.

a) $5^4 \cdot 5^{\square} \cdot 5^2 = 5^9$
b) $13 \cdot 13^3 \cdot 13^{\square} = 13^5$
c) $(-11)^{\square} \cdot (-11)^4 \cdot (-11) = (-11)^7$
d) $(-21)^8 \cdot (-21)^3 \cdot (-21)^{\square} = (-21)^{11}$

70 Expresa como una sola potencia.

a) $(6^2 \cdot 6^3) \cdot (6^4 : 6^3)$
b) $[(-3)^{12} : (-3)^7] \cdot [(-3)^5 \cdot (-3)^2]$
c) $(-4)^{35} : [(-4)^5 \cdot (-4)^{20}]$
d) $\left[\left(\frac{5}{4}\right)^6 \cdot \left(\frac{5}{4}\right)^2\right] : \left[\left(\frac{5}{4}\right)^3 \cdot \left(\frac{5}{4}\right)^4\right]$
e) $4^{10} : [(4^6)^2 \cdot 4^3] \cdot 4^3$
f) $\left(\left(\frac{5}{2}\right)^2\right)^7 : \left[\left(\frac{5}{2}\right)^5 \cdot \left(\frac{5}{2}\right)^6\right]$
g) $((-2)^4 \cdot (-2)^5) : (-2)^3 \cdot ((-2)^2)^5$
h) $\left[\left(\frac{2}{3}\right) \cdot \left(\frac{3}{4}\right)\right]^8 : \left(\left(\frac{1}{2}\right)^3\right)^3$

71 Copia en tu cuaderno y coloca paréntesis para que las igualdades sean ciertas.

$4^4 \cdot 4^{20} : (4^6)^3 \cdot 4^2 = 4^4$

$3^{12} : 3^5 \cdot (3^5)^3 \cdot 3^2 = 3^{24}$

$(-2)^6 \cdot (-2)^8 : (-2)^4 : (-2)^2 = (-2)^{12}$

$\left(\frac{3}{5}\right)^{20} : \left(\frac{3}{5}\right)^6 \cdot \left(\frac{3}{5}\right)^4 : \left(\left(\frac{3}{5}\right)^2\right)^2 = \left(\frac{3}{5}\right)^6$

SABER HACER

Resolver operaciones con potencias cuando las bases tienen factores primos comunes

72 Simplifica estos productos de potencias.

a) $8^4 \cdot 16^2$
b) $3^4 \cdot 9^2$
c) $(-3)^4 \cdot 18^2$

PRIMERO. Se descomponen las bases de las potencias en producto de factores primos.

a) $8 = 2^3$, $16 = 2^4$
b) $3 = 3$, $9 = 3^2$
c) $-3 = -1 \cdot 3$, $18 = 2 \cdot 3^2$

SEGUNDO. Se sustituyen las bases por su descomposición en factores y se opera.

a) $8^4 \cdot 16^2 = (2^3)^4 \cdot (2^4)^2 = 2^{12} \cdot 2^8 = 2^{20}$

b) $3^4 \cdot 9^2 = 3^4 \cdot (3^2)^2 = 3^4 \cdot 3^4 = 3^8$

c) $(-3)^4 \cdot 18^2 = (-1 \cdot 3)^4 \cdot (2 \cdot 3^2)^2 =$
$= (-1)^4 \cdot 3^4 \cdot 2^2 \cdot 3^4 =$
$= 1 \cdot 2^2 \cdot 3^8 = 2^2 \cdot 3^8$

73 Simplifica estos productos de potencias.

a) $(-3)^5 \cdot 9^4$
b) $15^3 \cdot 3^2$
c) $6^5 \cdot (-3)^4$
d) $16^7 \cdot 32^3$
e) $6^7 \cdot 12^4$
f) $8^{10} \cdot 10^3$

74 Simplifica estos cocientes de potencias.

a) $15^3 : 3^2$ c) $9^5 : (-3)^4$ e) $9^7 : 3^5$

b) $(-8)^5 : 2^3$ d) $(-16)^{10} : 4^3$ f) $16^7 : 32^3$

75 Resuelve.

a) $[(-4)^8 \cdot 8^2]^3 \cdot 2^5$

b) $(18^6)^3 : [(-2)^5 \cdot (-2)^3] \cdot 4^3$

c) $(-6)^{30} : ((-6)^{12})^2 \cdot 12^3$

d) $(-13)^5 \cdot ((13)^4)^0 : 13^2$

e) $[2^{13} \cdot 4^2 : 8^5]^2 : 2^5$

f) $(-15)^8 : [3^{10} \cdot (5^2)^5] \cdot 15^4$

Raíz cuadrada

76 Completa los huecos en tu cuaderno.

a) $\sqrt{16} = \square \rightarrow 4^{\square} = 16$ c) $9^2 = \square \rightarrow \sqrt{\square} = 9$

b) $\sqrt{\square} = 5 \rightarrow \square^2 = \square$ d) $\square^2 = 121 \rightarrow \sqrt{\square} = \square$

77 Escribe todos los cuadrados perfectos entre 1 y 250.

78 ¿Qué números enteros positivos son iguales a su raíz cuadrada exacta positiva?

79 Copia en tu cuaderno la tabla y complétala.

	Raíz cuadrada entera	Resto
$\sqrt{27}$		
$\sqrt{201}$		
$\sqrt{34}$		
$\sqrt{85}$		

80 Calcula la raíz cuadrada de estos números.

a) 19 b) 49 c) 79 d) 119 e) 229

81 Determina el valor de cada letra.

a) $\sqrt{a} = 3$ y su resto es 2 d) $\sqrt{d} = 4$ y su resto es 7

b) $\sqrt{b} = 9$ y su resto es 5 e) $\sqrt{e} = 5$ y su resto es 10

c) $\sqrt{c} = 2$ y su resto es 1 f) $\sqrt{f} = 7$ y su resto es 4

82 Un número tiene como raíz cuadrada entera 12. ¿Cuál es el resto más grande que puede tener ese número? ¿Y si tuviera como raíz entera 135?

83 ¿Es posible que el resto de una raíz sea negativo? Razona tu respuesta.

84 Calcula.

a) $\sqrt{\dfrac{4}{9}}$ c) $\sqrt{\dfrac{1600}{49}}$ e) $\sqrt{\dfrac{81}{36}}$

b) $\sqrt{\dfrac{400}{64}}$ d) $\sqrt{\dfrac{121}{25}}$ f) $\sqrt{\dfrac{225}{16}}$

Operaciones combinadas

85 Resuelve considerando solo el resultado positivo de cada raíz.

a) $(-3)^3 : (-9) + \sqrt{64} : (-2) \cdot 5^2 - (-8)$

b) $(-3)^3 : (-9) + \sqrt{64} : (-2) \cdot [5^2 - (-8)]$

c) $(-2) \cdot (-3)^2 : \sqrt{9} - (-8)^4 : 2^3 - \sqrt{100}$

d) $[(-1) \cdot 5 \cdot 3 - 8] \cdot \sqrt{16} - (-2)^3 \cdot ((-2)^2)^2$

e) $\sqrt{\dfrac{36}{25}} - \left(\dfrac{3}{5}\right)^2 - \left[\dfrac{3}{5} + \left(\dfrac{2}{3}\right)^3\right] : \left(\dfrac{1}{3}\right)^3$

f) $\left[\sqrt{\dfrac{16}{49}} : \sqrt{\dfrac{36}{25}}\right]^2 - \left(\dfrac{-5}{2}\right)^2 \cdot \left(\dfrac{5}{3}\right)^2$

86 Opera.

a) $\sqrt{\dfrac{16}{9}} \cdot \dfrac{7}{4} - \dfrac{3}{2}$

b) $\dfrac{1}{3} \cdot \sqrt{\dfrac{400}{64}} + 8 : \dfrac{2}{5}$

c) $\dfrac{2}{5} : \dfrac{5}{4} - \left(-\dfrac{6}{5}\right)^2 : \dfrac{7}{2}$

d) $\left(-\dfrac{1}{6}\right)^2 : \left(\dfrac{2}{5}\right)^3 - \sqrt{\dfrac{121}{36}} + 3 \cdot \dfrac{3}{10}$

87 Calcula.

a) $[((-2)^2)^4 : (-2)^3 \cdot (-2)^5]^2 \cdot [((-2)^3)^2 : (-2)^5]$

b) $\left(\sqrt{\dfrac{25}{16}}\right)^3 - \left(\dfrac{5}{2}\right)^2 + \left[\left(\dfrac{5}{2}\right)^6 : \left(\dfrac{5}{2}\right)^3 \cdot \left(\dfrac{5}{2}\right)^5\right]^2$

c) $[3^4 : 3^3 \cdot 3^8 : 3^6]^2 \cdot [(3^4)^4 : 3^7]^3 : \sqrt{81}$

d) $\left[\sqrt{\dfrac{25}{9}} - \dfrac{5}{4}\right]^2 + \left(\dfrac{2}{3}\right)^3 \cdot 3^5 - ((3^2)^3) \cdot \sqrt{\dfrac{100}{81}}$

e) $\sqrt{\dfrac{16}{49}} - \left(\dfrac{2}{3}\right)^3 + [(3^2)^4 : 3^3]^2 \cdot 3^4$

Problemas

SABER HACER

Formar un cuadrado con un número de elementos determinado

88 ¿Cuál es el cuadrado más grande que podemos formar con los 23 alumnos de una clase?

PRIMERO. Se averigua si 23 es un cuadrado perfecto. No existe ningún número que al cuadrado dé 23.

23 no es un cuadrado perfecto.

SEGUNDO. Se halla su raíz entera.

Raíz entera de 23 = 4, resto = $23 - 4^2 = 7$.

Se puede formar un cuadrado con 4 alumnos en cada lado. Quedarían fuera de él 7 alumnos.

89 ¿Cuál es el cuadrado más grande que podemos formar con 48 monedas? ¿Y con 169 monedas?

90 Se ha organizado un concurso de tiro con arco. Después de seleccionar a los concursantes, se han formado cinco equipos de cinco miembros cada uno. Cada miembro del equipo dispone de cinco flechas para lanzar a la diana. ¿Cuántas flechas se necesitan?

91 La biblioteca del aula tiene tres estanterías. Cada estantería consta de tres baldas y cada balda tiene tres apartados que contienen tres libros. ¿Cuántos libros tiene la biblioteca? Expresa el resultado en forma de potencia.

92 La paga semanal de Mario es de 32 €. Sus padres le han castigado reduciéndosela a la mitad cada semana.

a) Expresa este proceso en forma de potencias.

b) ¿Cuántas semanas tienen que pasar para que la paga quede reducida a 25 céntimos?

93 La población de bacterias de un cultivo es cada día dos tercios de la población del día anterior debido a la falta de alimento. Si el primer día había doce millones:

a) ¿Cuántas bacterias habrá el quinto día?

b) ¿A partir de qué día quedarán menos del 10 % de bacterias?

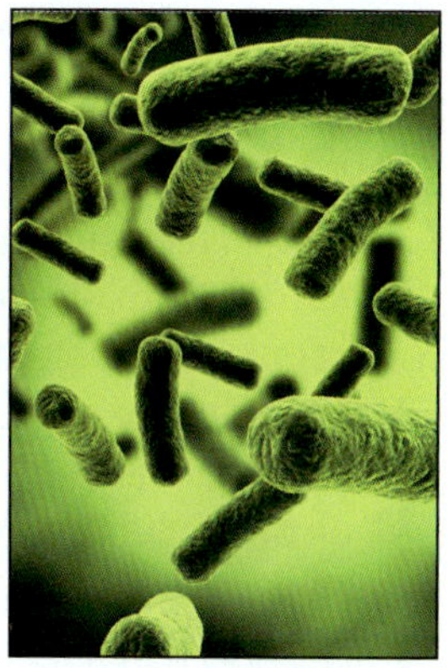

94 En una mudanza se colocan los objetos en cajas cúbicas de cartón. En el salón han preparado 28 cajas, en las habitaciones 21 y en la cocina 15.

a) Si colocan juntas las cajas del salón y las habitaciones formando un cuadrado, ¿cuántas cajas habrá en su lado? ¿Y si se unen las de las habitaciones y la cocina? ¿Y si unen todas las cajas?

b) Si unen todas las cajas y las apilan formando un cubo, ¿cuántas cajas de altura tendrá ese cubo?

DEBES SABER HACER

Potencias de números enteros

1 Expresa como una potencia e indica la base y el exponente.

a) $4 \cdot 4 \cdot 4 \cdot 4 \cdot 4 \cdot 4$

b) $(-2) \cdot (-2) \cdot (-2) \cdot (-2)$

c) $(-5) \cdot (-5) \cdot (-5)$

d) $10 \cdot 10 \cdot 10 \cdot 10 \cdot 10$

2 Averigua el signo de cada potencia y escribe cómo se lee.

a) $(-7)^3$ b) 4^2 c) 5^8 d) $(-5)^{11}$ e) $(-10)^{17}$ f) 2^{20}

3 Calcula el valor de cada potencia.

a) $(-2)^7$ b) 6^3 c) $(-5)^4$ d) 10^6 e) $(-10)^7$

Potencias de fracciones

4 Expresa como una potencia e indica su signo.

a) $\frac{5}{3} \cdot \frac{5}{3} \cdot \frac{5}{3} \cdot \frac{5}{3} \cdot \frac{5}{3}$

b) $\left(-\frac{2}{7}\right) \cdot \left(-\frac{2}{7}\right) \cdot \left(-\frac{2}{7}\right)$

Operaciones con potencias

5 Expresa como una potencia.

a) $4^2 \cdot 4^6 \cdot 4^9$

b) $\left(-\frac{3}{2}\right)^9 : \left(-\frac{3}{2}\right)^4 : \left(-\frac{3}{2}\right)^3$

c) $((-2)^3)^5$

d) $\left(\left(\frac{1}{10}\right)^3\right)^5$

Raíz cuadrada

6 Calcula la raíz de cada número.

a) 144 b) 177 c) 224 d) $\sqrt{\frac{36}{49}}$ e) $\sqrt{\frac{81}{100}}$

Operaciones combinadas

7 Calcula.

a) $(3^4 : 3^2)^4 - \sqrt{\frac{25}{9}} : \left[\left(-\frac{3}{5}\right)^7 : \left(-\frac{3}{5}\right)^2\right]$

b) $((-2)^3)^5 : (-2)^4 + \left[\left(\frac{1}{3}\right)^8 : \left(\frac{1}{3}\right)^3 \cdot \left(\frac{1}{3}\right)^5\right]^3 - \sqrt{\frac{16}{49}}$

COMPETENCIA MATEMÁTICA

En la vida cotidiana

95 En informática en general, y por supuesto en Internet, se utiliza un lenguaje binario. Esto significa que cada acción que haces con tu ordenador: almacenar información o imágenes, comunicarte con otros usuarios, acceder a contenidos de Internet… se codifica con números larguísimos que solo están compuestos por ceros y unos. Cada combinación de esas cifras tiene un significado distinto.

Es por este motivo por el que las cantidades en Internet se calculan con potencias de 2.

Nombre	Relación	Bytes en potencia de 2
Byte	Unidad usada comúnmente	2^0
Kilobyte (Kb)	1 024 bytes	2^{10}
Megabyte (Mb)	1 024 Kb	2^{20}
Gigabyte (Gb)	1 024 Mb	2^{30}
Terabyte (Tb)	1 024 Gb	2^{40}

Llevo varias semanas digitalizando todas las fotos antiguas que mis padres tenían en papel. Al final, la carpeta que contiene todas las fotos me ha ocupado 9 gigabytes. Para que toda la familia tenga acceso a ellas las he subido a la nube.

Lo que me preocupa es el tiempo que se tardará en descargarlas. Mis abuelos tienen una conexión a Internet de 3 Mb/s; mis padres, de 20 Mb/s, y mi hermano mayor, que está estudiando fuera, solo tiene Internet en el móvil y su velocidad de descarga es muy baja, tan solo 256 Kb/s. ¿Cuánto tiempo tardará cada uno en poder descargar todas las fotos?

Formas de pensar. Razonamiento matemático

96 Encuentra el número más pequeño que sumado a 265 da un cuadrado perfecto.

97 Teniendo en cuenta lo que has aprendido en esta unidad respecto de la raíz cuadrada de una fracción:

$$\sqrt{\frac{a}{b}} = \frac{c}{d} \quad \text{si se cumple que} \quad \left(\frac{c}{d}\right)^2 = \frac{a}{b}$$

Podemos definir así la raíz con índice n de una fracción:

$$\sqrt[n]{\frac{a}{b}} = \frac{c}{d} \quad \text{si se cumple que} \quad \left(\frac{c}{d}\right)^n = \frac{a}{b}$$

Con esta definición, calcula:

a) $\sqrt[3]{\frac{8}{125}}$ b) $\sqrt[3]{\frac{1}{64}}$ c) $\sqrt[4]{\frac{16}{81}}$ d) $\sqrt[4]{\frac{256}{10\,000}}$

98 Si $1^2 + 2^2 + 3^2 + \ldots + 25^2 = 5\,525$, di cuál es el valor de: $2^2 + 4^2 + 6^2 + \ldots + 50^2$.

99 Ordena, de menor a mayor, estos números:

$2^{2\,006} - 2$ $2^{2\,008}$ $2^{2\,005} + 2\,007$ $2^{2\,006} + 2$

Expresa como una potencia de base 2 la suma de los dos números centrales.

100 Si m y n son números enteros positivos, ¿cuál es el menor valor de m para que $2\,940 \cdot m = n^2$?

101 Continúa la serie en tu cuaderno.

$2^2 = 1^2 + 3$ $5^2 = \square^2 + \square$

$3^2 = 2^2 + 5$ $n^2 = \ldots$

$4^2 = 3^2 + 7$

PROYECTO FINAL. **Trabajo cooperativo**

OBJETIVO: Planificar la gestión informática de la biblioteca del centro

1.ª Fase.

- Visitad la biblioteca e informaos sobre el sistema de organización de los libros que hay en la actualidad.
- Buscad información sobre la organización que hay en otras bibliotecas públicas, universitarias y escolares.
- Informaos sobre los programas o aplicaciones específicos que se pueden utilizar para la gestión de una biblioteca.

2.ª Fase.

- Evaluad las mejoras que representará la búsqueda de libros de forma digital.
- Estableced un proceso para la gestión de los libros que hay en la actualidad y la forma de introducir nuevos libros de posteriores compras.

3.ª Fase.

- Escribid un informe con todas las conclusiones a las que habéis llegado.

Pruebas PISA

El poder del viento

102 Villazed está contemplando construir varias centrales de energía eólica para producir electricidad.

El Ayuntamiento recogió esta información.

- Modelo: E-82
- Altura de la torre: 138 metros
- Número de palas del rotor: 3
- Longitud de una pala del rotor: 40 metros
- Velocidad máxima de rotación: 20 vueltas por minuto
- Precio de construcción: 3 200 000 zeds
- Facturación: 0,10 zeds por kWh generado
- Coste de mantenimiento: 0,01 zeds por kWh generado
- Rendimiento: operativa el 97 % del año

Nota: el kilovatio-hora (kWh) es una unidad de medida de la energía eléctrica.

Villazed ha decidido construir varias centrales de energía eólica E-82 en un terreno cuadrado (longitud = anchura = 500 m).

Según las normas de construcción, la distancia mínima entre las torres de dos centrales de energía eólica de este modelo debe ser igual a cinco veces la longitud de una pala del rotor.

El alcalde de la villa ha realizado una propuesta para distribuir las centrales de energía eólica sobre el terreno. Dicha propuesta se muestra en el dibujo siguiente.

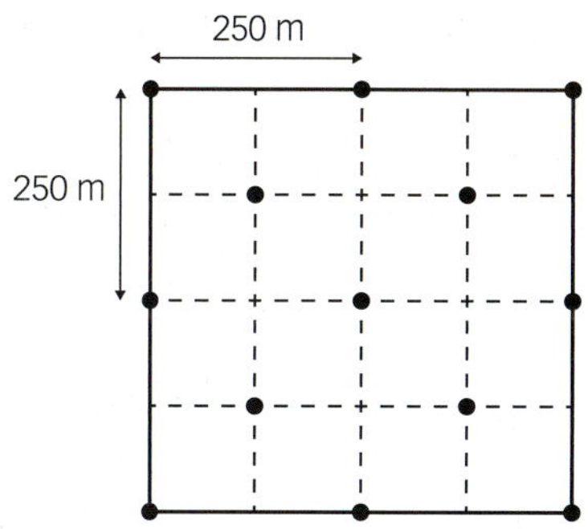

Explica por qué la propuesta del alcalde no cumple las normas de construcción. Justifica tu razonamiento por medio de cálculos.

(Prueba PISA 2010)

CLAVES PARA EMPEZAR

Unidades decimales

Para expresar cantidades que representan partes de la unidad usamos las unidades decimales: décimas (d), centésimas (c), milésimas (m)…

EJEMPLO

1 unidad → 1 U

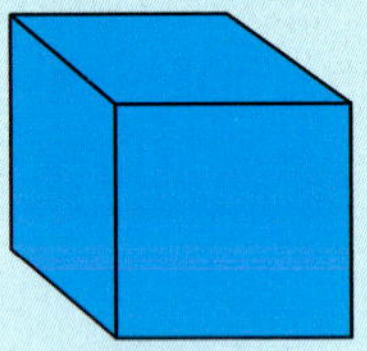

1 U = 10 d
1 d = 0,1 U

1 décima → 1 d

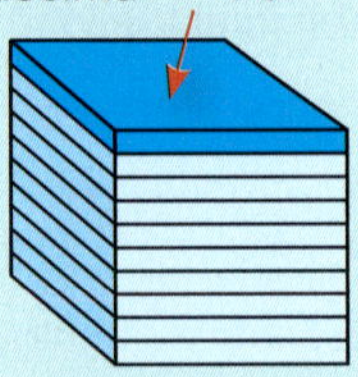

1 centésima → 1 c

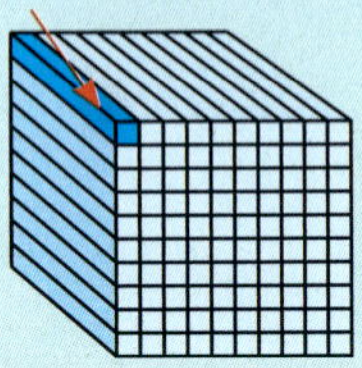

1 U = 100 c
1 c = 0,01 U
1 U = 1000 m
1 m = 0,001 U

1 milésima → 1 m

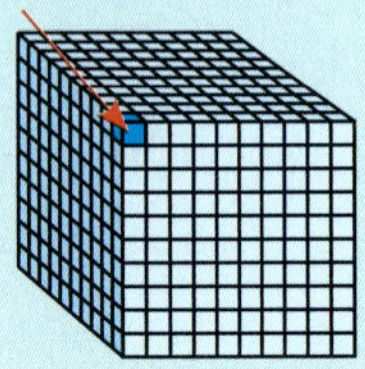

ACTIVIDADES

1 Copia en tu cuaderno y completa las equivalencias.

a) 34 centésimas = □ milésimas

b) 9 unidades = □ centésimas

c) 47 décimas = □ centésimas

d) 8 unidades = □ milésimas

Raíz cuadrada

- La **raíz cuadrada exacta** de un número *a* es otro número *b* que, al elevarlo al cuadrado, nos da el número *a*.
- La **raíz cuadrada entera** de un número *a* es el mayor número entero *b* cuyo cuadrado es menor que *a*. El **resto** de la raíz cuadrada entera se calcula así: $a - b^2$.

EJEMPLO

Calcula las siguientes raíces.

Raíz exacta

$\sqrt{36} = 6$, porque $6^2 = 36$

Raíz entera

$\sqrt{29} \approx 5$, porque $5^2 < 29 < 6^2$

El resto es 4, porque $29 - 5^2 = 4$.

ACTIVIDADES

2 Calcula la raíz cuadrada de estos cuadrados perfectos.

a) 36 b) 64 c) 49 d) 144

3 Calcula la raíz cuadrada entera y el resto de estos números.

a) 45 b) 15 c) 61 d) 84

1957
La URSS manda al espacio el Sputnik 1, el primer satélite artificial.

1958
Nace la NASA, organización responsable del programa aeroespacial de Estados Unidos.

Números decimales

4

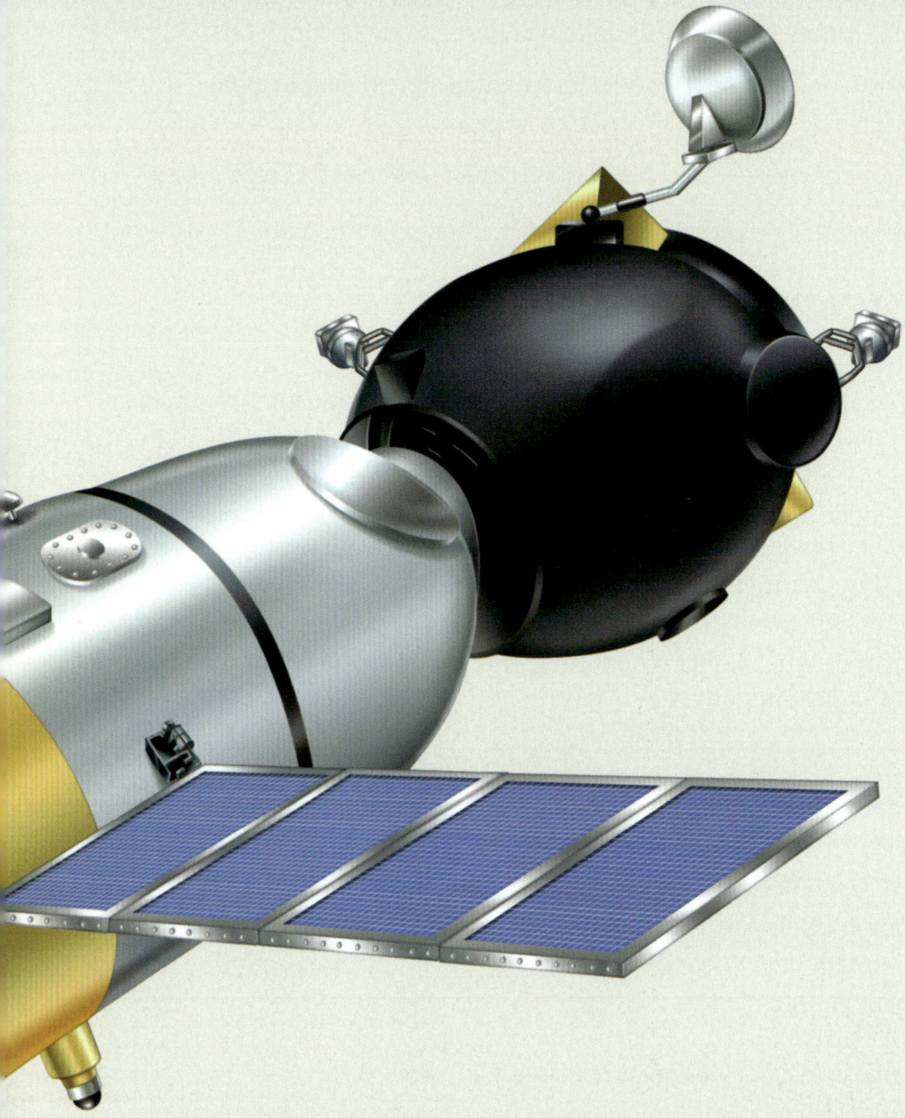

SABER

- Números decimales
- Aproximación y estimación
- Fracciones y números decimales
- Operaciones con decimales
- Raíz cuadrada
- Notación científica

SABER HACER

- Determinar el tipo de número decimal que corresponde a una fracción
- Dividir números decimales
- Calcular la raíz cuadrada de un número entero
- Calcular la raíz cuadrada con decimales

? VIDA COTIDIANA

La sonda espacial

El universo es enorme. Para conocerlo mejor y descubrir zonas inexploradas nos valemos de las sondas espaciales, que son naves no tripuladas que mandamos al espacio.

- El Sol se encuentra aproximadamente a 150 millones de km de la Tierra. ¿Puedes escribir ese número utilizando un producto de un número por una potencia de 10?

1961 Yuri Gagarin se convierte en el primer humano en salir al espacio.

1969 Neil Armstrong se convierte en el primer hombre en pisar la Luna.

1977 Se lanzan al espacio las sondas Voyager 1 y Voyager 2.

2015 Llega a Plutón la sonda New Horizons.

1 Números decimales

Un número decimal tiene una **parte entera**, situada a la izquierda de la coma, y una **parte decimal**, situada a la derecha de la coma.

60,0507 → Sesenta unidades quinientas siete diezmilésimas

Parte entera		Parte decimal			
decenas	unidades	décimas	centésimas	milésimas	diezmilésimas
6	0	0	5	0	7

Si añadimos ceros a la derecha de un número decimal, el número no varía, es el mismo.

7,32
7,320
7,3200
7,32000
7,320000

Comparación de números decimales

Para comparar números decimales:

1.º Comparamos sus partes enteras: es mayor el número con mayor parte entera.

2.º Si las partes enteras son iguales, comparamos sus partes decimales cifra a cifra: se comparan las décimas siendo mayor el número cuya cifra de las décimas es mayor. Si son iguales se comparan las centésimas para ver qué cifra es mayor. Se repite el proceso hasta que las cifras no son iguales.

Date cuenta de que siempre cualquier número positivo es mayor que cualquier número negativo.

EJEMPLOS

1. **Compara los números decimales 8,78 y 8,7911.**

   Tienen la misma parte entera, 8.

   Comparamos la parte decimal: tienen las mismas décimas. Las centésimas son mayores en el segundo número.

   Por tanto, $8{,}78 < 8{,}7911$.

2. **Ordena de menor a mayor los números 1,2; −4 y −3,75.**

   Todo número decimal positivo es mayor que cualquier negativo: 1,2 es el mayor de los tres números.

   Al comparar las partes enteras de los otros dos números, −4 y −3, se obtiene que $-4 < -3$. Por tanto: $-4 < -3{,}75 < 1{,}2$.

RESUELVE EL RETO

Busca un número decimal que esté comprendido entre −0,001 y −0,002.

ACTIVIDADES

1 PRACTICA. **Escribe con cifras.**

a) Cuatro unidades nueve centésimas.

b) Doce unidades cuarenta y cinco milésimas.

c) Setenta y nueve milésimas.

d) Cuatrocientas cincuenta unidades diecisiete diezmilésimas.

2 APLICA. **Ordena de menor a mayor.**

a) −4,7   −4   −3,56   − 3,478   −3,61

b) 0,008   0,9   0,001   0,0003   0,0012

3 REFLEXIONA. **Escribe tres números mayores que −3,2468101214…:**

a) Con 2 cifras decimales.   b) Con 6 cifras decimales.

2 Aproximación y estimación

2.1. Aproximación de números decimales

Para **truncar** un número decimal a un cierto orden, se eliminan las cifras de los órdenes decimales inferiores a él.

Para **redondear** un número decimal a un cierto orden, se eliminan las cifras de los órdenes inferiores, de manera que si la cifra siguiente a la del orden considerado es:

- mayor o igual que 5, se suma una unidad a la cifra del orden al que estamos redondeando.
- menor que 5, no cambia la cifra del orden de redondeo.

EJEMPLO

3. Aproxima el número 48,3259 por redondeo y truncamiento.

	A las milésimas	A las centésimas	A las décimas
Truncamiento	48,325	48,32	48,3
Redondeo	48,326	48,33	48,3

2.2. Estimación del resultado de una operación

En ocasiones, al operar con números decimales, es útil aproximarlos aunque se obtenga un resultado cercano en lugar del resultado exacto. Esta técnica se denomina **estimación**.

EJEMPLO

4. El peso máximo permitido para enviar un paquete es de 2 kg. Si Teo quiere enviar tres libros de 0,522 kg cada uno y unos documentos de 0,293 kg, ¿podrá mandarlo todo en un paquete?

Los libros pesan aproximadamente 0,5 kg cada uno y los documentos 0,3 kg.

$$0,5 \cdot 3 = 1,5 \text{ kg} \qquad 1,5 + 0,3 = 1,8 \text{ kg}$$

El total no pasa de 2 kg; por tanto, podrá enviarlo todo.

(El cálculo exacto sería $0,522 \cdot 3 + 0,293 = 1,859$).

ACTIVIDADES

4 PRACTICA. Aproxima por truncamiento y redondeo a las décimas, las centésimas y las milésimas: 0,1267; 2,3458 y 3,09527.

5 PRACTICA. Redondea y trunca el número 12,5674 a las centésimas y calcula el error.

6 APLICA. Estima a las unidades y a las décimas.

a) $3,56 + 2,902 - 3,78$ b) $0,303 + 2,83 - 3,132$

7 REFLEXIONA. Estima por truncamiento a las centésimas el área de un cuadrado de 1,207 cm de lado.

3 Fracciones y números decimales

3.1. Expresión decimal de una fracción

Toda fracción puede expresarse como un número decimal.

Para **expresar una fracción como un número decimal**, se divide el numerador entre el denominador.

3.2. Tipos de números decimales

- Un **número decimal** es **exacto** cuando tiene un número finito de cifras decimales.
- Un **número decimal** es **periódico** cuando tiene infinitas cifras decimales, de las cuales una o varias se repiten indefinidamente. Esa cifra o grupo de cifras se llama período.
  - Si el período comienza inmediatamente después de la coma, el número es un decimal **periódico puro**.
  - Si el período no comienza justo después de la coma, es un decimal **periódico mixto**. A las cifras decimales que no pertenecen al período, se les llama **anteperíodo**.
- Un **número decimal** es **no exacto** y **no periódico** cuando tiene infinitas cifras decimales y ninguna se repite indefinidamente.

SE ESCRIBE ASÍ

Para escribir de forma abreviada los números decimales periódicos, se coloca un arco sobre las cifras del período.

$4{,}272727... = 4{,}\overset{\frown}{27}$ (período)

$1{,}45131313... = 1{,}45\overset{\frown}{13}$ (anteperíodo: 45; período: 13)

EJEMPLOS

5. Calcula la expresión decimal de cada fracción.

a) $\dfrac{11}{3} = 3{,}66666... \rightarrow$ Periódico. Período = 6

b) $\dfrac{19}{90} = 0{,}21111... \rightarrow$ Periódico mixto. Anteperíodo = 2. Período = 1

6. Completa la tabla con dos decimales de cada tipo.

Exacto	Periódico puro	Periódico mixto	No exacto y no periódico
0,08	1,666...	0,3777...	$\sqrt{2} = 1{,}4142135...$
2,675	5,272727...	1,45131313...	0,12345678910...

ACTIVIDADES

8 PRACTICA. Expresa en forma decimal.

a) $\dfrac{7}{10}$ b) $\dfrac{33}{9}$ c) $\dfrac{189}{100}$ d) $\dfrac{47}{90}$ e) $\dfrac{111}{900}$ f) $\dfrac{82}{1\,000}$

9 PRACTICA. Clasifica los decimales obtenidos en la actividad anterior.

10 APLICA. Ordena de menor a mayor.

$\dfrac{13}{12}$ 1,1 $\dfrac{107}{100}$ 1,089 $\dfrac{100}{90}$

11 REFLEXIONA. Escribe dos decimales de cada tipo comprendidos entre $\dfrac{3}{5}$ y $\dfrac{4}{5}$.

Para obtener la fracción irreducible de una fracción, dividimos el numerador y el denominador por el m.c.d. de ambos.

SABER HACER

Determinar el tipo de número decimal que corresponde a una fracción

Averigua qué tipo de número decimal corresponde a estas fracciones.

$$\frac{14}{7} \qquad \frac{38}{50} \qquad \frac{11}{9} \qquad \frac{33}{45}$$

Pasos a seguir

1. Si el numerador es múltiplo del denominador, la expresión decimal es un **número entero**.

$$\frac{14}{7} \xrightarrow{\text{14 múltiplo de 7}} \text{Número entero} \qquad 14 \,|\, 7 \;\; 0 \;\; 2 \rightarrow \frac{14}{7} = 2$$

2. Si al hallar su fracción irreducible, la factorización de su denominador solo tiene como factores primos 2, 5 o ambos, es un **decimal exacto**.

$$\frac{38}{50} \xrightarrow[\text{Fracción irreducible}]{\text{m.c.d. }(38, 50) = 2} \frac{38}{50} = \frac{38:2}{50:2} = \frac{19}{25}$$

$$\frac{19}{25} \xrightarrow[\text{Solo factor 5}]{\text{Denominador} = 25 = 5^2} \text{Decimal exacto} \qquad 19{,}000\ldots \,|\, 25 \;\; 1\,50 \;\; 00 \;\; 0{,}76 \rightarrow \frac{38}{50} = \frac{19}{25} = 0{,}76$$

3. Si la factorización del denominador de la fracción irreducible no tiene como factores ni 2 ni 5, es un **decimal periódico puro**.

$$\frac{11}{9} \xrightarrow{\text{m.c.d. }(11, 9) = 1} \text{Fracción irreducible}$$

$$\frac{11}{9} \xrightarrow[\text{Factores distintos de 2 y 5}]{\text{Denominador} = 9 = 3^2} \text{Decimal periódico puro} \qquad 11{,}000\ldots \,|\, 9 \;\; 2\,0 \;\; 20 \;\; 20\ldots \;\; 1{,}222\ldots \rightarrow \frac{11}{9} = 1{,}\widehat{2}$$

4. Si el denominador de la fracción irreducible tiene como factores 2 o 5 y otros, es un **decimal periódico mixto**.

$$\frac{33}{45} \xrightarrow[\text{Fracción irreducible}]{\text{m.c.d. }(33, 45) = 3} \frac{33}{45} = \frac{33:3}{45:3} = \frac{11}{15}$$

$$\frac{11}{15} \xrightarrow[\text{Factor 5 y otros}]{\text{Denominador} = 15 = 3 \cdot 5} \text{Decimal periódico mixto} \qquad 11{,}000\ldots \,|\, 15 \;\; 0\,50 \;\; 50 \;\; 50\ldots \;\; 0{,}7333\ldots \rightarrow \frac{11}{15} = 0{,}7\widehat{3}$$

ACTIVIDADES

12 Determina sin hacer la división el tipo de número decimal asociado a cada fracción.

a) $\frac{21}{14}$ c) $\frac{5}{3}$ e) $\frac{21}{7}$

b) $\frac{7}{6}$ d) $\frac{45}{66}$ f) $\frac{11}{9}$

13 Calcula el decimal asociado a cada fracción de la actividad anterior y exprésalo de forma abreviada.

14 Averigua cuántas cifras decimales tiene el número decimal asociado a cada fracción.

a) $\frac{7}{100}$ c) $\frac{16}{55}$ e) $\frac{5}{30}$

b) $\frac{67}{6}$ d) $\frac{15}{8}$ f) $\frac{117}{134}$

15 Pedro ha comprado $\frac{5}{2}$ kg de manzanas; María, $\frac{9}{3}$ kg y Pablo, $\frac{21}{5}$ kg. ¿Quién ha comprado más? Usa números decimales para resolver el problema.

16 Escribe tres fracciones que representen:

a) Un número entero.

b) Un número decimal exacto.

c) Un número decimal periódico puro.

d) Un número decimal periódico mixto.

Para resolver operaciones combinadas con números decimales, se utiliza la misma jerarquía de las operaciones que con los números enteros.

1.° Paréntesis y corchetes

2.° Multiplicaciones y divisiones

3.° Sumas y restas

$$23{,}2 - (7{,}8 - 5{,}9) \cdot 7{,}01 =$$
$$= 23{,}2 - 1{,}9 \cdot 7{,}01 =$$
$$= 23{,}2 - 13{,}319 = 9{,}881$$

4 Operaciones con números decimales

4.1. Suma, resta y multiplicación de números decimales

- Para **sumar o restar números decimales**:
  1.° Colocamos los números de forma que las comas decimales estén alineadas, y añadimos los ceros necesarios para que todos tengan el mismo número de cifras decimales.
  2.° Sumamos o restamos como si fueran números naturales, manteniendo la coma en su lugar correspondiente.
- Para **multiplicar** dos **números decimales**:
  1.° Los multiplicamos como si fueran números naturales.
  2.° Colocamos la coma en el resultado; tendrá tantas cifras decimales como tengan en total entre ambos factores.

EJEMPLO

7. Calcula estas operaciones.

a) 432,35 + 27,468

```
  432,350
+  27,468
  459,818
```

b) 637,1 − 96,78

```
  637,10
−  96,78
  540,32
```

c) 0,24 · 9,5

```
   0,24  ← 2 decimales
×   9,5  ← 1 decimal
    120
   216
  2,280  ← 3 decimales
```

RESUELVE EL RETO

Utilizando la calculadora, ¿cómo podrías calcular esta división sin utilizar la coma decimal?

9,87 : 2,3

4.2. División de números decimales

Para **dividir dos números decimales** hay que eliminar las cifras decimales del divisor multiplicando el dividendo y el divisor por la unidad seguida de tantos ceros como decimales tiene el divisor.

Después se hace la división teniendo en cuenta que cuando se baja la primera cifra decimal del dividendo, se pone una coma en el cociente.

ACTIVIDADES

17 PRACTICA. Calcula.

a) 12,234 + 4,56
b) 90 + 15,75
c) 25,8 − 98,78 + 3,212
d) 2,456 − 1,765
e) 8 − 3,127
f) 1,3 − 0,279

18 PRACTICA. Multiplica.

a) 1,54 · 4
b) 24 · 0,05
c) 23,1 · 32
d) 3,65 · 124
e) 54,1 · 0,03
f) 12,5 · 43

19 APLICA. Opera.

a) 0,4 · (13,2 − 4,01) + 7,3
b) 0,4 · 13,2 − 4,01 + 7,3
c) 0,4 · 13,2 − (4,01 + 7,3)
d) 0,4 · (13,2 − 4,01 + 7,3)

20 REFLEXIONA. Completa en tu cuaderno.

a) □ + 4,56 = 12,009
b) □ − 4,56 = 12,009

SABER HACER

Dividir números decimales

Calcula estas divisiones:

a) 17,41 : 7 **b) 17 : 0,71** **c) 17,2 : 0,71**

Pasos a seguir

1. Dividendo decimal y **divisor natural**

Escribimos la coma en el cociente cuando bajamos la primera cifra decimal.

a) 17,41 |7
   34 2,48
   61
   5

Cociente: 2,48
Resto: 0,05

2. Dividendo natural y **divisor decimal**

Multiplicamos dividendo y divisor por la unidad seguida de tantos ceros como cifras decimales tiene el divisor.

Después, dividimos como si fueran números naturales.

b) 17 |0,71 (2 cifras decimales) · 100
   1700 |71
   280 23
   67

Cociente: 23
Resto: 0,67

3. Dividendo decimal y **divisor decimal**

Multiplicamos dividendo y divisor por la unidad seguida de tantos ceros como cifras decimales tiene el divisor.

Después, dividimos como si fueran números naturales.

c) 17,2 |0,71 (2 cifras decimales) · 100
   1720 |71
   300 24
   16

Cociente: 24
Resto: 0,16

En estas divisiones, el resto también es un número decimal.

Si hemos multiplicado por la unidad seguida de ceros, dividimos el resto de la división entre ese número:

67 : 100 = 0,67

16 : 100 = 0,16

Si no lo hemos hecho, el resto tiene el mismo orden que el cociente:

17,41 : 7 = 2,48 → centésima

Resto = 0,05 → centésima

ACTIVIDADES

21 Calcula el cociente y el resto de las siguientes divisiones.

a) 91,6 : 4
b) 178,65 : 5
c) 80 : 3,2
d) 289 : 4,25
e) 127,4 : 9,8
f) 9,6 : 3,84
g) 5,3586 : 9
h) 12,153 : 6
i) 4 786 : 2,375
j) 1 914 : 6,28
k) 3,33 : 0,258
l) 9,124 : 1,376

22 Sabiendo que 8,75 : 5 = 1,75, calcula:

a) 87,5 : 5
b) 0,875 : 5
c) 875 : 5
d) 8 750 : 5

23 Completa en tu cuaderno.

a) 0,12 : □ = 6
b) 15 : □ = 60
c) 25,38 : □ = 2,7
d) 92,16 : □ = 9,6

24 Carmen ha pagado 7,56 € por 4 kg de naranjas, 15 € por 2,5 kg de nueces y 11,90 € por 8,5 kg de plátanos.

a) ¿Cuánto cuesta el kilo de cada uno de los productos que compró Carmen?

b) ¿Qué producto es más caro?

5 Raíz cuadrada. Aproximación decimal

- Raíz cuadrada exacta:

  $\sqrt{49} = 7 \rightarrow 7^2 = 49$
- Raíz cuadrada entera:

  $\sqrt{77} \rightarrow 8^2 < 77 < 9^2$

  La raíz cuadrada entera de 77 es 8 y el resto es 77 − 64 = 13.

Aproximación decimal de una raíz cuadrada

Los números que no tienen raíz cuadrada exacta tienen como raíz un número decimal con infinitas cifras decimales. Podemos hallar la raíz de estos números mediante una **aproximación decimal**.

EJEMPLO

8. Calcula una aproximación decimal de $\sqrt{14}$.

   1.º Calculamos la raíz entera del número.
   $3^2 < 14 < 4^2 \rightarrow$ Raíz cuadrada entera $= 3$

   2.º Añadimos una cifra decimal a la raíz entera y determinamos el valor que se aproxima más al radicando. Se suele empezar por la mitad del intervalo, para a partir de ahí buscar el número apropiado.

   $$\left.\begin{array}{l}(3{,}5)^2 = 12{,}25 < 14 \\ \dots \\ (3{,}7)^2 = 13{,}69 < 14 \\ (3{,}8)^2 = 14{,}44 > 14\end{array}\right\} \longrightarrow (3{,}7)^2 < 14 < (3{,}8)^2$$

   3.º Continuamos con el proceso hasta obtener el número de cifras decimales que deseamos.

   $$\left.\begin{array}{l}(3{,}75)^2 = 14{,}0625 > 14 \\ (3{,}74)^2 = 13{,}9876 < 14\end{array}\right\} \longrightarrow (3{,}74)^2 < 14 < (3{,}75)^2$$

   4.º Calculamos el valor del resto.
   Resto $= 14 - (3{,}74)^2 = 0{,}0124$
   $\sqrt{14} = 3{,}74$ y resto $= 0{,}0124$

La raíz se ha hallado correctamente si se cumple que:

$$\text{Radicando} = (\text{Raíz})^2 + \text{Resto}$$

EJEMPLO

9. Si decimos que $\sqrt{18} = 4{,}24$, ¿cuál es su resto?

   Radicando $= (\text{Raíz})^2 +$ Resto $\rightarrow 18 = 4{,}24^2 +$ Resto

   Resto $= 18 - 4{,}24^2 = 18 - 17{,}9776 = 0{,}0224$

RESUELVE EL RETO

Si la aproximación decimal de una raíz tiene 2 cifras decimales, ¿cuántas cifras decimales puede tener como máximo el resto?

ACTIVIDADES

25 PRACTICA. Aproxima estas raíces a las décimas y halla el resto.

a) $\sqrt{7}$ c) $\sqrt{80}$ e) $\sqrt{35}$

b) $\sqrt{53}$ d) $\sqrt{99}$ f) $\sqrt{18}$

26 PRACTICA. Comprueba que has hallado bien las raíces de la actividad anterior.

27 APLICA. Halla el valor de cada letra para que la igualdad sea cierta.

a) $\sqrt{a} = 3{,}1$ c) $\sqrt{c} = 6$ y resto 7

b) $\sqrt{b} = 0{,}04$ d) $\sqrt{d} = 3{,}8$ y resto 0,56

28 REFLEXIONA. ¿Hay dos números cuya aproximación decimal de su raíz sea 7,21?

SABER HACER

Calcular la raíz cuadrada de un número entero

Calcula la raíz cuadrada de 543.

Pasos a seguir

1. Dividimos el radicando en grupos de dos cifras, empezando por la derecha.

   $\sqrt{5\underline{43}}$

2. Buscamos la raíz entera del primer grupo de cifras formado empezando por la izquierda.

   $\sqrt{5} \rightarrow 2^2 < 5 < 3^2$

   La raíz cuadrada entera de 5 es 2.

3. Colocamos esa raíz entera como primera cifra de la raíz que estamos calculando.

   Restamos el cuadrado de esa cifra del primer grupo de cifras y bajamos el grupo siguiente, colocándolo al lado de la diferencia.

   $\sqrt{543}\ |\ 2$
   -4
   143

4. Hallamos el doble de la primera cifra de la raíz ($2 \cdot 2 = 4$) y lo colocamos en una nueva línea.

   Buscamos un número natural n, tal que el producto $4n \cdot n$ sea más pequeño o igual que 143, y lo más próximo a él posible.

   $\sqrt{543}\ |\ 2$
   $-4 \quad |\ 4\square \cdot \square = \square$
   143

   $4\boxed{3} \cdot \boxed{3} = 129 < 143$
   $4\boxed{4} \cdot \boxed{4} = 176 > 143$
   El número buscado es $n = 3$.

5. Colocamos n en la raíz, y restamos el producto, 129, a la diferencia que habíamos obtenido, 143.

   El resultado de la resta es el resto de la raíz.

   $\sqrt{543}\ |\ 23$
   $-4 \quad |\ 4\,3 \cdot 3 = 129$
   143
   -129
   14

   $\sqrt{543} = 23$ y resto $= 14$

El número de cifras de la raíz cuadrada será igual que el número de grupos del radicando.
$\sqrt{5\underline{43}} = \square\square \leftarrow$ 2 cifras

ACTIVIDADES

29 Calcula estas raíces cuadradas y halla su resto.

a) $\sqrt{345}$
b) $\sqrt{789}$
c) $\sqrt{1\,345}$
d) $\sqrt{6\,005}$
e) $\sqrt{999}$
f) $\sqrt{701}$
g) $\sqrt{4\,789}$
h) $\sqrt{8\,349}$

30 Comprueba que has realizado bien los cálculos en la actividad anterior.

31 Calcula el radicando en cada caso.

a) La raíz cuadrada es 19 y el resto 15.
b) La raíz cuadrada es 25 y el resto 40.
c) La raíz cuadrada es 32 y el resto 9.

32 Decide si es posible que:

a) La raíz de un número sea 7 y el resto 16.
b) La raíz de un número sea 7 y el resto 15.

SABER HACER

Calcular la raíz cuadrada con decimales

Calcula la raíz cuadrada de 543 y expresa el resultado con una cifra decimal.

Pasos a seguir

1. Calculamos la raíz entera del número.

$$\begin{array}{r|l} \sqrt{543} & 23 \\ -4 & 43 \cdot 3 = 129 \\ 143 & \\ -129 & \\ 14 & \end{array}$$

2. Colocamos una coma en el radicando y en la raíz. Añadimos dos ceros al radicando y al último resto obtenido y volvemos a calcular el doble de las cifras de la raíz ($23 \cdot 2 = 46$). Lo colocamos en una nueva línea.

$$\begin{array}{r|l} \sqrt{543{,}00} & 23, \\ -4 & 43 \cdot 3 = 129 \\ 143 & 46 \\ -129 & \\ 014\ 00 & \end{array}$$

3. Buscamos un número natural n, tal que el producto $46n \cdot n$ sea más pequeño o igual que 1 400, y lo más próximo a él posible.

$$\begin{array}{r|l} \sqrt{543{,}00} & 23 \\ -4 & 43 \cdot 3 = 129 \\ 143 & 46\square \cdot \square = \square \\ -129 & \\ 014\ 00 & \end{array}$$

$46\boxed{3} \cdot \boxed{3} = 1\,389 < 1\,400$

$46\boxed{4} \cdot \boxed{4} = 1\,856 > 1\,400$

El número buscado es $n = 3$.

4. Colocamos n en la raíz, después de la coma, y restamos el producto, 1 389, a la última diferencia que habíamos obtenido, 1 400.

   Para calcular el resto, dividimos la diferencia obtenida entre la unidad seguida de tantos ceros como hemos añadido al radicando.

$$\begin{array}{r|l} \sqrt{543{,}00} & 23{,}3 \\ -4 & 43 \cdot 3 = 129 \\ 143 & 46\,3 \cdot 3 = 1\,389 \\ -129 & \\ 014\ 00 & \\ 13\ 89 & \\ 00\ 11 & \end{array}$$

Resto → $11 : 100 = 0{,}11$

$\sqrt{543} = 23{,}3$ y resto $= 0{,}11$

Para obtener 2 cifras decimales añadiríamos 4 ceros al radicando. En general, para cada cifra decimal debemos añadir 2 ceros al radicando.

ACTIVIDADES

33 Calcula y expresa el resultado con una cifra decimal, indicando el valor del resto.

a) $\sqrt{436}$
b) $\sqrt{870}$
c) $\sqrt{4\,537}$
d) $\sqrt{1\,001}$
e) $\sqrt{999}$
f) $\sqrt{631}$
g) $\sqrt{205}$
h) $\sqrt{5\,132}$
i) $\sqrt{7\,654}$
j) $\sqrt{11\,027}$

34 Extrae una segunda cifra decimal en las raíces de la actividad anterior.

35 Calcula el resto en cada caso.

a) El radicando es 365 y la raíz es 19,1.
b) El radicando es 800 y la raíz es 28,28.
c) $\sqrt{5\,360} = 73{,}21$
d) $\sqrt{9\,561} = 97{,}780$

36 Indica si son ciertas o falsas estas afirmaciones.

a) $\sqrt{6\,789} = 82{,}3$ y resto 1 571
b) $\sqrt{478} = 21{,}7$ y resto 7,11
c) $\sqrt{321} = 17{,}9$ y resto 0,59

6 Notación científica

6.1. Potencias de base 10

Una **potencia de base 10** es igual a la unidad seguida de tantos ceros como indica el exponente.

EJEMPLO

10. Halla el valor de estas potencias de base 10.

a) $10^4 = 10\,000$ b) $10^6 = 1\,000\,000$ c) $10^8 = 100\,000\,000$

RESUELVE EL RETO

¿Qué número es mayor?

$(10^5)^2$ $10^{(5^2)}$

6.2. Expresión de números muy grandes

Los números muy grandes se suelen expresar con potencias de base 10.

Un número está expresado en **notación científica** cuando viene dado como el producto de un número mayor o igual que 1 y menor que 10, multiplicado por una potencia de 10.

El exponente de la potencia de 10 se llama **orden de magnitud**.

EJEMPLOS

11. Expresa en notación científica indicando el orden de magnitud.
La extensión de Europa es de 10 530 000 km^2.

$$10\,530\,000 = 1{,}053 \cdot 10\,000\,000 = 1{,}053 \cdot 10^7$$

El orden de magnitud es 7.

12. Determina si estos números están expresados en notación científica.

a) $17{,}45 \cdot 10^8$ → No, porque 17,45 es mayor que 10.

b) $7 \cdot 10^5$ → Está expresado en notación científica.

c) $0{,}7 \cdot 10^{11}$ → No, porque 0,7 es menor que 1.

ACTIVIDADES

37 PRACTICA. Calcula el valor de estas potencias de base 10.

a) 10^3 b) 10^7 c) 10^5 d) 10^{10} e) 10^{12} f) 10^{11}

38 PRACTICA. Escribe estos números en notación científica e indica el orden de magnitud.

a) 4 590 c) 39 876 e) 324 000 000

b) 13 800 d) 475 000 f) 800 500 000

39 APLICA. Completa los huecos en tu cuaderno.

a) $89\,000 = \square \cdot 10^4$ b) $30\,500 = 3{,}05 \cdot 10^{\square}$

40 REFLEXIONA. Razona tu respuesta.

a) Si un número tiene mayor orden de magnitud que otro en notación científica, ¿es mayor que él?

b) Un número de 20 cifras, ¿qué orden de magnitud tendrá en notación científica?

Números decimales

41 Escribe con cifras estos números.

a) Siete milésimas.
b) Diez centésimas.
c) Cuatro décimas.
d) Quince diezmilésimas.
e) Veinticinco centésimas.
f) Treinta y cinco unidades trescientas veintidós milésimas.

42 Indica el valor de cada una de las cifras del número 125,7489.

43 Ordena de mayor a menor estos números.

a) 8,2 8,25 8,29 8,9 8,275 8,201 8,245
b) $-3{,}3$ $-4{,}2$ $-3{,}75$ $-3{,}6$ -2 $-1{,}9$ $-3{,}888$

44 Indica si estas expresiones son verdaderas o falsas.

a) 1,05 unidades equivalen a ciento cinco centésimas.
b) Cuatro unidades y tres décimas son cuatro unidades y treinta centésimas.
c) Entre 2,452 y 2,453 no existe ningún número.
d) 3,005 es mayor que 3,05.
e) Tres unidades con dos décimas equivalen a treinta y dos mil milésimas.

Aproximación y estimación

45 Trunca y redondea a las décimas, a las centésimas y a las milésimas estos números:

12,3563 1,120564 71,59784 6,04064 3,25067

46 Escribe y calcula el error de tres números distintos:

a) Cuyo redondeo a las décimas sea 13,8.
b) Cuyo truncamiento a las centésimas sea 0,76.
c) Cuyo redondeo a las milésimas sea 3,889.

47 ¿En qué casos las aproximaciones de un número decimal por truncamiento y redondeo coinciden?

48 Estima truncando a las décimas y calcula el error cometido.

a) $3{,}8 : 2{,}5 + 6{,}78 \cdot 1{,}32$
b) $25{,}6 - 5{,}9 \cdot 2{,}65 - 12{,}9$
c) $(3{,}12 \cdot 8{,}32 - 1{,}65) \cdot 0{,}01$

49 Escribe dos sumas distintas:

a) Cuya estimación truncando a las décimas sea 9,7.
b) Cuya estimación redondeando a las centésimas sea 14,85.

Fracciones y decimales

50 Halla la expresión decimal de cada fracción.

a) $\frac{33}{4}$ b) $\frac{126}{6}$ c) $\frac{255}{17}$ d) $\frac{495}{33}$ e) $\frac{65}{30}$

51 Escribe estos números decimales de forma abreviada y clasifícalos.

a) 6,99
b) 2,63636363...
c) 958,101102103...
d) 5,05636363...
e) 0,111111...
f) 15,263488888...
g) 3,141592654...
h) 12,7023

52 Sin calcular, determina el tipo de número decimal asociado a cada fracción. Después, calcula y comprueba tus respuestas.

a) $\frac{3}{5}$ c) $\frac{7}{6}$ e) $\frac{16}{30}$ g) $\frac{39}{40}$
b) $\frac{2}{15}$ d) $\frac{1}{3}$ f) $\frac{78}{39}$ h) $\frac{39}{180}$

53 Escribe tres números decimales exactos situados entre:

a) 1,025 y 1,026
b) 23,5 y 23,51
c) 8,001 y 8,002
d) 0,01 y 0,1
e) $-0{,}035$ y $-0{,}04$
f) $-15{,}6$ y $-15{,}687$

SABER HACER

Determinar números decimales comprendidos entre dos números

54 Halla un número decimal comprendido entre:

a) 7,25 y 7,251 b) $3{,}4\widehat{5}$ y $3{,}4\widehat{6}$

PRIMERO. Se escriben los dos números con la misma cantidad de cifras decimales, añadiendo ceros si es necesario.

a) $7{,}25 = 7{,}250$
$7{,}251 = 7{,}251$

b) $3{,}4\widehat{5} = 3{,}45555\ldots$
$3{,}4\widehat{6} = 3{,}46666\ldots$

SEGUNDO. Se añaden al número más pequeño más cifras decimales que sean mayores que el último decimal distintas de 0.

a) $7{,}250 < 7{,}2501 < 7{,}2502 < \ldots < 7{,}2509 < 7{,}251$
b) $3{,}4\widehat{5} < 3{,}4\widehat{56} < 3{,}4\widehat{57} < 3{,}4\widehat{58} < \ldots < 3{,}4\widehat{6}$

55 Escribe tres números decimales periódicos puros comprendidos entre:

a) $8{,}\widehat{25}$ y $8{,}\widehat{26}$ b) $0{,}\widehat{456}$ y $0{,}\widehat{457}$ c) $12{,}\widehat{3}$ y $12{,}\widehat{4}$

56 Halla tres números decimales periódicos puros mayores que 12,2 y tres números decimales periódicos mixtos mayores que $4{,}\widehat{89}$.

57 Razona si estas afirmaciones son ciertas.

a) Entre dos números decimales cualesquiera, siempre podemos encontrar infinitos decimales diferentes.

b) La expresión decimal de una fracción puede dar como resultado un número decimal de cualquier tipo.

c) $-45,89767676\ldots$ es un decimal periódico puro.

d) En el número $24,\overset{\frown}{183}$, la cifra decimal que ocupa el undécimo lugar es un 8.

Operaciones con números decimales

58 Calcula.

a) $21,56 - 2,8 + 3,055$ c) $9,08 - 3,589 - 1,09$

b) $75,25 + 12,05 - 6,3$ d) $12,9 + 7,05 - 3,95$

59 Calcula.

a) $(-2,75) \cdot 0,5 + 15,03$ c) $16,25 \cdot (-0,05) + 0,2$

b) $17,256 \cdot 6,51 - 7,21$ d) $(-108) \cdot (-15,05) - 2$

60 Divide.

a) $2,79 : 3$ c) $155,205 : 5$ e) $35,95 : 3,3$

b) $19,258 : 2$ d) $44,8 : 2,8$ f) $35,6 : 8,8$

61 Opera.

a) $(12,53 + 7,2) \cdot 3,5 - 2,08$ c) $61,44 : 2,56 - 5,03 \cdot 2,6$

b) $(12,53 + 7,2) \cdot (3,5 - 2,08)$ d) $(61,44 : 2,56 - 5,03) \cdot 2,6$

SABER HACER

Multiplicar y dividir números decimales por la unidad seguida de ceros

62 Calcula.

a) $84,26 \cdot 10$ c) $84,26 : 10$

b) $5,2 \cdot 1\,000$ d) $5,2 : 1\,000$

PRIMERO. Para **multiplicar** se mueve la coma hacia la derecha tantos lugares como ceros siguen a la unidad. En caso necesario, si no hay bastantes cifras decimales, se añaden ceros al resultado.

a) $84,26 \cdot 10 = 842,6$ b) $5,2 \cdot 1\,000 = 5\,200$

SEGUNDO. Para **dividir** se mueve la coma hacia la izquierda tantos lugares como ceros siguen a la unidad. En caso necesario, si no hay bastantes cifras decimales, se añaden ceros al resultado.

a) $84,26 : 10 = 8,426$ b) $5,2 : 1\,000 = 0,0052$

63 Efectúa estas multiplicaciones y divisiones.

a) $2,5 \cdot 10$ c) $12,895 : 100$ e) $4,15 : 100$

b) $3,75 \cdot 1\,000$ d) $15,63 : 10$ f) $65,543 \cdot 100$

64 Indica si estas afirmaciones son ciertas.

a) Cuando multiplicamos un número cualquiera por 0,1, equivale a dividir por 10.

b) Cuando dividimos un número cualquiera entre 0,1, equivale a multiplicar por 10.

65 Opera.

a) $2,5 \cdot 0,1$ c) $15,63 : 0,1$

b) $3,75 \cdot 0,001$ d) $4,15 \cdot 0,1 : 0,01$

Raíz cuadrada

66 Calcula la raíz entera y el resto sin sacar decimales.

a) $\sqrt{36}$ b) $\sqrt{23}$ c) $\sqrt{59}$ d) $\sqrt{17}$ e) $\sqrt{144}$ f) $\sqrt{64}$

67 Halla la raíz de cada número con una cifra decimal y comprueba tus cálculos.

a) 11 b) 45 c) 23 d) 80 e) 32 f) 95

68 Averigua si estas expresiones son ciertas.

a) $16,1 < \sqrt{259} < 16,2$ c) $9,20 < \sqrt{85} < 9,21$

b) $5,91 < \sqrt{35} < 5,92$ d) $10,24 < \sqrt{105} < 10,25$

69 Halla la raíz cuadrada con dos decimales y el resto de estos números.

a) 57 b) 145 c) 23 d) 82 e) 101 f) 133

70 Escribe un entero cuya raíz aproximada a las centésimas sea 4,69.

Notación científica

71 Escribe los siguientes números en notación científica e indica el orden de magnitud en cada caso.

a) Doce mil quinientos.

b) Siete millones doscientos mil.

c) Ciento trece mil setecientos.

d) Cuatrocientos veintidós billones.

72 Escribe con todas sus cifras los siguientes números expresados en notación científica.

$1,5 \cdot 10^4$ $5,607 \cdot 10^8$

$9,03 \cdot 10^3$ $6,01 \cdot 10^{11}$

73 Calcula y expresa en notación científica.

a) La distancia en kilómetros que recorre la luz en un año (velocidad de la luz: 300 000 km/s).

b) La masa en kilos de 500 000 litros de mercurio (1 litro de mercurio pesa 13,6 kg).

Problemas con números decimales

74 Juan ha comprado dos libretas, tres bolígrafos y un lápiz. Observa y responde.

a) ¿Cuánto dinero ha gastado?

b) Si paga con un billete de 10 €, ¿cuánto le devuelven?

75 Marta mide 162 cm; Alberto, 1,73 m; Marco, 175 cm, y Ana, 1,69 m. ¿Cuál es su diferencia de altura?

76 Pedro tiene un paquete de cacao de 1 kg. Cada mañana pone dos cucharadas en la leche. Si cada cucharada contiene 14,5 g, ¿en cuántos días se acabará?

77 En las características técnicas de un coche se indica que el consumo es de 5,9 litros por cada 100 km.

a) ¿Cuánto consumirá en 540 km?

b) Si el precio del carburante es de 1,30 €/ℓ, ¿cuál es el coste del carburante en el desplazamiento anterior?

78 Para viajar a Londres, Mario cambia 400 € en libras esterlinas. Si el cambio es de 1 € = 0,783717 £, ¿cuántas libras esterlinas le darán? Redondea a las centésimas.

79 ¿Cuántos vasos de 33 cl podemos llenar con una garrafa de 5 litros? ¿Cuánta agua sobrará?

80 Los valores nutricionales para cada 100 g de cacahuetes tostados son:

Proteínas: 22,5 g
Hidratos de carbono: 18,1 g
Grasas: 49,1 g
Fibra alimentaria: 7,3 g
Sodio: 3 g

Calcula los valores nutricionales si ingerimos 15 g.

81 El depósito de un coche tiene capacidad para 50 ℓ de gasolina.

a) ¿Cuánto costará llenar el depósito si un litro de gasolina cuesta 1,35 €?

b) Si en el coche viajan tres personas y reparten gastos, ¿cuánto tendrá que pagar cada una?

82 Cuatro amigos compran ocho latas de refresco a 0,68 € cada una, dos bolsas de patatas fritas a 1,04 € cada bolsa y un paquete de almendras saladas a 3,44 €. ¿Cuánto dinero tiene que poner cada amigo para pagar la compra si cada uno tiene que aportar la misma cantidad?

83 María tiene 5,26 €. ¿Cuántos kilos de naranjas podrá comprar si el precio de cada kilo de naranjas es de 0,80 €?

84 Marco tiene que pintar cuatro paredes que miden 4,65 m de alto por 2,80 m de ancho.

a) ¿Qué superficie total tiene que pintar?

b) Si con un bote de pintura se pueden pintar 10 m² de pared, ¿cuántos botes de pintura necesitará?

c) Si cada bote cuesta 19,85 €, ¿cuánto dinero gastará en pintura?

85 Calcula la distancia en kilómetros que equivale a 753,25 millas, sabiendo que 1 milla equivale aproximadamente, a 1,609 kilómetros.

86 En un examen cada pregunta correcta se valora con 0,6 puntos, y cada pregunta incorrecta resta 0,3. Calcula la puntuación obtenida si de las 20 preguntas, Daniel las ha contestado todas y ha acertado 15.

87 Luis duda entre comprar una tarjeta de transporte que cuesta 42,50 €, y con la que puede hacer un máximo de 50 desplazamientos en 30 días, u otra que cuesta 10,30 €, y con la que puede hacer 10 desplazamientos sin restricción de tiempo.

a) Si compra la primera tarjeta, suponiendo que haga los 50 desplazamientos, ¿cuánto cuesta cada desplazamiento?

b) ¿Y si compra la segunda tarjeta?

c) Luis hace cada día de la semana un desplazamiento en transporte público. ¿Qué tarjeta le sale más a cuenta? Razona la respuesta.

88 Una furgoneta tiene capacidad para transportar 2 170 kg. Si queremos cargar cajas de 215,35 kg cada una, ¿cuántas podemos transportar en un viaje?

89 Un grifo mal cerrado pierde 1 ℓ cada 20 minutos.

a) ¿Cuántos litros se pierden en un día?

b) ¿Cuántos litros se pierden al cabo de un mes?

c) Si la compañía del agua factura cada 1 000 ℓ a 5,9412 €, ¿qué coste mensual representa el agua perdida?

90 Para poder financiar el viaje de fin de curso, los alumnos de una escuela compran lápices en cajas y luego los venden entre sus conocidos. Una caja contiene 50 lápices y cuesta 22,50 €.

a) ¿A qué precio deben vender cada lápiz si quieren un beneficio de 0,20 € por lápiz?

b) ¿Qué beneficio obtendrá Marco si ha vendido 4 cajas?

91 En una excursión se tiene que recorrer caminando un trayecto de 6,354 km en tres etapas. Si un participante recorre 1 450,27 m en la primera etapa y 3 280,69 m en la segunda, ¿cuántos metros le quedan por recorrer?

92 Un abuelo ha repartido 50,50 € entre sus nietos de 8, 10, 14 y 18 años. Al de 8 años le ha dado la mitad que al de 10 años, y al de 10 años, la mitad que al de 14 años. Si al de 18 años le ha dado 18,37 €, ¿qué cantidad reciben los otros?

93 Arnaldo ha pagado 23,58 € por una bolsa de dulces. Si cada 100 g valen 3,75 €:

a) ¿Cuántos dulces ha comprado? Expresa el resultado en gramos.

b) Si en la bolsa había 30 dulces, ¿a qué precio sale cada uno?

DEBES SABER HACER

Números decimales

1 Escribe con cifras y descompón cada número.

a) Doce unidades cuarenta y nueve centésimas.

b) Siete unidades ciento dos milésimas.

c) Noventa unidades catorce diezmilésimas.

2 Ordena de menor a mayor cada grupo.

a) 4,56 4,6 4,2978 4,33 4,567 4,888

b) −7,6 −8 −7,599 −7,58 −7,4 −7,19999

Aproximación y estimación

3 Trunca y redondea a las centésimas, décimas y unidades: 4,128; 0,929394; 4,5678.

4 Estima cada operación a las décimas.

a) 3,82 + 2,94 b) 4,562 − 1,949 c) 2,788 · 5

Tipos de números decimales

5 Indica, sin calcular, qué tipo de número decimal corresponde a cada fracción. Después, calcúlalo.

a) $\frac{14}{40}$ b) $\frac{7}{9}$ c) $\frac{11}{90}$ d) $\frac{17}{50}$ e) $\frac{13}{15}$

Operaciones con números decimales

6 Dados los números decimales:

$a = 43{,}09 \qquad b = 3{,}4 \qquad c = 39{,}347$

calcula:

a) $a - c$

b) $c - b + a$

c) $a : b$

d) $a + b + c$

e) $a \cdot b - c$

f) $c : (a - c - b)$

Raíz cuadrada

7 Calcula las raíces y completa en tu cuaderno.

	Sin decimales		Con un decimal	
	Raíz	Resto	Raíz	Resto
$\sqrt{163}$				
$\sqrt{3\,115}$				

Notación científica

8 Expresa en notación científica.

a) 35 000 b) 283 000 c) 4 500 000 d) 95 300 000

9 Escribe con todas sus cifras.

a) $1{,}2 \cdot 10^5$ b) $3{,}067 \cdot 10^7$ c) $1{,}20257 \cdot 10^9$

En la vida cotidiana

94 El 19 de enero de 2006, la NASA lanzó al espacio la sonda New Horizons. El objetivo de esta sonda espacial no tripulada era estudiar Plutón, que se encuentra a $7,5 \cdot 10^9$ km de la Tierra, sus lunas y llegar hasta los límites de nuestro sistema solar en el cinturón de Kuiper.

El 14 de julio de 2015 la sonda New Horizons se encontraba a 12 450 km de Plutón.

a) ¿Qué distancia había recorrido en ese tiempo? ¿Qué distancia media recorrió cada día?

b) ¿Cuántos años necesitaría un coche que circulase a una velocidad constante de 120 km/h, y que no se detuviese nunca, para llegar a Plutón?

Un año luz es la distancia que la luz es capaz de recorrer en un año, que es $9,46 \cdot 10^{12}$ km.

c) ¿A cuántos años luz se encuentra Plutón?

d) La estrella Rho Casiopeiae es visible a simple vista de noche si el tiempo lo permite, y se encuentra a una distancia de $8,7 \cdot 10^{13}$ km. ¿Cuánto tiempo tarda en llegarnos su luz a la Tierra?

Formas de pensar. Razonamiento matemático

95 Imagina que en tu calculadora no funciona la tecla [·]. ¿Qué harías para que en la pantalla apareciera cada uno de estos números?

a) 3,5	d) 0,89	g) 1,2345
b) 0,8	e) 1,234	h) 0,0765
c) 1,45	f) 0,076	i) 2,3456

Imagina que ahora no funcionan las teclas [·] y [0]. ¿Qué harías para que apareciera cada uno de los siguientes números en la pantalla de tu calculadora?

a) 0,5	d) 0,016	g) 0,056
b) 10,2	e) 0,320	h) 0,3125
c) 0,125	f) 0,512	i) 0,1568

Imagina que de las teclas numéricas solo funcionan las teclas [1] y [0] y que no funciona la tecla [·]. ¿Qué harías para que apareciera cada uno de estos números en la pantalla?

a) 0,3	d) 0,32	g) 4,012
b) 0,15	e) 12,045	h) 23,001
c) 0,1	f) 9	i) 0,5

96 Encuentra un número decimal comprendido entre:

a) 1,9 y 2	d) 2,9999 y 3
b) 2,99 y 3	e) 2,999999 y 3
c) 2,999 y 3	f) 2,9999999999 y 3

¿Puedes encontrar un número comprendido entre $2,\widehat{9} = 2,9999...$ y 3? ¿Qué conclusión obtienes?

97 Investiga por qué son válidos estos métodos para resolver algunas operaciones.

a) Multiplicar un número por 1,5 es igual que sumar al número su mitad.

b) Dividir un número entre 0,5 equivale a calcular el doble del número.

c) Dividir un número entre 0,75 es lo mismo que multiplicarlo por 4 y dividirlo entre 3.

98 Investiga por qué la raíz cuadrada de:

200 720 072 007 200 720 072

no es un número entero.

¿Cuál debe ser la última cifra de un número para que no tenga raíz cuadrada exacta?

PROYECTO FINAL. **Trabajo cooperativo**

OBJETIVO: Organizar una excursión cultural

1.ª Fase.

- Pensad en posibles actividades culturales de un día (visita a un museo o exposición, asistir a una obra de teatro…) que os gustaría hacer con los compañeros de la clase.
- Describid cada una de estas actividades y buscad información sobre la localidad donde se celebra, el precio de la entrada, las fechas en las que se puede hacer la actividad…

2.ª Fase.

- Evaluad qué medio de transporte es el más adecuado para ir a cada una de estas actividades; valorad diversos factores como el tiempo de trayecto, el precio, el impacto ambiental de cada medio de transporte…
- Recoged información sobre el coste total que representa asistir a cada una de las actividades anteriores, dependiendo del transporte y del precio de entrada a la actividad.

3.ª Fase.

- Poned en común toda la información, debatid y decidid cuál de las actividades realizaríais con los compañeros.
- Elaborad un folleto con la propuesta final: especificad el día, el precio y las características de la actividad que se llevará a cabo, adjuntad alguna fotografía.

Pruebas PISA

Tarifas postales

99 ●●● Las tarifas postales de Zedlandia están basadas en el peso de los paquetes, como se ve en la tabla siguiente:

Peso (redondeado a gramos)	Tarifa
Hasta 20 g	0,46 zeds
21 g – 50 g	0,69 zeds
51 g – 100 g	1,02 zeds
101 g – 200 g	1,75 zeds
201 g – 350 g	2,13 zeds
351 g – 500 g	2,44 zeds
501 g – 1 000 g	3,20 zeds
1 001 g – 2 000 g	4,27 zeds
2 001 g – 3 000 g	5,03 zeds

Juan quiere enviar a un amigo dos objetos que pesan 40 g y 80 g, respectivamente.

Según las tarifas postales de Zedlandia, decide si es más barato enviar los dos objetos en un único paquete o enviar los objetos en dos paquetes separados. Escribe tus cálculos para hallar el coste en los dos casos.

(Prueba PISA 2010)

CLAVES PARA EMPEZAR

Producto y cociente de potencias

- Para **multiplicar potencias con la misma base** se deja la misma base y se suman los exponentes.

$$a^m \cdot a^n = a^{m+n}$$

- Para **dividir potencias con la misma base** se deja la misma base y se restan los exponentes.

$$b^m : b^n = b^{m-n}$$

EJEMPLO

$2^2 \cdot 2^3 = 2^{2+3} = 2^5$

$7^8 : 7^2 = 7^{8-2} = 7^6$

$(-5)^3 \cdot (-5)^2 = (-5)^{3+2} = (-5)^5$

$(-4)^4 : (-4)^2 = (-4)^{4-2} = (-4)^2$

ACTIVIDADES

1 Calcula estas operaciones.

a) $2^4 \cdot 2^5$

b) $4^7 : 4^3$

c) $(-2)^4 \cdot (-2)^7$

d) $(-5)^6 : (-5)^4$

2 Completa en tu cuaderno el exponente que falta.

a) $3^{\square} \cdot 3^2 = 3^5$

b) $(-9)^4 \cdot (-9)^{\square} = (-9)^7$

c) $(-2)^5 : (-2)^{\square} = (-2)^2$

d) $(-3)^{\square} : (-3)^6 = -3$

Cálculo del máximo común divisor

Para **calcular el m.c.d.** de varios números se descomponen esos números en factores primos y se multiplican los factores primos comunes elevados al menor de sus exponentes.

EJEMPLO

Calcula el máximo común divisor de 18 y 30.

$$\begin{array}{r|l} 18 & 2 \\ 9 & 3 \\ 3 & 3 \\ 1 & \end{array} \quad 18 = 2 \cdot 3^2 \qquad \begin{array}{r|l} 30 & 2 \\ 15 & 3 \\ 5 & 5 \\ 1 & \end{array} \quad 30 = 2 \cdot 3 \cdot 5$$

$$\text{m.c.d.}\,(18, 30) = 2 \cdot 3 = 6$$

ACTIVIDADES

3 Calcula el máximo común divisor de estos números.

a) 16 y 20

b) 28 y 42

c) 19 y 32

d) 45 y 100

4 Calcula el máximo común divisor de estos números.

a) 10, 12 y 25

b) 15, 18 y 30

c) 2, 8 y 14

d) 16, 20 y 28

1895
Los hermanos Lumière proyectan imágenes por primera vez.

Expresiones algebraicas

5

SABER

- Expresiones algebraicas
- Monomios. Operaciones
- Polinomios. Operaciones
- Igualdades notables

SABER HACER

- Resolver operaciones combinadas con monomios
- Extraer factor común en un polinomio
- Expresar un polinomio como cuadrado de una suma o una diferencia
- Expresar un polinomio como producto de una suma por una diferencia

? VIDA COTIDIANA

El cine

El cine lleva más de un siglo contando historias que nos hacen reír, llorar, emocionarnos o simplemente nos entretienen. Pero esas imágenes que vemos no son más que muchísimas fotos juntas, que al pasar a una cierta velocidad por un proyector, nos dan la sensación de movimiento.

- Si una pantalla de cine tiene x metros de ancho e y metros de altura, ¿qué perímetro tiene?

1901
Se elaboran las primeras películas de cine mudo.

1927
Se estrena *El cantante de jazz*, la primera película con sonido incorporado.

1935
Se rueda la primera película en color.

2000
Empiezan a proyectarse las primeras películas en formato digital.

1 Expresiones algebraicas

El lenguaje que utiliza letras y números unidos por los signos de las operaciones aritméticas se denomina lenguaje algebraico.

Una **expresión algebraica** es un conjunto de números y letras unidos por los signos de las operaciones aritméticas.

El valor numérico de una expresión algebraica varía en función de los valores que tomen las letras o variables.

EJEMPLO

1. Expresa estos enunciados como expresiones algebraicas.
   a) El perímetro de un campo de fútbol → $2 \cdot a + 2 \cdot b$
   b) La suma de dos números consecutivos → $x + (x + 1)$
   c) El triple de un número menos la mitad de otro → $3 \cdot x - \frac{y}{2}$

Valor numérico de una expresión algebraica

El **valor numérico** de una expresión algebraica es el número que resulta al sustituir las letras por unos números determinados y realizar las operaciones indicadas.

EJEMPLO

2. Halla el valor numérico de estas expresiones algebraicas.
   a) $x^2 + 1$ para $x = 2$ $\quad x^2 + 1 \xrightarrow{x=2} 2^2 + 1 = 4 + 1 = 5$
   b) $2a - 3b$ cuando $a = 2$ y $b = -1$.
   $2a - 3b \xrightarrow{a=2,\ b=-1} 2 \cdot 2 - 3 \cdot (-1) = 4 + 3 = 7$
   c) Halla el perímetro de un triángulo equilátero de lado 5 cm.
   Como los tres lados son iguales, el perímetro es:
   Perímetro $= l + l + l = 3l \xrightarrow{l=5}$ Perímetro $= 3 \cdot 5 = 15$ cm

ACTIVIDADES

1 PRACTICA. Expresa en lenguaje algebraico.
a) El triple de un número menos 5.
b) La mitad de un número más su triple.
c) La edad de María hace 3 años.
d) El precio de x kg de peras a 1,50 €/kg.

2 PRACTICA. Halla el valor numérico de $-3 \cdot a^2 + 1$.
a) Si $a = 0$ b) Si $a = -2$ c) Si $a = 3$

3 APLICA. Da la expresión algebraica del perímetro de un rectángulo. Halla su valor si los lados son:
a) 3 cm y 4 cm b) 1,5 cm y 2 cm

4 REFLEXIONA. Expresa el área de este rectángulo en función del valor de a.

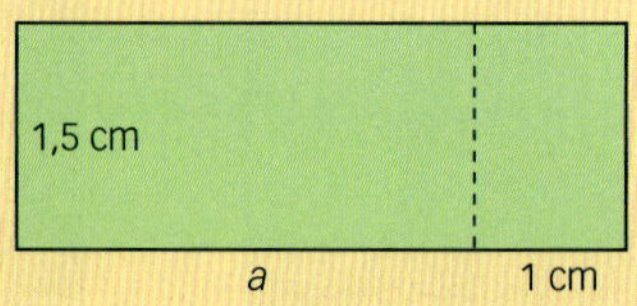

2 Monomios

Un **monomio** es una expresión algebraica formada por el producto de un número y una o varias letras, denominadas **variables**.

El número se denomina **coeficiente**, y las variables con sus exponentes son la **parte literal**.

El **grado** de un monomio es la suma de los exponentes de las variables que lo forman.

SE ESCRIBE ASÍ

- El signo del producto entre números y letras no se escribe.
  $5 \cdot x^2 \cdot y^3 = 5x^2y^3$
- El exponente 1 no se escribe.
  $ab = a^1b^1$
- Si un monomio está formado solo por variables, su coeficiente es 1.
  $1 \cdot x^3 = x^3 \rightarrow$ coeficiente 1

EJEMPLOS

3. Escribe cuatro monomios distintos. $2x$ $\quad -7ab$ $\quad \frac{3}{2}x^2y^3$ $\quad -4m^3n$

4. Indica los elementos y el grado de los monomios: $12a^2$ y $-24xy^3z^2$.

$12a^2 \rightarrow$ Grado $= 2$ (12: coeficiente; a^2: parte literal)

$-24xy^3z^2 \rightarrow$ Grado $= 1 + 3 + 2 = 6$ (-24: coeficiente; xy^3z^2: parte literal)

- Dos monomios son **semejantes** si tienen la misma parte literal.
- Dos monomios son **opuestos** si son semejantes y sus coeficientes son números opuestos.

EJEMPLOS

5. Determina si estos monomios son semejantes.
   a) $-5x^2y$ y x^2y $\rightarrow$ Lo son, porque su parte literal (x^2y) es la misma.
   b) $3a^2$ y $3a$ $\rightarrow$ No lo son, porque sus partes literales son distintas.

6. Indica si los monomios siguientes son opuestos.
   a) $-7x^2y^3$ y $7x^2y^3$ $\rightarrow$ Lo son, porque sus partes literales son iguales y sus coeficientes opuestos, $Op(-7) = 7$.
   b) $3ab^2$ y $\frac{1}{3}ab^2$ $\rightarrow$ No lo son, aunque sus partes literales son iguales sus coeficientes, 3 y $\frac{1}{3}$, no son opuestos.

ACTIVIDADES

5 PRACTICA. Indica el coeficiente, la parte literal y el grado de estos monomios.

a) $5x^2yz$	d) $2xy^2$	g) $6n^4$
b) $-3ab^2c^3$	e) $-3xyz$	h) -2
c) $-5m^4$	f) $-5a^2bc^3$	i) abc

6 PRACTICA. Averigua qué monomios de la actividad anterior son semejantes.

7 APLICA. Indica si estas parejas de monomios son semejantes y si no lo son escribe sus opuestos.

a) $4x^2$ y $3x$	c) $2x$ y $-5z$
b) $3ab^2$ y $-2ab^2$	d) $2x^2y$ y $-2xy$

8 REFLEXIONA. Sin calcular, indica cuál es el grado de un monomio semejante a $-3xy^2$ y el grado de su monomio opuesto.

3 Operaciones con monomios

NO OLVIDES QUE...

Producto de potencias:

$x^m \cdot x^n = x^{m+n}$

Cociente de potencias:

$x^m : x^n = x^{m-n}$

Potencias de exponente 0 y 1:

$x^1 = x \qquad x^0 = 1$

3.1. Suma y resta de monomios

Para sumar **dos monomios semejantes**, se suman los coeficientes y se deja la misma parte literal.

Para restar **dos monomios semejantes**, se restan los coeficientes y se deja la misma parte literal.

Si los monomios no son semejantes, no se pueden sumar ni restar y se deja indicada la suma o la resta.

EJEMPLO

7. Calcula la suma y la resta, si se puede, de estos monomios.

a) $-5xy^4$ y $3xy^4$ → Son semejantes.

$-5xy^4 + 3xy^4 = (-5 + 3)xy^4 = -2xy^4$

$-5xy^4 - 3xy^4 = (-5 - 3)xy^4 = -8xy^4$

b) $3a^2b$ y $3ab^2$ → No son semejantes, $3a^2b + 3ab^2$ y $3a^2b - 3ab^2$.

3.2. Multiplicación y división de monomios

Para **multiplicar monomios**, se multiplican por un lado sus coeficientes y por el otro sus partes literales.

Para **dividir monomios**, se dividen por un lado sus coeficientes y por el otro sus partes literales (si se puede).

EJEMPLO

8. Calcula estas operaciones con monomios.

a) $3x^2 \cdot 5x^4 = (3 \cdot 5) \cdot (x^2 \cdot x^4) = 15x^{2+4} = 15x^6$

b) $-2ab^3 \cdot b^2 = (-2 \cdot 1) \cdot (ab^3 \cdot b^2) = -2ab^{3+2} = -2ab^5$

c) $-4a^2b^3 : 3ab = (-4 : 3) \cdot (a^2b^3 : ab) = -\dfrac{4}{3}a^{2-1}b^{3-1} = -\dfrac{4}{3}ab^2$

ACTIVIDADES

9 PRACTICA. Calcula.

a) $7a^2y - 11a^2y$

b) $2x^2y + 5x^2yz$

c) $4a^2b^3 - 9a^2b^3$

d) $\dfrac{1}{2}xy^2 + \dfrac{1}{2}xy^2$

e) $2x^2 \cdot 5x^2$

f) $9x^2 : (-3x)$

g) $-8ab^2 \cdot 5a^2b^3$

h) $5x^2y^2z^2 : 3xy^2$

10 APLICA. Corrige las igualdades falsas.

a) $2a + 2a = 4a^2$

b) $3x + 2y = 5xy$

c) $8x^2y : 4xy = 2xy$

d) $2a \cdot 3a = 6a^2$

11 REFLEXIONA. Piensa y escribe dos monomios cuyo producto sea $8a^5b^2$ y su cociente $2ab^2$.

SABER HACER

Resolver operaciones combinadas con monomios

Calcula estas operaciones con monomios siguiendo la jerarquía de las operaciones.

a) $8x^2 - (5x^4 + x^4) : 2x^2 + 5x^4 \cdot (3x \cdot x)$ **b)** $10x^7 : (x^3 - 6x^3) + 4x^3 \cdot 5x - (3x^2 \cdot x^2)$

Pasos a seguir

1. Resolvemos las operaciones que hay dentro de los paréntesis.

a) $8x^2 - (5x^4 + x^4) : 2x^2 + 5x^4 \cdot (3x \cdot x) =$

$= 8x^2 - 6x^4 : 2x^2 + 5x^4 \cdot 3x^2 =$

b) $10x^7 : (x^3 - 6x^3) + 4x^3 \cdot 5x - (3x^2 \cdot x^2)$

$= 10x^7 : (-5x^3) + 4x^3 \cdot 5x - 3x^4$

2. Resolvemos las multiplicaciones y divisiones de izquierda a derecha.

a) $8x^2 - 6x^4 : 2x^2 + 5x^4 \cdot 3x^2 =$

$= 8x^2 - 3x^2 + 15x^6$

b) $10x^7 : (-5x^3) + 4x^3 \cdot 5x - 3x^4 =$

$= -2x^4 + 20x^4 - 3x^4$

3. Resolvemos las sumas y las restas de izquierda a derecha.

a) $8x^2 - 3x^2 + 15x^6 =$

$= 5x^2 + 15x^6$

b) $-2x^4 + 20x^4 - 3x^4 =$

$= 18x^4 - 3x^4 =$

$= 15x^4$

Recuerda que solo se pueden sumar o restar monomios semejantes.

Si los monomios no son semejantes, dejamos indicada la suma o la resta.

ACTIVIDADES

12 Calcula estas operaciones.

a) $3x + 2x - 8x$

b) $3xy - 11x^2y + 4xy + 6x^2y + 7xy$

c) $2x^2 + 3x^2 + 3x^3 - x^2 + x + 1$

d) $3x^2 + 9x^2 + 8x^2 + 3x^3 - 5x^2$

e) $\frac{1}{2}x^3 - 6x + 7x - \frac{2}{3}x^3 - x + \frac{1}{4}x^3$

13 Calcula.

a) $3x \cdot 2x^2 : 3x$

b) $10x^2y : 5xy \cdot 4y$

c) $2x^2 \cdot 3x^2 \cdot 3x^3 : 9x^2$

d) $3xy^3 : 4xy^2 \cdot \frac{1}{2}x$

e) $8x^2y^2z^2 : 2xy^2z \cdot xyz^2$

f) $5a^5b^2c : a^3b \cdot 2bc^4$

14 Opera y simplifica.

a) $8x \cdot 2x^2 : 4x + 16x \cdot x^3 : 8x^2$

b) $25x \cdot x^3 : (-5) + 6x^5 : 3x^4 \cdot (-3x^3)$

c) $2x^3 \cdot (10 \cdot 4x^2) - 10x^6 \cdot 6x^4 : 2x$

d) $(4x^2 - 3x^2 + 6x^2) \cdot (4x^4 - 5x^4 + x^4)$

e) $(-5x^6y^2 + 9x^6y^2) : (3x^4y + 2x^4y)$

f) $(6x^3 - 8x^3 + 4x^3) \cdot (y - 4y + 5y)$

15 Calcula estas operaciones y simplifica.

a) $10x^7 : (x^3 - 6x^3) + 4x^3 \cdot 5x - (3x^2 \cdot x^2)$

b) $8x^4 : (2x^2 + 2x^2 - 5x^2) + 5x^3$

c) $2x^2 \cdot x^3 \cdot 3x^5 : (-6x) + (5x^2 \cdot 2x^7) - 2x^6$

d) $(9yx^2 - 4yx^2) \cdot 6xy + 10x^2y^3 - 4x^3y^2$

e) $(5y^3 - 2y^3) \cdot 3xy^3 + 4xy \cdot y^5$

f) $\frac{1}{2}xy^3 \cdot 6x^2y : \frac{1}{3}xy + x^2y^3 - \frac{1}{2}x^3y^2$

4 Polinomios

SE ESCRIBE ASÍ

Para designar los polinomios utilizamos una letra mayúscula, indicando entre paréntesis las variables que hay en el polinomio.

$$P(x) = 5x^4 + 4x - 7$$
$$Q(m, n) = -4mn^3 - 7m^2 + 3n - 1$$

Un **polinomio** es una expresión algebraica formada por la suma o la resta de dos o más monomios no semejantes.

Cada uno de los monomios se llama **término**, y si no tiene parte literal, **término independiente**. El mayor de los grados de todos sus términos se denomina **grado** del polinomio.

Antes de trabajar con un polinomio, se suman o se restan sus monomios semejantes.

$$4xy^2 - 3y + 2x - 6xy^2 =$$
$$= -2xy^2 - 3y + 2x$$

EJEMPLO

9. Determina los elementos y el grado de este polinomio.

$$5y^3 - 3xy^4 + y^3 - 7y + 2x + 4 \rightarrow \text{Término independiente}$$

Términos

Término de mayor grado: $-3xy^4 \rightarrow$ Grado del polinomio: $1 + 4 = 5$

El polinomio opuesto de $P(x)$, que designamos como $-P(x)$, se obtiene cambiando de signo los coeficientes de todos los términos de $P(x)$.

$$P(x) = -3x^5 + 8x^3 + 2x - 9 \xrightarrow{\text{Opuesto}} -P(x) = 3x^5 - 8x^3 - 2x + 9$$

Valor numérico de un polinomio

El **valor numérico** de un polinomio $P(x)$ para $x = a$, $P(a)$, se obtiene sustituyendo la variable x por el valor a y operando.

EJEMPLO

10. Halla el valor numérico del polinomio $P(x) = 3x^5 - 2x + 1$, para $x = 2$.

$$P(x) = 3x^5 - 2x + 1 \xrightarrow{x=2} P(2) = 3 \cdot 2^5 - 2 \cdot 2 + 1 = 93$$

ACTIVIDADES

16 PRACTICA. Reduce, si se puede, los términos semejantes en estos polinomios e indica sus elementos y el grado.

a) $P(x) = 7x^3 - 2x + 4x^3 - 5x^2 - x + 7$

b) $Q(x) = 5x^4 - x + 2 - 7x^4 - x^2 + 8x^2 - 2$

c) $R(x) = 5x^4 - 3x + 7x^4 - x^6 + 8x^6 - 3$

d) $P(a, b) = 8a^3b^2 + 5a^2b^3$

17 PRACTICA. Halla el opuesto de cada polinomio de la actividad anterior.

18 APLICA. Determina si son ciertas o falsas estas afirmaciones sobre $P(x, y) = 7xy^2 + 2x^3y^2 - 9x$.

a) El término independiente es 9.

b) Es de grado 6.

c) Tiene dos variables.

d) $-P(x, y) = -7x^2y - 2x^3y^3 + 9x$

19 REFLEXIONA. Escribe un polinomio de una variable, de grado 3, con 3 términos y con término independiente -3.

5 Operaciones con polinomios

5.1. Suma y resta de polinomios

Para **sumar polinomios**, se suman los monomios semejantes y se deja indicada la suma de los monomios no semejantes.

Para **restar polinomios**, se suma al primer polinomio el polinomio opuesto del segundo.

EJEMPLO

11. Dados los polinomios $P(x)$ y $Q(x)$ siguientes, calcula:

$P(x) = -x^5 + 4x^3 - 5x + 1 \qquad Q(x) = -2x^4 - 3x^3 + x^2 + 5x - 7$

a) $P(x) + Q(x)$

$$\begin{array}{rrrrrrr} & -x^5 & & +4x^3 & & -5x & +1 \\ + & & -2x^4 & -3x^3 & +x^2 & +5x & -7 \\ \hline & -x^5 & -2x^4 & +x^3 & +x^2 & & -6 \end{array}$$

b) $P(x) - Q(x)$

1.º Se halla el opuesto de $Q(x)$, $-Q(x) = 2x^4 + 3x^3 - x^2 - 5x + 7$

2.º Se suman los polinomios $P(x)$ y $-Q(x)$.

$$\begin{array}{rrrrrrr} & -x^5 & & +4x^3 & & -5x & +1 \\ + & & +2x^4 & +3x^3 & -x^2 & -5x & +7 \\ \hline & -x^5 & +2x^4 & +7x^3 & -x^2 & -10x & +8 \end{array}$$

5.2. Producto de un polinomio por un monomio

Para **multiplicar un polinomio por un monomio**, se multiplica el monomio por cada uno de los términos del polinomio.

EJEMPLO

12. Multiplica el polinomio $P(x) = 4x^5 + 6x^3 - 2x^2 - 7x - 5$ por $5x^2$.

$5x^2 \cdot P(x) = 5x^2 \cdot (4x^5 + 6x^3 - 2x^2 - 7x - 5) =$

$= 20x^7 + 30x^5 - 10x^4 - 35x^3 - 25x^2$

RESUELVE EL RETO

¿Por qué número has de multiplicar un polinomio $P(x)$ para obtener su polinomio opuesto?

ACTIVIDADES

20 PRACTICA. Con estos polinomios, calcula:

$Q(x) = x^3 - 4x^2 + 2x \qquad R(x) = -2 - 2x^2 + 3x^3$

a) $Q(x) - R(x)$

b) $R(x) + Q(x)$

c) $2 \cdot Q(x)$

d) $R(x) \cdot (-3x^3)$

21 APLICA. Halla con los polinomios anteriores:

a) $(R(x) - Q(x)) \cdot 3$

b) $2 \cdot R(x) \cdot (-4x^5)$

22 REFLEXIONA. Sin operar, halla el grado de:

$M(x) = (2x^2 + x^4 + 3) - (7x + x^4 - 3)$

5.3. Producto de polinomios

El **producto de dos polinomios** se calcula multiplicando cada término de uno de los polinomios por el otro, y sumando después los polinomios obtenidos en los productos.

RESUELVE EL RETO

Si $P(x) = 5x^4 - 10x + 20$, calcula $[3 \cdot P(x)] : 5$.

EJEMPLO

13. Multiplica estos polinomios: $P(x) = 4x^3 - 5x + 1 \qquad Q(x) = 2x^2 - 7$

$$\begin{aligned} P(x) \cdot Q(x) &= (4x^3 - 5x + 1) \cdot (2x^2 - 7) = \\ &= (4x^3 - 5x + 1) \cdot (2x^2) + (4x^3 - 5x + 1) \cdot (-7) = \\ &= (8x^5 - 10x^3 + 2x^2) + (-28x^3 + 35x - 7) = \\ &= 8x^5 - 38x^3 + 2x^2 + 35x - 7 \end{aligned}$$

Si te resulta más sencillo, puedes escribirlo uno debajo del otro y operar:

$$\begin{array}{r} 4x^3 - 5x + 1 \\ \times \ \ 2x^2 - 7 \\ \hline \end{array}$$

5.4. División de un polinomio entre un monomio

Para **dividir un polinomio entre un monomio**, se divide cada término del polinomio entre el monomio.

EJEMPLO

14. Divide el polinomio $P(x) = 18x^5 - 9x^4 + 6x^3 - 12x^2$ entre $3x^2$.

$$\begin{aligned} P(x) : 3x^2 &= (18x^5 - 9x^4 + 6x^3 - 12x^2) : 3x^2 = \\ &= (18x^5 : 3x^2) - (9x^4 : 3x^2) + (6x^3 : 3x^2) - (12x^2 : 3x^2) = \\ &= 6x^3 - 3x^2 + 2x - 4 \end{aligned}$$

5.5. Factor común

Extraer factor común consiste en transformar una expresión de suma o resta en producto.

$$a \cdot b + a \cdot c = a \cdot (b + c) \qquad a \cdot b - a \cdot c = a \cdot (b - c)$$

ACTIVIDADES

23 PRACTICA. Con estos polinomios, calcula:

$P(x) = 4x^2 - 8x + 12 \qquad R(x) = 4x^3 + 3x^2 - 1$

$Q(x) = 3x^4 - 9x^2 + 6x \qquad S(x) = -2x^4 - 2x^2 + x$

a) $Q(x) \cdot S(x)$

b) $R(x) \cdot P(x)$

c) $5 \cdot P(x)$

d) $(-2) \cdot Q(x)$

e) $P(x) : 2$

f) $Q(x) : 3x$

24 APLICA. Con los polinomios anteriores, calcula:

a) $-x^2 \cdot P(x) \cdot S(x)$

b) $(Q(x) \cdot 5x^3) : 15x^2$

25 REFLEXIONA. Halla el valor de a y b para que:

$a(-x^3 + 2x^2 + 5x) = 3x^5 - 6x^4 - 15x^3$

$(12x^3 + 9x^2 - 21x) : b = -4x^2 - 3x + 7$

SABER HACER

Extraer factor común en un polinomio

Saca factor común en estos polinomios.

a) $2x + 4y$ **b)** $24x^3 + 72x^2 - 6x$ **c)** $7xy^5 - 8x^2y^4 - 12y^2$

Pasos a seguir

1. Comprobamos si hay variables que se repiten en todos los términos. Si las hay, tomamos las que se repiten con los exponentes menores.

a) $2x + 4y \rightarrow$ No se repiten variables.
b) $24x^3 + 72x^2 - 6x \rightarrow x$ se repite en todos los términos. x con el exponente menor: x
c) $7xy^5 - 8x^2y^4 - 12y^2 \rightarrow y$ se repite en todos los términos y con el exponente menor: y^2

2. Hallamos el m.c.d. de los coeficientes de cada término.

a) m.c.d. $(2, 4) = 2$
b) m.c.d. $(6, 24, 72) = 6$
c) m.c.d. $(7, 8, 12) = 1$

3. El factor común está formado por el m.c.d. y las variables que hemos obtenido.

a) Factor común: 2
b) Factor común: $6x$
c) Factor común: y^2

4. Dividimos el polinomio entre el factor común y lo expresamos como producto del factor común por el polinomio cociente de la división.

a) $2x + 4y \xrightarrow{:2} x + 2y$
$2x + 4y = 2 \cdot (x + 2y)$

b) $24x^3 + 72x^2 - 6x \xrightarrow{:6x} 4x^2 + 12x - 1$
$24x^3 + 72x^2 - 6x = 6x \cdot (4x^2 + 12x - 1)$

c) $7xy^5 - 8x^2y^4 - 12y^2 \xrightarrow{:y^2} 7xy^3 - 8x^2y^2 - 12$
$7xy^5 - 8x^2y^4 - 12y^2 = y^2 \cdot (7xy^3 - 8x^2y^2 - 12)$

Cuando el factor común coincide con alguno de los términos, en lugar de ese término colocamos la unidad.

$a \cdot b + a = a \cdot (b + 1)$

ACTIVIDADES

26 Saca factor común.

a) $3x^2 + 2x - x^3 + x^4$
b) $6a^2 + 4a^3 - 8a + 2a^6$
c) $-7y^2 + 21y^3 - 14y^4$
d) $3xy^2 - 2x^2y - x^3 + xy^4$
e) $-6ab^2 + 12a^2b^2 - 18a^3b^3$
f) $8x^2y^3 - 12y^2z^4 + 16xy^4z + 4y^2$

27 Saca factor común cuando sea posible.

a) $5y - 10xy^2 + 15x^2$
b) $7x - 12y$
c) $12x^4 - 30x^3 - 6x^2 + 42x$
d) $10x - 10y + z$
e) $15m^2n + 12m^3n^2 - m^4$
f) $a^3b^5 + a^2b^4 - a^4b^5$

28 Completa en tu cuaderno.

a) $3x^2 \cdot (\square - x^3 + \square) = -6x^2 - \square + 3x^3$
b) $xy^2 \cdot (\square - \square) = 8x^2y^4 - 5xy^2$
c) $2x^2y^2 \cdot (\square + \square - x^3) = -2x^2y^3 + 6x^3y^4 - \square$
d) $-3a^2b \cdot (\square + \square) = 3a^2b^4 + 15a^3b$

29 Saca factor común, si es posible, en estas expresiones.

a) $2x^2yz^4 - 4x^2y^3 - 6x^3z^2 + 3x^4yz$
b) $-5a^2bc^4 - 10ac^3 - 35a^2b^3c^2 + 15a^4bc$
c) $15p^2qr + 12p^2q^3r^2 - 3p^3q^2r^4 - 9p^4q^3r^4$
d) $-7a^3bc^3 + 7a^2c^4 + 21bc^5$

30 Indica tres posibles valores de a para que el factor común de $P(x, y)$ sea $2yx^2$.

$$P(x, y) = -6yx^2 + 4y^3x^3 - a$$

6 Igualdades notables

Se llama **igualdades notables** a ciertos productos que sirven para facilitar algunos cálculos con expresiones algebraicas.

Cuadrado de una suma

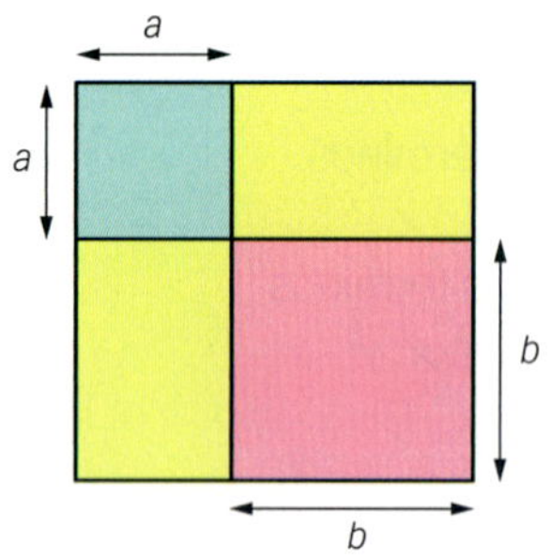

$(a+b)^2 = a^2 + 2\cdot a\cdot b + b^2$

Área total — Área azul — Área amarilla — Área rosa

6.1. Cuadrado de una suma

El **cuadrado de una suma de monomios**, *a* y *b*, es igual al cuadrado del primero más el doble del producto del primero por el segundo más el cuadrado del segundo.

$$(a+b)^2 = a^2 + 2\cdot a\cdot b + b^2$$

EJEMPLO

15. Calcula estos cuadrados.

a) $(3x+4)^2 = (3x)^2 + 2\cdot 3x\cdot 4 + 4^2 = 9x^2 + 24x + 16$

$a = 3x,\ b = 4$

b) $(x^2+3)^2 = (x^2)^2 + 2\cdot x^2\cdot 3 + 3^2 = x^4 + 6x^2 + 9$

$a = x^2,\ b = 3$

Cuadrado de una diferencia

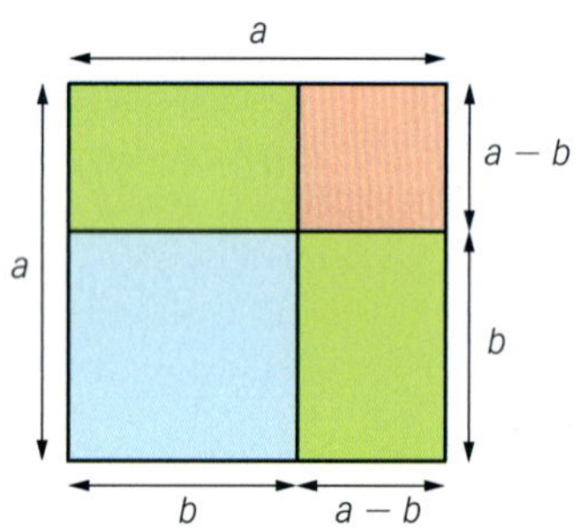

$a^2 = (a-b)^2 + b^2 + 2(a-b)\,b =$

Área total — Área rosa — Área azul — Área verde

$= (a-b)^2 + b^2 + 2ab - 2b^2$

$a^2 - 2ab + b^2 = (a-b)^2$

6.2. Cuadrado de una diferencia

El **cuadrado de una diferencia de monomios**, *a* y *b*, es igual al cuadrado del primero menos el doble del producto del primero por el segundo más el cuadrado del segundo.

$$(a-b)^2 = a^2 - 2\cdot a\cdot b + b^2$$

EJEMPLO

16. Calcula estos cuadrados.

a) $(5-3x)^2 = 5^2 - 2\cdot 5\cdot 3x + (3x)^2 = 25 - 30x + 9x^2$

b) $(3x^2-4x)^2 = (3x^2)^2 - 2\cdot 3x^2\cdot 4x + (4x)^2 = 9x^4 - 24x^3 + 16x^2$

ACTIVIDADES

31 PRACTICA. Calcula estos cuadrados.

a) $(x^2+7x)^2$

b) $\left(\frac{1}{3}+2x\right)^2$

c) $(1-2a^3)^2$

d) $\left(\frac{a^2}{3}-\frac{b}{2}\right)^2$

32 PRACTICA. Desarrolla geométricamente.

a) $(x+3)^2$

b) $(3a-b)^2$

33 APLICA. Corrige los errores.

a) $(3x+2)^2 = 9x^2 + 4$

b) $(2x^3+5x)^2 = 4x^6 - 20x^3 + 25x^2$

c) $(2x-5y^3)^2 = 2x^4 + 20xy^3 - 25y^6$

34 REFLEXIONA. Razona tu respuesta. El cuadrado de una suma, ¿es igual a la suma de cuadrados?

SABER HACER

Para poder expresar un polinomio mediante el cuadrado de una suma o de una diferencia tiene que tener tres términos y su grado debe ser par.

Expresar un polinomio como cuadrado de una suma o una diferencia

Estudia si los siguientes polinomios pueden expresarse como el cuadrado de una suma, $(a + b)^2$, o de una diferencia, $(a - b)^2$.

a) $x^2 + 2x + 1$ **b)** $9x^2 - 12x + 4$ **c)** $16x^4 - 8x^3 + 4x^2$

Pasos a seguir

1. Hallamos a y b:
   - El término con x de mayor grado corresponde a a^2.
   - Si hay término independiente, corresponde a b^2. Si no lo hay, b^2 es el término con x de menor grado.

a) $x^2 + 2x + 1$

Término de grado mayor $= x^2 \xrightarrow{a^2 = x^2} a = x$

Término independiente $= 1 \xrightarrow{b^2 = 1} b = 1$

b) $9x^2 - 12x + 4$

Término de grado mayor $= 9x^2 \xrightarrow{a^2 = 9x^2} a = 3x$

Término independiente $= 4 \xrightarrow{b^2 = 4} b = 2$

c) $16x^4 - 8x^3 + 4x^2$

Término de mayor grado $= 16x^4 \xrightarrow{a^2 = 16x^4} a = 4x^2$

Término de menor grado $= 4x^2 \xrightarrow{b^2 = 4x^2} b = 2x$

2. Comprobamos que el término restante es igual a $2ab$.

   Si no es así, no podemos expresar el polinomio como el cuadrado de una suma o una diferencia.

a) $x^2 + 2x + 1$

$2x \xrightarrow{a = x,\ b = 1} 2ab = 2 \cdot x \cdot 1 = 2x$. El término corresponde a $2ab$.

b) $9x^2 - 12x + 4$

$12x \xrightarrow{a = 3x,\ b = 2} 2ab = 2 \cdot 3x \cdot 2 = 12x$. El término corresponde a $2ab$.

c) $16x^4 - 8x^3 + 4x^2$

$8x^3 \xrightarrow{a = 4x^2,\ b = 2x} 2ab = 2 \cdot 4x^2 \cdot 2x = 16x^3$

Como $16x^3 \neq 8x^3$, no podemos expresarlo como un cuadrado.

3. Si el signo del término $2ab$ es positivo, la expresión buscada será del tipo $(a + b)^2$; si es negativo, $(a - b)^2$.

a) El signo del término $+2x$ es positivo, por tanto:

$x^2 + 2x + 1 = (x + 1)^2$

b) El signo del término $-12x$ es negativo, por tanto:

$9x^2 - 12x + 4 = (3x - 2)^2$

ACTIVIDADES

35 Expresa como el cuadrado de una suma si puedes.

a) $16x^4 + 24x^2 + 9$

b) $9x^4 + 12x^3 + 4x^2$

c) $25a^2b^4 + 20a^2b^2 + 4a^2$

d) $a^2b^2 + 2ab + 2$

36 Expresa como el cuadrado de una diferencia si es posible.

a) $9x^2 - 6x + 4$

b) $b^4 - ab + 4a^2$

c) $x^2y^2 + 16xy - 6^4$

d) $a^4 - 2a^3b + a^2b^2$

37 Expresa, si es posible, como el cuadrado de una suma o de una diferencia.

a) $x^2 + 4x + 4$

b) $4x^4 - 12x^2 + 9$

c) $9b^4 - 6b^3 + b^2$

d) $x^4 + 2x^2 + 1$

e) $\frac{1}{4}x^2 - x + 1$

f) $\frac{1}{9}x^4 + \frac{2}{3}x^2y + y^2$

g) $\frac{16}{9}x^2 + \frac{8}{3}xy + 4y^2$

6.3. Suma por diferencia

Si a y b son dos monomios, el producto de **su suma por su diferencia** es igual a la diferencia de sus cuadrados.

$$(a + b)(a - b) = a^2 - b^2$$

Suma por diferencia

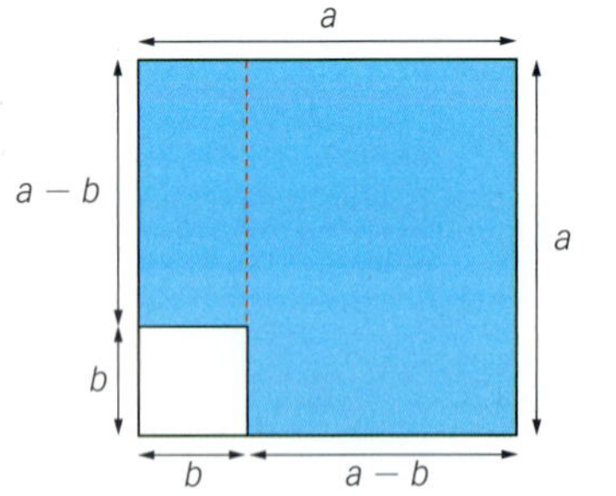

$$a^2 = b^2 + a(a - b) + (a - b)\,b =$$
$$= b^2 + (a - b)(a + b)$$
$$a^2 - b^2 = (a - b)(a + b)$$

EJEMPLO

17. Calcula estos cuadrados.

a) $(x + 5)(x - 5) = x^2 - 5^2 = x^2 - 25$
$a = x, b = 5$

b) $(5 + x)(5 - x) = 5^2 - x^2 = 25 - x^2$
$a = 5, b = x$

c) $(2x + 3)(2x - 3) = (2x)^2 - 3^2 = 4x^2 - 9$
$a = 2x, b = 3$

d) $(x^2 + 1)(x^2 - 1) = (x^2)^2 - 1^2 = x^4 - 1$
$a = x^2, b = 1$

e) $(4x^2 - 5)(4x^2 + 5) = (4x^2)^2 - 5^2 = 16x^4 - 25$
$a = 4x^2, b = 5$

f) $(2x - 3x^2)(2x + 3x^2) = (2x)^2 - (3x^2)^2 = 4x^2 - 9x^4$
$a = 2x, b = 3x^2$

g) $(-2 + 3x)(-2 - 3x) = (-2)^2 - (3x)^2 = 4 - 9x^2$
$a = -2, b = 3x$

h) $\left(\frac{x}{2} - 3\right)\left(\frac{x}{2} + 3\right) = \left(\frac{x}{2}\right)^2 - 3^2 = \frac{x^2}{4} - 9$
$a = \frac{x}{2}, b = 3$

ACTIVIDADES

38 PRACTICA. Expresa estos productos como una diferencia de cuadrados.

a) $(x - 4) \cdot (x + 4)$

b) $(3x - 3) \cdot (3x + 3)$

c) $(a^4 - 2a^2) \cdot (a^4 + 2a^2)$

d) $\left(2x - \frac{1}{2}\right) \cdot \left(2x + \frac{1}{2}\right)$

39 PRACTICA. Desarrolla geométricamente este producto:

$$(2x - 3) \cdot (2x + 3)$$

40 APLICA. Corrige los errores que hay en estas igualdades.

a) $(x - 3) \cdot (x + 3) = x^2 + 9$

b) $(2a - 5) \cdot (2a + 5) = 2a^2 - 25$

c) $(x^3 + 3y)(x^3 - 3y) = x^9 - 9y^2$

d) $(a^2 - 1) \cdot (a^2 + 1) = a^4 + 2a^2 - 1$

41 REFLEXIONA. Calcula los valores de a y b para que se cumpla que:

$$(7x^2 + b) \cdot (7x^2 - b) = a - 25$$

SABER HACER

Expresar un polinomio como producto de una suma por una diferencia

Estudia si los siguientes polinomios pueden expresarse como el producto de una suma por una diferencia, $a^2 - b^2$.

a) $25 - 16x^2$ **b)** $9x^4 - 25$ **c)** $4x^4 - 9x^2$ **d)** $-16 + 25x^4$ **e)** $9x^2 + 4$ **f)** $-x^4 - 9y^2$

Pasos a seguir

1. Hallamos *a* y *b*:
   - El término con signo − corresponde a b^2.
   - El otro término corresponde a a^2.

   Si no tiene un término positivo y otro negativo, no se puede expresar como el producto de una suma por una diferencia.

a) $25 - 16x^2$

$a^2 = 25 \rightarrow a = 5$ $b^2 = 16x^2 \rightarrow b = 4x$

b) $9x^4 - 25$

$a^2 = 9x^4 \rightarrow a = 3x^2$ $b^2 = 25 \rightarrow b = 5$

c) $4x^4 - 9x^2$

$a^2 = 4x^4 \rightarrow a = 2x^2$ $b^2 = 9x^2 \rightarrow b = 3x$

d) $-16 + 25x^4$

$a^2 = 25x^4 \rightarrow a = 5x^2$ $b^2 = 16 \rightarrow b = 4$

e) $9x^2 + 4$

No tiene término negativo. No se puede expresar como una suma por una diferencia.

f) $-x^4 - 9y^2$

No tiene término positivo. No se puede expresar como una suma por una diferencia.

2. Escribimos el polinomio como el producto de una suma por una diferencia utilizando los *a* y *b* calculados:

   $a^2 - b^2 = (a + b)(a - b)$

a) $25 - 16x^2 = (5 + 4x)(5 - 4x)$

b) $9x^4 - 25 = (3x^2 + 5)(3x^2 - 5)$

c) $4x^4 - 9x^2 = (2x^2 + 3x)(2x^2 - 3x)$

d) $-16 + 25x^4 = (5x^2 + 4)(5x^2 - 4)$

Para expresar un polinomio como una suma por una diferencia tiene que tener dos términos, uno positivo y el otro negativo y su grado debe ser par.

ACTIVIDADES

42 Expresa como suma por diferencia si se puede.

a) $36x^2 - 16$
b) $49 + x^2$
c) $\frac{49}{25} - 4x^2$
d) $x^2 - 4x + 9$
e) $25y^2 - 16x^2$
f) $4x^4 - 4x^2$
g) $-9 - 9x^4$
h) $100x^2 - \frac{16}{36}$

43 Completa los huecos en tu cuaderno.

a) $16z^2 - \square = (\square + 5)(\square - 5)$

b) $\square - 9x^4 = (6 + \square)(6 - \square)$

c) $\square - \frac{1}{4} = (7x + \square)(\square - \square)$

44 Expresa como el producto de una suma por una diferencia.

a) $-36x + 36x^2$
b) $4x^6 - 25$
c) $-25x^6 + 4x^4$
d) $\frac{81}{49} - 25x^2$

45 ¿Cómo hallarías el valor de cada expresión en una calculadora rota que no puede multiplicar?

a) $100^2 - 99^2$
b) $312^2 - 311^2$
c) $765^2 - 764^2$
d) $15\,743^2 - 15\,742^2$

ACTIVIDADES FINALES

Expresiones algebraicas

46 Indica qué expresiones son algebraicas.

a) $3 \cdot x + 4 = 12$

b) $23 - 5 : 9$

c) $3 \cdot a + 5 \cdot b^2 - 9$

d) $2 \cdot 4 + 8 = 16$

47 Expresa algebraicamente.

a) El número de ruedas necesario para fabricar x coches.

b) Los días que hay en y semanas.

c) El número de horas de a días.

d) El total de patas de una granja, donde hay x gallinas e y conejos.

e) Los pasajeros de un autobús después de bajarse 7.

48 Indica qué expresiones son ciertas y corrige en tu cuaderno las que sean falsas.

a) El cuadrado de la suma de dos números: $a^2 + b^2$.

b) La suma de los cuadrados de dos números: $(x + y)^2$.

c) La mitad de un número más 5 unidades: $\frac{n}{2} + 5$.

d) La mitad de la suma de un número más 3 unidades: $\frac{n + 3}{2}$.

49 Si x representa la edad actual de Pedro, ¿cuál será su edad dentro de 5 años? ¿Cuál era hace 3 años?

50 Escribe un enunciado para cada una de las siguientes expresiones algebraicas, teniendo en cuenta que:

$a \rightarrow$ cantidad de dinero (en euros).
$b \rightarrow$ longitud del lado de un cuadrado (en cm).
$c \rightarrow$ edad de una persona (en años).

a) $a + 10$

b) $2 \cdot a$

c) b^2

d) $4 \cdot b$

e) $c + 7$

f) $c - 9$

SABER HACER

Expresar algebraicamente algunas relaciones geométricas

51 Expresa algebraicamente el área de un triángulo isósceles con una altura de 5 cm.

PRIMERO. Se nombran todos los elementos que se usan en el cálculo del área.
Los elementos desconocidos se nombran con una letra.

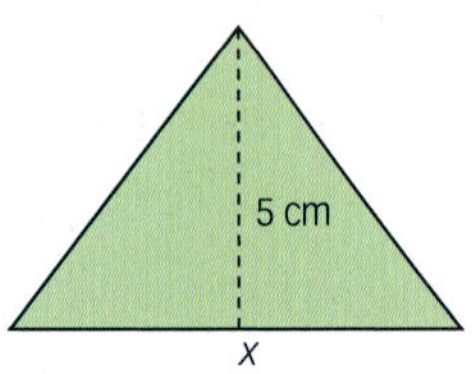

SEGUNDO. Se escribe la fórmula correspondiente.

$$A = \frac{5 \cdot x}{2} = \frac{5x}{2}$$

52 Expresa de forma algebraica el área y el perímetro de este rectángulo.

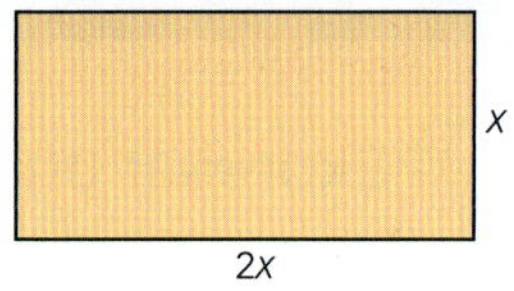

53 Expresa de forma algebraica el área y el perímetro de esta figura.

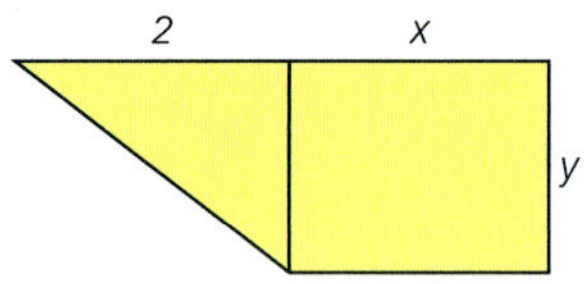

Monomios. Operaciones

54 Responde a las siguientes preguntas:

a) ¿Cuál es el coeficiente de la expresión $-8x^2$?

b) ¿Cuál es la parte literal del monomio $6abc$?

c) ¿Cuál es el coeficiente de x^2y?

d) ¿Cuál es la parte literal de $-12m$?

e) ¿Cuál es el grado del monomio $-6a$?

f) ¿Hay algún monomio que tenga grado cero?

55 Completa la tabla en tu cuaderno.

Monomio	Coeficiente	Parte literal	Grado
x			
$-3xy$			
$\frac{2}{3}a^2b$			
-8			
$6x^2y^2$			

56 Determina los monomios semejantes a $2xy$.

$4x^2y \qquad -3xy \qquad 2x \qquad 3y^2 \qquad \frac{1}{4}xy$

57 Escribe dos monomios semejantes en cada caso. Escribe también el opuesto de cada uno.

a) $-5x$

b) $-2xy^3$

c) $\frac{2}{5}a^3b$

58 Escribe, si es posible:

a) Dos monomios semejantes, con dos letras, de grado 3 y que sean opuestos.

b) Dos monomios de grado 2, con una letra, que sean opuestos y no semejantes.

59 Resuelve estas sumas y restas de monomios.

a) $2x + 7x^2 - 11x$

b) $4a^2 + 5a - 6a^2 + a^2$

c) $-2ab + 6a^2b - 3ab + 3a^2b + ab$

d) $-2x^2 + 3x^2 + x^3 + 3x^2 - 2x$

e) $16xy - 11y + 10xy - 12xy$

f) $3a^2b + 2ab^2 - 6a^2b$

60 Simplifica.

a) $6x + 3y - 2x - y - y$

b) $2a - 2b + 2a - 2b$

c) $2a^2 - 6a - 2a + 3a^2$

d) $2x + 3 - 6x + 6 - 4x$

e) $x + 2y - 3x + 2y + y$

f) $-x^3 + x^2 + 2x^2$

61 Justifica si las siguientes expresiones son verdaderas o falsas.

a) $x + x = x^2$

b) $x \cdot x = 2x$

c) $x^2 \cdot x^3 = x^6$

d) $x^6 : x^3 = x^2$

e) $x + y = xy$

f) $x^2 + x^2 = 2x^2$

62 Completa en tu cuaderno con el monomio que falta.

a) $x^3 - \square = -3x^3$

b) $a + \square = -6a$

c) $-5b^2 - \square = -4b^2$

d) $x \cdot \square = 2x^4$

63 Opera.

a) $x \cdot x \cdot x^2 \cdot x$

b) $x^6 : x^2$

c) $2x \cdot x^3 \cdot (-2x^2)$

d) $-16b^5 : (-8b^2)$

e) $2a \cdot 2a \cdot 2a^2 \cdot (-2a^3)$

f) $-4ab^3 : (-2b)^2$

g) $27x^8 : (-3x^4) : (-3x)$

h) $-20a^6b^2 : (-a^3)$

i) $-4a^7 \cdot (-5a^3) \cdot a$

j) $(-4a^3b) \cdot (-3ab^2)$

64 Resuelve.

a) $2x^4 \cdot 5x^7 : x^3$

b) $18y^3 : (2y \cdot 3y)$

c) $9x^4y^5z^6 : (3x^2y^3z)$

d) $(6x^2y)^2 : (3x)^2$

65 Opera y simplifica todo lo que puedas.

a) $3a^4 \cdot 5a - a^2 \cdot a^8 : a^5$

b) $2b \cdot (-3ab^2) + 7ab^5 : b^2$

c) $(6x^7) : (-3x) - x^2 \cdot x \cdot (-5x^3)$

d) $(6y^4 + 7y^4 - y^4) : (2y^4 + 4y^4)$

e) $(-5z^6 + 3z^6) \cdot (8z^3 - 6z^3)$

66 Calcula y reduce.

a) $(-2a^2b)^3 + 3a \cdot 6(ab)^3 : (-2a^2)$

b) $(3x + 5x)^2 : (-2x)^3$

c) $(zy^2 \cdot z^3)^2 \cdot (-3zy^2)^2$

d) $8a^8 : (2a^2)^2 - (4a^6 \cdot a^7) : (2a)$

67 Escribe $12x^2y$ como:

a) Suma y/o resta de tres monomios.

b) Producto de tres monomios.

c) Cociente de dos monomios.

Polinomios. Operaciones

68 Escribe el número de términos, el término independiente y el grado de cada polinomio.

$P(x) = -2x^2 + 3x - 5$ $Q(a, b) = 5ab - 5a^2b$

$R(a, b, c) = \frac{3}{5}ab^2c^3 + 2abc$ $S(x) = 6x - 7$

69 Indica los elementos y el grado de cada uno.

a) $-8 + 6x + 3x^2$

b) $4ab^2 - 6a + 2b^2$

c) $a^4 - 6a^3 + a^2 - 2a + 7$

d) $x(x + 4) + 3x^3 + 6$

70 Escribe.

a) Un polinomio de grado 3, con dos términos y dos variables, y sin término independiente.

b) Un polinomio de una variable con grado 6, que tenga 5 términos y el término independiente sea -1.

71 Indica el coeficiente, la parte literal y el grado de estos polinomios.

a) $2a - 3xy$

b) $\frac{1}{2}xy^2z$

c) $20x - 3x^2$

d) $2 + 3a - 6b^2 + c^2$

72 Halla todos los valores de a y b de manera que el siguiente polinomio sea de grado 2 y no tenga término independiente.

$$P(x) = (1 - ax)x^2 + 7x^3 + b(x - 7) + 21$$

73 Calcula el valor numérico de los siguientes polinomios para $x = 0$, $x = 1$, $x = -1$ y $x = \frac{1}{2}$.

$P(x) = x^3 - x^2 + 3x - 1$ $Q(x) = 4x^4 - x + 2$

SABER HACER

Calcular un coeficiente de un polinomio conociendo uno de sus valores numéricos

74 Halla el valor de a en $P(x) = 2x^2 - ax + 5$ sabiendo que $P(-2) = 19$.

PRIMERO. Se sustituye en el polinomio la variable por su valor.

$$P(-2) = 2 \cdot (-2)^2 - a \cdot (-2) + 5 = 13 + 2a$$

SEGUNDO. Se iguala al valor numérico del enunciado.

$$\left.\begin{array}{l} P(-2) = 13 + 2a \\ P(-2) = 19 \end{array}\right\} \rightarrow 13 + 2a = 19$$

TERCERO. Se despeja la incógnita de la ecuación.

$13 + 2a = 19 \rightarrow 2a = 19 - 13 = 6 \rightarrow a = 6 : 2 = 3$

Por tanto, el polinomio es $P(x) = 2x^2 - 3x + 5$.

ACTIVIDADES FINALES

75 Halla el valor de a en cada caso.

a) $P(x) = 3x^3 - 2x^2 + 3x - a$, con $P(3) = 70$

b) $R(x) = x^4 - ax^2 - 5x - 1$, con $R(-1) = 1$

c) $S(x) = 6x^3 - 5x^2 + ax + 6$, con $S(2) = 48$

76 Teniendo en cuenta que $P(x) = 9x^2 - 2x + 7$, encuentra qué valor de x hace que $P(x)$ tenga como valor numérico 14.

77 Dados los siguientes polinomios, calcula:

$A(x) = 1 + x^2 \quad B(x) = 2x^2 - 5x \quad C(x) = x^2 + 3x - 5$

a) $A(x) + B(x)$

b) $A(x) - B(x)$

c) $A(x) - (B(x) + C(x))$

d) $C(x) - A(x) - B(x)$

78 Halla y escribe dos polinomios que sumados den el polinomio $Q(x) = 2x^3 - 8x^2 + x - 1$.

79 Halla los polinomios que faltan para que las siguientes igualdades se cumplan.

a) $x^2 + 7x - 9 + P(x) = 5x^2 - 8x - 11$

b) $5x^3 - 8x^2 + x - Q(x) = -2x^2 + 5$

c) $4x^2 - 5 + R(x) = 10x^2 - x + 6$

80 Con estos dos polinomios, calcula y simplifica.

$P(x) = 2 + x - 3x^2 \qquad Q(x) = 6x + 10$

a) $P(x) + Q(x)$

b) $P(x) - Q(x)$

c) $4Q(x)$

d) $P(x) \cdot Q(x)$

e) $2P(x) - Q(x)$

f) $Q(x) : 2$

81 Efectúa las siguientes operaciones.

a) $(3x + 4) \cdot 2$

b) $(x - 2) \cdot 4x$

c) $(4x^2 + x - 2) \cdot (-5)$

d) $(x^2 + 3x - 6) \cdot (-3x^3)$

82 Haz las operaciones siguientes y simplifica.

a) $(x + 1) \cdot (x - 2)$

b) $(2x - 7) \cdot (3x - 4)$

c) $(5x^2 + 7x + 1) \cdot (6x + 8)$

83 Realiza estas operaciones.

a) $(x^3 + 3x^3) : x^2$

b) $(7x^3 - 4x^2 + 5x) : x$

c) $(9x^3y^3 + 3x^2y + 15xy^2) : 3xy$

d) $(12xy - x^2y) : xy$

84 Copia y completa en tu cuaderno.

a) $\square : 4xy = 3y^2z^3 + 5xy^2 - 2xyz$

b) $\square : x^3y^2 = 9y + 6x - 4x^2y$

c) $\square : (-5yz^3) = 2x - 5x^2z + 7y^2z^3$

85 Copia y completa en tu cuaderno.

a) $(10x^5 + 8x^3 - 6x^2 + 12x) : \square = 5x^4 + 4x^2 - 3x + 6$

b) $(12x^4z^3 - 18x^3z^4 + 24x^2z^2) : \square = 4x^2z - 6xz^2 + 8$

c) $(4x^5yz - 7x^4yz^2 + 6x^3y^3z^2) : \square = 4x^2 - 7xz + 6y^2z$

SABER HACER

Resolver operaciones combinadas con polinomios

86 Calcula: $3x^4 - 2x^2 + 3 - (2x + 3)(x^3 - 4x)$.

PRIMERO. Se resuelven las multiplicaciones y divisiones.

$(2x + 3)(x^3 - 4x) = 2x^4 - 8x^2 + 3x^3 - 12x$

SEGUNDO. Se resuelven las sumas y las restas.

$3x^4 - 2x^2 + 3 - (2x^4 - 8x^2 + 3x^3 - 12x) =$
$= x^4 - 3x^3 + 6x^2 + 12x + 3$

87 Opera y reduce términos semejantes.

a) $(9 - 3x) \cdot (-2) + 9x$

b) $5x \cdot (6 + 7x) - x^2$

c) $x^3 + x^2 \cdot (1 - x - 4x^2) + 8x$

d) $4x^2 - 5 \cdot (x - x^2) - x \cdot (6 - 2x)$

88 Calcula.

a) $-2x^4 + 3x^3 - 1 - (6x^4 + 2x^2) : (2x)$

b) $6x^5 + x^3 - x + (x^4 + 5x^3) : x^2 - 2x \cdot 4x^3$

c) $(3x^2 + x)(x^3 - 1) - (12x^3 + 8x^2) : (10x^5 : 5x^3)$

89 Extrae factor común en cada caso.

a) $3x + 6x - 9x$

b) $4x - 12y$

c) $10a - 10b + 10c$

d) $3ab + 5ab$

e) $10xy - 5xy + 15xy$

f) $14x^4 - 35x^3 - 7x^2 + 42$

g) $25m^2n + 20m^3n^2 - 30m^4$

h) $x^2y - xy^3 + xy$

Igualdades notables

90 Desarrolla las siguientes igualdades notables.

a) $(2x^2 + 5)^2$

b) $(y^2 - x^3)^2$

c) $(3a^3 + b^4)^2$

d) $(2x^2 - 4y^2)^2$

91 Expresa como diferencia de cuadrados.

a) $(x + 2) \cdot (x - 2)$

b) $(2x + 4) \cdot (2x - 4)$

c) $(1 - x^2) \cdot (1 + x^2)$

d) $(3a - 4a^2) \cdot (3a + 4a^2)$

92 Expresa en forma de igualdad notable.

a) $9x^2 - 6x + 1$

b) $64 + 25x^2 + 80x$

c) $\frac{1}{4}x^2 - x + 1$

d) $100x^2 - 100x + 25$

e) $x^2 + 16 + 8x$

f) $9x^2 + 6xy + y^2$

93 Halla los términos que faltan.

a) $(\square + 5b)^2 = 4a^2 + 25b^2 + \square$

b) $(7 + \square)^2 = \square + 16x^2 - 56x$

c) $(\square - \square)^2 = 64b^4 - 32ab^2 + \square$

d) $(1 + \square)^2 = \square + 2x^2 + \square$

94 Expresa como producto de suma por diferencia si es posible.

a) $4x^2 - 9$ c) $1 - 36b^2$ e) $25x^4 - 4x^2$

b) $16x^2 - 49$ d) $a^8 - 9$ f) $49 - 144x^4$

Problemas con expresiones algebraicas

95 Expresa estas situaciones algebraicamente. Considera t los minutos que ha tardado Luisa en hacer los deberes de matemáticas.

a) Miguel ha tardado el doble de tiempo que Luisa.

b) Verónica ha tardado la tercera parte del tiempo que ha tardado Miguel.

c) Sebastián ha tardado el mismo tiempo que Verónica, más 5 minutos.

d) Raúl ha tardado 10 minutos menos que Sebastián.

Determina el tiempo que ha tardado cada uno, si Luisa los ha hecho en media hora.

96 Expresa en lenguaje algebraico el perímetro de una rueda de bicicleta, en función de la longitud del radio.

Si el diámetro de una rueda de bicicleta es 54 cm, ¿qué distancia en metros recorre cuando da 200 vueltas?

97 Si x es la edad actual de Jorge y Pedro tiene 8 años más que él, contesta a estas preguntas utilizando expresiones algebraicas.

a) ¿Cuál será la edad de Jorge dentro de 20 años?

b) ¿Qué edad tenía Jorge hace 7 años?

c) ¿Cuándo tendrá Jorge el doble de la edad que tiene ahora?

d) ¿Cuál es la edad actual de Pedro?

e) ¿Cuál será la edad de Pedro dentro de 15 años?

f) ¿Hace cuántos años Pedro tenía la mitad de la edad actual de Jorge?

g) ¿Dentro de cuántos años tendrá Jorge el doble de la edad actual de Pedro?

DEBES SABER HACER

Expresiones algebraicas

1 Expresa en lenguaje algebraico.

a) Sumar tres unidades al doble de un número.

b) Un número disminuido en siete unidades.

c) El triple de un número más el doble de otro.

d) El cuadrado de la diferencia de dos números.

e) La suma del cuadrado de un número y la mitad de otro.

Monomios. Operaciones con monomios

2 Escribe los monomios opuestos e indica el grado.

a) $3xy^2$ b) $-a^2bc^3$ c) $7x^2yz^2$ d) -9

3 Opera y reduce.

a) $-x^2 + x + x^2 + x^3 + x$

b) $2x^2 - (x^2 - 3x^2)$

c) $(-5x)^2 \cdot 4x^3 \cdot (-2x)$

d) $12x^2y^4z : 3xy^2$

Polinomios. Operaciones con polinomios

4 Indica si son verdaderas o falsas estas afirmaciones referidas a $Q(x) = 3 - 5x + 2x^2$.

a) 5 es el coeficiente de x y 3 el término independiente.

b) La x es la incógnita.

c) El grado del polinomio es 3.

5 Calcula.

a) $(-5x^3 + 4x^2 - 2x) + (2x^4 + 3x^2 + 8x - 7)$

b) $(-5x^3 + 4x^2 - 2x) - (2x^4 + 3x^2 + 8x - 7)$

c) $(x^2 + 3x - 6) \cdot (-3x^3)$

d) $(9x^3y^3 + 3x^2y + 15xy^2) : 3xy$

Igualdades notables

6 Corrige los errores en estas igualdades.

a) $(x + 2)^2 = x^2 + 4$

b) $(x - 3)^2 = x^2 + 12x - 9$

c) $(x + 5)(x - 5) = x^4 - 25$

En la vida cotidiana

98 Uno de los modos de proyección en las salas de cine comercial es lo que se llama formato 16:9. Esto quiere decir que la imagen que se proyecta desde el proyector de cine a la pantalla tiene, por cada 16 unidades de ancho, 9 unidades de alto.

Si colocamos el proyector a exactamente un metro de la pantalla, el tamaño de la imagen que se proyecta es de 80 cm × 45 cm. Según vamos alejando el proyector de la pantalla, el tamaño del ancho y largo de la imagen se multiplican por dos por cada metro que alejamos el aparato.

a) ¿A cuántos metros de distancia hay que colocar el proyector para que la imagen cubra por completo una pantalla de 12,8 m × 7,2 m?

Los cines actuales suelen disponer de varias salas de proyección y cuentan con pantallas de tamaños distintos, dependiendo de la capacidad de espectadores de la sala.

b) Si tenemos una pantalla de x metros de ancho, ¿a qué distancia hay que colocar el proyector para que la imagen ocupe todo el ancho de pantalla?

Formas de pensar. Razonamiento matemático

99 Elige dos números de: 1, 2, 3, 4, 5 y 6, y colócalos en los triángulos para que la expresión:

$$5(2x - \triangle) - (\triangledown x + 3)(x - 2)$$

tome el valor 0 cuando $x = 1$.

100 Encuentra el valor de x, y y z para que este cuadrado sea un cuadrado mágico compuesto por números del 1 al 9.

(Recuerda: en un cuadrado mágico, la suma de los elementos de cada columna, fila y diagonal es la misma).

Aunque existen varias soluciones, si $y > z$, solo hay una solución. ¿Cuál es?

$x + y$	$x - y + z$	$x - z$
$x - y - z$	x	$x + y + z$
$x + z$	$x + y - z$	$x - y$

101 Observa esta tabla.

$x + y + z$	$=$	15
$x + y - z$	$=$	15
$x + 2y + z$	$=$	17

a) ¿Cuánto tiene que valer z para que dé igual sumar que restar?

b) ¿Puedes hallar el valor de y? ¿Y el de x?

102 Si una libreta grande de tapas duras cuesta 0,80 € más que un rotulador de punta fina, expresa de manera algebraica cuánto costarán dos libretas y tres rotuladores.

Teniendo en cuenta que un rotulador cuesta 2,60 €, ¿cuál es el precio total de la compra?

PROYECTO FINAL. **Trabajo cooperativo**

OBJETIVO: Preparar una fiesta de bienvenida para alguien que lleva tiempo fuera del centro

1.ª Fase.

- Realizad un estudio de los lugares más adecuados para realizar la fiesta.
- Elaborad una lista con todo lo que estimáis necesario para la fiesta: comida, bebida, mesas, sillas…
- Haced una estimación del número de personas que asistirán a la fiesta y de las personas que pueden colaborar.

2.ª Fase.

- Realizad un presupuesto del coste de lo que necesitáis comprar.
- Evaluad cómo podéis financiar el coste de esa compra: ayudas del centro, aportaciones de los asistentes a la fiesta…

3.ª Fase.

- Elaborad un plan para conseguir que la fiesta sea una sorpresa para la persona a la que va dirigida.
- Proponed a vuestros compañeros el plan y buscad su colaboración.

Pruebas PISA

Espejos

103 Un taller de carpintería fabrica espejos cuadrados cuyo marco es un listón de madera. Su coste es:

- Listón de madera: 2 € el metro.
- Cristal del espejo: 3 € el metro cuadrado.
- Mano de obra: 6 € por espejo.

a) Si x es la medida del lado del espejo, escribe las expresiones algebraicas que representan la longitud del listón y el área del cristal.

b) Determina la expresión algebraica del coste de fabricación de un espejo.

c) Calcula el precio de fabricación de un espejo de 60 cm de lado y el de otro de 110 cm.

Proyecto urbanístico

104 La constructora TORA ha comprado un solar de forma cuadrada, y ha llevado a cabo un proyecto de urbanización que ha presentado al ayuntamiento.

Según el reglamento de urbanismo, tienen que ceder un terreno de 3 m de ancho a lo largo de uno de los lados del solar.

Utiliza una expresión algebraica para contestar:

a) ¿Cuál era el área inicial del solar?

b) ¿Cuál será el área del solar después de aplicarle la reducción?

c) ¿Cuánto disminuye el área del solar?

d) ¿Cuánto medirá una valla que rodee el nuevo solar?

CLAVES PARA EMPEZAR

Valor numérico de un polinomio

El valor numérico de un polinomio $P(x)$, para un valor $x = a$, se expresa como $P(a)$ y se obtiene sustituyendo la variable x por el valor a en el polinomio y haciendo las operaciones.

EJEMPLO

El valor numérico de $P(x) = x^3 + 2x^2 - x$, para $x = 2$, es:

$$P(x) = x^3 + 2x^2 - x \xrightarrow{x=2} P(2) = 2^3 + 2 \cdot 2^2 - 2 = 14$$

ACTIVIDADES

1 Calcula el valor numérico de $P(x) = 2x^2 + 5x + 3$ para:

a) $x = 1$

b) $x = -1$

c) $x = 0$

d) $x = 2$

2 Si $P(x) = -x^3 + 2x^2 + 3x + 1$, calcula:

a) $P(-2)$

b) $P(1)$

c) $P(-1)$

d) $P(2)$

Suma y resta de monomios semejantes

- Dos monomios son semejantes si tienen la misma parte literal.
- Para sumar o restar monomios semejantes, se suman o se restan sus coeficientes y se deja la misma parte literal. Si no son semejantes, se deja indicada la suma o resta.

EJEMPLO

a) Suma y resta estos monomios: $-2xy^2$ y $7xy^2$.

Los monomios $-2xy^2$ y $7xy^2$ son semejantes porque tienen la misma parte literal. Por tanto:

$$-2xy^2 + 7xy^2 = 5xy^2 \qquad -2xy^2 - 7xy^2 = -9xy^2$$

b) Suma y resta los monomios $-5x^2y$ y $5xy^2$.

Los monomios $-5x^2y$ y $5xy^2$ no son semejantes porque no tienen la misma parte literal, $x^2y \neq xy^2$. Se dejan indicadas la suma y la resta.

$$-5x^2y + 5xy^2 \qquad -5x^2y - 5xy^2$$

ACTIVIDADES

3 Comprueba si estos monomios son semejantes y, si lo son, halla su suma y su diferencia.

a) $12x^2$ y $4x^2$

b) $73ab$ y $18ab$

c) $9xy^2$ y $7x^2y$

d) $-18x^3y^2$ y $7x^2y^3$

e) $-5xy$ y $4xy$

f) $-7a^2bc$ y $3a^2b$

1769
Se fabrica en París el primer coche con un motor de vapor.

Ecuaciones de primer y segundo grado

6

SABER

- Igualdades algebraicas
- Elementos de una ecuación
- Ecuaciones de primer grado
- Ecuaciones de segundo grado
- Resolución de problemas mediante ecuaciones

SABER HACER

- Resolver ecuaciones de primer grado (con paréntesis y con denominadores)
- Estudiar el número de soluciones de una ecuación de segundo grado
- Resolver ecuaciones de segundo grado
- Resolver problemas utilizando ecuaciones

? VIDA COTIDIANA

El automóvil

La aparición del automóvil modificó las costumbres sociales hasta convertirse en un elemento casi imprescindible en nuestra vida diaria. Los constantes avances han permitido dotar al automóvil de mayor seguridad y rapidez.

- ¿Cuántos kilómetros ha recorrido en una hora y media un coche que circula a una velocidad constante de 110 km/h?

1870
El inventor Siegfried Marcus pasea por Viena con el primer coche de gasolina.

1908
Henry Ford comienza a producir automóviles en cadena.

1929
Se cambia la estética de los automóviles, apareciendo los vehículos cerrados.

1996
Sale a la venta el primer coche eléctrico de uso comercial.

1 Igualdades algebraicas

Una **igualdad algebraica** está formada por dos expresiones algebraicas separadas por el signo =.

Una igualdad algebraica es:

- Una **identidad** cuando es cierta para todo valor de las letras.
- Una **ecuación** cuando solo es cierta para algunos valores de las letras.

EJEMPLOS

1. Determina cuáles de estas igualdades son algebraicas.

   a) $x + 1 = -5 \rightarrow$ Es una igualdad algebraica.

   b) $7 - 3 = 4 \rightarrow$ No es una igualdad algebraica, es numérica.

2. Clasifica estas igualdades en identidades o ecuaciones.

   a) $x + 2x = 4x - x$ b) $x^2 - x - 2 = 0$

   a) $x + 2x = 4x - x \xrightarrow{x=0} 0 + 2 \cdot 0 = 4 \cdot 0 - 0 \quad 0 = 0$

   $x + 2x = 4x - x \xrightarrow{x=1} 1 + 2 \cdot 1 = 4 \cdot 1 - 1 \quad 3 = 3$

   $x + 2x = 4x - x \xrightarrow{x=-1} (-1) + 2 \cdot (-1) = 4 \cdot (-1) - (-1) \quad -3 = -3$

   Si probásemos con más valores, veríamos que se sigue cumpliendo. $x + 2x = 4x - x$ es una identidad, puesto que se cumple para cualquier valor de x.

   b) $x^2 - x - 2 = 0 \xrightarrow{x=0} 0^2 - 0 - 2 \neq 0 \quad -2 \neq 0$

   $x^2 - x - 2 = 0 \xrightarrow{x=1} 1^2 - 1 - 2 \neq 0 \quad -2 \neq 0$

   $x^2 - x - 2 = 0 \xrightarrow{x=-1} (-1)^2 - (-1) - 2 = 0 \quad 0 = 0$

   $x^2 - x - 2 = 0$ es una ecuación, porque solo es cierta para algunos valores de x, como $x = -1$.

RESUELVE EL RETO

¿Qué valor ha de tomar a para que la expresión $2x^2 - 3x + a = 0$ sea una identidad?

ACTIVIDADES

1 PRACTICA. Averigua cuáles de estas igualdades algebraicas son ecuaciones.

a) $2x - 1 = 3x + 4$

b) $2(x + 4) = 3x - (x - 8)$

c) $(x - 1) + 3(x - 1) = 2x + 4$

d) $(x + 1)(x - 2) = x^2 - x - 2$

e) $x^7 = \frac{x^9}{x^5} \cdot x^3$

2 APLICA. Averigua si las igualdades siguientes son ciertas para los valores indicados.

a) $6x - 2 = 6 - 2x$, para $x = 1$

b) $-2(x + 3) = x - 6$, para $x = -1$

c) $x^2 + 3 - x = 9$, para $x = -2$

3 REFLEXIONA. Con la expresión $3x - 5$, escribe:

a) Una identidad.   b) Una ecuación.

2 Elementos de una ecuación

Los elementos de una ecuación son:

- **Miembro**: expresión algebraica que hay a cada lado del signo =.
- **Término**: cada uno de los sumandos de los miembros. Si está formado por un solo número se llama **término independiente**.
- **Incógnita**: cada una de las letras con valor desconocido.
- **Grado**: es el mayor grado de sus términos, después de hacer las operaciones indicadas y reducir los términos semejantes.

EJEMPLOS

3. Determina los miembros, los términos y las incógnitas.

a) 1.er miembro: $14y^2 - 3x$; 2.° miembro: $4 + x$

$14y^2 - 3x = 4 + x$ → Incógnitas: x, y

Términos: $14y^2$, $-3x$, 4, x

b) 1.er miembro: $3x - 1$; 2.° miembro: 0

$3x - 1 = 0$ → Incógnita: x

Términos: $3x$, -1, 0

4. Halla el grado de estas ecuaciones.

a) $-2x - 6 = 3$ → Ecuación de grado 1 o de primer grado.

b) $(x + 2) \cdot (x - 1) = 0$ → Antes de hallar el grado, operamos:

$$(x + 2) \cdot (x - 1) = 0 \rightarrow x^2 - x + 2x - 2 = 0 \rightarrow x^2 + x - 2 = 0$$

Ecuación de grado 2 o de segundo grado.

Soluciones de una ecuación son los valores numéricos de las incógnitas que hacen cierta la ecuación. **Resolver una ecuación** es hallar sus soluciones.

Dos **ecuaciones** son **equivalentes** cuando tienen las mismas soluciones.

EJEMPLO

5. Halla si los valores 1 y -1 son soluciones de la ecuación $3 - x = 4$.

$3 - x = 4 \xrightarrow{x=1} 3 - 1 \neq 4 \rightarrow 2 \neq 4$. El valor $x = 1$ no es solución.

$3 - x = 4 \xrightarrow{x=-1} 3 - (-1) = 4 \rightarrow 4 = 4$. El valor $x = -1$ es solución.

ACTIVIDADES

4 PRACTICA. Indica los miembros, los términos, el grado y las incógnitas de cada ecuación.

a) $x + 7 = 2$

b) $-3ab + 1 = a$

c) $x^3 - 1 = -x^2 + 7$

d) $7xy - 8 = 0$

e) $4a^2b - 2 = 2a^2 + 1$

f) $2abc = -3b^2 + 1$

5 APLICA. ¿De qué ecuación es solución $x = -1$?

a) $(x + 2)(x - 1) = 2$

b) $x(2 - x)^2 = -9$

6 REFLEXIONA. Inventa y escribe dos ecuaciones que tengan como solución $x = -2$. ¿Cómo son esas dos ecuaciones?

3 Ecuaciones de primer grado

Si en la ecuación:

$$x - 2 = 9$$

sumamos 2 a los dos miembros:

$$x - 2 + 2 = 9 + 2 \rightarrow x = 11$$

Es lo mismo que afirmar:
«El 2 que está restando en el primer miembro pasa sumando al segundo miembro».

$$x - 2 = 9 \rightarrow x = 9 + 2 \rightarrow x = 11$$

Si en la ecuación:

$$7x = 21$$

dividimos entre 7 los dos miembros:

$$\frac{7x}{7} = \frac{21}{7} \rightarrow x = 3$$

Es lo mismo que afirmar:
«El 7 que está multiplicando en el primer miembro pasa dividiendo al segundo miembro».

$$7x = 21 \rightarrow x = \frac{21}{7} = 3$$

Una **ecuación de primer grado** es una igualdad entre expresiones algebraicas que se puede expresar de la forma $\mathbf{ax + b = 0}$, con a y b números reales y $a \neq 0$.

Esta ecuación tiene una única solución: $x = -\dfrac{b}{a}$.

Transposición de términos

- Si a los dos miembros de una ecuación se les **suma** o **resta** un mismo número, o expresión algebraica, se obtiene una ecuación equivalente a la dada.
- Si los dos miembros de una ecuación se **multiplican** o **dividen** por un mismo número distinto de cero, se obtiene una ecuación equivalente a la dada.

EJEMPLO

6. Resuelve estas ecuaciones:

a) $x + 7 = -2$

Se resta 7 a los dos miembros de la ecuación.

$$x + \cancel{7} - \cancel{7} = -2 - 7 = -9 \rightarrow x = -9 \rightarrow \text{Solución } x = -9.$$

b) $\dfrac{x}{4} = 5$

Se multiplican los dos miembros por 4:

$$\frac{x}{\cancel{4}} \cdot \cancel{4} = 5 \cdot 4 \rightarrow x = 20 \rightarrow \text{Solución } x = 20.$$

Para abreviar este proceso, al cambiar un término de miembro:

- Si estaba sumando, pasa restando y, si estaba restando, sumando.
- Si estaba multiplicando, pasa dividiendo y, si estaba dividiendo, pasa multiplicando.

Esta técnica se llama **transposición de términos**.

ACTIVIDADES

7 PRACTICA. Transpón términos y calcula el valor de la incógnita.

a) $x - 9 = -1$
b) $\dfrac{x}{5} = 2$
c) $3x = -12$
d) $-1 = -5a$
e) $4 = 5y$
f) $\dfrac{x}{3} = -1$
g) $7 = y + 4$
h) $6 + b = -2$

8 APLICA. Resuelve.

a) $\dfrac{1}{3}x = -2$
b) $\dfrac{1}{3} = x + \dfrac{2}{5}$
c) $x - 9 = \dfrac{2}{9}$
d) $\dfrac{5}{x} = \dfrac{2}{7}$

9 REFLEXIONA. Calcula el valor de m para que la solución de $x + m = 1$ sea $\dfrac{1}{2}$.

SABER HACER

Resolver ecuaciones de primer grado

Resuelve las siguientes ecuaciones.

a) $3x - 2 = 7$ **b)** $4x + 1 - 2x = 9 + 5x - 2$

Cuando en un miembro tenemos la incógnita y en el otro un número, el paso final en el que el coeficiente de la incógnita *pasa* dividiendo al otro miembro se llama **despejar la incógnita**.

Pasos a seguir

1. Agrupamos los términos con x en un miembro y los términos numéricos en otro. Para ello, utilizamos la transposición de términos:

- Si el término está sumando en un miembro, pasa restando al otro, y viceversa.

a) $3x \boxed{-2} = 7$ (Pasa como $+2$)

$3x = 7 + 2$

b) $4x \boxed{+1} - 2x = 9 + 5x - 2$ (Pasa como -1)

$4x - 2x = 9 \boxed{+5x} - 2 - 1$ (Pasa como $-5x$)

$4x - 2x - 5x = 9 - 2 - 1$

2. Operamos los números y reducimos los términos semejantes, si los hay.

a) $3x = 7 + 2$

$3x = 9$

b) $4x - 2x - 5x = 9 - 2 - 1$

$-3x = 6$

3. Como tenemos la x en un miembro y un número en el otro, utilizamos la transposición de términos:

- Si el término está multiplicando, pasa dividiendo. Si está dividiendo, pasa multiplicando.

a) $\boxed{3}x = 9$ (Pasa dividiendo)

$x = \frac{9}{3} = 3$

La solución es $x = 3$.

b) $\boxed{-3}x = 6$ (Pasa dividiendo)

$x = \frac{6}{-3} = -2$

La solución es $x = -2$.

ACTIVIDADES

10 Reduce y resuelve.

a) $3x - 6 = 0$
b) $-5x = 36 + x$
c) $2x - 10 = 6$
d) $-x + 9 = 3x$
e) $12 - 3x + 9 = -4x$
f) $7x - 9 = -6x + 4$

11 Resuelve.

a) $4x - 2x = 2x + 10 - 2x$
b) $2x - 15 = 3x + 4$
c) $-x + 5 = 2x - 10$
d) $4x + 2 - x = 12x + 10 - 3x$

12 Resuelve las ecuaciones siguientes.

a) $2x + 3 + 5x = -9 - 4x + 2x$
b) $8 + 2x - 7 - 5x = 3x + 2 - 9x$
c) $9x + 2x - 5x = 11 - 6 - 7$
d) $3 - 3x + 2 - 2x = 5 + 6x - 6 - x$

13 Resuelve estas ecuaciones.

a) $x + 2 = 7$
b) $x - 3 = 15$
c) $x + 13 = 21$
d) $x - 7 = 2$
e) $x + 11 = 3$
f) $x - 17 = 17$
g) $x + \frac{6}{2} = 11$
h) $4x = 20$
i) $13x = 91$
j) $-x = 3$
k) $-7x = 21$
l) $6x = 18$
m) $-12x = 60$
n) $\frac{x}{4} = 5$

14 Completa los huecos en tu cuaderno para que cada ecuación tenga como solución $x = 3$.

a) $2x + \square = 9$
b) $-4x - 7 = \square$
c) $\square x + 6 = 21$
d) $\square x - 2 = 20 - 4$

15 Escribe dos ecuaciones sencillas que tengan como solución $x = 6$. Después, resuélvelas y comprueba que lo has hecho correctamente.

Recuerda que si el paréntesis viene precedido por el signo −, al suprimirlo se transforman los signos de los sumandos del interior en sus opuestos.

$-3(x + 2) = -3x - 6$

$-(3 - x) = -3 + x$

SABER HACER

Resolver ecuaciones de primer grado con paréntesis

Resuelve las siguientes ecuaciones.

a) $4 - 3(x + 2) = 2x - 7$ **b)** $3x - (3 - x) = 2(x - 2) - x - 2$

Pasos a seguir

1. Eliminamos los paréntesis.	a) $4 - 3(x + 2) = 2x - 7$ $4 - 3x - 6 = 2x - 7$	b) $3x - (3 - x) = 2(x - 2) - x - 2$ $3x - 3 + x = 2x - 4 - x - 2$
2. Operamos los números y reducimos los términos semejantes, si los hay.	a) $-2 - 3x = 2x - 7$	b) $4x - 3 = x - 6$
3. Agrupamos los términos con x en un miembro y los términos numéricos en el otro.	a) $-2 + 7 = 2x + 3x$	b) $4x - x = -6 + 3$
4. Volvemos a reducir términos.	a) $5 = 5x$	b) $3x = -3$
5. Despejamos x y calculamos su valor numérico.	a) $x = \frac{5}{5} = 1$ La solución es $x = 1$.	b) $x = \frac{-3}{3} = -1$ La solución es $x = -1$.

ACTIVIDADES

16 Resuelve.

a) $3x + 3 = x + 1 + 3(x - 4)$

b) $20 - 4x = 2(x + 12)$

c) $x - (2x + 2) = -3$

d) $3(x - 1) - 4(2x - 3) = 5$

e) $7 - (2x + 2) = -2x - (-7 - x)$

17 Calcula el valor de la incógnita.

a) $4(x + 8) = -(x - 2) + 24$

b) $3(x + 8) - (x - 4) = 12$

c) $6(x + 8) - 2(x - 4) = 24$

d) $2(2 - x) - 4(2x - 1) = 4(x - 1) - 3(2x - 3)$

e) $5(2x - 1) + 2(2x - 1) = 3(3x - 4) - (2 - 3x)$

18 Forma todas las ecuaciones posibles eligiendo un término de cada recuadro y resuélvelas.

Primer miembro		Segundo miembro	
$3(x - 2)$	$+8$	$4(1 - x)$	-9
$2(x + 1)$	-5	$-5(x + 2)$	$+6$

19 Obtén la solución de estas ecuaciones.

a) $4x + 1 + 3x - 5 = 2(x - 2) + 30$

b) $3(x + 8) = 6(x - 2) + 24$

c) $2(4 - x) + 3(4x + 16) = 3$

20 Corrige los errores cometidos al reducir términos semejantes de estas ecuaciones.

a)
$$7x - (2 - x) = 3x + 1$$
$$7x - 2 - x = 3x + 1$$
$$7x - x - 3x - 2 + 1 = 0$$
$$3x - 1 = 0$$

b)
$$8(2 - x) - x = x$$
$$16 - 8x - x = x$$
$$8x - x - x + 16 = 0$$
$$6x + 16 = 0$$

c)
$$5 - (x - 3) = x - (-7)$$
$$5 + 7 - x - 3 - x = 0$$
$$-2x + 9 = 0$$

21 Escribe dos ecuaciones con paréntesis que tengan como solución $x = -4$. Después, resuélvelas y comprueba que lo has hecho correctamente.

SABER HACER

Resolver ecuaciones de primer grado con denominadores

Resuelve la ecuación: $\frac{x+8}{2} = \frac{x-4}{6} + 2$.

Pasos a seguir

1. Eliminamos los denominadores. Para ello, multiplicamos los dos miembros de la ecuación por el m.c.m. de los denominadores.

   m.c.m. $(2, 6) = 6$

   $6 \cdot \left(\frac{x+8}{2}\right) = 6 \cdot \left(\frac{x-4}{6}\right) + 6 \cdot 2$

   $3 \cdot (x+8) = 1 \cdot (x-4) + 12$

2. Eliminamos los paréntesis. $3x + 24 = x - 4 + 12$

3. Reducimos términos. $3x + 24 = x + 8$

4. Agrupamos los términos con x en un miembro y los numéricos en otro. $3x - x = 8 - 24$

5. Reducimos los términos semejantes. $2x = -16$

6. Despejamos la x y hallamos su valor. $x = \frac{-16}{2} = -8$

7. Comprobamos si la solución calculada es correcta sustituyendo el valor de x en la ecuación y operando. Si obtenemos una igualdad, la solución es correcta.

   $\frac{x+8}{2} = \frac{x-4}{6} + 2 \xrightarrow{x=-8} \frac{(-8)+8}{2} = \frac{(-8)-4}{6} + 2$

   $\frac{0}{2} = \frac{-12}{6} + 2$

   $0 = 0$

   Por tanto, $x = -8$ es la solución de la ecuación.

Para hallar el mínimo común múltiplo:

- Descomponemos los números en factores primos.

  $2 = 2 \qquad 6 = 2 \cdot 3$

- Multiplicamos los factores comunes y no comunes elevados al mayor exponente.

ACTIVIDADES

22 Resuelve.

a) $\frac{3x}{5} = 12$

b) $\frac{-2x}{7} = 14$

c) $\frac{-5x}{-3} = 100$

d) $120 = \frac{6x}{-10}$

e) $-15 = \frac{-3x}{-8}$

f) $-12 = \frac{2x}{-9}$

23 Resuelve estas ecuaciones.

a) $\frac{x-8}{6} = 3$

b) $\frac{3x}{2} + 10 = x$

c) $\frac{-x+5}{7} = 1$

d) $-1 = \frac{10+3x}{5}$

e) $x = \frac{3x+8}{4}$

f) $\frac{x+5}{3} = 2$

g) $\frac{8-4x}{-2} = 2$

h) $\frac{8-2x}{5} = -2x$

24 Resuelve las siguientes ecuaciones.

a) $\frac{2x}{5} - \frac{x}{10} = \frac{x}{15} + 13$

b) $\frac{x}{2} - x = \frac{x+4}{5} - 1$

c) $\frac{3x-4}{4} = x - 3$

d) $\frac{x}{3} - 7 = \frac{3x}{5} - 9$

25 Halla la solución de estas ecuaciones.

a) $\frac{4x+3}{5} - \frac{x-2}{4} = 2 - \frac{x+3}{6}$

b) $\frac{5x-2}{4} + \frac{13-2x}{6} = 1 - \frac{1+x}{12}$

c) $x - \frac{2-x}{3} = -\frac{x+1}{3} + \frac{3}{2}$

26 Despeja la x en esta ecuación.

$$\frac{a(x-1)}{6} = \frac{-a(2+x)}{4}$$

4 Ecuaciones de segundo grado

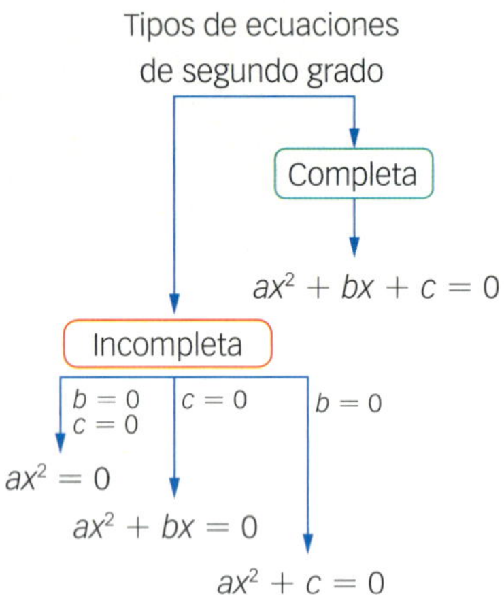

Una **ecuación de segundo grado con una incógnita** es una igualdad entre dos expresiones que se puede expresar de la forma $\mathbf{ax^2 + bx + c = 0}$, siendo a, b y c números reales y $a \neq 0$.

Una ecuación de segundo grado es **completa** si b y c son distintos de cero. Si alguno de los dos, o ambos, son cero, es **incompleta**.

4.1. Ecuaciones de segundo grado completas

Las soluciones de una ecuación de segundo grado completa se obtienen usando la fórmula:

$$x = \frac{-b \pm \sqrt{b^2 - 4ac}}{2a} \quad \textbf{(fórmula general)}$$

SE ESCRIBE ASÍ

El doble signo $\pm$ indica que pueden existir dos soluciones:

$$x_1 = \frac{-b + \sqrt{b^2 - 4ac}}{2a}$$

$$x_2 = \frac{-b - \sqrt{b^2 - 4ac}}{2a}$$

Cuando hay dos soluciones, las llamamos x_1 y x_2 para distinguirlas.

EJEMPLO

7. Resuelve la ecuación de segundo grado $3x^2 - 9x + 6 = 0$.

Identificamos a, b y c: $a = 3$ $b = -9$ $c = 6$

Es una ecuación completa. Aplicamos la fórmula general:

$$x = \frac{-b \pm \sqrt{b^2 - 4ac}}{2a} = \frac{9 \pm \sqrt{(-9)^2 - 4 \cdot 3 \cdot 6}}{2 \cdot 3} = \frac{9 \pm \sqrt{81 - 72}}{6} =$$

$$= \frac{9 \pm \sqrt{9}}{6} = \frac{9 \pm 3}{6} \rightarrow \begin{cases} x_1 = \dfrac{9 + 3}{6} = 2 \\ x_2 = \dfrac{9 - 3}{6} = 1 \end{cases}$$

La ecuación tiene dos soluciones, $x_1 = 2$ y $x_2 = 1$.

Al número $\Delta = b^2 - 4ac$ se le llama **discriminante** de la ecuación y permite saber cuántas soluciones tiene esa ecuación (una, dos o ninguna).

ACTIVIDADES

27 PRACTICA. Resuelve estas ecuaciones aplicando la fórmula general.

a) $x^2 + 2x - 3 = 0$

b) $x^2 - 7x + 10 = 0$

c) $x^2 + 5x + 6 = 0$

d) $3x^2 - 6x - 9 = 0$

e) $2x^2 + 8x - 10 = 0$

f) $2x^2 + 12x + 16 = 0$

28 APLICA. Escribe y resuelve las ecuaciones de segundo grado que tienen estos coeficientes.

a) $a = 1, b = 3, c = 2$

b) $a = 1, b = 8, c = 12$

c) $a = 5, b = 5, c = 60$

29 REFLEXIONA. Si el discriminante de una ecuación es un número entero negativo, ¿cuántas soluciones tiene esa ecuación?

SABER HACER

Estudiar el número de soluciones de una ecuación de segundo grado

Averigua el número de soluciones de estas ecuaciones.

a) $x^2 + 6x - 7 = 0$ **b)** $x^2 - 10x + 25 = 0$ **c)** $x^2 + 3x + 4 = 0$

Pasos a seguir

1. Obtenemos el valor de los coeficientes *a*, *b* y *c* de la ecuación. Con ellos calculamos el valor del discriminante, $\Delta = b^2 - 4ac$.

a) $a = 1 \quad b = 6 \quad c = -7$

$\Delta = b^2 - 4ac = 6^2 - 4 \cdot 1 \cdot (-7) = 36 - (-28) = 64$

b) $a = 1 \quad b = -10 \quad c = 25$

$\Delta = b^2 - 4ac = (-10)^2 - 4 \cdot 1 \cdot 25 = 100 - 100 = 0$

c) $a = 1 \quad b = 3 \quad c = 4$

$\Delta = b^2 - 4ac = 3^2 - 4 \cdot 1 \cdot 4 = 9 - 16 = -7$

$\sqrt{b^2 - 4ac}$ solo existirá cuando $b^2 - 4ac \geq 0$. Por tanto:

- Si $b^2 - 4ac > 0$, la ecuación tiene dos soluciones.

$$x_1 = \frac{-b + \sqrt{b^2 - 4ac}}{2a}$$

$$x_2 = \frac{-b - \sqrt{b^2 - 4ac}}{2a}$$

- Si $b^2 - 4ac = 0$, la ecuación tiene una solución.

$$x = \frac{-b \pm \sqrt{b^2 - 4ac}}{2a} = \frac{-b \pm 0}{2a} = -\frac{b}{2a}$$

- Si $b^2 - 4ac < 0$, la ecuación no tiene solución. $\sqrt{b^2 - 4ac}$ no existe.

2. Estudiamos el signo que tiene el discriminante obtenido:

- Si $\Delta > 0$, la ecuación tiene dos soluciones distintas.
- Si $\Delta = 0$, la ecuación solo tiene una solución (solución doble).
- Si $\Delta < 0$, la ecuación no tiene solución.

a) $\Delta = 64 > 0 \rightarrow x^2 + 6x - 7 = 0 \rightarrow$ tiene dos soluciones.

b) $\Delta = 0 \rightarrow x^2 - 10x + 25 = 0 \rightarrow$ tiene una única solución.

c) $\Delta = -7 < 0 \rightarrow x^2 + 3x + 4 = 0 \rightarrow$ no tiene solución.

ACTIVIDADES

30 Halla el discriminante de estas ecuaciones y averigua cuántas soluciones tienen. Después, resuélvelas y comprueba que el número de soluciones coincide.

a) $x^2 + 7x + 6 = 0$
b) $x^2 + 5x + 9 = 0$
c) $x^2 - 14x + 49 = 0$
d) $x^2 - 11x + 30 = 0$
e) $x^2 + 14x + 49 = 0$
f) $3x^2 + 5x - 1 = 0$
g) $x^2 + x + 1 = 0$
h) $2x^2 - 12x + 18 = 0$

31 Averigua el valor de *b* en la ecuación:

$$x^2 + bx + 6 = 0$$

para que sus dos soluciones sean:

a) $x_1 = 2, x_2 = 3$
b) $x_1 = -2, x_2 = -3$

32 Escribe una ecuación de segundo grado con dos soluciones, otra con una sola y otra que no tenga solución. Comprueba que lo has hecho bien.

33 Encuentra una ecuación de segundo grado cuyo coeficiente de x^2 sea 1 y que cumpla:

a) $b = 1$ y no tenga solución.
b) $b = 4$ y tenga dos soluciones.
c) $b = 4$ y tenga una solución única.
d) $b = 2$ y tenga dos soluciones.
e) $b = 5$ y tenga dos soluciones.
f) $b = 12$ y tenga una solución única.

34 Escribe una ecuación de segundo grado con todos sus coeficientes iguales. ¿Cuántas soluciones tiene? ¿Ocurre siempre lo mismo?

4.2. Ecuaciones de segundo grado incompletas

Son aquellas en las que $b = 0$, $c = 0$ o ambos son cero. Aunque pueden resolverse usando la fórmula general, existen formas más sencillas de hacerlo.

CASO 1. Si $b = 0$. Ecuaciones del tipo $ax^2 + c = 0$.

- Si $-\frac{c}{a}$ es positivo, hay dos soluciones: $x = \pm\sqrt{-\frac{c}{a}}$.
- Si $-\frac{c}{a}$ es negativo, no tienen solución.

EJEMPLO

8. Resuelve la ecuación $4x^2 - 16 = 0$.

$b = 0$ y $c \neq 0 \rightarrow$ Ecuación del tipo $ax^2 + c = 0$ con $a = 4$ y $c = -16$

Como $-\frac{c}{a} = -\frac{-16}{4} = 4 > 0$

Sus soluciones son: $x = \pm\sqrt{-\frac{c}{a}} = \pm\sqrt{4} \rightarrow \begin{cases} x_1 = 2 \\ x_2 = -2 \end{cases}$

CASO 2. Si $c = 0$. Ecuaciones del tipo $ax^2 + bx = 0$.

- Tienen dos soluciones: $x_1 = 0$ y $x_2 = -\frac{b}{a}$.

EJEMPLO

9. Resuelve la ecuación $5x^2 - 3x = 0$.

$c = 0 \rightarrow$ Ecuación del tipo $ax^2 + bx = 0$ con $a = 5$ y $b = -3$

Sus soluciones son: $x_1 = 0$ y $x_2 = -\frac{b}{a} = -\frac{-3}{5} = \frac{3}{5}$

RESUELVE EL RETO

¿Cómo hallarías las soluciones de estas ecuaciones sin resolverlas?

$x(x + 5) = 0$

$9x(x - 4) = 0$

CASO 3. Si $b = 0$ y $c = 0$. Ecuaciones del tipo $ax^2 = 0$.

- Tienen una solución única: $x = 0$.

EJEMPLO

10. Resuelve la ecuación $9x^2 = 0$.

$b = 0$ y $c = 0 \rightarrow$ Ecuación del tipo $ax^2 = 0$ con $a = 9$

Su solución es: $x = 0$

ACTIVIDADES

35 PRACTICA. Resuelve estas ecuaciones.

a) $x^2 + 9x = 0$

b) $16x^2 - 64 = 0$

c) $5x^2 - 6x = 0$

d) $12x^2 = 0$

e) $3x^2 + 5x = 0$

f) $3x^2 + 9 = 0$

g) $2x^2 - 7x = 0$

h) $-5x^2 = 0$

36 APLICA. Resuelve estas ecuaciones.

a) $x^2 + 5x - 9 = 5x$

b) $8x^2 - 12x + 25 = 25 - 12x$

37 REFLEXIONA. Escribe una ecuación incompleta que no tenga solución.

SABER HACER

Aunque todas las ecuaciones de segundo grado se pueden resolver mediante la fórmula general, en las ecuaciones incompletas se utilizan métodos particulares que te ayudarán a resolver otras ecuaciones de grado mayor que 2.

Resolver ecuaciones de segundo grado

Resuelve estas ecuaciones.

a) $2x^2 + 10x + 8 = 0$ **b)** $-4x^2 + 16 = 0$ **c)** $-7x^2 = 0$ **d)** $-9x^2 + 18x = 0$

Pasos a seguir

1. Obtenemos el valor de los coeficientes *a*, *b* y *c* de la ecuación para determinar si es completa o incompleta.

a) $2x^2 + 10x + 8 = 0 \rightarrow a = 2 \quad b = 10 \quad c = 8$

$a \neq 0$, $b \neq 0$ y $c \neq 0 \rightarrow$ Ecuación completa.

b) $-4x^2 + 16 = 0 \rightarrow \quad a = -4 \quad b = 0 \quad c = 16$

$b = 0$ y $c \neq 0 \rightarrow$ Ecuación incompleta del tipo $ax^2 + c = 0$.

c) $-7x^2 = 0 \rightarrow \quad a = -7 \quad b = 0 \quad c = 0$

$b = 0$ y $c = 0 \rightarrow$ Ecuación incompleta del tipo $ax^2 = 0$.

d) $-9x^2 + 18x = 0 \rightarrow \quad a = -9 \quad b = 18 \quad c = 0$

$c = 0$ y $b \neq 0 \rightarrow$ Ecuación incompleta del tipo $ax^2 + bx = 0$.

2. Aplicamos el método adecuado:

- Si la ecuación es completa, utilizamos la fórmula general.

a) Ecuación completa, se utiliza la fórmula general:

$$x = \frac{-10 \pm \sqrt{10^2 - 4 \cdot 2 \cdot 8}}{2 \cdot 2} = \frac{-10 \pm \sqrt{36}}{4} \rightarrow \begin{cases} x_1 = -1 \\ x_2 = -4 \end{cases}$$

- Si $b = 0$, se despeja x^2.

b) Ecuación incompleta con $b = 0$. Despejamos x^2:

$$-4x^2 + 16 = 0 \rightarrow -4x^2 = -16 \rightarrow x^2 = \frac{-16}{-4} = 4 \rightarrow x = \pm\sqrt{4} \rightarrow \begin{cases} x_1 = 2 \\ x_2 = -2 \end{cases}$$

c) Ecuación incompleta con $b = 0$. Despejamos x^2:

$$-7x^2 = 0 \rightarrow x^2 = \frac{0}{-7} = 0 \rightarrow x = 0$$

- Si $c = 0$, se saca factor común x.

d) Ecuación incompleta con $c = 0$. Sacamos factor común x:

$$-9x^2 + 18x = 0 \rightarrow x \cdot (-9x + 18) = 0 \rightarrow \begin{cases} x_1 = 0 \\ -9x + 18 = 0 \rightarrow x = \dfrac{-18}{-9} \rightarrow x_2 = 2 \end{cases}$$

ACTIVIDADES

38 Resuelve estas ecuaciones.

a) $x^2 + 9x = 0$
b) $x^2 + 8x + 7 = 0$
c) $x^2 - 5x = 0$
d) $3x^2 - 27 = 0$
e) $12x^2 - 6x = 0$
f) $2x^2 - 12x + 16 = 0$
g) $4x^2 + 9x = 0$
h) $24x^2 = 0$

39 Halla las soluciones de estas ecuaciones.

a) $x^2 = 2x$
b) $x^2 = 9x - 8$
c) $3x^2 = 4x$
d) $2x^2 = 50$
e) $-7x + 10 = x^2$
f) $x^2 - 11x = -10$
g) $7x = 2x^2$
h) $24x^2 = 24$

40 Halla las soluciones de estas ecuaciones.

a) $x^2 + 2 = -3x$
b) $x(2x + 5) = 7$
c) $3(x + 2) + x^2 = 4$
d) $x - x(x + 1) = -9$
e) $(8 + x)(x - 2) = 11$
f) $(2x + 1)(2x - 1) = 3$
g) $8 - x^2 + 2x = 9$
h) $2x - 2x^2 = x - 1$
i) $-4x \cdot (2x + 1) = 0$

5 Resolución de problemas mediante ecuaciones

Para resolver un problema usando ecuaciones, traducimos su enunciado al lenguaje algebraico y, después, resolvemos la ecuación que se obtiene.

EJEMPLO

11. Expresa mediante ecuaciones estos problemas.

a) El precio de un bote de jabón es 2,35 €. Sara ha comprado 2 botes de jabón y 3 botes de gel iguales y ha pagado 12,65 € en total. ¿Cuánto cuesta un bote de gel?

Lo que sabemos	Lo que no sabemos
Un bote de jabón cuesta 2,35 €. 2 botes de jabón y 3 de gel cuestan 12,65 €.	El precio del bote de gel.

Al dato desconocido que queremos hallar, le llamamos x.

Precio de un bote de gel $= x$

Un bote de jabón cuesta 2,35 €.

Precio de un bote de jabón $= 2{,}35$

Sara ha comprado 2 botes de jabón y 3 botes de gel.

$2 \cdot 2{,}35 + 3 \cdot x$

Ha pagado 12,65 € en total.

$2 \cdot 2{,}35 + 3 \cdot x = 12{,}65$

Largo $= 2{,}5 \cdot x$

$A = 1\,500$ cm^2

b) El largo de un cuadro es 2,5 veces su ancho. Si su área es 1 500 cm^2, ¿cuáles son sus dimensiones?

Lo que sabemos	Lo que no sabemos
El largo del cuadro es 2,5 veces el ancho. Su área es 1 500 cm^2.	El largo del cuadro. El ancho del cuadro.

Expresamos los datos desconocidos con x.

Ancho del cuadro $= x$

El largo es 2,5 veces su ancho.

Largo del cuadro $= 2{,}5 \cdot x$

largo · ancho $= 1\,500 \rightarrow (2{,}5 \cdot x) \cdot x = 1\,500 \rightarrow 2{,}5x^2 = 1\,500$

ACTIVIDADES

41 PRACTICA. La edad de Luis es dos quintos de la edad de José. La suma de las edades de ambos es 28 años.

a) Expresa el problema con una ecuación.

b) ¿Cuál es la ecuación si la diferencia entre ambas edades es 12?

42 APLICA. Escribe un problema que dé la ecuación:

$$28 - 5x = 12$$

43 REFLEXIONA. Expresa con una ecuación este enunciado: «Un número más el triple del número siguiente a él suman 15».

SABER HACER

Resolver problemas utilizando ecuaciones

Resuelve estos problemas.

a) Una parcela mide 3 m más de largo que de ancho. Si su perímetro es 34 m, ¿cuáles son sus dimensiones?

b) Dentro de 2 años el cuadrado de la edad de Teo será 49. ¿Qué edad tiene ahora?

Las soluciones negativas en un problema muchas veces no tienen sentido, ya que no existen medidas, edades… negativas.

Pasos a seguir

1. Identificamos la incógnita, el dato que desconocemos.

a)

Lo que sabemos	Lo que no sabemos
El largo es 3 m más que el ancho. El perímetro es 34 m.	El largo de la parcela. El ancho de la parcela.

Largo de la parcela → x

b)

Lo que sabemos	Lo que no sabemos
Dentro de 2 años el cuadrado de la edad será 49.	La edad actual.

Edad de Teo → x

2. Planteamos la ecuación en la que aparece esa incógnita.

a) Largo de la parcela → x *El largo es 3 m más que el ancho* → Ancho $= x - 3$

El perímetro es 34 m → $2 \cdot x + 2 \cdot (x - 3) = 34 \rightarrow 2x + 2x - 6 = 34 \rightarrow 4x - 6 = 34$

b) Edad de Teo → x *Edad de Teo dentro de 2 años* → $x + 2$

El cuadrado de la edad dentro de 2 años es 49 → $(x + 2)^2 = 49 \rightarrow x^2 + 4x + 4 = 49$

3. Resolvemos la ecuación y hallamos los valores de la incógnita.

a) $4x - 6 = 34 \rightarrow 4x = 34 + 6 \rightarrow 4x = 40 \rightarrow x = \frac{40}{4} = 10$

b) $x^2 + 4x + 4 = 49 \rightarrow x^2 + 4x - 45 = 0 \rightarrow a = 1 \quad b = 4 \quad c = -45$

$$x = \frac{-b \pm \sqrt{b^2 - 4 \cdot a \cdot c}}{2 \cdot a} = \frac{-4 \pm \sqrt{4^2 - 4 \cdot 1 \cdot (-45)}}{2 \cdot 1} = \frac{-4 \pm 14}{2} \rightarrow \begin{cases} x_1 = 5 \\ x_2 = -9 \end{cases}$$

4. Comprobamos las soluciones, descartando las que no tienen sentido.

a) $4x - 6 = 34 \xrightarrow{x = 10} 4 \cdot 10 - 6 = 34 \rightarrow 34 = 34$ Solución correcta.

El largo de la parcela es 10 m y su ancho es $10 - 3 = 7$ m.

b) $x^2 + 4x + 4 = 49 \xrightarrow{x = 5} 5^2 + 4 \cdot 5 + 4 = 49 \rightarrow 49 = 49$ Solución correcta.

$x^2 + 4x + 4 = 49 \xrightarrow{x = -9} (-9)^2 + 4 \cdot (-9) + 4 = 49 \rightarrow 49 = 49$ Solución correcta.

La edad de una persona no puede ser negativa; por tanto, la única solución válida para el problema es: Teo tiene 5 años.

ACTIVIDADES

44 María prestó dos tercios de sus ahorros a su hermano Gonzalo, después gastó un quinto de lo que le quedaba en la compra de un cuaderno. Al final María tenía 8 €. ¿Cuántos ahorros tenía María al principio? ¿Cuánto dinero prestó a su hermano Gonzalo?

45 Hace 7 años el cuadrado de la edad de Manuel era 36. ¿Qué edad tiene Manuel ahora?

46 El producto de un número por el triple de ese mismo número es 243. ¿Qué número es? Halla todas las posibles soluciones.

Igualdades algebraicas

47 Determina si estas igualdades algebraicas son identidades o ecuaciones.

a) $10x = 4x + 6x$
b) $3x - 8 = 2x - 4$
c) $2(x - 3) = 2x - 6$
d) $\frac{6x - 3}{3} = 2x - 1$
e) $-5x = 15$
f) $-6(3 - 5x) = 30x - 18$
g) $7(-2x + 1) = -9x + 12$
h) $\frac{x}{2} + \frac{x}{4} = \frac{6x}{8}$

48 Averigua si estas igualdades son identidades o ecuaciones. Razona tu respuesta.

a) $3(a - 2) = 2a - 6 + a$
b) $10 + t = 12$
c) $8m - 2 = -2(-4m + 1)$
d) $y^2 + 5y = y(8 + y) - 3y$
e) $\frac{5m - 2}{3} = \frac{7m - 4}{6}$

49 Elige los valores que hacen cierta la igualdad $-2(8x - 5) = -11x - (9x - 4) - 6$.

a) $x = 2$
b) $x = -3$
c) $x = 3$
d) $x = -5$

50 ¿Para qué valor de x es cierta la igualdad $\frac{x + 5}{6} - 3 = \frac{4x - 7}{3} - 8$?

a) $x = 10$
b) $x = -4$
c) $x = -2$
d) $x = 7$

51 Calcula a para que la ecuación $x^2 - 2x + a = 0$ sea cierta para $x = -1$.

52 Encuentra una igualdad algebraica que sea cierta para cada uno de estos valores.

a) $x = 2$
b) $x = \frac{1}{2}$
c) $x = -3$
d) $x = -\frac{2}{3}$

53 Determina para qué valores de x se cumple la igualdad $2x^2 = 8$.

a) $x = -4$
b) $x = -2$
c) $x = 4$
d) $x = 2$

54 Indica cuáles de los siguientes valores de x verifican la igualdad $x^3 = 8$.

a) $x = -4$
b) $x = -2$
c) $x = 4$
d) $x = 2$

55 ¿Para qué valores de x la igualdad $x(x-1) = x^2 + 1$ es cierta?

a) $x = -2$
b) $x = 0$
c) $x = 3$
d) $x = -4$
e) $x = 2$
f) $x = -1$
g) $x = -3$
h) $x = 5$
i) $x = 10$

Elementos de una ecuación

56 Completa la tabla en tu cuaderno.

Ecuación	1.er miembro/ 2.º miembro	Incógnita	Grado
$8x - 1 = 15$			
$3(x - 1) = 2(x + 1)$			
$x^2 - 4x = x^2 + 8$			
$2y + \frac{y}{5} = 8$			
$t^2 - 5t + 6 = 0$			
$a^3 - 3a = 5a^2$			
$z(2 - z) = 10 - z$			

57 Indica cuál es el término independiente de cada una de las ecuaciones de la actividad anterior.

58 Escribe una ecuación para cada enunciado.

a) El doble de un número es 6.
b) El cuádruple de un número es 20.
c) La mitad de un número es 8.
d) La tercera parte de un número es 4.
e) La cuarta parte de un número más tres es 5.
f) El doble de un número más su mitad es 10.

59 Expresa cada enunciado con una ecuación.

a) El cubo de un número menos su cuadrado es 18.
b) El cuadrado de la diferencia entre un número y la tercera parte de este número es 36.
c) La suma de un número y su consecutivo es 11.
d) La diferencia entre un número y el doble de su número anterior es -3.
e) El producto de dos números pares consecutivos es 8.

60 Inventa enunciados que correspondan a estas ecuaciones.

a) $2x - 10 = 4$
b) $3x + 5 = 1$
c) $x + (x - 1) = 7$
d) $2(x + 1) = 12$
e) $\frac{x^2}{2} = 8$
f) $3x + x^3 = 14$

61 Determina qué ecuaciones son equivalentes a $2x = -1$.

a) $4x = 2$
b) $5x = -10$
c) $-2x = 1$
d) $4x = -2$
e) $8x = -4$
f) $x = -2$

62 Halla dos ecuaciones equivalentes a:

a) $3x - 2 = 0$
b) $4 + 2x = 6$

Ecuaciones de primer grado

63 Resuelve por transposición de términos.

a) $x + 2 = 9$
b) $x - 3 = 5$
c) $x + 4 = 10$
d) $x - 8 = -7$
e) $x + 15 = -11$
f) $2x = 10$
g) $3x = -9$
h) $-4x = 28$
i) $-5x = -70$
j) $-x = -16$

64 Halla el valor de x transponiendo términos.

a) $\frac{3}{4} = x + \frac{1}{5}$
b) $2x = \frac{2}{3}$
c) $\frac{x}{7} = 5$
d) $x - \frac{1}{4} = \frac{1}{2}$
e) $\frac{-x}{7} = -2$
f) $\frac{-x}{5} = -3$
g) $\frac{x}{8} = -2$
h) $\frac{1}{3} + x = -5$

65 Corrige los errores cometidos al reducir términos semejantes en estas ecuaciones.

a) $x - (10 - 2x) = x + 6$
$x - 10 - 2x = x + 6$
$x - 10 - 2x - x + 6 = 0$
$-2x - 4 = 0$

b) $3(x - 1) - 5 = -(x - 1)$
$3x - 1 - 5 = -x - 1$
$3x - 1 - 5 - x + 1 = 0$
$3x - 5 = 0$

66 Resuelve.

a) $3(2x - 3) + (4 - 2x) = 3(2x + 4) - 13$
b) $4(4 - 3x) - 3(2x - 1) = 7(2 - 3x) + 5$
c) $3(x - 3) - 4(2 - 3x) = 2(1 - 2x)$

67 Halla la solución de estas ecuaciones.

a) $6x - (1 - x) = 4x - 4$
b) $9x - (8 + x + 12) = -x + 7$
c) $x + 3(x - 1) + 4 = 8 - x$
d) $5(2x + 1) + 7(x - 1) = 3x + 12$
e) $6(x + 2) - (8x + 5) = -1$
f) $4(2x - 5) = -9(2 - x)$
g) $2(-x + 3) - (5x - 10) = -4(1 - 3x) + (8x - 7)$

68 Completa los huecos en tu cuaderno para que la solución de cada ecuación sea $x = 3$.

a) $2x - (\square + 4) = -1$
b) $4(x - \square) + 2(x + 1) = 16$
c) $3(\square x - 5) - (x + 2) = -4$
d) $\square(x + 2) - (x - 1) = 21$

SABER HACER

Resolver ecuaciones con un solo denominador

69 Resuelve la ecuación: $\frac{x + 3}{3} - 4 = -5$.

PRIMERO. Se deja la fracción en un miembro y se pasan los demás términos al otro miembro.

$$\frac{x+3}{3} - 4 = -5 \rightarrow \frac{x+3}{3} = -5 + 4 \rightarrow \frac{x+3}{3} = -1$$

SEGUNDO. Se suprime el denominador pasándolo al otro miembro multiplicando.

$$\frac{x+3}{3} = -1 \rightarrow x + 3 = (-1) \cdot 3 \rightarrow x + 3 = -3$$

TERCERO. Se despeja la incógnita para calcular la solución.

$$x + 3 = -3 \rightarrow x = -3 - 3 \rightarrow x = -6$$

70 Resuelve.

a) $\frac{x + 7}{2} = 11$
b) $\frac{x - 6}{9} = -2$
c) $\frac{3x - 10}{2} = -x$
d) $\frac{6x - 8}{2} = x - 3$
e) $\frac{-4x + 9}{-5} = x - 2$
f) $\frac{2x + 5}{6} = 5 - x$

SABER HACER

Resolver ecuaciones que son una igualdad de fracciones

71 Resuelve la ecuación: $\frac{9 - x}{5} = \frac{3x - 5}{7}$.

PRIMERO. Se suprimen los denominadores multiplicando las fracciones en cruz.

$$\frac{9 - x}{5} = \frac{3x - 5}{7} \rightarrow 7 \cdot (9 - x) = 5 \cdot (3x - 5)$$

SEGUNDO. Se opera y se resuelve la ecuación.

$$7 \cdot (9 - x) = 5 \cdot (3x - 5) \rightarrow 63 - 7x = 15x - 25 \rightarrow$$
$$\rightarrow -7x - 15x = -25 - 63 \rightarrow -22x = -88 \rightarrow$$
$$\rightarrow x = \frac{-88}{-22} = 4$$

72 Resuelve.

a) $\frac{4x - 3}{10} = \frac{1}{2}$
b) $\frac{-5x + 7}{3} = -\frac{16}{6}$
c) $\frac{8 + 2x}{6} = \frac{8}{3}$
d) $\frac{2x + 5}{3} = \frac{4 + x}{6}$
e) $\frac{9 - 3x}{8} = \frac{5 - x}{4}$
f) $\frac{5x + 4}{3} = \frac{x - 3}{12}$

73 Halla la solución de estas ecuaciones.

a) $\frac{9-x}{2}+\frac{2x-10}{4}=x+3$

b) $\frac{x-5}{6}=\frac{x-2}{3}-\frac{x-3}{2}$

c) $\frac{2x-2}{2}=\frac{3x-6}{3}-\frac{4x-15}{5}$

d) $\frac{2x-1}{3}=\frac{x-3}{2}-\frac{3x-7}{4}$

e) $\frac{x-2}{3}-\frac{x-3}{2}=\frac{4-2x}{5}$

74 Resuelve.

a) $\frac{x}{2}+\frac{x}{4}+\frac{x}{8}=14$

b) $\frac{2x}{3}-x=\frac{17-3x}{6}$

c) $8-\frac{x}{2}=-1-\frac{4x}{5}$

d) $\frac{x+1}{4}=\frac{2-x}{3}+8x$

e) $\frac{x+4}{7}-\frac{x-1}{2}=3-x$

75 Halla el valor de *a* en cada ecuación.

a) $-5-[a-(-10)]=1$

b) $\frac{a}{2}+5-\left(-a+\frac{1}{2}\right)=3(-a)+1$

c) $2-(4a-2)=(1-a)(-1)$

d) $a-[(2a-10)(-2)]=a+\frac{5a}{2}+\frac{a-10}{2}$

76 Resuelve esta ecuación.

$$\frac{2(x-1)}{4}-3\left(\frac{1}{2}+x\right)=\frac{-(4x+6)}{8}+\frac{x}{2}$$

77 Piensa y escribe una ecuación de primer grado en cada caso.

a) Que tenga paréntesis y su solución sea $x=-1$.

b) Que tenga denominadores y su solución sea $x=\frac{3}{2}$.

c) Que tenga paréntesis y denominadores y su solución sea $x=2$.

78 Forma algunas ecuaciones posibles eligiendo un término de cada recuadro y resuélvelas.

Primer miembro

$4(2-x)$

$\frac{7x+2}{6}$

$+2$

-5

$4x$

Segundo miembro

$5x$

$-3(x+1)$

$\frac{x}{2}$

$8x$

-2

$+1$

Ecuaciones de segundo grado

79 Escribe, en cada caso, una ecuación de segundo grado equivalente.

a) $x^2+5=5x+1$

b) $8\cdot(x-3)\cdot(x+2)=-32$

c) $\frac{x(x+2)}{5}+1=x+\frac{6}{10}$

d) $\frac{(x+3)(x-3)}{2}=\frac{3x+2}{4}$

80 Considera las ecuaciones:

$$x^2=9 \qquad 5x+1=15$$

¿Son equivalentes? Razona tu respuesta.

81 Sin resolverlas, averigua el número de soluciones de estas ecuaciones.

a) $x^2-7x+12=0$

b) $x^2+4x+9=0$

c) $x^2-18x+81=0$

d) $x^2+8x+15=0$

e) $x^2+x+1=0$

f) $2x^2-2x+24=0$

g) $3x^2+24x+48=0$

h) $2x^2+24x+72=0$

i) $4x^2+3x+4=0$

j) $5x^2-15x+10=0$

82 Determina el número de soluciones de estas ecuaciones sin resolverlas.

a) $x^2+1=0$

b) $x^2=-5x$

c) $x^2+9=-6x$

d) $x^2=x+6$

e) $2x^2+8x+14=-6x-6$

83 Halla un valor para cada uno de los coeficientes que faltan de manera que la ecuación de segundo grado tenga el número de soluciones indicado.

a) $x^2+x+c=0$ → Dos soluciones

b) $x^2+x+c=0$ → Una solución

c) $x^2+x+c=0$ → Ninguna solución

d) $ax^2+2x-1=0$ → Dos soluciones

e) $x^2+bx+1=0$ → Una solución

84 Halla las soluciones de cada ecuación aplicando la fórmula general.

a) $x^2 + 3x + 2 = 0$
b) $x^2 + 6x + 5 = 0$
c) $x^2 - 6x + 9 = 0$
d) $x^2 + 2x + 6 = 0$
e) $x^2 + x + 5 = 0$
f) $4x^2 - 8x + 4 = 0$
g) $2x^2 + 12x + 10 = 0$
h) $3x^2 - 12x + 12 = 0$
i) $2x^2 - 16x + 14 = 0$
j) $3x^2 + 3x - 18 = 0$

85 Resuelve estas ecuaciones de segundo grado incompletas.

a) $x^2 - 25 = 0$
b) $3x^2 - 108 = 0$
c) $9x^2 - 5x = 0$
d) $x^2 = 25$
e) $-4x^2 - 8x = 0$
f) $-2x^2 + x = 0$
g) $7x^2 = 7$
h) $6x^2 - 3x = 0$

86 Resuelve por el método más adecuado.

a) $5x^2 = 20$
b) $x^2 - 2x = 35$
c) $x^2 - 81 = 0$
d) $x^2 = 10\,000$
e) $x^2 - 4 = 5$
f) $2x^2 = 72$
g) $x^2 + 2 = 3x$
h) $x^2 + 1 = \dfrac{10}{9}$
i) $2x^2 - 9 = -7$
j) $3x^2 + 4 = 7$
k) $2x^2 + 1 = 3x^2$
l) $9x^2 + 1 = 10x$

87 Resuelve.

a) $x^2 = 7x$
b) $x^2 - 2x = 0$
c) $x^2 - 81x = 0$
d) $x^2 = 13x$
e) $x(x + 1) = 0$
f) $2x^2 + 12x = 0$
g) $3x^2 = 10x$
h) $4x^2 = 7x$
i) $9x = 3x^2$
j) $2x^2 = 3x^2 + 6x$

88 Escribe estas ecuaciones de la forma $ax^2 + bx + c = 0$ y resuélvelas.

a) $x^2 + 2x + 2 = -2x - 1$
b) $x^2 - 2(x + 4) = x + 2$
c) $2(x^2 - x) = x^2 - 1$
d) $3(x + 5) = x^2 + 2x + 3$
e) $-x^2 + x + 5 = 3(x - 1)$

f) $\dfrac{(x-2)^2}{3} = 0$
g) $\dfrac{2x^2}{3} = x + 3$
h) $\dfrac{3x^2 + 3}{4} = 5x$

89 Resuelve estas ecuaciones igualando a cero cada uno de los factores. Después, multiplica los paréntesis y resuelve la ecuación que obtienes. Comprueba que la solución es la misma por ambos métodos.

a) $(x - 4)(x + 5) = 0$
b) $(x + 3)(2x + 6) = 0$
c) $(3x + 6)(4x - 8) = 0$
d) $(2x - 10)(x - 1) = 0$

SABER HACER

Resolver ecuaciones de segundo grado con paréntesis y denominadores

90 Resuelve: $\dfrac{3 + x^2}{4} - (2 - x) = \dfrac{3(x^2 - 1)}{2}$.

PRIMERO. Se eliminan los denominadores. Para ello se multiplican los dos miembros por el m.c.m. de los denominadores: m.c.m. $(4, 2) = 4$

$$4 \cdot \left(\frac{3 + x^2}{4} - (2 - x)\right) = 4 \cdot \left(\frac{3(x^2 - 1)}{2}\right)$$

$$(3 + x^2) - 4 \cdot (2 - x) = 2 \cdot 3 \cdot (x^2 - 1)$$

SEGUNDO. Se opera para eliminar los paréntesis y se reducen términos.

$$3 + x^2 - 8 + 4x = 6x^2 - 6$$
$$-5 + x^2 + 4x = 6x^2 - 6$$

TERCERO. Se agrupan todos los términos en el primer miembro y se opera.

$$-5 + x^2 + 4x - 6x^2 + 6 = 0$$
$$-5x^2 + 4x + 1 = 0$$

CUARTO. Se resuelve la ecuación de segundo grado resultante.

$$x = \frac{-4 \pm \sqrt{4^2 - 4 \cdot (-5) \cdot 1}}{2 \cdot (-5)} = \frac{-4 \pm \sqrt{36}}{-10} =$$

$$= \begin{cases} x_1 = \dfrac{-4 + 6}{-10} = -\dfrac{1}{5} \\[2mm] x_2 = \dfrac{-4 - 6}{-10} = 1 \end{cases}$$

91 Resuelve.

a) $\dfrac{3x^2}{2} - \dfrac{x}{4} = 0$
b) $\dfrac{3(x^2+1)}{2} - \dfrac{x+3}{4} = 2$
c) $\dfrac{x^2-1}{3} = \dfrac{5(x+2)}{4} - 4$
d) $\dfrac{(x-1)^2}{4} = \dfrac{x+5}{6} + x$
e) $\dfrac{x+1}{6} - 2x = \dfrac{x^2-16}{9} - 8$
f) $\dfrac{x(x+3)}{5} - 1 = \dfrac{x+2}{4}$
g) $\dfrac{(x+2)^2}{9} - x = \dfrac{x+2}{3} - 1$
h) $2x - \dfrac{2(x+2)^2}{9} = 1 - \dfrac{2x+3}{5}$

92 Escribe en cada caso una ecuación de segundo grado que cumpla estas condiciones.

a) Tiene una solución única, $x = 3$.

b) Una solución es $x = 0$ y el coeficiente de x^2 es igual a 5.

c) No tiene solución y es incompleta.

d) Una de sus dos soluciones es una fracción.

Problemas con ecuaciones

93 Calcula el número al cual si le sumamos 2, nos da 10.

94 Determina un número que cumpla que la suma de su triple más su cuádruple es 21.

95 La suma de dos números es 55 y uno de los dos es la cuarta parte del otro. Calcula los dos números.

96 En una clase de 2.º de ESO hay el doble de chicas que de chicos. Si hay 30 alumnos, ¿cuántos chicos y chicas hay en la clase?

97 Marco se gasta 130 € en 4 camisetas y 2 pantalones. Si cada pantalón vale 20 € más que una camiseta, ¿cuánto ha pagado por cada tipo de artículo?

98 La diferencia de un número y la mitad del anterior a él es 13. ¿Cuál es este número?

99 El triple de un número menos 12 unidades es igual a su doble. Halla este número.

100 La suma de dos números es 100. ¿Cuáles son estos dos números si uno es el triple del otro?

101 La suma de tres números consecutivos es igual al doble del menor de los tres más 10 unidades. Halla estos números.

102 La suma de dos números pares consecutivos menos 4 unidades es 90. Halla este par de números.

103 El doble de un número más su cuarta parte suman 18. Halla el número.

104 Un atleta de triatlón hace la mitad de un recorrido corriendo, una tercera parte en bicicleta, una doceava parte nadando y el último kilómetro lo hace caminando.

a) ¿Qué distancia ha recorrido en total?

b) ¿Qué distancia ha recorrido en cada disciplina de esta prueba deportiva?

105 Un padre tiene 47 años y su hijo 25. ¿Cuántos años han pasado desde que la edad del padre era el doble de la edad del hijo?

106 María tiene el triple de edad que su hermana Claudia. Sabemos que dentro de 5 años, la edad de María será solo el doble que la de Claudia. Calcula la edad actual de las dos hermanas.

107 Entre tres hermanos se tienen que repartir 27 cromos. Si el hermano mayor recibe el doble que el mediano, y este 5 cromos más que el menor, ¿cuántos cromos corresponden a cada hermano?

108 Calcula las dimensiones de un rectángulo, sabiendo que la base es el cuádruple de la altura y el perímetro es 60 cm.

109 La suma de las edades de Carmen y su hija Lara, actualmente, es de 60 años. Si dentro de 10 años Lara tendrá 2 años más que la mitad de la edad de su madre, ¿qué edad tiene actualmente cada una?

110 Halla el valor de x en cada caso.

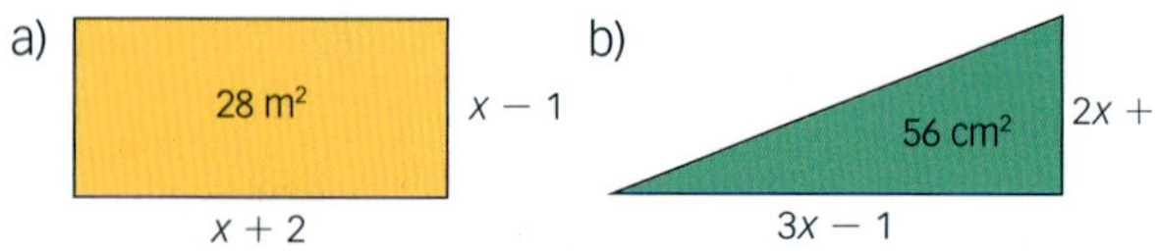

111 Para embaldosar un salón de 6 m de largo por 4 m de ancho se han usado 1 200 baldosas cuadradas. ¿Cuánto mide el lado de cada baldosa?

112 El doble del cuadrado de un número es igual a nueve veces ese número. ¿Cuál es su valor?

113 Una agencia de alquiler de coches cobra 25 € por la contratación y 0,20 € por kilómetro recorrido. Si hemos pagado 55 € a la agencia, ¿cuántos kilómetros hemos recorrido? ¿Y si pagamos 61 €?

114 El precio total de un anillo y su estuche es de 10 200 € y el anillo vale 10 000 € más que el estuche. ¿Cuál es el precio de cada uno?

115 Una bodega ha exportado en enero la mitad de sus barriles, y en los dos meses siguientes, un tercio de los que le quedaban. ¿Cuántos barriles tenía a comienzo de año si ahora hay 40 000 barriles?

116 Paloma vendió los dos quintos de sus cómics y luego compró 100 más. Tras esto tenía el mismo número que si hubiese comprado 40 cómics desde el principio. ¿Cuántos tenía antes de venderlos?

117 En un triángulo rectángulo, la longitud de la diagonal es 10 cm. Halla sus catetos sabiendo que la longitud del menor es tres cuartos de la longitud del mayor.

118 Reparte el número 20 en dos partes tales que la suma de sus cuadrados valga 202.

119 Juan tenía un tablero cuadrado. Serró una franja rectangular de 5 cm y obtuvo un tablero rectangular de 44 cm^2 de área.

a) ¿Qué dimensiones tenía el tablero rectangular que obtuvo?

b) ¿Cuánto medía el lado del tablero original?

120 Un cine tiene igual número de filas que de butacas por fila. El propietario decide remodelarlo quitando una butaca por fila y tres filas. Después de la remodelación, el número de butacas es 323.

a) ¿Cuántas filas tenía el cine antes del cambio?

b) ¿Cuántas butacas hay ahora en cada fila?

DEBES SABER HACER

Identidades y ecuaciones

1 Determina si cada igualdad es una identidad o una ecuación.

a) $3(x - 2) - x = 2(x - 3)$

b) $4x = 2x^2$

c) $2x^2 - 3x = 2$

d) $x + x(x + 3) = x^2 + 2x$

Elementos de una ecuación

2 Indica los miembros, los términos, el grado y las incógnitas de cada ecuación.

a) $4x^2 + x = 6$

b) $2(x - 5) - 3 = 4x + 9$

c) $x(x + 2) = 3x + 4$

Ecuaciones de primer grado

3 Resuelve.

a) $7(x - 4) - 2 = 4 - 5(x + 1)$

b) $\frac{2x + 1}{6} - \frac{x}{4} = \frac{3(x + 1)}{2}$

Ecuaciones de segundo grado

4 Halla cuántas soluciones tiene cada ecuación sin resolverla.

a) $x^2 + 6x + 5 = 0$

b) $x^2 - 4x + 3 = 0$

c) $x^2 + 12x + 36 = 0$

d) $2x^2 - x + 1 = 0$

5 Resuelve.

a) $x^2 + 2x - 3 = 0$

b) $5x^2 - 4x = 0$

c) $3x^2 - 243 = 0$

d) $2x^2 + 14x = -12$

e) $14x = 8x^2$

f) $x(x - 5) = 24$

Resolución de problemas con ecuaciones

6 Resuelve estos problemas.

a) Carmela gastó un tercio de su dinero en una bufanda y prestó cinco octavos de lo que le quedaba a su hermano. ¿Cuánto dinero tenía al principio si al final le quedaron 21 €?

b) El largo de un rectángulo es 8 cm mayor que su ancho. El área del rectángulo es 180 cm^2. ¿Cuáles son las dimensiones del rectángulo?

COMPETENCIA MATEMÁTICA

En la vida cotidiana

121 En mi casa queremos comprar un coche nuevo. Ya nos hemos puesto de acuerdo en el coche que queremos, lo que nos falta por decidir es si lo compramos con motor de gasolina o diésel. Lo primero que he hecho ha sido buscar información sobre el consumo y el precio del modelo de coche que queremos comprar:

Tipo de motor	Precio final	Consumo cada 100 km
Gasolina	14 550 €	4,8 ℓ
Diésel	16 495 €	3,8 ℓ

También he preguntado a mis padres sobre el número de kilómetros que solemos hacer de media al año, y me han dicho que, más o menos, unos 12 000 km. Y por último, he buscado el precio de la gasolina, 1,18 €/ℓ, y el del diésel, 1,07 €/ℓ.

a) ¿Cuántos años deberíamos tener el coche para que sea más rentable comprar un motor diésel?

Otra cosa que nos preocupa es el volumen de emisiones del coche al medio ambiente. En el concesionario nos han ofrecido el mismo modelo de coche con un motor híbrido. Este coche contamina bastante menos y consume tan solo 1,1 ℓ de diésel por cada 100 km. El problema es que es mucho más caro, su precio es de 20 500 €.

b) Sin considerar que contamina menos, ¿cuántos años tiene que durarnos este coche para que sea más rentable económicamente que los anteriores?

c) ¿Cuántos kilómetros más tendríamos que hacer en el primer año para que los modelos de gasolina y diésel fuesen menos rentables?

Formas de pensar. Razonamiento matemático

122 Piensa un número y haz estos cálculos.

1. Piensa en un número de dos cifras.
2. Multiplícalo por 5.
3. Suma 25 al resultado.
4. Divide el resultado entre 5.
5. Resta el número que habías pensado.

a) Prueba con otros números. ¿Obtienes siempre el mismo resultado?

b) ¿Sabrías expresar algebraicamente lo que has hecho?

123 Calcula el tiempo que necesitas para resolver un problema, si utilizas:

$\frac{1}{25}$ del tiempo total en leerlo.

$\frac{1}{4}$ parte del tiempo total en plantearlo.

$\frac{41}{100}$ del tiempo total en resolverlo y un minuto y medio en comprobarlo.

124 La solución de esta ecuación es $x = 9$.

$$\frac{2x-3}{5} - \frac{x-\triangle}{10} = x - 6$$

Investiga a qué número equivale el triángulo.

125 Halla el valor de m de forma que la solución de la ecuación sea $x = 5$.

$$\frac{3x-1}{2} - \frac{5x+m}{8} = 13 - 2x$$

126 Un reloj marca las 5 en punto. ¿A qué hora entre las 5 y las 6 se superponen sus agujas?

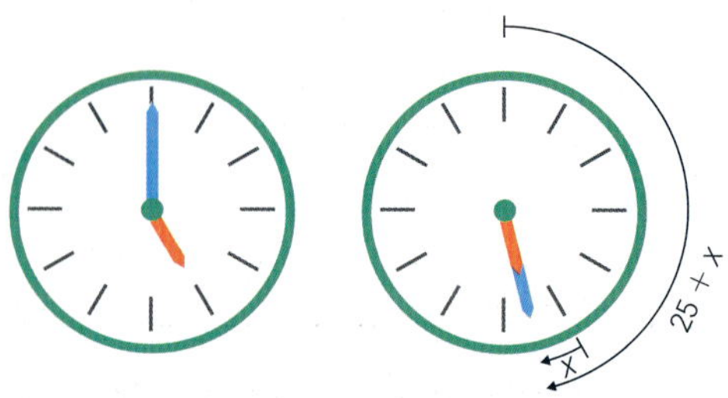

127 Un reloj marca las 10 en punto. ¿A qué hora las agujas formarán por primera vez un ángulo recto?

PROYECTO FINAL. **Trabajo cooperativo**

OBJETIVO: Organizar un espectáculo en el centro

1.ª Fase.

- Haced propuestas sobre el tipo de espectáculo que podríais realizar.
- Definid el perfil de espectador que buscáis: padres y madres, compañeros o todo tipo de público.

2.ª Fase.

- Cuantificad el número de alumnas y alumnos que necesitaríais que participen y las distintas labores que tendrían que realizar.
- Calculad un presupuesto de todo lo que necesitéis y las posibles maneras de financiarlo.

3.ª Fase.

- Escribid un informe con vuestras propuestas, detallando el presupuesto pormenorizado.
- Realizad una campaña publicitaria para conseguir personas que se involucren en el proyecto.

Pruebas PISA

Reproductores de MP3

128 •••

Music City: especialistas en MP3		
Reproductor de MP3	Auriculares	Altavoces

155 zeds	86 zeds	79 zeds

a) Olivia sumó los precios del reproductor de MP3, los auriculares y los altavoces en su calculadora.

El resultado que obtuvo fue 248.

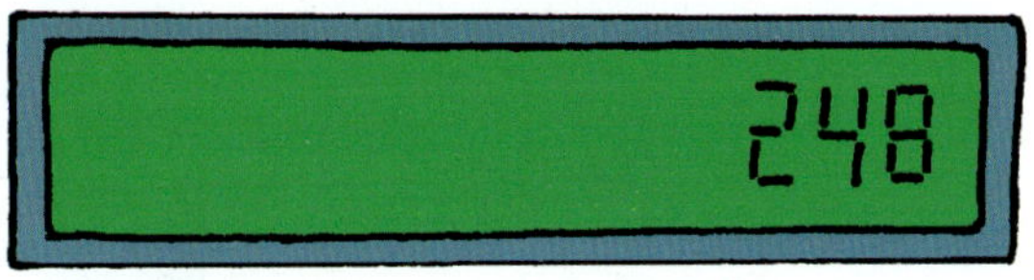

El resultado de Olivia es incorrecto. ¿Qué error cometió?

b) Music City está de rebajas. Si compras dos o más artículos en las rebajas, Music City hace un descuento del 20 % sobre el precio de venta normal de estos artículos. Julio tiene 200 zeds para gastar. ¿Qué puede permitirse comprar en las rebajas?

c) El precio de venta normal de los artículos del MP3 incluye un beneficio del 37,5 %. El precio sin este beneficio se denomina precio de venta al por mayor.

El beneficio se calcula como un porcentaje del precio de venta al por mayor.

¿Indican las siguientes fórmulas una relación correcta entre el precio de venta al por mayor, m, y el precio de venta normal, v?

Fórmulas
$v = m + 0,375$
$m = v - 0,375s$
$v = 1,375m$
$m = 0,625v$

(Prueba PISA 2007)

CLAVES PARA EMPEZAR

Cómo se construye una tabla de valores

A partir de una ecuación en la que tenemos dos variables:

$$y = ax + b$$

si damos valores a x y operamos, obtendremos valores de y. Estos valores pueden organizarse en una tabla que llamaremos **tabla de valores.**

EJEMPLO

Para la ecuación $y = 3x + 1$:

Si hacemos $x = -2$ $\quad y = 3x + 1 \xrightarrow{x=-2} y = 3 \cdot (-2) + 1 = -5$

Si hacemos $x = -1$ $\quad y = 3x + 1 \xrightarrow{x=-1} y = 3 \cdot (-1) + 1 = -2$

Si hacemos $x = 0$ $\quad y = 3x + 1 \xrightarrow{x=0} y = 3 \cdot 0 + 1 = 1$

Si hacemos $x = 1$ $\quad y = 3x + 1 \xrightarrow{x=1} y = 3 \cdot 1 + 1 = 4$

Si hacemos $x = 2$ $\quad y = 3x + 1 \xrightarrow{x=2} y = 3 \cdot 2 + 1 = 7$

Todos estos datos los podemos organizar en una tabla de valores:

x	-2	-1	0	1	2
y	-5	-2	1	4	7

ACTIVIDADES

1 Obtén una tabla de valores para cada ecuación.

a) $y = 5 - 3x$

b) $x + 2y = 6$

Cómo se suman, restan y multiplican polinomios

- Para **sumar polinomios**, sumamos sus monomios semejantes, dejando indicada la suma de los monomios no semejantes.
- Para **restarlos**, sumamos al primero el polinomio opuesto del segundo.
- Para **multiplicar un número por un polinomio**, multiplicamos el número por cada uno de los términos del polinomio.

EJEMPLO

$(2x - 3y) + (4x + y) = (2 + 4)x + (-3 + 1)y = 6x - 2y$

$(2x + y) + (-2x - 4y) = (2 - 2)x + (1 - 4)y = -3y$

$(x - 3y) - (4x + y) = (x - 3y) + (-4x - y) =$
$\qquad = (1 - 4)x + (-3 - 1)y = -3x - 4y$

$4 \cdot (2x - 3y) = 8x - 12y$

ACTIVIDADES

2 Calcula estas operaciones con polinomios.

a) $(-x + 2y) + (x - 3y)$

b) $(3x - 3y) - (x - 3y)$

c) $-5 \cdot (2x - 3y)$

d) $-2 \cdot (3x - y) - (4x + 2y)$

Década de los 60
Se diseña el primer ratón informático en la Universidad de Stanford.

Fue obra del ingeniero Douglas Engelbart y su aspecto era el de una caja de madera con dos ruedas de metal.

Sistemas de ecuaciones

7

SABER

- Ecuaciones lineales
- Sistemas de ecuaciones lineales
- Resolución de sistemas de ecuaciones
- Métodos de resolución de sistemas
- Resolución de problemas mediante sistemas de ecuaciones

SABER HACER

- Calcular soluciones de una ecuación lineal
- Resolver un sistema de ecuaciones lineales
- Resolver problemas utilizando sistemas de ecuaciones

? VIDA COTIDIANA

El ratón de ordenador

El ratón fue sin duda una de las grandes revoluciones de la informática, haciendo que un uso especializado de la informática, pasase a ser un uso habitual y para la mayoría de la población.

- Una tienda de informática vende dos tipos de ratones. Un modelo es el doble de caro que el otro. ¿Cuánto cuesta cada modelo si el precio de dos ratones, uno de cada tipo, es 9 € y cuestan lo mismo que tres ratones del modelo más barato?

1968
Se presenta al público el primer modelo de ratón.

1981
Se lanza al mercado el primer ordenador con ratón incluido.

1984
Apple crea un ratón que abarata notablemente su precio, su coste era de 10 $.

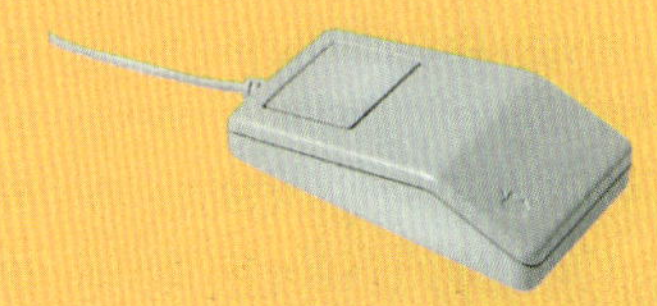

1996
Microsoft lanza el primer ratón óptico.

1 Ecuaciones lineales

Una **ecuación lineal** es una ecuación de primer grado con una o varias incógnitas.

Una **ecuación lineal con dos incógnitas** es una ecuación lineal que podemos expresar de la forma:

$$ax + by = c$$

siendo *x* e *y* las incógnitas y *a*, *b* y *c* números conocidos.

EJEMPLO

1. Determina si estas ecuaciones son lineales.
   a) $5x + 4 = 0 \rightarrow$ Ecuación lineal con una incógnita.
   b) $2xy - 3 = 0 \rightarrow$ No es ecuación lineal, tiene grado 2.
   c) $-4x - 9y = 7 \rightarrow$ Ecuación lineal con dos incógnitas.

Para obtener una ecuación equivalente a otra dada, basta con multiplicar o dividir toda la ecuación por un número distinto de cero.

$$x + y = 6$$
$$\downarrow$$
$$2 \cdot (x + y) = 2 \cdot 6$$
$$2x + 2y = 12$$

$x + y = 6$ y $2x + 2y = 12$ son ecuaciones equivalentes.

Una **solución de una ecuación lineal** con dos incógnitas es cualquier par de valores, uno para cada incógnita, que hacen cierta la igualdad.

Dos **ecuaciones lineales** son **equivalentes** si tienen las mismas soluciones.

Una ecuación lineal con dos incógnitas tiene infinitas soluciones. Sin embargo, existen parejas de valores que no son solución de la ecuación.

EJEMPLO

2. Indica si estos valores son soluciones de la ecuación $2x + y = 5$.
   a) $x = 4, y = -1$
   $2x + y = 5 \xrightarrow{x = 4,\, y = -1} 2 \cdot 4 + (-1) \neq 5 \rightarrow$ No es solución.
   b) $x = 2, y = 1$
   $2x + y = 5 \xrightarrow{x = 2,\, y = 1} 2 \cdot 2 + 1 = 5 \rightarrow$ Es solución.
   c) $x = 0, y = 5$
   $2x + y = 5 \xrightarrow{x = 0,\, y = 5} 2 \cdot 0 + 5 = 5 \rightarrow$ Es solución.

ACTIVIDADES

1 PRACTICA. Averigua cuáles de estas ecuaciones son lineales e indica su número de incógnitas.

a) $x + y = 0$
b) $3(x - y) = 10$
c) $a^2 - 2 = 0$
d) $ab - 2a = 0$

2 APLICA. Di si $x = 1$ e $y = -2$ es solución.

a) $2x - 3y = -3y + 2$
b) $-(x + y) = x$

3 REFLEXIONA. Escribe dos ecuaciones lineales distintas que tengan por solución $x = -1$ e $y = 2$.

SABER HACER

Calcular soluciones de una ecuación lineal

Encuentra una solución para cada una de estas ecuaciones lineales.

a) $3x + 2y = 8$ **b)** $y = 4x + 5$

> Para cada valor que demos a una incógnita, obtenemos un único valor para la otra.
>
> Dado que podemos dar infinitos valores a una de las incógnitas, las ecuaciones lineales con dos incógnitas tienen infinitas soluciones.

Pasos a seguir

1. Damos un valor cualquiera a una de las dos incógnitas y lo sustituimos en la ecuación.

a) Damos a x el valor 1.

$$3x + 2y = 8 \xrightarrow{x=1} 3 \cdot 1 + 2y = 8 \rightarrow 3 + 2y = 8$$

b) Damos a y el valor -1.

$$y = 4x + 5 \xrightarrow{y=-1} -1 = 4x + 5$$

2. Despejamos la otra incógnita para hallar su valor numérico. El valor de las dos incógnitas será una solución de la ecuación.

a) $3 + 2y = 8 \rightarrow 2y = 8 - 3 \rightarrow 2y = 5 \rightarrow y = \dfrac{5}{2}$

El par $x = 1$, $y = \dfrac{5}{2}$ es solución de la ecuación $3x + 2y = 8$.

b) $-1 = 4x + 5 \rightarrow -1 - 5 = 4x \rightarrow -6 = 4x \rightarrow x = -\dfrac{6}{4} = -\dfrac{3}{2}$

El par $x = -\dfrac{3}{2}$, $y = -1$ es solución de la ecuación $y = 4x + 5$.

3. Comprobamos que la solución está bien calculada sustituyendo los valores de las incógnitas en la ecuación. Debe cumplirse la igualdad.

a) $3x + 2y = 8 \xrightarrow{x=1,\, y=\frac{5}{2}} 3 \cdot 1 + 2 \cdot \dfrac{5}{2} = 8 \rightarrow 3 + 5 = 8 \rightarrow$ Es solución.

b) $y = 4x + 5 \xrightarrow{x=-\frac{3}{2},\, y=-1} -1 = 4 \cdot \left(-\dfrac{3}{2}\right) + 5 \rightarrow -1 = -6 + 5 \rightarrow$ Es solución.

ACTIVIDADES

4 Encuentra una solución para cada ecuación de manera que $x = 1$.

a) $x + y = 5$
b) $2x + y = 7$
c) $4x + 9y = 13$
d) $x = y + 9$
e) $5x = 3y + 8$
f) $9x - 2 = 5y + 2$

5 Halla una solución para cada ecuación de manera que $y = -3$.

a) $x + y = 5$
b) $2x + y = 7$
c) $x = y + 6$
d) $5x = 6y + 8$

6 Calcula una solución para cada ecuación.

a) $2x + 3y = 7$
b) $x + 5y = -1$
c) $-3x + 2y = 0$
d) $4x = -y + 6$
e) $-5x = 2y - 9$
f) $-x + 5 = 3y + 4$

7 Obtén tres soluciones para cada ecuación.

a) $5x - 6y = -8$
b) $2x + 3y = 11$
c) $7y + 2x = 12$

8 Encuentra cuatro soluciones para la ecuación $x + 2y = 8$ y represéntalas en unos ejes cartesianos. ¿Qué observas? ¿Ocurre lo mismo para cualquier ecuación?

9 Escribe una ecuación lineal con dos incógnitas y calcula dos soluciones. Después, escribe otra ecuación equivalente a ella multiplicándola o dividiéndola por un número distinto de cero. Las soluciones de la primera ecuación ¿son soluciones también de la nueva ecuación?

2 Sistemas de ecuaciones lineales

Dos ecuaciones lineales de las cuales se busca una solución común forman un **sistema de ecuaciones lineales**.

$$\left.\begin{array}{r} ax + by = c \\ a'x + b'y = c' \end{array}\right\}$$

EJEMPLO

3. Averigua si son sistemas de ecuaciones lineales.

a) $\left.\begin{array}{r} 3x + 2y = 4 \\ x - 5y = 1 \end{array}\right\} \rightarrow$ Sistema de ecuaciones lineales.

b) $\left.\begin{array}{r} 3x + y^2 = -3 \\ 2x + 7y = 9 \end{array}\right\} \rightarrow$ No es un sistema de ecuaciones lineales, porque la primera ecuación es de segundo grado.

Una **solución** de un sistema de ecuaciones lineales es un par de números que hace ciertas las dos ecuaciones del sistema a la vez.

EJEMPLO

4. Indica si estos valores son solución del sistema $\left.\begin{array}{r} x + 2y = 7 \\ 3x - y = 7 \end{array}\right\}$.

a) $x = 1, y = 3$

$\left.\begin{array}{r} x + 2y = 7 \\ 3x - y = 7 \end{array}\right\} \xrightarrow{x = 1,\, y = 3} \left.\begin{array}{r} 1 + 2 \cdot 3 = 7 \\ 3 \cdot 1 - 3 \neq 0 \end{array}\right\} \rightarrow$ No es solución. La segunda ecuación no se cumple.

b) $x = 3, y = 2$

$\left.\begin{array}{r} x + 2y = 7 \\ 3x - y = 7 \end{array}\right\} \xrightarrow{x = 3,\, y = 2} \left.\begin{array}{r} 3 + 2 \cdot 2 = 7 \\ 3 \cdot 3 - 2 = 7 \end{array}\right\} \rightarrow$ Es solución.

c) $x = 0, y = -7$

$\left.\begin{array}{r} x + 2y = 7 \\ 3x - y = 7 \end{array}\right\} \xrightarrow{x = 0,\, y = -7} \left.\begin{array}{r} 0 + 2 \cdot (-7) \neq 7 \\ 3 \cdot 0 - (-7) = 7 \end{array}\right\} \rightarrow$ No es solución. No se cumple la primera ecuación.

RESUELVE EL RETO

¿Qué valores han de tomar a y b para que la solución de este sistema de ecuaciones lineales sea $x = 1$ e $y = -2$?

$$\left\{\begin{array}{r} -ax + 2y = -7 \\ 5x + by = -3 \end{array}\right.$$

ACTIVIDADES

10 PRACTICA. Determina si son sistemas lineales.

a) $\left.\begin{array}{r} -x - y^3 = 2 \\ 4x + y = 5 \end{array}\right\}$ b) $\left.\begin{array}{r} -5x = 2y - 2 \\ 3x + 5y = 8 \end{array}\right\}$

11 PRACTICA. Comprueba si $x = 2, y = -3$ es solución de estos sistemas.

a) $\left.\begin{array}{r} 2x - 3y = 13 \\ -x + y = 5 \end{array}\right\}$ b) $\left.\begin{array}{r} -5x = 3y - 1 \\ 2x + 3y = -5 \end{array}\right\}$

12 APLICA. Si en el sistema $\left.\begin{array}{r} 3x - 2y = 2 \\ 4x + 3y = -3 \end{array}\right\}$ la incógnita x toma el valor 0, ¿qué valor tendrá que tomar y para que ambos formen la solución?

13 REFLEXIONA. Dada la ecuación $8x + 2y = 20$, comprueba que una de sus soluciones es $x = 2$, $y = 2$, y escribe otra ecuación distinta que forme un sistema de ecuaciones lineales con esa solución.

3 Resolución de sistemas de ecuaciones

Resolver un sistema de ecuaciones lineales es encontrar su solución.

EJEMPLO

5. Resuelve el siguiente sistema: $\left.\begin{array}{r}2x+y=3\\ x=-2y\end{array}\right\}$.

Para resolver este sistema hay que encontrar los pares de valores que verifiquen las dos ecuaciones.

Una forma consiste en construir una tabla de valores para cada una de las ecuaciones.

- En la primera ecuación despejamos y. Después, damos valores a x y hallamos los valores de y correspondientes.

$2x+y=3 \rightarrow y=3-2x$

x	-3	-2	-1	0	1	2	3	…
y	9	7	5	3	1	-1	-3	…

Recuerda que las ecuaciones lineales con dos incógnitas tienen infinitas soluciones.

- En la segunda ecuación ya está despejada x; por tanto, damos valores a y y hallamos los valores de x correspondientes.

$x=-2y$

x	6	4	2	0	-2	-4	-6	…
y	-3	-2	-1	0	1	2	3	…

El único par de valores que se repite en las dos tablas es $x=2, y=-1$.

Decimos que el par de valores $x=2, y=-1$ es solución del sistema, ya que verifica las dos ecuaciones a la vez.

Resolver sistemas mediante tablas puede resultar complicado en algunas ocasiones. Por eso, vamos a aprender otros métodos de resolución de sistemas que te serán mucho más útiles.

ACTIVIDADES

14 PRACTICA. Si en el sistema $\left.\begin{array}{r}x+2y=3\\ 2x+y=5\end{array}\right\}$, x toma estos valores, ¿qué valores tendrá y en cada ecuación? ¿Cuál es la solución del sistema?

a) $x=1$ b) $x=3$ c) $x=2$ d) $x=-2$

15 PRACTICA. Si en el sistema $\left.\begin{array}{r}x+3y=0\\ 3x-2y=11\end{array}\right\}$, la incógnita y toma estos valores, ¿qué valores tendrá x en cada ecuación? ¿Cuál es la solución del sistema?

a) $y=1$ c) $y=-1$

b) $y=-2$ d) $y=2$

16 APLICA. Resuelve estos sistemas mediante tablas.

a) $\left.\begin{array}{r}x+y=3\\ 2x-y=0\end{array}\right\}$ c) $\left.\begin{array}{r}x+2y=-2\\ 3x-y=-6\end{array}\right\}$

b) $\left.\begin{array}{r}x+y=0\\ 3x-y=4\end{array}\right\}$ d) $\left.\begin{array}{r}x-y=4\\ 2x+y=2\end{array}\right\}$

17 REFLEXIONA. La solución del sistema $\left.\begin{array}{r}x+y=-2\\ 2x-y=5\end{array}\right\}$ es $x=1, y=-3$. Escribe otros dos sistemas que tengan la misma solución y que compartan con él una de las ecuaciones. ¿Puedes escribir un sistema con esa solución que tenga las dos ecuaciones distintas a este sistema?

4 Métodos de resolución de sistemas

RESUELVE EL RETO

Un sistema de ecuaciones, ¿tiene siempre solución? ¿Puede tener más de una solución?

Para resolver sistemas de ecuaciones se utilizan distintas técnicas que se llaman métodos de resolución.

4.1. Método de sustitución

Para resolver un sistema por el **método de sustitución**, se despeja una incógnita en una de las ecuaciones y se sustituye su expresión en la otra.

EJEMPLO

6. Resuelve este sistema por el método de sustitución $\left.\begin{array}{l} 2x + y = 5 \\ x - 3y = -1 \end{array}\right\}$.

1.º Despejamos una incógnita en una de las ecuaciones. Es conveniente despejar una incógnita cuyo coeficiente sea 1 o −1, para evitar trabajar con denominadores.

En este caso, despejamos y de la primera ecuación.

$$\left.\begin{array}{l} 2x + y = 5 \\ x - 3y = -1 \end{array}\right\} \rightarrow \left.\begin{array}{r} y = 5 - 2x \\ x - 3y = -1 \end{array}\right\}$$

2.º Sustituimos la expresión obtenida en la otra ecuación.

$$x - 3y = -1 \xrightarrow{y=5-2x} x - 3(5 - 2x) = -1$$

3.º Resolvemos la ecuación con una incógnita que resulta.

$$x - 3(5 - 2x) = -1 \rightarrow x - 15 + 6x = -1 \rightarrow x + 6x = -1 + 15 \rightarrow$$
$$\rightarrow 7x = 14 \rightarrow x = \frac{14}{7} = 2$$

4.º Calculamos el valor de la otra incógnita, sustituyendo el valor obtenido en cualquiera de las dos ecuaciones.

$$2x + y = 5 \xrightarrow{x=2} 2 \cdot 2 + y = 5 \rightarrow 4 + y = 5 \rightarrow y = 1$$

El sistema tiene como solución $x = 2, y = 1$.

5.º Comprobamos que la solución obtenida es solución del sistema.

$$\left.\begin{array}{l} 2x + y = 5 \\ x - 3y = -1 \end{array}\right\} \xrightarrow{x=2,\, y=1} \left.\begin{array}{l} 2 \cdot 2 + 1 = 5 \\ 2 - 3 \cdot 1 = -1 \end{array}\right\} \rightarrow \left.\begin{array}{r} 5 = 5 \\ -1 = -1 \end{array}\right\}$$

Son igualdades; por tanto, $x = 2, y = 1$ es la solución del sistema.

El método de sustitución es útil si alguna de las incógnitas tiene como coeficientes 1 o −1.

ACTIVIDADES

18 PRACTICA. Resuelve por sustitución.

a) $\left.\begin{array}{l} x + y = 7 \\ x - y = 1 \end{array}\right\}$

b) $\left.\begin{array}{r} x + y = 9 \\ -4x + 5y = 0 \end{array}\right\}$

19 APLICA. Resuelve por sustitución.

a) $\left.\begin{array}{r} 5 + 3y = x \\ x = 2y + 1 \end{array}\right\}$

b) $\left.\begin{array}{r} 4y = 3x + 2 \\ 10 - 4x = y \end{array}\right\}$

20 APLICA. Reduce y resuelve por sustitución.

$\left.\begin{array}{l} 5x + 2y = 4x - 3y + 6 \\ 4x - 3y = 1 \end{array}\right\}$

21 REFLEXIONA. Resuelve por sustitución.

a) $\left.\begin{array}{l} x + y = 5 \\ x + y = 7 \end{array}\right\}$

b) $\left.\begin{array}{r} x + 2y = 8 \\ 2x + 4y = 16 \end{array}\right\}$

4.2. Método de igualación

Para resolver un sistema por el **método de igualación**, se despeja la misma incógnita en las dos ecuaciones y después se igualan las expresiones obtenidas.

EJEMPLO

7. Resuelve este sistema por el método de igualación.

$$\left.\begin{array}{r} x - y = -1 \\ 3x - 2y = 1 \end{array}\right\}$$

1.º Despejamos una de las incógnitas en ambas ecuaciones. Es conveniente elegir la incógnita que al despejar nos dé las expresiones más sencillas. En este caso, despejamos x.

$$\left.\begin{array}{r} x - y = -1 \\ 3x - 2y = 1 \end{array}\right\} \begin{array}{l} \to x = -1 + y \\ \to x = \dfrac{1+2y}{3} \end{array}\Bigg\}$$

2.º Igualamos las dos expresiones obtenidas.

$$-1 + y = \frac{1+2y}{3}$$

3.º Resolvemos la ecuación de primer grado que resulta.

$$3(-1+y) = 1 + 2y \to -3 + 3y = 1 + 2y$$
$$\to 3y - 2y = 1 + 3 \to y = 4$$

4.º Calculamos el valor de la otra incógnita, sustituyendo el valor obtenido en cualquiera de las dos ecuaciones.

Hallamos x sustituyendo y por su valor, 4, en la primera ecuación.

$$x = -1 + y \xrightarrow{y=4} x = -1 + 4 = 3$$

El sistema tiene como solución $x = 3$, $y = 4$.

5.º Comprobamos que la solución obtenida es solución del sistema.

$$\left.\begin{array}{r} x - y = -1 \\ 3x - 2y = 1 \end{array}\right\} \xrightarrow{x=3,\, y=4} \left.\begin{array}{r} 3 - 4 = -1 \\ 3 \cdot 3 - 2 \cdot 4 = 1 \end{array}\right\} \to \left.\begin{array}{r} -1 = -1 \\ 1 = 1 \end{array}\right\}$$

Son igualdades; por tanto, $x = 3$, $y = 4$ es la solución del sistema.

ACTIVIDADES

22 PRACTICA. Resuelve los siguientes sistemas por el método de igualación.

a) $\left.\begin{array}{r} x + y = 9 \\ -4x + 5y = 0 \end{array}\right\}$

b) $\left.\begin{array}{r} -x - y = -6 \\ 2x - 3y = -3 \end{array}\right\}$

c) $\left.\begin{array}{r} 5x + 4y = 1 \\ x - 6y = 7 \end{array}\right\}$

d) $\left.\begin{array}{r} 2x + 3y = 13 \\ 3x - 2y = 0 \end{array}\right\}$

23 APLICA. Reduce los términos semejantes y resuelve por igualación.

$$\left.\begin{array}{l} 6x + 2y = 5x - 4y + 8 \\ 3x - 4y = 2 \end{array}\right\}$$

24 REFLEXIONA. Resuelve estos sistemas por el método de igualación. ¿Qué observas?

a) $\left.\begin{array}{r} 2x + y = 5 \\ 6x + 3y = 15 \end{array}\right\}$

b) $\left.\begin{array}{r} x + 2y = 5 \\ 2x + 4y = 8 \end{array}\right\}$

4.3. Método de reducción

Para resolver un sistema por el **método de reducción**, se busca otro sistema equivalente en el que los coeficientes de una de las incógnitas sean iguales u opuestos. Luego se suman o se restan las ecuaciones.

Para restar dos ecuaciones, se suma a la primera ecuación la opuesta de la segunda, que se obtiene cambiando de signo todos sus términos.

$$-5x + 3y = 9$$

$\downarrow$ Opuesta

$$5x - 3y = -9$$

EJEMPLO

8. Resuelve este sistema por el método de reducción

$$\left.\begin{array}{r} x + y = 11 \\ 2x - 3y = -8 \end{array}\right\}$$

1.º Igualamos los coeficientes de una de las incógnitas multiplicando las ecuaciones por los números adecuados.

En este sistema, si multiplicamos la primera ecuación por 3, los coeficientes de y serán opuestos.

$$\left.\begin{array}{r} x + y = 11 \\ 2x - 3y = -8 \end{array}\right\} \xrightarrow{\cdot 3} \left.\begin{array}{r} 3x + 3y = 33 \\ 2x - 3y = -8 \end{array}\right\}$$

2.º Sumamos o restamos las ecuaciones, según los coeficientes tengan distinto o igual signo, para eliminar una incógnita.

En este caso, como los coeficientes de y tienen distinto signo, se suman las ecuaciones.

$$\left.\begin{array}{r} 3x + 3y = 33 \\ 2x - 3y = -8 \end{array}\right\} \rightarrow + \begin{array}{r} 3x + \cancel{3y} = 33 \\ 2x - \cancel{3y} = -8 \\ \hline 5x \quad\quad = 25 \end{array}$$

3.º Resolvemos la ecuación de primer grado que resulta.

$$5x = 25 \rightarrow x = \frac{25}{5} = 5$$

4.º Calculamos el valor de la otra incógnita, sustituyendo el valor obtenido en cualquiera de las dos ecuaciones.

$$x + y = 11 \xrightarrow{x=5} 5 + y = 11 \rightarrow y = 11 - 5 = 6$$

El sistema tiene como solución $x = 5, y = 6$.

5.º Comprobamos que la solución obtenida es correcta.

$$\left.\begin{array}{r} x + y = 11 \\ 2x - 3y = -8 \end{array}\right\} \xrightarrow{x=5,\, y=6} \left.\begin{array}{r} 5 + 6 = 11 \\ 2 \cdot 5 - 3 \cdot 6 = -8 \end{array}\right\} \rightarrow \left.\begin{array}{r} 11 = 11 \\ -8 = -8 \end{array}\right\}$$

Son igualdades, por tanto $x = 5, y = 6$ es la solución del sistema.

ACTIVIDADES

25 PRACTICA. Resuelve estos sistemas multiplicando por el número adecuado sus ecuaciones para aplicar el método de reducción.

a) $\left.\begin{array}{r} x + y = 7 \\ 2x + 5y = 26 \end{array}\right\}$

b) $\left.\begin{array}{r} -x - 3y = -1 \\ 5x - 4y = 5 \end{array}\right\}$

c) $\left.\begin{array}{r} 5x + y = 11 \\ -x - 7y = -9 \end{array}\right\}$

d) $\left.\begin{array}{r} 2x - 3y = 5 \\ -7x + 12y = -18 \end{array}\right\}$

26 APLICA. Reduce y resuelve por reducción.

$$\left.\begin{array}{r} 6y + 2y = 5x + 4y \\ 2x - 4y = x + 3y - 7 \end{array}\right\}$$

27 REFLEXIONA. Resuelve estos sistemas por el método de reducción. ¿Qué observas?

a) $\left.\begin{array}{r} 2x + y = 5 \\ -6x - 3y = -15 \end{array}\right\}$

b) $\left.\begin{array}{r} -x + 2y = 5 \\ 5x - 10y = 10 \end{array}\right\}$

Cualquier sistema se puede resolver por cualquiera de los métodos que hemos visto (sustitución, igualación o reducción).

La elección del método depende del tipo de ecuaciones que lo compongan.

SABER HACER

Resolver un sistema de ecuaciones lineales

Resuelve este sistema por el método más adecuado.

$$\left.\begin{aligned} 5x + 6y - 9 &= 4y + 2x - 10 \\ 5x - 2y - 10 &= 3y + 9 - 4x \end{aligned}\right\}$$

Pasos a seguir

1. Expresamos las dos ecuaciones en su forma general $ax + by = c$.

$$\left.\begin{aligned} 5x + 6y - 9 &= 4y + 2x - 10 \\ 5x - 2y - 10 &= 3y + 9 - 4x \end{aligned}\right\} \rightarrow \left.\begin{aligned} 5x - 2x + 6y - 4y &= -10 + 9 \\ 5x + 4x - 2y - 3y &= 9 + 10 \end{aligned}\right\} \rightarrow$$

$$\rightarrow \left.\begin{aligned} 3x + 2y &= -1 \\ 9x - 5y &= 19 \end{aligned}\right\}$$

2. Elegimos el método adecuado:
   - **Sustitución.** Si alguna de las incógnitas tiene como coeficiente 1 o -1.
   - **Reducción.** Si los coeficientes son iguales o uno es múltiplo de otro.
   - **Igualación.** En el resto de casos.

En este caso, usaremos reducción, porque los coeficientes de x son múltiplo uno del otro.

Si multiplicamos la primera ecuación por 3, los coeficientes de x de las dos ecuaciones serán iguales.

$$\left.\begin{aligned} 3x + 2y &= -1 \\ 9x - 5y &= 19 \end{aligned}\right\} \xrightarrow{\cdot 3} \left.\begin{aligned} 9x + 6y &= -3 \\ 9x - 5y &= 19 \end{aligned}\right\}$$

Como los coeficientes tienen el mismo signo, restamos las ecuaciones.

$$-\left.\begin{aligned} \cancel{9x} + 6y &= -3 \\ \cancel{9x} - 5y &= 19 \end{aligned}\right\}$$

$$11y = -22 \rightarrow y = \frac{-22}{11} = -2$$

Calculamos el valor de x sustituyendo en la segunda ecuación.

$$9x - 5y = 19 \xrightarrow{y = -2} 9x - 5 \cdot (-2) = 19$$

$$\rightarrow 9x + 10 = 19 \rightarrow 9x = 19 - 10 = 9 \rightarrow x = 1$$

La solución es $x = 1, y = -2$.

ACTIVIDADES

28 Resuelve los siguientes sistemas por el método que creas más adecuado.

a) $\left.\begin{aligned} 2x + 3y &= 5 \\ 4x + 5y &= 9 \end{aligned}\right\}$

b) $\left.\begin{aligned} x &= 4 + 5y \\ x - 9y &= -4 \end{aligned}\right\}$

c) $\left.\begin{aligned} 4x + y &= 11 \\ -5x + y &= -7 \end{aligned}\right\}$

d) $\left.\begin{aligned} 3x - y &= 2x + 8 + 2y \\ x - 2y &= -1 + y \end{aligned}\right\}$

e) $\left.\begin{aligned} 5x + 2y + 5 &= y + 2x + 8 \\ -4x - y + 9 &= x - 2y - 2 \end{aligned}\right\}$

f) $\left.\begin{aligned} 3x + y - 8 &= 6 - y - 2x \\ 6x - 2y - 5 &= -x + 2y + 1 \end{aligned}\right\}$

29 Resuelve los siguientes sistemas por el método que consideres más adecuado.

a) $\left.\begin{aligned} x &= 9 - y \\ y &= x - 1 \end{aligned}\right\}$

b) $\left.\begin{aligned} 2x + y &= 7 \\ 5x - y &= 7 \end{aligned}\right\}$

c) $\left.\begin{aligned} x &= 2y - 3 \\ 4y - 7 &= x \end{aligned}\right\}$

d) $\left.\begin{aligned} 4x + 5y &= 9 \\ x - 7y &= -6 \end{aligned}\right\}$

30 Escribe un sistema de ecuaciones que sea conveniente resolver por sustitución y cuya solución sea $x = 2, y = -3$.

31 Escribe un sistema de ecuaciones que sea fácil para resolverlo por reducción y cuya solución sea $x = 5, y = 0$.

32 Escribe un sistema de ecuaciones apropiado para resolver por sustitución y otro, por reducción.

5 Resolución de problemas mediante sistemas de ecuaciones

Para resolver un problema mediante un sistema de ecuaciones, traducimos al lenguaje algebraico el enunciado del problema y, después, hallamos la solución mediante la resolución del sistema.

EJEMPLO

9. Marta compró 2 paquetes de azúcar y 2 litros de zumo, pagando por ellos 5 €. Luis compró 3 paquetes de azúcar y 4 litros de zumo, pagando por ellos 9 €. ¿Cuánto costaba un paquete de azúcar? ¿Y un litro de zumo?

Lo que sabemos	Lo que no sabemos
 = 5 €  = 9 €	Precio de un paquete de azúcar. Precio de un litro de zumo.

Las incógnitas son: $x \rightarrow$ precio de un paquete de azúcar
$y \rightarrow$ precio de un litro de zumo

Si expresamos algebraicamente las condiciones del enunciado:

2 paquetes y 2 litros cuestan 5 €.

$$2x + 2y = 5$$

3 paquetes y 4 litros cuestan 9 €.

$$3x + 4y = 9$$

Para hallar la solución del problema hay que resolver el sistema.

$$\left.\begin{array}{l} 2x + 2y = 5 \\ 3x + 4y = 9 \end{array}\right\} \xrightarrow{\cdot(-2)} \left.\begin{array}{r} -4x - 4y = -10 \\ 3x + 4y = 9 \end{array}\right\}$$

$$-x = -1 \rightarrow x = 1$$

$$3x + 4y = 9 \xrightarrow{x=1} 3 \cdot 1 + 4y = 9 \rightarrow 4y = 9 - 3 = 6 \rightarrow y = \frac{6}{4} = 1{,}5$$

La solución del sistema es $x = 1$, $y = 1{,}5$. Por tanto, un paquete de azúcar costaba 1 € y un litro de zumo 1,50 €.

RESUELVE EL RETO

Un número de dos cifras es mayor de 30. Si sumo sus dos cifras, obtengo el doble que si las resto. ¿Qué número es?

ACTIVIDADES

33 **PRACTICA.** Dos libros y un cuaderno cuestan 18 €. Tres libros y dos cuadernos cuestan 28 €.

a) Expresa el problema usando un sistema de ecuaciones.

b) ¿Qué método usas para resolverlo?

c) ¿Cuál es el precio de un libro? ¿Y de un cuaderno?

34 **APLICA.** La suma de las edades de dos amigos es 45. La edad de uno menos 6 es el doble de la edad del otro. ¿Cuáles son sus edades?

35 **REFLEXIONA.** Al restar 3 a un número obtengo el triple de otro; sin embargo, si resto 4 obtengo solo el doble del otro. ¿Qué números son?

SABER HACER

Resolver problemas utilizando sistemas de ecuaciones

María ha vendido 500 kg de hortalizas entre patatas y cebollas.

Cada kilo de patatas lo ha vendido a 1,50 € y el de cebollas a 2 €.
Ha obtenido 850 € por la venta. ¿Cuántos kilos de cada hortaliza ha vendido?

Es importante comprobar que la solución del sistema tiene sentido en la situación real que estamos resolviendo.

Pasos a seguir

1. Identificamos las incógnitas.

Lo que sabemos	Lo que no sabemos
Ha vendido 500 kg 1 kg patatas: 1,50 €. 1 kg cebollas: 2 €. Recaudación total obtenida: 850 €.	Los kilos de patatas vendidos. Los kilos de cebollas vendidos.

Número de kilos de patatas $\longrightarrow x$
Número de kilos de cebollas $\rightarrow y$

2. Planteamos el sistema.

Ha vendido 500 kg de hortalizas $\rightarrow x + y = 500$

Cada kilo de patatas cuesta 1,50 € $\rightarrow$ Recaudación por patatas $= 1{,}50x$

Cada kilo de cebollas cuesta 2 € $\rightarrow$ Recaudación por cebollas $= 2y$

La recaudación total ha sido 850 €.

Recaudación por patatas + Recaudación por cebollas = 850

$$1{,}50x + 2y = 850$$

El sistema obtenido es $\left.\begin{array}{r} x + y = 500 \\ 1{,}5x + 2y = 850 \end{array}\right\}$

3. Resolvemos el sistema.

$$\left.\begin{array}{r} x + y = 500 \\ 1{,}5x + 2y = 850 \end{array}\right\} \xrightarrow{\cdot(-2)} \left.\begin{array}{r} -2x - 2y = -1000 \\ 1{,}5x + 2y = 850 \end{array}\right\}$$

$$\begin{array}{rcl} -2x - \cancel{2y} &=& -1000 \\ 1{,}5x + \cancel{2y} &=& 850 \\ \hline -0{,}5x &=& -150 \rightarrow x = 300 \end{array}$$

$$x + y = 500 \xrightarrow{x = 300} 300 + y = 500 \rightarrow y = 500 - 300 = 200$$

4. Comprobamos e interpretamos la solución.

$$\left.\begin{array}{r} x + y = 500 \\ 1{,}5x + 2y = 850 \end{array}\right\} \xrightarrow{x=300,\, y=200} \left.\begin{array}{r} 300 + 200 = 500 \\ 1{,}5 \cdot 300 + 2 \cdot 200 = 850 \end{array}\right\} \rightarrow \left.\begin{array}{r} 500 = 500 \\ 850 = 850 \end{array}\right\}$$

La solución es válida. Ha vendido 300 kg de patatas y 200 kg de cebollas.

ACTIVIDADES

36 Marta tiene 15 billetes en su cartera. Tiene 150 € en total y solo cuenta con billetes de 5 € y de 20 €. ¿Cuántos billetes de cada tipo tiene Marta en su cartera?

37 Un hotel tiene 23 habitaciones entre dobles y triples. Ahora están todas las habitaciones completas y hay 49 personas alojadas. ¿Cuántas habitaciones hay de cada tipo?

38 Juan respondió 50 preguntas en una prueba. Por cada pregunta acertada obtuvo 2 puntos y por cada fallo perdió 1 punto. En total obtuvo 91 puntos. ¿Cuántas preguntas acertó?

39 Mónica ha metido 15 canastas entre triples y tiros libres. Ha obtenido 43 puntos en total. ¿Cuántas canastas de 3 puntos ha obtenido? ¿Y canastas de 1 punto?

ACTIVIDADES FINALES

Ecuaciones lineales

40 Identifica cuáles de las siguientes ecuaciones son ecuaciones lineales con dos incógnitas.

a) $x + y = 5$
b) $2x - 3y = 6$
c) $\frac{x}{y} = 9$
d) $\frac{y - x}{3} = 5$
e) $x^2 - y^2 = 100$
f) $4(x - y) = 12$
g) $\frac{y}{x} = x - 2$
h) $\frac{x}{y^2} = 8$

41 Dada la ecuación $3x - 4y = 10$, determina cuál de los siguientes pares de valores es solución de ella.

a) $x = -1,\ y = 2$
b) $x = 4,\ y = -2$
c) $x = 2,\ y = -1$
d) $x = 6,\ y = -12$

42 Averigua cuáles de estas ecuaciones lineales tienen como solución $x = 3, y = -2$.

a) $4x - y = 8$
b) $-6x - 2y = -14$
c) $\frac{x - y}{5} = 1$
d) $2(x - 5y) = 26$
e) $-(x + 3y) = 10$
f) $\frac{x}{4} + \frac{y}{2} = -\frac{1}{4}$

43 Escribe dos ecuaciones lineales con dos incógnitas que tengan como solución:

a) $x = -1,\ y = 1$
b) $x = 0,\ y = 2$
c) $x = 1,\ y = 0$
d) $x = 2,\ y = -5$

44 Comprueba que si $x = 1, y = -4$ es solución de una ecuación lineal con dos incógnitas, también lo será de la ecuación resultante de:

a) Sumar 5 a los dos miembros.
b) Multiplicar por 6 los dos miembros.
c) Restar 4 a los dos miembros.
d) Dividir por 3 los dos miembros.

45 Halla tres soluciones para cada una de las siguientes ecuaciones lineales.

a) $x + y = 4$
b) $2x - y = 5$
c) $x + 7y = 20$
d) $7x + y = 20$
e) $2x + 3y = 10$
f) $3x - 2y = 12$
g) $-2x + 5y = 30$
h) $-3x - 2y = 15$
i) $-4x + 2y = -9$
j) $5x - 5y = 25$

46 Completa en tu cuaderno los huecos para que $x = 1$, $y = -1$ sea solución de cada ecuación lineal.

a) $\square x + 2y = 4$
b) $5x + \square y = -2$
c) $\square x - 5y = 10$
d) $3x - 9y = \square$

47 Razona cuáles de estas afirmaciones son ciertas.

a) Una ecuación lineal con dos incógnitas tiene infinitas soluciones.
b) Hay infinitas ecuaciones lineales con dos incógnitas que tienen como solución $x = 1, y = -3$.
c) Una ecuación lineal con dos incógnitas puede tener grado 2.
d) Una solución de una ecuación lineal con dos incógnitas es también solución de su ecuación opuesta.

Sistemas de ecuaciones

48 Comprueba si los valores $x = -2, y = 1$ son solución de estos sistemas de ecuaciones.

a) $\left.\begin{array}{r} x + y = -1 \\ -x - y = 1 \end{array}\right\}$
b) $\left.\begin{array}{r} 2x - 3y = -7 \\ x + 5y = 3 \end{array}\right\}$
c) $\left.\begin{array}{r} x + y = 3 \\ x - 2y = 0 \end{array}\right\}$
d) $\left.\begin{array}{r} 3x + 5y = -1 \\ x - y = -3 \end{array}\right\}$
e) $\left.\begin{array}{r} 2x - y = 4 \\ -2x + y = -4 \end{array}\right\}$
f) $\left.\begin{array}{r} 3x - y = -5 \\ -x + 2y = 6 \end{array}\right\}$
g) $\left.\begin{array}{r} x + y = -3 \\ -x - 2y = 4 \end{array}\right\}$
h) $\left.\begin{array}{r} x + 2y = 0 \\ 3x - 3y = -1 \end{array}\right\}$

49 Escribe un sistema de ecuaciones lineales que tenga estas soluciones.

a) $x = 1,\ y = -1$
b) $x = 0,\ y = 3$
c) $x = 2,\ y = -2$
d) $x = \frac{1}{2},\ y = -\frac{1}{2}$
e) $x = -2,\ y = 8$
f) $x = 5,\ y = -6$
g) $x = 0,\ y = 0$
h) $x = -\frac{1}{3},\ y = 3$

50 Escribe un sistema equivalente (con la misma solución) a cada uno de los siguientes sistemas.

a) $\left.\begin{array}{r} x + y = 4 \\ x - y = 2 \end{array}\right\}$
b) $\left.\begin{array}{r} 2x + y = 5 \\ x + y = 3 \end{array}\right\}$
c) $\left.\begin{array}{r} x + 3y = 0 \\ -2x + y = 3 \end{array}\right\}$
d) $\left.\begin{array}{r} 2x + 3y = 2 \\ -5x + 7y = -5 \end{array}\right\}$

51 Escribe en cada caso una ecuación lineal que forme un sistema con $x + y = 10$ y cuya solución sea la indicada.

a) $x = 1, y = 9$
b) $x = 3, y = 7$
c) $x = -2, y = 12$
d) $x = 10, y = 0$

52 Escribe qué valores deben tomar a y b en cada caso para que la solución del sistema sea la indicada.

$$\left.\begin{aligned} ax + y &= 6 \\ 3x + by &= 9 \end{aligned}\right\}$$

a) $x = 1, y = -1$

b) $x = 3, y = 0$

c) $x = -4, y = 5$

d) $x = -2, y = -3$

53 Escribe tres sistemas de ecuaciones que tengan como solución $x = 0, y = 0$, y fíjate en sus términos. ¿Qué observas?

Resolución de sistemas de ecuaciones

54 Resuelve estos sistemas de ecuaciones utilizando tablas de valores.

a) $\left.\begin{aligned} 3x + 2y &= 5 \\ 5x - 4y &= 1 \end{aligned}\right\}$

b) $\left.\begin{aligned} 2x + 2y &= -4 \\ -x - 4y &= 2 \end{aligned}\right\}$

c) $\left.\begin{aligned} x + y &= 2 \\ 3x - y &= 4 \end{aligned}\right\}$

d) $\left.\begin{aligned} -x + 2y &= 2 \\ x - 3y &= -4 \end{aligned}\right\}$

55 Calcula tres soluciones de las ecuaciones $x + y = 5$ y $x - y = 0$.

a) Representa los tres pares de valores de cada una en unos ejes cartesianos y únelos.

b) ¿En qué punto se cortan las rectas que has obtenido en el apartado anterior?

c) Resuelve el sistema formado por las dos ecuaciones. ¿Cuál es su solución?

56 Resuelve los siguientes sistemas por sustitución.

a) $\left.\begin{aligned} 3x + 2y &= -5 \\ x + 3y &= -4 \end{aligned}\right\}$

b) $\left.\begin{aligned} x - y &= 9 \\ 2x - 10y &= 12 \end{aligned}\right\}$

c) $\left.\begin{aligned} 9x + y &= 8 \\ 5x + 3y &= 2 \end{aligned}\right\}$

d) $\left.\begin{aligned} 6x + 5y &= 23 \\ 4x + y &= 13 \end{aligned}\right\}$

57 Resuelve estos sistemas por igualación.

a) $\left.\begin{aligned} 3x + y &= 10 \\ 5x + y &= 14 \end{aligned}\right\}$

b) $\left.\begin{aligned} x - 5y &= 6 \\ x - 10y &= 11 \end{aligned}\right\}$

c) $\left.\begin{aligned} 7x + 4y &= 12 \\ 5x + y &= 3 \end{aligned}\right\}$

d) $\left.\begin{aligned} 6x + y &= 13 \\ 4x + 5y &= 13 \end{aligned}\right\}$

58 Resuelve estos sistemas por reducción.

a) $\left.\begin{aligned} 3x + 2y &= 5 \\ x + 3y &= -3 \end{aligned}\right\}$

b) $\left.\begin{aligned} x - 3y &= 4 \\ 5x + 3y &= 20 \end{aligned}\right\}$

c) $\left.\begin{aligned} 5x + y &= 3 \\ 7x - 6y &= 19 \end{aligned}\right\}$

d) $\left.\begin{aligned} x + y &= 9 \\ 5x + 6y &= 50 \end{aligned}\right\}$

SABER HACER

Resolver un sistema por reducción cuando los coeficientes no son múltiplos

59 Transforma este sistema para que tenga el mismo coeficiente en las dos ecuaciones.

$$\left.\begin{aligned} 10x + 2y &= 10 \\ 12x + 3y &= 9 \end{aligned}\right\}$$

PRIMERO. Se halla el m.c.m. de los coeficientes que se quieren igualar.

$$\text{m.c.m. } (10, 12) = 60$$

SEGUNDO. Se divide el m.c.m. entre cada coeficiente y el resultado se multiplica por cada ecuación.

Primera ecuación: $10x + 2y = 10$

$$\frac{\text{m.c.m.}}{\text{coeficiente}} = \frac{60}{10} = 6$$

$$6(10x + 2y) = 6 \cdot 10 \rightarrow 60x + 12y = 60$$

Segunda ecuación: $12x + 3y = 9$

$$\frac{\text{m.c.m.}}{\text{coeficiente}} = \frac{60}{12} = 5$$

$$5(12x + 3y) = 5 \cdot 9 \rightarrow 60x + 15y = 45$$

El sistema equivalente es:

$$\left.\begin{aligned} 60x + 12y &= 60 \\ 60x + 15y &= 45 \end{aligned}\right\}$$

Para resolver este sistema por reducción basta con restar las dos ecuaciones.

60 Dado el sistema:

$$\left.\begin{aligned} 4x + 2y &= 10 \\ 7x - 6y &= -4 \end{aligned}\right\}$$

escribe un sistema equivalente a él cuyos:

a) Coeficientes de y sean iguales.

b) Coeficientes de x sean opuestos.

c) Términos independientes sean iguales.

61 Dado el sistema:

$$\left.\begin{aligned} 5x + 2y &= 20 \\ 8x - 3y &= 1 \end{aligned}\right\}$$

escribe un sistema equivalente a él cuyos:

a) Coeficientes de y sean 6.

b) Coeficientes de x sean 80.

62 Resuelve estos sistemas por reducción.

a) $\left.\begin{aligned} 3x + 2y &= -10 \\ 7x - 3y &= 15 \end{aligned}\right\}$

b) $\left.\begin{aligned} 4x - 4y &= 8 \\ 5x + 7y &= -2 \end{aligned}\right\}$

c) $\left.\begin{aligned} 5x + 2y &= -1 \\ 11x + 7y &= -10 \end{aligned}\right\}$

d) $\left.\begin{aligned} 7x + 6y &= 13 \\ -5x - 9y &= -14 \end{aligned}\right\}$

ACTIVIDADES FINALES

63 Resuelve estos sistemas por el método que te parezca más adecuado.

a) $\left.\begin{aligned} 5x - 2y &= 7 \\ x + 3y &= 15 \end{aligned}\right\}$

b) $\left.\begin{aligned} 3x + y &= 12 \\ 6x - y &= -3 \end{aligned}\right\}$

c) $\left.\begin{aligned} x + y &= 9 \\ 20x - 3y &= -4 \end{aligned}\right\}$

d) $\left.\begin{aligned} 6x + 2y &= 28 \\ -3x + 4y &= 26 \end{aligned}\right\}$

e) $\left.\begin{aligned} x - 3y &= 13 \\ 5x - 2y &= 26 \end{aligned}\right\}$

f) $\left.\begin{aligned} -4x + 2y &= 2 \\ 2x - 4y &= 8 \end{aligned}\right\}$

64 Resuelve estos sistemas.

a) $\left.\begin{aligned} x - 3y &= 4 \\ 2x - 5y &= 8 \end{aligned}\right\}$

b) $\left.\begin{aligned} 3x + y &= 3 \\ 6x - y &= 0 \end{aligned}\right\}$

c) $\left.\begin{aligned} x + 2y &= 5 \\ 2x + y &= 7 \end{aligned}\right\}$

d) $\left.\begin{aligned} 4x - 5y &= 10 \\ 2x + 7y &= -4 \end{aligned}\right\}$

e) $\left.\begin{aligned} 5x + 2y &= 15 \\ 6x + 2y &= 14 \end{aligned}\right\}$

f) $\left.\begin{aligned} 5x - y &= 23 \\ -9x + 5y &= 13 \end{aligned}\right\}$

SABER HACER

Resolver un sistema de ecuaciones con paréntesis y denominadores

65 Resuelve este sistema.

$$\left.\begin{aligned} 4(x-1) + 2(y+2) &= 30 \\ \frac{x+1}{2} &= \frac{y+9}{5} + 2 \end{aligned}\right\}$$

PRIMERO. Se eliminan los paréntesis aplicando la propiedad distributiva y los denominadores multiplicando la ecuación por el m.c.m. de todos ellos.

$$\left.\begin{aligned} 4(x-1) + 2(y+2) &= 30 \\ \frac{x+1}{2} &= \frac{y+9}{5} + 2 \end{aligned}\right\} \rightarrow$$

$$\rightarrow \left.\begin{aligned} 4x - 4 + 2y + 4 &= 30 \\ \frac{x+1}{2} &= \frac{y+9}{5} + 2 \end{aligned}\right\} \rightarrow$$

$$\rightarrow \left.\begin{aligned} 4x + 2y &= 30 \\ 10\left(\frac{x+1}{2}\right) &= 10\left(\frac{y+9}{5}\right) + 10 \cdot 2 \end{aligned}\right\} \rightarrow$$

$$\rightarrow \left.\begin{aligned} 4x + 2y &= 30 \\ 5(x+1) &= 2(y+9) + 20 \end{aligned}\right\} \rightarrow$$

$$\rightarrow \left.\begin{aligned} 4x + 2y &= 30 \\ 5x + 5 &= 2y + 18 + 20 \end{aligned}\right\} \rightarrow \left.\begin{aligned} 4x + 2y &= 30 \\ 5x - 2y &= 33 \end{aligned}\right\}$$

SEGUNDO. Se resuelve el sistema obtenido. En este caso, basta con sumar las dos ecuaciones.

$$9x = 63 \rightarrow x = 7$$

$$4x + 2y = 30 \xrightarrow{x=7} 28 + 2y = 30 \rightarrow y = 1$$

La solución es $x = 7, y = 1$.

66 Resuelve estos sistemas.

a) $\left.\begin{aligned} 3(x-1) + 4(y+5) &= 10 \\ \frac{x+1}{2} &= \frac{y+7}{6} - 1 \end{aligned}\right\}$

b) $\left.\begin{aligned} 4(x-1) &= 3(y-1) + 5 \\ \frac{5x+1}{2} - \frac{9y+6}{4} &= 2 \end{aligned}\right\}$

c) $\left.\begin{aligned} 5(x-1) - 4(y-2) &= 18 \\ \frac{2(x-1)}{5} &= \frac{6(y+1)}{10} - 1 \end{aligned}\right\}$

d) $\left.\begin{aligned} \frac{x}{4} + \frac{y}{6} &= 2 \\ \frac{2(x+1)}{5} &= \frac{y+1}{3} + 1 \end{aligned}\right\}$

67 Halla la solución de estos sistemas.

a) $\left.\begin{aligned} -2(x+y) &= 12 \\ 5(x+1) - 4(y+3) &= 17 \end{aligned}\right\}$

b) $\left.\begin{aligned} \frac{x+y}{5} + \frac{x-y}{3} &= 6 \\ -(x-2y) &= 20 \end{aligned}\right\}$

c) $\left.\begin{aligned} 3x - \frac{4}{5}y &= 13 \\ \frac{8}{3}x - y &= -4 \end{aligned}\right\}$

d) $\left.\begin{aligned} \frac{x}{3} - \frac{y}{2} &= -1 \\ 2(3x - y) &= 10 \end{aligned}\right\}$

e) $\left.\begin{aligned} \frac{x}{8} - \frac{3y}{2} &= -5 \\ \frac{y}{4} + \frac{9x}{3} &= 25 \end{aligned}\right\}$

f) $\left.\begin{aligned} \frac{x}{2} - \frac{y}{5} &= \frac{11}{5} \\ 4x - 5y &= 4 \end{aligned}\right\}$

68 Escribe una ecuación lineal con dos incógnitas de la forma $ax + by = c$. Escribe otra ecuación cambiando solamente los coeficientes a y b entre sí. Intenta resolver el sistema que forman ambas. ¿Qué observas?

69 Escribe una ecuación lineal con dos incógnitas de la forma $ax + by = c$. Escribe otra ecuación equivalente a ella. Resuelve el sistema que forman ambas. ¿Qué observas?

70 Observa el sistema $\left.\begin{aligned} x &= ay \\ x &= by \end{aligned}\right\}$ con a y b números diferentes distintos de cero.

a) ¿Qué método crees que es el mejor para resolverlo?

b) ¿Cuál es la solución del sistema?

71 Observa el sistema $\left.\begin{aligned} ax + y &= 0 \\ a'x + y &= 0 \end{aligned}\right\}$ con a y a' números diferentes distintos de cero.

a) ¿Qué método crees que es el mejor para resolverlo?

b) ¿Cuál es la solución del sistema?

72 Observa el sistema $\left.\begin{aligned} ax &= 0 \\ by &= 0 \end{aligned}\right\}$ con a y b números diferentes distintos de cero.

a) ¿Qué método crees que es el mejor para resolverlo?

b) ¿Cuál es la solución del sistema?

Problemas con sistemas de ecuaciones

SABER HACER

Expresar enunciados mediante ecuaciones con dos incógnitas

73 Expresa estos enunciados mediante ecuaciones con dos incógnitas.

a) La diferencia de dos números es 18.

b) Tres libros y un rotulador cuestan 75 €.

c) María mide 30 cm más que Teo.

d) La base de un triángulo mide el triple que su altura.

PRIMERO. Se asigna una incógnita a cada dato desconocido.

Datos desconocidos	Incógnitas
Dos números	x, un número y, otro número
Precio de un libro y de un rotulador	x, precio de un libro y, precio de un rotulador
Altura de María y de Teo	x, altura de María y, altura de Teo
Longitud de la base y de la altura del triángulo	x, longitud de la base y, longitud de la altura

SEGUNDO. Se relacionan los datos conocidos y desconocidos mediante una igualdad.

a) La diferencia de dos números es 18.
$x - y = 18$

b) Tres libros y un rotulador cuestan 75 €.
$3x + y = 75$

c) María mide 30 cm más que Teo.
$x = y + 30$

d) La base de un triángulo mide el triple que su altura.
$x = 3y$

74 Expresa estos enunciados mediante ecuaciones con dos incógnitas.

a) El producto de dos números es 32.

b) El triple de un número más la cuarta parte de otro suman 25.

c) El cociente de las dos dimensiones de un rectángulo es igual a 15.

d) María tiene la mitad de dinero que su hermana más 5 €.

e) María tiene la mitad de dinero que tendría su hermana si tuviera 5 € más.

75 Escribe un enunciado para cada ecuación.

a) $2x + 3y = 9$

b) $5x - 2y = 10{,}50$

c) $50x + 20y = 1\,400$

d) $xy + 200 = 800$

76 Un paquete grande de harina y cuatro pequeños pesan 3 kg, y uno grande y dos pequeños, 2 kg. ¿Cuánto pesa cada tipo de paquete?

77 Dos kilos de naranjas y tres kilos de mandarinas cuestan 11,50 €. Tres kilos de naranjas y dos de mandarinas cuestan 11 €. ¿Cuál es el precio de cada producto?

78 En un taller mecánico hay 10 vehículos entre motos y coches. Si el número de ruedas es de 28, ¿cuántos coches y cuántas motos hay en el taller?

79 Juan tiene en el bolsillo monedas de 20 y 50 céntimos. Si en total tiene 12 monedas, ¿cuántas tiene de cada tipo si suman un total de 4,20 €?

80 Asunción tiene 25 novelas más que César y entre los dos tienen 189 novelas. ¿Cuántas novelas tiene cada uno?

81 En la clase de Mónica hay 29 alumnos, siendo 7 chicas más que chicos. ¿Cuántos alumnos y alumnas hay en la clase?

82 En una granja se crían cerdos y gallinas. En total hay 110 animales y 376 patas. Halla cuántos animales de cada tipo hay en la granja.

83 Una empresa de refrescos ha envasado 4 650 ℓ en 3 000 botellas de 1,5 ℓ y 2 ℓ. ¿Cuántas botellas ha empleado de cada clase?

84 En el patio de una comunidad de vecinos hay un total de 12 vehículos entre bicis y triciclos. Si las ruedas de todos ellos son 28, ¿cuántas bicis y triciclos hay en el patio?

85 Teresa tiene 3 años, y su hermana, 12 años. ¿Al cabo de cuántos años la edad de su hermana será el doble que la de Teresa?

86 Las edades de Luisa y María suman 20 años. Dentro de 15 años, la edad de María será dos tercios de la de Luisa. ¿Cuáles son sus edades?

87 La edad de Teo hace 2 años era igual a la edad de Sara dentro de 3 años. Dentro de 10 años Sara tendrá la mitad de años que Teo. ¿Qué edades tienen ahora?

88 Por un desierto avanza una caravana formada por camellos y dromedarios, con un total de 440 patas y 160 jorobas. ¿Cuántos camellos y dromedarios hay en la caravana?

89 Cambiamos el valor de varias monedas de céntimos de euro por monedas de 5 céntimos, obteniendo 72 monedas menos. ¿Cuántas monedas son de cada clase?

90 Halla las edades de dos personas si hace 10 años la primera tenía el doble de la edad de la segunda, y, dentro de 15 años la edad de la segunda será tres cuartos de la edad de la primera.

91 Halla las medidas de los lados de cada uno de los siguientes polígonos.

a) Su perímetro es 22 cm y la diferencia de sus dimensiones es 5 cm.

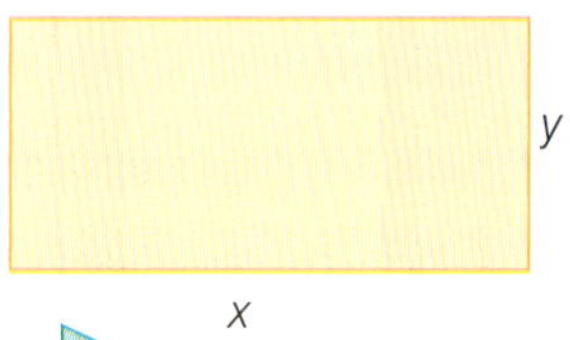

b) Su perímetro es 60 cm y la diferencia de sus catetos es 5.

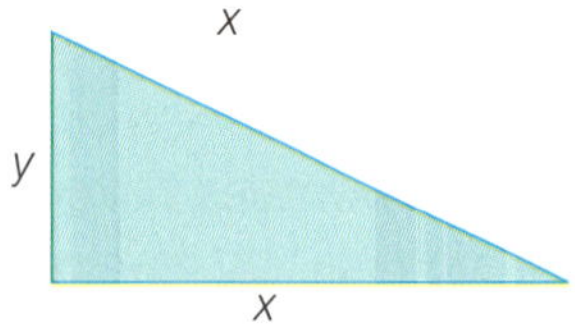

c) Su perímetro es 14 cm y el triple de su lado menor es igual al doble de su lado mayor.

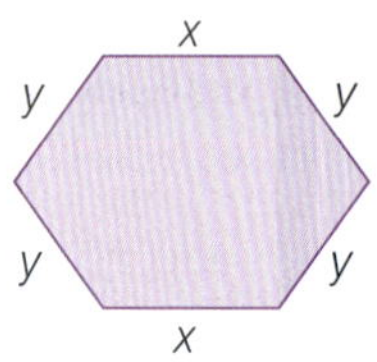

92 Si Marcos diese a Zaida 5 libros, los dos tendrían la misma cantidad de libros. Si fuera Zaida quien le diera a Marcos 5 libros él tendría el triple que ella. ¿Cuántos libros tienen ahora Marcos y Zaida?

93 Halla dos números sabiendo que suman 24 y que el mayor de ellos más 1 es igual al doble del resultado de sumarle 1 al menor.

94 Un grupo de amigos se ha ido de excursión al campo. Han ido 9 coches en total, algunos de 4 plazas y otros de 5 plazas. Han viajado 37 personas, quedando 2 plazas sin ocupar. ¿Cuántos coches de 4 plazas han utilizado? ¿Y coches de 5 plazas?

95 Pilar tiene sellos de 0,30 € y 0,50 €. Tiene 30 sellos en total y el valor de todos ellos es 11,60 €. ¿Cuántos sellos tiene de 0,30 €? ¿Y de 0,50 €?

96 Con 11,50 €, Mario puede subir en 3 atracciones y comprar 2 paquetes de palomitas. Si tuviera 4,50 € más, podría subir en 4 atracciones y comprar 1 paquete más de palomitas. ¿Cuánto cuesta subir en una atracción? ¿Cuánto cuesta un paquete de palomitas?

97 Begoña compró un martillo y una taladradora. Los dos juntos costaban 80 €, pero le han rebajado un 20 % el martillo y un 10 % la taladradora. Al final, ha pagado por ambos 18 € menos del precio inicial.

a) ¿Cuál era el precio sin descuento del martillo?

b) ¿Cuánto costaba la taladradora antes del descuento?

98 En un avión viajan 192 personas entre hombres y mujeres. El número de mujeres es 3/5 del número de hombres. ¿Cuántos hombres van en el avión?

99 Una madre tiene triple edad que su hijo. Si la madre tuviera 30 años menos y el hijo 8 años más, los dos tendrían la misma edad. ¿Cuál es la edad de la madre? ¿Y del hijo?

100 Las dos cifras de un número suman 9. Si cambiamos su orden resulta un número 9 unidades menor que el original. Averigua cuál es ese primer número.

101 En un almacén hay dos tipos de lámparas: las de tipo *A*, que utilizan 3 bombillas, y las de tipo *B*, que utilizan 4 bombillas. El almacén tiene un total de 60 lámparas con 220 bombillas. ¿Cuántas lámparas de cada clase hay?

102 Paloma vendió los dos quintos de sus cómics y luego compró 100 más. Tras esto tenía el mismo número que si hubiese comprado 40 cómics desde el principio. ¿Cuántos tenía antes de venderlos?

103 Dos números suman 80, y al dividir el mayor por el menor da 2 de cociente y 5 de resto. Calcula de qué números se trata.

104 En un paralelogramo *ABCD*, el ángulo *A* mide el triple que el ángulo *B*. ¿Cuánto mide cada ángulo?

105 Leo pagó 85 € por 3 entradas para un concierto y 2 entradas para el teatro, mientras que Luisa pagó 140 € por 4 entradas para cada espectáculo. ¿Cuánto costaba una entrada para el teatro? ¿Y para el concierto?

106 Pedro tiene 20 billetes, cuyos valores son 10 o 5 €. Calcula cuánto dinero tiene Pedro y cuántos billetes son de cada tipo, sabiendo que si cambiase los billetes de 10 que tiene por billetes de 5, y los billetes de 5 por billetes de 10, tendría el mismo dinero.

107 En un campamento conviven 60 jóvenes europeos y asiáticos. Halla cuántos asiáticos hay sabiendo que si se marchasen 3 europeos y viniesen en su lugar 3 asiáticos, el número de estos sería un tercio del número de europeos.

108 El número de hombres, mujeres y niños alojados en un hotel es de 108. El número de hombres es la mitad del número total de mujeres y niños. ¿Cuántos hombres y mujeres hay si en el hotel están 30 niños?

109 La edad de un padre es cuatro veces la de su hija. Cuando pasen 24 años, la edad del padre será doble de la edad de la hija. ¿Qué edades tienen?

DEBES SABER HACER

Ecuaciones lineales

1 Determina cuáles de estas ecuaciones son lineales e indica su número de incógnitas.

a) $3x + 2y = 5$ c) $4x = 2x - y + 6$

b) $x^2 - y = 7$ d) $xy + 4 = x$

2 Expresa estas ecuaciones lineales en la forma $ax + by = c$.

a) $2x = -9 - 5y$

b) $-3(4 - y) - 9 = 7(x + 1) + 4$

c) $\dfrac{3(x-1)}{4} - 1 = \dfrac{y}{6} + 2$

3 Calcula tres soluciones de cada ecuación lineal.

a) $x + 2y = 10$ c) $3x + 4y = 9$

b) $5x - y = 9$ d) $5(x - y) = 10$

Sistemas de ecuaciones

4 Resuelve cada sistema con dos métodos distintos.

a) $\left.\begin{array}{r} 3x + 2y = 5 \\ 7x - 4y = 3 \end{array}\right\}$ c) $\left.\begin{array}{r} 7x + y = 9 \\ 5x + 6y = 17 \end{array}\right\}$

b) $\left.\begin{array}{r} \dfrac{x}{2} + 5y = 9 \\ -3x + 6y = -6 \end{array}\right\}$ d) $\left.\begin{array}{r} 3x - \dfrac{y}{2} = 0 \\ 5x - y = -1 \end{array}\right\}$

Problemas con sistemas

5 Resuelve estos problemas.

a) Dos números suman 12. El doble del mayor es igual al cuádruple del menor. ¿Qué números son?

b) Dentro de 10 años, tendré el triple de la edad actual de Juan. Hace 10 años tenía la misma edad que tiene ahora. ¿Qué edades tenemos Juan y yo?

COMPETENCIA MATEMÁTICA

En la vida cotidiana

110 Una empresa que fabrica ratones informáticos ha realizado un estudio para estimar el número medio de clics que realizan sus usuarios por hora. Este dato lo necesitan para determinar el tipo de muelle que tienen que colocar en sus ratones, de tal manera que la duración del ratón sea la mayor posible.

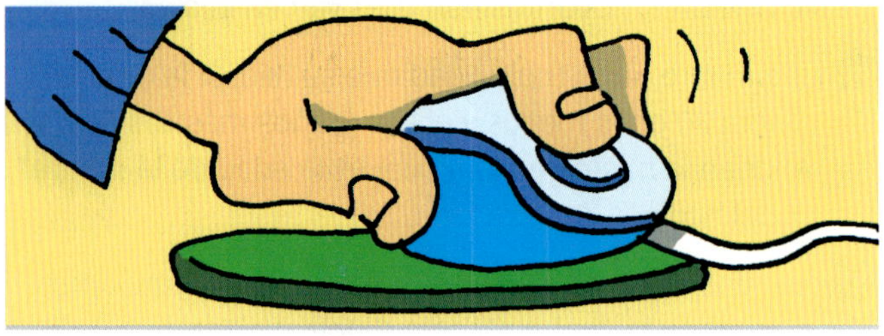

Los datos que se han obtenido del estudio son los siguientes:

Número medio de clics que realiza un usuario por hora: 300.
Otros datos de interés: de media, por cada clic con el botón derecho, se realizan 9 clics con el botón izquierdo.

Los tipos de muelles que la empresa puede montar en sus ratones son estos:

Tipo de muelle	Tipo 1	Tipo 2	Tipo 3	Tipo 4
Número de clics que soporta por hora	21	105	322	490

¿Qué tipo de muelle se debe de utilizar para cada botón del ratón, sabiendo que cuantos menos clics soporte más barato es y que a la empresa le interesa reducir costes de fabricación?

Formas de pensar. Razonamiento matemático

111 Encuentra un número de tres cifras que cumpla las siguientes condiciones:

- Que sea múltiplo de 9.
- Cuya cifra de las decenas sea 5.
- Que intercambiando la cifra de unidades y centenas, disminuya en 198.

112 La suma de las dos cifras de un número es $2a$ y su diferencia es a. ¿Qué números cumplen esta condición?

113 Se quiere mezclar dos tipos de aceite: uno de 5,20 €/ℓ y otro de 6,20 €/ℓ, y se quieren obtener 100 ℓ de aceite cuyo precio sea 6 €/ℓ.

¿Cuántos litros de cada tipo se necesitan?

114 Un mes se puede expresar con una sola cifra, como junio, que sería el mes 6, o con dos, como octubre, noviembre o diciembre, que serían los meses 10, 11 y 12, respectivamente.

Pero, en cualquier caso, se puede escribir como:

$$10 \cdot a + b$$

Así, por ejemplo, marzo se puede escribir como:

$$10 \cdot a + b, \text{ donde } a = 0 \text{ y } b = 3;$$

y diciembre, como:

$$10 \cdot a + b, \text{ donde } a = 1 \text{ y } b = 2.$$

Siguiendo estas indicaciones, explica por qué se puede adivinar la edad y el mes de nacimiento de cualquier persona siguiendo estos pasos:

1.º Multiplica por 2 tu mes de nacimiento.
2.º Súmale 5.
3.º Multiplícalo por 50.
4.º Súmale tu edad.
5.º Resta 250 al resultado y obtendrás tu mes de nacimiento y tu edad.

PROYECTO FINAL. **Trabajo cooperativo**

OBJETIVO: Crear un grupo de teatro

1.ª Fase.

- Buscad compañeros interesados en formar parte del grupo y decidid quién de vosotros será el director de la compañía.
- Definid los días y horarios de ensayo y el local que utilizaréis para tal fin.

2.ª Fase.

- Buscad una obra de teatro que se adapte al número de personas que formáis el grupo y que os parezca interesante representar.
- Determinad las posibles necesidades para la representación de la obra: elementos necesarios para el escenario, disfraces...

3.ª Fase.

- Poneos de acuerdo con la dirección del centro para llevar a cabo la representación teatral.
- Determinad el día y el espacio del centro donde se llevará a cabo la representación.

Pruebas PISA

Frenado

115 ●●● La distancia aproximada para detener un vehículo en movimiento es la suma de:

- La distancia recorrida durante el tiempo que transcurre hasta que el conductor comienza a frenar (distancia de tiempo de reacción).
- La distancia recorrida mientras se frena (distancia de frenado).

El siguiente diagrama de caracol muestra la distancia teórica de parada para un vehículo cuando las condiciones para frenar son buenas (un conductor concentrado, frenos y neumáticos en perfectas condiciones, una carretera seca y con un buen firme) y cómo depende esta distancia de la velocidad.

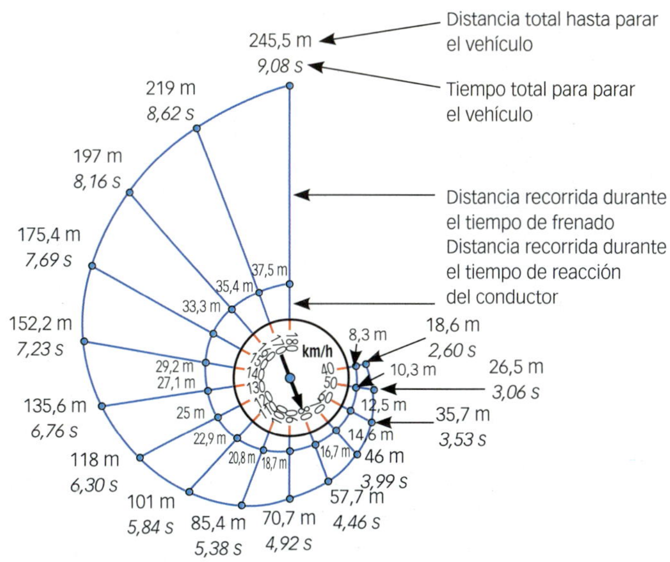

Un segundo conductor, circulando en buenas condiciones, recorre en total 70,7 metros hasta detener su vehículo. ¿A qué velocidad circulaba el vehículo antes de que comenzara a frenar?

(Prueba PISA 2012)

CLAVES PARA EMPEZAR

Fracciones equivalentes

Dos fracciones, $\frac{a}{b}$ y $\frac{c}{d}$, son equivalentes si se cumple que:

$$a \cdot d = b \cdot c$$

Se escribe así: $\frac{a}{b} = \frac{c}{d}$.

EJEMPLO

Averigua si las fracciones $\frac{2}{6}$ y $\frac{5}{15}$ son equivalentes.

$$2 \cdot 15 = 6 \cdot 5 \rightarrow 30 = 30$$

Por tanto, $\frac{2}{6}$ y $\frac{5}{15}$ son equivalentes: $\frac{2}{6} = \frac{5}{15}$.

ACTIVIDADES

1 Determina qué parejas de fracciones son equivalentes.

a) $\frac{2}{7}$ y $\frac{5}{10}$

b) $\frac{4}{5}$ y $\frac{12}{15}$

c) $\frac{9}{4}$ y $\frac{45}{20}$

d) $\frac{3}{8}$ y $\frac{27}{72}$

2 Halla el valor de *x* para que las fracciones siguientes sean equivalentes.

a) $\frac{3}{5} = \frac{12}{x}$

b) $\frac{x}{25} = \frac{4}{5}$

c) $\frac{4}{x} = \frac{32}{16}$

d) $\frac{4}{8} = \frac{x}{16}$

Qué es una magnitud

Una magnitud es cualquier característica que se puede medir y expresar mediante una cantidad o un número.

EJEMPLO

La longitud es una magnitud.

Esta cuerda mide 16 m.

El peso es una magnitud.

El melón pesa 1,5 kg.

No son magnitudes los meses del año, el nombre de las personas…

ACTIVIDADES

3 Indica cuáles de las siguientes características son magnitudes.

a) La velocidad de un coche.

b) Los nombres de los jugadores de un equipo de baloncesto.

c) El tiempo que tarda un tren en realizar un recorrido.

d) La cantidad de fruta que come una familia en una semana.

Siglo I
Las casas nobles romanas empiezan a utilizar un rudimentario grifo para abastecerse de agua.

Proporcionalidad numérica

8

SABER

- Razón y proporción. Propiedades
- Magnitudes directamente e inversamente proporcionales
- Repartos proporcionales
- Porcentajes
- Aumentos y disminuciones porcentuales

SABER HACER

- Resolver problemas mediante una regla de tres simple directa
- Resolver problemas mediante una regla de tres simple inversa
- Realizar repartos directa o inversamente proporcionales
- Resolver problemas de porcentajes
- Resolver problemas de porcentajes encadenados

? VIDA COTIDIANA

El grifo

Los grifos son unos utensilios muy comunes que dejan caer el agua de las tuberías en la medida justa que necesitamos.

- Un grifo tarda 2 minutos y 20 segundos en llenar un cubo de 10 ℓ de agua. ¿Cuántos litros de agua arrojará ese grifo si está abierto durante 8 minutos?

1800
Thomas Gyll inventa el grifo de rosca.

1858
Se instala en Madrid el primer grifo de agua potable de España.

Años 80
Aparecen en el mercado los primeros grifos termostáticos, grifos que permiten regular el caudal y la temperatura del agua.

1 Razón y proporción

RECUERDA

En una razón, los números *a* y *b* pueden ser tanto números enteros como decimales.

$\frac{1,4}{6}$ es una razón, pero no es una fracción.

Una **razón** de dos números, *a* y *b*, es el cociente $\frac{a}{b}$.
Una **proporción** es una igualdad entre dos razones.

Si $\frac{a}{b} = \frac{c}{d} \rightarrow$ los números *a*, *b*, *c* y *d* forman una proporción.

En una proporción, *a* y *d* se llaman **extremos**, y *b* y *c*, **medios**.

EJEMPLO

1. **Un pastelero hace 2 pasteles con 9 manzanas. ¿Puede hacer 10 pasteles con 45 manzanas guardando la misma proporción?**

   Para que la respuesta sea afirmativa, la proporción entre pasteles y manzanas debe mantenerse constante. Es decir, las razones entre el número de pasteles y el de manzanas deben formar una proporción.

   $$\frac{9 \text{ manzanas}}{2 \text{ pasteles}} = \frac{45 \text{ manzanas}}{10 \text{ pasteles}} \rightarrow \frac{9}{2} = \frac{45}{10} = 4,5$$

   Las dos razones son iguales y, por tanto, forman una proporción. Podrá hacer 10 pasteles con 45 manzanas.

Constante de proporcionalidad

La **constante o razón de proporcionalidad** de una proporción es el cociente de cualquiera de sus razones.

EJEMPLO

2. **¿Cuál es la constante de proporcionalidad de la proporción $\frac{4}{16} = \frac{2}{8}$?**

   $$\frac{4}{16} = \frac{2}{8} = 0,25 \rightarrow k = 0,25$$

   La constante de proporcionalidad, *k*, de esta proporción es 0,25.

ACTIVIDADES

1 PRACTICA. **Escribe las razones correspondientes y halla la constante de proporcionalidad.**

a) Manuel ha bebido 2,5 ℓ de agua de una garrafa de 5 ℓ.

b) Carmen ha metido 16 canastas de 20 tiros.

c) Marcos ha gastado 5 kg de pintura para pintar 4 m^2 de pared.

2 APLICA. **Escribe dos números cuya razón sea:**

a) 3 b) 1,5 c) 0,5 d) 0,4

3 REFLEXIONA. **Calcula el número *m* sabiendo que:**

a) *m* es a 5 como 2 es a 10.

b) 2 es a 6 como *m* es a 60.

c) 1 es a *m* como 7 es a 14.

2 Propiedades de la proporcionalidad

En toda proporción el **producto de los extremos** es **igual al producto de los medios**.

$$\frac{a}{b} = \frac{c}{d} \rightarrow a \cdot d = b \cdot c$$

EJEMPLO

3. Averigua si estas razones forman una proporción.

a) $\frac{6}{4}$ y $\frac{15}{10}$

$6 \cdot 10 = 4 \cdot 15$

$60 = 60$

Es una proporción.

b) $\frac{4}{3}$ y $\frac{10}{8}$

$4 \cdot 8 \neq 3 \cdot 10$

$32 \neq 30$

No es una proporción.

Cálculo del término desconocido en una proporción

- Para **hallar un extremo** de una proporción conociendo los otros tres términos, se multiplican los medios y se divide entre el otro extremo.

$$\frac{a}{b} = \frac{c}{x} \rightarrow a \cdot x = b \cdot c \rightarrow x = \frac{b \cdot c}{a}$$

- Para **hallar un medio** de una proporción conociendo los otros tres términos, se multiplican los extremos y se divide entre el otro medio.

$$\frac{a}{b} = \frac{x}{d} \rightarrow a \cdot d = b \cdot x \rightarrow x = \frac{a \cdot d}{b}$$

EJEMPLO

4. Calcula el término que falta en estas proporciones.

a) $\frac{10}{4} = \frac{35}{x} \rightarrow 10 \cdot x = 4 \cdot 35 \rightarrow x = \frac{4 \cdot 35}{10} = 14$

b) $\frac{3}{8} = \frac{x}{24} \rightarrow 3 \cdot 24 = 8 \cdot x \rightarrow x = \frac{3 \cdot 24}{8} = 9$

RESUELVE EL RETO

Busca una razón $\frac{a}{b}$ proporcional a $\frac{2}{3}$, de tal manera que b sea 6 unidades mayor que a.

ACTIVIDADES

4 PRACTICA. Halla el término desconocido en cada una de estas proporciones.

a) $\frac{4}{18} = \frac{10}{x}$

b) $\frac{4}{2} = \frac{x}{3}$

c) $\frac{2}{0,5} = \frac{3}{x}$

d) $\frac{x}{12} = \frac{20}{16}$

e) $\frac{5}{x} = \frac{15}{9}$

f) $\frac{3}{4,5} = \frac{x}{6}$

5 APLICA. Escribe el siguiente problema en forma de proporción y resuélvelo.

«Marta ha pagado 1,50 € por 2 kg de peras. ¿Cuánto pagaría por 6 kg?».

6 REFLEXIONA. Halla el valor de b y d sabiendo que $\frac{10}{b} = \frac{6}{d}$ y que $b - d = 2$.

3 Magnitudes directamente proporcionales

Dos pares de valores correspondientes de magnitudes directamente proporcionales forman una proporción.

Dos **magnitudes** son **directamente proporcionales** si, al multiplicar (o dividir) una de ellas por un número, la otra queda multiplicada (o dividida) por ese mismo número.

Consideramos A y B dos magnitudes con estos valores:

Magnitud A	a_1	a_2	a_3	…	m
Magnitud B	b_1	b_2	b_3	…	n

Si al formar razones con los valores correspondientes de ambas magnitudes, la constante de proporcionalidad es siempre la misma:

$$\frac{a_1}{b_1} = \frac{a_2}{b_2} = \frac{a_3}{b_3} = \dots = \frac{m}{n} = k$$

decimos que las magnitudes A y B son directamente proporcionales.

EJEMPLO

5. **Me han cobrado 3 € por 1 kg de fresas. ¿Cuánto costarán 4 kg?**

Al multiplicar o dividir por un número el número de kilos de fresa, el precio hay que multiplicarlo o dividirlo por el mismo número.

· 4   : 2

Peso (kg)	1	2	3	4	5	6
Precio (€)	3	6	9	12	15	18

· 4   : 2

Las magnitudes *kilos de fresas* y *precio* son directamente proporcionales.

El precio de 4 kg será 12 €.

En magnitudes directamente proporcionales, la **regla de tres simple directa** nos permite calcular el valor de una cantidad, conociendo otras tres cantidades relacionadas.

ACTIVIDADES

7 PRACTICA. ¿Son directamente proporcionales?

Magnitud A	4	6	8
Magnitud B	12	18	28

Magnitud A	5	7	9
Magnitud B	6	8,4	10,8

8 APLICA. Completa en tu cuaderno, sabiendo que A y B son directamente proporcionales y $k = 2,5$.

Magnitud A		9	10	
Magnitud B	20			30

9 REFLEXIONA. Escribe dos magnitudes directamente proporcionales y haz su tabla de proporcionalidad.

SABER HACER

En general, para resolver una regla de tres simple directa:

$$\left.\begin{array}{l} a \longrightarrow b \\ c \longrightarrow x \end{array}\right\} \rightarrow \frac{a}{c} = \frac{b}{x} \rightarrow x = \frac{c \cdot b}{a}$$

$$\left.\begin{array}{l} a \longrightarrow b \\ x \longrightarrow d \end{array}\right\} \rightarrow \frac{a}{x} = \frac{b}{d} \rightarrow x = \frac{a \cdot d}{b}$$

Resolver problemas mediante una regla de tres simple directa

Cuatro máquinas producen 360 piezas.

a) ¿Cuántas piezas producen 7 máquinas?

b) Si se han producido 1 080 piezas, ¿cuántas máquinas se han usado?

Pasos a seguir

1. Determinamos las magnitudes y comprobamos que son directamente proporcionales.

Magnitudes: *número de máquinas – número de piezas*

- Si tenemos el doble de máquinas, producirán el doble de piezas.
- Si tenemos la mitad de máquinas, producirán la mitad de piezas.

...

Son magnitudes directamente proporcionales.

2. Planteamos la regla de tres con los datos del problema.

a) **Máquinas** — **Piezas**

$$\left.\begin{array}{l} 4 \xrightarrow{\text{producen}} 360 \\ 7 \xrightarrow{\text{producirán}} x \end{array}\right\}$$

b) **Máquinas** — **Piezas**

$$\left.\begin{array}{l} 4 \xrightarrow{\text{producen}} 360 \\ x \xrightarrow{\text{han producido}} 1\,080 \end{array}\right\}$$

3. Establecemos la igualdad entre las razones.

a) $\frac{4}{7} = \frac{360}{x}$

b) $\frac{4}{x} = \frac{360}{1080}$

4. Despejamos la x.

a) $x = \frac{7 \cdot 360}{4} = 630$

7 máquinas producirán 630 piezas.

b) $x = \frac{4 \cdot 1080}{360} = 12$

Para producir 1 080 piezas se han usado 12 máquinas.

ACTIVIDADES

10 En una fábrica usan 8 ℓ de leche por cada 5 kg de harina para hacer una masa.

a) ¿Cuántos litros de leche tendrán que poner si tienen 12 kg de harina?

b) ¿Cuántos kilos de harina tendrán que poner si tienen 20 ℓ de leche?

11 Ana ha hecho un plano en el que 4 cm representan 10 m en la realidad.

a) ¿Qué longitud real son 10 cm en el plano?

b) Una longitud real de 25 m, ¿qué longitud tiene al representarla en el plano?

12 Para recorrer 3,2 m, María necesita dar 4 pasos.

a) ¿Qué longitud recorre con 30 pasos?

b) Para recorrer 1 600 m, ¿cuántos pasos tiene que dar María?

13 En un restaurante, cuatro hamburguesas especiales cuestan 26 €.

a) ¿Cuántas hamburguesas especiales pueden pedirse si tenemos 45,50 €?

b) Si tenemos 58 €, ¿podemos pedir nueve hamburguesas especiales?

14 Un coche consume 7,2 litros de gasolina cada 100 km recorridos. Calcula:

a) ¿Cuántos litros consume en un viaje de 250 km?

b) ¿Cuántos kilómetros puede recorrer con 50,4 litros de combustible?

c) Si un litro cuesta 1,20 €, ¿cuántos kilómetros puede recorrer con 86,40 €?

4 Magnitudes inversamente proporcionales

Dos **magnitudes** son **inversamente proporcionales** si, al multiplicar (o dividir) una de ellas por un número, la otra queda dividida (o multiplicada) por ese mismo número.

Consideramos A y B dos magnitudes con estos valores:

Magnitud A	a_1	a_2	a_3	...	m
Magnitud B	b_1	b_2	b_3	...	n

Si los valores de ambas magnitudes cumplen que:

$$a_1 \cdot b_1 = a_2 \cdot b_2 = a_3 \cdot b_3 = \ldots = m \cdot n = k$$

decimos que las magnitudes A y B son inversamente proporcionales.

EJEMPLO

6. Juana va al instituto en bicicleta. Si va a 10 km/h tarda 4 minutos en llegar. ¿Cuánto tardaría si fuera a 5 km/h?

   Al multiplicar (o dividir) por un número la velocidad, el tiempo que tarda queda dividido (o multiplicado) por el mismo número.

   : 2 (10 → 5) · 8 (1 → 8)

Velocidad	10	20	40	5	1	8
Tiempo	4	2	1	8	40	5

   · 2 (4 → 8) : 8 (40 → 5)

   Las magnitudes *velocidad* y *tiempo que tarda en llegar* son inversamente proporcionales.

   Si fuera a 5 km/h tardaría en llegar 8 minutos.

RESUELVE EL RETO

Susana tiene pienso para alimentar a sus 4 vacas durante 6 días. Si vende una de las vacas, ¿para cuántos días tendrán pienso las demás?

La **regla de tres simple inversa** es una técnica que nos permite calcular, en magnitudes inversamente proporcionales, el valor de una cantidad, conociendo otras tres cantidades relacionadas.

ACTIVIDADES

15 PRACTICA. ¿Son inversamente proporcionales?

Magnitud A	2	3	6
Magnitud B	12	8	4

Magnitud A	10	12	14
Magnitud B	2	4	6

16 APLICA. Copia y completa sabiendo que A y B son inversamente proporcionales y $k = 48$.

Magnitud A	2			4
Magnitud B		12	8	

17 REFLEXIONA. Indica dos magnitudes inversamente proporcionales y haz su tabla de proporcionalidad.

SABER HACER

Resolver problemas mediante una regla de tres simple inversa

Un grifo que vierte 5 ℓ de agua por minuto tarda 10 h en llenar un estanque.

a) ¿Cuánto tardaría si vertiese 2 ℓ por minuto?

b) ¿Cuántos litros tendría que verter para llenarlo en 4 horas?

El planteamiento de la regla de tres simple inversa es similar al de la regla de tres simple directa:

$$\left.\begin{matrix} a \longrightarrow b \\ c \longrightarrow x \end{matrix}\right\}$$

Sin embargo, en la resolución en vez de la segunda fracción, consideramos su inversa:

$$\frac{a}{c} = \frac{x}{b} \rightarrow x = \frac{a \cdot b}{c}$$

Pasos a seguir

1. Determinamos las magnitudes y comprobamos que son inversamente proporcionales.

Magnitudes: *litros por minuto – tiempo de llenado*

- Si vierte el doble de litros, tardará la mitad de tiempo.
- Si vierte la mitad de litros, tardará el doble de tiempo.

…

Son magnitudes inversamente proporcionales.

2. Planteamos la regla de tres con los datos del problema.

a) **Litros** — **Tiempo**

$$\left.\begin{matrix} 5 \xrightarrow{\text{tarda}} 10 \\ 2 \xrightarrow{\text{tardaría}} x \end{matrix}\right\}$$

b) **Litros** — **Tiempo**

$$\left.\begin{matrix} 5 \xrightarrow{\text{tarda}} 10 \\ x \xrightarrow{\text{tardaría}} 4 \end{matrix}\right\}$$

3. Establecemos la igualdad entre las razones tomando, en lugar de la segunda razón, su inversa.

a) $\frac{5}{2} = \frac{x}{10}$

b) $\frac{5}{x} = \frac{4}{10}$

4. Despejamos la x.

a) $x = \frac{5 \cdot 10}{2} = 25$

Si vertiese 2 ℓ por minuto, tardaría 25 horas.

b) $x = \frac{5 \cdot 10}{4} = 12{,}5$

Tendría que verter 12,5 ℓ por minuto para llenarlo en 4 horas.

ACTIVIDADES

18 Un tren recorre un trayecto a 200 km/h en 3 horas.

a) ¿Cuánto tardaría si fuera a 100 km/h?

b) ¿A qué velocidad debería ir para tardar 4 horas?

19 Para pintar todas las paredes de un edificio se contrata a 10 pintores que trabajarán durante 14 días para acabar su labor.

a) ¿Cuánto tardarían si fueran un pintor más?

b) ¿A cuántos pintores deberían haber contratado para terminar la tarea en 5 días?

20 Para hacer un regalo se han pedido 20 € por persona a un grupo de 15 personas.

a) ¿Cuánto tendría que poner cada una si fueran 5 personas menos?

b) Si fueran 12 personas, ¿cuánto tendría que poner cada una de ellas?

21 Un grupo de 12 científicos se va de viaje a la selva. Han preparado comida para 20 días.

a) ¿Cuántos días duraría la comida si fuesen 10?

b) Para que la comida les durase 8 días, ¿cuántos científicos deberían ir en el viaje?

c) Pasados 2 días del comienzo del viaje, 4 científicos se marchan. ¿Cuánto les durará la comida a los que quedan?

5 Repartos proporcionales

5.1. Repartos directamente proporcionales

Para repartir una cantidad, N, en **partes directamente proporcionales** a tres números, a, b y c, las partes se obtienen multiplicando cada número, a, b y c, por la constante de proporcionalidad, $\dfrac{N}{a+b+c}$.

RESUELVE EL RETO

Encuentra dos números de manera que al repartir 300 entre ellos de forma directamente proporcional una de las partes obtenidas sea el doble que la otra.

EJEMPLO

7. Tres camareros reparten 350 € en partes directamente proporcionales al número de horas trabajadas. Si Pedro trabaja 5 horas; Rosa, 7 horas, y Julián, 8 horas, halla la constante de proporcionalidad del reparto.

Constante de proporcionalidad: $\dfrac{350}{5+7+8} = 17{,}5$.

5.2. Repartos inversamente proporcionales

Si repartimos una cantidad, N, en **partes inversamente proporcionales** a a, b y c, cada parte se obtiene dividiendo la constante de proporcionalidad, $\dfrac{N}{\frac{1}{a}+\frac{1}{b}+\frac{1}{c}}$, entre su cantidad correspondiente: a, b y c.

EJEMPLO

8. Un abuelo ha decidido repartir 150 € en partes inversamente proporcionales a las edades de sus nietos: 6, 8 y 12 años, respectivamente. ¿Cuál es la constante de proporcionalidad del reparto?

Constante de proporcionalidad: $\dfrac{150}{\frac{1}{6}+\frac{1}{8}+\frac{1}{12}} = 400$.

ACTIVIDADES

22 PRACTICA. Halla la constante de proporcionalidad al repartir 400 entre 5 y 15.

a) De forma directamente proporcional.

b) De forma inversamente proporcional.

23 APLICA. Escribe dos situaciones en las que se realicen repartos directamente proporcionales.

24 REFLEXIONA. Si en un reparto las partes obtenidas son todas iguales, ¿cómo son las cantidades iniciales?

SABER HACER

Realizar repartos directa o inversamente proporcionales

Realiza los siguientes repartos proporcionales:

a) 500 en partes directamente proporcionales a 20, 12 y 18.

b) 210 en partes inversamente proporcionales a 3, 5 y 6.

Para dividir un número entero entre una fracción, se expresa el número en forma de fracción poniendo como denominador 1.

$$\frac{210}{\frac{21}{30}} = 210 : \frac{21}{30} = \frac{210}{1} : \frac{21}{30} = \frac{210 \cdot 30}{21} = 300$$

Pasos a seguir

1. Calculamos la constante de proporcionalidad.
   - Si el reparto es directamente proporcional, dividimos el total a repartir entre la suma de las partes.
   - Si el reparto es inversamente proporcional, dividimos el total a repartir entre la suma de los inversos de las partes.

a) Constante de proporcionalidad directa:

$$k = \frac{N}{a+b+c} \rightarrow \frac{500}{20+12+18} = \frac{500}{50} = 10$$

b) Constante de proporcionalidad inversa:

$$k = \frac{N}{\frac{1}{a}+\frac{1}{b}+\frac{1}{c}} \rightarrow \frac{210}{\frac{1}{3}+\frac{1}{5}+\frac{1}{6}} = \frac{210}{\frac{21}{30}} = 300$$

2. Calculamos lo que le corresponde a cada parte.
   - Si el reparto es directamente proporcional, multiplicamos la constante de proporcionalidad por cada una de las partes.
   - Si el reparto es inversamente proporcional, dividimos la constante de proporcionalidad por cada una de las partes.

a) Reparto directamente proporcional:

A 20 le corresponde: $20 \cdot 10 = 200$

A 12 le corresponde: $12 \cdot 10 = 120$

A 18 le corresponde: $18 \cdot 10 = 180$

Las partes serán 200, 120 y 180, respectivamente.

b) Reparto inversamente proporcional:

A 3 le corresponde: $300 : 3 = 100$

A 5 le corresponde: $300 : 5 = 60$

A 6 le corresponde: $300 : 6 = 50$

Las partes serán 100, 60 y 50, respectivamente.

ACTIVIDADES

25 Reparte 180 en partes directamente proporcionales a estas cantidades.

a) 4 y 5 c) 3, 5 y 10 e) 20, 30 y 50

b) 2 y 7 d) 2, 7 y 9 f) 10, 35 y 45

26 Reparte 90 en partes directamente proporcionales a estas cantidades.

a) 4 y 5 b) 8 y 10 c) 10 y 20

¿Qué puedes concluir viendo los resultados?

27 Reparte 60 en partes inversamente proporcionales a estas cantidades.

a) 2 y 3 c) 6 y 9 e) 2, 9 y 18

b) 3 y 6 d) 9 y 36 f) 3, 6 y 18

28 Se reparten 300 viajeros entre dos trenes, en partes directamente proporcionales a su número de vagones, 14 y 16, respectivamente. ¿Cuántos viajeros irán en cada tren?

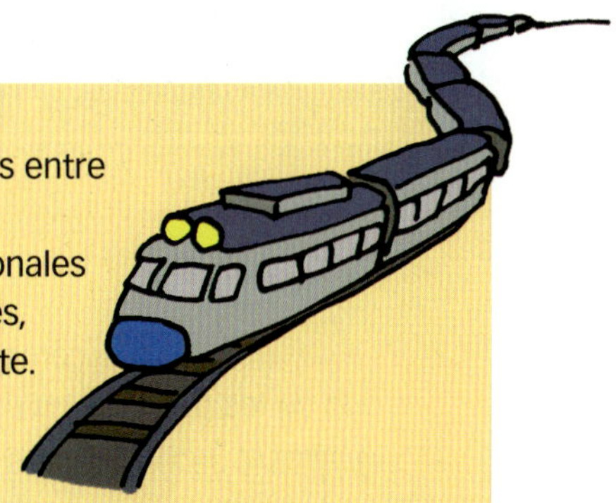

29 Se reparten 400 viajeros entre dos trenes, en partes inversamente proporcionales a las edades de sus maquinarias. El más moderno tiene 4 años y el más viejo, 2 años más. ¿Cuántos viajeros irán en cada tren?

Si se reemplaza el más viejo por un tren con un año de antigüedad, ¿cómo quedará el reparto de viajeros?

6 Porcentajes

El **tanto por ciento** o **porcentaje** de una cantidad, cuyo símbolo es %, significa que de cada 100 partes tomamos el tanto indicado.

Para calcular el **tanto por ciento** de una cantidad, se multiplica esa cantidad por el tanto por ciento y se divide el resultado entre 100.

$$t\,\%\text{ de } C = \frac{t \cdot C}{100}$$

En los problemas de porcentajes intervienen magnitudes directamente proporcionales; por tanto, se pueden resolver con reglas de tres directas.

CALCULADORA

Para hallar porcentajes, usamos la tecla %.

33 % de 25

33 × 25 SHIFT % = 8,25

EJEMPLOS

9. Completa la tabla.

	Porcentaje	Se lee	Significado
El 20 % de los vecinos son mujeres	20 %	Veinte por ciento	De cada 100 vecinos, 20 son mujeres
El 40 % de mis amigos hacen deporte	40 %	Cuarenta por ciento	De cada 100 amigos, 40 hacen deporte

10. Halla el 35 % de 400.

$35\,\%\text{ de }400 = \frac{35 \cdot 400}{100} = 140$ El 35 % de 400 es 140.

11. El 25 % de los 124 clientes de un restaurante tomaron sopa como primer plato. ¿Cuántos clientes tomaron sopa?

Clientes **Sopas**

$$\left.\begin{array}{r} \text{Si de 100 clientes} \xrightarrow{\text{tomaron}} 25 \text{ sopas} \\ \text{de 124 clientes} \xrightarrow{\text{tomaron}} x \text{ sopas} \end{array}\right\} \rightarrow x = \frac{124 \cdot 25}{100} = 31$$

El 25 % de los 124 clientes son 31 clientes. Tomaron sopa 31 clientes.

ACTIVIDADES

30 PRACTICA. Escribe cómo se lee y qué significa cada uno de los porcentajes de estas frases.

a) El 35 % de los alumnos de este instituto hacen deporte todas las semanas.

b) El 80 % de las personas encuestadas comen fruta todos los días.

c) De los asistentes a una función de teatro, el 72 % eran mujeres.

31 APLICA. Calcula los siguientes porcentajes.

a) 15 % de 20 b) 30 % de 90 c) 14 % de 250

32 APLICA. Compara sin calcular.

a) El 20 % de 30 y el 20 % de 70.

b) El 70 % de 20 y el 20 % de 70.

33 APLICA. Marcos ha acertado el 72 % de las 25 preguntas de un examen. ¿Cuántas preguntas ha fallado?

34 REFLEXIONA. Contesta a estas preguntas.

a) ¿Qué tanto por ciento es 6 respecto de 12?

b) ¿Qué tanto por ciento es 2 respecto de 8?

SABER HACER

Resolver problemas de porcentajes

Resuelve estos problemas.

a) Un jugador ha encestado 15 tiros libres de 25 lanzamientos. ¿Cuál es su porcentaje de acierto?

b) El 84 % de las butacas de un cine están ocupadas. Si en la sala hay 63 personas, ¿cuántas butacas tiene la sala?

c) De los 12 000 kg de fruta que ha cogido Silvia, el 4 % se ha estropeado. ¿Cuántos kilos de fruta se han estropeado?

Pasos a seguir

1. Identificamos los datos conocidos y desconocidos del problema.

a) $t = x$ $C = 25$ $A = 15$

b) $t = 84$ $C = x$ $A = 63$

c) $t = 4$ $C = 12\,000$ $A = x$

2. Planteamos una regla de tres con los datos del problema.

a) $\left.\begin{array}{l}\text{Si de } 100 \longrightarrow x\\ \text{de } 25 \longrightarrow 15\end{array}\right\} \to \dfrac{100}{25} = \dfrac{x}{15}$

b) $\left.\begin{array}{l}\text{Si de } 100 \longrightarrow 84\\ \text{de } x \longrightarrow 63\end{array}\right\} \to \dfrac{100}{x} = \dfrac{84}{63}$

c) $\left.\begin{array}{l}\text{Si de } 100 \longrightarrow 4\\ \text{de } 12\,000 \longrightarrow x\end{array}\right\} \to \dfrac{100}{12\,000} = \dfrac{4}{x}$

3. Calculamos el término desconocido.

a) $\dfrac{100}{25} = \dfrac{x}{15} \to x = \dfrac{100 \cdot 15}{25} = 60$

El porcentaje de acierto es del 60 %.

b) $\dfrac{100}{x} = \dfrac{84}{63} \to x = \dfrac{100 \cdot 63}{84} = 75$

La sala tiene 75 butacas.

c) $\dfrac{100}{12\,000} = \dfrac{4}{x} \to x = \dfrac{12\,000 \cdot 4}{100} = 480$

Se han estropeado 480 kg de fruta.

Cálculo de la **parte**:

$$A = \frac{C \cdot t}{100}$$

Cálculo del **porcentaje**:

$$t = \frac{100 \cdot A}{C}$$

Cálculo del **total**:

$$C = \frac{100 \cdot A}{t}$$

ACTIVIDADES

35 Hemos lanzado 7 veces una moneda y 4 de ellas ha salido cara.

a) ¿Qué porcentaje de veces sobre el total de lanzamientos ha salido cara?

b) ¿Cuántas cruces han salido?

36 El 85 % de los 60 alumnos de una clase han ido de excursión. ¿Cuántos alumnos no han ido?

37 Un equipo de fútbol ha ganado el 65 % de los partidos. Si han ganado 26 partidos, ¿cuántos partidos han jugado en total?

38 El padre de Lourdes cobra 26 000 € al año y paga 5 200 € de impuestos. La madre de Esteban cobra 46 500 € al año y paga 8 370 € de impuestos. ¿Quién paga un porcentaje de impuestos más alto?

39 Un equipo de baloncesto ha perdido 18 de los 45 partidos que ha jugado. Otro equipo ha ganado 20 de los 49 partidos jugados. ¿Qué equipo tiene un porcentaje mejor de resultados?

40 Una fábrica tiene 540 trabajadores. Si 3 de cada 5 son mujeres, ¿qué porcentaje representan las mujeres en la plantilla?

7 Aumentos y disminuciones porcentuales

- **Aumentar** una cantidad un t % equivale a calcular el $(100 + t)$ % de dicha cantidad.
- **Disminuir** una cantidad un t % equivale a calcular el $(100 - t)$ % de dicha cantidad.

EJEMPLOS

12. En un gimnasio había 250 socios. Este año el número de socios ha aumentado un 12 %. ¿Cuántos socios hay ahora?

Hallamos el 112 % de 250: 112 % de 250 $= \frac{112 \cdot 250}{100} = 280$

También se puede resolver considerando que aumentar un 12 % significa que si antes había 100 socios, ahora hay $100 + 12 = 112$ socios.

Aplicando una regla de tres directa:

$$\left.\begin{array}{lcl} \textbf{Antes} & & \textbf{Ahora} \\ 100 \text{ socios} & \longrightarrow & 112 \text{ socios} \\ 250 \text{ socios} & \longrightarrow & x \text{ socios} \end{array}\right\} \rightarrow x = \frac{250 \cdot 112}{100} = 280$$

Ahora hay 280 socios.

13. Valverde tenía 400 habitantes. Este año ese número ha disminuido un 5 %. ¿Cuántos habitantes tiene ahora?

Hallamos el 95 % de 400: 95 % de 400 $= \frac{95 \cdot 400}{100} = 380$

También se puede resolver considerando que disminuir un 5 % significa que si antes había 100 habitantes, ahora hay $100 - 5 = 95$ habitantes.

Aplicando una regla de tres directa:

$$\left.\begin{array}{lcl} \textbf{Antes} & & \textbf{Ahora} \\ 100 \text{ habitantes} & \longrightarrow & 95 \text{ habitantes} \\ 400 \text{ habitantes} & \longrightarrow & x \text{ habitantes} \end{array}\right\} \rightarrow x = \frac{400 \cdot 95}{100} = 380$$

Ahora tiene 380 habitantes.

RESUELVE EL RETO

El precio de un televisor subió un 8 % el mes pasado. Ahora cuesta 378 €. ¿Cuánto costaba el mes pasado?

ACTIVIDADES

41 PRACTICA. Calcula.

a) 35 + 20 % de 35

b) 80 + 30 % de 80

c) 120 + 60 % de 120

42 APLICA. Ana ganaba cada mes 1 500 €. Este año gana un 2 % más. ¿Cuánto cobra al mes ahora?

43 APLICA. Teresa compra 20 libros de 15 € cada uno. Por pagar en metálico le descuentan un 10 %. ¿Cuánto paga Teresa en total?

44 APLICA. En una tienda vendían un sofá por 500 €. Rebajaron su precio un 10 % y, más tarde, lo volvieron a rebajar otro 10 %. La rebaja total, ¿fue mayor o menor de un 20 %?

45 REFLEXIONA. Un libro cuesta 20 € (4 % de IVA incluido). ¿Cuál es el precio del libro sin IVA?

46 REFLEXIONA. Una motocicleta, tras una rebaja del 8 % de su precio inicial, cuesta 2 760 €. ¿Cuál era el precio inicial de la motocicleta?

SABER HACER

Resolver problemas de porcentajes encadenados

En 2014, el seguro de un coche costaba 300 €. En 2015 bajó un 5 % y en 2016 se incrementó un 10 % sobre el precio de 2015. ¿Cuánto costaba el seguro en 2016?

Pasos a seguir

1. Determinamos los cambios que se han producido y calculamos los porcentajes de aumento, $(100 + t)$ %, o disminución, $(100 - t)$ %, que ha habido.

Precio 2014		**Precio 2015**		**Precio 2016**
Precio inicial	$\xrightarrow{\text{Bajó 5 \%}}$	$100 - 5 = 95$ %	$\xrightarrow{\text{Subió 10 \%}}$	$100 + 10 = 110$ %
100 %		95 % del precio inicial		110 % del precio rebajado

2. Realizamos los cálculos de cada uno de los cambios sucesivos utilizando los porcentajes de aumento y disminución que hemos calculado.

Primer cambio: disminución de un 5 %

Precio 2014 **Precio 2015**

$$\left.\begin{array}{l} 100 \longrightarrow 95 \\ 300\text{ €} \longrightarrow x\text{ €} \end{array}\right\} \rightarrow x = \frac{300 \cdot 95}{100} = 285$$

En 2015 el seguro costaba 285 €.

Segundo cambio: aumento de un 10 %

Precio 2015 **Precio 2016**

$$\left.\begin{array}{l} 100 \longrightarrow 110 \\ 285\text{ €} \longrightarrow x\text{ €} \end{array}\right\} \rightarrow x = \frac{285 \cdot 110}{100} = 313{,}50$$

El precio del seguro en 2016 era 313,50 €.

> El 110 % del 95 % de 300 € se puede calcular multiplicando los porcentajes:
>
> 110 % del 95 % de 300 $= \frac{110}{100} \cdot \frac{95}{100} \cdot 300 = 313{,}50$ €

ACTIVIDADES

47 Sonia compra un libro de 20 €. Le descuentan un 2 % y luego añaden un 4 % de IVA. ¿Cuánto paga por el libro?

48 Ramón ganaba cada mes 1 200 €. El año pasado le subieron el sueldo un 2 % y este año un 1 %. ¿Cuánto cobra al mes ahora? ¿Qué porcentaje de subida ha tenido en total?

49 Un disco compacto vale 12 €. El dependiente me rebaja un 15 % por ser un cliente habitual y al pagar me cobran un 21 % de IVA. ¿Cuánto pago por el disco? ¿Qué porcentaje supone el precio final sobre el inicial?

50 El valor de una acción es de 15 €. El lunes sube un 3 %, el martes baja un 7 % y el miércoles sube un 10 %. ¿Con qué valor comienza el jueves? ¿En qué momentos es su valor mayor que el valor inicial?

51 En una tienda vendían ramos de flores por 40 €. Rebajaron su precio un 10 % y, más tarde, lo rebajaron otro 10 %.

a) ¿Cuánto costaba tras la primera rebaja?

b) ¿Cuánto costaba al final?

c) ¿Cuál fue el porcentaje de rebaja total?

52 Al aumentar el precio de un producto un 20 % y subirlo después otro 5 %, el precio final de ese producto es de 504 €. ¿Cuánto costaba el producto al principio?

53 ¿Qué es mejor: tres subidas consecutivas de sueldo del 2 % cada una o una sola subida del 6 %? Si se cobran 1 000 €, ¿cuántos euros de diferencia hay en el sueldo final entre uno y otro caso?

ACTIVIDADES FINALES

Razón y proporción

54 En la clase de matemáticas de segundo de ESO hay 12 chicos y 13 chicas.

a) ¿Cuál es la razón entre chicos y chicas?

b) ¿Y entre las chicas y los chicos?

c) ¿Cuál es la razón de chicas con respecto al total?

55 En una bolsa hay 8 caramelos de fresa, 10 de limón y 9 de menta.

a) ¿Cuál es la razón entre los caramelos de limón y los de fresa?

b) ¿Y la razón de los caramelos de menta con respecto al total?

56 Indica si estas proporciones son ciertas.

a) $\frac{2}{3} = \frac{6}{9}$ b) $\frac{8}{4} = \frac{16}{8}$ c) $\frac{5}{12} = \frac{20}{21}$ d) $\frac{4}{8} = \frac{7}{14}$

57 Escribe todas las proporciones posibles entre los números 2, 3, 4 y 6.

58 Halla dos razones iguales a las dadas.

a) $\frac{20}{50}$ b) $\frac{3}{7}$

59 Halla el número que forma con 12 la misma razón que 3 con 9.

60 A dos de cada tres alumnos les gusta el queso. Si en la clase hay 30 alumnos, ¿a cuántos alumnos no les gusta el queso?

61 Calcula x en las siguientes proporciones. Indica las operaciones que has hecho para calcularlo.

a) $\frac{17}{25} = \frac{51}{x}$ b) $\frac{x}{2} = \frac{15}{6}$ c) $\frac{25}{x} = \frac{36}{720}$

62 Completa en tu cuaderno para que cada una de las siguientes igualdades forme una proporción.

a) $\frac{\square}{3} = \frac{6}{9}$ c) $\frac{18}{\square} = \frac{27}{3}$

b) $\frac{45}{6} = \frac{\square}{60}$ d) $\frac{144}{120} = \frac{42}{\square}$

63 Halla x en las siguientes proporciones.

a) $\frac{4}{x} = \frac{x}{9}$ b) $\frac{9}{x} = \frac{x}{25}$ c) $\frac{25}{x} = \frac{x}{4}$

64 Halla el valor de las letras para que las siguientes igualdades formen una proporción.

a) $\frac{6 - x}{9} = \frac{10}{18}$ b) $\frac{6}{a} = \frac{18}{b + 1}$

Magnitudes proporcionales

65 Estudia si estas magnitudes son proporcionales. En el caso de que lo sean, indica si son directas o inversas.

a) Peso de una bolsa de limones y su precio.

b) Espacio recorrido por un avión que va a 750 km/h y tiempo que está volando.

c) Talla de un jersey y su precio.

d) Tiempo que se mantiene abierto un grifo y cantidad de agua que sale.

e) Dinero depositado en un banco y beneficio que genera anualmente.

f) Grosor de un libro y su precio.

g) Velocidad a la cual circula un tren y distancia que recorre en una hora.

h) Superficie de una baldosa y número de baldosas necesarias para cubrir una pared.

i) Número de personas que participan en la compra de un regalo y dinero que aportan.

j) Tarifa de un taxi y kilómetros que recorre.

k) Número de obreros que trabajan en una obra y tiempo que tardan en acabarla.

66 Averigua si las magnitudes A y B son directa o inversamente proporcionales, o no están relacionadas. Cuando sea posible, halla la constante.

a)

A	1	5	10
B	3	15	30

b)

A	2	4	5
B	11	20	55

c)

A	1	2	3
B	5	10	15

d)

A	1	2	3
B	6	3	2

67 En una pastelería se venden cajas de bombones. Completa la siguiente tabla en tu cuaderno.

N.º de cajas	1	2	3	4	5	10	15	20
Peso (kg)				2				

68 Un empresario ha estimado que 10 obreros tardarán 15 días en hacer unas reformas. Completa en tu cuaderno los datos de la tabla.

N.º de obreros	5	10	15		12	
Tiempo		15		6		25

a) ¿Cómo están relacionadas las dos magnitudes?

b) Halla la constante de proporcionalidad.

69 ●●● Un coche que iba a velocidad constante por la autopista, ha recorrido 22 km en 10 minutos. Completa esta tabla en tu cuaderno.

Tiempo (min)	5	10	15			120
Espacio (km)		22		44	220	

a) ¿Cómo están relacionadas las magnitudes?

b) Halla la constante de proporcionalidad.

70 ●●● Ferrán ha pagado 30 céntimos por 5 fotocopias. Si cada fotocopia tiene un precio fijo, completa la siguiente tabla en tu cuaderno.

N.º de copias	1	2	3	4	5	10	20
Coste (€)					0,3		

a) ¿Cómo están relacionadas las magnitudes?

b) Halla la constante de proporcionalidad.

71 ●●● Una compañía telefónica cobra 0,08 € por el establecimiento de llamada, y 0,02 € por cada minuto de conexión. Completa esta tabla en tu cuaderno.

Duración de la llamada (min)	1	2	4	10	15	30
Precio (€)	0,1					

a) ¿Las dos magnitudes mantienen una relación de proporcionalidad directa o inversa?

b) Construye otra tabla en la que aparezca el tiempo de la llamada y el coste sin tener en cuenta el establecimiento. ¿Cómo son las magnitudes?

72 ●●● Denominamos *aleación* a la mezcla de diferentes metales para obtener uno nuevo con unas propiedades mejores (más dureza, más flexibilidad, menos corrosión…). A menudo se hacen aleaciones con el hierro, uniéndolo a otros metales. Copia y completa la siguiente tabla, considerando que son magnitudes directamente proporcionales.

Cantidad de hierro (g)	6	20	48	*c*	125	1 000
Cantidad de aleación (g)	10,5	*a*	*b*	200	*d*	*e*

73 ●●● Crea una tabla de valores que relacione dos magnitudes directamente proporcionales cuya constante de proporcionalidad sea:

a) 5 b) 8 c) 12 d) 20

74 ●●● Crea una tabla de valores que relacione dos magnitudes inversamente proporcionales cuya constante de proporcionalidad sea:

a) 20 b) 40 c) 100 d) 400

Problemas de proporcionalidad

SABER HACER

Resolver problemas de proporcionalidad directa por reducción a la unidad

75 Manuel ha comprado 3 kg de peras y ha pagado por ellas 4,50 €. ¿Cuánto le costarían 7 kg?

PRIMERO. Se halla la cantidad que corresponde a 1 unidad de la magnitud que nos preguntan.

En este caso, se calcula el precio de 1 kg de peras.

(: 3 en ambas filas)

Peras	3	1
Precio	4,50	*x*

$4{,}50 : 3 = 1{,}50$

1 kg de peras cuesta 1,50 €.

SEGUNDO. Se multiplica este resultado por la cantidad que nos preguntan.

$7 \cdot 1{,}50 = 10{,}50$ → Siete kilos le costarían 10,50 €.

76 ●●● En un restaurante hay 4 litros de vino blanco por cada 8 litros de vino tinto. Si hay 240 litros de vino tinto, ¿cuántos habrá de vino blanco? ¿Y en total?

SABER HACER

Resolver problemas de proporcionalidad inversa por reducción a la unidad

77 Cuatro obreros tardan 12 días en realizar un trabajo. ¿Cuántos días tardarán 3 obreros en hacer ese trabajo?

PRIMERO. Se halla la cantidad que corresponde a 1 unidad de la magnitud que nos preguntan.

En este caso, se calcula el tiempo que tardará 1 obrero en hacer el trabajo.

(: 4 en Obreros; · 4 en Días)

Obreros	4	1
Días	12	*x*

$4 \cdot 12 = 48$

Un obrero tardará 48 días.

SEGUNDO. Se divide el resultado por la cantidad que nos preguntan.

$48 : 3 = 16$ → Tres obreros tardarán 16 días.

ACTIVIDADES FINALES

78 Siete máquinas tardan 28 horas en realizar un pedido. ¿Cuántas máquinas serán necesarias para realizar el pedido si se quiere tardar 14 horas?

79 Durante las fiestas de una localidad en una tamborrada popular hay 5 chicos por cada 4 chicas. Si hay 70 chicos, ¿cuántas chicas participan?

80 Si seis carpinteros hacen tres mesas en un día, ¿cuántos muebles harían dos carpinteros en ese mismo tiempo?

81 En un congreso médico la proporción de europeos con respecto a los americanos es de $\frac{8}{3}$. ¿Qué cantidad de europeos hay si son 25 más que los americanos?

82 Un ciclista da una vuelta a un circuito en 30 minutos a 20 km/h. ¿A qué velocidad tendrá que ir si quiere recorrer el mismo circuito en 25 minutos?

83 El número de goles encajados por los dos porteros (titular y suplente) de un equipo de fútbol mantiene una razón de 3 a 7. ¿Cuántos goles le han marcado al equipo si al titular le han metido treinta?

84 En una fiesta hay 15 invitados, y habían pensado repartir 6 cm de helado de barra a cada uno. Si hay 5 invitados que no quieren, ¿cuántos centímetros de helado se podrán repartir al resto de invitados?

85 Poner parqué en un piso de 75 m² cuesta 1 250 €. ¿Cuánto costaría el parqué si tuviera 60 m²?

86 En una tienda el precio de 32 impresiones de fotografías a color es de 8 €. ¿Cuánto costarían 50 impresiones? ¿Cuántas podríamos hacer con 7 €?

87 Se prevé que un edificio estará pintado en 2 meses si trabajan 12 personas. ¿Cuántas personas serían necesarias para tenerlo acabado en 3 semanas?

88 Cuatro pintores pintan 70 m² en un día. ¿Cuánto pintarán seis pintores en dos días?

89 Para hacer una receta de bizcocho de limón para 4 personas, se necesitan los ingredientes indicados. ¿Qué cantidades de cada uno de ellos se necesitaría para hacer un bizcocho para 6 personas?

4 personas

2 huevos
1 yogur de limón
Aceite de oliva (1 medida de yogur)
Azúcar (2 medidas de yogur)
Harina (3 medidas de yogur)
1 sobre de levadura (16 g)
1 limón
1 cucharada de azúcar de lustre

SABER HACER

Resolver problemas de engranajes

90 En un reloj antiguo, un engranaje tiene dos ruedas, de 18 y 12 dientes. Calcula cuántas vueltas da la rueda pequeña cuando la rueda grande da 6 vueltas.

PRIMERO. Se determina el tipo de proporcionalidad que tienen las magnitudes.

A mayor número de dientes de la rueda, menor número de vueltas dará. El número de dientes y el número de vueltas son inversamente proporcionales.

SEGUNDO. Se plantea una regla de tres y se resuelve.

$$\left.\begin{array}{l}18 \text{ dientes} \rightarrow 6 \text{ vueltas}\\ 12 \text{ dientes} \rightarrow x \text{ vueltas}\end{array}\right\} \rightarrow x = \frac{18 \cdot 6}{12} = 9$$

La rueda de 12 dientes da 9 vueltas.

91 Dos ruedas de 1,5 m y 2,4 m de diámetro se mueven por una polea. Si la rueda más pequeña da 220 vueltas, ¿cuántas dará la rueda grande?

92 Un modelo de bicicleta tiene un plato con 24 dientes y un piñón con 15. Si el plato da 30 vueltas, ¿cuántas dará el piñón?

93 El engranaje de un reloj antiguo tiene dos ruedas de 24 y 9 dientes. Mientras la primera rueda da 3 vueltas, ¿cuántas da la segunda?

SABER HACER

Resolver problemas de móviles

94 Una motocicleta y un peatón marchan por una misma vía. El peatón camina a 4 km/h y la motocicleta va a 40 km/h.

a) Si salen al mismo tiempo, desde puntos opuestos separados 22 km, ¿cuánto tardarán en encontrarse?

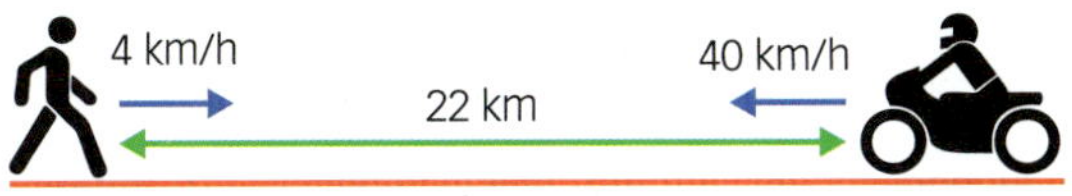

b) Si salen del mismo lugar y el peatón lleva una ventaja de 12 km, ¿cuánto tiempo tardará en alcanzarle la motocicleta?

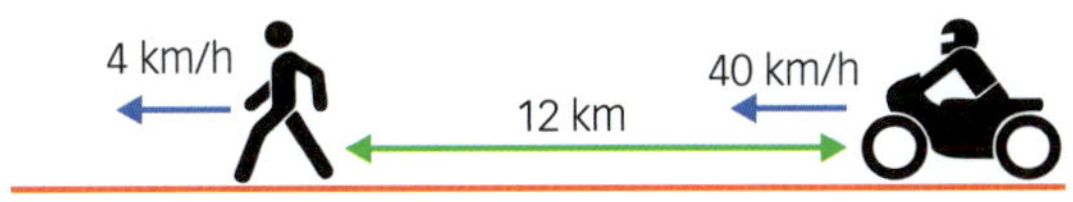

PRIMERO. Se suman o se restan las velocidades de ambos móviles según vayan en sentidos opuestos o en el mismo sentido.

a) Velocidad de encuentro $= 40 + 4 = 44$ km/h.

b) Velocidad de alcance $= 40 - 4 = 36$ km/h.

SEGUNDO. La razón entre la distancia que los separa y la velocidad a la que se aproximan es el tiempo, t.

a) $t = \frac{\text{distancia}}{\text{velocidad}} = \frac{22}{44} = 0{,}5$ h tardan en encontrarse.

b) $t = \frac{\text{distancia}}{\text{velocidad}} = \frac{12}{36} = \frac{1}{3}$ h tarda en alcanzarle.

95 Un autobús sale de una ciudad a las 9 de la mañana y circula a 80 km/h. Una hora y cuarto más tarde, por el mismo camino, sale un automóvil a 100 km/h.

a) ¿Cuánto tiempo tarda el automóvil en alcanzar al autobús?

b) Si el destino del autobús está a 300 km, ¿alcanzará el automóvil al autobús antes de que llegue?

96 María y Laura salen del comienzo y del final de una ruta de senderismo de 20 km. María camina a 4 km/h y Laura va a 6 km/h.

a) ¿Cuánto tiempo ha caminado María cuando se encuentran? ¿Y Laura?

b) ¿Qué distancia ha recorrido cada una cuando se encuentran? ¿Cuánto les falta por recorrer?

c) Contesta las tres preguntas anteriores suponiendo que tanto María como Laura caminasen las dos a 5 km/h.

97 Hallamos la velocidad a la cual va un móvil, dividiendo la distancia recorrida entre el tiempo transcurrido.

$$V = \frac{d}{t}$$

Si un coche recorre 100 metros en 20 segundos a una velocidad constante, ¿qué distancia recorrerá en 50 segundos? ¿Y qué tiempo tardará en recorrer 450 metros?

98 La fuerza que se ejerce sobre un cuerpo para conseguir moverlo es igual a la masa del cuerpo por la aceleración que le produce esa fuerza.
La fuerza se mide en newtons, N ($1\ N = 1\ \text{kg} \cdot \text{m/s}^2$).

$$F = m \cdot a$$

Aplicamos una fuerza sobre un objeto de 4 kg y se da una aceleración 3 m/s^2. Si aplicamos la misma fuerza sobre un objeto de 6 kg, ¿qué aceleración obtendremos?

SABER HACER

Resolver problemas de llenado y vaciado

99 Un grifo A tarda 4 horas en llenar un depósito y otro grifo B tarda 6 horas. Si abrimos los dos grifos a la vez, ¿cuánto tardaremos en llenar el depósito?

PRIMERO. Se reduce a la unidad en cada grifo.

Grifo A → En 1 hora llena $\frac{1}{4}$ del depósito.

Grifo B → En 1 hora llena $\frac{1}{6}$ del depósito.

Los dos juntos en 1 hora llenarán:

$$\frac{1}{4} + \frac{1}{6} = \frac{5}{12} \text{ partes del depósito.}$$

SEGUNDO. Se calcula cuánto tardarán los dos juntos en llenar todo el depósito.

En 1 hora llenan $\frac{5}{12}$ del depósito. Para llenar todo el depósito:

$$1 : \frac{5}{12} = \frac{12}{5} = 2 \text{ h } 24 \text{ min}$$

Con los dos grifos se tardan 2 h 24 min.

ACTIVIDADES FINALES

100 Cinco grifos iguales llenan una piscina en 6 horas. Si cerramos uno, ¿cuántas horas tardaremos?

101 De una fuente manan 0,4 litros cada minuto, y llenamos una botella en 2 minutos y medio. En otra fuente, llenamos la misma botella en solo 2 minutos. ¿Qué caudal mana de la segunda fuente?

Repartos proporcionales

102 Reparte 8 100 en partes directamente proporcionales a 8, 9 y 11.

103 Reparte 306 en partes inversamente proporcionales a 16, 12 y 5.

104 Reparte 665 en partes directa e inversamente proporcionales a $\frac{2}{3}$, $\frac{1}{6}$ y $\frac{3}{4}$.

105 Juan invierte en un negocio 300 € y Ana 500 €. Si ganan 2 000 €, ¿cómo los repartirán?

106 Un abuelo reparte 42 fotos entre sus tres nietos, de forma inversamente proporcional a sus edades, que son 2, 4 y 8 años. Averigua cuántas fotos recibe cada uno.

107 Dos comunidades de vecinos instalan una antena cuyo coste es de 1 560 €. Si viven 75 y 55 vecinos, respectivamente, y deciden pagar proporcionalmente, ¿cuánto debe pagar cada comunidad? ¿Y cada vecino?

108 Luis, Damián y Carlos compran un décimo de lotería. Carlos pone 10 €; Damián, 6 €; y Luis, 4 €. El décimo es premiado y, en el reparto, a Carlos le tocan 5 000 €. ¿Cuánto dinero les corresponde a los demás?

109 Si repartes una cantidad en partes inversamente proporcionales a 10, 7 y 3, la cantidad que le corresponde a 3 es 50. ¿Qué cantidad les corresponde a 10 y a 7?

Porcentajes

110 Calcula.

a) 14 % de 210
b) 80 % de 35
c) 20 % de 1 500
d) 5 % de 250

111 Halla el valor de *a* en cada caso.

a) El 21 % de *a* es 315.
b) El 40 % de *a* es 1 800.
c) El 7 % de *a* es 252.

112 Completa en tu cuaderno estas secuencias.

a) $400 \xrightarrow{+20\,\%} \square \xrightarrow{+20\,\%} \square$
b) $320 \xrightarrow{+5\,\%} \square \xrightarrow{-10\,\%} \square$
c) $680 \xrightarrow{-10\,\%} \square \xrightarrow{-10\,\%} \square$

113 Halla en cada caso de la actividad anterior el porcentaje con el que se pasa directamente de la cantidad inicial a la cantidad final.

114 El 40 % de los 30 vecinos de un edificio son mayores de 65 años. Calcula el número de vecinos mayores de 65 años que hay.

115 En una época de sequía, un embalse con capacidad máxima de 200 hm^3 estaba al 45 % de su capacidad. ¿Qué cantidad de agua contenía en ese momento?

116 En unas elecciones municipales han votado 4 560 personas, que representan el 75 % del total de electores. ¿Cuál es el censo total?

117 Miguel prepara una limonada con 12 litros de agua y 8 litros de zumo de limón. ¿Cuál es el porcentaje de zumo de limón?

118 En un vaso de yogur de 125 g encontramos la siguiente etiqueta:

Contenido en calcio: 124 mg
(19 % del consumo diario recomendado)

¿Cuántos yogures tendría que tomar una persona para cubrir la necesidad diaria de calcio?

119 Un teléfono móvil cuesta 85 €. Calcula el precio si le hacen una rebaja del 6 %. ¿Qué precio tendrá si se encarece un 4 %?

120 Roser ha comprado un ordenador, una impresora y una tarjeta de sonido. La impresora costaba 354 € y la tarjeta de sonido, 180 €. Si en total ha pagado 1 091,40 €, y le han aplicado un descuento del 15 %, ¿cuál era el precio del ordenador antes del descuento?

121 La población de un pueblo después del verano disminuye un 40 %. Si en septiembre hay 3 600 habitantes, ¿cuántos había en verano?

122 El precio final de una nevera, incluido un IVA del 21 %, es igual a 605 €. ¿Cuál es el precio de la nevera sin IVA?

123 Ariadna ha pagado hoy por una barra de pan 75 céntimos. Si el precio de la barra ha subido el 10 %, ¿cuánto costaba la barra de pan antes del aumento?

124 En unos pantalones de 38 € me hacen un descuento del 25 %, pero al precio rebajado hay que añadirle un 21 % de IVA. ¿Cuál es el precio que pagaré?

125 Compramos un televisor cuyo precio es de 240 € sin IVA. El dependiente nos hace un descuento de un 20 % de esa cantidad y, después, aumenta un 21 % de IVA. ¿Cuánto dinero tenemos que pagar?

126 Un comerciante decide subir un 3 % el precio de una mercancía de 72 €. Si a la semana siguiente decide subir otro 3 %, ¿cuál es el precio final de la venta?

127 El precio de un lavavajillas era de 428 €. Si en las primeras rebajas se le hizo un descuento del 20 % y en las segundas rebajas, un descuento del 25 % sobre el precio rebajado:

a) ¿Cuánto vale ahora el lavavajillas?

b) Si se le hubiera hecho un único descuento del 45 %, ¿el precio final habría sido el mismo? Razónalo.

DEBES SABER HACER

Razón y proporcionalidad

1 Tenemos dos clases de 24 y 28 alumnos. En la primera hay 16 chicas, y en la segunda, 18. ¿En cuál hay, proporcionalmente, más chicas?

2 Juan ha pagado 1,92 € por 6 fotocopias. Escribe la expresión que relaciona el número de fotocopias con el precio, y calcula cuánto tendría que pagar por 11 fotocopias.

Magnitudes proporcionales

3 Completa en tu cuaderno las tablas sabiendo que *A* y *B* son magnitudes directamente proporcionales, y *C* y *D* son inversamente proporcionales.

A	1	2		5		10
B	2,50		7,50		15	

C	1	2		4		9
D	36		12		6	

Problemas de proporcionalidad

4 Sara quiere cambiar euros por libras esterlinas. Si el cambio es 1 libra = 1,28 euros, ¿cuántas libras le tienen que dar por 200 euros?

5 Ocho barrenderos trabajan 6 horas cada día para limpiar las calles. Si dos se ponen enfermos, ¿cuántas horas tardará el resto en barrer todo?

Problemas con porcentajes

6 Si 46 cerillas son el 23 % del contenido de una caja, ¿cuál es el total de cerillas de la caja?

7 Si el 60 % del cuerpo humano es agua, ¿qué cantidad de agua hay en una persona de 75 kg?

8 En una tienda, una blusa que cuesta 18 € está rebajada 2,70 €. ¿Qué porcentaje de descuento le han aplicado a la blusa?

En la vida cotidiana

128 Un laboratorio tiene en sus instalaciones dos grifos distintos. Uno está conectado a un depósito de agua destilada y el otro, a un depósito de nitrógeno líquido.

El grifo de agua destilada arroja 1,4 litros por minuto y el de nitrógeno líquido, 0,6 litros por minuto.

Para uno de los experimentos que van a hacer necesitan llenar un vaso de precipitado de 320 ml de agua destilada y un matraz de 415 ml de nitrógeno líquido. Necesitan saber con anterioridad cuánto tiempo necesitan para llenar ambos recipientes.

a) Si comienzan a llenar los dos recipientes a la vez, ¿cuánto tardarán?

Tras haber calculado, con los datos que tenían, el tiempo necesario para llenar los dos recipientes se han dado cuenta de que ha habido un fallo. Han comprobado bien los grifos y han llegado a la conclusión de que el grifo de agua destilada arroja un 20 % más de agua que lo que ellos consideraban.

b) Con estos datos, ¿cuánto tiempo tardarán en llenar los dos recipientes si comienzan a llenarse a la vez?

Formas de pensar. Razonamiento matemático

129 Halla dos números que se diferencien en cuatro unidades y que tengan 0,5 de razón. ¿Es la solución única o hay otro par de números enteros que cumplen las condiciones?

130 Halla tres números, *a*, *b* y *c*, que cumplan las siguientes condiciones:

a) *c* es la mitad de *b*.

b) *a* es dos unidades mayor que *c*.

c) $\frac{a}{b} = \frac{4}{c}$

131 En el siglo VIII, un monje benedictino inglés, conocido con el nombre de Beda el Venerable, planteó este curioso problema:

Un testador a punto de morir deja dicho en su herencia: «Como mi mujer está próxima a dar a luz, otorgaré mi herencia en función del sexo de mi prole: si es niño le dejaré 2/3 de mi herencia, y a su madre 1/3; y si es niña le dejaré 1/3 de mi herencia, y a mi mujer 2/3». El testador muere, y días más tarde su viuda da a luz a un par de mellizos de distinto sexo.

¿Cómo han de repartirse la herencia?

132 Según la ley de Ohm, la intensidad de la corriente eléctrica (*I*) que circula por un cable, es directamente proporcional a la diferencia de potencial (*V*) entre los dos extremos, e inversamente proporcional a la resistencia (*R*) del cable conductor.

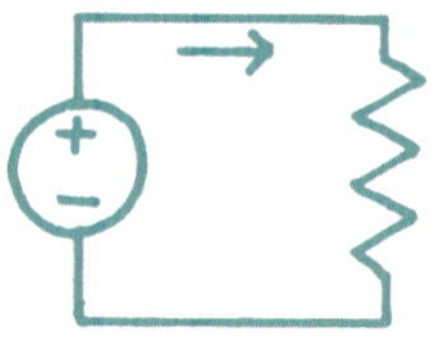

La diferencia de potencial se mide en voltios (*V*); la resistencia, en ohms (Ω); y la intensidad, en amperios (*A*).

a) Calcula la intensidad de corriente que circula por una estufa de resistencia 1 000 Ω, enchufada a un circuito de intensidad 220 V.

b) ¿Qué resistencia máxima en kΩ tiene que tener cualquier aparato para que, en caso de accidente, no supere los 5 mA, que corresponde al límite de dolor que puede soportar un ser humano?

PROYECTO FINAL. **Trabajo cooperativo**

OBJETIVO: Organizar una exposición de fotografía matemática

1.ª Fase.

- Definid la finalidad de la exposición: si la dedicaréis a un contenido matemático concreto (geometría, números...), el tipo de fotos y formatos, la procedencia de las fotos...
- Buscad un lugar en vuestro centro donde podáis exponer las fotos.

2.ª Fase.

- Estudiad la disposición de las fotografías en el lugar que habéis elegido para la exposición. Determinad el número máximo y mínimo de fotos que necesitáis.
- Evaluad los materiales (para colgar las fotos, para enmarcarlas...) que usaréis.

3.ª Fase.

- Determinad y poned en marcha la manera de conseguir las fotos que necesitáis.
- Imprimid y preparad las fotos.
- Concretad las fechas en que realizaréis la exposición.

Pruebas PISA

Concentración de un fármaco

133 ●●● A una mujer ingresada en un hospital le ponen una inyección de penicilina. Su cuerpo va descomponiendo gradualmente la penicilina de modo que, una hora después de la inyección, solo el 60 % de la penicilina permanece activa.

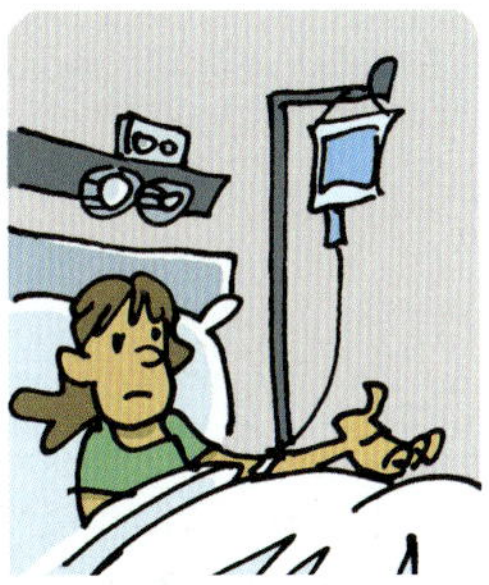

Esta pauta continúa: al final de cada hora solo permanece activo el 60 % de la penicilina presente al final de la hora anterior.

Supón que a la mujer se le ha administrado una dosis de 300 miligramos de penicilina a las 8 de la mañana.

Copia y completa la tabla con la cantidad de penicilina que permanecerá activa en la sangre de la mujer a intervalos de una hora desde las 8:00 hasta las 11:00 h.

Hora	8:00	9:00	10:00	11:00
Penicilina (mg)	300			

(Prueba PISA 2012)

Las monedas

134 ●●● Se te pide que diseñes un nuevo conjunto de monedas. Todas las monedas serán circulares y de color plateado, pero de diferentes diámetros.

Los investigadores han llegado a la conclusión de que un sistema ideal de monedas debe cumplir los requisitos siguientes:

- Los diámetros de las monedas no deben ser menores que 15 mm ni ser mayores que 45 mm.
- El diámetro de cada moneda debe ser, al menos, un 30 % mayor que el de la anterior.
- La maquinaria de acuñar solo puede producir monedas cuyos diámetros estén expresados en un número entero de milímetros (por ejemplo, 17 mm es válido, pero 17,3 no).

Diseña un conjunto de monedas que satisfaga los requisitos anteriores. Debes empezar con una moneda de 15 mm y el conjunto debe tener el mayor número de monedas posible.

(Prueba PISA 2012)

CLAVES PARA EMPEZAR

Recta, semirrecta y segmento

- Una **recta** es una línea continua formada por infinitos puntos que no tiene ni principio ni final.
- Una **semirrecta** es una recta que tiene principio pero no final.
- Un **segmento** es la parte de una recta delimitada por dos puntos.

EJEMPLO

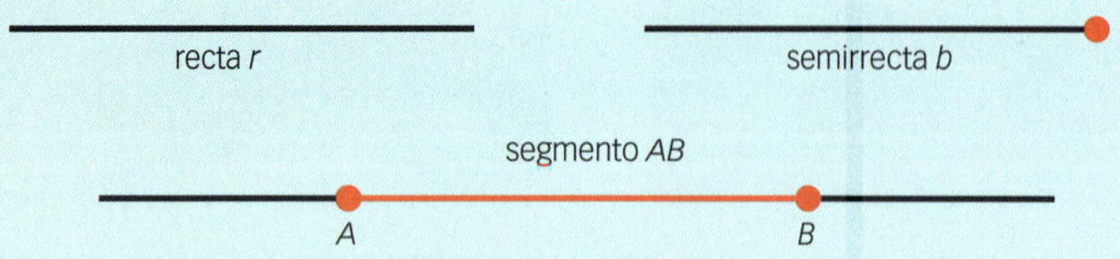

ACTIVIDADES

1 Dibuja.

a) Una recta *s*.

b) Una semirrecta *a*.

c) Un segmento *AB* de 4,5 cm.

Propiedad fundamental de las proporciones

En toda proporción, el producto de los extremos es igual al producto de los medios.

$$\frac{a}{b} = \frac{c}{d} \rightarrow a \cdot d = b \cdot c$$

EJEMPLO

Comprueba si estas razones forman una proporción:

$$\left.\begin{aligned} \frac{4}{6} \text{ y } \frac{2}{3} \rightarrow 4 \cdot 3 &= 6 \cdot 2 \\ 12 &= 12 \end{aligned}\right\} \rightarrow \text{Forman una proporción.}$$

ACTIVIDADES

2 Determina si estas razones forman una proporción, aplicando la propiedad fundamental.

a) $\frac{5}{3}$ y $\frac{10}{6}$

b) $\frac{2}{15}$ y $\frac{4}{30}$

c) $\frac{4}{6}$ y $\frac{8}{12}$

d) $\frac{11}{2}$ y $\frac{7}{3}$

3 Calcula el término que falta en estas proporciones.

a) $\frac{11}{2} = \frac{x}{6}$

b) $\frac{5}{x} = \frac{2}{6}$

c) $\frac{7}{21} = \frac{4}{x}$

d) $\frac{x}{9} = \frac{26}{6}$

1940
Charles Babbage diseña la primera impresora para el primer computador de la historia.

Proporcionalidad geométrica

9

SABER

- Segmentos proporcionales
- Teorema de Tales
- Semejanza de triángulos. Criterios de semejanza
- Polígonos semejantes
- Escalas

SABER HACER

- Dividir segmentos en partes iguales o proporcionales
- Resolver problemas mediante la semejanza de triángulos
- Calcular perímetros y áreas de polígonos semejantes
- Calcular distancias en un mapa

? VIDA COTIDIANA

La impresora

La impresora es un elemento habitual en cualquier casa del siglo XXI. Todos necesitamos imprimir trabajos, correos electrónicos o fotos, y la impresora nos hace ese trabajo.

- Imprimes una careta con forma cuadrada para ti y otra para tu hermano pequeño. La de tu hermano la reduces un 10 %. ¿Cuánto mide el lado de la careta de tu hermano?

1953
Se fabrica la primera impresora que se usa con los ordenadores de la época.

1971
Se comercializa la primera impresora láser.

1991
Se desarrollan las impresoras en red.

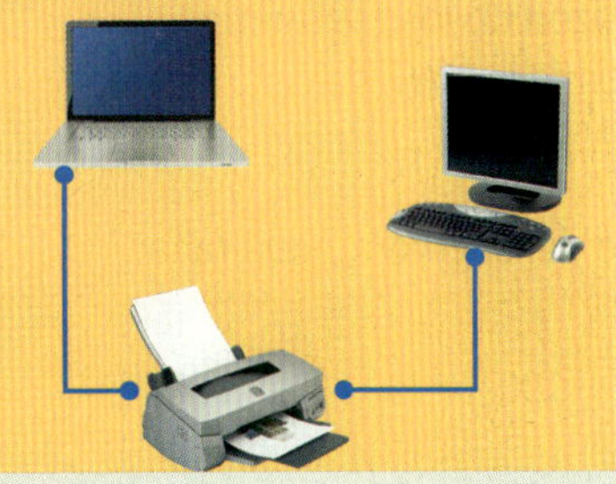

1998
Nacen las impresoras multifunción, capaces de imprimir, escanear, fotocopiar y enviar faxes.

1 Segmentos proporcionales

SE ESCRIBE ASÍ

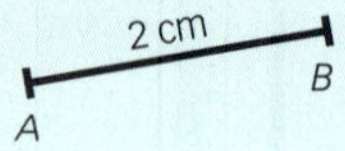

AB → Nombre del segmento

$\overline{AB} = 2$ cm → Longitud del segmento

- La **razón**, r, **de dos segmentos** AB y CD es el número que resulta de dividir la longitud del segmento AB entre la longitud del segmento CD.

$$r = \frac{\overline{AB}}{\overline{CD}}$$

- Los **segmentos** AB y CD son **proporcionales** a los segmentos EF y GH si la razón de AB y CD es igual a la razón de EF y GH.

$$\frac{\overline{AB}}{\overline{CD}} = \frac{\overline{EF}}{\overline{GH}} = r$$

EJEMPLOS

1. A partir de los segmentos siguientes, determina:

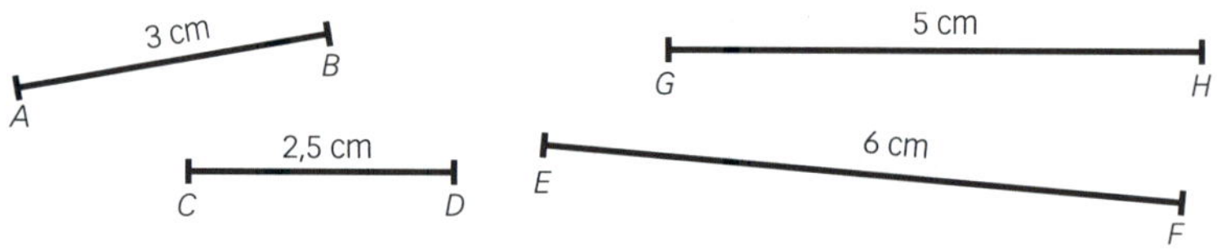

a) La razón de los segmentos AB y CD y de los segmentos EF y GH.

$$\frac{\overline{AB}}{\overline{CD}} = \frac{3}{2,5} = 1,2 \qquad \frac{\overline{EF}}{\overline{GH}} = \frac{6}{5} = 1,2$$

b) Si los segmentos AB y CD, y EF y GH son proporcionales.

Se cumple que $\frac{\overline{AB}}{\overline{CD}} = \frac{\overline{EF}}{\overline{GH}} = 1,2$.

Por tanto, AB y CD son proporcionales a EF y GH.

2. Dados tres segmentos de longitudes 6, 5 y 4,5 cm, respectivamente, halla un cuarto segmento que sea proporcional a los anteriores.

Si son segmentos proporcionales se cumple que:

$$\frac{6}{5} = \frac{4,5}{x} \rightarrow 6 \cdot x = 5 \cdot 4,5 \rightarrow x = \frac{5 \cdot 4,5}{6} = 3,75$$

El cuarto segmento mide 3,75 cm.

ACTIVIDADES

1 PRACTICA. Determina la razón de los segmentos AB y EF y de los segmentos CD y GH.

$\overline{AB} = 12$ m $\quad \overline{EF} = 7$ m $\quad \overline{CD} = 8$ m $\quad \overline{GH} = 10$ m

2 PRACTICA. Halla la medida del segmento que falta.

a) $\frac{2}{\overline{AB}} = \frac{5}{10}$ b) $\frac{5}{6} = \frac{3}{\overline{CD}}$ c) $\frac{\overline{EF}}{1,5} = \frac{4}{3}$

3 APLICA. Dados los segmentos $\overline{AB} = 4$ cm y $\overline{CD} = 2,5$ cm.

a) Calcula la razón de los segmentos AB y CD.

b) Escribe dos segmentos proporcionales a ellos.

4 REFLEXIONA. Si la razón entre AB y CD es $\frac{1}{2}$, ¿cuál es la razón entre CD y AB?

2 Teorema de Tales

Si tres rectas paralelas, a, b y c, cortan a dos rectas, r y s, los segmentos que determinan son proporcionales.

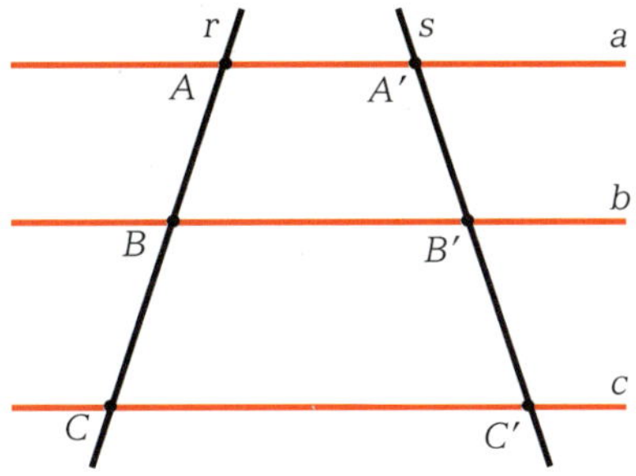

$$\left.\begin{array}{l}\dfrac{\overline{AB}}{\overline{A'B'}} = \dfrac{\overline{BC}}{\overline{B'C'}}\\[2ex] \dfrac{\overline{AB}}{\overline{A'B'}} = \dfrac{\overline{AC}}{\overline{A'C'}}\end{array}\right\} \rightarrow \dfrac{\overline{AB}}{\overline{A'B'}} = \dfrac{\overline{BC}}{\overline{B'C'}} = \dfrac{\overline{AC}}{\overline{A'C'}}$$

Esta igualdad se conoce como el **teorema de Tales**.

EJEMPLO

3. Aplica el teorema de Tales y calcula la longitud del segmento $A'B'$.

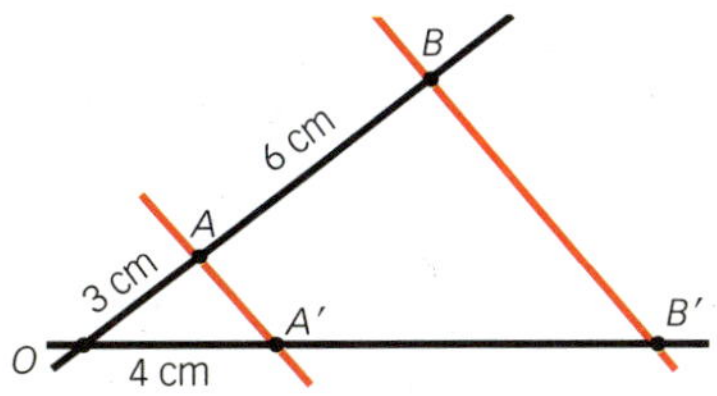

Por el teorema de Tales:

$$\frac{\overline{OA}}{\overline{OA'}} = \frac{\overline{AB}}{\overline{A'B'}} \rightarrow \frac{3}{4} = \frac{6}{\overline{A'B'}} \rightarrow 3 \cdot \overline{A'B'} = 4 \cdot 6 \rightarrow \overline{A'B'} = \frac{4 \cdot 6}{3} = 8$$

El segmento $A'B'$ mide 8 cm.

Si dos rectas paralelas, a y b, cortan a dos rectas r y s, también se cumple que:

$$\frac{\overline{AA'}}{\overline{BB'}} = \frac{\overline{AB}}{\overline{A'B'}}$$

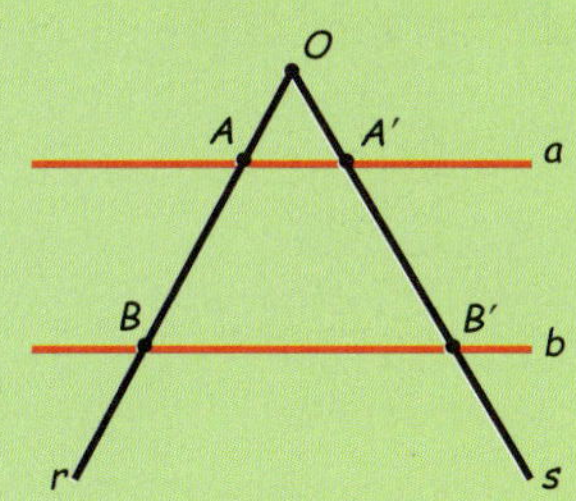

ACTIVIDADES

5 PRACTICA. Calcula $\overline{OA}$ y $\overline{A'B'}$.

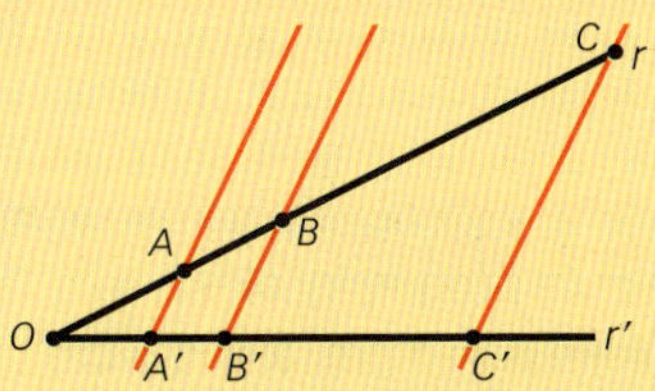

$\overline{AB} = 2{,}7$ cm
$\overline{B'C'} = 6$ cm
$\overline{OA'} = 2{,}4$ cm
$\overline{BC} = 9$ cm

6 APLICA. Calcula la longitud de los segmentos OC y OC' de la actividad anterior.

7 REFLEXIONA. Si $\overline{OA} = 1{,}8$ cm, $\overline{AB} = 2$ cm y la razón $\dfrac{\overline{OA'}}{\overline{OA}} = 0{,}9$, calcula $\overline{A'B'}$, $\overline{OB}$ y $\overline{OB'}$.

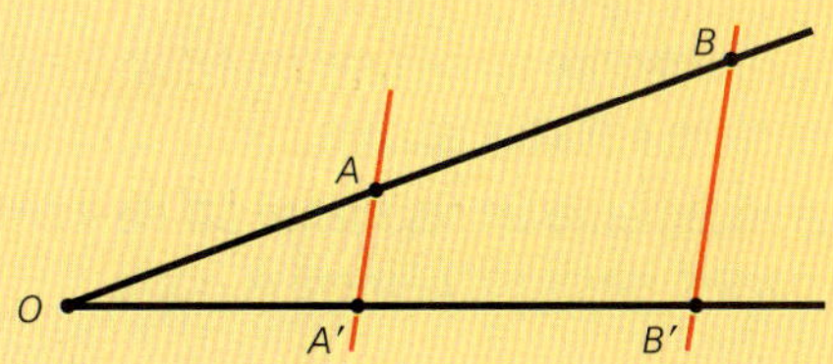

SABER HACER

Dividir segmentos en partes iguales o proporcionales

Divide el segmento *AB* en:

a) Tres partes iguales.

b) Tres partes, de forma que la última parte tenga el triple de longitud que la primera, y la segunda, el doble de la primera.

Pasos a seguir

1. Trazamos una semirrecta *r* con origen en *A*, que forme con el segmento *AB* un ángulo menor de 90°. Sobre esta semirrecta dibujamos segmentos que cumplan las condiciones del enunciado.

a) Las partes tienen que ser iguales. Dibujamos sobre *r*, a partir de *A*, 3 segmentos iguales con cualquier longitud, *d*.

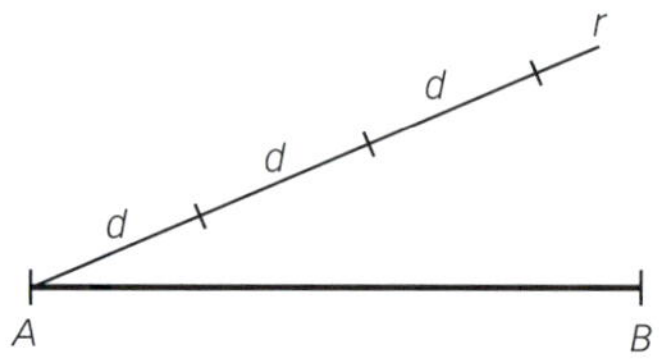

b) Las partes deben ser proporcionales. Dibujamos sobre *r*, a partir de *A*, 3 segmentos, de forma que el primero tenga una longitud *d*, el segundo 2*d* y el tercero 3*d*.

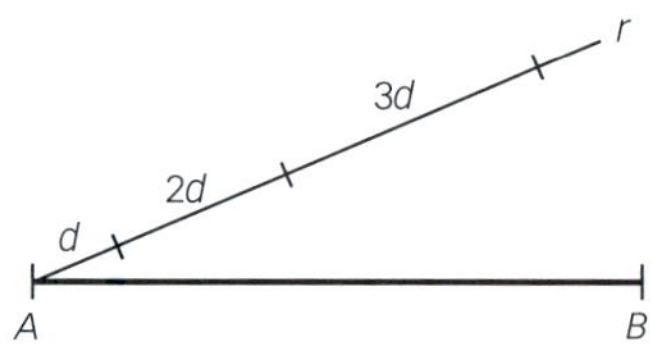

2. Unimos el extremo del último segmento con el punto *B*, y trazamos paralelas a esta recta, desde las otras divisiones.

a)

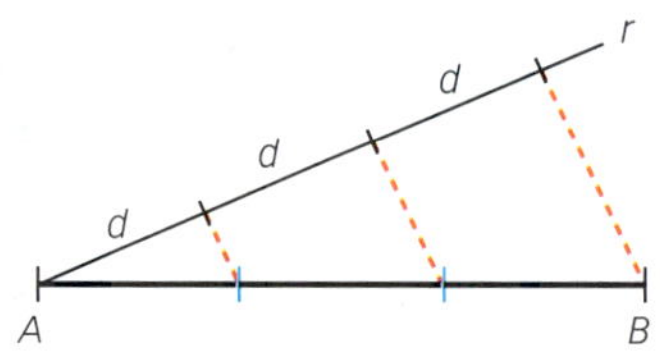

b)

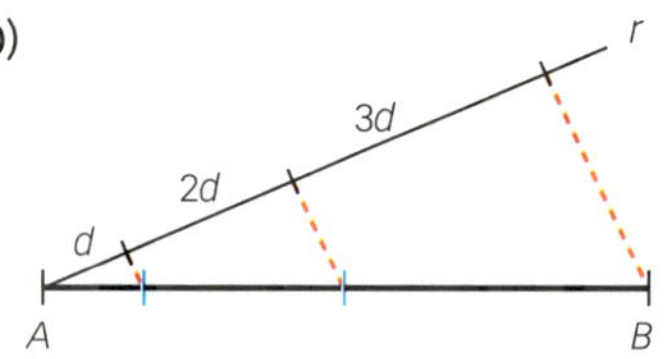

Por el teorema de Tales, los segmentos en los que queda dividido el segmento *AB* guardan la misma proporción que los que hemos dibujado sobre la semirrecta *r*.

ACTIVIDADES

8 Divide gráficamente un segmento *AB* de 7 cm de longitud en 6 partes iguales.

9 Divide gráficamente un segmento *CD* de 9 cm en dos partes, siendo la primera el doble de la segunda.

10 Divide numéricamente y gráficamente un segmento *EF* de 10 cm, en partes proporcionales a tres segmentos que miden $a = 1$ cm, $b = 1,5$ cm y $c = 2$ cm. ¿Qué medida tienen los segmentos resultantes?

3 Semejanza de triángulos

3.1. Triángulos semejantes

Dos **triángulos** $\widehat{ABC}$ y $\widehat{A'B'C'}$ son **semejantes** si tienen:

1. Los ángulos iguales: $\widehat{A} = \widehat{A'}$, $\widehat{B} = \widehat{B'}$ y $\widehat{C} = \widehat{C'}$.
2. Los lados proporcionales: $\dfrac{\overline{AB}}{\overline{A'B'}} = \dfrac{\overline{BC}}{\overline{B'C'}} = \dfrac{\overline{AC}}{\overline{A'C'}}$.

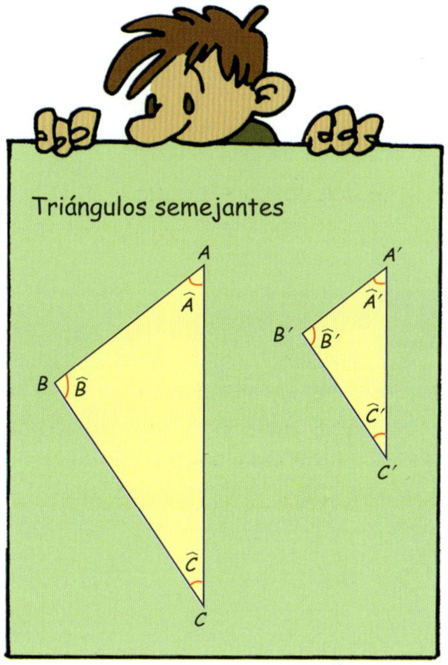

3.2. Triángulos en posición de Tales

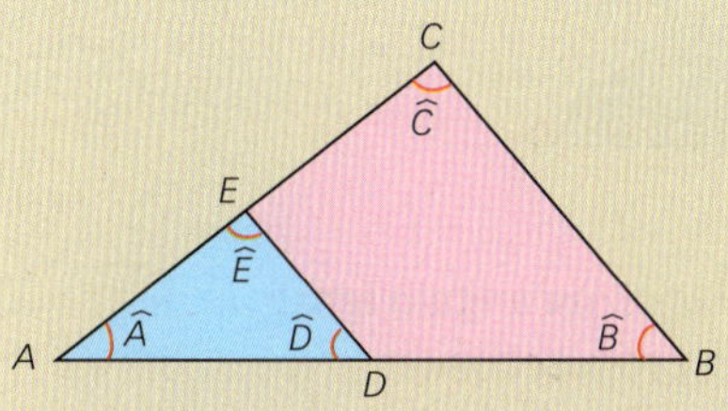

Dos **triángulos** $\widehat{ABC}$ y $\widehat{ADE}$ están en **posición de Tales** cuando tienen un ángulo común, $\widehat{A}$, y los lados opuestos a este ángulo, DE y BC, son paralelos.

Dos triángulos en posición de Tales son siempre semejantes.

EJEMPLO

4. ¿Son semejantes los triángulos $\widehat{ABC}$ y $\widehat{ADE}$?

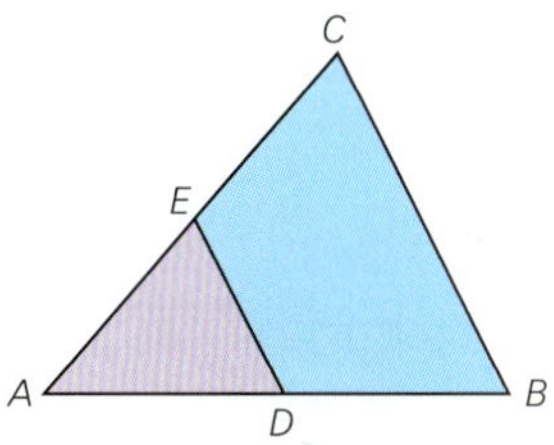

Comprobamos que cumplen las condiciones de triángulos semejantes:

1. Tienen los ángulos iguales.

   $\widehat{A} \rightarrow$ Es común a los dos triángulos.

   $\widehat{E} = \widehat{C}$ y $\widehat{D} = \widehat{B} \rightarrow$ Porque son ángulos agudos de lados paralelos.

2. Tienen los lados proporcionales.

   Por el teorema de Tales: $\dfrac{\overline{AC}}{\overline{AE}} = \dfrac{\overline{AB}}{\overline{AD}} = \dfrac{\overline{CB}}{\overline{ED}} \rightarrow$ Son proporcionales

ACTIVIDADES

11 PRACTICA. Dibuja en el cuaderno estos triángulos en posición de Tales.

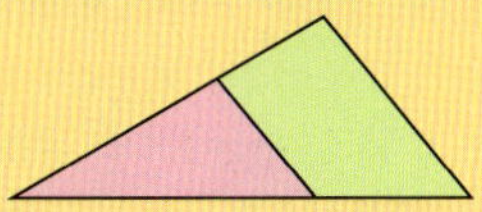

Nombra los ángulos y pinta del mismo color los ángulos iguales en los dos triángulos. ¿Cuál es el ángulo común?

12 APLICA. Dibuja tres pares de triángulos:

a) Que estén en posición de Tales.

b) Que no estén en posición de Tales y sean semejantes.

13 REFLEXIONA. Explica cómo calcularías $\overline{EC}$ y $\overline{BC}$.

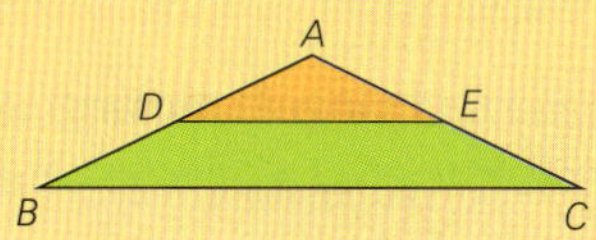

$\overline{AB} = 5$ cm
$\overline{ED} = 4{,}5$ cm
$\overline{AC} = 5$ cm
$\overline{DB} = 2{,}5$ cm

4 Criterios de semejanza de triángulos

Los **criterios de semejanza** de triángulos son las condiciones mínimas que tienen que cumplir dos triángulos para que sean semejantes.

Primer criterio	Dos triángulos son semejantes si sus **lados** son **proporcionales**. 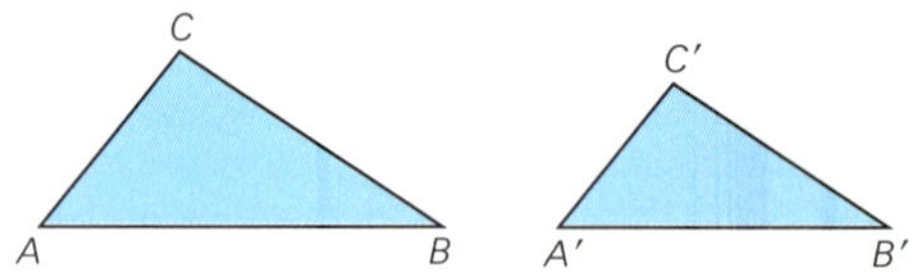 $\frac{\overline{AB}}{\overline{A'B'}} = \frac{\overline{BC}}{\overline{B'C'}} = \frac{\overline{AC}}{\overline{A'C'}}$
Segundo criterio	Dos triángulos son semejantes si tienen **dos ángulos iguales**. 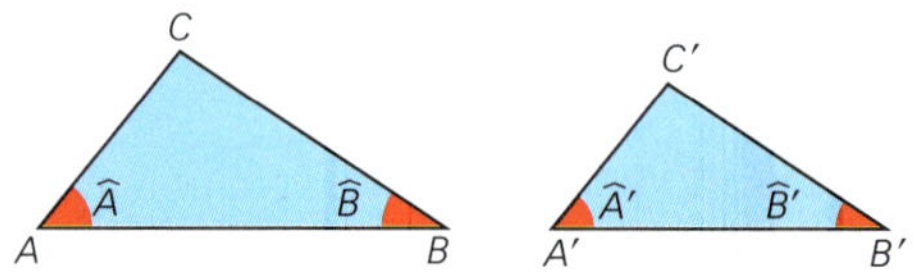 $\widehat{A} = \widehat{A'}$ $\widehat{B} = \widehat{B'}$
Tercer criterio	Dos triángulos son semejantes si tienen **un ángulo igual** y los **dos lados** que lo forman son **proporcionales.** 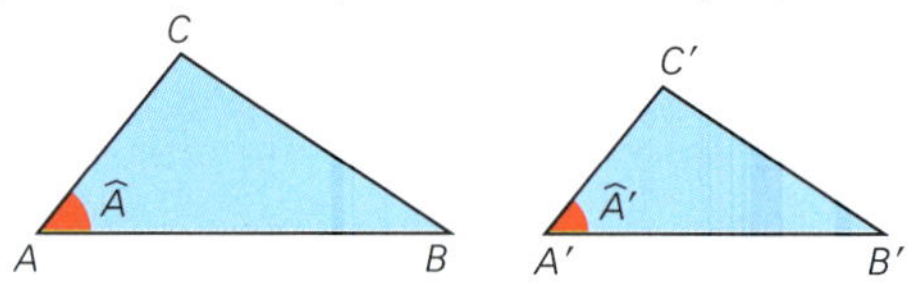 $\widehat{A} = \widehat{A'}$ $\frac{\overline{AC}}{\overline{A'C'}} = \frac{\overline{AB}}{\overline{A'B'}}$

! NO OLVIDES

Dos triángulos que cumplan cualquier criterio de semejanza, son semejantes y, por tanto, se pueden poner en posición de Tales.

Los **triángulos rectángulos son semejantes** si:

- Tienen un ángulo agudo igual.
- O dos de sus lados son proporcionales.

EJEMPLO

5. Determina si $\widehat{ABC}$ y $\widehat{A'B'C'}$ son semejantes.

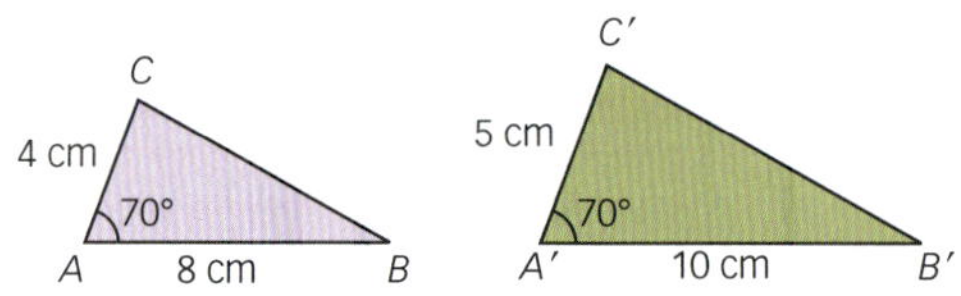

- Tienen un ángulo igual: $\widehat{A} = \widehat{A'}$.
- Los lados que forman el ángulo igual son proporcionales:

$$\frac{\overline{AB}}{\overline{A'B'}} = \frac{8}{10} = 0{,}8 \text{ y } \frac{\overline{AC}}{\overline{A'C'}} = \frac{4}{5} = 0{,}8 \rightarrow \frac{\overline{AB}}{\overline{A'B'}} = \frac{\overline{AC}}{\overline{A'C'}}$$

Los triángulos son semejantes por el tercer criterio de semejanza.

ACTIVIDADES

14 PRACTICA. Los lados de un triángulo $\widehat{ABC}$ miden 5, 4 y 8 cm, y los del triángulo $\widehat{DEF}$ miden 5, 6 y 8 cm. Indica si son semejantes. ¿Qué criterio has aplicado?

15 APLICA. Comprueba que un triángulo rectángulo de catetos 3 y 4 cm es semejante a otro de catetos 10 y 7,5 cm.

16 REFLEXIONA. Considera dos triángulos $\widehat{ABC}$ y $\widehat{DEF}$ en los que:

$$\widehat{B} = 65° \qquad \widehat{C} = 98° \qquad \widehat{E} = 17° \qquad \widehat{F} = 65°$$

¿Son semejantes? Razona la respuesta.

17 REFLEXIONA. ¿Cuándo son semejantes dos triángulos equiláteros? ¿Y dos triángulos isósceles?

SABER HACER

Resolver problemas mediante la semejanza de triángulos

Calcula la medida de la altura *AC*.

a)

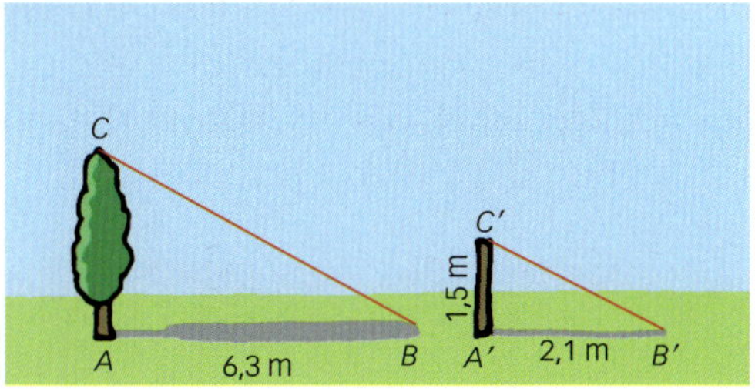

b)

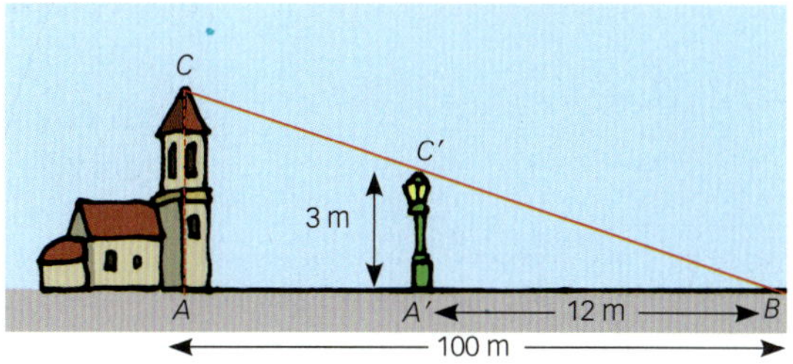

Pasos a seguir

1. Comprobamos que los triángulos que nos da el enunciado son semejantes.

a) Los triángulos $\widehat{ABC}$ y $\widehat{A'B'C'}$ son semejantes porque dos de sus ángulos son iguales (segundo criterio de semejanza).

- $\widehat{A} = \widehat{A'}$ porque son ángulos rectos.
- $\widehat{B} = \widehat{B'}$ porque los rayos del sol inciden sobre los dos objetos con la misma inclinación.

b) Los triángulos $\widehat{ABC}$ y $\widehat{A'B'C'}$ son semejantes porque están en posición de Tales (el ángulo $\widehat{B}$ es común y $A'C'$ y AC son paralelos).

2. Si los triángulos son semejantes, podemos calcular el lado que buscamos utilizando la proporcionalidad de los lados de los triángulos.

a) $\dfrac{\overline{AC}}{\overline{A'C'}} = \dfrac{\overline{AB}}{\overline{A'B'}} \rightarrow \dfrac{\overline{AC}}{1,5} = \dfrac{6,3}{2,1}$

$\overline{AC} = \dfrac{1,5 \cdot 6,3}{2,1} = 4,5$

b) $\dfrac{\overline{AC}}{\overline{A'C'}} = \dfrac{\overline{AB}}{\overline{A'B}} \rightarrow \dfrac{\overline{AC}}{3} = \dfrac{100}{12}$

$\overline{AC} = \dfrac{3 \cdot 100}{12} = 25$

3. Interpretamos los resultados.

a) El árbol mide 4,5 m.

b) La altura de la torre es de 25 m.

Consideramos que la sombra de un objeto es perpendicular a él. De la misma manera, estimamos que la altura de un objeto es siempre perpendicular al suelo.

Esto hace que los triángulos que estudiamos sean triángulos rectángulos.

ACTIVIDADES

18 Sabiendo que la altura del árbol más pequeño de la imagen es de 3 m, calcula la altura del árbol grande.

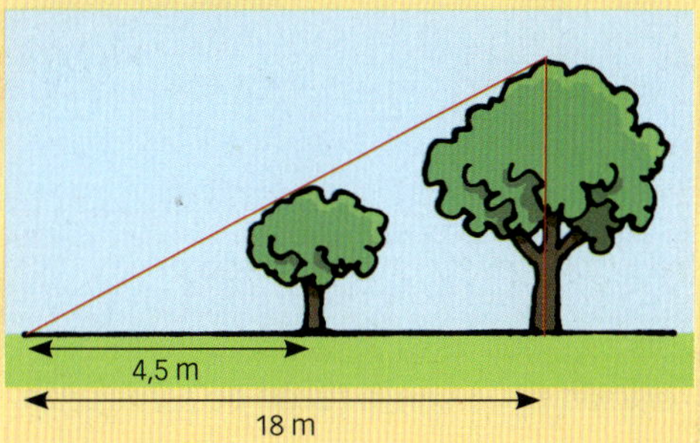

19 Al lado de un semáforo, la sombra de una papelera mide 0,4 m, y la sombra del semáforo es 90 cm más larga que la papelera. ¿Cuál es la longitud del semáforo si medimos la papelera y la altura es 0,8 m?

20 A una determinada hora del día, Juan, que tiene una altura de 1,5 m, proyecta una sombra de 1,875 m. ¿Qué estatura tiene Luisa, si a esta hora su sombra mide 2,3 m?

5 Polígonos semejantes

RECUERDA

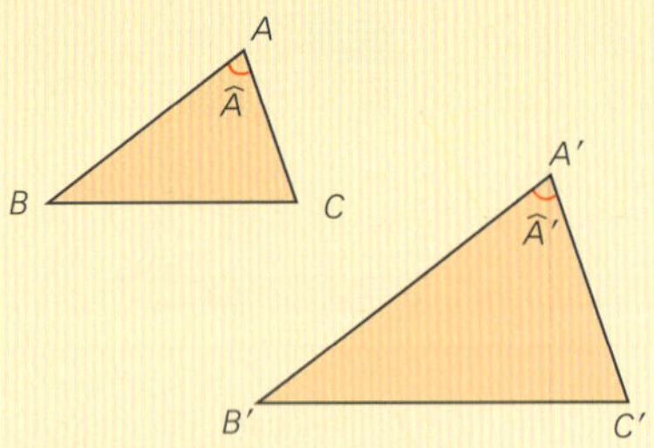

- $\widehat{A}$ y $\widehat{A}'$ son dos ángulos **homólogos**.
- *AB* y *A'B'* son dos **lados correspondientes**.

- Si dos polígonos son semejantes con razón de semejanza *r*, la **razón** de sus **áreas** es r^2.
- Si dos cuerpos geométricos son semejantes con razón *r*, la **razón** de sus **volúmenes** es r^3.

Dos **polígonos** son **semejantes** si tienen los ángulos homólogos iguales y los lados correspondientes son proporcionales.

La **razón de semejanza** es el cociente entre la longitud de un lado de un polígono y la longitud del lado correspondiente del otro polígono.

EJEMPLO

6. Dados estos rectángulos:

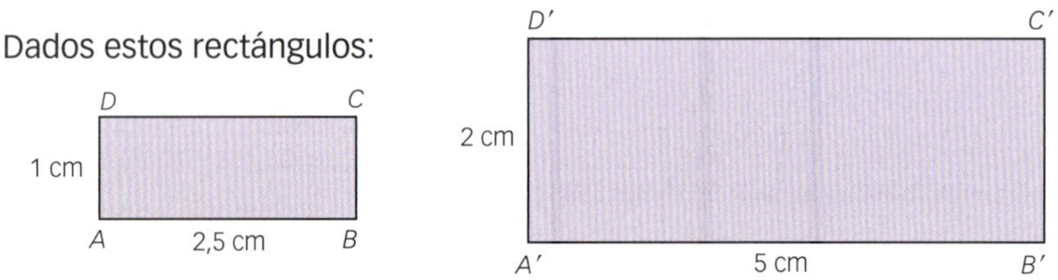

a) Determina si son semejantes.

- Los ángulos homólogos son iguales.

$\widehat{A} = \widehat{A'} = 90°$ $\widehat{B} = \widehat{B'} = 90°$ $\widehat{C} = \widehat{C'} = 90°$ $\widehat{D} = \widehat{D'} = 90°$

- Los lados correspondientes son proporcionales.

$$\frac{\overline{AB}}{\overline{A'B'}} = \frac{\overline{BC}}{\overline{B'C'}} = \frac{\overline{CD}}{\overline{C'D'}} = \frac{\overline{DA}}{\overline{D'A'}} \rightarrow \frac{2,5}{5} = \frac{1}{2} = \frac{2,5}{5} = \frac{1}{2} = 0,5$$

Los dos rectángulos son semejantes.

b) Calcula la razón de semejanza.

$$\frac{\overline{AB}}{\overline{A'B'}} = \frac{2,5}{5} = 0,5$$

La razón de semejanza es 0,5.

c) Halla la razón de semejanza entre las áreas de los rectángulos.

La razón de semejanza es $r = 0,5$. Por tanto, la razón de sus áreas será $r^2 = 0,5^2 = 0,25$. Es decir, el área del segundo rectángulo multiplicada por 0,25 es el área del primer rectángulo.

ACTIVIDADES

21 PRACTICA. Observa los rectángulos y determina:

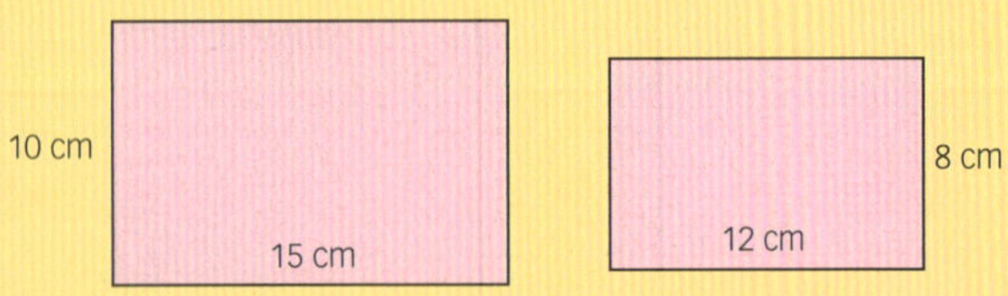

a) Si son polígonos semejantes y cuál es la razón de semejanza.

b) La razón de las áreas.

c) Las medidas de otro rectángulo semejante a ellos.

22 APLICA. Calcula $\overline{AB}$ y $\overline{D'E'}$ sabiendo que los dos pentágonos son semejantes.

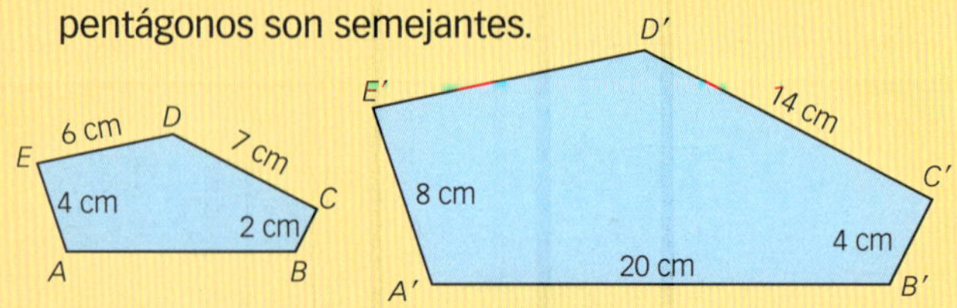

23 REFLEXIONA. ¿Cuál es la razón entre los perímetros de los pentágonos de la actividad anterior? ¿Qué relación tiene con la razón de semejanza?

SABER HACER

Calcular perímetros y áreas de polígonos semejantes

Halla el perímetro y el área del segundo trapecio sabiendo que es semejante al primero.

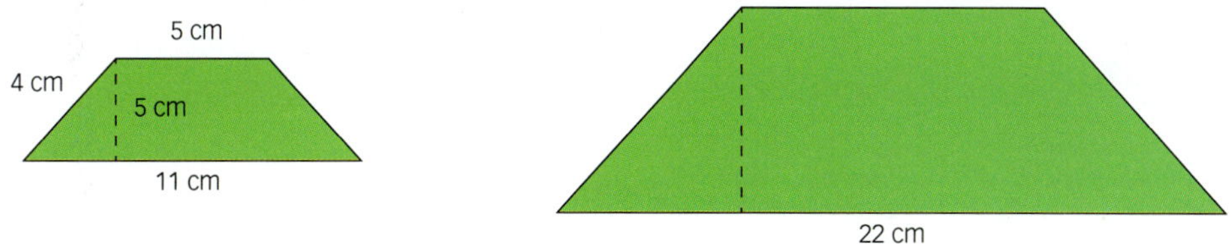

Pasos a seguir

1. Calculamos la razón de semejanza entre los dos polígonos utilizando los lados correspondientes de los que conocemos su longitud.

   Polígono 1 → 11; Polígono 2 → 22

   $$\frac{11}{22} = 0{,}5$$

   ↑ Razón de semejanza $= r$

2. Hallamos el perímetro y el área del polígono del que conocemos sus medidas.

   $$P_1 = 4 + 5 + 4 + 11 = 24 \text{ cm}$$

   $$A_1 = \frac{(B+b)}{2} \cdot h = \frac{(11+5)}{2} \cdot 5 = 40 \text{ cm}^2$$

3. La razón entre los perímetros de las dos figuras es la razón de semejanza. La razón entre las áreas es el cuadrado de la razón.

   $$\frac{P_1}{P_2} = r \xrightarrow{r=0{,}5} \frac{24}{P_2} = 0{,}5 \rightarrow P_2 = 24 : 0{,}5 = 48 \text{ cm}$$

   $$\frac{A_1}{A_2} = r^2 \xrightarrow{r=0{,}5} \frac{40}{A_2} = 0{,}5^2 \rightarrow A_2 = 40 : 0{,}25 = 160 \text{ cm}^2$$

Si dos polígonos son semejantes, se cumple que:

- Sus perímetros son proporcionales, con razón r.
- Sus áreas son proporcionales, con razón r^2.

ACTIVIDADES

24 Halla el perímetro y el área de estos polígonos sabiendo que son semejantes.

a)

b)

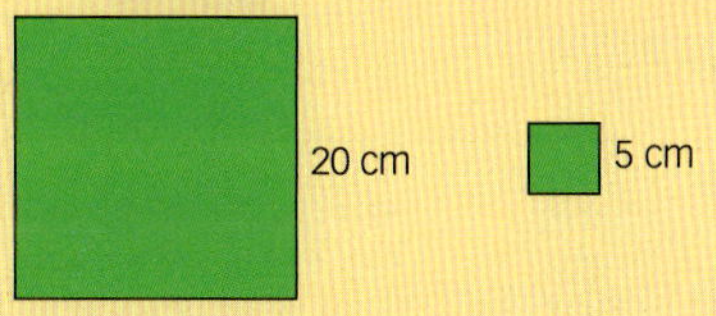

c)

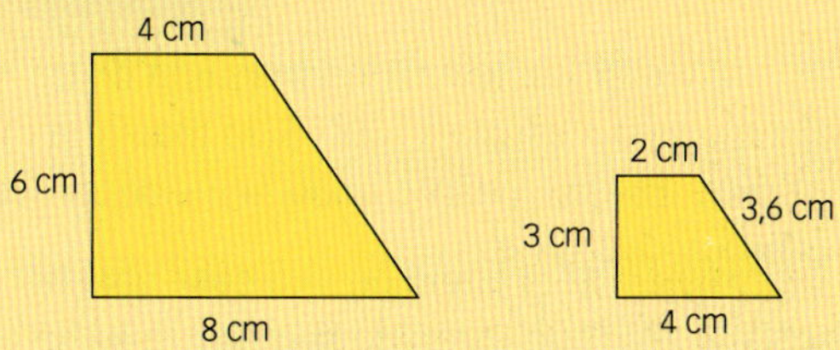

25 Dados dos polígonos semejantes, indica cuál es el mayor de los dos si la razón, r, es:

a) Mayor que 1
b) Igual a 1
c) Menor que 1

26 Halla el perímetro y el área de estos polígonos semejantes.

a) Rectángulo semejante a un rectángulo de lados 10 cm y 8 cm y razón de semejanza 2,5.
b) Cuadrado semejante a un cuadrado de lado 12 cm y razón de semejanza 0,5.
c) Cuadrado semejante a un cuadrado de lado 12 cm y razón de semejanza 5.
d) Triángulo semejante a un triángulo rectángulo de catetos de 3 cm y 4 cm y razón 3.

6 Escalas

Una de las aplicaciones de la semejanza es la elaboración de planos, mapas, maquetas… En estas representaciones, reducimos de manera proporcional las dimensiones que tienen los objetos en la realidad, y obtenemos una reproducción igual en la forma, pero no en el tamaño.

En la escala numérica, la longitud real y la de su representación se expresan en la misma unidad.

1 : 250

1 cm en el plano representa 250 cm en la realidad.

1 m en el plano representa 250 m en la realidad.

Se llama **escala** a la razón de semejanza entre la figura representada y la figura original.

$$\text{Escala} = \frac{\text{Distancia en la representación}}{\text{Distancia en el original}}$$

Escalas numéricas y escalas gráficas

- Una **escala numérica** se expresa de la forma **1 : *n***. Eso quiere decir que 1 unidad en la representación equivale a n unidades en la realidad.
- En una **escala gráfica** un segmento indica la relación entre la longitud de la representación y la de la realidad.

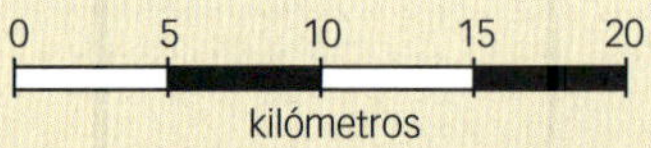

EJEMPLO

7. Interpreta estas escalas e indica de qué tipo son. Luego, transforma la escala gráfica en numérica y la escala numérica en gráfica.

a) 

b) 1 : 500 000

a) Es una escala gráfica donde 1 cm, que es la distancia entre 0 y 3, equivale a 3 km en la realidad.

1 cm equivale a 3 km, es decir, 1 cm equivale a 300 000 cm.
Así pues, la escala numérica asociada es 1 : 300 000.

b) Es una escala numérica en la que 1 cm equivale a 500 000 cm, es decir, 1 cm equivale a 5 km (500 000 cm = 5 km).

1 cm equivale a 500 000 cm, es decir, 1 cm son 5 km. La escala gráfica es:

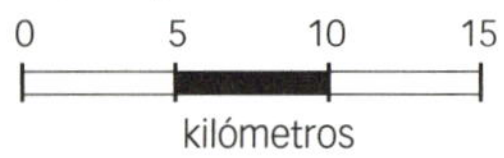

RESUELVE EL RETO

¿Qué mapa de una misma comarca tiene mayor tamaño: uno que está a escala 1 : 400 000 o uno con escala 1 : 1 000 000?

ACTIVIDADES

27 PRACTICA. Explica qué significa que un mapa esté hecho a una escala 1 : 20 000 000.

a) Dibuja la escala gráfica asociada.

b) Si dos ciudades en el mapa están a 4 cm de distancia, ¿a qué distancia están en la realidad?

28 APLICA. Víctor ha hecho una maqueta de un polideportivo a escala 1 : 400. Si la maqueta mide 32 cm × 22 cm, ¿cuánto mide el polideportivo?

29 REFLEXIONA. Si el plano de una casa está hecho a escala 1 : 75, ¿qué razón de semejanza se ha usado?

SABER HACER

Calcular distancias en un mapa

Calcula la distancia real en línea recta entre:

a) Arcos de la Sierra y Portilla.

b) Ribatajada y Collados.

Escala
0 3
kilómetros
E. 1:300000

Pasos a seguir

1. Interpretamos la escala del mapa.

A partir de la escala gráfica del mapa sabemos que 1 cm en el mapa equivale a 3 km en la realidad.

2. Medimos con una regla la distancia en línea recta entre los dos puntos de los que queremos hallar la distancia real.

a) Distancia entre Arcos de la Sierra y Portilla: 2,5 cm.

b) Distancia entre Ribatajada y Collados: 3,1 cm.

3. Aplicamos la proporción que nos indica la escala.

a) $\dfrac{1\text{ cm}}{3\text{ km}} = \dfrac{2{,}5\text{ cm}}{x\text{ km}} \rightarrow x = 7{,}5\text{ km}$

Distancia entre Arcos de la Sierra y Portilla: 7,5 km.

b) $\dfrac{1\text{ cm}}{3\text{ km}} = \dfrac{3{,}1\text{ cm}}{x\text{ km}} \rightarrow x = 9{,}3\text{ km}$

Distancia entre Ribatajada y Collados: 9,3 km.

También lo podemos resolver mediante una regla de tres:

$$\left.\begin{array}{l}\text{Si } \quad 1\text{ cm} \xrightarrow{\text{equivale a}} 3\text{ km} \\ \quad 2{,}5\text{ cm} \xrightarrow{\text{equivale a}} x\text{ km}\end{array}\right\}$$

$$\frac{1}{2{,}5} = \frac{3}{x} \rightarrow x = 7{,}5$$

ACTIVIDADES

30 Si un pueblo está a una distancia de 24 km de Portilla, ¿cuál sería esta distancia en el mapa del ejemplo superior?

31 Halla las dimensiones reales de esta pista de baloncesto. Explica cómo lo has hecho.

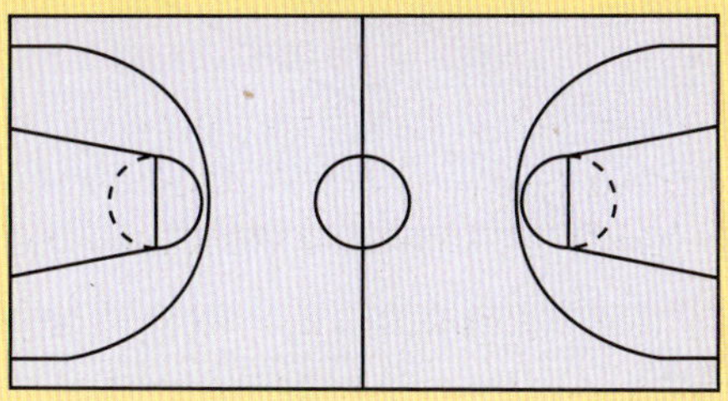

1:500

32 Pedro está en *A* y tiene que ir a *B*, pero pasando primero por *C* y después por *D*. ¿Qué distancia recorrerá en total?

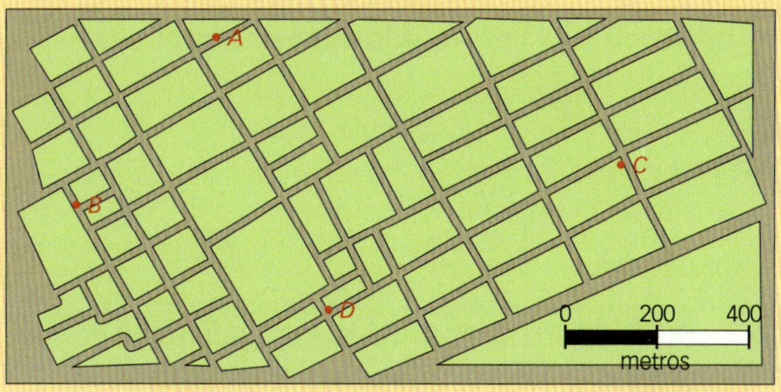

Segmentos proporcionales

33 Mide los segmentos AB y CD y halla la razón $\frac{\overline{AB}}{\overline{CD}}$ entre los segmentos.

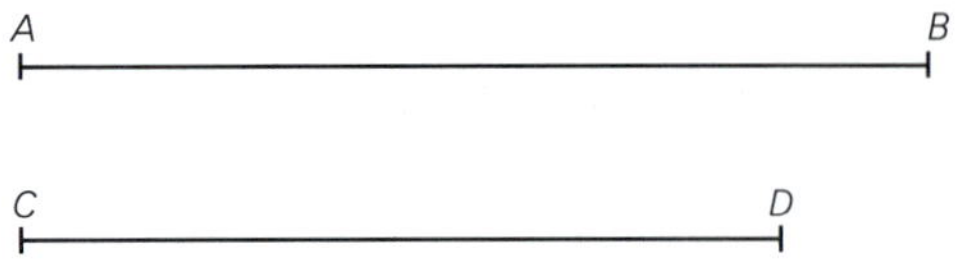

34 Calcula la razón entre estas parejas de segmentos.

a) $\overline{AB} = 2$ cm y $\overline{CD} = 5$ cm

b) $\overline{AB} = 7{,}5$ cm y $\overline{CD} = 15$ cm

c) $\overline{AB} = 1$ m y $\overline{CD} = 30$ dm

d) $\overline{AB} = 7$ mm y $\overline{CD} = 0{,}14$ dm

35 Si el segmento $\overline{CD}$ mide 2 cm, halla la longitud del segmento AB si la razón es $\frac{\overline{AB}}{\overline{CD}} = \frac{4}{5}$.

36 Dado el segmento $\overline{AB} = 3{,}6$ cm, halla otro segmento CD que cumpla la proporción $\frac{\overline{AB}}{\overline{CD}} = \frac{3}{7}$.

37 Indica si estos segmentos son proporcionales.

a) $\overline{AB} = 2$ cm $\quad \overline{CD} = 5$ cm $\quad \overline{EF} = 4$ cm $\quad \overline{GH} = 10$ cm

b) $\overline{AB} = 6$ cm $\quad \overline{CD} = 4$ cm $\quad \overline{EF} = 9$ cm $\quad \overline{GH} = 6$ cm

c) $\overline{AB} = 8$ dm $\quad \overline{CD} = 1{,}3$ m $\quad \overline{EF} = 16$ mm $\quad \overline{GH} = 2{,}6$ cm

d) $\overline{AB} = 8$ m $\quad \overline{CD} = 60$ dm $\quad \overline{EF} = 7$ cm $\quad \overline{GH} = 0{,}5$ dm

38 Halla, en cada caso, el cuarto segmento proporcional.

a) $\overline{AB} = 3$ cm $\quad \overline{CD} = 5$ cm $\quad \overline{EF} = 6$ cm

b) $\overline{AB} = 10$ m $\quad \overline{CD} = 50$ m $\quad \overline{EF} = 2$ m

c) $\overline{AB} = 1{,}3$ dm $\quad \overline{CD} = 4$ dm $\quad \overline{EF} = 39$ cm

d) $\overline{AB} = 0{,}5$ m $\quad \overline{CD} = 70$ dm $\quad \overline{EF} = 4$ cm

39 La razón entre dos segmentos es $\frac{2}{3}$. Halla la longitud de los dos segmentos si suman 10 dm.

40 Halla dos segmentos tales que su longitud se diferencie en 2 cm, y que la razón de ambos sea $\frac{4}{3}$.

41 Si la razón $\frac{\overline{AB}}{\overline{CD}} = 1{,}6$; calcula:

a) $\overline{AB}$, si $\overline{CD} = 9$ cm

b) $\overline{CD}$, si $\overline{AB} = 13{,}6$ cm

42 La razón de dos segmentos es 4 y la diferencia de sus longitudes es de 7 cm. Calcula la longitud de cada segmento.

Teorema de Tales

43 Comprueba si los siguientes segmentos cumplen el teorema de Tales.

a)

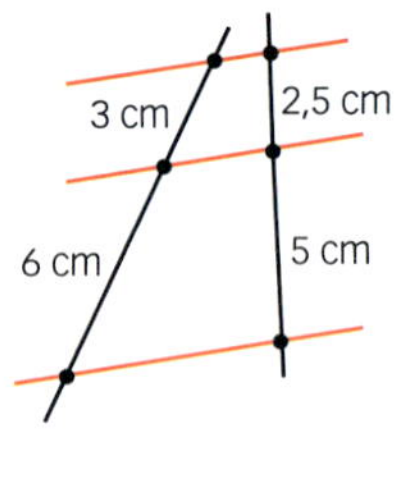

b)

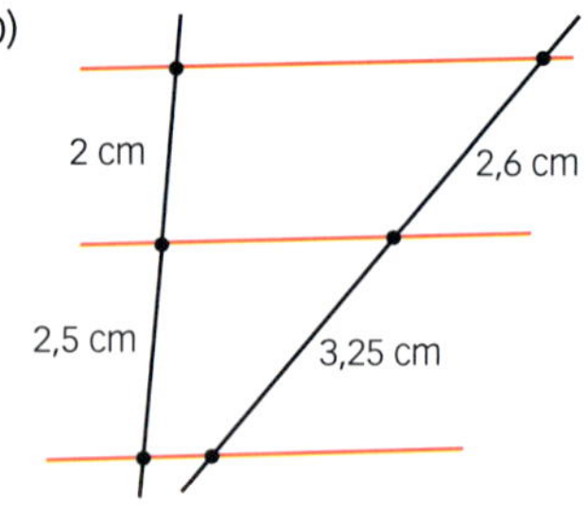

44 Calcula, en cada caso, las longitudes desconocidas.

a)

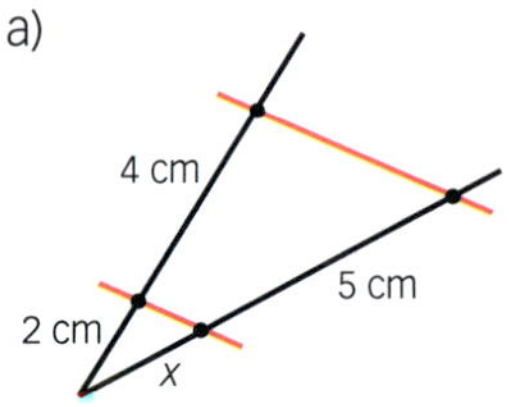

b)

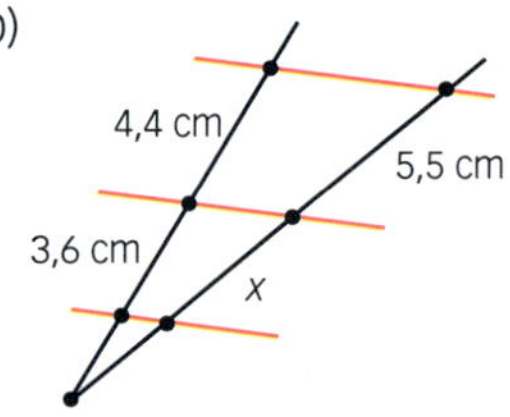

c)

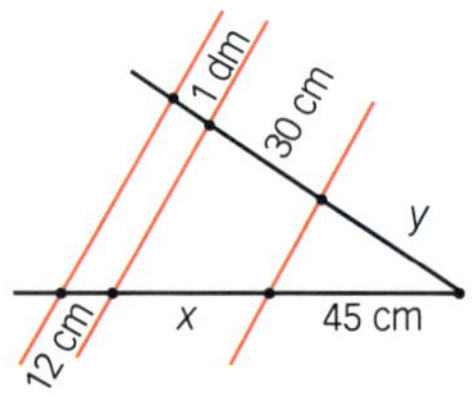

d)

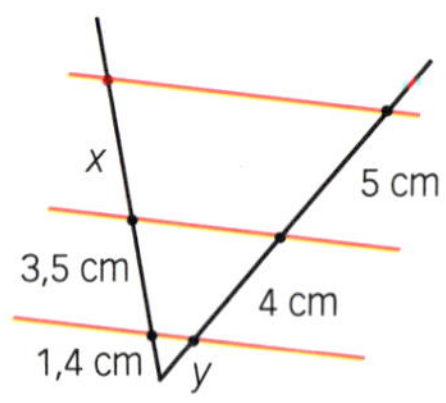

e)

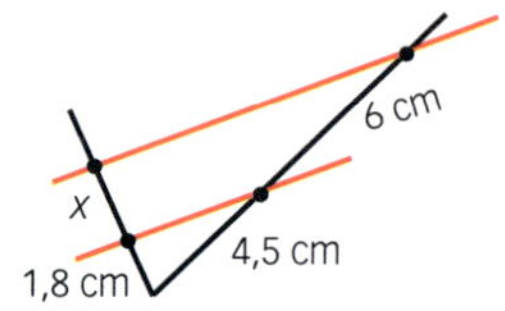

f)

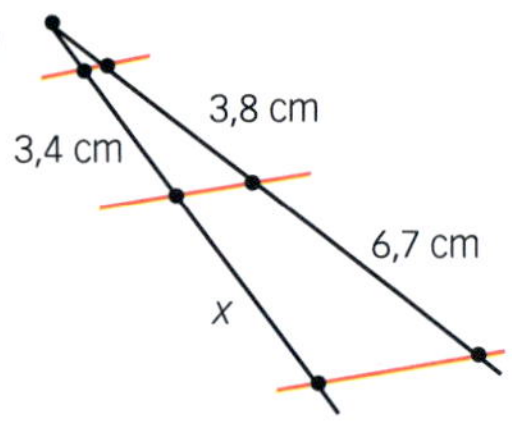

g)

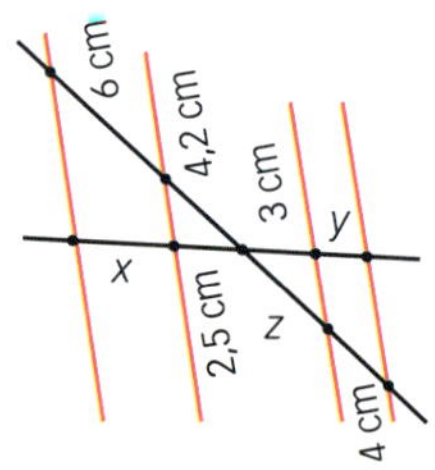

h)

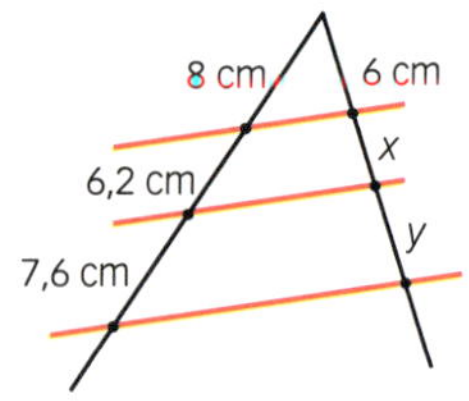

45 Considerando la siguiente información, halla $\overline{A'B'}$, $\overline{BC}$, $\overline{OB'}$ y $\overline{AC}$.

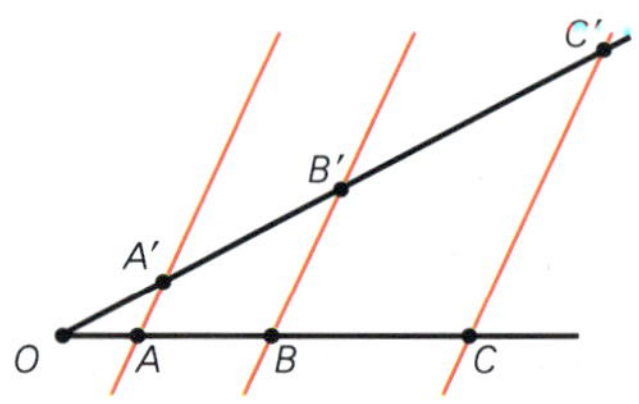

$\overline{OA} = 0{,}8$ cm $\qquad \overline{OA'} = 1{,}2$ cm

$\overline{AB} = 1{,}4$ cm $\qquad \overline{B'C'} = 3$ cm

46 La razón en la siguiente figura es $\frac{\overline{AB}}{\overline{A'B'}} = 0{,}6$. Calcula la longitud de: $\overline{AB}$, $\overline{OA'}$ y $\overline{B'C'}$.

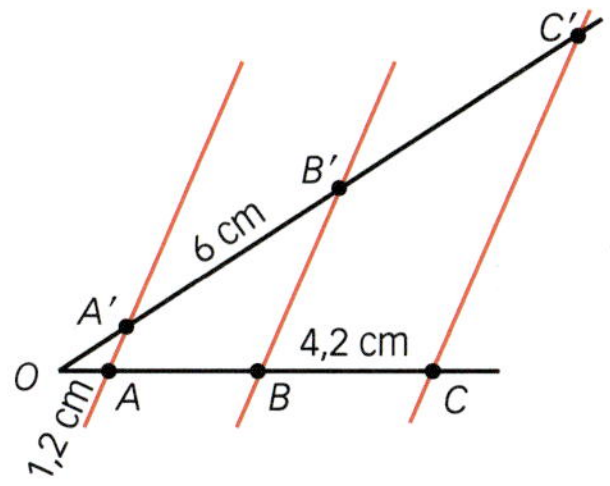

47 Determina las longitudes desconocidas.

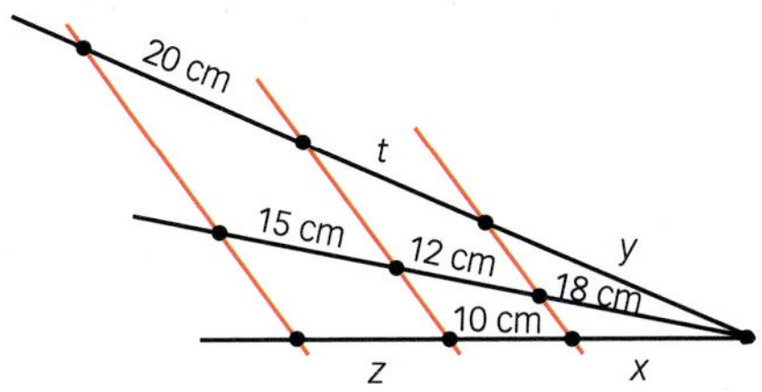

48 Divide gráficamente un segmento $\overline{AB} = 8$ cm en:

a) 6 partes iguales. b) 5 partes iguales.

49 Divide gráficamente un segmento de 108 mm en segmentos proporcionales a 3, 6 y 9.

50 Halla gráficamente el punto medio de un segmento de 7 cm.

51 Halla gráficamente las $\frac{2}{3}$ partes de un segmento de 10 cm de longitud.

52 Divide el segmento *AB* en partes proporcionales a $\overline{CD}$ y $\overline{EF}$.

53 Dado el segmento $\overline{AB} = 4$ cm, halla gráficamente otro segmento $\overline{CD}$ que cumpla la proporción $\frac{\overline{AB}}{\overline{CD}} = \frac{5}{7}$.

54 Construye dos segmentos que sumen 14 cm y que su razón sea $\frac{3}{4}$.

55 Divide un segmento de 20 cm en tres partes, midiendo cada una la mitad que la anterior.

56 Divide gráficamente un segmento de 18 cm en cuatro partes, midiendo cada una el doble que la anterior.

57 Divide gráficamente el segmento $\overline{AB} = 9$ cm en partes proporcionales a $\overline{CD} = 3{,}5$ cm y $\overline{EF} = 1{,}8$ cm.

SABER HACER

Representar fracciones en la recta numérica usando el teorema de Tales

58 Representa en la recta las fracciones:

a) $\frac{11}{4}$ b) $\frac{5}{6}$

PRIMERO. Si la fracción es impropia (el numerador es mayor que el denominador), se expresa como la suma de un número entero más una fracción.

a) $\frac{11}{4} \rightarrow 11 \,\underline{|\,4}$; $3 \;\; 2$ $\rightarrow \frac{11}{4} = 2 + \frac{3}{4} \rightarrow$ Está entre 2 y 3.

b) $\frac{5}{6} \rightarrow$ Está entre 0 y 1.

SEGUNDO. Se divide el segmento en el que se encuentra la fracción utilizando el teorema de Tales.

a)

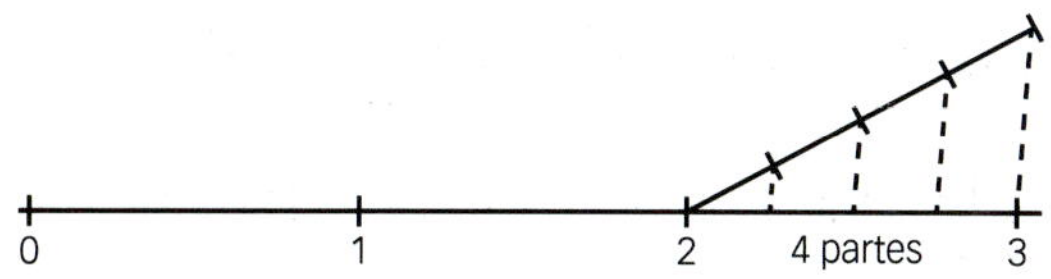

b)

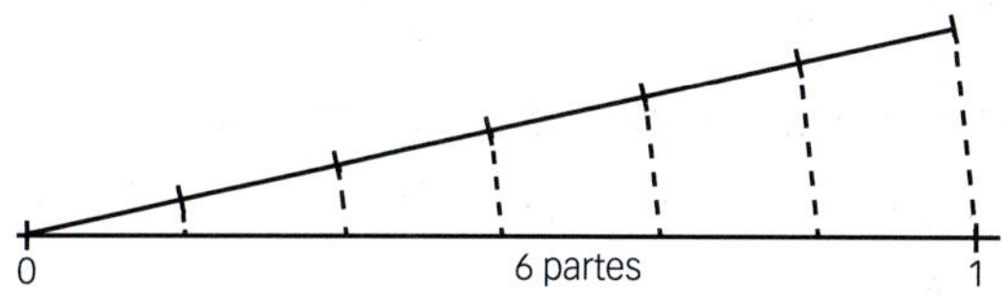

TERCERO. Se toman en ese segmento tantas partes como indica el numerador de la fracción propia y se obtiene el punto de la recta correspondiente a la fracción.

a)

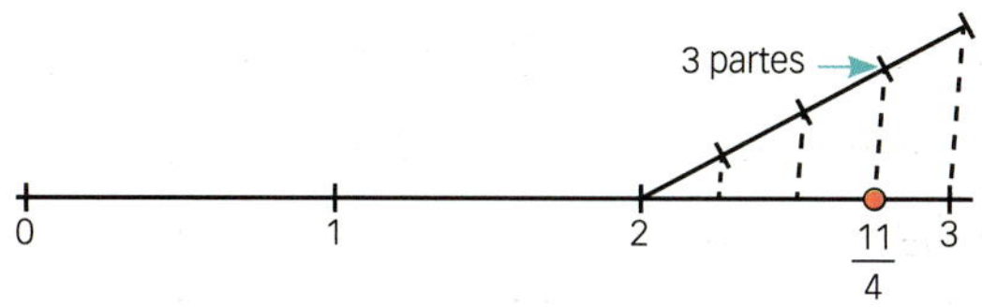

b)

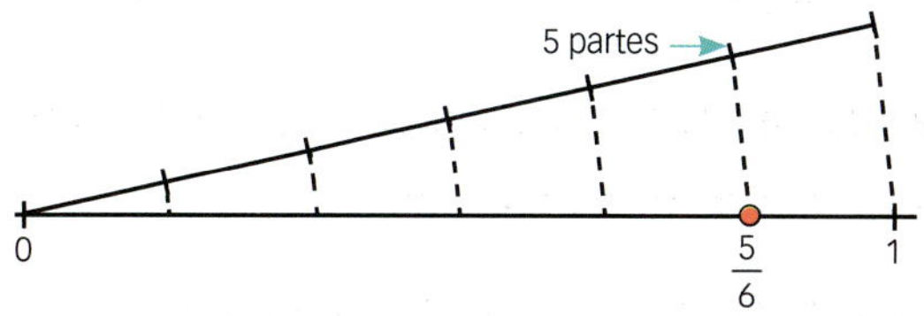

59 Representa estas fracciones en la recta numérica usando el teorema de Tales.

a) $\frac{6}{7}$ d) $\frac{3}{8}$

b) $\frac{16}{3}$ e) $\frac{5}{9}$

c) $\frac{19}{2}$ f) $\frac{33}{5}$

ACTIVIDADES FINALES

Semejanza de triángulos

60 Comprueba si los siguientes triángulos son semejantes. ¿Qué criterio has utilizado en cada caso?

a)

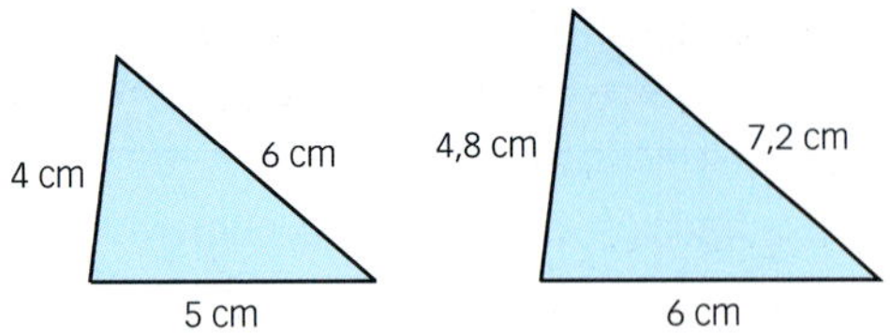

b)

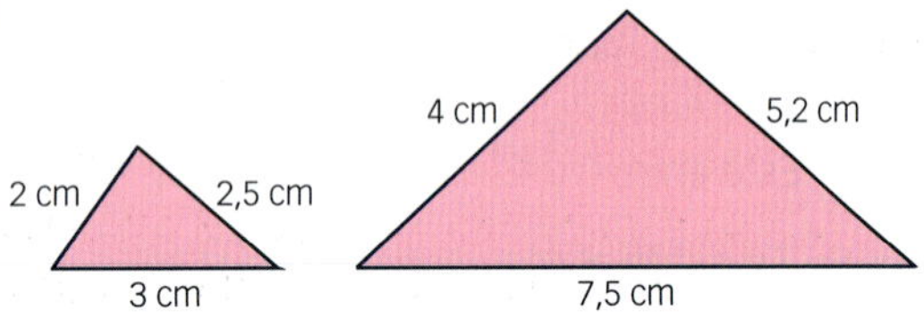

c)

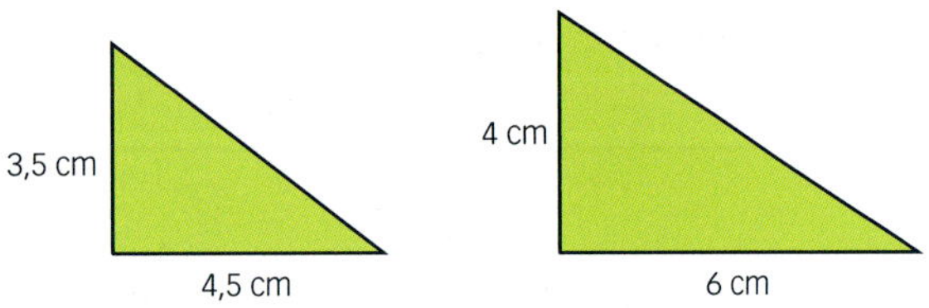

d)

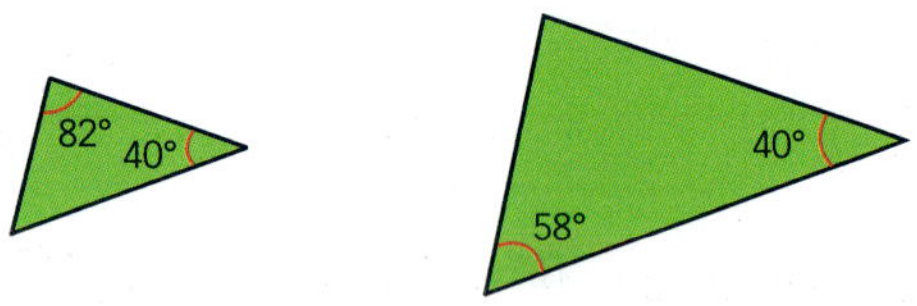

e)

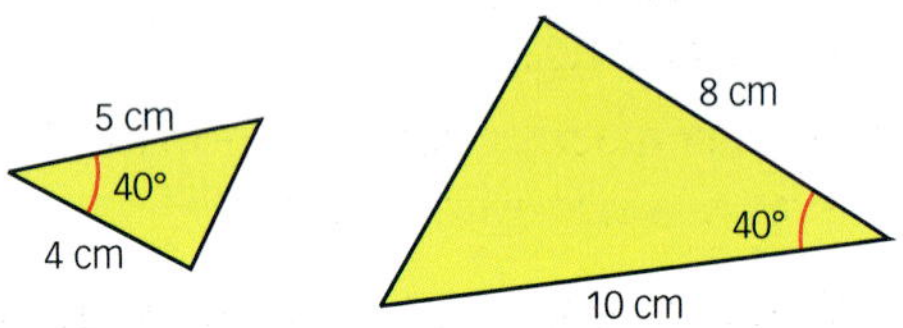

f)

g)

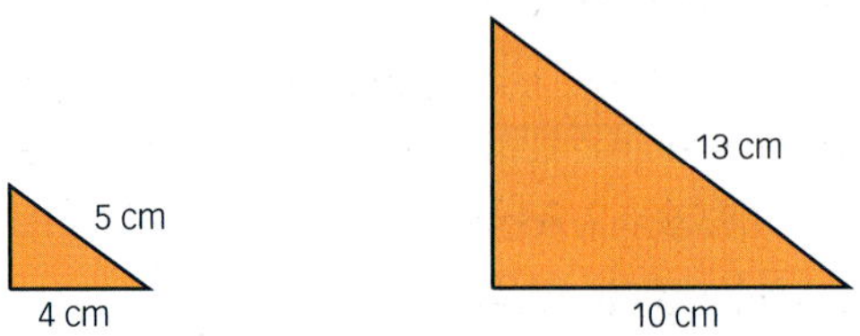

h)

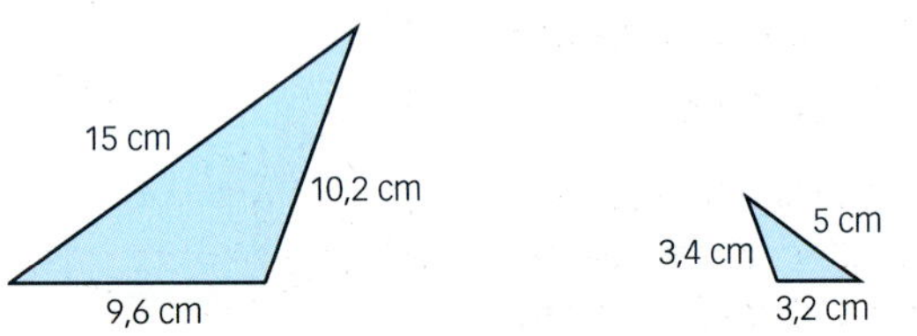

61 Dibuja un triángulo acutángulo en el que los lados midan 5, 4 y 3,5 cm. Aplicando los criterios de semejanza de triángulos, construye otro triángulo de forma que la razón de semejanza del primero con el segundo sea $\frac{4}{5}$.

62 Dibuja un triángulo que tenga un ángulo de 50° y otro de 70°. Aplicando los criterios de semejanza de triángulos, construye otro que tenga una razón de semejanza con el primero de $\frac{2}{3}$.

63 Dibuja un triángulo obtusángulo que tenga un lado de 4 cm y otro de 5 cm. El ángulo comprendido entre ambos lados debe medir 120°. Aplicando los criterios de semejanza de triángulos, construye otro que tenga una razón de semejanza respecto al primero de $\frac{5}{2}$.

64 El triángulo $\widehat{ABC}$, de lados $\overline{AB} = 128$ mm, $\overline{AC} = 72$ mm y $\overline{BC} = 64$ mm, es semejante al triángulo $\widehat{A'B'C'}$, que tiene un lado $\overline{A'C'} = 48$ mm. Halla los otros lados de este triángulo y la razón de semejanza del primer triángulo con respecto al segundo.

65 Dibuja un triángulo de lados 8, 7 y 6 cm. Traza una recta paralela al primer lado que divida cada uno de los otros dos lados según la razón $\frac{1}{2}$. Halla la longitud del segmento que se forma en la recta paralela.

66 Dos triángulos, $\widehat{ABC}$ y $\widehat{A'B'C'}$, son semejantes. Los lados de $\widehat{ABC}$ miden:

$$\overline{AB} = 4 \text{ cm} \qquad \overline{BC} = 5 \text{ cm} \qquad \overline{CA} = 6 \text{ cm}$$

Calcula los lados de $\widehat{A'B'C'}$ y la razón de semejanza si $\overline{A'B'} = 7,2$ cm.

67 Indica si son semejantes las parejas de triángulos.

a) Los lados de uno miden 10, 7 y 6 cm y los del otro 20, 14 y 32 cm.

b) Los ángulos de uno de los triángulos miden 20°, 70° y 90°, y el otro tiene un ángulo de 60°.

c) Los dos triángulos son isósceles con el ángulo desigual de 50°.

d) Ambos triángulos son rectángulos isósceles.

e) Dos lados de un triángulo miden 4 y 6 cm, y el ángulo que forman es de 60°. En el otro triángulo, los lados miden 12 y 18 cm, y el ángulo que forman es de 60°.

f) Uno de los triángulos tiene un ángulo de 45° y otro de 55°. El otro triángulo tiene un ángulo de 45° y otro de 80°.

68 Un triángulo tiene de lados $\overline{AB} = 5$ cm, $\overline{BC} = 8$ cm y $\overline{AC} = 7$ cm. Halla un triángulo semejante a él sabiendo que:

a) La razón de semejanza del segundo triángulo respecto al primero es 5.

b) El perímetro del segundo triángulo es 15 cm.

69 Identifica en cada figura, todos los triángulos que estén en posición de Tales.

a) b)

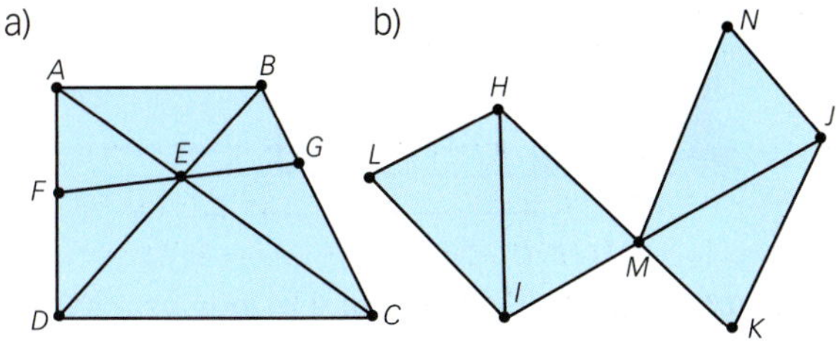

Polígonos semejantes

70 Razona si las siguientes afirmaciones son verdaderas o falsas.

a) Todos los triángulos equiláteros son semejantes.

b) Para saber si dos polígonos son semejantes, solo es necesario medir los ángulos y comprobar que son iguales.

c) Todos los rectángulos son semejantes.

d) Todos los rombos son semejantes.

e) Si duplicamos el lado de un cuadrado, también se duplica su diagonal.

f) Al ampliar o reducir una figura, no cambian los ángulos.

g) Entre dos triángulos rectángulos siempre hay la misma razón de semejanza.

h) Al ampliar una figura el doble, sus lados y sus ángulos también se multiplican por dos.

71 Construye los siguientes polígonos semejantes.

a) Dos cuadrados con razón $r = 3$.

b) Dos rectángulos con razón $r = \frac{3}{5}$.

72 Los lados de un triángulo miden 9, 12 y 15 cm. Halla los lados de otro triángulo semejante, sabiendo que el lado mayor mide 25 cm.

73 Los lados de un triángulo miden 18, 24 y 32 cm. Halla los lados de otro triángulo semejante, sabiendo que el lado menor mide 30 cm.

74 ¿Cuánto medirán los lados y el perímetro de un triángulo semejante a otro, de lados 3,6 cm, 4,2 cm y 54 mm, si la razón de semejanza es $\frac{2}{5}$?

75 Los lados que forman el ángulo recto de un triángulo rectángulo e isósceles miden 4 cm. Halla los lados de otro triángulo con razón de semejanza respecto a este de $\frac{5}{8}$.

76 Calcula las dimensiones de un rectángulo de diagonal igual a 7,5 cm, que es semejante a otro rectángulo cuyos lados miden 3,6 y 4,8 cm.

77 ¿Cuánto medirían los lados y el perímetro de un pentágono 3 veces mayor que el pentágono de la figura?

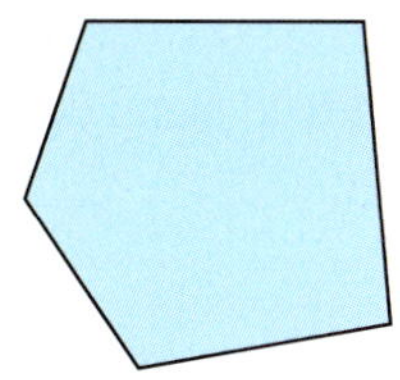

78 Los lados de un triángulo miden 8, 5 y 7 cm. Halla las medidas de otro triángulo semejante a él cuyo perímetro mide 60 cm.

79 Observa la figura y calcula.

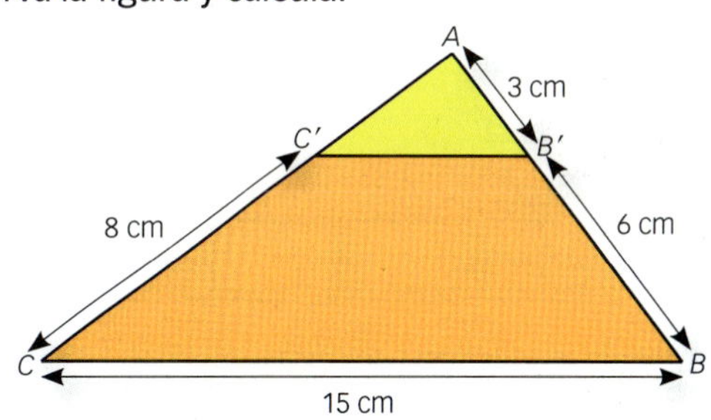

a) La razón de semejanza de $\widehat{ABC}$ respecto al $\widehat{AB'C'}$.

b) Los valores de las áreas de cada triángulo y la razón de semejanza de ambas.

c) Los valores de los perímetros de cada triángulo y la razón de semejanza entre ellos.

80 La superficie de un pentágono regular es 4 veces mayor que la de otro pentágono semejante. Si el lado del pentágono menor mide 3 cm, ¿cuánto mide el perímetro del mayor?

81 Dos lados homólogos de dos polígonos semejantes miden 4 dm y 6 dm. El área del primero es de 170 cm^2. Calcula el área del segundo polígono.

82 Dos polígonos P y P' son semejantes. El área de P es de 150 cm^2 y el área de P' es de 600 cm^2. Si el perímetro de P es de 80 cm, ¿cuál es el perímetro de P'?

83 Los polígonos de la figura son semejantes, y la razón de semejanza es $\frac{3}{7}$. Si el área del hexágono rojo es de 288 cm^2, calcula el área del hexágono azul.

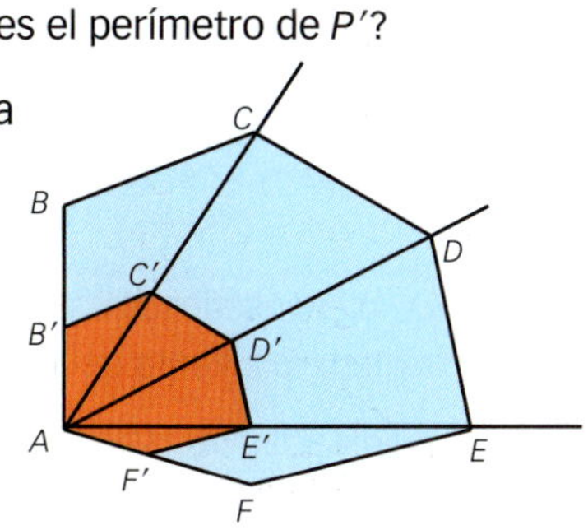

ACTIVIDADES FINALES

Escalas

84 En la fotografía de un paisaje, Martín mide 2,5 cm de altura. Si la altura de Martín es de 1,75 m:

a) ¿A qué escala está hecha la foto?

b) Si en la misma fotografía hay un edificio que mide 15 cm de altura, ¿cuánto mide en la realidad?

c) Si al lado de Martín había un árbol de 7 m, ¿qué altura tiene en la foto?

85 En un plano de un pueblo hay esta escala gráfica:

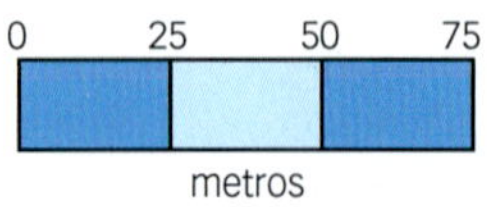

Calcula la distancia real entre la escuela y el ayuntamiento, si en el plano distan 30,5 cm.

86 Este plano representa el comedor de una casa.

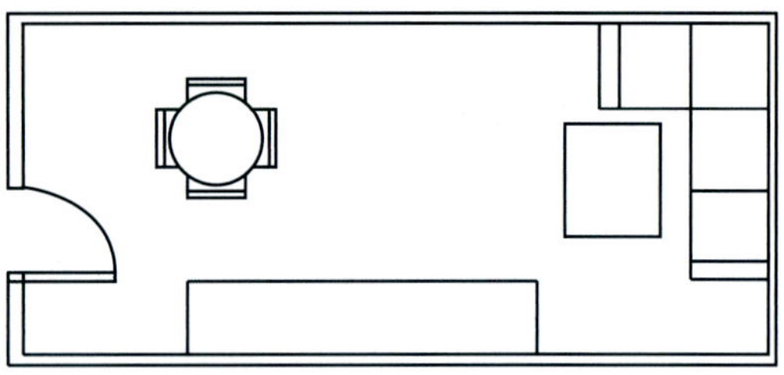

1 : 75

a) Calcula la longitud y la anchura.

b) Averigua qué distancia hay de la mesa al sofá.

87 Dibuja un campo de fútbol a escala 1 : 400 con estas características.

a) Mide 80 m de longitud y 60 m de anchura.

b) El círculo central mide 20 m de diámetro.

SABER HACER

Determinar la escala de un plano o mapa

88 ¿A qué escala está dibujado un plano en el que una distancia real de 50 m se representa con una longitud de 2,5 cm?

PRIMERO. Se mide sobre el plano la longitud que conocemos en la realidad.

En este caso no hace falta medir, es 2,5 cm.

SEGUNDO. Se expresan ambas longitudes en una misma unidad y se divide.

$$\left.\begin{array}{r}50 \text{ m} = 5\,000 \text{ cm}\\ 2{,}5 \text{ cm}\end{array}\right\} \rightarrow \frac{5\,000}{2{,}5} = 2\,000$$

TERCERO. Se escribe la escala como 1 : *a*, siendo *a* el número resultante de la división.

La escala del plano es 1 : 2 000.

89 Halla la escala a la que está dibujado un plano en el que una distancia real de 80 m equivale a:

a) 8 cm b) 10 cm c) 8 dm d) 4 dm e) 2 cm

Problemas de semejanza

90 Halla la altura del edificio del dibujo.

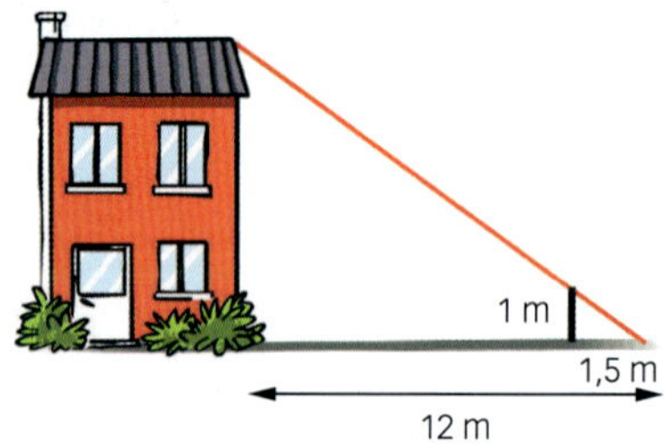

91 Un jugador de baloncesto de 1,9 m, que está situado a 6,25 m de la canasta, lanza el balón hacia la misma. Calcula la altura a la que está el balón cuando va por la mitad del recorrido.

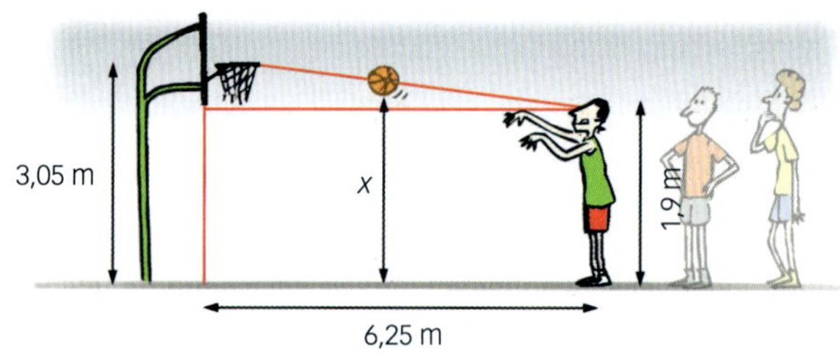

SABER HACER

Calcular la altura de un objeto mediante su reflejo en un cristal

92 Para hallar la altura de un objeto inaccesible, se coloca un espejo en el suelo y nos alejamos la distancia necesaria para observar el punto más alto del objeto. ¿Qué altura tiene el edificio?

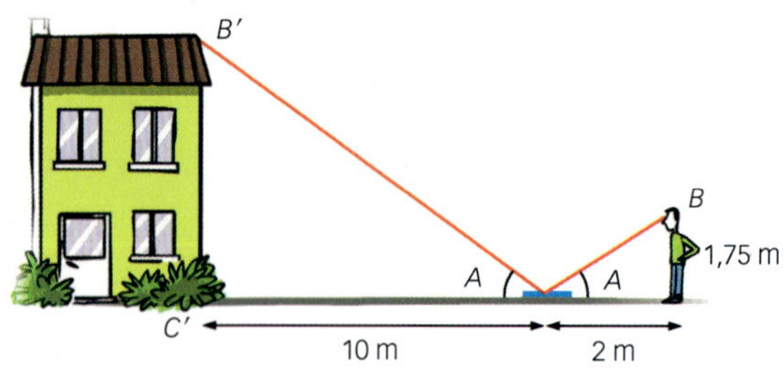

PRIMERO. Se comprueba que $\widehat{ABC}$ y $\widehat{AB'C'}$ son semejantes. En este caso, lo son por ser los dos rectángulos e iguales los ángulos de refracción, $\widehat{A}$.

SEGUNDO. Se aplica la relación entre sus lados.

$$\frac{\overline{B'C'}}{\overline{BC}} = \frac{\overline{AC'}}{\overline{AC}} \rightarrow \frac{\overline{B'C'}}{1{,}75} = \frac{10}{2} \rightarrow \overline{B'C'} = 1{,}75 \cdot 5 = 8{,}75$$

La altura del edificio es de 8,75 m.

93 Teo está situado a 4 m de la orilla de un río y ve reflejada una montaña en el agua. Si Teo mide 1,80 m y el río está a 8 km de la montaña, ¿qué altura tiene la montaña?

94 Mónica, que mide 1,5 m, acude a un concierto de rock, y 1 m por delante de ella se sitúa Lola, que mide 1,70 m. Calcula la altura del escenario si Mónica ve el borde del mismo justo por encima de Lola y Lola se encuentra a 20 m del escenario.

95 La sombra que proyecta una chimenea es 40 m y un listón de 60 cm al lado de ella proyecta una de 50 cm. ¿Cuál es la altura de la chimenea?

96 A las 12 de la mañana, un padre que mide 1,80 m proyecta una sombra 2 m más larga que la de su hijo. Halla la altura de este, si su sombra mide 3 m.

97 María mide 170 cm, mientras que su amiga Mireia mide 10 cm menos. Si a las 12 del mediodía la sombra de María mide 1,5 m, ¿cuántos centímetros menos mide la sombra de su amiga en el mismo instante?

98 En un mapa a escala 1 : 50 000 dos puntos están separados 4 cm. En otro mapa esos mismos puntos distan 6 cm. ¿Qué distancia real separa a esos dos puntos? ¿A qué escala está hecho el segundo mapa?

DEBES SABER HACER

Teorema de Tales

1 Calcula la longitud del segmento $\overline{OA}$ aplicando el teorema de Tales.

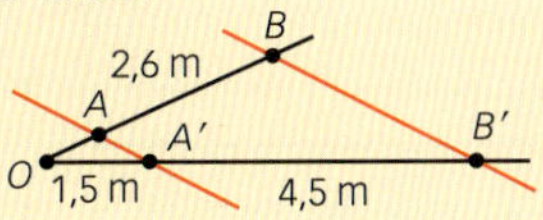

2 Dibuja un segmento de 6,6 cm y divídelo:

a) En 3 partes iguales.

b) En 2 partes tales que una sea el triple de la otra.

Semejanza de triángulos

3 Explica por qué estos triángulos están en posición de Tales y calcula la longitud de *NC*.

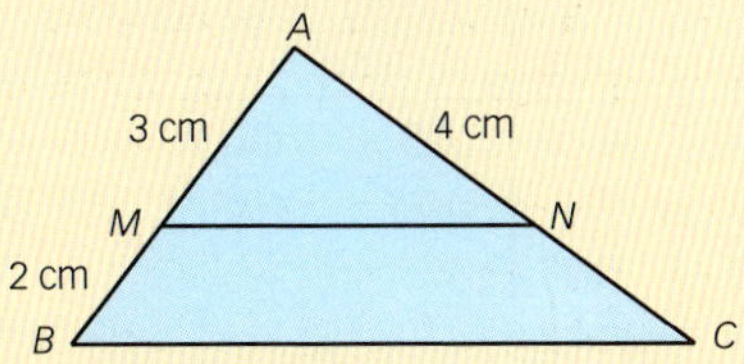

4 Indica, en cada caso, si los pares de triángulos son semejantes. Explica por qué.

a)

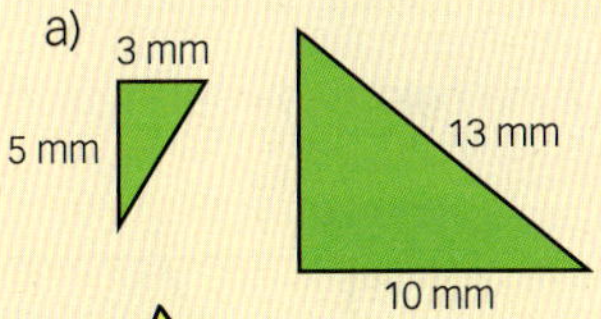

b)

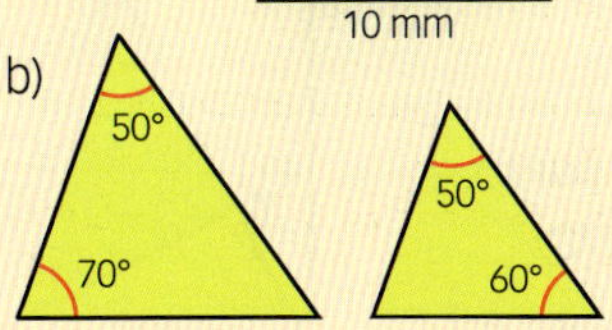

5 Determina la altura del autobús si la del coche es de 1,4 m.

Polígonos semejantes

6 Dibuja dos cuadrados semejantes que tengan como razón de semejanza $r = 2$.

7 Calcula la longitud del lado desconocido, sabiendo que los dos pentágonos son semejantes.

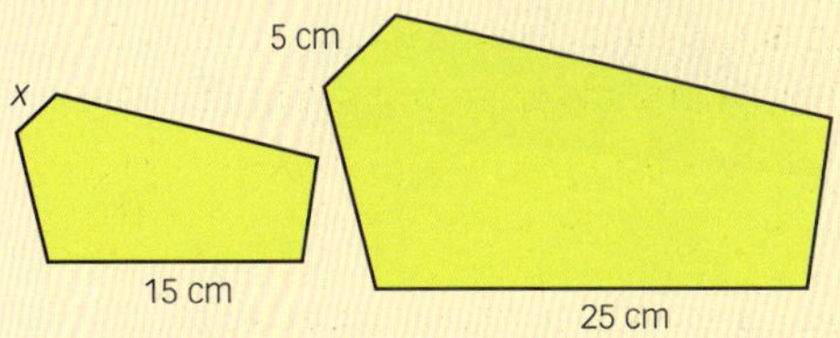

Escalas

8 Calcula la distancia real entre dos ciudades que en un mapa a escala 1 : 5 000 000 distan 6,5 cm.

9 Expresa mediante una escala gráfica la escala 1 : 300 000.

En la vida cotidiana

99 En un centro escolar se está preparando el plan de evacuación. Unas de las medidas que se están tomando es situar a la entrada de cada aula un plano del centro con el recorrido hasta la salida de emergencia. Para ello han escaneado el plano del centro, han coloreado en rojo la trayectoria desde cada aula a la salida de emergencias y lo han impreso en folios.

El plano que tenían del edificio en el centro estaba hecho a una escala 1 : 180, para imprimirlo en folios lo han reducido al 30 %.

a) Si en el plano impreso en el folio hay, entre la puerta de la clase y la salida de emergencias, una distancia de 12,5 cm, ¿cuál es la distancia real que las separa?

b) Se ha determinado una zona rectangular en medio del patio del centro en la que se deberán concentrar todos los alumnos en caso de emergencia. Se ha estimado que esa área debería ser de unos 120 m^2. ¿Cuáles podrían ser las medidas de los lados de ese rectángulo si se dibujasen en el plano impreso en el folio?

Formas de pensar. Razonamiento matemático

100 El teorema de Tales se puede demostrar gráficamente a partir de dos paralelas que se cortan por otras dos rectas secantes *r* y *s*, y de los triángulos que se forman.

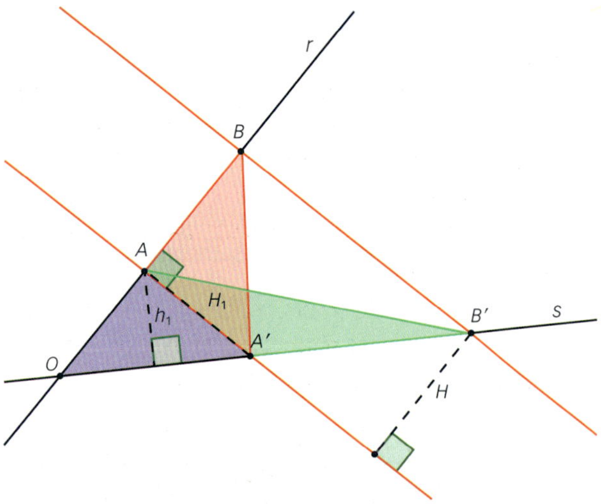

1. El triángulo rojo $\widehat{AA'B}$ y el triángulo verde $\widehat{AA'B'}$ tienen la misma área porque comparten el lado AA' y una altura H.

$$\left.\begin{array}{l} A_{\text{triángulo rojo}} = \dfrac{AB \cdot H_1}{2} \\ A_{\text{triángulo verde}} = \dfrac{A'B' \cdot h_1}{2} \end{array}\right\} \rightarrow \frac{AB \cdot H_1}{2} = \frac{A'B \cdot h_1}{2} \rightarrow \frac{h_1}{H_1} = \frac{AB}{A'B'}$$

2. Por otro lado, el área del triángulo morado, según la base que se considere, la podemos expresar de diversas formas:

$$\left.\begin{array}{l} A_{\text{triángulo morado}} = \dfrac{OA' \cdot h_1}{2} \\ A_{\text{triángulo morado}} = \dfrac{OA \cdot H_1}{2} \end{array}\right\} \rightarrow \frac{OA' \cdot h_1}{2} = \frac{OA \cdot H_1}{2} \rightarrow \frac{h_1}{H_1} = \frac{OA}{OA'}$$

3. Así pues:

$$\left.\begin{array}{l} \dfrac{h_1}{H_1} = \dfrac{AB}{A'B'} \\ \dfrac{h_1}{H_1} = \dfrac{OA}{OA'} \end{array}\right\} \frac{AB}{A'B'} = \frac{OA}{OA'}$$

Toma las medidas que necesites de la imagen de la izquierda, y comprueba numéricamente la demostración del teorema de Tales.

101 Calcula el área de la zona coloreada del siguiente cuadrado sabiendo que:

- El cuadrado tiene 2 cm de lado.
- El punto *E* es el punto medio del lado *DC*.
- El ángulo *F* es recto.

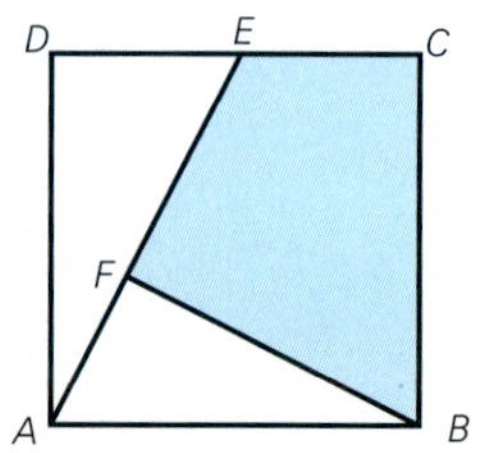

PROYECTO FINAL. **Trabajo cooperativo**

OBJETIVO: Medir la altura de un edificio de vuestra localidad

1.ª Fase.

- Haced una lista con diversos edificios de vuestra localidad: ayuntamiento, centros educativos, cine, edificio donde vivís…
- Escoged uno de los edificios para medir su altura, y pensad en cómo lo podéis hacer, a partir de la sombra que proyecta.

2.ª Fase.

- Decidid los pasos que tendréis que seguir para averiguar la altura del edificio: medir la sombra del edificio a una hora determinada, establecer un objeto de referencia y medir su altura y su sombra a la misma hora… Haced fotografías o vídeos de los diferentes pasos.
- Realizad los cálculos necesarios con los datos que habéis recogido, para conocer la altura del edificio. Reflexionad sobre los resultados obtenidos y sobre las posibles fuentes de error instrumental.

3.ª Fase.

- Elaborad una presentación multimedia que exponga los pasos que habéis seguido y vuestros resultados finales.

Pruebas PISA

Tales de Mileto

102 ●●● Dice la leyenda que el griego Tales de Mileto (625-546 a.C.) midió la altura de la pirámide de Keops con un método muy sencillo:

Observó que la sombra que proyectaba la pirámide era de 85 m desde la base, y colocó su bastón de 1,46 m en el punto donde acababa la sombra. Entonces midió la sombra que proyectaba el bastón, que era de 2 m.

Calcula la altura que tiene la pirámide de Keops, sabiendo que tiene una base cuadrada de 230 m de lado.

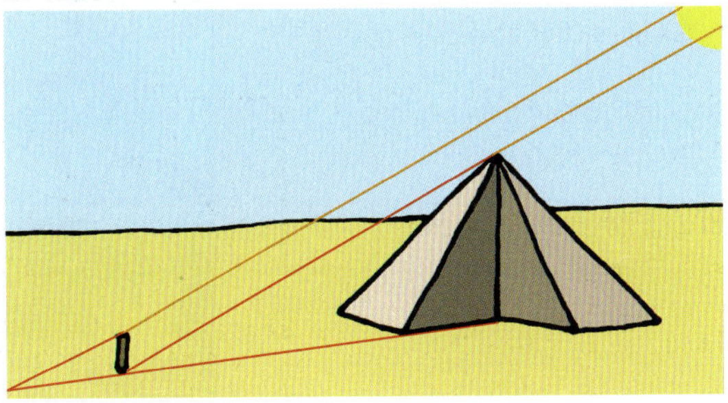

Billar francés a tres bandas

103 ●●● En el billar francés hay que golpear una bola para que choque con las otras dos. A esto se le llama *carambola*. Para aumentar la dificultad, la bola golpeada inicialmente tiene que chocar, como mínimo, tres veces con alguna de las bandas, antes de tocar la segunda bola.

Matemáticamente se puede conocer dónde tenemos que golpear la bola para que rebote con las paredes y choque con la otra bola. Observa:

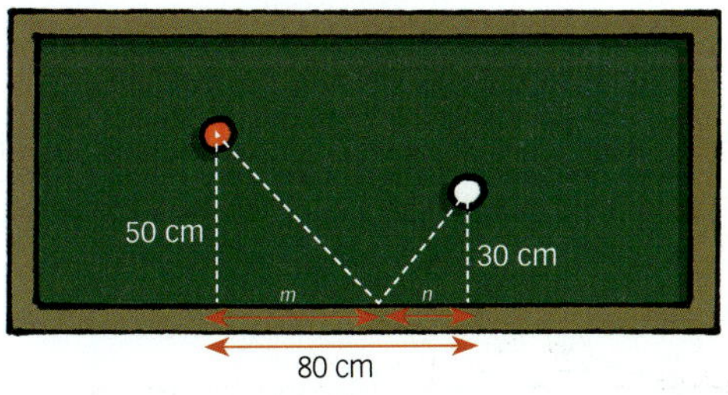

¿A qué distancia tenemos que golpear para que la bola blanca choque con la roja?

CLAVES PARA EMPEZAR

Qué es un polígono regular

Un **polígono regular** tiene todos sus lados y ángulos iguales. En caso contrario, si algún lado o ángulo es distinto, el **polígono** es **irregular**.

Polígono regular

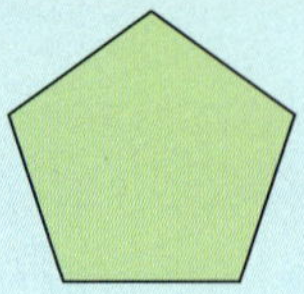

Polígono irregular

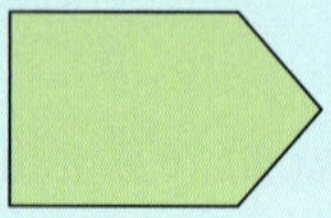

Todo polígono regular está inscrito en una circunferencia.

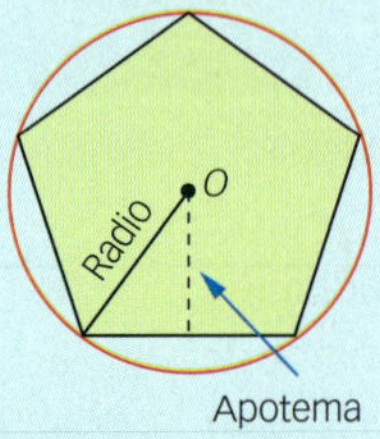

- El centro de la circunferencia, O, se llama **centro** del polígono y su radio, r, se denomina **radio** del polígono.
- El segmento trazado desde el centro de la circunferencia al punto medio de un lado, a, es la **apotema** del polígono regular.

ACTIVIDADES

1 Calca este hexágono regular en tu cuaderno.

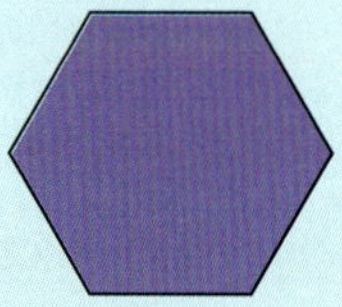

a) Traza la circunferencia en la que está inscrito. Determina su centro, dibuja su radio y su apotema.

b) Dibuja los tres diámetros que unen sus vértices opuestos. ¿En cuántos triángulos queda descompuesto el hexágono? Comprueba que todos los triángulos formados son equiláteros.

Cuáles son los elementos de una circunferencia

La **circunferencia** es una curva cerrada y plana cuyos puntos están situados a la misma distancia de otro punto llamado centro, O.

Los elementos de una circunferencia son:

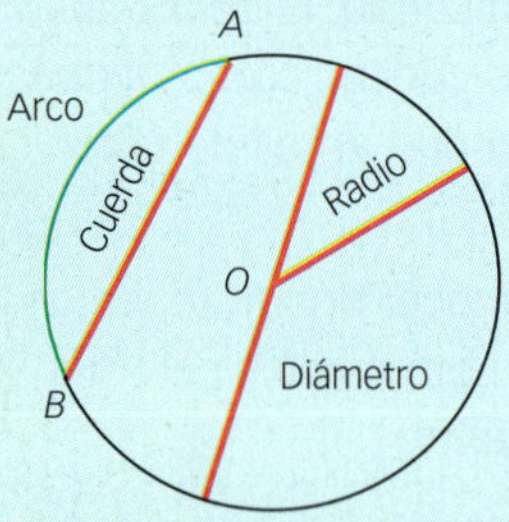

- **Centro de la circunferencia**: es el punto del cual equidistan todos los puntos que la forman.
- **Radio**: es un segmento que une el centro con un punto cualquiera de la circunferencia.
- **Cuerda**: es un segmento que une dos puntos de la circunferencia.
- **Diámetro**: es una cuerda que pasa por el centro de la circunferencia.
- **Arco**: es la parte de la circunferencia comprendida entre dos puntos de ella.

ACTIVIDADES

2 Dibuja una circunferencia de radio 4 cm, y señala sobre ella un diámetro, un radio, un arco y una cuerda. ¿Cuánto mide el diámetro?

Hasta el siglo XIX
Los hombres se afeitaban utilizando una navaja de afeitar.

Figuras planas. Áreas

10

SABER

- Teorema de Pitágoras. Aplicaciones
- Área y ángulos de polígonos y figuras circulares
- Longitud de la circunferencia
- Área del círculo y figuras circulares
- Ángulos en la circunferencia

SABER HACER

- Calcular elementos de un polígono
- Calcular elementos de un polígono regular
- Resolver problemas de áreas
- Calcular el área de una figura plana

? VIDA COTIDIANA

La cuchilla de afeitar

Uno de los productos indispensables en la higiene personal masculina son las cuchillas de afeitar. Se tenga barba o no, las cuchillas permiten mantener un aspecto aseado sin dolor y cuidando la piel.

- Si un hombre se afeita en cada lateral de la cara una semicircunferencia de radio 3 cm, ¿qué área de piel ha afeitado?

1888
El viajero King Camp Gillette diseña la primera maquinilla de afeitar, para evitar cortes en sus afeitados mientras viajaba en tren.

1914
El ejército de EE. UU. compra 32 millones de cuchillas de afeitar para sus soldados de la I Guerra Mundial. Así ahorraban tiempo y evitaban accidentes.

1965
Se introduce el acero inoxidable como material de fabricación de las cuchillas, alargando su vida útil considerablemente.

1 Teorema de Pitágoras

Teorema de Pitágoras

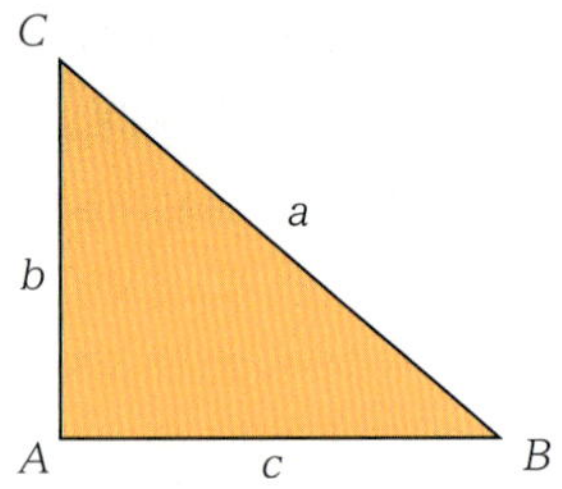

$a^2 = b^2 + c^2$

Un triángulo rectángulo tiene un ángulo de 90º. Los lados que forman el ángulo recto se llaman **catetos**, *b* y *c*, y el lado mayor, **hipotenusa**, *a*.

Teorema de Pitágoras. En todo triángulo rectángulo, el cuadrado de la hipotenusa es igual a la suma de los cuadrados de los catetos.

$$a^2 = b^2 + c^2$$

Demostración gráfica

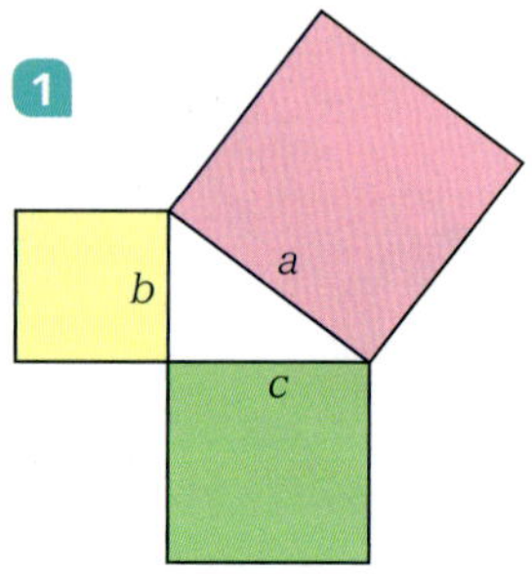

Se puede comprobar este teorema gráficamente.

1. Sobre los lados de un triángulo rectángulo construimos tres cuadrados con los lados iguales a los lados del triángulo rectángulo.
2. Al cuadrado de lado *a*, le añadimos cuatro triángulos rectángulos iguales, hasta que formen otro cuadrado.
3. A los cuadrados de lados *b* y *c*, les añadimos cuatro triángulos rectángulos, hasta que formen un cuadrado.
4. Como los cuatro triángulos rectángulos de cada miembro son idénticos, cuando los eliminamos, la igualdad se mantiene.

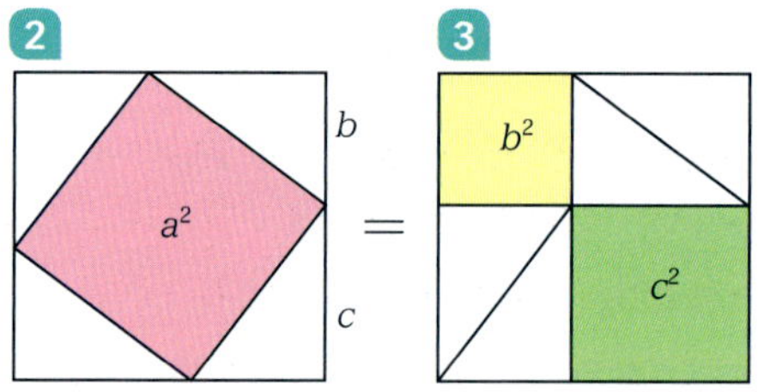

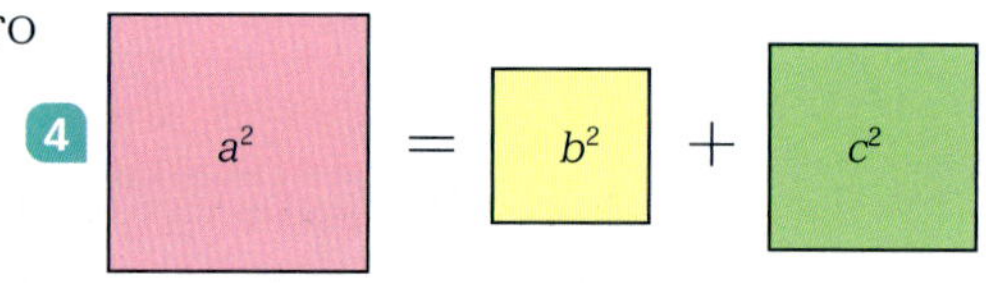

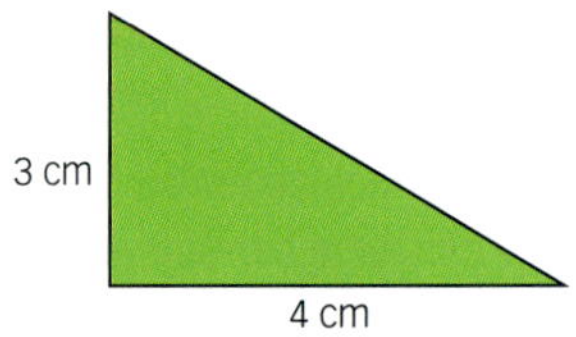

EJEMPLO

1. Halla la hipotenusa de un triángulo de catetos de 3 cm y 4 cm.

Se aplica el teorema de Pitágoras y se sustituye en la fórmula:

$a^2 = b^2 + c^2 \xrightarrow{b\,=\,3,\,c\,=\,4} a^2 = 3^2 + 4^2 \rightarrow a^2 = 9 + 16 = 25 \rightarrow a = \sqrt{25} = 5$

La hipotenusa mide 5 cm.

ACTIVIDADES

1 PRACTICA. Dibuja los triángulos rectángulos con estos catetos, mide la hipotenusa y comprueba que se cumple el teorema de Pitágoras.

a) $b = 6$ cm, $c = 8$ cm

b) $b = 5$ cm, $c = 12$ cm

c) $b = 4{,}5$ cm, $c = 6$ cm

2 APLICA. Halla la hipotenusa en cada caso.

a) $b = 9$ cm, $c = 12$ cm

b) $b = 7$ cm, $c = 24$ cm

3 REFLEXIONA. ¿Se cumple el teorema de Pitágoras en un triángulo que no sea rectángulo?

2 Aplicaciones del teorema de Pitágoras

2.1. Determinar si un triángulo es rectángulo

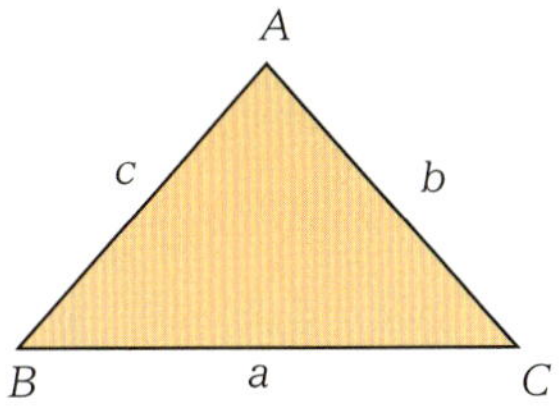

En cualquier triángulo, siendo a el lado mayor:

- Si $a^2 = b^2 + c^2 \rightarrow$ El triángulo es rectángulo.
- Si $a^2 < b^2 + c^2 \longrightarrow$ El triángulo es acutángulo.
- Si $a^2 > b^2 + c^2 \longrightarrow$ El triángulo es obtusángulo.

EJEMPLO

2. Halla de qué tipo es el triángulo cuyos lados miden:

a) 3, 4 y 6 cm　　b) 6, 8 y 10 cm　　c) 6, 7 y 9 cm

a) $6^2 > 3^2 + 4^2 \rightarrow 36 > 9 + 16 \rightarrow$ El triángulo es obtusángulo.

b) $10^2 = 6^2 + 8^2 \rightarrow 100 = 36 + 64 \rightarrow$ El triángulo es rectángulo.

c) $9^2 < 6^2 + 7^2 \rightarrow 81 < 36 + 49 \rightarrow$ El triángulo es acutángulo.

2.2. Hallar la longitud de un lado de un triángulo rectángulo

El teorema de Pitágoras relaciona los tres lados de un triángulo rectángulo de manera que, conocidos dos de ellos, es posible obtener el tercer lado.

- Conocidos los catetos b y $c \rightarrow a = \sqrt{b^2 + c^2}$
- Conocida la hipotenusa, a, y un cateto $\rightarrow c = \sqrt{a^2 - b^2}$

EJEMPLO

3. Halla el lado que falta en estos triángulos rectángulos.

a) Los catetos $b = 12$ cm y $c = 5$ cm

$a = \sqrt{b^2 + c^2} \rightarrow a = \sqrt{12^2 + 5^2} \rightarrow a = \sqrt{169} = 13$ cm

b) La hipotenusa $a = 20$ cm y el cateto $b = 16$ cm

$c = \sqrt{a^2 - b^2} \rightarrow c = \sqrt{20^2 - 16^2} \rightarrow c = \sqrt{144} = 12$ cm

c) La hipotenusa $a = 26$ cm y el cateto $c = 10$ cm

$b = \sqrt{a^2 - c^2} \rightarrow b = \sqrt{26^2 - 10^2} \rightarrow b = \sqrt{576} = 24$ cm

ACTIVIDADES

4 PRACTICA. Dibuja en tu cuaderno un triángulo rectángulo, otro acutángulo y otro obtusángulo, mide sus lados y comprueba si se cumplen las relaciones entre los cuadrados de sus lados.

5 APLICA. Halla la hipotenusa de un triángulo rectángulo si el cateto mayor mide 40 cm y el menor mide 31 cm menos.

6 APLICA. Halla los lados de los triángulos rectángulos.

a) $a = 26$ cm y es 2 cm mayor que el cateto b.

b) $a = 25$ cm y es 10 cm mayor que el cateto c.

7 REFLEXIONA. Si multiplicas todos los lados de un triángulo rectángulo por un mismo número, ¿se sigue cumpliendo el teorema de Pitágoras?

SABER HACER

Calcular elementos de un polígono

Calcula:

a) La diagonal de este rectángulo.

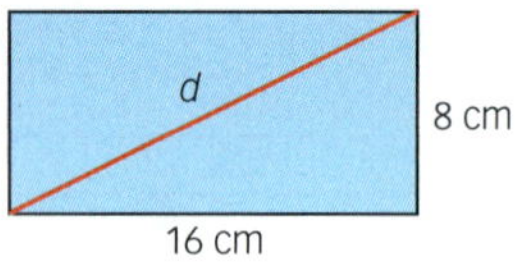

b) La altura de este romboide.

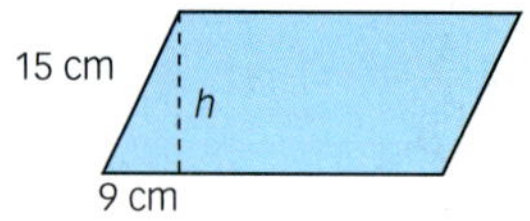

Pasos a seguir

1. Identificamos en la figura el triángulo rectángulo y las medidas de los lados que conocemos.

a) El triángulo rectángulo que tenemos es:

Queremos hallar la hipotenusa (diagonal) y conocemos la longitud de los dos catetos (lados del rectángulo).

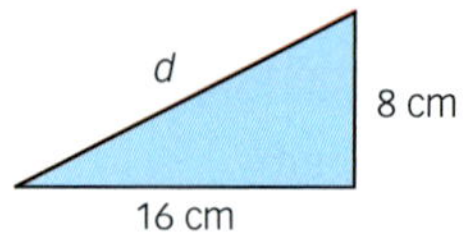

b) El triángulo rectángulo que tenemos es:

Queremos hallar uno de los catetos (altura h) y conocemos el otro cateto y la hipotenusa (lado del romboide).

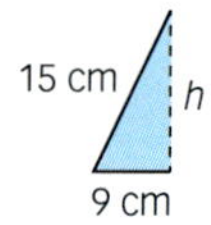

2. Aplicamos el teorema de Pitágoras.

a) $d^2 = 8^2 + 16^2 \rightarrow d^2 = 320 \rightarrow$
$\rightarrow d = \sqrt{320} = 17{,}89$ cm

La diagonal del rectángulo mide 17,89 cm.

b) $15^2 = 9^2 + h^2 \rightarrow h^2 = 15^2 - 9^2 \rightarrow$
$\rightarrow h^2 = 144 \rightarrow h = \sqrt{144} = 12$ cm

La altura del romboide es 12 cm.

Al aplicar el teorema de Pitágoras es importante analizar bien si la longitud desconocida es un cateto del rectángulo o su hipotenusa.

ACTIVIDADES

8 Halla la diagonal de cada uno de estos rectángulos.

a) El lado mayor mide 16 cm y el menor mide 10 cm.

b) El lado menor mide 8 cm y el mayor mide el doble que él.

c) El lado mayor mide 5 cm y el menor la mitad.

9 La diagonal de un rectángulo mide 17 cm y uno de los lados del rectángulo mide 8 cm. ¿Cuánto mide el otro lado?

10 Halla las alturas desconocidas.

a)

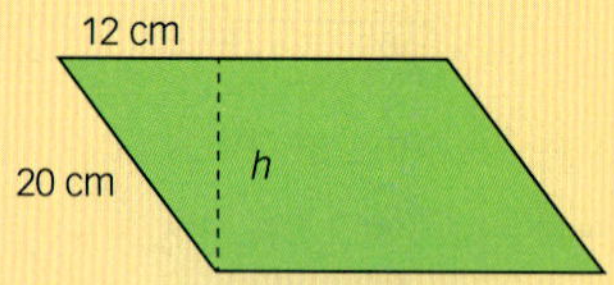

b)

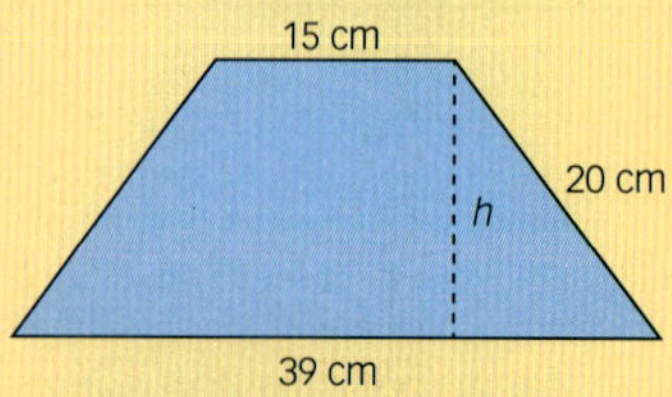

c)

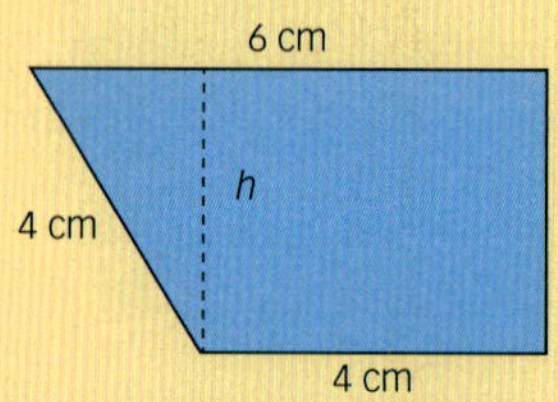

SABER HACER

El hexágono es el único polígono regular en el que la longitud de su lado coincide con la de su radio.

Calcular elementos de un polígono regular

Calcula:

a) El lado de este pentágono regular.

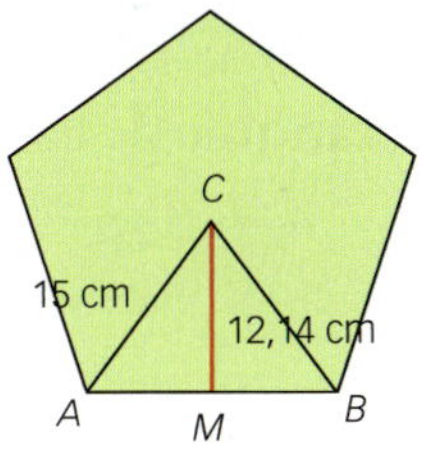

b) La apotema de este hexágono regular.

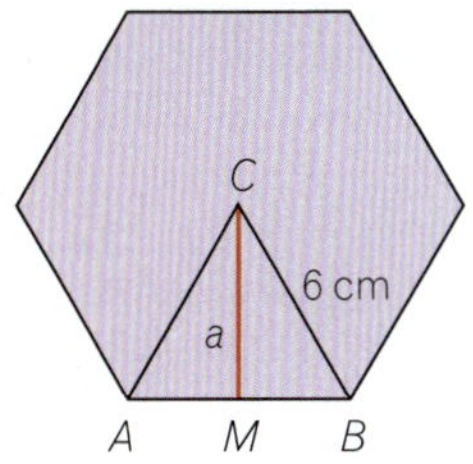

Pasos a seguir

1. Identificamos en el polígono el triángulo rectángulo y las medidas de los lados que conocemos. Para ello hay que tener en cuenta que si r es la longitud del radio del polígono regular, a la apotema y ℓ el lado:

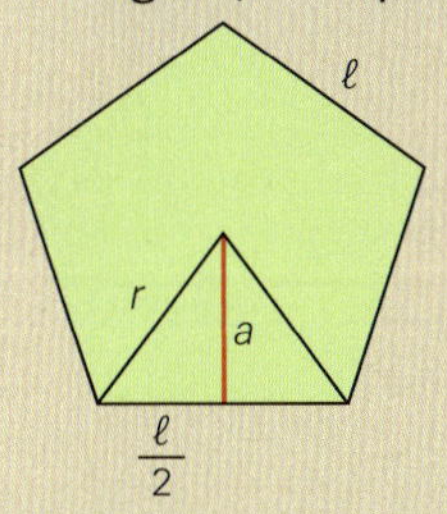

$$r^2 = a^2 + \left(\frac{\ell}{2}\right)^2$$

a)

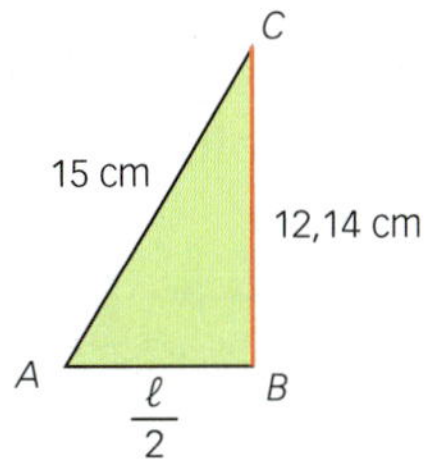

Queremos hallar uno de los catetos (la mitad del lado) y conocemos la hipotenusa (radio) y el otro cateto (apotema).

b)

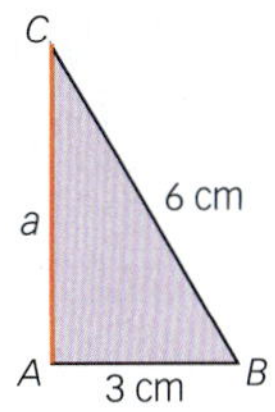

Queremos hallar uno de los catetos (apotema a) y conocemos la hipotenusa (radio) y el otro cateto, que es la mitad del lado del hexágono.
Como es un hexágono regular, el lado mide lo mismo que su radio, el lado de este hexágono mide 6 cm.

2. Aplicamos el teorema de Pitágoras.

a) $15^2 = \left(\frac{\ell}{2}\right)^2 + 12{,}14^2 \rightarrow \left(\frac{\ell}{2}\right)^2 = 15^2 - 12{,}14^2 \rightarrow$

$\rightarrow \frac{\ell^2}{4} = 77{,}62 \rightarrow \ell = \sqrt{310{,}48} = 17{,}62$ cm

El lado del pentágono mide 17,62 cm.

b) $6^2 = 3^2 + a^2 \rightarrow a^2 = 6^2 - 3^2 \rightarrow$

$\rightarrow a^2 = 27 \rightarrow a = \sqrt{27} = 5{,}2$ cm

La apotema del hexágono mide 5,2 cm.

ACTIVIDADES

11 Calcula la apotema de un hexágono regular cuyo lado mide 10 cm.

12 Halla la longitud del segmento rojo si el lado de los dos hexágonos regulares es 20 cm.

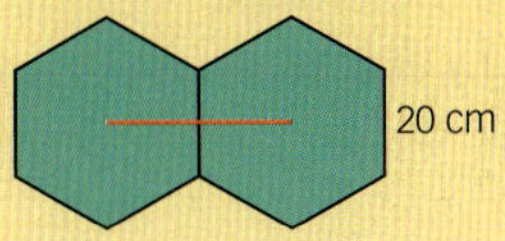

13 Halla el lado de cada polígono regular.

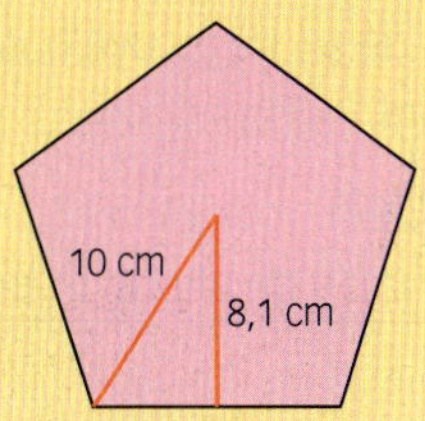

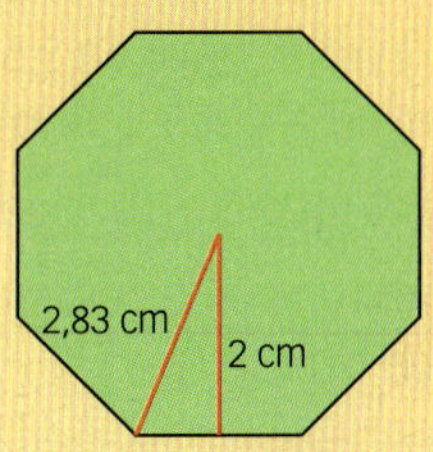

3 Área de polígonos

SE ESCRIBE ASÍ

A = área
a = lado
b = lado o base
ℓ = lado
h = altura

3.1. Área del rectángulo, cuadrado y romboide

Área del rectángulo

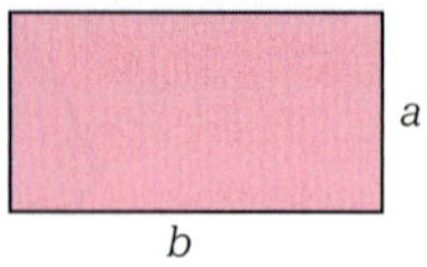

El área de un **rectángulo** de base b y altura a es:

$$A = b \cdot a$$

Área del cuadrado

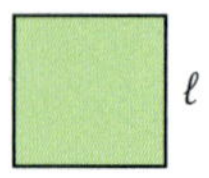

El área de un **cuadrado** de lado ℓ es:

$$A = \ell^2$$

Área del romboide

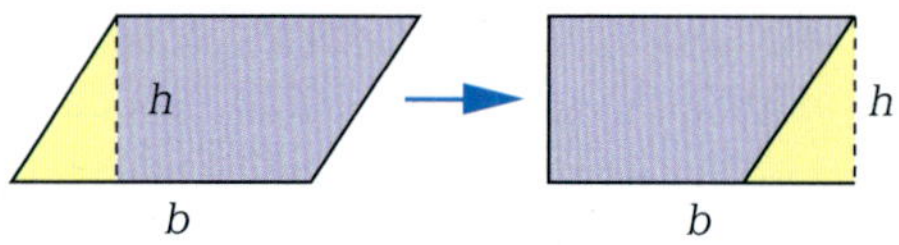

El área de un romboide de base b y altura h es igual al área de un rectángulo de base b y altura h.

El área de un **romboide** de base b y altura h es:

$$A = b \cdot h$$

RESUELVE EL RETO

¿Cuál es el área de color rosa?

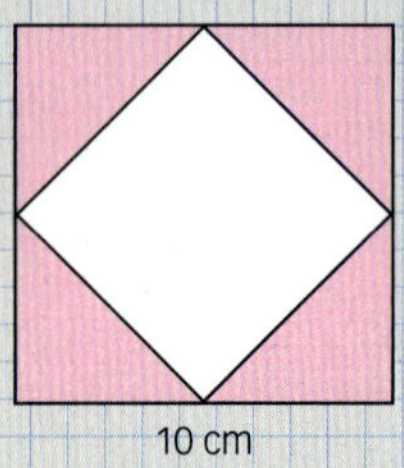

EJEMPLO

4. Halla el área de estos paralelogramos.

a)
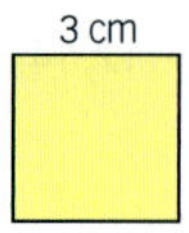

b)
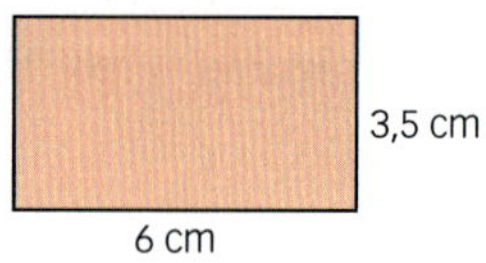

c)
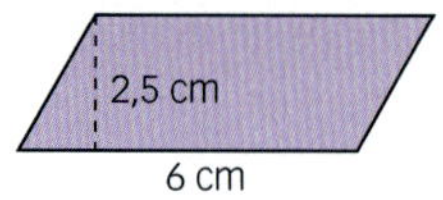

a) $A_{\text{cuadrado}} = \ell^2 \xrightarrow{\ell = 3\text{ cm}} A = 3^2 = 9\text{ cm}^2$

b) $A_{\text{rectángulo}} = b \cdot a \xrightarrow{b = 6\text{ cm},\, h = 3,5\text{ cm}} A = 6 \cdot 3,5 = 21\text{ cm}^2$

c) $A_{\text{romboide}} = b \cdot h \xrightarrow{b = 6\text{ cm},\, h = 2,5\text{ cm}} A = 6 \cdot 2,5 = 15\text{ cm}^2$

ACTIVIDADES

14 PRACTICA. Halla el área de:

a) Un rectángulo de 3,6 cm de altura y cuya base mide el doble que la altura.

b) Un cuadrado de 2 dm de lado.

c) Un romboide de base 12 cm y de altura un tercio de la base.

d) Un romboide de base 3 dm y de altura 120 mm.

15 APLICA. La diagonal de un cuadrado es 4 cm.

a) ¿Cuánto mide su lado?

b) ¿Cuál es su área?

16 REFLEXIONA. Determina el perímetro y el área del romboide de la derecha.

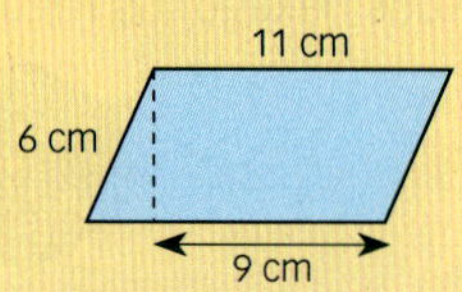

3.2. Área del rombo

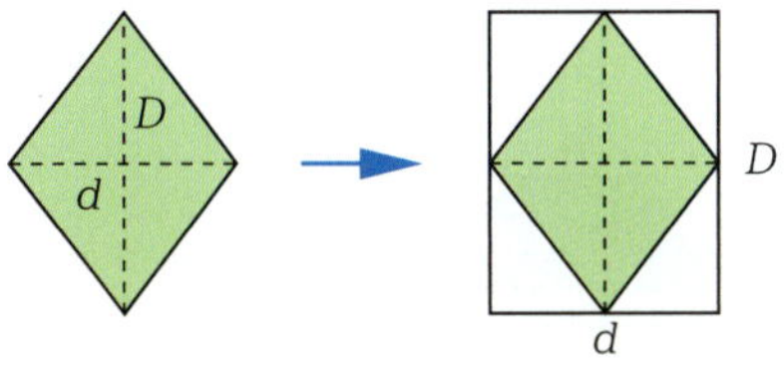

El área de un rombo con diagonal menor d y diagonal mayor D es la mitad del área de un rectángulo cuya base es d y su altura es D.

El área de un **rombo** de diagonal menor d y diagonal mayor D es:

$$A = \frac{D \cdot d}{2}$$

EJEMPLO

5. Halla el área de un rombo cuyas diagonales miden 8 cm y 10 cm.

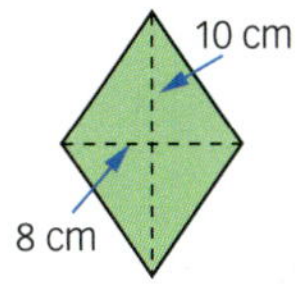

$$A_{\text{rombo}} = \frac{D \cdot d}{2} \xrightarrow{D\,=\,10\text{ cm},\, d\,=\,8\text{ cm}} A = \frac{10 \cdot 8}{2} = 40\text{ cm}^2$$

El área del rombo es 40 cm^2.

SE ESCRIBE ASÍ

D = diagonal mayor

d = diagonal menor

b = lado o base

h = altura

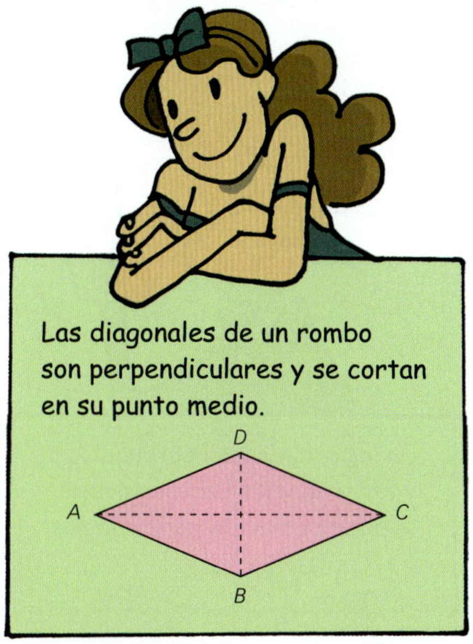

3.3. Área del triángulo

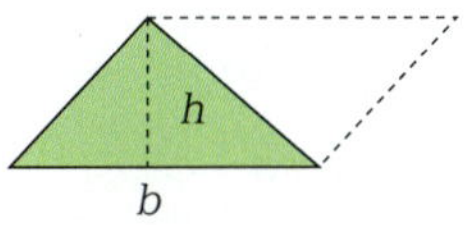

El área de un triángulo de base b y altura h es la mitad del área de un romboide de base b y altura h.

El área de un **triángulo** de base b y altura h es:

$$A = \frac{\text{Base} \cdot \text{Altura}}{2} = \frac{b \cdot h}{2}$$

EJEMPLO

6. Halla el área de este triángulo.

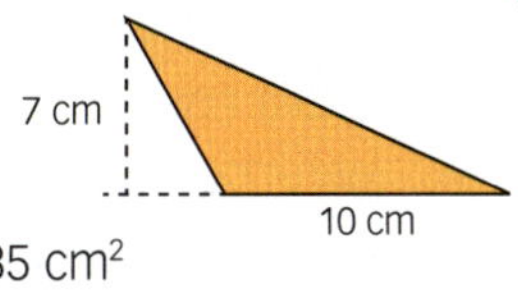

$$A_{\text{triángulo}} = \frac{b \cdot h}{2} \xrightarrow{b\,=\,10\text{ cm},\, h\,=\,7\text{ cm}} A = \frac{10 \cdot 7}{2} = 35\text{ cm}^2$$

RESUELVE EL RETO

¿Cuál es el área de color rosa?

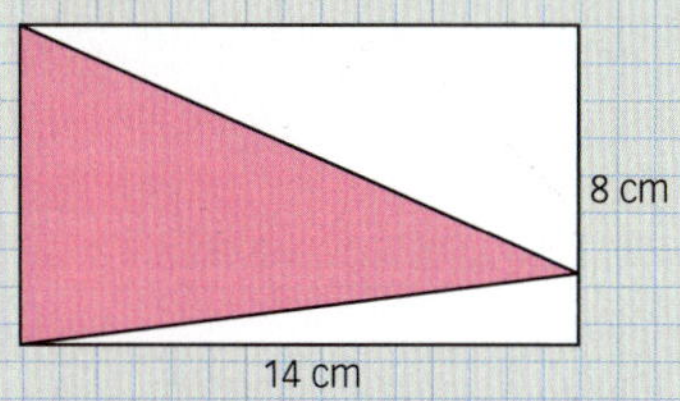

ACTIVIDADES

17 PRACTICA. Halla el área de estos polígonos.

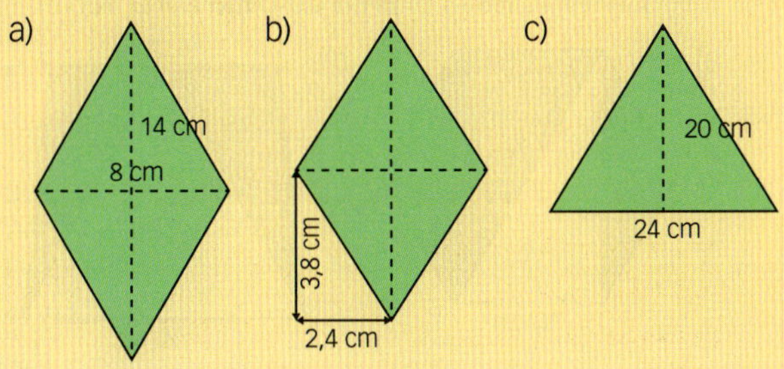

18 APLICA. Halla el área de:

a) Un rombo cuyas dos diagonales son iguales y cuyo lado mide 20 cm.

b) Un triángulo isósceles cuyos dos lados iguales miden 12 cm y cuya base mide 20 cm.

19 REFLEXIONA. Halla el área de un rombo sabiendo que su diagonal mayor mide 8 cm y su perímetro es 20 cm.

3.4. Área del trapecio

Al unir dos trapecios iguales se obtiene un romboide. El área del trapecio es la mitad del área de ese romboide.

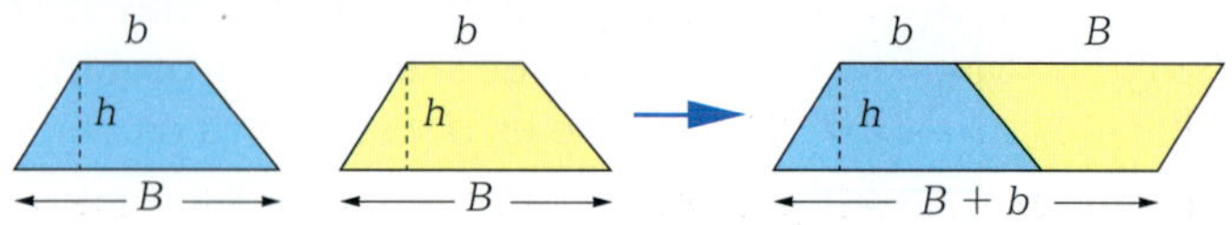

El área de un **trapecio** de base mayor B, base menor b y altura h es:

$$A = \frac{(B + b) \cdot h}{2}$$

EJEMPLO

7. Halla el área de un trapecio de bases 12 cm y 10 cm, y altura 8 cm.

$$A = \frac{(B + b) \cdot h}{2} \xrightarrow{B\,=\,12\text{ cm},\, b\,=\,10\text{ cm},\, h\,=\,8\text{ cm}} A = \frac{(12 + 10) \cdot 8}{2} = 88\text{ cm}^2$$

El área del trapecio es 88 cm^2.

3.5. Área de un polígono regular

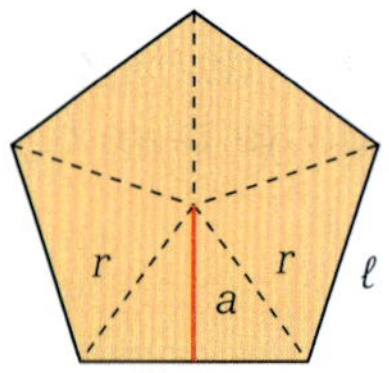

El área de un **polígono regular** de apotema a es:

$$A = \frac{\text{Perímetro} \cdot \text{Apotema}}{2} = \frac{P \cdot a}{2}$$

EJEMPLO

8. Halla el área de un hexágono regular de lado 10 cm.

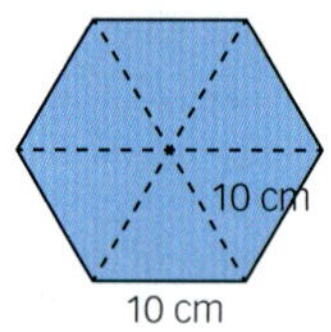

- Perímetro $= P = 6 \cdot \ell = 6 \cdot 10 = 60$ cm.
- Hallamos la apotema con el teorema de Pitágoras:

$$a = \sqrt{10^2 - 5^2} = 8{,}7\text{ cm}$$

$$A = \frac{P \cdot a}{2} \xrightarrow{P\,=\,60\text{ cm},\, a\,=\,8{,}7\text{ cm}} A = \frac{60 \cdot 8{,}7}{2} = 261\text{ cm}^2$$

El área del hexágono es 261 cm^2.

SE ESCRIBE ASÍ

B = base mayor

b = base menor

P = perímetro

a = apotema

ACTIVIDADES

20 PRACTICA. Halla el área de estos polígonos.

a)

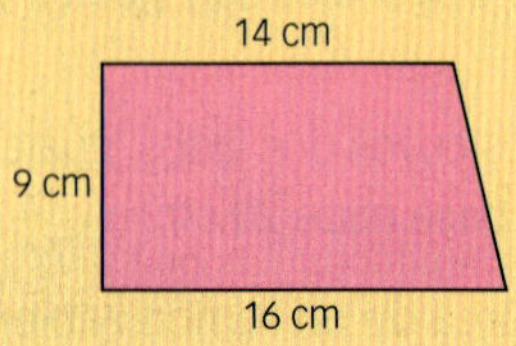

b)

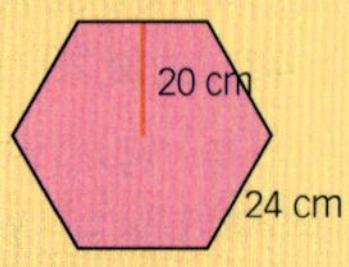

21 APLICA. Halla el lado de un hexágono regular de apotema 10,39 cm y área igual a 374,04 cm^2.

22 REFLEXIONA. Halla el área de cada zona verde.

a)

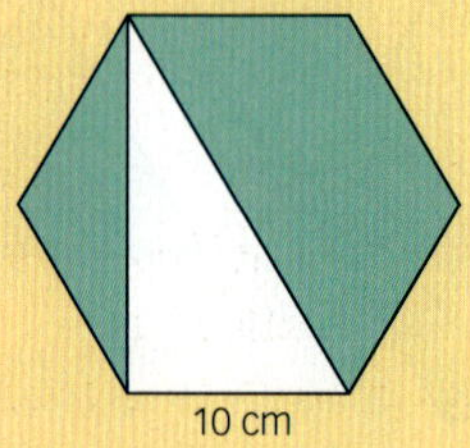

b)

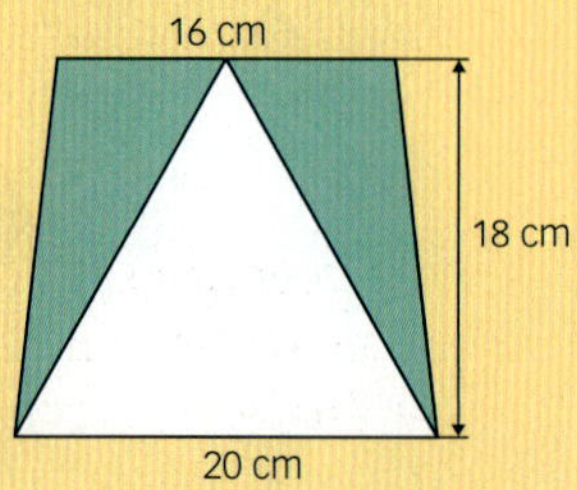

SABER HACER

Resolver problemas de áreas

Resuelve los siguientes problemas:

a) En un parque rectangular de 500 m de largo y 300 m de ancho, se quiere construir un lago de forma cuadrada de 100 m de lado. ¿Cuánto terreno queda para plantar césped?

b) El suelo de una habitación tiene forma de trapecio isósceles. Sus bases miden 4,3 m y 3,4 m y su altura 2 m. ¿Cuánto tendremos que pagar por pulir el parqué del suelo si el precio por metro cuadrado es de 17,50 €?

En un trapecio isósceles las longitudes *AM* y *NB* coinciden.

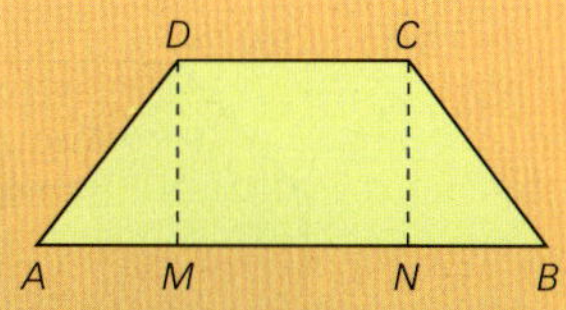

Pasos a seguir

1. Representamos gráficamente el problema. Identificamos los datos conocidos y los anotamos.

a) 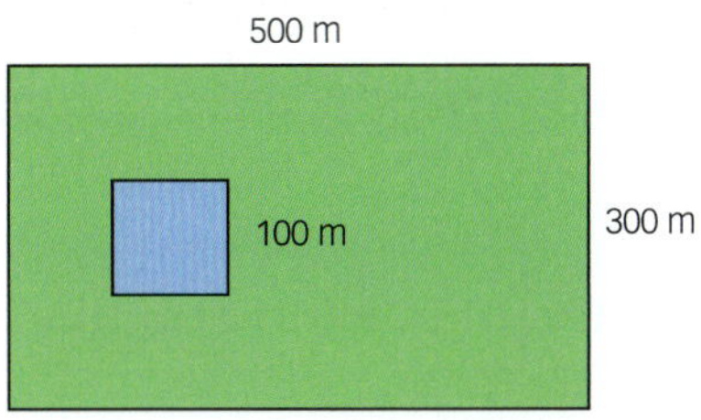

b) 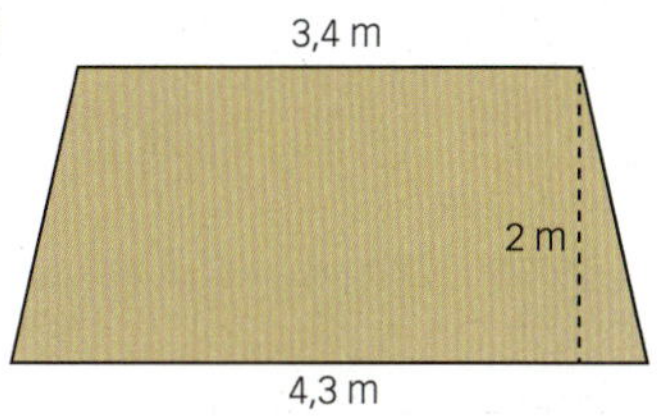

2. Determinamos las áreas necesarias para resolver el problema, aplicando las fórmulas correspondientes.

a) Hallamos el área del parque y del lago:

$A_{parque} = 500 \cdot 300 = 150\,000 \text{ m}^2$
$A_{lago} = 100^2 = 10\,000 \text{ m}^2$

b) Hallamos el área que hay que pulir:

$$A_{tierra} = \frac{(4,3 + 3,4) \cdot 2}{2} = 7,7 \text{ m}^2$$

3. Realizamos las operaciones necesarias para resolver el problema e interpretamos el resultado.

a) Calculamos el terreno que queda para plantar césped:

$150\,000 - 10\,000 = 140\,000 \text{ m}^2$

El terreno para plantar césped mide $140\,000 \text{ m}^2$.

b) Calculamos el precio total:

$7,7 \cdot 17,5 = 134,75$ €

Pulir el suelo de la habitación costará 134,75 €.

ACTIVIDADES

23 En una granja tienen una zona rómbica de cultivo con un lado que mide 50 m y una diagonal de 20 m. Si para cada metro cuadrado necesitan 0,5 kg de abono, ¿cuánto abono necesitan para toda la zona?

24 Las paredes y el techo de la habitación de Adriana tienen un área de 94 m^2. Si el suelo es un rectángulo de 7 m de largo por 4 m de ancho, ¿qué altura tiene la habitación?

25 Sobre cada lado de un hexágono de 10 cm de lado, añadimos un cuadrado con el mismo lado. ¿Qué área tiene la figura formada?

26 A cada lado de un cuadrado de 20 cm de lado, le añadimos un triángulo rectángulo que tiene por hipotenusa el lado del cuadrado y de cateto mayor 12 cm. ¿Cuál es el área de la figura que hemos formado?

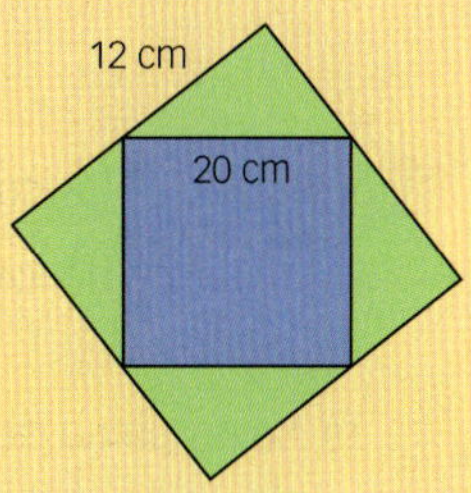

4 Ángulos en los polígonos

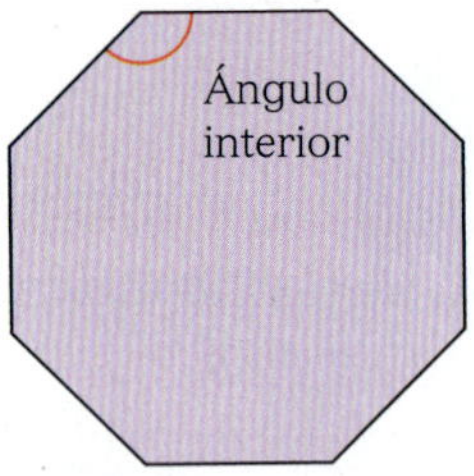

Los **ángulos interiores** de un polígono son los que tienen como lados dos lados contiguos del polígono.

Como la suma de los ángulos interiores de un triángulo es de 180°:

4 lados - 2 triángulos

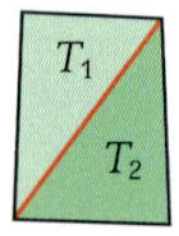

Suma = 2 · 180° = 360°

5 lados - 3 triángulos

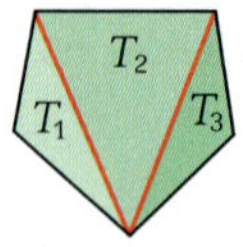

Suma = 3 · 180° = 540°

6 lados - 4 triángulos

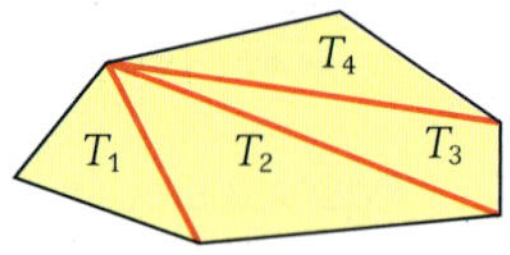

Suma = 4 · 180° = 720°

Si un polígono tiene n lados, la **suma de sus ángulos interiores** es $180° \cdot (n - 2)$.

Ángulos de un polígono regular

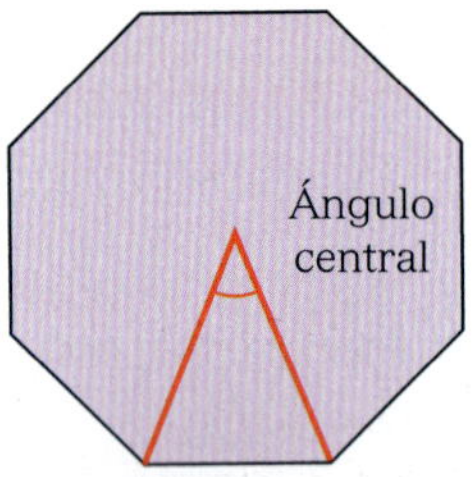

Los **ángulos centrales** de un polígono regular son los que están formados por dos radios consecutivos.

La suma de los ángulos centrales de un polígono regular es una circunferencia completa, 360°.

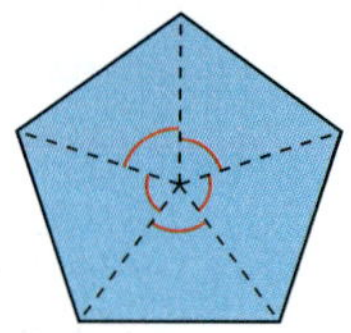

La **amplitud del ángulo central** de un polígono regular que tiene n lados es: $\frac{360°}{n}$.

EJEMPLO

9. **Halla la suma de los ángulos interiores de un octógono regular. Calcula también la medida de un ángulo interior y la medida del ángulo central.**

Suma de los ángulos interiores: $180° \cdot (n - 2) = 180° \cdot (8 - 2) = 1080°$

Medida de un ángulo interior: $\frac{180° \cdot (n - 2)}{n} = \frac{1080°}{8} = 135°$

Cada ángulo central mide: $\frac{360°}{n} = \frac{360°}{8} = 45°$

ACTIVIDADES

27 PRACTICA. **Calcula.**

a) La suma de los ángulos interiores de un hexágono regular.

b) La amplitud del ángulo interior y del ángulo central de un eneágono regular.

28 APLICA. **Si la amplitud del ángulo central de un polígono regular es 36°, ¿cuántos lados tiene?**

29 REFLEXIONA. **¿Por qué no podemos aplicar la fórmula del ángulo central a un polígono irregular?**

5 Longitud de una circunferencia

Al dividir la longitud de una circunferencia entre su diámetro, se obtiene siempre el mismo número decimal. Este número se designa por la letra griega π y tiene infinitas cifras decimales. Su valor es $\pi = 3{,}141592...$

Como el número π tiene infinitas cifras decimales, para resolver problemas tomamos un valor aproximado, $\pi = 3{,}14$.

La **longitud de una circunferencia** de radio r es:

$$L = 2\pi r$$

Longitud de un arco

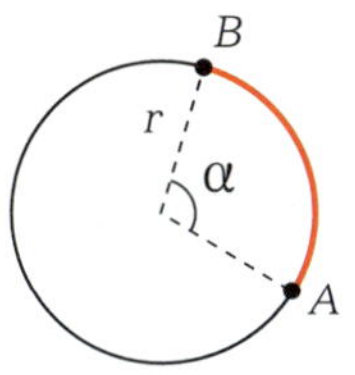

En una circunferencia de radio r, la **longitud de un arco de α grados** es:

$$L_{\text{ARCO}} = \frac{2\pi \cdot r \cdot \alpha}{360°}$$

RECUERDA

- Una circunferencia completa mide 360°.
- Un **arco** es la parte de circunferencia comprendida entre dos de sus puntos.

EJEMPLO

10. Una noria tiene un radio de 10 m. ¿Qué distancia recorre la barqueta azul cuando gira un ángulo de 22,5°?

La distancia que buscamos es la longitud del arco de 22,5° en una circunferencia de 10 m de radio.

$$L_{\text{ARCO}} = \frac{2\pi \cdot r \cdot \alpha}{360°} \xrightarrow{r = 10\text{ m}, \alpha = 22{,}5°} L_{\text{ARCO}} = \frac{2\pi \cdot 10\text{ m} \cdot 22{,}5°}{360°} = 3{,}93\text{ m}$$

La distancia recorrida por la barqueta azul al girar 22,5° es aproximadamente de 4 m.

ACTIVIDADES

30 PRACTICA. Determina la longitud de una circunferencia de:

a) 7,5 cm de radio b) 10 dm de diámetro

31 PRACTICA. ¿Qué longitud de arco tiene un ángulo de 120° en una circunferencia de 5,3 cm de diámetro?

32 APLICA. La longitud de una circunferencia es de 60 cm. Halla la longitud de su radio.

33 APLICA. La longitud de un arco de circunferencia de 45° de amplitud es 4 m. Halla la longitud de la circunferencia y de su radio.

34 REFLEXIONA. Halla la longitud de la línea roja.

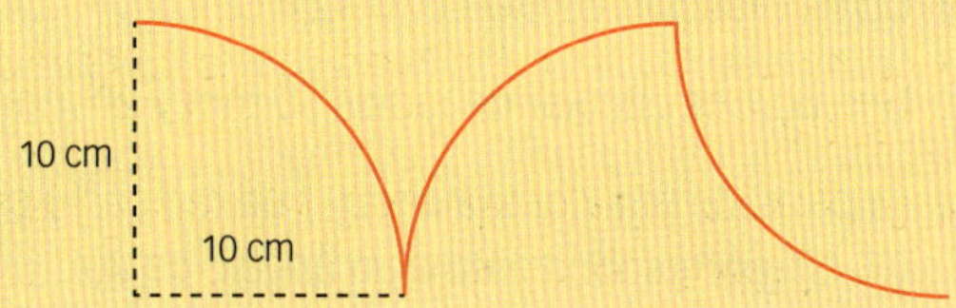

6 Área del círculo y figuras circulares

6.1. Área del círculo

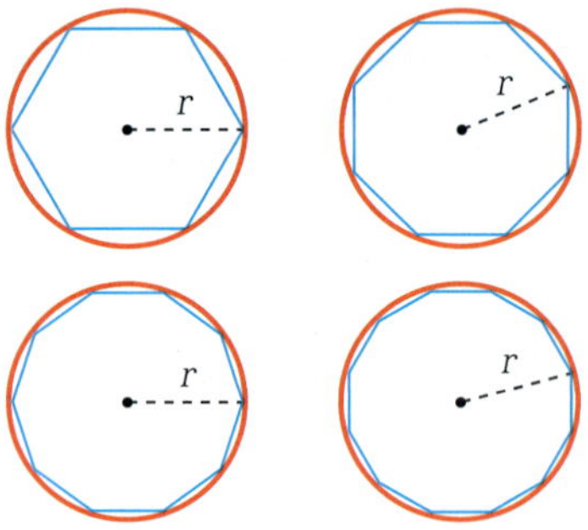

Un círculo se asemeja a un polígono regular de muchos lados, en el cual el perímetro sería la longitud de la circunferencia, y la apotema, el radio.

$$\text{Área del círculo} = \frac{P \cdot a}{2} = \frac{\text{Longitud} \cdot \text{Radio}}{2} = \frac{2\pi r \cdot r}{2} = \pi r^2$$

El **área de un círculo** de radio r es: $A = \pi r^2$.

6.2. Área del sector circular

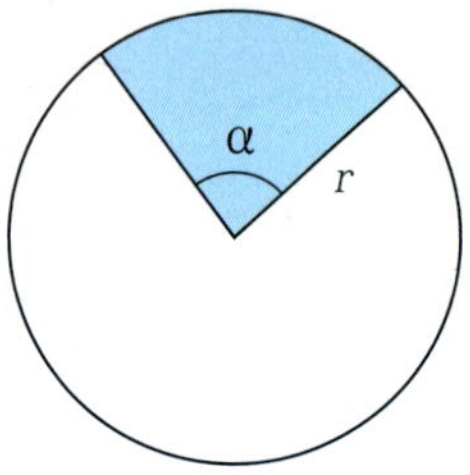

Un **sector circular** es la parte del círculo comprendida entre dos radios y el arco que definen.

El **área de un sector circular** cuyo radio es r y su amplitud α, es: $A = \dfrac{\pi r^2 \cdot \alpha}{360°}$.

6.3. Área de la corona circular

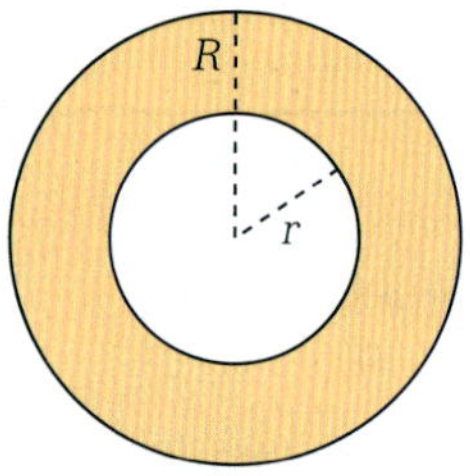

Una **corona circular** es la parte comprendida entre dos circunferencias con el mismo centro.

El **área de una corona circular** de radios R y r es: $A = (\pi R^2) - (\pi r^2) = \pi(R^2 - r^2)$

RESUELVE EL RETO

Halla el área de la corona circular a partir de la longitud del segmento rojo.

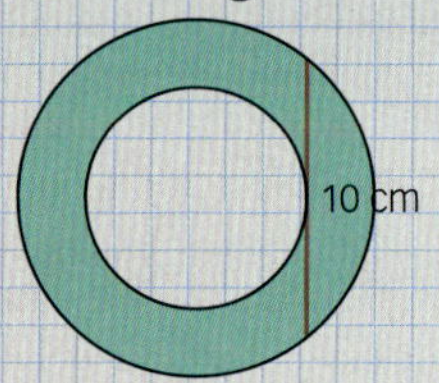

EJEMPLO

11. Halla el área de la zona verde de esta figura.

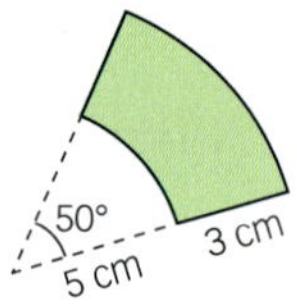

Se calcula el área de los dos sectores circulares:

$$A_1 = \frac{\pi \cdot 5^2 \cdot 50°}{360°} = 10{,}9 \text{ cm}^2 \qquad A_2 = \frac{\pi \cdot 8^2 \cdot 50°}{360°} = 27{,}91 \text{ cm}^2$$

Se restan las dos áreas obtenidas: $A = A_2 - A_1 = 27{,}91 - 10{,}9 = 17{,}01 \text{ cm}^2$

ACTIVIDADES

35 PRACTICA. Halla el área de:

a) Un semicírculo de diámetro 12,4 cm.

b) Una corona circular de radios 50 mm y 20 mm.

c) La parte de una corona circular de radios 10 cm y 5 cm correspondiente a un ángulo de 70°.

36 APLICA. Nuria ha dividido una pizza de 12 cm de radio en 8 partes iguales. ¿Cuál es el área de cada una?

37 REFLEXIONA. Calcula el área de la zona rosa si el lado del hexágono regular mide 7,6 cm.

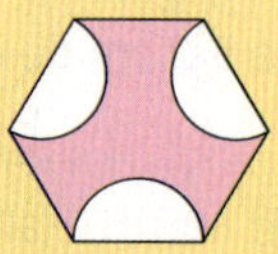

SABER HACER

Calcular el área de una figura plana

Halla el área de la planta de este edificio.

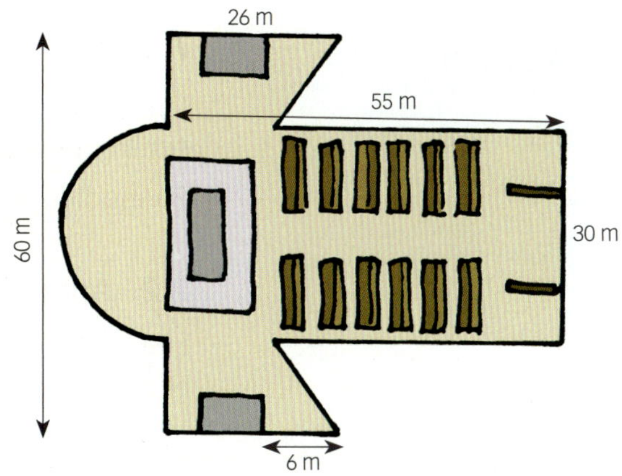

Pasos a seguir

1. Descomponemos la figura en otras de las cuales sabemos calcular su área.

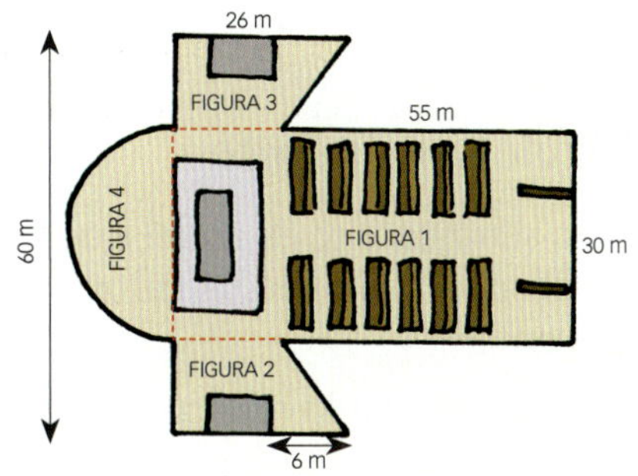

Figura 1 → Rectángulo de 55 m de largo y 30 m de ancho.

Figuras 2 y 3 → Trapecio rectángulo de base mayor 26 m, base menor 26 − 6 = 20 m y altura, $\frac{60-30}{2} = 15$ m.

Figura 4 → Semicírculo de radio: $\frac{30}{2} = 15$ m.

2. Calculamos el área de cada figura.

$$A_{\text{figura 1}} = a \cdot b = 30 \cdot 55 = 1\,650 \text{ m}^2$$

$$A_{\text{figura 2}} = \frac{(B+b)\cdot h}{2} = \frac{(26+20)\cdot 15}{2} = 345 \text{ m}^2$$

$$A_{\text{figura 3}} = A_{\text{figura 2}} = 345 \text{ m}^2$$

$$A_{\text{figura 4}} = \frac{\pi \cdot r^2}{2} = \frac{\pi \cdot 15^2}{2} = 353{,}25 \text{ m}^2$$

3. Sumamos todas las áreas para hallar el área total.

$$A_{\text{total}} = A_{\text{figura 1}} + A_{\text{figura 2}} + A_{\text{figura 3}} + A_{\text{figura 4}}$$

$$A_{\text{total}} = 1\,650 + 345 + 345 + 353{,}25 = 2\,693{,}25 \text{ m}^2$$

El área de un polígono irregular, o de una figura compuesta, se puede calcular descomponiéndola en otras figuras de las cuales sabemos calcular su área.

ACTIVIDADES

38 Halla el área de estas figuras.

a)

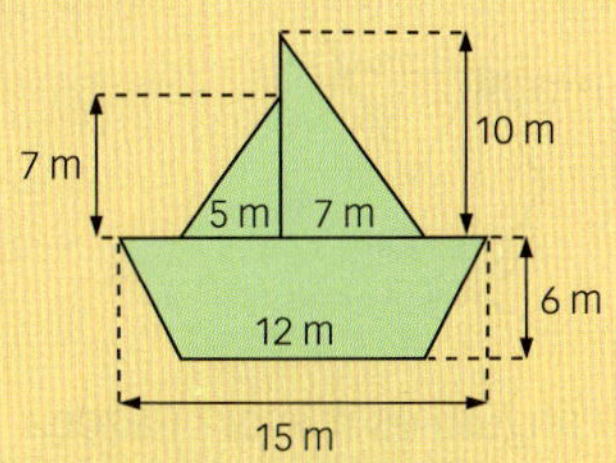

b)

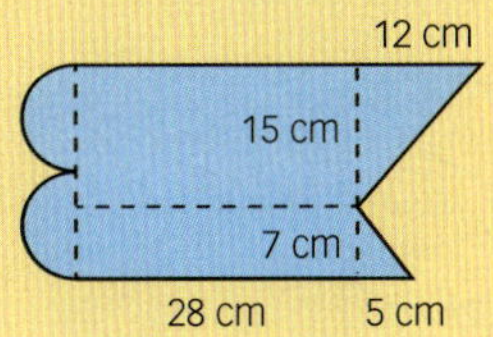

39 Halla el área de las siguientes figuras.

a)

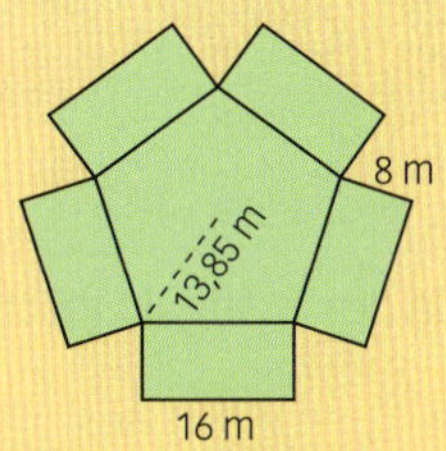

b)

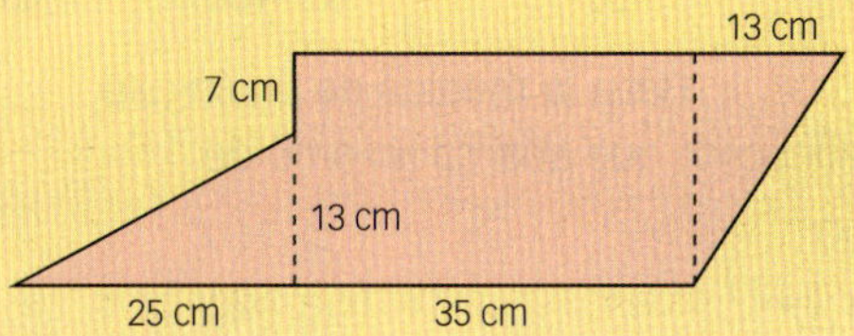

7 Ángulos en la circunferencia

SE ESCRIBE ASÍ

Para nombrar un arco se toman sus dos extremos y se les añade el símbolo $\frown$.

7.1. Ángulo central

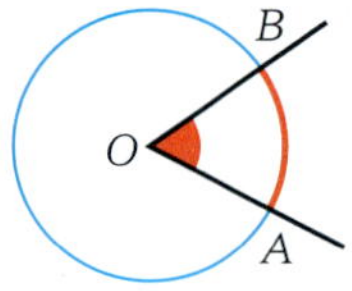

Un ángulo central es aquel que tiene el vértice en el centro de la circunferencia.

Su medida es igual a la medida de su arco asociado, $\widehat{AB}$.

7.2. Ángulo inscrito

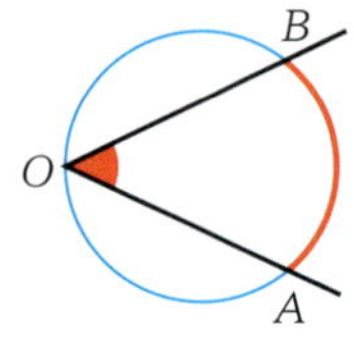

Un ángulo inscrito es aquel que tiene su vértice en la circunferencia y sus lados son dos rectas secantes a ella.

Su medida es igual a la mitad de la medida de su arco asociado, $\frac{\widehat{AB}}{2}$.

Los arcos se nombran en sentido contrario al de las agujas del reloj.

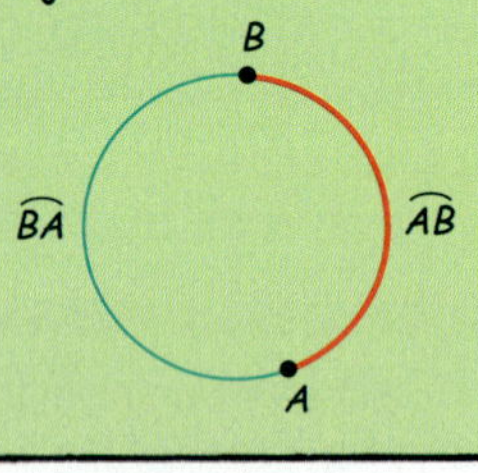

7.3. Ángulo semiinscrito

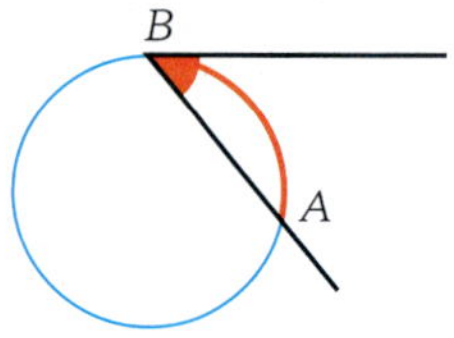

Un ángulo semiinscrito es aquel que tiene su vértice en la circunferencia, uno de sus lados es tangente a ella y el otro secante.

Su medida es igual a la mitad de la medida de su arco asociado, $\frac{\widehat{AB}}{2}$.

EJEMPLO

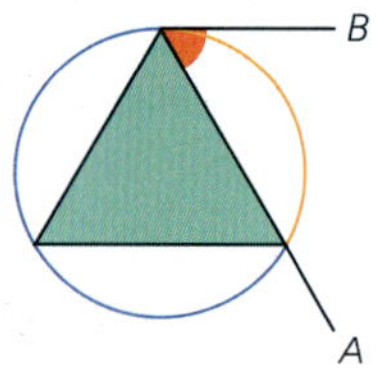

12. **Halla la medida de este ángulo.**

Es un ángulo semiinscrito que abarca un arco $\widehat{AB}$.

El triángulo equilátero divide a la circunferencia en 3 arcos iguales: $360° : 3 = 120°$.

Por tanto, el arco $\widehat{AB}$ mide 120°. Así, el ángulo mide: $\frac{\widehat{AB}}{2} = \frac{120°}{2} = 60°$.

ACTIVIDADES

40 PRACTICA. Halla la medida de un ángulo central que abarca un arco de:

a) 130° c) 190°
b) 20° d) 250°

41 PRACTICA. Halla la medida de un ángulo inscrito que abarca un arco de:

a) 40° b) 90° c) 180° d) 200°

42 PRACTICA. Halla la medida de un ángulo semiinscrito que abarca un arco de:

a) 90° c) 160°
b) 120° d) 240°

43 APLICA. Halla la medida de cada ángulo.

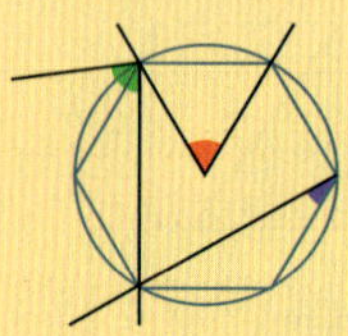

44 REFLEXIONA. ¿Qué ángulo es mayor? Razona tu respuesta.

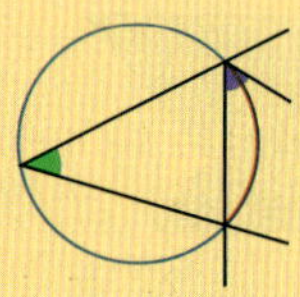

7.4. Ángulo interior

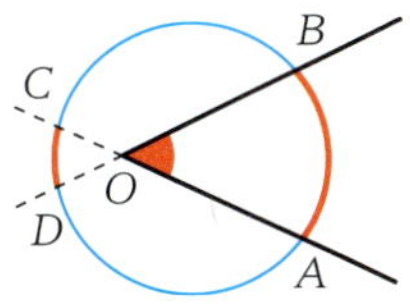

Un ángulo interior es aquel que tiene el vértice en un punto interior de la circunferencia.

Su medida es igual a la semisuma de los dos arcos que abarca, $\frac{\widehat{AB} + \widehat{CD}}{2}$.

7.5. Ángulo exterior

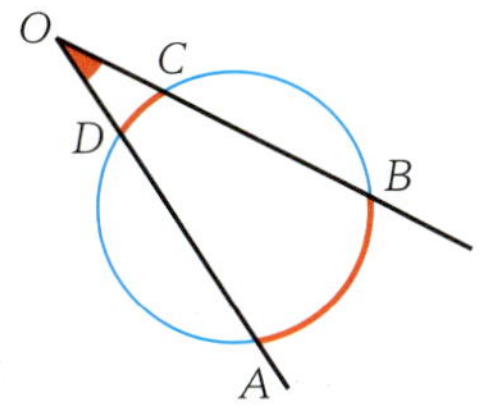

Un ángulo exterior es aquel que tiene el vértice en un punto exterior de la circunferencia y sus lados son secantes a esta.

Su medida es igual a la semidiferencia de los dos arcos que abarca, $\frac{\widehat{AB} - \widehat{CD}}{2}$.

7.6. Ángulo circunscrito

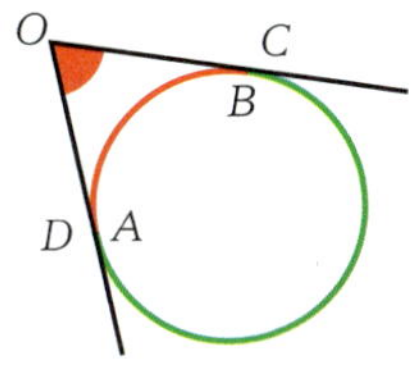

Un ángulo circunscrito es aquel que tiene el vértice en un punto exterior de la circunferencia y sus lados son tangentes a la circunferencia.

Su medida es igual a la semidiferencia de los dos arcos que abarca, $\frac{\widehat{AB} - \widehat{CD}}{2}$.

RESUELVE EL RETO

Halla la medida de los ángulos señalados.

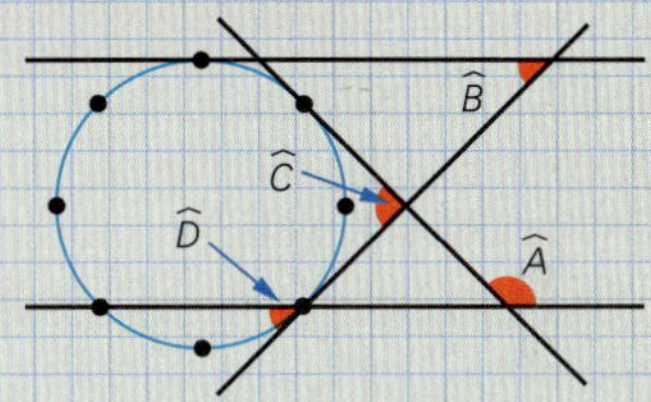

EJEMPLO

13. **Halla la medida de este ángulo.**

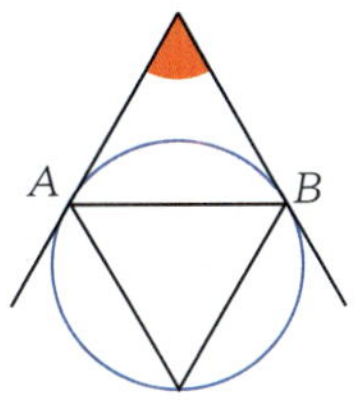

Es un ángulo circunscrito que abarca los arcos $\widehat{BA}$ y $\widehat{AB}$.

El triángulo equilátero divide a la circunferencia en 3 arcos iguales: 360° : 3 = 120°.

Por tanto, el arco $\widehat{BA}$ mide 120° y el $\widehat{AB}$, 240°. Así, el ángulo mide:

$$\frac{\widehat{BA} - \widehat{AB}}{2} = \frac{240° - 120°}{2} = 60°$$

ACTIVIDADES

45 **PRACTICA.** Halla la medida de un ángulo interior que abarca dos arcos de:

a) 130° y 60° b) 20° y 80° c) 190° y 70°

46 **PRACTICA.** Halla la medida de un ángulo circunscrito que abarca dos arcos de:

a) 130° y 60° b) 20° y 80° c) 190° y 70°

47 **APLICA.** Dibuja una circunferencia de 8 cm de diámetro y traza dos ángulos exteriores. Halla su medida con la ayuda de un transportador.

48 **REFLEXIONA.** Observa la siguiente figura. ¿De qué tipos son los ángulos $\widehat{E}$ y $\widehat{F}$? ¿Cuánto mide cada uno de ellos?

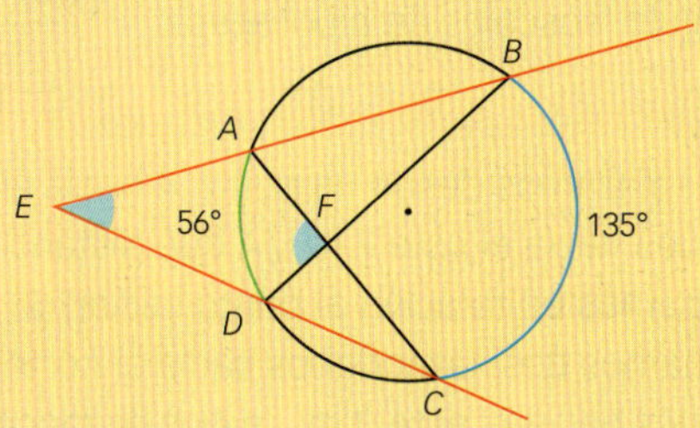

ACTIVIDADES FINALES

Teorema de Pitágoras

49 Calcula la hipotenusa de los triángulos rectángulos que tienen estos catetos.

a) 3 cm y 4 cm
b) 8 cm y 15 cm
c) 5 cm y 12 cm
d) 7 cm y 24 cm

50 Calcula los catetos que faltan de estos triángulos rectángulos.

a) 41 cm y 9 cm
b) 37 cm y 35 cm
c) 29 cm y 20 cm
d) 11 cm y 61 cm

51 Halla el valor desconocido *c*.

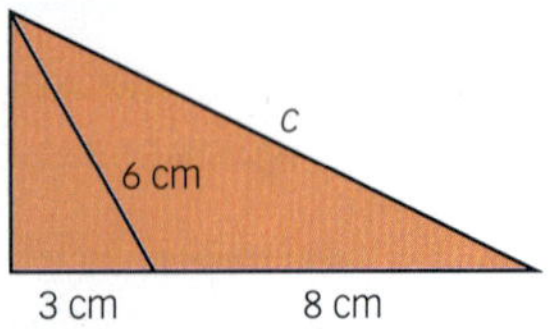

52 Dibuja, si es posible:

a) Un triángulo rectángulo isósceles de cateto 5 cm.
b) Un triángulo rectángulo obtusángulo en el que el valor de uno de los catetos sea el doble del otro.
c) Un triángulo rectángulo equilátero.

SABER HACER

Calcular la medida de los catetos de un triángulo rectángulo isósceles

53 Calcula la medida de los catetos de un triángulo rectángulo isósceles de 8 cm de hipotenusa.

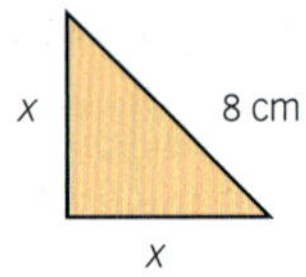

PRIMERO. Se aplica el teorema de Pitágoras, además la longitud de los dos catetos es la misma, *x*.

$$8^2 = x^2 + x^2 \rightarrow 8^2 = 2x^2$$

SEGUNDO. Se halla el valor de *x*.

$$8^2 = 2x^2 \rightarrow x^2 = 8^2 : 2 = 32 \rightarrow x = \sqrt{32} = 5{,}66 \text{ cm}$$

Los catetos miden 5,66 cm.

54 Halla la longitud de los catetos de un triángulo rectángulo isósceles de hipotenusa:

a) 6 cm
b) 12 dm
c) 15 cm

55 Nos desplazamos desde un punto *A* hacia el norte 4 m, y después hacia el este 7 m. ¿A qué distancia nos encontramos en relación al punto inicial? Si continuamos desplazándonos hacia el norte 5 m y después hacia el este 3 m, ¿a qué distancia nos encontramos ahora?

56 Si la diagonal de un cuadrado es 12 cm, ¿cuál es el valor de su lado?

57 En un tramo de carretera se avanzan 60 m en horizontal y se suben 11 m en vertical. ¿Cuál es la longitud de este tramo de carretera?

58 En una rampa inclinada, un ciclista avanza una distancia real de 85 m, pero solo recorre horizontalmente 77 m. ¿Cuál es la altura en metros de la rampa?

SABER HACER

Hallar la altura de un triángulo equilátero

59 Halla la altura de un triángulo equilátero de 6 cm de lado.

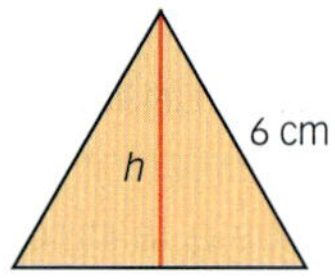

PRIMERO. La altura en un triángulo equilátero divide el lado opuesto al vértice desde el que se traza en dos partes iguales. Se aplica el teorema de Pitágoras:

$$\ell^2 = h^2 + \left(\frac{\ell}{2}\right)^2 \rightarrow 6^2 = h^2 + 3^2$$

SEGUNDO. Se halla el valor de *h*.

$$6^2 = h^2 + 3^2 \rightarrow h^2 = 6^2 - 3^2 \rightarrow h^2 = 27 \rightarrow$$
$$\rightarrow h = \sqrt{27} = 5{,}20 \text{ cm}$$

La altura mide 5,20 cm.

60 Halla la altura de un triángulo equilátero de lado:

a) 10 cm
b) 4 dm
c) 8 m

61 Halla el valor de *x* en cada triángulo.

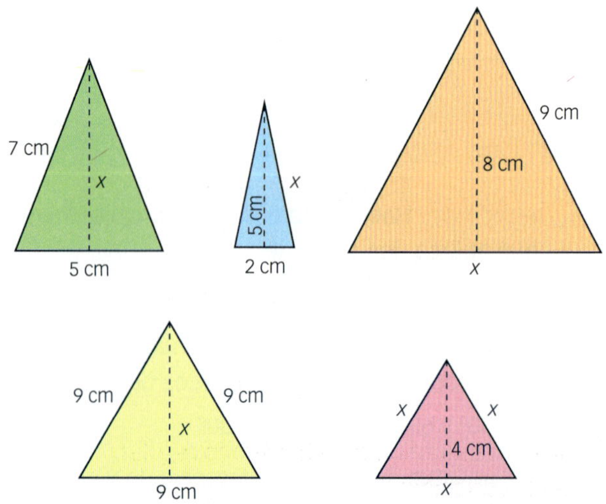

62 Un triángulo equilátero tiene un perímetro de 12 cm. Halla la altura.

63 Indica si estos triángulos son rectángulos.

$\overline{AB}$	$\overline{CA}$	$\overline{BC}$
8 cm	6 cm	10 cm
6 cm	7 cm	8 cm
28 cm	45 cm	53 cm
4 cm	5 cm	6 cm

64 Calcula la longitud de *x* en las siguientes figuras.

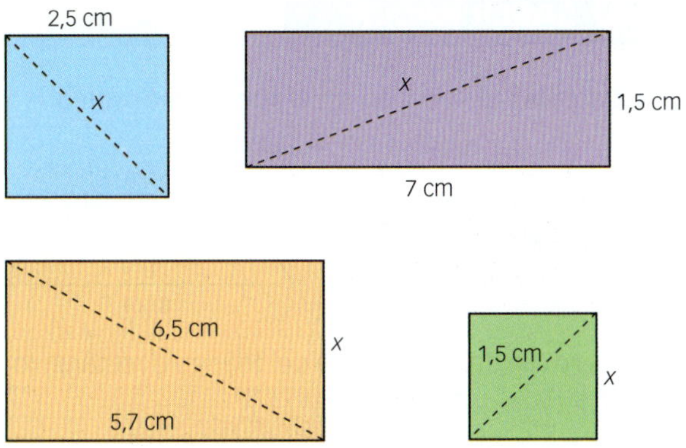

65 Descubre si el triángulo inscrito en el cuadrado de lado 24 cm es rectángulo.

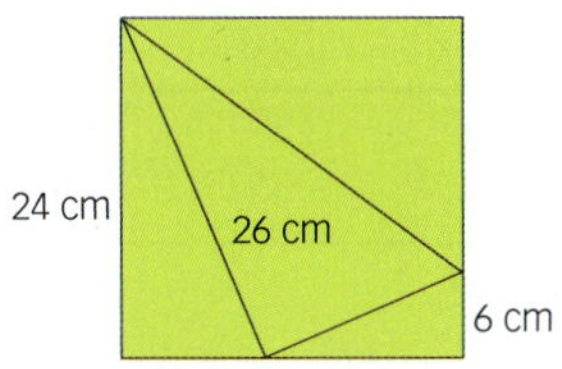

66 ¿Qué longitud debe tener un listón de madera para construir la cometa de la figura?

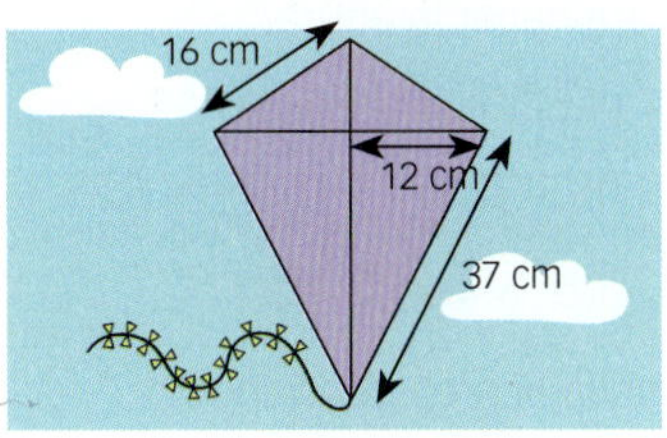

67 Halla las dos diagonales de este cubo.

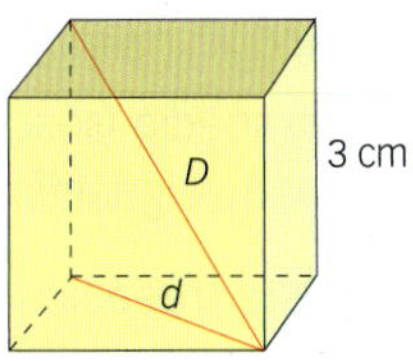

68 Halla la apotema de un hexágono regular cuyo lado mide:

a) 5 cm
b) 12 cm
c) 9 cm
d) 15 cm

69 Halla el perímetro de cada figura.

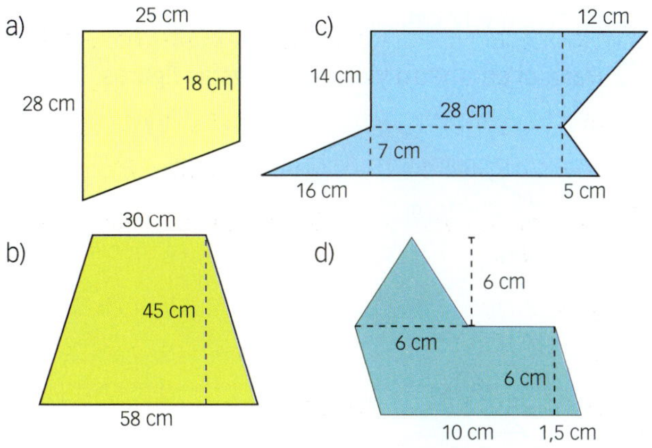

70 Halla la longitud de las siguientes cuerdas.

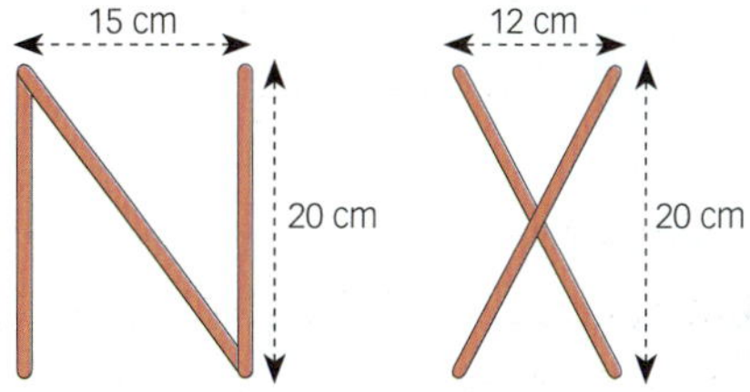

Área de polígonos

71 Calcula el área de las siguientes figuras.

a) Cuadrado de perímetro 16 cm.
b) Rectángulo de base 20 cm y perímetro 60 cm.
c) Triángulo equilátero de 4 cm de perímetro.
d) Triángulo rectángulo de base 5 cm y de hipotenusa 8 cm.

72 Halla el área de un cuadrado de 6 cm de diagonal.

73 Un cuadrado tiene un área de 36 cm². Halla el valor de la diagonal y del perímetro.

74 Determina el valor del área de un cuadrado inscrito en una circunferencia de radio 5 cm.

75 Halla el área de esta figura.

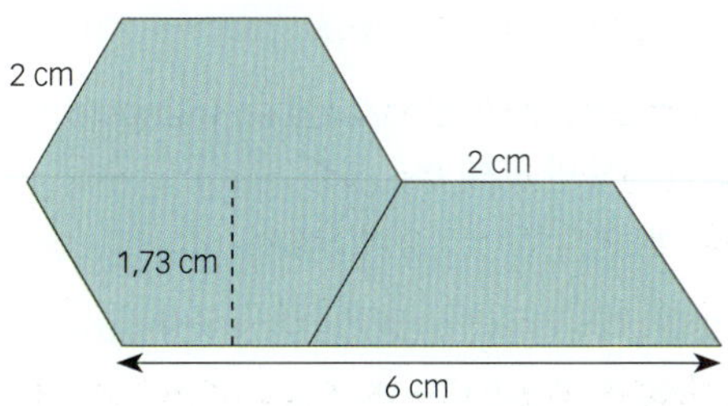

76 El área de un rombo es 840 cm². Si una diagonal mide 4 cm, ¿cuánto mide la otra? ¿Qué valor tiene el perímetro?

77 Halla el área de un rectángulo en el cual la base sea el triple de la altura y que tenga 24 cm de perímetro.

78 Calcula el área de un rombo de diagonales:

a) 10 cm y 12 cm b) 18 cm y 15 cm

79 Halla el perímetro y el área de estas figuras.

a)

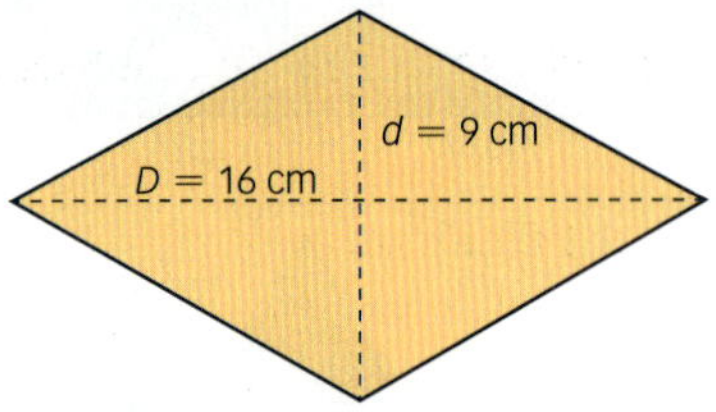

b)

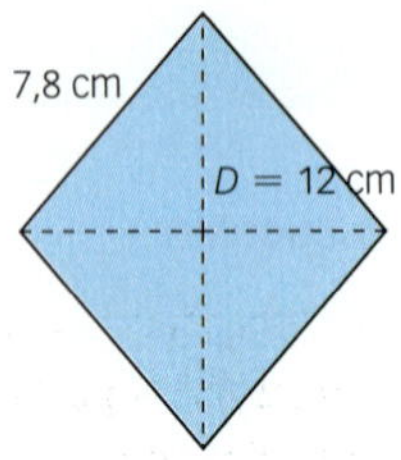

80 Calcula el área de las siguientes figuras.

a)

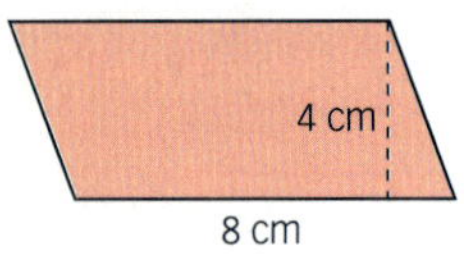

b)

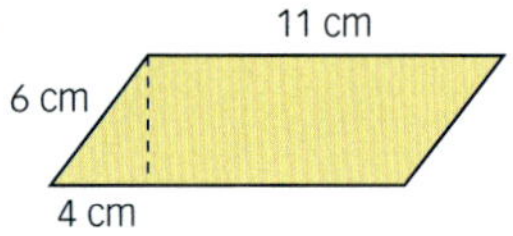

81 Halla el área de los siguientes triángulos.

a)

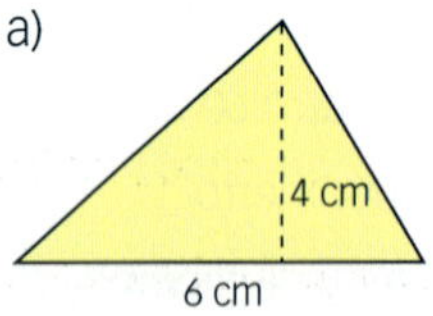

b)

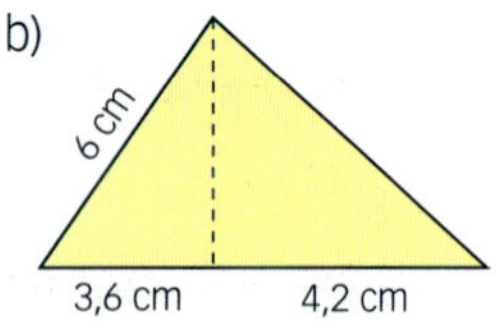

82 Calcula el área de un triángulo equilátero cuyo perímetro mide 75 cm.

83 Calcula el área de estos triángulos.

a) Triángulo isósceles de base 6 cm y lados iguales de 10 cm.

b) Triángulo rectángulo isósceles de lados iguales de 9 cm.

c) Triángulo equilátero de perímetro 6 dm.

84 Calcula la altura y la base de un triángulo rectángulo isósceles si el área es:

a) 200 cm^2 b) 450 dm^2 c) 317,52 mm^2

85 Calcula el perímetro de los siguientes triángulos.

a) Triángulo equilátero de área 15,59 cm^2 y altura 5,2 cm.

b) Triángulo isósceles rectángulo de área 12,5 cm^2.

c) Triángulo isósceles de base 8 cm y área 16 cm^2.

d) Triángulo isósceles de altura 7 cm y área 31,5 cm^2.

86 Halla el área de estos trapecios.

a)

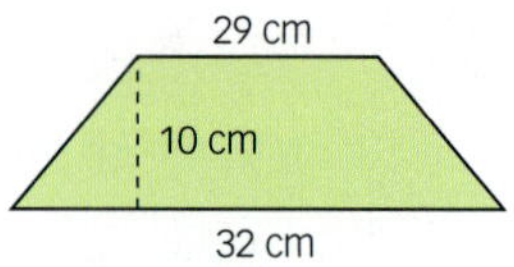

b)

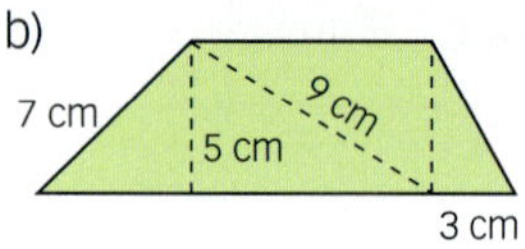

c)

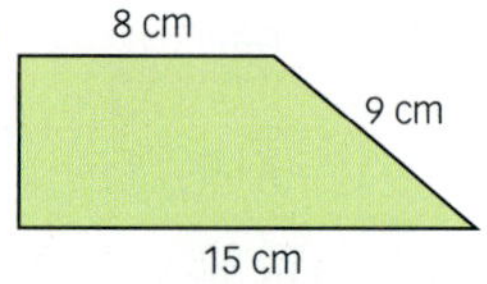

d)

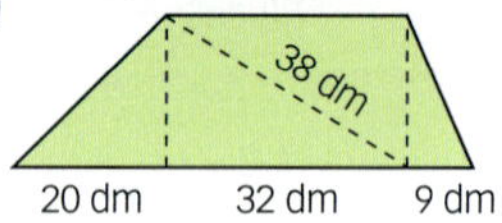

SABER HACER

Calcular el área de un trapecio isósceles si desconocemos su altura

87 Halla el área de este trapecio isósceles.

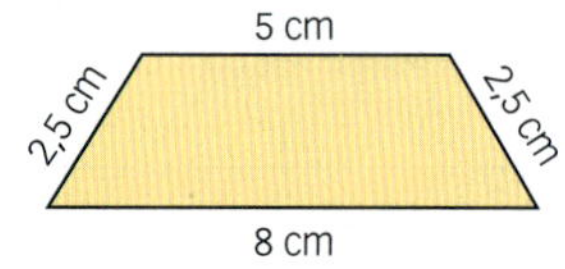

PRIMERO. Se calcula la base del triángulo rectángulo que determina la altura.

Como es un trapecio isósceles, las alturas configuran dos triángulos rectángulos iguales. Las bases de estos triángulos miden la mitad de la diferencia de las bases del trapecio.

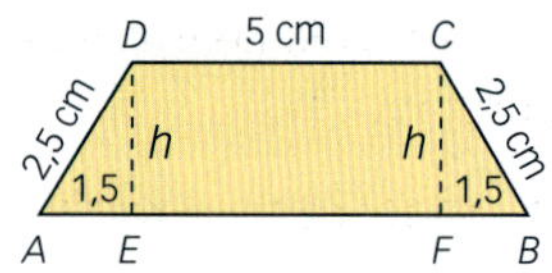

$$\overline{AE} = \overline{FB} = \frac{\overline{AB} - \overline{CD}}{2} = \frac{8-5}{2} = 1{,}5 \text{ cm}$$

SEGUNDO. Se aplica el teorema de Pitágoras al triángulo rectángulo para hallar la altura.

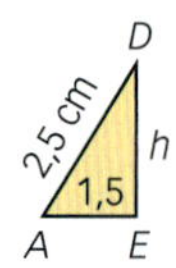

$$(1{,}5)^2 + h^2 = (2{,}5)^2$$
$$h^2 = (2{,}5)^2 - (1{,}5)^2 = 6{,}25 - 2{,}25 = 4$$
$$h = \sqrt{4} = 2 \text{ cm}$$

TERCERO. Se halla el área del trapecio.

$$A = \frac{(B+b)\cdot h}{2} = \frac{(8+5)\cdot 2}{2} = 13 \text{ cm}^2$$

88 Halla el área de un trapecio isósceles de bases 16 cm y 8 cm, y de lados iguales, 5 cm.

89 Calcula el área de este trapecio rectangular.

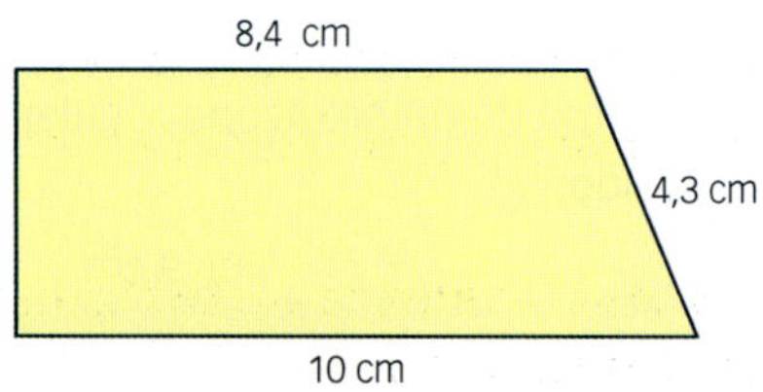

90 Calcula el área de las siguientes figuras.

a)

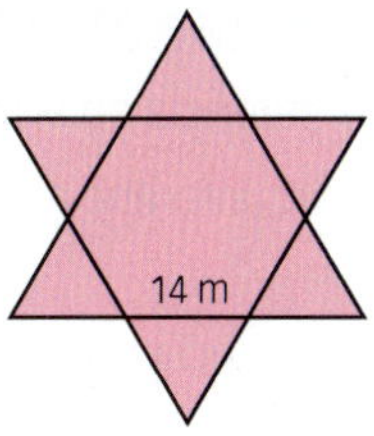

b)

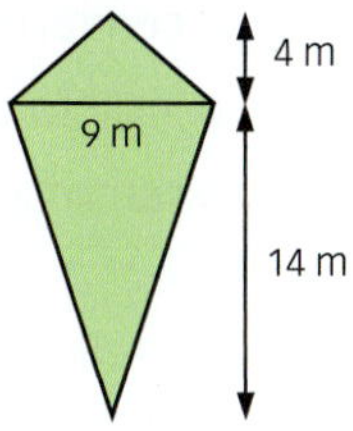

Ángulos en los polígonos

91 Completa esta tabla en tu cuaderno, considerando que son polígonos regulares.

N.º de lados	3	4	5	6	7	8	9	10
Suma de ángulos								
Ángulo interior								
Ángulo central								

92 Calcula el valor del ángulo central y del ángulo interior de un polígono regular de 20 lados.

93 Calcula el valor del ángulo central y del ángulo interior de un dodecágono regular.

94 ¿A qué polígono corresponden estos casos?

a) Ángulo central de 14,4°.

b) Suma de ángulos interiores de 4 680°.

Circunferencia y figuras circulares

95 Calcula.

a) El diámetro y la longitud de una circunferencia de radio 4 cm.

b) El radio y el diámetro de una circunferencia de longitud 56,52 cm.

96 A partir de una circunferencia de radio 5 cm, calcula la longitud de estos arcos.

a) $\alpha = 30°$ b) $\alpha = 45°$ c) $\alpha = 100°$ d) $\alpha = 150°$

97 Calcula el radio.

a) De media circunferencia de longitud 37,68 cm.

b) De un cuarto de circunferencia de longitud 15,7 m.

c) De una tercera parte de una circunferencia de longitud 6,28 cm.

d) De tres cuartas partes de una circunferencia de longitud 18,84 dm.

98 Halla el diámetro.

a) De una circunferencia de 69,08 cm de longitud.

b) De un arco de circunferencia de 80° y de longitud 6,98 cm.

c) De un arco de circunferencia de 120° y de longitud 16,75 cm.

99 Halla el perímetro de estas figuras.

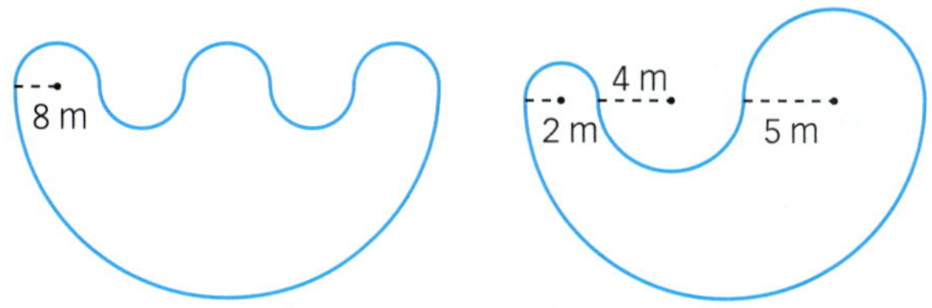

100 Halla el perímetro y el área de un segmento circular determinado por el lado de un hexágono regular, inscrito en una circunferencia de radio 6 cm.

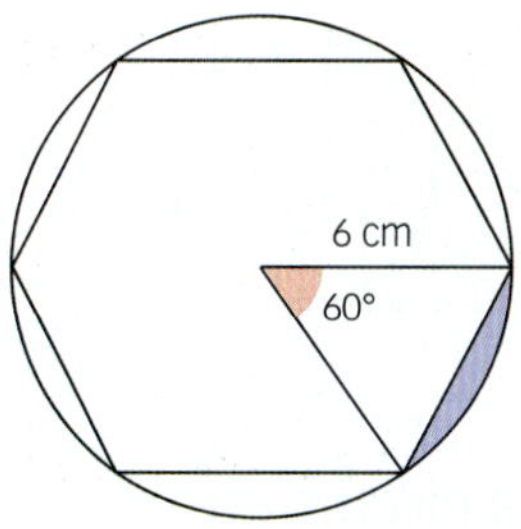

101 Calcula el área de un círculo de:

a) 5 cm de radio. b) 12 cm de diámetro.

102 Halla el diámetro de un círculo de área 153,86 cm^2.

103 Halla el área de un círculo limitado por una circunferencia de 75,36 cm de longitud.

104 Dado un círculo de radio 5 cm, halla las áreas de los sectores circulares de amplitud:

a) 75° b) 220°

105 Halla el área del círculo en cada caso.

a)

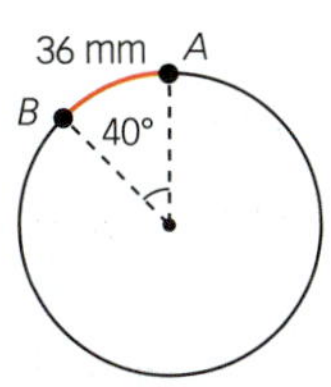

b)

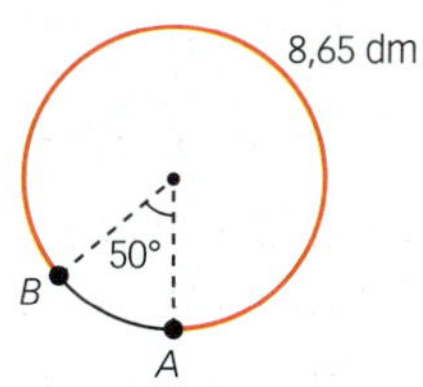

106 Halla el área de los sectores circulares de la actividad anterior.

107 Halla el área de la corona circular en cada caso.

a) $R = 8$ cm y $r = 6$ cm

b) $R = 2$ y $r = 5$ cm

c) $R + r = 33$ cm y $R - r = 3$ cm

ACTIVIDADES FINALES

108 Calcula el área de cada zona de color.

a)
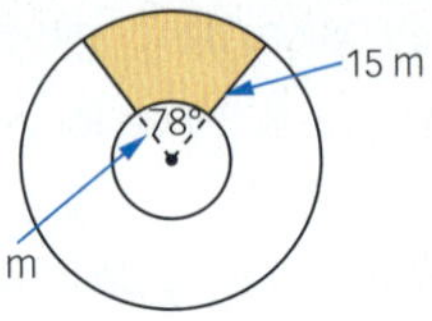

b)
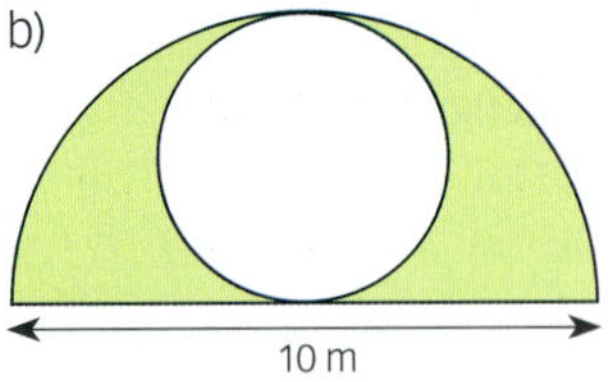

c)
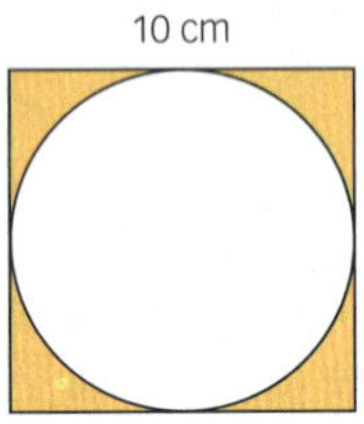

d)
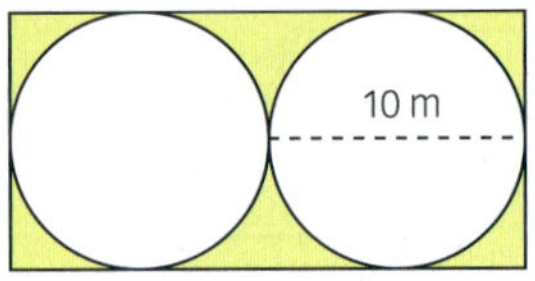

e)
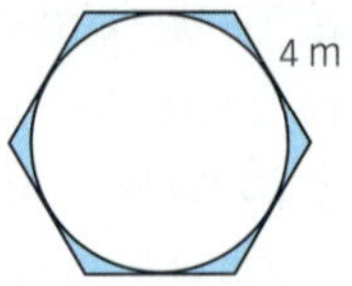

f)
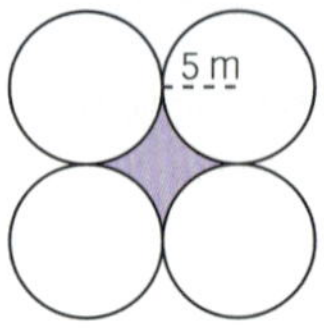

g)
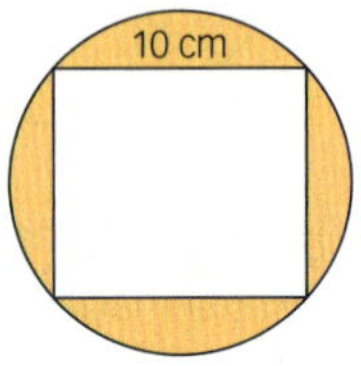

h)
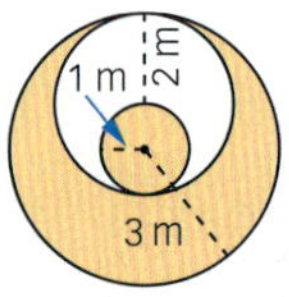

Ángulos en la circunferencia

109 Calcula la amplitud de cada ángulo.

a)
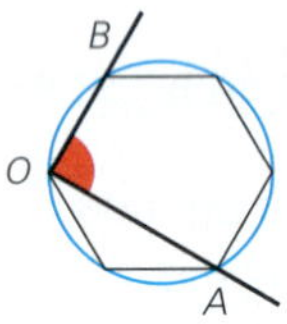

b)
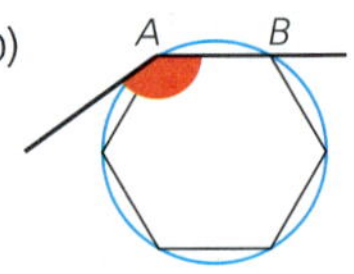

c)
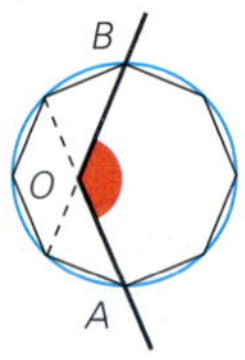

d)
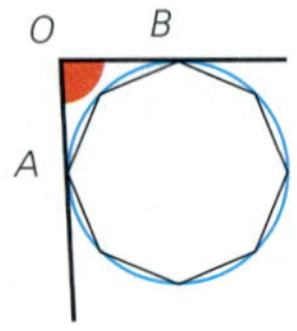

e)
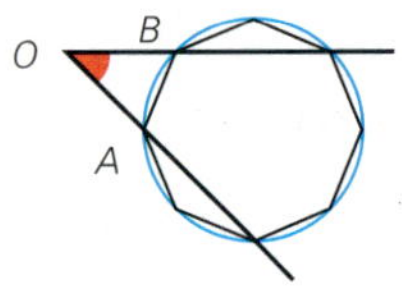

f)
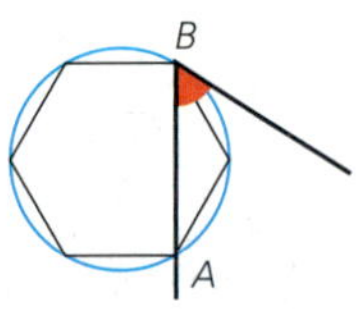

110 Halla el valor del ángulo marcado.

a)
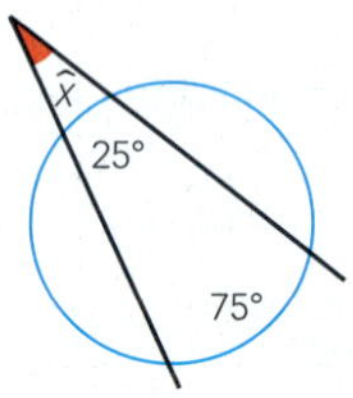

b)
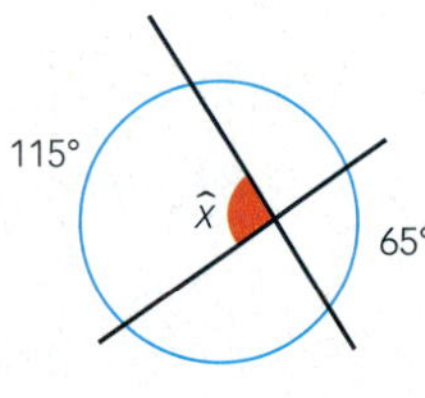

111 Representa y calcula.

a) El ángulo central de una circunferencia de arco 90°.

b) El ángulo inscrito de una circunferencia de arco 90°.

c) El ángulo semiinscrito de una circunferencia de arco 90°.

d) El ángulo interior de una circunferencia que alcanza dos arcos de 90° y 30°.

e) El ángulo exterior de una circunferencia que alcanza dos arcos de 90° y 30°.

f) El ángulo circunscrito de una circunferencia que alcanza dos arcos de 60° y 300°.

Problemas

112 ¿Cuál es la longitud máxima que Juan puede nadar en una piscina que mide 17 m de largo y 10 m de ancho, si solo nada en línea recta?

113 Calcula la longitud de una escalera si está apoyada en la pared a una distancia de 1,5 m, y llega hasta una altura de 4 m.

114 Julio quiere guardar una tabla de planchar en este armario. ¿Cuáles son las dimensiones máximas que puede tener la tabla de planchar?

115 Gloria tiene una parcela rectangular de 25 m de ancho por 81 m de largo. Quiere construir en ella una piscina circular de 20 metros de diámetro.

a) Haz un dibujo representativo de la situación.

b) ¿Qué área tiene la parcela?

c) ¿Qué área tendrá la piscina?

d) Gloria quiere plantar césped en la parte que quede libre. ¿Cuántos sacos necesitará si con un saco puede plantar 5 m²?

116 Queremos enroscar una cuerda de 9 m alrededor de una columna de 40 cm de diámetro. ¿Cuántas vueltas enteras podremos dar a la columna con la cuerda?

117 Dos trenes salen de Valverde en direcciones perpendiculares. Si el primer tren viaja a 90 km/h y el segundo a 110 km/h, ¿a qué distancia estarán al cabo de una hora y media?

118 Se construye un túnel semicircular de un solo sentido, como el que se ve en la figura, de 6 m de ancho. ¿Cuál será la altura máxima permitida para los camiones que miden 2,8 m de ancho?

119 El adorno de una reja tiene esta forma. Calcula su longitud si el área del cuadrado es 256 cm².

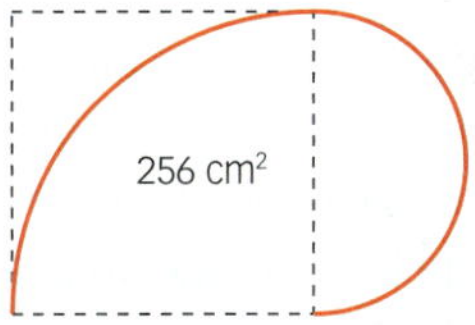

120 Sabiendo que se han utilizado 400 cm² de vidrio morado para construir esta vidriera, calcula cuántos cm² de vidrio amarillo han hecho falta.

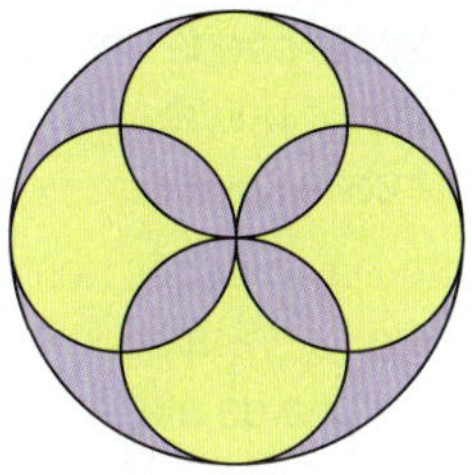

DEBES SABER HACER

Teorema de Pitágoras

1 Determina la hipotenusa de los triángulos rectángulos con estos catetos.

a) 5 cm y 4 cm   b) 0,8 dm y 1,8 dm

2 Calcula el lado de un cuadrado de diagonal 48 cm.

3 Halla la apotema de un hexágono regular de lado 7 cm.

Polígonos

4 Calcula el área de la parte verde.

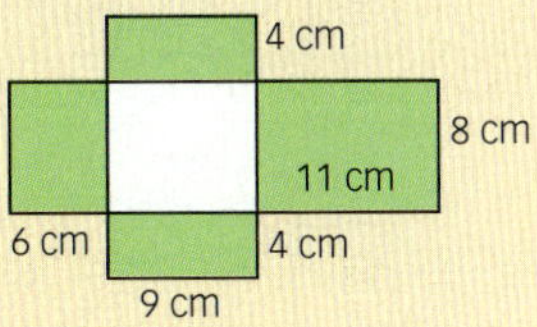

5 Determina el área de estas figuras.

a)

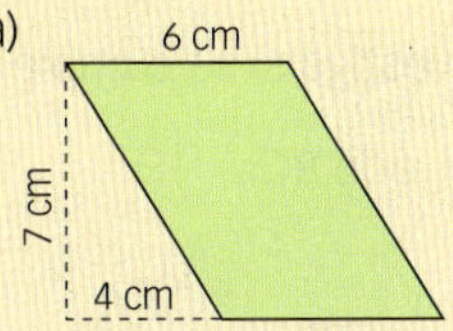

c)

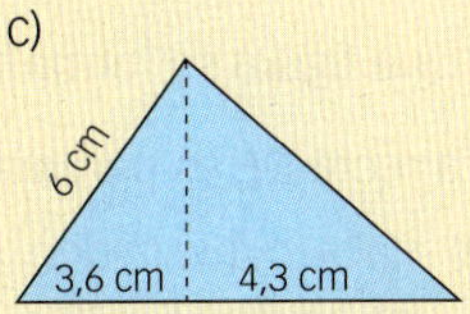

b)

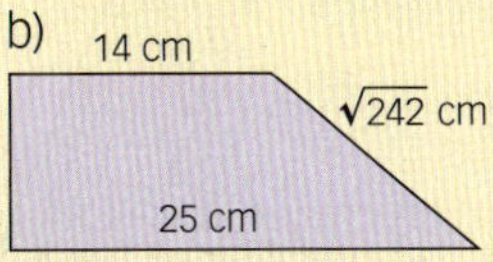

d)

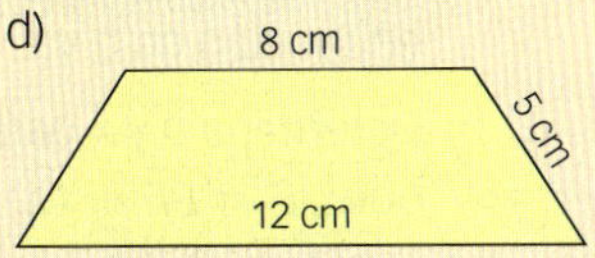

Ángulos

6 Halla en un heptágono regular:

a) La suma de los ángulos interiores.

b) La medida de un ángulo interior.

c) La medida del ángulo central.

7 Calcula la medida de cada ángulo.

a)

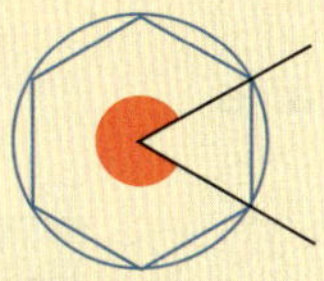

c)

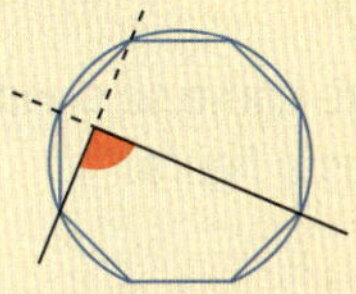

b)

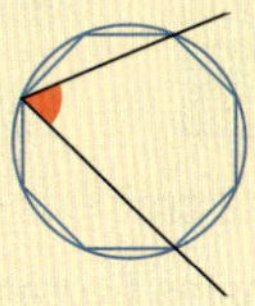

d)

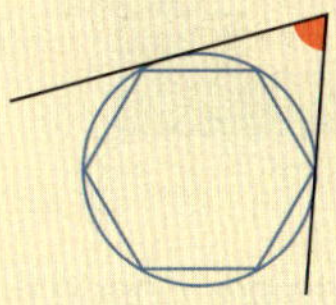

Circunferencia y figuras circulares

8 Calcula la longitud de arco de un ángulo de 45° en una circunferencia de 6,4 cm de diámetro.

9 Determina el área coloreada de estas figuras.

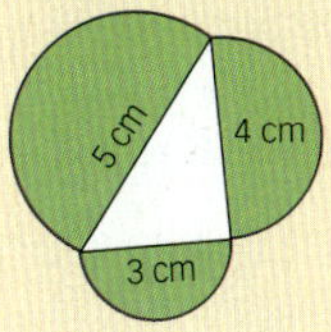

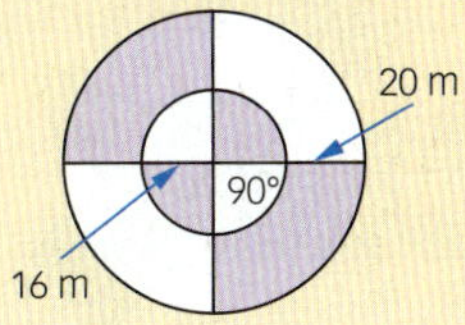

COMPETENCIA MATEMÁTICA

En la vida cotidiana

121 ••• Una marca de cuchillas de afeitar ha realizado un estudio para conocer la vida útil de sus productos. Una de las conclusiones de este estudio es que el área media de la zona que se suele afeitar un hombre es de 400 cm^2.

Según los controles de calidad de la fábrica, sus cuchillas de afeitar dejan de ser eficientes a partir de 1 m^2 de zona afeitada.

a) ¿Cuántos usos le puede dar a una misma cuchilla un usuario medio que realice en su afeitado dos pasadas por cada zona?

b) Actualmente, hay muchos hombres que se dejan barba. Esto no significa que no se afeiten, sino que restringen su zona de afeitado a una pequeña parte de su rostro. Uno de los afeitados posibles entre la población masculina con barba consiste en afeitarse tan solo la zona triangular de cada mejilla. ¿Cuántos afeitados puede hacer un usuario cuyo triángulo que afeita en cada mejilla tiene una base de 7 cm y una altura de 5 cm?

c) También hay personas que se afeitan la cabeza. Un hombre medio tiene aproximadamente 680 cm^2 de pelo en la cabeza. Si un hombre utiliza una cuchilla para afeitarse la cabeza y el rostro, ¿cuántos usos puede darle?

Formas de pensar. Razonamiento matemático

122 ••• Fíjate cómo se puede calcular el área de esta figura.

$A = 3 \cdot (1 + 3) = 12\ cm^2$

Decide por dónde hay que cortar estas figuras para obtener un rectángulo y poder calcular su área.

a)

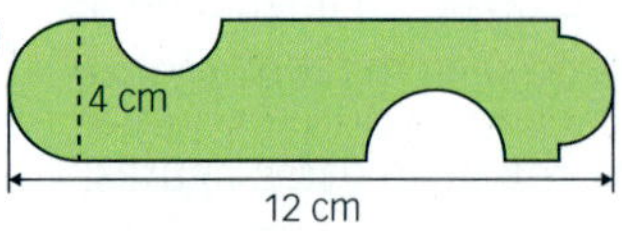

b)

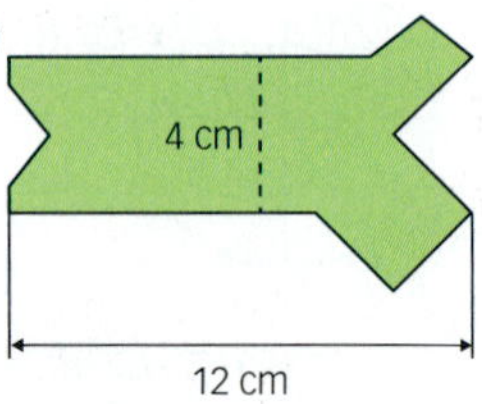

123 ••• En un cuadrilátero cualquiera, señala los puntos medios de sus lados y únelos de dos en dos.

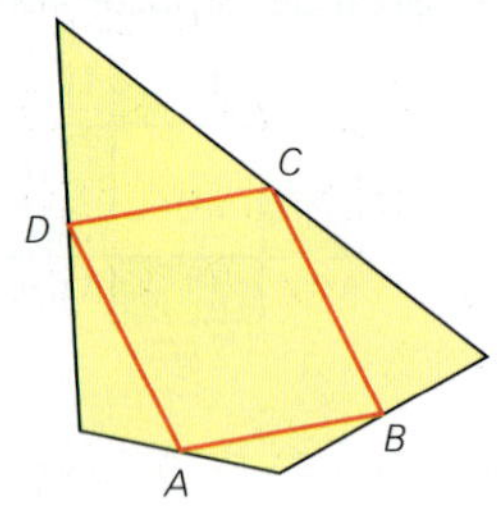

¿Qué figura se forma? Investiga si se cumple siempre.

124 ••• La recta DE es paralela al lado BC.

a) Halla lo que miden los segmentos BE y DE en función de b y x.

b) Determina b y x para que $\overline{DE} = \overline{BE} + \overline{CD}$ y $\frac{\overline{CD}}{\overline{AC}} = \frac{5}{11}$.

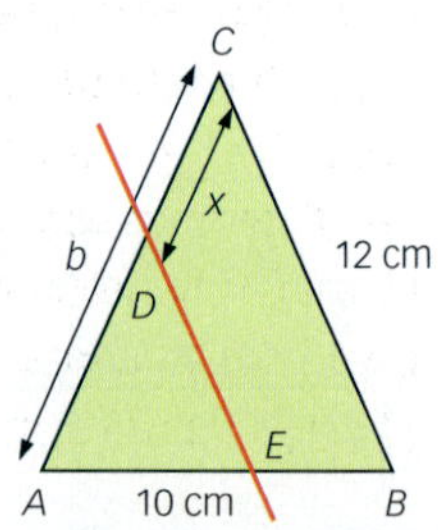

PROYECTO FINAL. **Trabajo cooperativo**

OBJETIVO: Calcular el coste de la reforma de un aula del centro

1.ª Fase.

- Identificad qué aulas o espacios de vuestro centro necesitan una reforma.
- Estudiad, para cada aula o espacio, las reformas que se deberían hacer para mejorarlo: pintar paredes, cambiar muebles, poner un suelo nuevo...

2.ª Fase.

- Medid las dimensiones del espacio que queréis reformar para pedir un presupuesto.
- Evaluad la necesidad de comprar nuevos materiales para el aula. Buscad información sobre los costes de los materiales a reemplazar.

3.ª Fase.

- Elaborad un informe donde se detallen los espacios que es necesario reformar y qué tipos de reformas necesitarían.
- Acompañad este informe con un presupuesto total para cada espacio.

Pruebas PISA

Las figuras

125

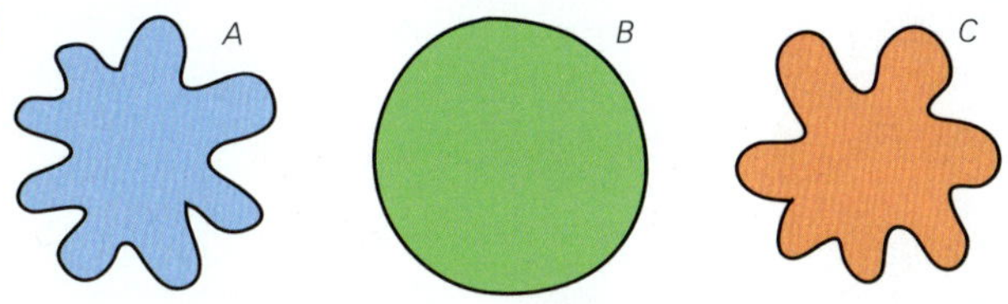

a) ¿Cuál es la figura de mayor área?

b) Describe un método para hallar el área de la figura *C*.

c) Describe un método para hallar el perímetro de la figura *C*.

(Prueba PISA 2012)

Pizza

126 Una pizzería sirve dos pizzas redondas del mismo grosor y de diferente tamaño. La más pequeña tiene un diámetro de 30 cm y cuesta 30 euros. La mayor tiene un diámetro de 40 cm y cuesta 40 euros. ¿Qué pizza tiene mejor precio?

(Prueba PISA 2008)

El concierto de rock

127 En un concierto de rock se reservó para el público un terreno rectangular con unas dimensiones de 100 m por 50 m. Se vendieron todas las entradas y el terreno se llenó de aficionados, todos de pie.

¿Cuál de las siguientes constituye la mejor estimación del número total de asistentes al concierto?

a) 2 000

b) 5 000

c) 20 000

d) 50 000

e) 100 000

(Prueba PISA 2012)

CLAVES PARA EMPEZAR

Posiciones relativas de rectas en el plano

Una recta es una línea sin principio ni final formada por infinitos puntos.

Dadas dos rectas en el plano, según sus posiciones pueden ser:

Secantes — Paralelas — Coincidentes

Las rectas secantes tienen un solo punto en común; las rectas paralelas, ninguno; y, si las rectas son coincidentes, todos sus puntos son comunes.

ACTIVIDADES

1 Estudia y escribe la posición relativa de las rectas que se forman en cada caso.

a) Dos lados de un ángulo.

b) Las vías del tren.

c) Dos calles de una ciudad en un cruce.

2 Escribe en tu cuaderno la posición relativa de cada par de rectas.

Teorema de Pitágoras

En todo triángulo rectángulo se cumple que el cuadrado de la hipotenusa es igual a la suma de los cuadrados de los catetos.

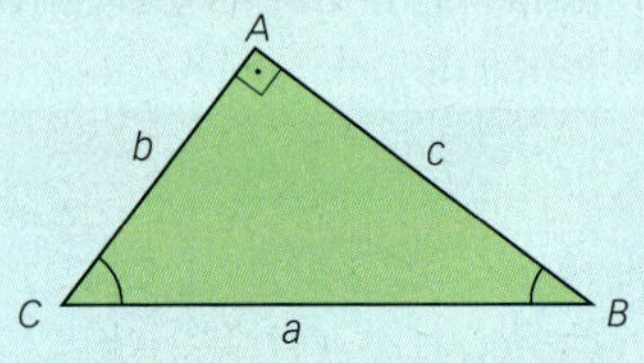

$$a^2 = b^2 + c^2$$

EJEMPLO

Comprueba que se cumple el teorema de Pitágoras en este triángulo.

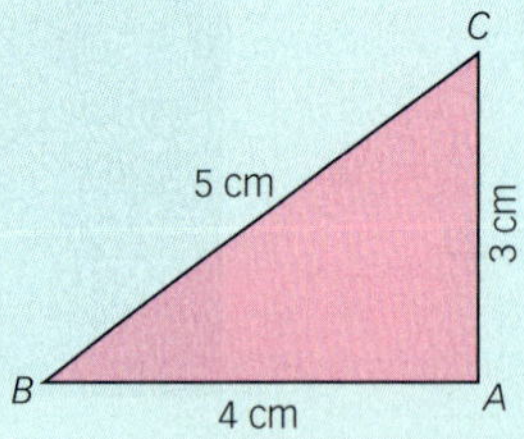

$$a^2 = b^2 + c^2 \xrightarrow{a=5\ b=3\ c=4} \begin{cases} a^2 = 25 \\ b^2 + c^2 = 9 + 16 = 25 \end{cases}$$

ACTIVIDADES

3 Comprueba si un triángulo de lados 25 cm, 7 cm y 9 cm es rectángulo.

4 ¿Cuánto mide el cateto de un triángulo rectángulo si el otro cateto mide 5 dm y la hipotenusa 8 dm?

Año 255 a.C.
Eratóstenes crea el primer astrolabio esférico.

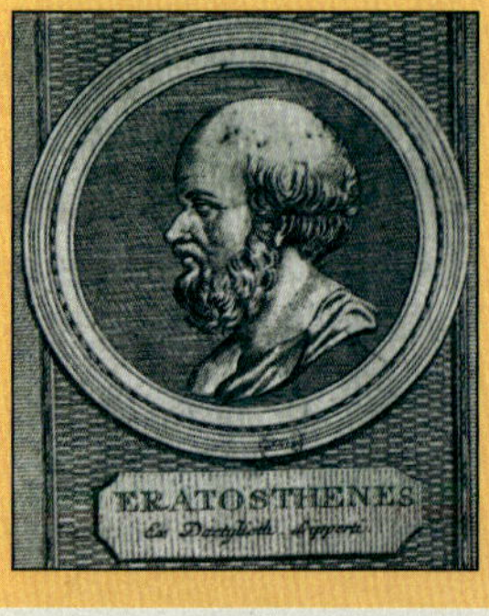

Cuerpos geométricos. Áreas

11

SABER

- Rectas y planos en el espacio
- Poliedros. Poliedro regulares
- Prismas. Pirámides. Áreas de prismas y pirámides
- Cuerpos de revolución. Área de cuerpos de revolución

SABER HACER

- Obtener el desarrollo plano de prismas y pirámides
- Calcular el área de un poliedro
- Obtener el desarrollo plano de un cuerpo de revolución
- Calcular el área de un cuerpo de revolución

? VIDA COTIDIANA

El astrolabio esférico

El astrolabio esférico, también conocido como esfera armilar, es un modelo de la esfera celeste utilizado para mostrar el movimiento aparente de las estrellas alrededor de la Tierra o el Sol.

- El astrolabio esférico fue creado por Eratóstenes en el año 255 a.C. En él fijó la longitud de la circunferencia de la Tierra en 252 000 estadios. Si un estadio medía 158 m, ¿cuánto medía el ecuador según Eratóstenes? ¿Cuál sería el radio de la Tierra?

Siglo II a.C.
Ptolomeo perfecciona el astrolabio de Eratóstenes y escribe un tratado sobre el uso del astrolabio esférico.

Siglo II a.C.
Hiparco de Nicea crea el astrolabio planisférico (astrolabio plano).

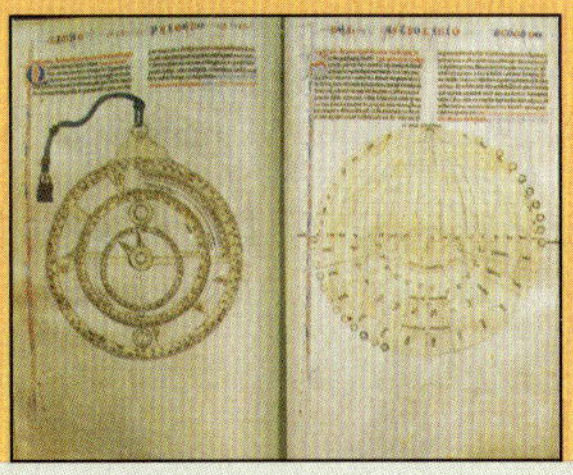

Siglo XII
El astrolabio se introduce en Europa a través de la España musulmana.

En la actualidad
Los modernos sistemas de navegación utilizan el GPS para determinar de manera exacta la ubicación de un barco.

Los **planos** son superficies sin aristas ni ondulaciones. No tienen grosor y son ilimitados, no tienen principio ni fin. Para representarlos dibujamos una parte, que solemos representar en forma de paralelogramo.

1 Rectas y planos en el espacio

1.1. Posiciones relativas de dos planos

Dos planos pueden ser paralelos o secantes.

- Son **paralelos** si no tienen ningún punto en común.
- Son **secantes** si se cortan en una recta.

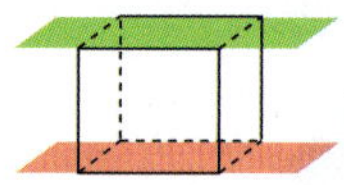

Paralelos

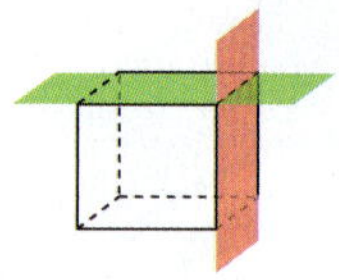

Secantes

1.2. Posiciones relativas de dos rectas

Dos rectas pueden ser paralelas, secantes o cruzarse.

- Son **paralelas** si están en el mismo plano y no tienen ningún punto en común.
- Son **secantes** si están en el mismo plano y se cortan en un punto.
- Se **cruzan** si están en planos diferentes y no tienen puntos comunes.

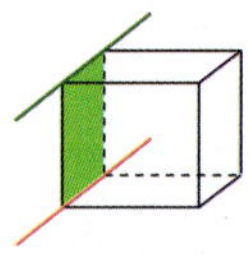

Paralelas

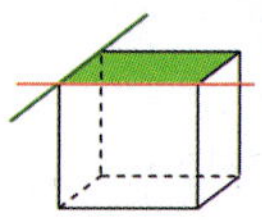

Secantes

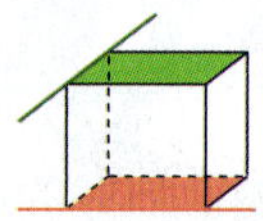

Se cruzan

RESUELVE EL RETO

¿Cuántas rectas pasan por un punto en el espacio? ¿Cuántos planos contienen a una recta en el espacio?

1.3. Posiciones relativas de una recta y un plano

Una recta puede ser paralela o secante a un plano o estar contenida en él.

- Es **paralela** a un plano si no tienen ningún punto en común.
- Es **secante** a un plano si tienen un punto en común.
- Está **contenida** en un plano si todos los puntos de la recta pertenecen al plano.

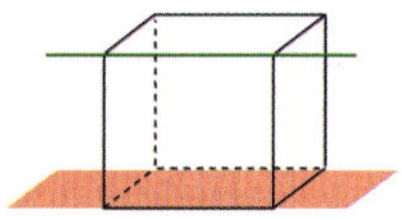

Paralela

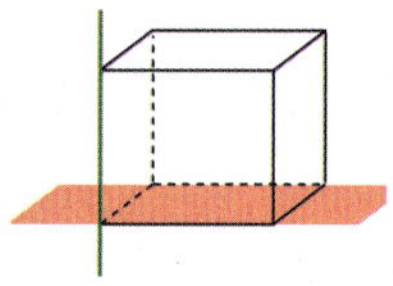

Secante

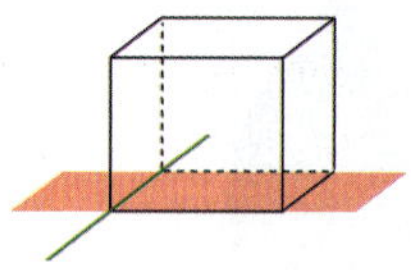

Contenida

ACTIVIDADES

1 PRACTICA. Observa la habitación donde estás e indica elementos que sugieran:

a) Planos paralelos.

b) Planos secantes.

c) Rectas paralelas.

d) Rectas que se cruzan.

e) Rectas secantes a un plano.

f) Rectas contenidas en un plano.

2 APLICA. Indica las posiciones de los planos y las rectas que encuentres en el cuerpo geométrico de la derecha.

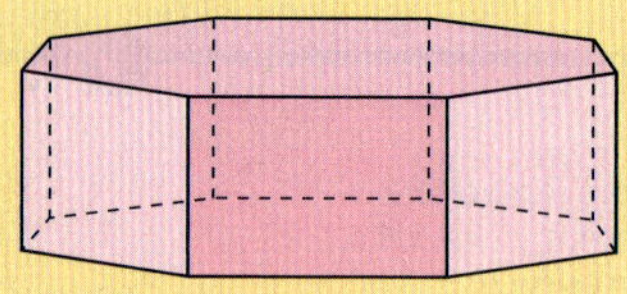

3 REFLEXIONA. Piensa y contesta.

a) Dos rectas secantes, ¿están siempre en el mismo plano?

b) ¿Cuándo será una recta perpendicular a un plano?

2 Poliedros

Un **poliedro** es un cuerpo geométrico limitado por caras en forma de polígonos.

Los elementos de un poliedro son:

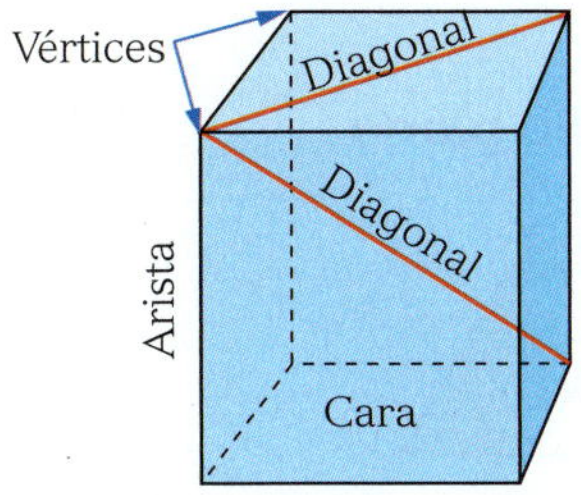

- **Caras**: son los polígonos que limitan al poliedro.
- **Aristas**: son las líneas donde concurren dos caras; son los lados de estas.
- **Vértices**: son los puntos en los que se cortan tres o más aristas.
- **Diagonal**: es el segmento que une dos vértices que no están en la misma arista. La podemos trazar en una misma cara o entre caras diferentes.

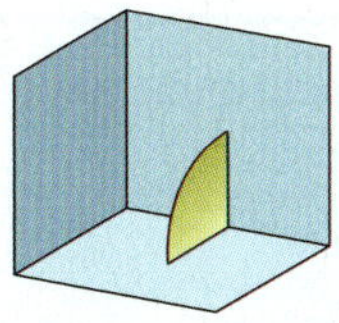
Ángulo diedro

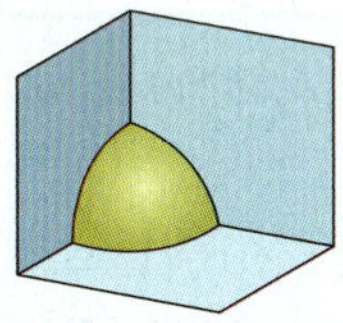
Ángulo poliedro

Poliedros cóncavos y convexos

Los **poliedros convexos** son aquellos en los que, cuando prolongamos una cara cualquiera, esta no corta el poliedro.

Los **poliedros cóncavos** son aquellos que tienen alguna cara que, cuando la prolongamos, corta el poliedro.

En todos los poliedros convexos se cumple la fórmula de Euler:

$$\underset{\text{n.º de caras}}{C} + \underset{\text{n.º de vértices}}{V} = \underset{\text{n.º de aristas}}{A} + 2$$

Poliedro convexo

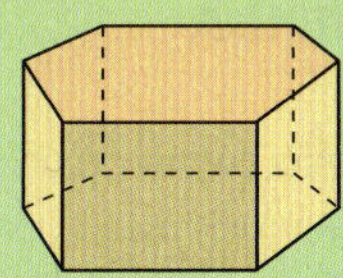

Poliedro cóncavo

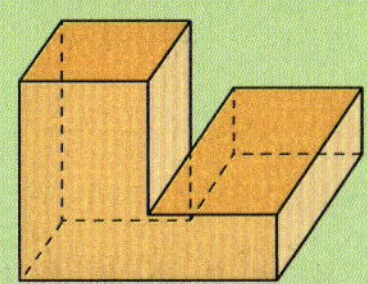

No todos los poliedros cóncavos cumplen la fórmula de Euler.

EJEMPLO

1. Comprueba si cumple la fórmula de Euler en este poliedro.

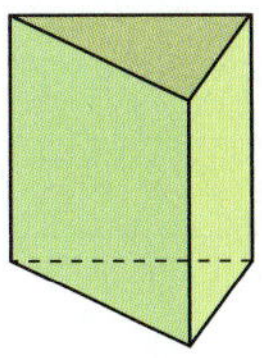

N.º de caras: 5 — $C + V = A + 2$

N.º de vértices: 6 — $5 + 6 = 9 + 2$

N.º de aristas: 9 — $11 = 11$

ACTIVIDADES

4 PRACTICA. Halla el número de caras, vértices y aristas de estos poliedros.

a)

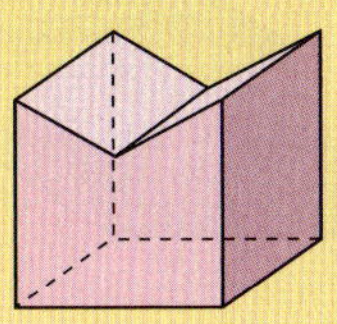

b)

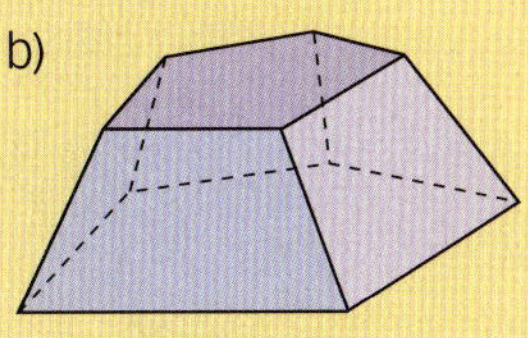

5 APLICA. Clasifica los poliedros de la actividad anterior en cóncavos y convexos, y comprueba si cumplen la fórmula de Euler.

6 REFLEXIONA. ¿Cuál es el menor número de caras que puede tener un poliedro? ¿Y de aristas? ¿Y de vértices?

3 Poliedros regulares

Los poliedros se nombran según su número de caras:

4 caras → tetraedro

5 caras → pentaedro

6 caras → hexaedro

7 caras → heptaedro

RECUERDA

El **desarrollo plano** de un poliedro es la figura que resulta cuando lo extendemos sobre un plano.

RESUELVE EL RETO

¿En qué poliedro regular sus aristas coinciden con sus diagonales?

Un **poliedro** es **regular** si cumple estas dos condiciones:

- Todas sus caras son polígonos regulares iguales.
- En cada vértice concurren el mismo número de aristas.

Solo existen cinco poliedros regulares.

Desarrollo plano

Tetraedro

Tiene 4 caras que son triángulos equiláteros.

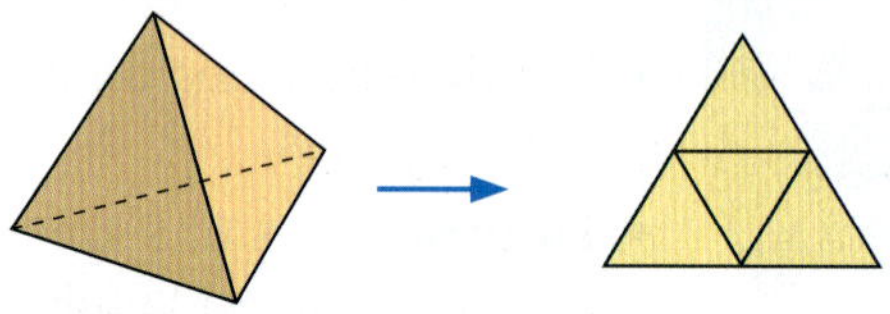

Cubo

Tiene 6 caras que son cuadrados.

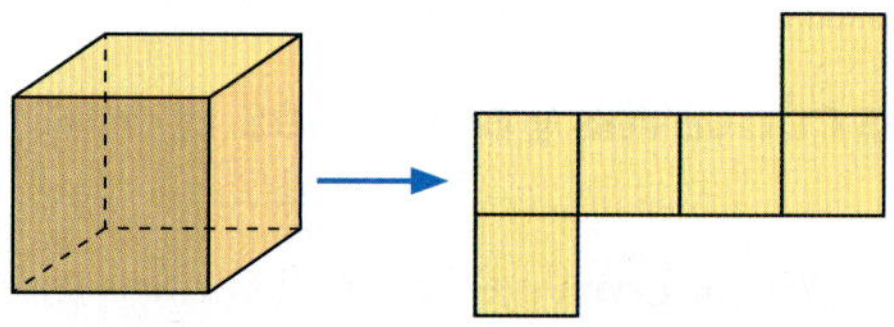

Octaedro

Tiene 8 caras que son triángulos equiláteros.

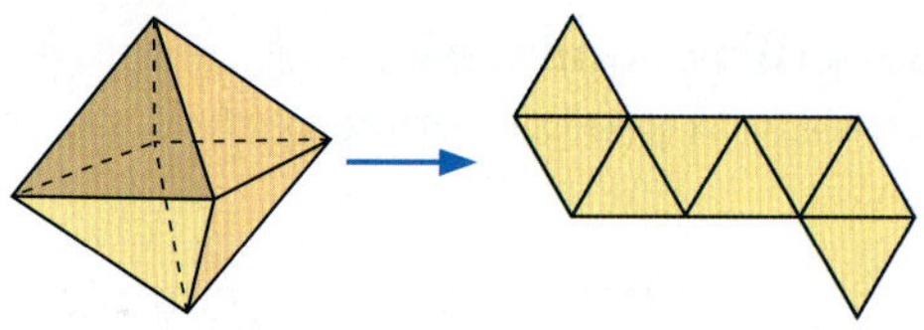

Dodecaedro

Tiene 12 caras que son pentágonos regulares.

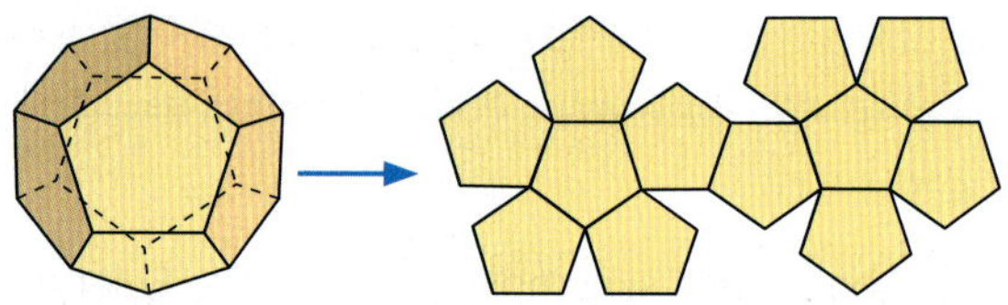

Icosaedro

Tiene 20 caras que son triángulos equiláteros.

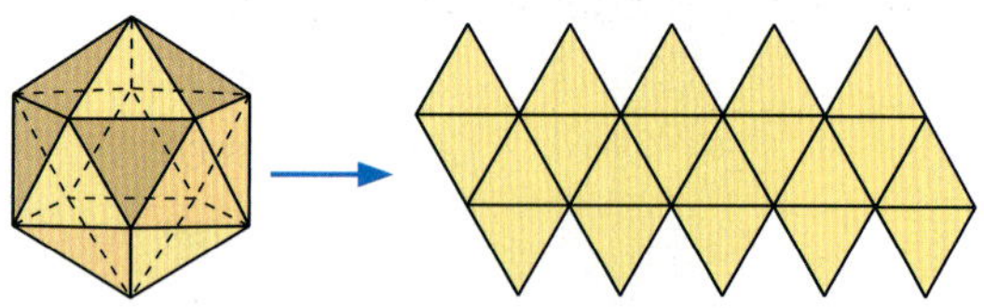

ACTIVIDADES

7 PRACTICA. Piensa y contesta.

a) ¿Qué poliedros regulares tienen como caras triángulos equiláteros? ¿Y hexágonos regulares?

b) ¿Cuántas aristas concurren en un mismo vértice en un icosaedro?

8 APLICA. Comprueba que los poliedros regulares cumplen la fórmula de Euler.

9 REFLEXIONA. ¿Son regulares estos poliedros? Razona tu respuesta.

a)

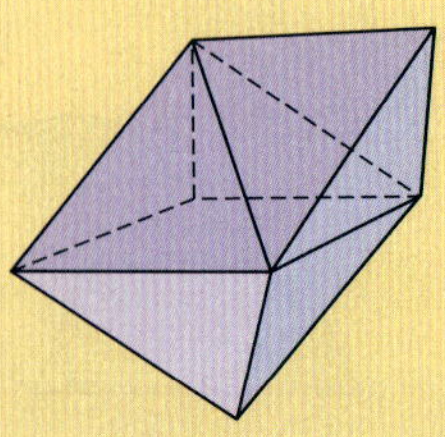

b)

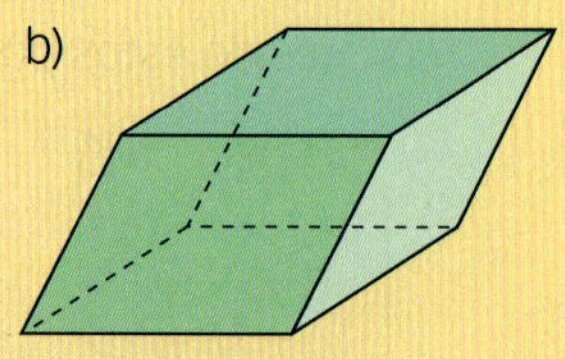

4 Prismas

Un **prisma** es un poliedro que tiene dos caras iguales y paralelas entre sí, siendo el resto de ellas paralelogramos.

Los elementos de un prisma son:

- **Bases o caras básicas**: son dos polígonos iguales situados en planos paralelos.
- **Caras laterales**: son paralelogramos.
- **Aristas básicas**: son los lados de los polígonos de las bases.
- **Aristas laterales**: son los lados de las caras laterales que unen las bases.
- **Vértices**: son los puntos donde se cortan las aristas.
- **Altura** del prisma: es la distancia entre las bases.

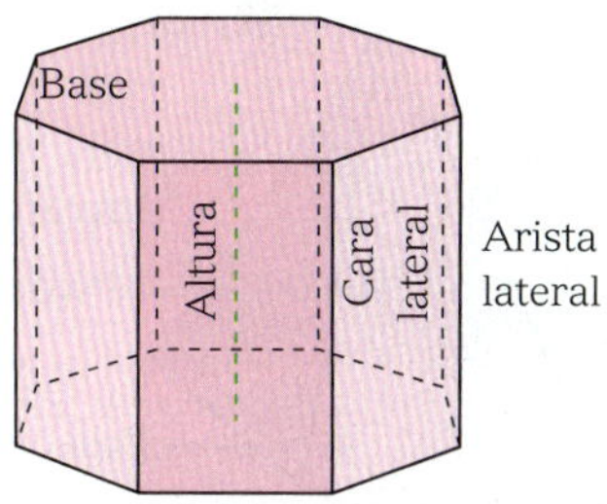

Clases de prismas

Para nombrar los prismas se consideran sus bases:

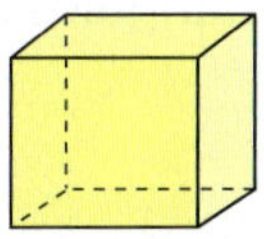

Prisma cuadrangular

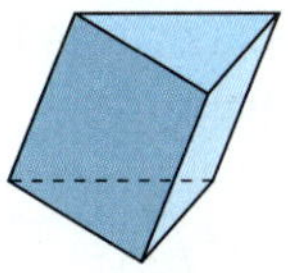

Prisma triangular

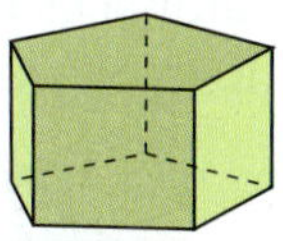

Prisma pentagonal

Si las aristas laterales de un prisma son perpendiculares a las aristas básicas, se dice que el prisma es **recto**; en caso contrario, lo denominamos prisma **oblicuo**.

En los prismas rectos, si los polígonos de las bases son regulares, se denominan **prismas regulares**. Cuando no son regulares, los prismas se denominan **prismas irregulares**.

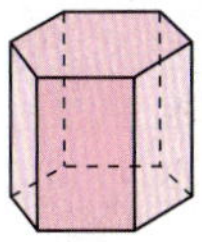

Prisma recto regular

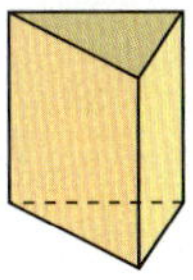

Prisma recto irregular

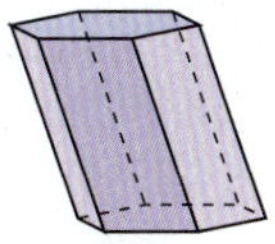

Prisma oblicuo

Los **paralelepípedos** son un tipo de prisma muy frecuente, en el que todas las caras son paralelogramos. Si además son rectos, reciben el nombre de **ortoedros**.

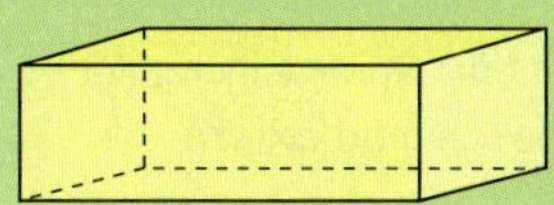

ACTIVIDADES

10 PRACTICA. Dibuja un prisma recto de base rectangular y un prisma oblicuo triangular. ¿Cuántos vértices y aristas tiene cada uno?

11 PRACTICA. Dibuja un prisma regular y uno irregular.

12 APLICA. Calcula el número de vértices, aristas y caras de un prisma que tiene como base un hexágono regular.

13 REFLEXIONA. Indica el polígono que forma la base de un prisma que tiene 15 aristas.

5 Pirámides

> Una **pirámide** es un poliedro en el que una de las caras es un polígono cualquiera, y las demás caras son triángulos que se unen en un punto.

Los elementos de una pirámide son:

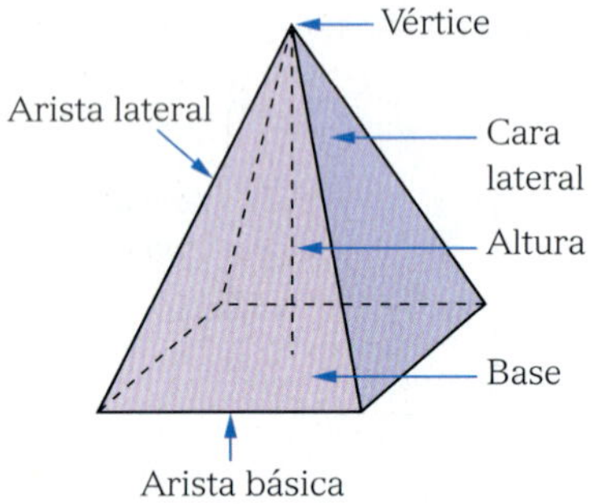

- **Base**: es un polígono cualquiera.
- **Caras laterales**: son triángulos que se unen en un punto denominado vértice de la pirámide.
- **Aristas básicas** y **aristas laterales**: son las aristas de la base y de las caras laterales, respectivamente.
- **Altura** de la pirámide: es el segmento perpendicular trazado desde el vértice hasta la base.

Clases de pirámides

Para nombrar las pirámides, se hace también referencia al polígono de la base.

Una pirámide es **recta** si todas las caras laterales son triángulos isósceles. Si no es así, se denomina **oblicua**.

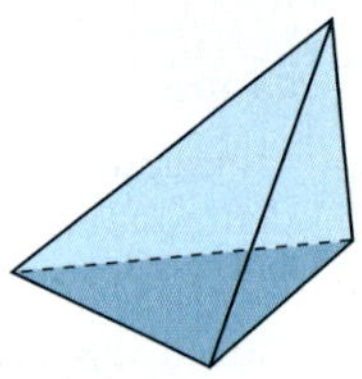

Pirámide triangular oblicua

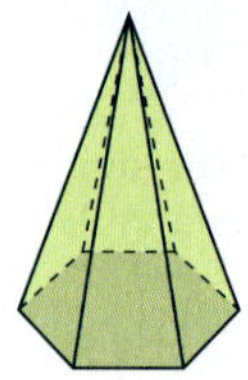

Pirámide hexagonal recta

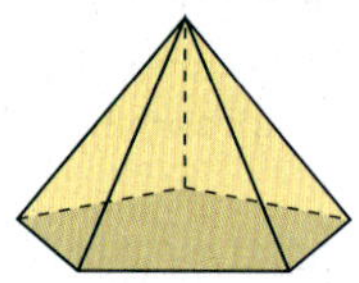

Pirámide pentagonal recta

Una pirámide es **regular** si es recta y su base es un polígono regular. En caso contrario, la pirámide es **irregular**.

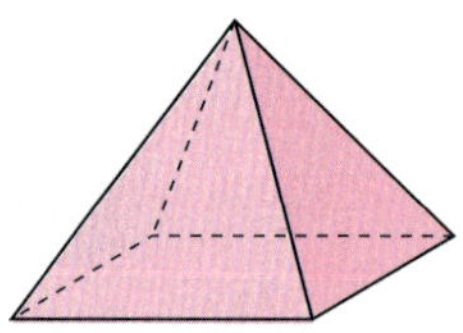

Pirámide regular

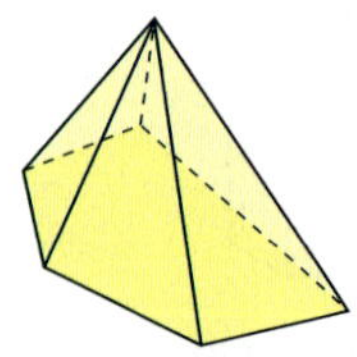

Pirámide irregular

Se llama **apotema** de una pirámide regular a la altura de cualquiera de sus caras laterales.

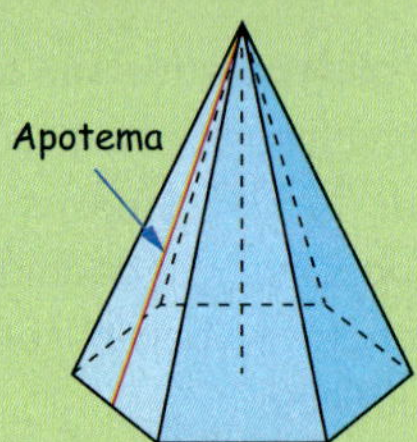

En las pirámides irregulares la apotema no existe.

ACTIVIDADES

14 PRACTICA. Dibuja una pirámide pentagonal regular y una pirámide irregular de base triangular.

Indica el número de aristas y vértices que tiene cada una de ellas.

15 APLICA. Una pirámide tiene 7 vértices. ¿Cuántos lados tiene el polígono de la base?

16 REFLEXIONA. Una pirámide tiene 10 aristas. ¿Cuántos vértices tiene?

SABER HACER

Obtener el desarrollo plano de prismas y pirámides

Dibuja el desarrollo plano de estos poliedros.

a)

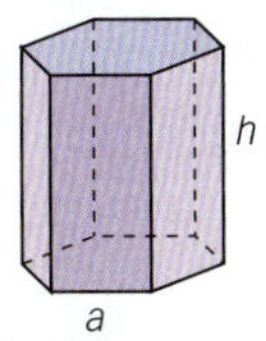

b)

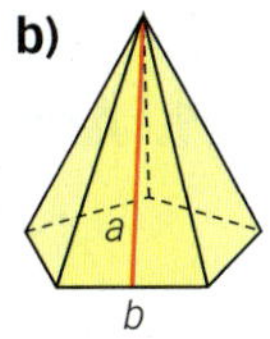

Pasos a seguir

1. Identificamos qué tipo de poliedro es.

a) Prisma.

b) Pirámide.

2. Si es un **prisma**:
   - Dibujamos una base.
   - Dibujamos una de las caras laterales unida a la base y el resto de caras unidas a esta cara.
   - Dibujamos la segunda base sobre una de las caras laterales.

a)

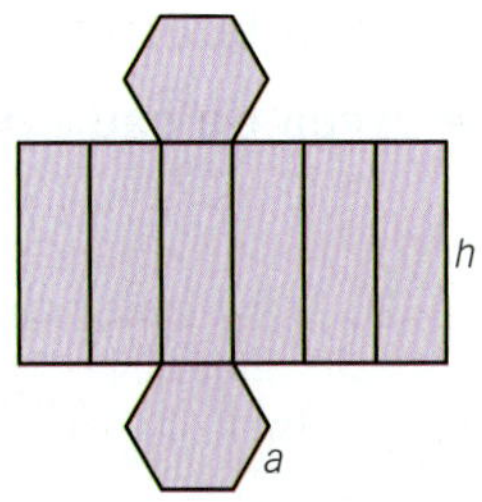

3. Si es una **pirámide**:
   - Dibujamos la base.
   - Dibujamos una de las caras laterales unida a la base y el resto de caras unidas a esta cara.

   En una pirámide las bases de las caras laterales no pueden formar una línea recta.

b)

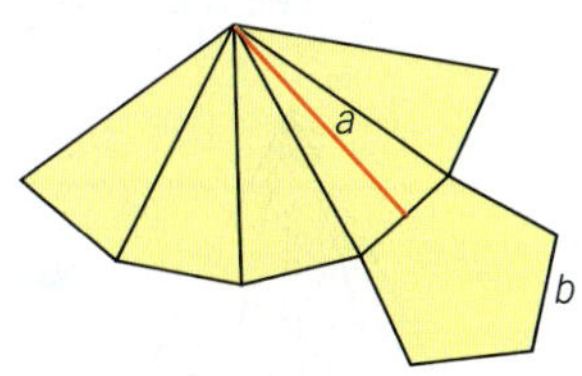

El **desarrollo plano de un prisma recto** está constituido por:

- Un rectángulo formado por las caras laterales, cuya altura es la del prisma y cuya anchura es el perímetro de la base.
- Los dos polígonos de las bases.

El **desarrollo plano de una pirámide regular** está constituido por:

- Tantos triángulos isósceles como lados tiene la base.
- El polígono de la base.

ACTIVIDADES

17 Dibuja el desarrollo plano de un prisma triangular y de una pirámide cuadrangular regular.

18 Halla el error que hay en cada uno de estos desarrollos. Corrígelos en tu cuaderno.

a)

c)

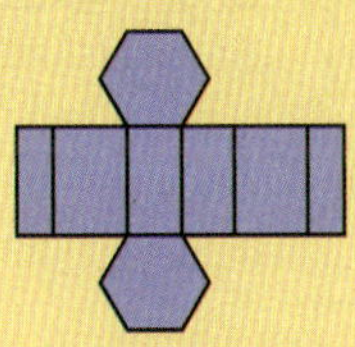

b)

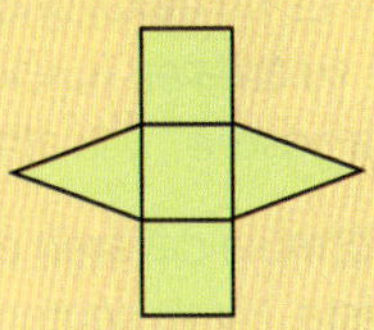

d)

19 Observa estos desarrollos planos de un cubo.

a)

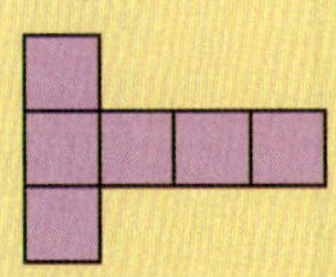

b)

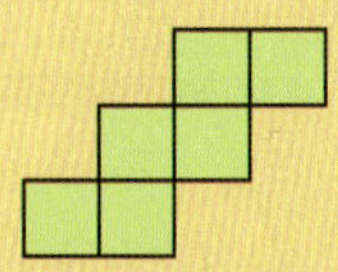

Colócales los puntos de las caras para que sean el desarrollo de un dado. Recuerda que las caras opuestas de un dado suman 7.

20 Indica cuáles de estos desarrollos planos no pertenecen a un cubo.

a)

b)

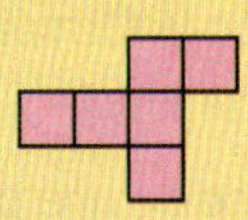

c)

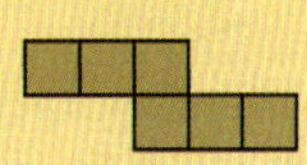

Dibuja otros tres desarrollos diferentes de un cubo.

6 Área de prismas y pirámides

> **SE ESCRIBE ASÍ**
>
> A_L = área lateral
>
> A_B = área de la base
>
> A_T = área total
>
> P_B = perímetro de la base
>
> a = apotema de la pirámide
>
> a' = apotema de la base

El área de un poliedro es igual a la suma de las áreas de todas sus caras.

6.1. Área de un prisma

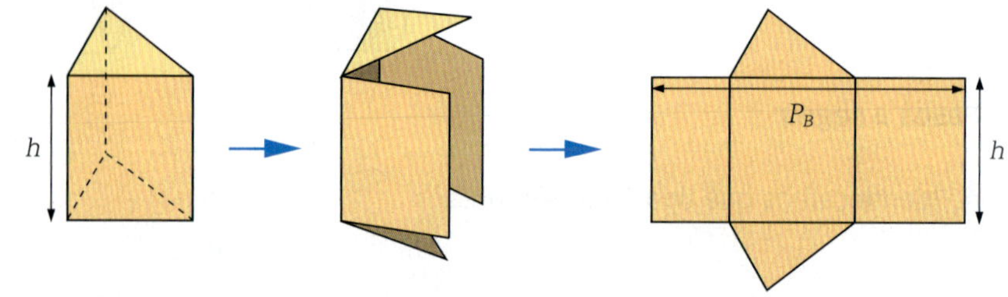

- **Área lateral**, A_L, se cumple que: $A_L = P_B \cdot h$.
- **Área de cada base**, A_B, es la suma del área de las dos bases.

> El **área total de un prisma recto** es:
>
> $$A_T = A_L + 2 \cdot A_B = P_B \cdot h + 2 \cdot A_B$$

6.2. Área de una pirámide regular

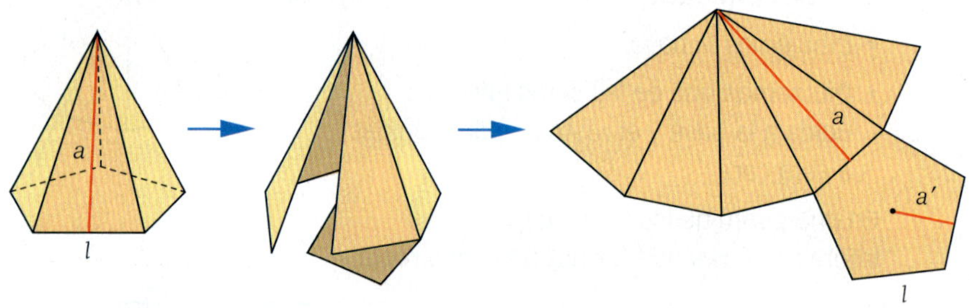

- **Área lateral**, A_L, si n es el n.º de lados de la base: $A_L = n \cdot \frac{l \cdot a}{2} = \frac{P_B \cdot a}{2}$.
- **Área de la base**, A_B, si la base es un polígono regular: $A_B = \frac{P_B \cdot a'}{2}$.

> El **área total de una pirámide regular** es:
>
> $$A_T = A_L + A_B = \frac{P_B \cdot a}{2} + \frac{P_B \cdot a'}{2}$$

ACTIVIDADES

21 PRACTICA. Escribe la fórmula del área de un cubo en función de su arista, *l*.

22 PRACTICA. La base de una pirámide regular es un cuadrado. Escribe la fórmula de su área en función del lado de la base, *l*, y la apotema de la pirámide, *a*.

23 APLICA. La base de un prisma es un hexágono regular. Escribe la fórmula de su área en función de su lado, *l*, la apotema de la base, *a'*, y la altura, *h*.

24 REFLEXIONA. ¿Cuál sería la fórmula del área del tetraedro en función de su arista, *l*, y su apotema, *a*?

SABER HACER

> En muchos casos hay que utilizar el teorema de Pitágoras para hallar longitudes que no conocemos.

Calcular el área de un poliedro

Halla el área de estos poliedros.

a)

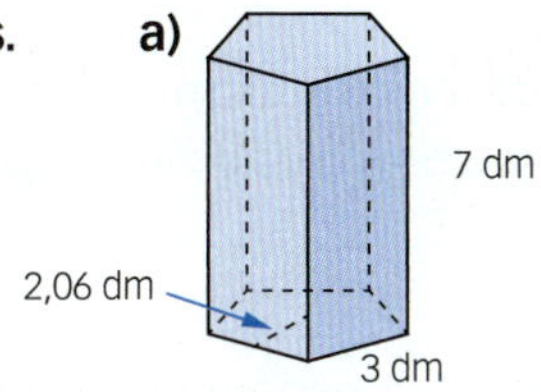

b)

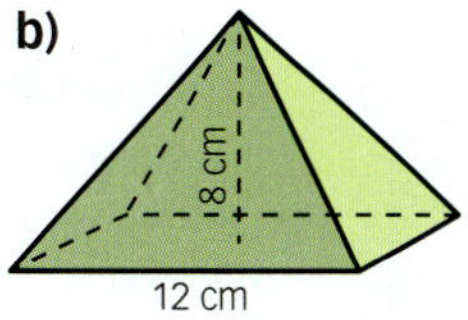

Pasos a seguir

1. Identificamos qué tipo de poliedro es y qué datos necesitamos para calcular su área.

a) Prisma pentagonal regular.

Necesitamos conocer el lado y la apotema de la base y la altura del prisma.

b) Pirámide cuadrangular regular.

Necesitamos conocer el lado de la base, la altura de la pirámide y su apotema.

2. Hallamos los datos que no conozcamos a partir de los datos que tenemos.

a) Sabemos todos los datos; $l = 3$ dm, $a = 2{,}06$ dm, $h = 7$ dm.

b) Conocemos el lado de la base y la altura de la pirámide, $l = 12$ cm, $h = 8$ cm.

Para hallar la apotema, a, utilizamos el teorema de Pitágoras.

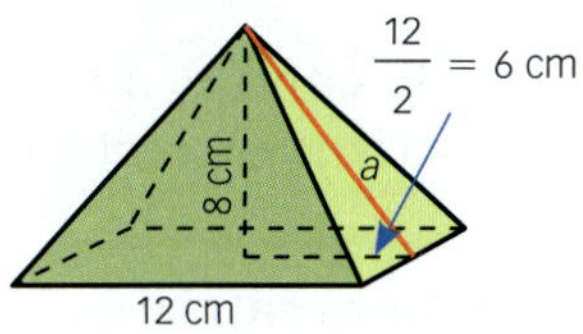

$a^2 = 8^2 + 6^2 \rightarrow a^2 = 100$
$\rightarrow a = \sqrt{100} = 10$ cm

3. Aplicamos la fórmula correspondiente a cada poliedro.

a) $A_T = P_B \cdot h + 2 \cdot A_B = 5 \cdot 3 \cdot 7 + 2 \cdot \frac{5 \cdot 3 \cdot 2{,}06}{2} = 135{,}9 \text{ dm}^2$

b) $A_T = \frac{P_B \cdot a}{2} + l^2 = \frac{4 \cdot 12 \cdot 10}{2} + 12^2 = 384 \text{ cm}^2$

ACTIVIDADES

25 Calcula el área de un cubo cuya arista mide 10 cm.

26 Halla el área de un prisma:

a) Hexagonal regular con lado de la base 8 cm y altura 12 cm.

b) Con forma de ortoedro de dimensiones 12 cm, 8 cm y 15 cm.

c) Pentagonal regular con altura 13 cm, lado de la base 8 cm y apotema de la base 5,5 cm.

27 Calcula la altura de un prisma recto de base cuadrada sabiendo que su área total es 200 cm² y la arista de su base mide 8 cm.

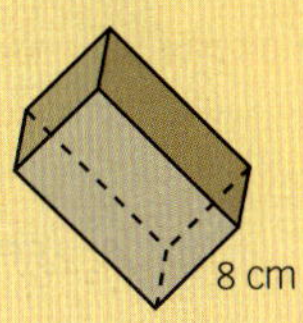

28 Halla el área de una pirámide:

a) Hexagonal regular con lado de la base 6 cm y altura 10 cm.

b) De base cuadrada, con lado 10 cm y altura 8 cm.

c) Pentagonal regular con apotema 15 cm, lado de la base 8 cm y apotema de la base 5,5 cm.

29 Calcula el área de un tetraedro de arista 10 cm.

30 Calcula la longitud de la arista de un cubo determinado sabiendo que su área total es la misma que la de un octaedro cuya arista mide 12 cm.

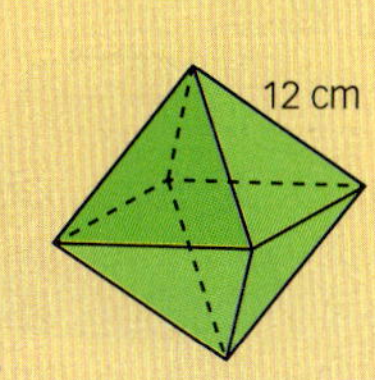

7 Cuerpos de revolución

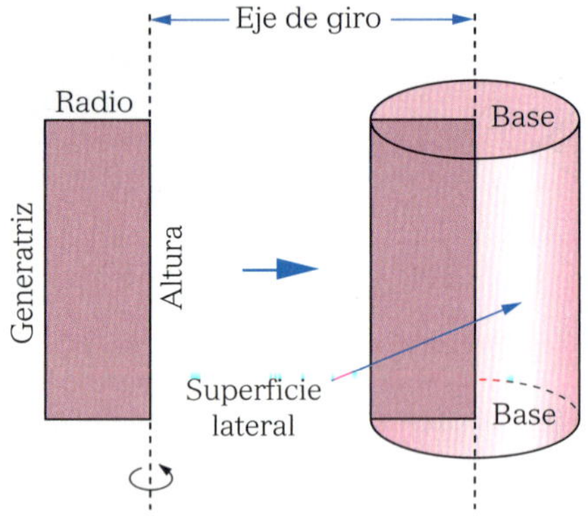

Un **cuerpo de revolución** es un cuerpo geométrico que se obtiene a partir de una figura plana que gira alrededor de un **eje**.

Se llama **altura** del cuerpo a la longitud del eje.

7.1. Cilindro

El **cilindro** es un cuerpo geométrico generado a partir de un rectángulo que gira alrededor de uno de los lados.

- **Generatriz**: es la longitud del lado opuesto al eje.
- **Bases**: son los dos círculos iguales y paralelos.
- **Radio**: es el radio de la base, o la longitud del lado perpendicular al eje.

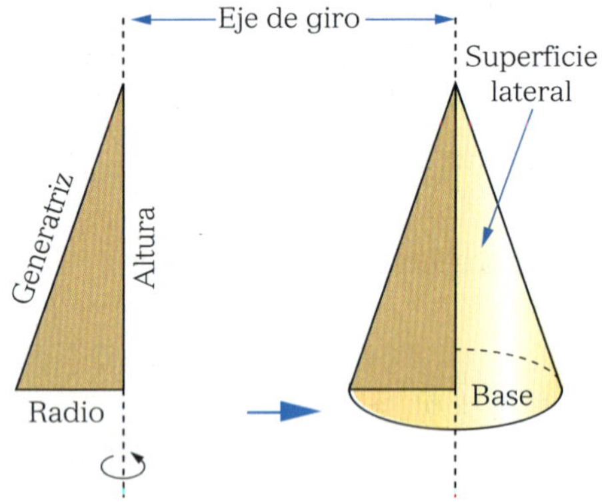

7.2. Cono

El **cono** es un cuerpo geométrico generado a partir de un triángulo rectángulo que gira alrededor de uno de los catetos.

- **Generatriz**: es la longitud de la hipotenusa del triángulo.
- **Base**: es el círculo generado al girar el cateto perpendicular al eje.
- **Radio**: es el radio de la base, o la longitud del cateto perpendicular al eje.

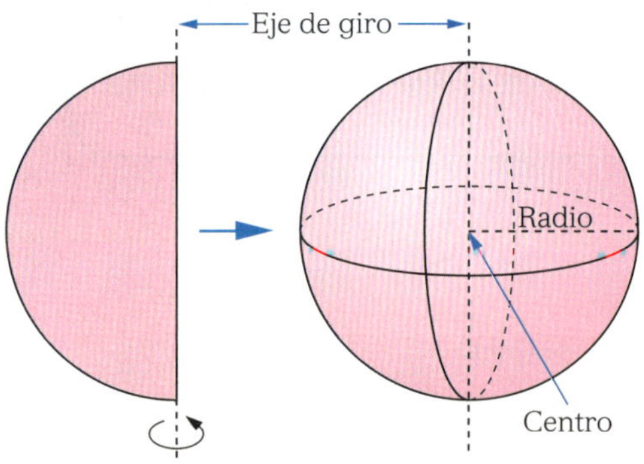

7.3. Esfera

Una **esfera** es un cuerpo de revolución engendrado por un semicírculo que gira sobre su diámetro.

- **Centro**: es el centro del semicírculo.
- **Radio**: es el radio del semicírculo.

ACTIVIDADES

31 PRACTICA. Dibuja la figura que se ha hecho girar alrededor de un eje para obtener estos cuerpos.

a)

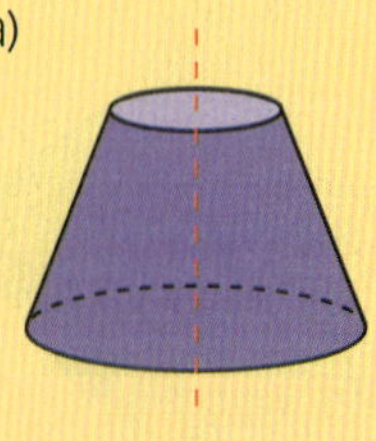

b)

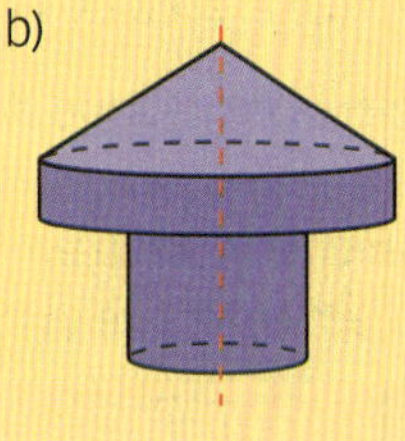

32 APLICA. Determina el elemento desconocido.

a)

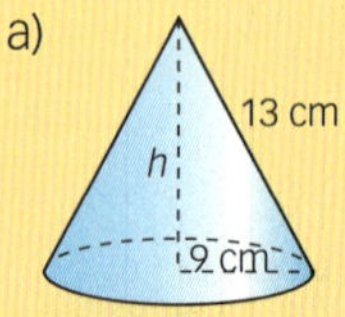

b)

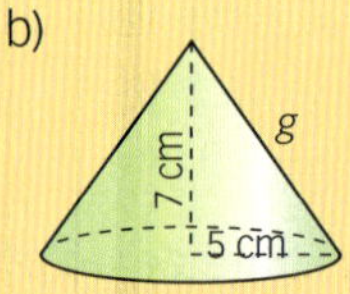

33 REFLEXIONA. Un rombo, al girar sobre uno de sus lados, ¿genera un cilindro? ¿Y si es un cuadrado?

SABER HACER

Obtener el desarrollo plano de un cuerpo de revolución

Dibuja el desarrollo plano de estos cuerpos redondos.

a) 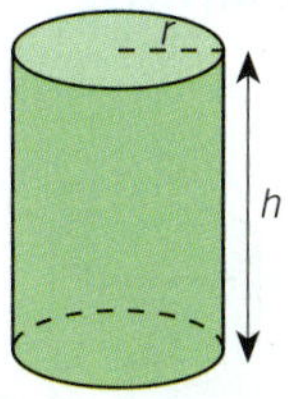

b) 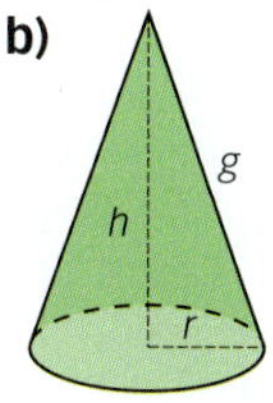

c) 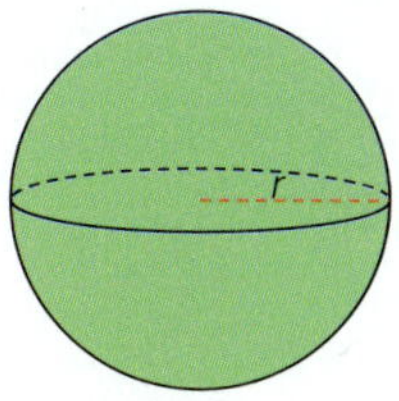

Pasos a seguir

1. Identificamos qué tipo de cuerpo redondo es.

a) Cilindro b) Cono c) Esfera

2. Si es un **cilindro**:
   - Dibujamos el círculo de una base.
   - Dibujamos la superficie lateral unida a la base: un rectángulo con el lado tangente a la base de longitud $2\pi r$.
   - Dibujamos la segunda base al otro lado del rectángulo.

a) 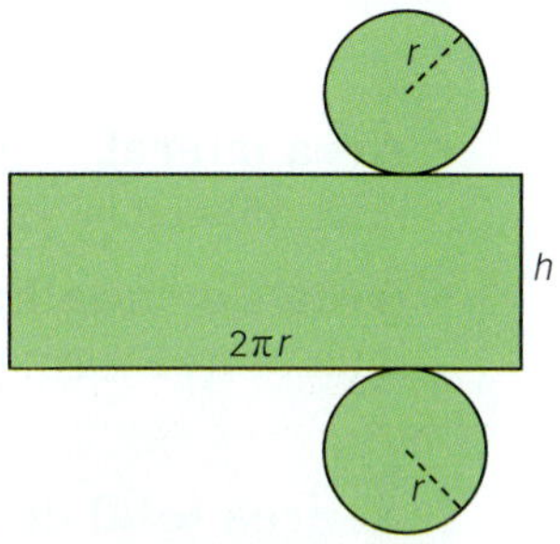

El **desarrollo plano de un cilindro** está formado por:
- Un rectángulo cuya base mide igual que la longitud de la circunferencia de la base y su altura es la del cilindro.
- Dos círculos iguales que constituyen las bases.

3. Si es un **cono**:
   - Dibujamos el círculo de la base.
   - Dibujamos la superficie lateral unida a la base: un sector circular de longitud $2\pi r$.

b) 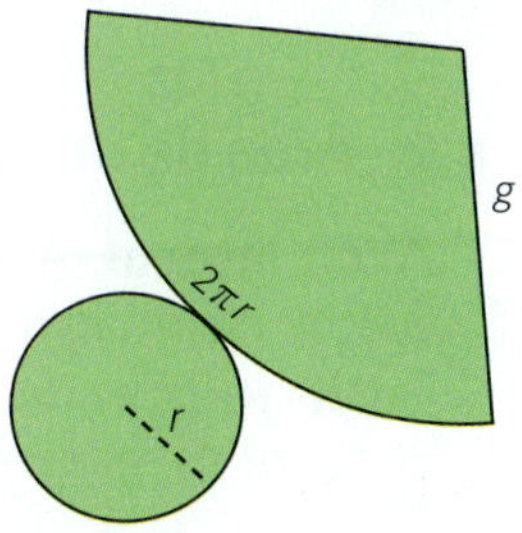

El **desarrollo plano de un cono** está formado por:
- Un sector circular de longitud $2\pi r$ (siendo r el radio de la base) y radio igual a la generatriz del cono.
- Un círculo que es la base del cono.

4. Si es una **esfera**, no tiene desarrollo plano.

c) No existe el desarrollo plano de una esfera.

ACTIVIDADES

34 Dibuja el desarrollo plano de un cono de 2 cm de radio y 5 cm de generatriz.

35 Dibuja el desarrollo plano de un cilindro de altura 3 cm y de radio 1 cm.

36 ¿Qué figuras forman el desarrollo de este cilindro?

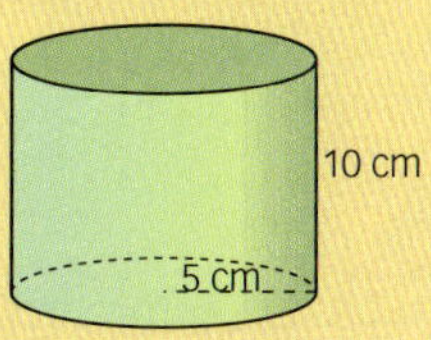

37 Considera el desarrollo del cono. ¿Qué relación encuentras entre la longitud del arco del sector circular y la longitud de la circunferencia de la base del cono?

38 ¿Qué figuras forman el desarrollo de este cono?

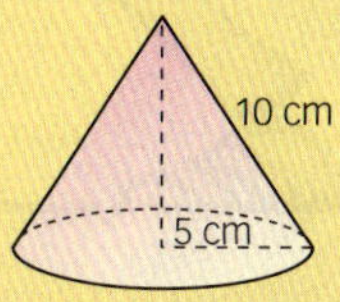

39 Encuentra el error que hay en estos desarrollos y dibújalos bien en tu cuaderno.

a) 

b) 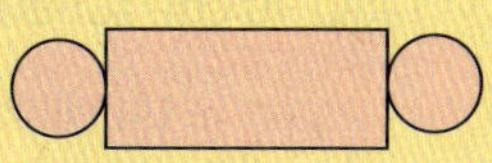

8 Área de cuerpos de revolución

8.1. Área de un cilindro

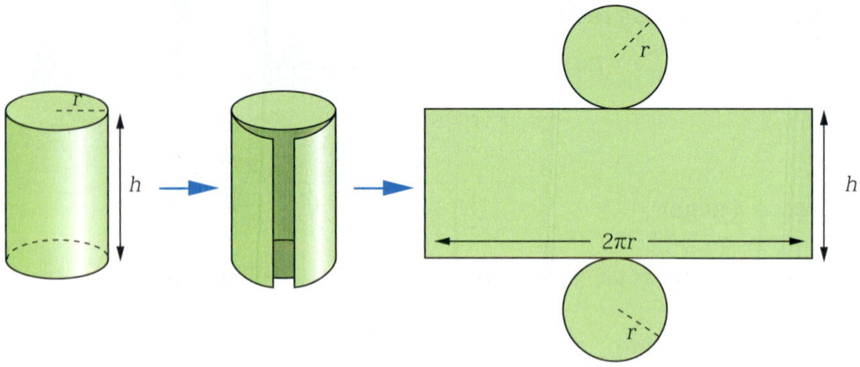

- **Área lateral**, A_L,es el área de un rectángulo de base la longitud de la circunferencia de la base y altura, la altura del cilindro: $A_L = 2\pi r \cdot h$.
- **Área de cada base**, A_B, es el área de cada uno de los dos círculos iguales que forman sus bases: $A_B = \pi r^2$.

El **área total de un cilindro** es: $A_T = A_L + 2 \cdot A_B = 2\pi rh + 2\pi r^2$

8.2. Área de un cono

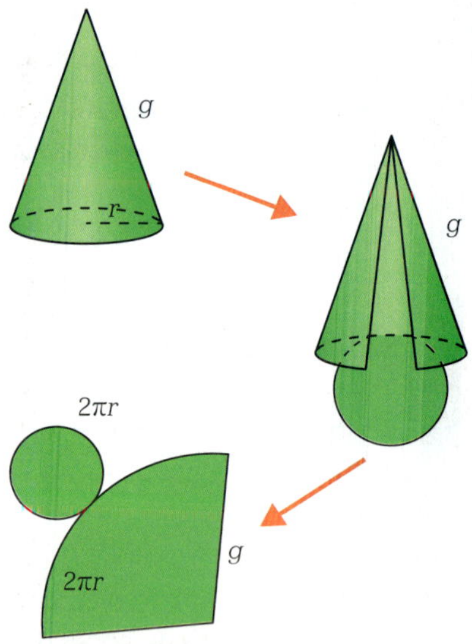

- **Área lateral**, A_L,es el área de un sector circular de longitud $2\pi r$ y radio igual a la generatriz del cono, g: $A_L = \pi r \cdot g$.
- **Área de la base**, A_B, es el área del círculo de la base: $A_B = \pi r^2$.

El **área total de un cono** es: $A_T = A_L + A_B = \pi rg + \pi r^2$

8.3. Área de una esfera

El **área total de una esfera** es: $A_T = 4\pi r^2$

ACTIVIDADES

40 PRACTICA. La base de un cilindro es un círculo de radio 10 cm. ¿Cuál será el área de sus dos bases?

41 PRACTICA. Un cilindro y una esfera tienen igual radio, r. Si la altura del cilindro es igual al radio de la base, ¿qué relación guardan sus áreas?

42 APLICA. El sector circular correspondiente al desarrollo de un cono tiene un arco de longitud 314 cm. ¿Cuál es el radio de su base?

43 REFLEXIONA. Si se duplica el radio de una esfera, ¿qué ocurre con su área?

SABER HACER

Al aplicar el teorema de Pitágoras, recuerda que el lado mayor es siempre la hipotenusa.

Calcular el área de un cuerpo de revolución

Halla el área de estos cuerpos de revolución.

a)

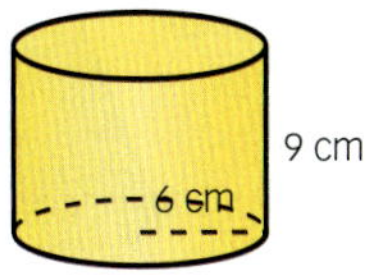

b)

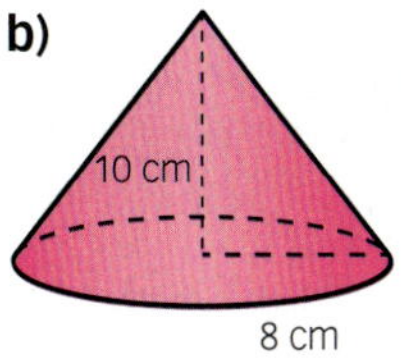

c)

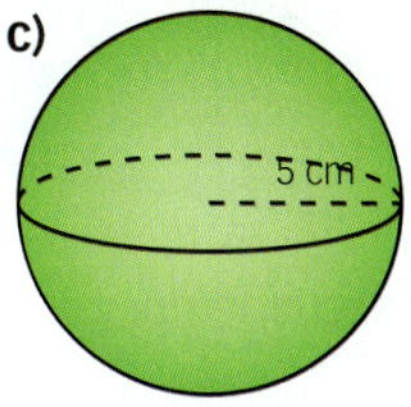

Pasos a seguir

1. Identificamos qué tipo de cuerpo de revolución es y qué datos necesitamos para calcular su área.

a) Es un cilindro.

Necesitamos conocer el radio de la base y la altura.

b) Es un cono.

Necesitamos conocer el radio de la base y la generatriz.

c) Es una esfera.

Necesitamos conocer el radio.

2. Hallamos los datos que no conozcamos a partir de los datos que tenemos.

a) Sabemos todos los datos: $r = 6$ cm, $h = 9$ cm.

b) Sabemos el radio de la base y la altura: $r = 8$ cm, $h = 10$ cm. Hallamos la generatriz, g, utilizando el teorema de Pitágoras.

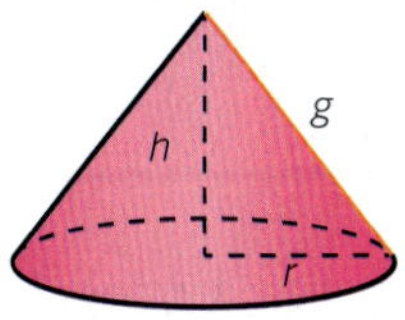

$$g^2 = 10^2 + 8^2 \rightarrow g^2 = 164$$
$$\rightarrow g = \sqrt{164} = 12{,}8 \text{ cm}$$

c) Sabemos todos los datos: $r = 5$ cm.

3. Aplicamos la fórmula correspondiente a cada cuerpo.

a) $A_T = 2\pi rh + 2\pi r^2 = 2\pi \cdot 6 \cdot 9 + 2\pi \cdot 6^2 = 565{,}2 \text{ cm}^2$

b) $A_T = \pi rg + \pi r^2 = \pi \cdot 8 \cdot 12{,}8 + \pi \cdot 8^2 = 522{,}5 \text{ cm}^2$

c) $A_T = 4\pi r^2 = 4\pi \cdot 5^2 = 314 \text{ cm}^2$

ACTIVIDADES

44 Halla el área de un cilindro:

a) De 10 cm de radio y 5 cm de altura.

b) De radio 9 cm y altura doble del radio.

c) De altura 10 cm y cuyas bases tienen cada una un área de 628 cm^2.

45 Halla el área de un cono:

a) De 8 cm de radio y 10 cm de generatriz.

b) De radio 9 cm y altura 12 cm.

c) De altura 20 cm y generatriz 12 cm.

d) De altura 10 cm y cuya base tiene un área de 314 cm^2.

46 Halla el área de:

a) Una esfera de radio 20 cm.

b) Un cilindro de radio y altura iguales a 20 cm.

c) Un cono de radio y altura iguales a 20 cm.

d) ¿Qué observas en los tres resultados anteriores?

47 Halla el área del cuerpo que se genera al girar la figura alrededor del eje rojo.

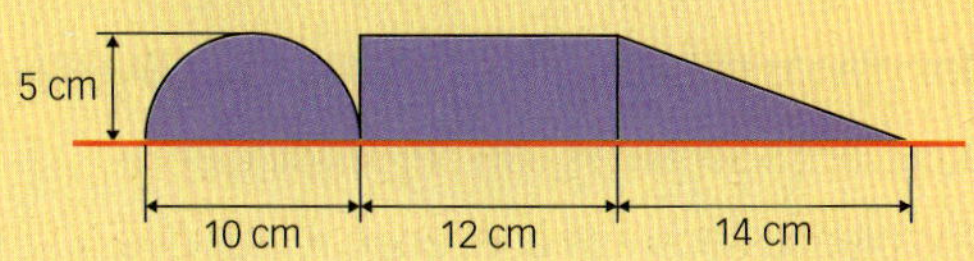

ACTIVIDADES FINALES

Rectas y planos en el espacio

48 Indica las posiciones de los planos y de las rectas que veas en el siguiente cuerpo geométrico.

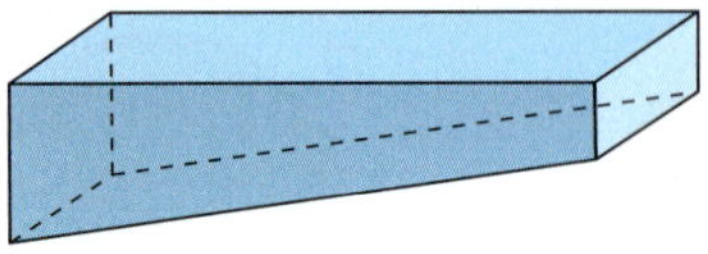

49 Dibuja en el cuaderno:

a) Dos planos paralelos.

b) Dos planos secantes no perpendiculares.

c) Dos rectas secantes a un plano.

d) Una recta contenida en un plano.

50 Considera las caras de un cubo como planos.

a) ¿Cuántas posiciones de planos paralelos hay?

b) ¿Cuántas posiciones de planos secantes hay?

51 Considera las aristas de un cubo como rectas ilimitadas. Traza un cubo en tu cuaderno y dibuja:

a) Dos rectas paralelas.

b) Dos rectas secantes.

c) Dos rectas que se cruzan.

52 Considera las caras de un cubo como planos y las aristas como rectas.

a) ¿Cuántas posiciones de recta paralela a un plano hay?

b) ¿Y de recta secante a un plano?

c) ¿Y de recta contenida en un plano?

53 Indica las posiciones de rectas y planos que encuentres en este cuerpo geométrico.

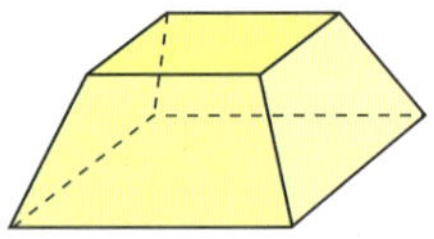

54 Contesta a estas preguntas.

a) ¿Cuántas rectas pasan por un punto en el espacio?

b) ¿Cuántos planos contienen a una recta en el espacio?

55 Decide si es verdadero o falso.

a) Tres puntos no alineados determinan un plano.

b) Dos rectas secantes se cruzan.

c) Dos planos paralelos contienen rectas paralelas.

d) Dos planos secantes son perpendiculares.

e) Dos planos secantes contienen rectas que se cruzan.

Poliedros. Poliedros regulares

56 Indica cuáles de estos cuerpos son poliedros. Razona tu respuesta.

a)

c)

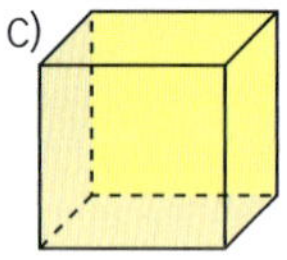

e)

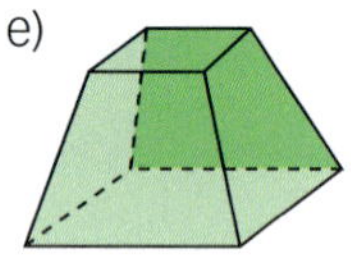

b)

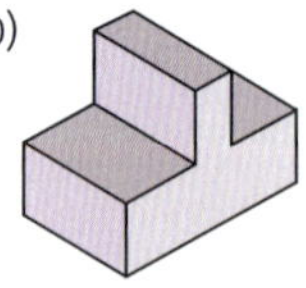

d)

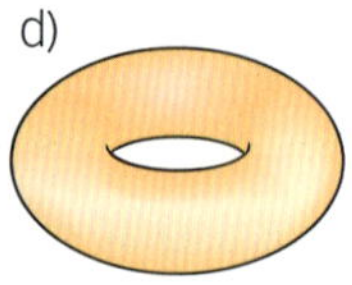

f)

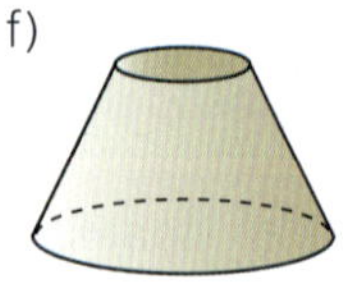

57 Observa estos poliedros.

A

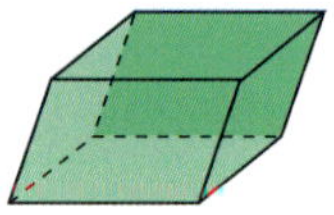

C

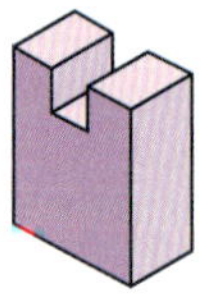

E

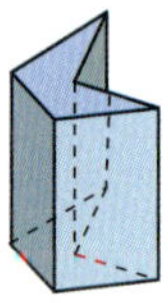

B

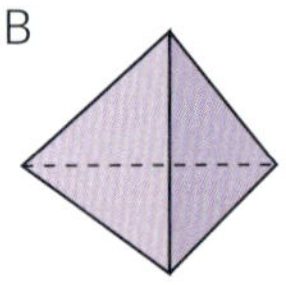

D

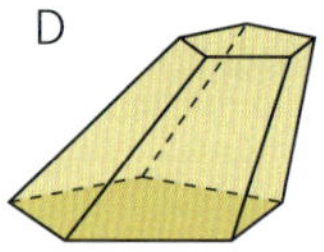

F

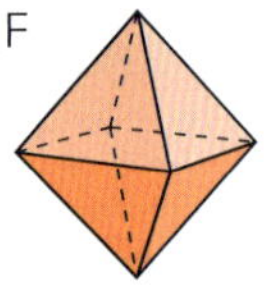

a) Escribe en tu cuaderno el número de caras, vértices y aristas de cada cuerpo.

b) ¿Qué poliedros son regulares? Razona tu respuesta.

c) ¿Se cumple la fórmula de Euler en todos los poliedros? ¿Por qué? Compruébalo.

58 Clasifica los siguientes poliedros en cóncavos o convexos. Evalúa para cada uno de ellos si cumple la fórmula de Euler.

a)

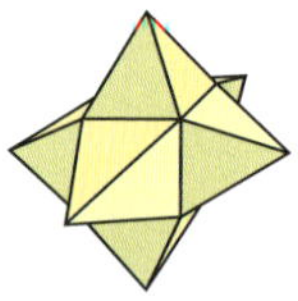

e)

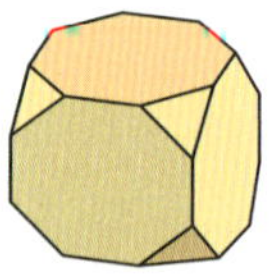

b)

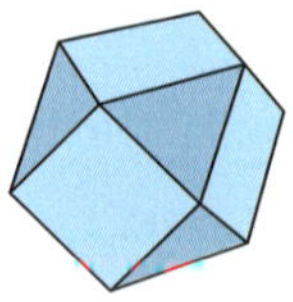

f)

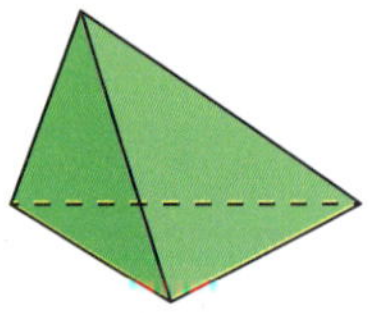

c)

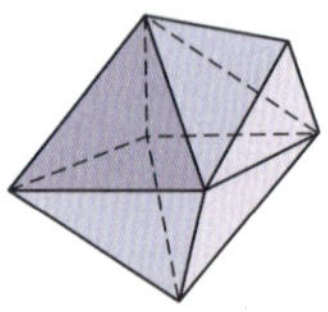

g)

d)

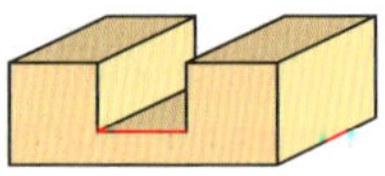

h)

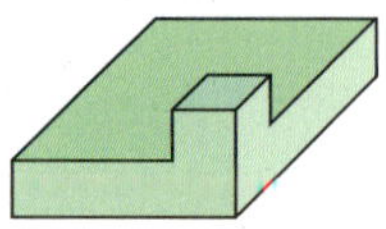

59 Copia y completa la tabla en tu cuaderno, sabiendo que los datos pertenecen a poliedros en los que se cumple la fórmula de Euler.

N.º de caras	N.º de vértices	N.º de aristas
9		21
	8	12
11		27
12	20	

60 Indica el nombre de estos poliedros regulares.

a) Tiene seis caras cuadradas.

b) Tiene 4 vértices.

c) Tiene 20 caras, que son triángulos equiláteros.

d) Tiene 12 caras.

Prismas y pirámides

61 Dibuja estos cuerpos, marca sus elementos y dibuja también sus desarrollos planos.

a) Prisma triangular.

b) Pirámide cuadrangular.

c) Prisma pentagonal.

d) Pirámide hexagonal.

62 Dibuja un prisma regular y uno irregular.

63 Dibuja una pirámide recta y una oblicua que tengan la misma base.

64 Razona qué afirmaciones son verdaderas.

a) Un cubo es un ortoedro.

b) La altura de un prisma oblicuo es la arista lateral.

c) Los prismas oblicuos se clasifican en regulares e irregulares.

d) Un tetraedro es un prisma regular, recto y de base triangular.

e) Las pirámides irregulares son siempre oblicuas.

f) La apotema es la altura de las pirámides regulares.

g) En una pirámide regular, las caras laterales son triángulos equiláteros.

h) Una pirámide es un prisma triangular.

i) La altura de una pirámide es cualquiera de sus aristas laterales.

j) Una pirámide regular es un tetraedro.

k) Una pirámide tiene siempre más vértices que aristas.

65 Identifica similitudes y diferencias entre una pirámide triangular regular y un tetraedro.

66 Clasifica estos cuerpos según el polígono que forma su base e indica si son oblicuos o rectos. ¿Cuáles son irregulares?

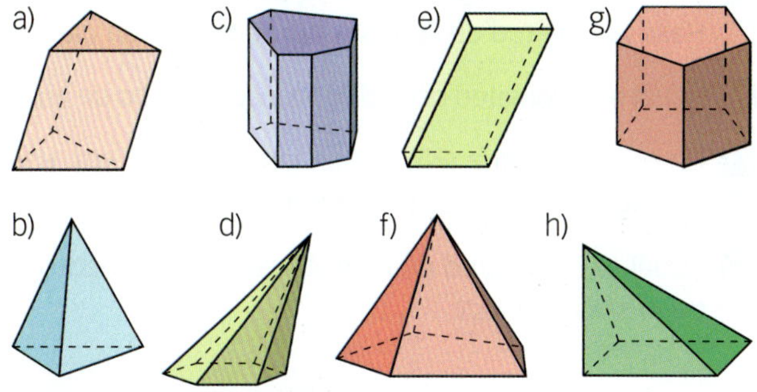

SABER HACER

Calcular las diagonales de un ortoedro a partir de sus aristas

67 Calcula la longitud de las diagonales de este ortoedro.

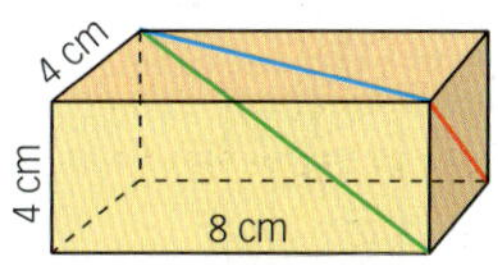

En un ortoedro hay tres tipos de diagonales: las de las caras laterales (en azul), las de las bases (en rojo) y las situadas entre vértices de caras opuestas (en verde).

PRIMERO. Se determinan las diagonales de las caras que son la hipotenusa del triángulo rectángulo que tiene como catetos los lados de la cara. Se aplica el teorema de Pitágoras:

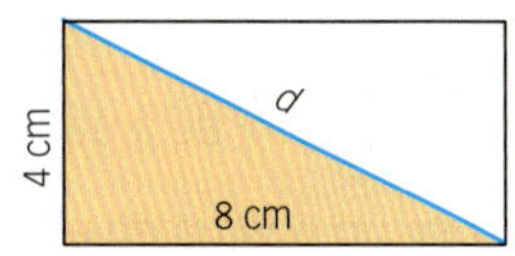

$$d^2 = 4^2 + 8^2$$
$$d = \sqrt{4^2 + 8^2} = 8{,}9 \text{ cm}$$

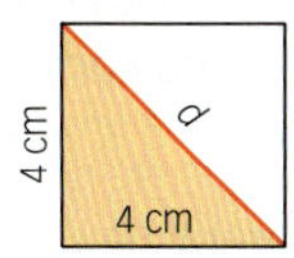

$$d^2 = 4^2 + 4^2$$
$$d = \sqrt{4^2 + 4^2} = 5{,}7 \text{ cm}$$

SEGUNDO. Se determinan las diagonales que hay situadas entre vértices de caras opuestas. Estas diagonales son la hipotenusa del triángulo rectángulo que tiene como catetos las diagonales de las caras laterales y las aristas de la base. Se aplica el teorema de Pitágoras:

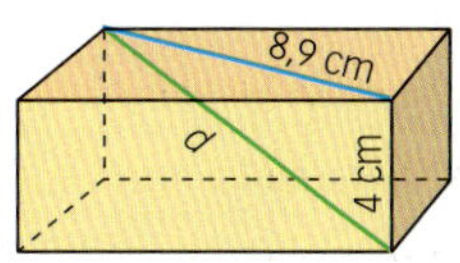

$$d^2 = 4^2 + (8{,}9)^2$$
$$d = \sqrt{4^2 + (8{,}9)^2} = 9{,}8 \text{ cm}$$

ACTIVIDADES FINALES

68 Halla la diagonal de un cubo de arista 10 cm. Halla también la diagonal de una de las caras.

69 En un cubo la diagonal de una de las caras mide 8 cm. Halla la longitud de la arista del cubo y de su diagonal.

70 ¿Cuál es la longitud de la diagonal de un cubo de arista a?

71 Un ortoedro tiene aristas de 4 cm, 5 cm y 9 cm. Halla la longitud de todas sus diagonales.

72 ¿Cuál es la longitud de la diagonal de un ortoedro de aristas a, b y c?

Área de prismas y pirámides

73 Calcula el área de estos prismas.

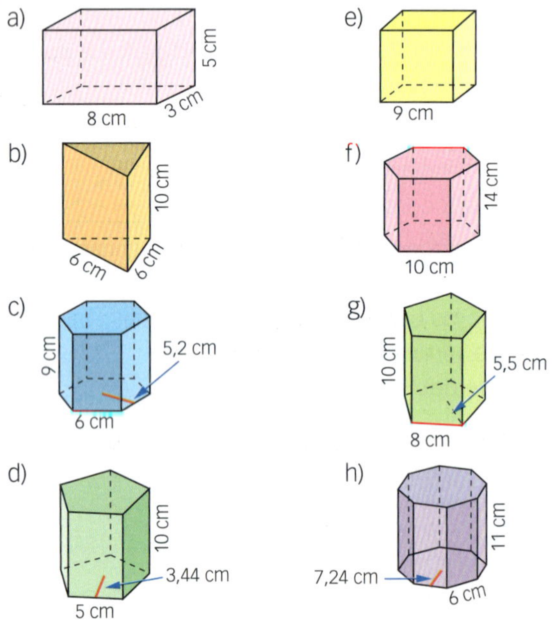

74 Halla la arista de un cubo que tiene 150 cm^2 de área total.

75 Halla la arista básica y la lateral de un prisma en el que la base es un triángulo equilátero, si el área lateral es 144 cm^2 y la arista básica es una tercera parte de la lateral. Calcula también el área total.

76 Calcula la arista básica y la arista lateral de un prisma de base cuadrada, que tiene de área total 90 cm^2, si la arista lateral es el doble de la arista básica.

77 Determina el área lateral y total de este prisma, que tiene las bases formadas por rombos.

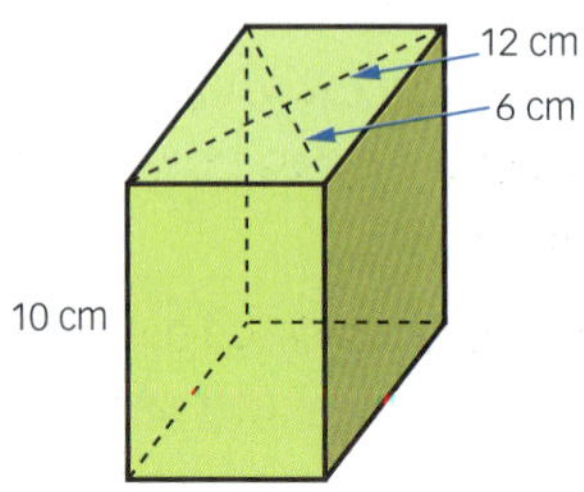

SABER HACER

Calcular el área de una pirámide conociendo sus aristas

78 Calcula el área total de esta pirámide.

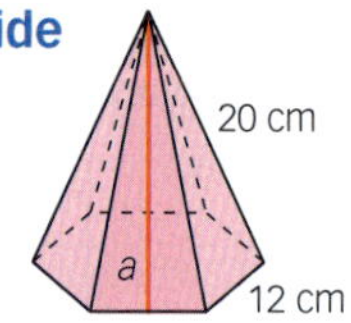

PRIMERO. Se calcula la apotema de la pirámide.

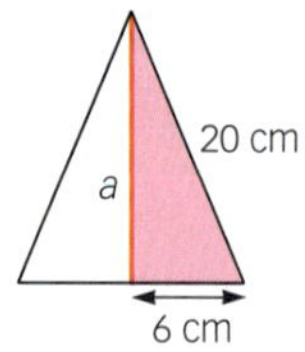

Se aplica el teorema de Pitágoras al triángulo rectángulo que forman la apotema de la pirámide, la mitad del lado de la base y la arista lateral.

$$20^2 = a^2 + 6^2 \rightarrow a = \sqrt{20^2 - 6^2} = 19{,}1\text{ cm}$$

SEGUNDO. Se calcula la apotema de la base. Se aplica el teorema de Pitágoras al triángulo rectángulo que forman la apotema de la base, la mitad del lado de la base y el radio de la base.

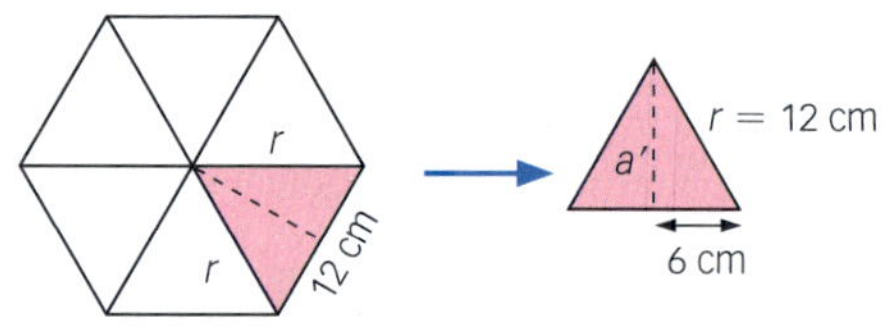

$$12^2 = (a')^2 + 6^2 \rightarrow a' = \sqrt{12^2 - 6^2} = 10{,}4\text{ cm}$$

TERCERO. Se calcula el área de la pirámide.

$$A_T = \frac{P_B \cdot a}{2} + \frac{P_B \cdot a'}{2} =$$

$$= \frac{(6 \cdot 12) \cdot 19{,}1}{2} + \frac{(6 \cdot 12) \cdot 10{,}4}{2} = 1062\text{ cm}^2$$

79 Halla el área de estas pirámides regulares.

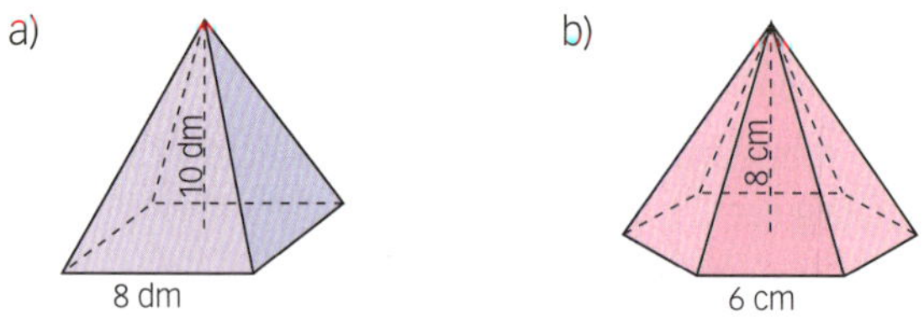

80 Halla el área de un tetraedro y de un octaedro cuya arista mide 10 cm de longitud.

81 Halla la arista básica de un tetraedro que mide 62,28 cm^2 de área total.

82 Calcula el valor de la arista lateral de una pirámide regular de base cuadrada inscrita en un cubo que tiene un área total de 486 cm^2.

83 Halla la arista lateral de una pirámide regular hexagonal de 4 cm de lado de la base si el área lateral es 72 cm^2. Calcula el área total de la pirámide.

SABER HACER

Calcular el área de un tronco de pirámide

84 Calcula el área de este tronco de pirámide pentagonal regular.

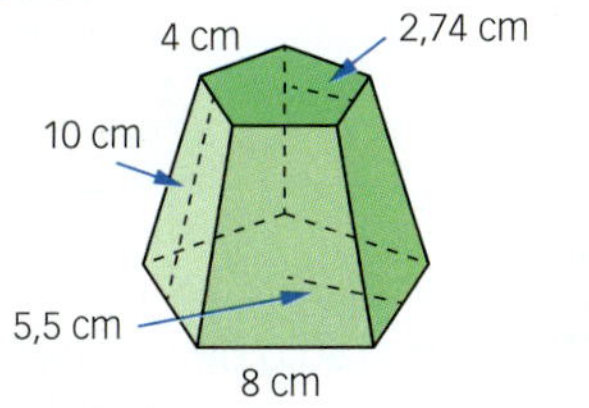

PRIMERO. Se dibuja el desarrollo plano del tronco.

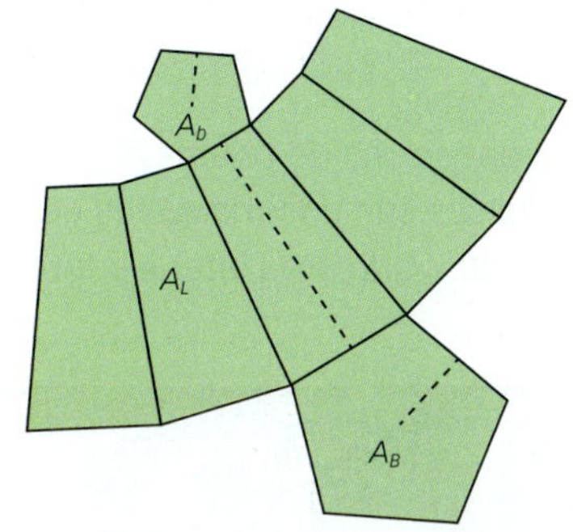

Las bases son pentágonos regulares, las caras laterales son trapecios isósceles y su altura es la apotema.

SEGUNDO. Se calcula el área lateral, suma de las áreas de los cinco trapecios.

$$A_L = 5 \cdot A_{\text{TRAPECIO}} = 5 \cdot \frac{8+4}{2} \cdot 10 = 5 \cdot 60 = 300 \text{ cm}^2$$

TERCERO. Se calcula el área de las bases.

$$A_B = \frac{5 \cdot 8 \cdot 5{,}5}{2} = 110 \text{ cm}^2$$

$$A_{B'} = \frac{5 \cdot 4 \cdot 2{,}74}{2} = 27{,}4 \text{ cm}^2$$

CUARTO. Se calcula el área total.

$$A_T = A_L + A_B + A_{B'} = 300 + 110 + 27{,}4 = 437{,}4 \text{ cm}^2$$

85 Calcula el área lateral y el área total de un tronco de pirámide pentagonal regular, cuyas medidas son:

- Arista de la base mayor: 10 cm.
- Apotema de la base mayor: 6,84 cm.
- Arista de la base menor: 6 cm.
- Apotema de la base menor: 4,1 cm.
- Apotema del tronco: 7,5 cm.

86 Calcula el área total de un tronco de pirámide hexagonal regular, cuyas medidas son:

- Arista de la base mayor: 12 cm.
- Apotema de la base mayor: 10,39 cm.
- Arista de la base menor: 8 cm.
- Apotema del tronco: 4,6 cm.

Cuerpos de revolución

87 Determina cuáles de estos cuerpos son cuerpos de revolución. Razona tu respuesta.

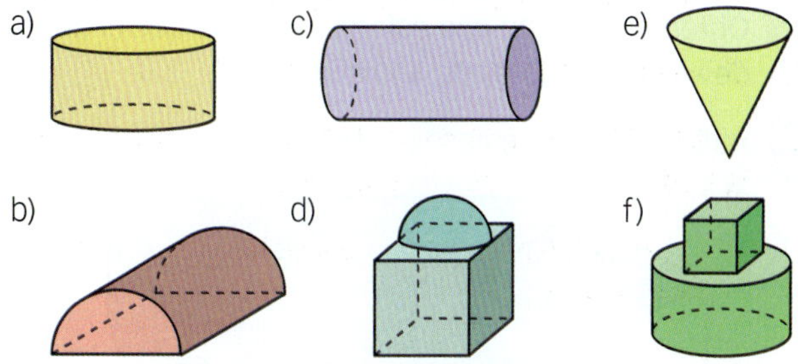

88 Dibuja en tu cuaderno los cuerpos de revolución obtenidos al girar estas figuras alrededor del eje indicado.

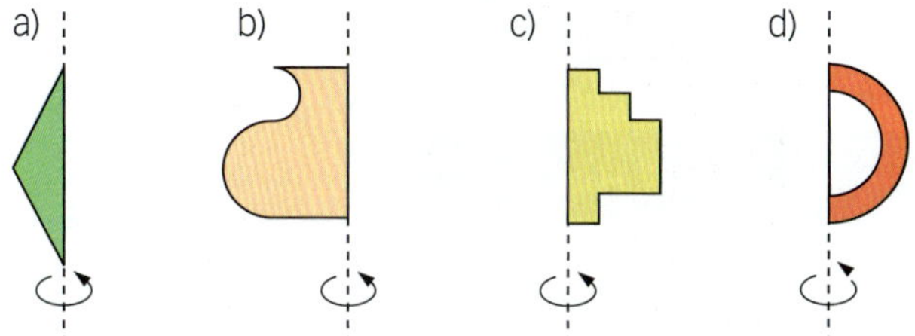

89 Dibuja el desarrollo de un cono en el que la altura mide 4 cm y el radio de la base 3 cm.

90 La altura de un cilindro es 7 cm y el radio de la base 3 cm. Dibuja el desarrollo plano.

Área de cuerpos de revolución

91 Calcula el área de estos cuerpos.

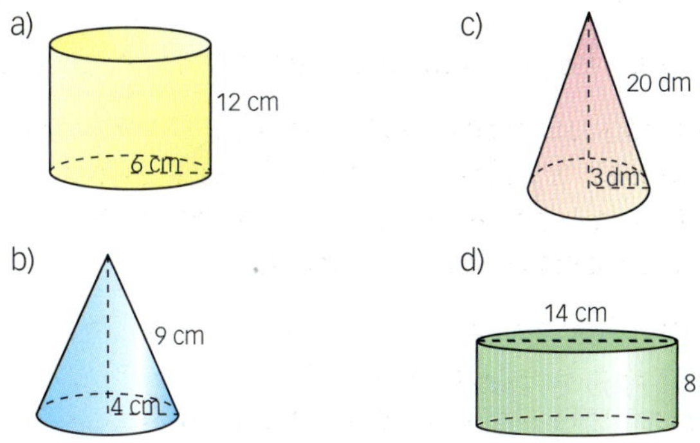

92 Determina el radio de la base de un cilindro que tiene 175,84 cm^2 de área lateral y una altura de 7 cm.

93 El área total de un cilindro es 87,92 cm^2. Sabiendo que la altura es el triple de grande que el radio de la base, halla sus dimensiones.

94 Halla el radio de la base de un cono, sabiendo que la generatriz es el doble del radio y el área total es 233,5 cm^2.

ACTIVIDADES FINALES

95 Halla la altura de un cono cuya generatriz mide 20 cm y el radio de la base 6 cm.

96 Obtén el área de una esfera cuyo diámetro es 30 cm.

97 Obtén el radio de una esfera, sabiendo que el área de su superficie es de 400 cm^2.

98 Halla el área de estas figuras.

a)

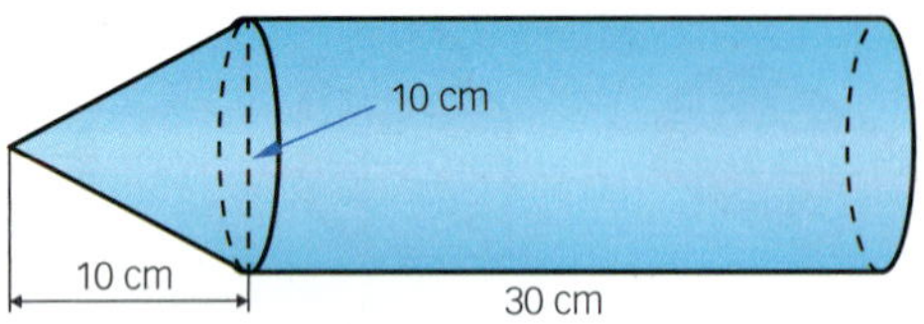

b)

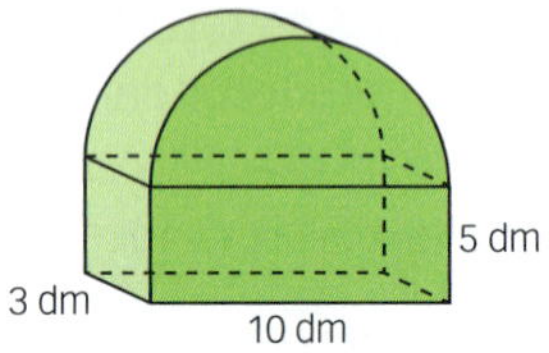

SABER HACER

Calcular el área de un tronco de cono

99 Calcula el área de este tronco de cono.

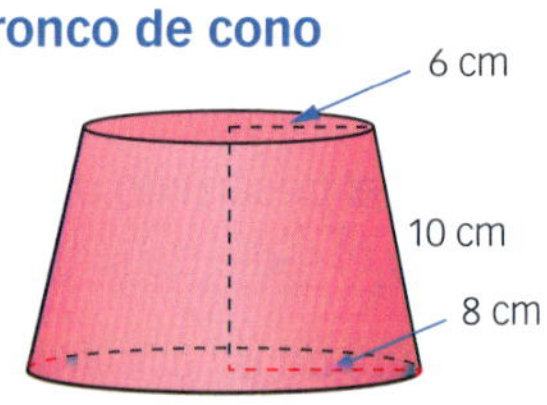

PRIMERO. Se dibuja el desarrollo plano del tronco. Su superficie lateral está formada por un trapecio curvilíneo y las dos bases son círculos.

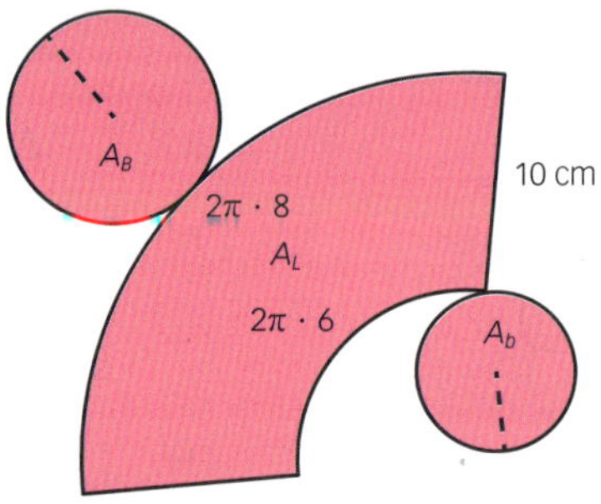

SEGUNDO. Se calcula el área lateral.

$$A_L = \frac{2\pi r + 2\pi r'}{2} \cdot g = (r + r') \cdot \pi g =$$
$$= (8 + 6) \cdot \pi \cdot 10 = 439{,}6 \text{ cm}^2$$

TERCERO. Se calcula el área de las bases.

$$A_B = \pi \cdot 8^2 = 200{,}96 \text{ cm}^2$$
$$A_{B'} = \pi \cdot 6^2 = 113{,}04 \text{ cm}^2$$

CUARTO. Se calcula el área total.

$$A_T = A_L + A_B + A_{B'} = 439{,}6 + 200{,}96 + 113{,}04 =$$
$$= 753{,}6 \text{ cm}^2$$

100 Calcula el área lateral y el área total de este tronco de cono.

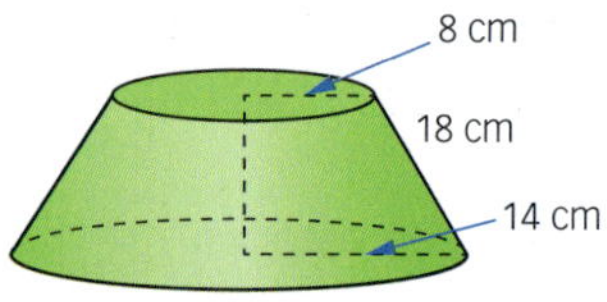

101 Halla el área total de un tronco de cono que tiene como radio de la base mayor 20 cm, radio de la base menor 3 cm y generatriz 15 cm.

Problemas

102 Un edificio tiene forma de prisma recto de 50 m de altura y sus bases son dos triángulos equiláteros de 20 m de lado. ¿Qué área lateral y total tiene el edificio?

103 Las paredes y el techo de una habitación tienen un área de 100 m^2. Si el suelo es un rectángulo de 8 m de largo y 5 m de ancho, ¿qué altura tiene dicha habitación?

104 ¿Qué cantidad de plástico se necesita para construir 5 000 cubos iguales que este?

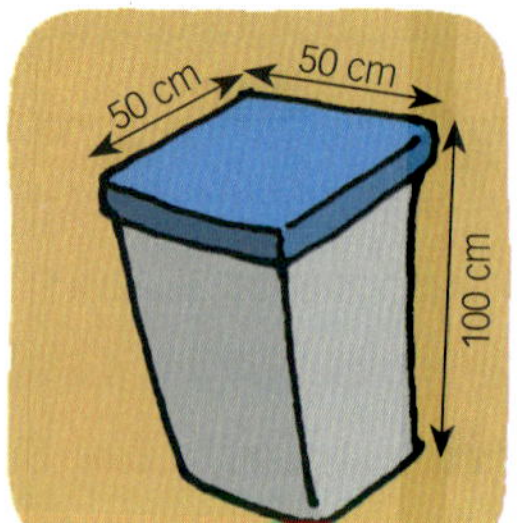

105 Calcula el área lateral y total de una obra artística en forma de pirámide hexagonal, cuyo lado del hexágono mide 5 m y el lado mayor de los triángulos laterales mide 4 m.

106 Se quiere pintar una estructura cónica de radio 10 m y de altura 15 m. ¿Qué cantidad de pintura se gastará? ¿Cuánto costará, si la pintura tiene un precio de 5 €/m^2?

107 En una fábrica de latas de conserva quieren producir un pedido de 20 000 latas. Cada lata de tomate tiene forma de cilindro, con 12 cm de altura y 8 cm de diámetro de la base.

a) ¿Qué cantidad de metal necesitarán para hacer todas las latas?

b) ¿Cuánto papel necesitarán para etiquetarlas si la etiqueta ocupa todo el lateral de la lata?

108 La cúpula de un edificio es semiesférica y tiene un diámetro aproximado de 18 m. Si se ha recubierto por fuera con baldosas rectangulares de medidas 20 × 20 cm, ¿cuántas baldosas necesitaron?

109 Para un juego se van a preparar quinientas piezas como la de la figura.

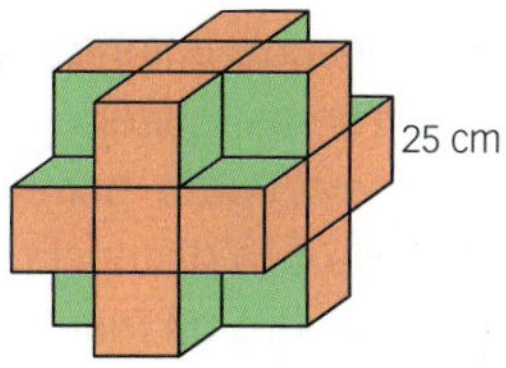

a) ¿Cuál es mayor: el área de color rojo o el área de color verde?

b) ¿Cuál es el área total de cada pieza?

c) Si cada metro cuadrado de pintura roja cuesta 2 € y el de pintura verde cuesta 2,50 €, ¿cuánto costará pintar todas las piezas?

110 Para recoger el agua de lluvia se va a construir un depósito de metal con estas dimensiones:

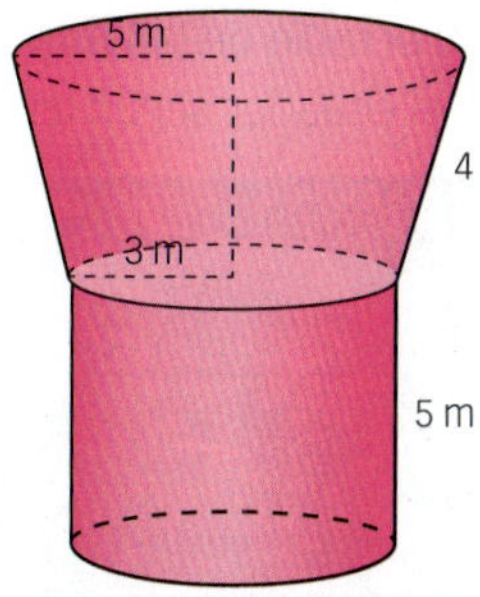

a) Si se deja destapado por arriba, ¿qué área de metal se necesitará?

b) Si se aumentasen un 10 % todas las dimensiones, ¿cómo sería la nueva área respecto a la inicial?

DEBES SABER HACER

Rectas y planos en el espacio

1 Indica las afirmaciones que son falsas y corrígelas.

a) Tres puntos no alineados determinan un plano.

b) Dos rectas secantes se cruzan.

c) Dos planos paralelos contienen rectas paralelas.

d) Dos planos secantes son perpendiculares.

Poliedros y cuerpos de revolución

2 Dibuja un poliedro convexo y comprueba que se cumple la fórmula de Euler.

3 Dibuja el desarrollo plano de un ortoedro y de un octaedro.

4 Calcula el área total de una pirámide hexagonal regular de arista básica 4 cm y de altura 4 cm.

5 Dibuja el desarrollo plano de este cilindro, marca los elementos y calcula el área total.

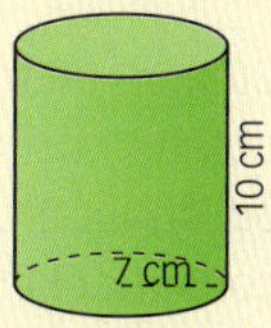

6 Calcula el área total de un cono de 2 cm de radio y 4 cm de generatriz.

Problemas con cuerpos geométricos

7 Determina el área de una pelota cuyo diámetro mide 35 cm.

8 Las paredes y el techo de una habitación tienen un área de 94 m^2. Si el suelo es un rectángulo de 7 m de largo y 4 m de ancho, ¿qué altura tiene la habitación?

En la vida cotidiana

111 Eratóstenes hizo descubrimientos importantes que ayudaron a descifrar los misterios que en su época rodeaban a la ciencia; como, por ejemplo, la medición del radio de la Tierra o la distancia entre el Sol y la Luna. Fue el primero en mantener que la Tierra no era plana, como se creía hasta la época, y planteó la posibilidad de que nuestro planeta fuese una esfera. Todos estos descubrimientos los plasmó en el primer astrolabio que se conoce, el astrolabio circular o armilar.

Según Eratóstenes, la longitud de la circunferencia máxima de la Tierra, el ecuador, medía 252 000 estadios, siendo un estadio equivalente a 158 m. Las mediciones actuales del radio de la Tierra lo sitúan en 6 371 km.

a) ¿En cuántos kilómetros se equivocó Eratóstenes? ¿Cuánto medía el radio de la Tierra según Eratóstenes? ¿Cuánto mide el ecuador según las mediciones actuales?

Las mediciones de Eratóstenes sobrevivieron en el tiempo de tal manera que, 1 700 años después, fueron las que utilizó Cristóbal Colón en su navegación hacia América. Hay muchos historiadores que mantienen la teoría de que el error de Colón, pensando que había llegado a Asia en vez de a un nuevo continente, se debe a esos errores en las mediciones de Eratóstenes.

b) ¿Cuál es el área de la Tierra según Eratóstenes? ¿Cuál es el área real según las actuales mediciones? Si el continente americano tiene un área de 43 160 000 km^2, ¿tiene algún fundamento lo que mantienen algunos historiadores?

Formas de pensar. Razonamiento matemático

112 Cuando unimos cubos iguales por sus caras, obtenemos nuevos polígonos que llamamos policubos. Por ejemplo, estas son las dos únicas construcciones posibles que se pueden hacer uniendo tres cubos por sus caras.

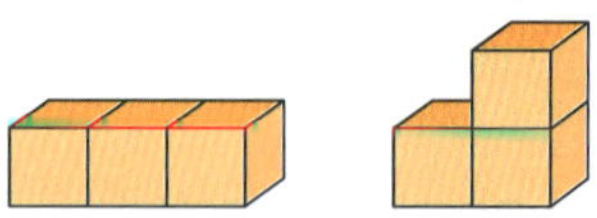

Al unir cuatro cubos, podemos conseguir otras figuras como estas:

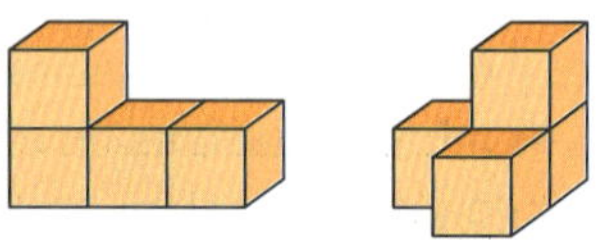

Dibuja todas las figuras que se pueden formar al unir cuatro cubos por sus caras.

113 Con 1 000 cubos pequeños construimos un cubo grande que tiene 10 cubos por arista. A continuación, pintamos las 6 caras del cubo.

a) ¿Cuántos cubos pequeños tienen 3 caras pintadas?

b) ¿Cuántos cubos pequeños tienen 2 caras pintadas? ¿Y cuántos 1 cara pintada?

c) ¿Cuántos cubos pequeños no tienen ninguna cara pintada?

114 Arnaldo tiene 36 cubos de madera para hacer construcciones. ¿Cuántos prismas diferentes puede formar si utiliza todos los cubos?

115 Si consideramos $C = 11$, $V = 11$ y $A = 20$, se cumple la fórmula de Euler. ¿Existe algún poliedro cuyas caras, aristas y vértices coincidan con esas cantidades?

PROYECTO FINAL. **Trabajo cooperativo**

OBJETIVO: Hacer camisetas personalizadas para una celebración

1.ª Fase.

- Buscad información sobre empresas que se dediquen a la serigrafía de camisetas. Solicitad sus catálogos, los precios y los plazos de entrega.
- Haced propuestas sobre el dibujo o el texto que queréis que se estampe en la camiseta y elegid el que os parezca más adecuado.

2.ª Fase.

- Estableced el número de camisetas que vais a necesitar y las tallas que requieren vuestros compañeros.
- Evaluad las distintas ofertas que habéis encontrado en cuanto al tipo de camisetas, la posibilidad de estampar el dibujo que queréis, los plazos de entrega..., y descartad las que os parezcan que no se ajustan a vuestras necesidades.

3.ª Fase.

- Elaborad un presupuesto con las empresas que habéis seleccionado y elegid la que os parezca más conveniente.
- Estableced el precio que tendrá cada camiseta.

Pruebas PISA

Cómo hacer un cuaderno

116 ●●●

En esta figura se muestra cómo hacer un pequeño cuaderno. Las instrucciones se dan a continuación:

- Coge una hoja de papel y dóblala dos veces.
- Grapa el borde *a*.
- Abre *b* cortando los dos bordes.

El resultado es un pequeño cuaderno de ocho páginas.

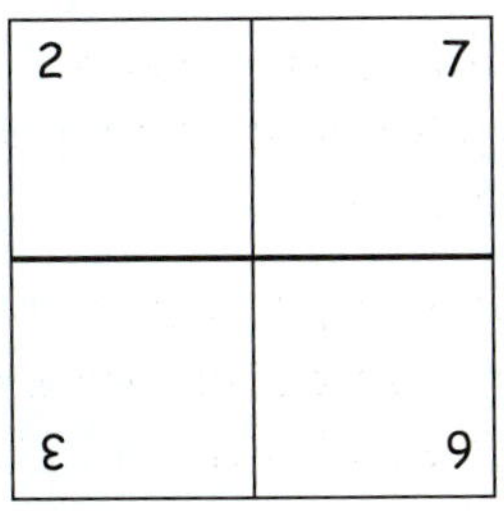

En esta figura, se muestra una cara de la hoja de papel utilizada para hacer este cuaderno.

Los números de las páginas se han puesto por adelantado sobre el papel.

La línea gruesa indica por dónde se debe cortar el papel después de haberlo doblado.

Copia el siguiente dibujo en tu cuaderno y escribe los números 1, 4, 5 y 8 en los cuadros adecuados para indicar qué número de página está exactamente detrás de cada uno de los números de las páginas 2, 3, 6 y 7.

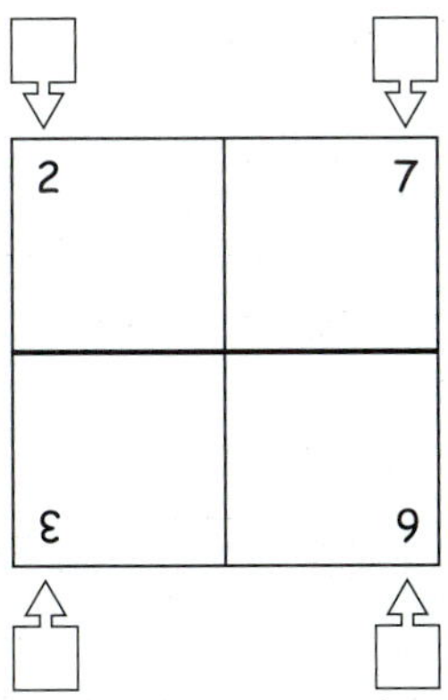

(Prueba PISA 2012)

CLAVES PARA EMPEZAR

Cuáles son las unidades de volumen

La unidad principal de volumen es el metro cúbico.

Sus múltiplos y submúltiplos son:

Múltiplos del metro cúbico				Submúltiplos del metro cúbico		
kilómetro cúbico km^3	hectómetro cúbico hm^3	decámetro cúbico dam^3	**metro cúbico m^3**	decímetro cúbico dm^3	centímetro cúbico cm^3	milímetro cúbico mm^3
1 000 000 000 m^3	1 000 000 m^3	1 000 m^3		0,001 m^3	0,000001 m^3	0,000000001 m^3

Cada unidad de volumen es 1 000 veces mayor que la unidad inmediata inferior y 1 000 veces menor que la unidad inmediata superior.

ACTIVIDADES

1 Copia y completa en tu cuaderno estas equivalencias.

a) 3 km^3 = ______ m^3

b) 1 200 dm^3 = ______ m^3

c) 0,07 hm^3 = ______ m^3

d) 40 000 cm^3 = ______ m^3

Cómo se transforman unidades de volumen

Para pasar de una unidad de volumen a otra se multiplica o divide sucesivamente por 1 000.

km^3 ⇄ hm^3 ⇄ dam^3 ⇄ m^3 ⇄ dm^3 ⇄ cm^3 ⇄ mm^3 (→ · 1 000; ← : 1 000)

EJEMPLO

Transforma en decámetros cúbicos.

a) 46 hm^3 → 46 · 1 000 = 46 000 dam^3

b) 82 m^3 → 82 : 1 000 = 0,082 dam^3

c) 5,6 km^3 → 5,6 · 1 000 · 1 000 = 5 600 000 dam^3

d) 4,3 dm^3 → 4,3 : 1 000 : 1 000 = 0,0000043 dam^3

ACTIVIDADES

2 Expresa en la medida indicada.

a) Decímetros cúbicos
- I. 5,32 m^3
- II. 1 330 000 mm^3
- III. 0,05021 hm^3

b) Hectómetros cúbicos
- I. 13,23 km^3
- II. 2,501 dam^3
- III. 12 856 dm^3

3 Ordena de mayor a menor.

a) 32,45 m^3 2 205,3 cm^3 0,2 hm^3 2 000 002 mm^3

b) 6,7 hm^3 49 dam^3 8 000 000 m^3 0,08 km^3

1679
El físico Denis Papin crea un artilugio para cocinar con vapor a presión que disminuye los tiempos de cocción.

Volumen de cuerpos geométricos

12

SABER

- Volumen de un cuerpo
- Relación entre las unidades de volumen, capacidad y masa
- Volumen de cuerpos geométricos

SABER HACER

- Transformar unidades de volumen
- Resolver problemas con unidades de volumen, capacidad y masa
- Calcular volúmenes de cuerpos geométricos

? VIDA COTIDIANA

La olla a presión

La olla a presión es un utensilio de cocina que en su día revolucionó la forma de cocinar en los hogares. Gracias a ella se han reducido los tiempos de cocción en la elaboración de muchos platos.

- ¿Cuánta agua se puede introducir en una olla de 12 cm de radio y que tiene una altura de 16 cm?

1919
Se patenta en España la primera olla a presión, que no tiene demasiado éxito.

1939
Se comienza a comercializar la olla a presión «Presto», que supone una auténtica revolución en los hogares.

1978
Se introducen medidas de seguridad que hacen que la olla a presión pase a ser un utensilio indispensable en todos los hogares.

1996
Se empiezan a incluir sistemas para conocer la presión de la olla en cada momento, lo que permite levantar la tapa con total seguridad.

1 Volumen de un cuerpo

El **volumen** de un cuerpo es la cantidad de espacio que ocupa.
La unidad principal de medida de volumen es el **metro cúbico**, m^3.

EJEMPLO

1. Determina el volumen de estos cuerpos.

a) 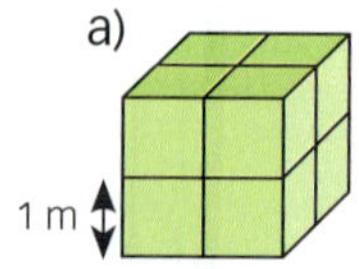

b) 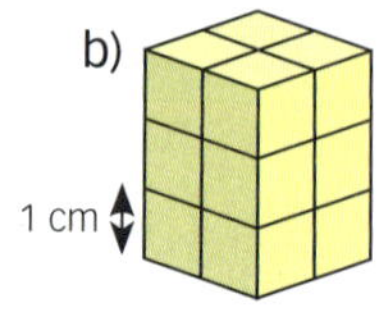

a) El cubo está formado por cubos más pequeños de 1 m de arista.

$2 \cdot 2 \cdot 2 = 8$ cubos de 1 m de lado

El volumen del cubo es 8 m^3.

b) El prisma está formado por cubos de 1 cm de arista. Contiene:

$2 \cdot 2 \cdot 3 = 12$ cubos de 1 cm de lado

Por lo tanto, el volumen es 12 cm^3.

Forma compleja e incompleja

Las medidas de volumen se expresan de **forma incompleja**, mediante una sola unidad, o de **forma compleja**, utilizando diversas unidades.

RESUELVE EL RETO

Halla cuántas veces es menor el volumen del cubo rosa que el del cubo azul.

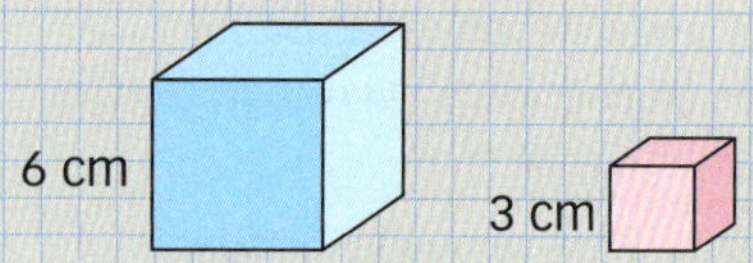

EJEMPLOS

2. Expresa 12 514,31 m^3 en forma compleja.

hm^3	dam^3	m^3	dm^3
	12	514	310

→ 12 dam^3 514 m^3 310 dm^3

3. Expresa 3 km^3 42 hm^3 120 dam^3 en forma incompleja en hm^3.

km^3	hm^3	dam^3	m^3
3	042	120	000

→ 3 042,12 hm^3

ACTIVIDADES

1 PRACTICA. Halla el volumen de estos cuerpos.

a) 

b) 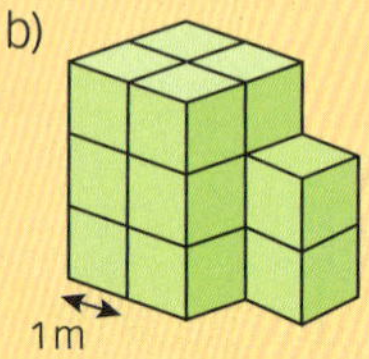

2 APLICA. Expresa en metros cúbicos.

a) 4 km^3 34 hm^3 22 m^3 b) 125 dm^3 88 cm^3 16 mm^3

3 APLICA. Expresa de forma compleja 120,56 m^3 y 1 523,003 dam^3.

4 REFLEXIONA. ¿Cuál es el volumen de un cubo de 3 cm de arista? Expresa el resultado en m^3.

SABER HACER

Transformar unidades de volumen

Expresa estos volúmenes en la unidad indicada.

a) 1 752,3 dm^3 a m^3

b) 1,2 hm^3 a m^3

c) 10 908 cm^3 a dam^3

d) 0,006 hm^3 a dm^3

Pasos a seguir

1. Contamos los saltos, y su dirección, que hay desde la unidad que nos dan hasta la unidad en la que tenemos que expresar la medida.

Las relaciones entre las unidades de volumen son:

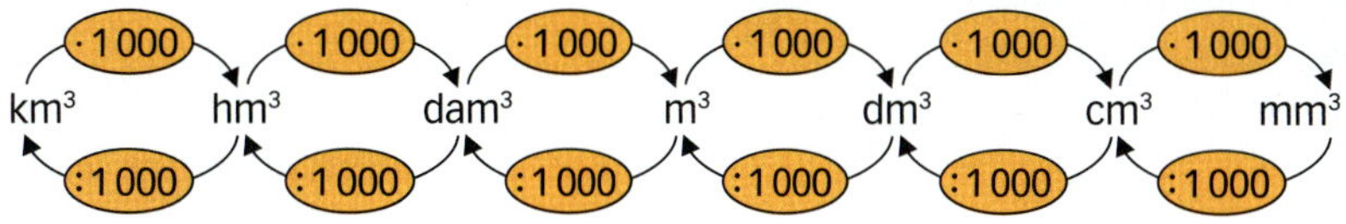

a) dm^3 a m^3 → 1 salto a la izquierda

b) hm^3 a m^3 → 2 saltos a la derecha

c) cm^3 a dam^3 → 3 saltos a la izquierda

d) hm^3 a dm^3 → 3 saltos a la derecha

2. Si los saltos son hacia la derecha (izquierda), debemos multiplicar (dividir) por la unidad seguida del triple de ceros que de saltos.

a) dm^3 a m^3 → Dividimos entre 1 000

b) hm^3 a m^3 → Multiplicamos por 1 000 000

c) cm^3 a dam^3 → Dividimos entre 1 000 000 000

d) hm^3 a dm^3 → Multiplicamos por 1 000 000 000

3. Realizamos las operaciones.

a) $1\,752{,}3 : 1\,000 = 1{,}7523\ m^3$

b) $1{,}2 \cdot 1\,000\,000 = 1\,200\,000\ m^3$

c) $10\,908 : 1\,000\,000\,000 = 0{,}000010908\ dam^3$

d) $0{,}006 \cdot 1\,000\,000\,000 = 6\,000\,000\ dm^3$

Para multiplicar un número por la unidad seguida de ceros, desplazamos la coma (o añadimos tantos ceros) a la derecha como ceros tenga la unidad.

Para dividir un número entre la unidad seguida de ceros, desplazamos la coma (o añadimos tantos ceros) a la izquierda como ceros tenga la unidad.

ACTIVIDADES

5 Expresa en la unidad indicada.

En m^3
0,007 hm^3 1,25 dam^3
35 000 cm^3
390 000 mm^3

En cm^3
0,0004 dam^3
3,6 m^3 17 dm^3
25 000 mm^3

En hm^3
0,07 km^3 1,6 dam^3 4 000 m^3 390 000 cm^3

6 Ordena de menor a mayor estas medidas.

1,5 dam^3 1 499 m^3 1 501 000 dm^3
18 000 000 cm^3 0,002 km^3

7 Expresa en forma incompleja y, después, pasa el resultado a la unidad indicada.

a) 4 hm^3 y 150 dm^3 → cm^3

b) 0,01 km^3 y 0,2 dam^3 → mm^3

c) 0,35 hm^3; 6 dam^3 y 14 m^3 → dm^3

d) 1,2 km^3; 0,9 hm^3 y 7 dam^3 → m^3

8 Completa los huecos en tu cuaderno para que las igualdades sean ciertas.

1,5 hm^3 + □ dam^3 = 2 000 000 m^3

□ m^3 + 25 dm^3 = 4 025 000 cm^3

0,008 km^3 + □ dam^3 = 8 040 000 m^3

2 Relación entre las unidades de volumen, capacidad y masa

RESUELVE EL RETO

¿Cuántas jarras de litro podemos llenar con el contenido de 12 latas de 330 cm³ cada una?

RECUERDA

La tonelada, el quintal y el miriagramo son múltiplos del kg.

1 t = 1 000 kg

1 q = 100 kg

1 mag = 10 kg

2.1. Volumen y capacidad

Cuando se estableció el sistema métrico decimal, se definió el litro como la capacidad de un cubo de 1 dm de arista, es decir, 1 dm^3.

Un **litro** es la capacidad de un cubo de 1 dm de arista.

$$1\ dm^3 = 1\ \ell$$

Las equivalencias entre las unidades de volumen y capacidad son:

Unidades de volumen	m³			dm³			cm³
Unidades de capacidad	kl	hl	dal	ℓ	dl	cl	ml

2.2. Volumen y masa

Un litro (= 1 dm^3) de agua destilada pesa 1 kg.

Un **kilo** es la masa que tiene 1 dm^3 de agua destilada.

$$1\ dm^3 = 1\ \text{kg de agua destilada}$$

Las equivalencias entre las unidades de volumen y masa son:

Unidades de volumen	m³			dm³			cm³
Unidades de masa	t	q	mag	kg	hg	dag	g

EJEMPLO

4. Expresa estas medidas de volumen de agua destilada en ℓ y kg.

a) 50,8 m^3 = 50,8 kl = 50 800 ℓ 50,8 m^3 = 50,8 t = 50 800 kg

b) 750 cm^3 = 750 ml = 0,75 ℓ 750 cm^3 = 750 g = 0,75 kg

ACTIVIDADES

9 PRACTICA: Transforma en decímetros cúbicos.

a) 2,3 hl c) 1 023 dl

b) 32,5 cl d) 0,3 dal

10 PRACTICA. Expresa en kilos estas cantidades de agua destilada.

a) 320 cm^3 c) 7 501 dal

b) 9,52 cl d) 1 200 mm^3

11 APLICA. Calcula la capacidad en centilitros de un cazo que puede contener, como máximo, 90 g de agua destilada.

12 REFLEXIONA. ¿Cuántos vasos de 200 cm^3 podemos llenar con una botella de agua de 1,5 ℓ?

13 REFLEXIONA. Un depósito está al 70 % de su capacidad con 3,5 kl 6 hl y 80 dal. Expresa en litros y en metros cúbicos la capacidad del depósito.

SABER HACER

Resolver problemas con unidades de volumen, capacidad y masa

Un grifo vierte en un estanque 140 ℓ por minuto.

a) ¿Cuánto tiempo tardará en llenarlo si tiene una capacidad de 9 m^3 800 dm^3?

b) ¿Cuánto tiempo tardará en verter 4,2 t de agua?

> Siempre se cumple que:
>
> 1 ℓ = 1 dm^3
>
> Solo en el caso del agua destilada se cumple, además, que:
>
> 1 ℓ = 1 dm^3 = 1 kg

Pasos a seguir

1. Expresamos todas las cantidades en una misma unidad.

a) 140 ℓ por minuto = 140 dm^3 por minuto

9 m^3 800 dm^3 = 9 800 dm^3

b) Si el agua que vierte el grifo es destilada, podemos afirmar:

140 ℓ por minuto = 140 kg por minuto y 4,2 t = 4 200 kg

2. Planteamos una regla de tres.

a) Volumen — Tiempo

140 dm^3 ⟶ 1 min

9 800 dm^3 ⟶ x min

b) Masa — Tiempo

140 kg ⟶ 1 min

4 200 kg ⟶ x min

3. Resolvemos la regla de tres e interpretamos el resultado.

a) El volumen vertido y el tiempo son directamente proporcionales.

$$\frac{140}{9\,800} = \frac{1}{x} \rightarrow x = \frac{9\,800 \cdot 1}{140} = 70 \text{ min}$$

Tardará 70 minutos en llenar el estanque.

b) La masa vertida y el tiempo son directamente proporcionales.

$$\frac{140}{4\,200} = \frac{1}{x} \rightarrow x = \frac{4\,200 \cdot 1}{140} = 30 \text{ min}$$

Tardará 30 minutos en verter 4,2 t de agua destilada.

ACTIVIDADES

14 Un grifo arroja 6 dal de agua destilada por hora, y tarda 1 hora y 20 minutos para llenar un barril.

a) ¿Qué capacidad tiene el barril?

b) ¿Cuánto pesa el barril lleno si vacío pesa 23 kg?

15 Un grifo que arroja 75 ℓ por minuto tarda 2 horas y media en llenar un depósito. ¿Cuántos hectolitros entran en el depósito?

16 Una bomba de agua que extrae 28 m^3/min tarda 2 horas y media en vaciar un depósito. ¿Cuántos litros caben en el depósito?

17 El desagüe de una piscina de 18 m^3 evacua 90 ℓ/min. ¿Cuánto tardará en vaciarse?

18 Un pantano contiene 3 542 millones de m^3 de agua destilada. En verano pierde 875 000 ℓ por día.

a) ¿Cuántos metros cúbicos perderá en 60 días?

b) ¿Cuántas toneladas de agua hay tras 20 días?

c) Si quedan 3 454,5 millones de m^3, ¿cuántos días han pasado?

19 ¿Cuántos metros cúbicos de agua se consumen al vaciar 8 veces al día una cisterna de 7,5 ℓ durante todo un mes?

3 Volumen de cuerpos geométricos

3.1. Principio de Cavalieri

Si en dos cuerpos de igual altura las áreas de las secciones producidas por planos paralelos a la base son iguales, los cuerpos tienen el mismo volumen.

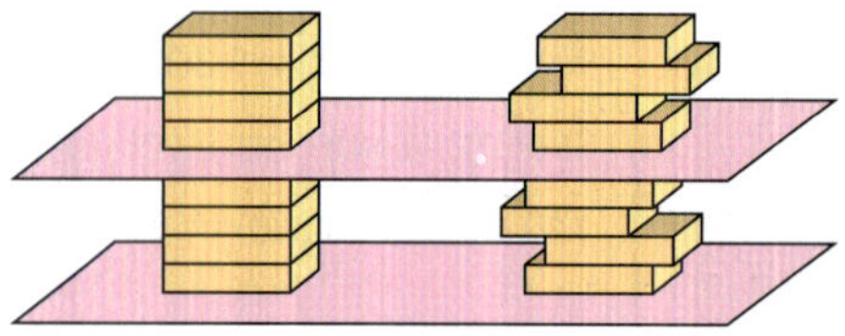

Observa los montones de paquetes de folios apilados. En los dos casos el volumen es igual, pues hay el mismo número de folios; además, si los cortamos con un plano paralelo a la base, la sección es igual en los dos montones.

3.2. Volumen de un ortoedro y de un cubo

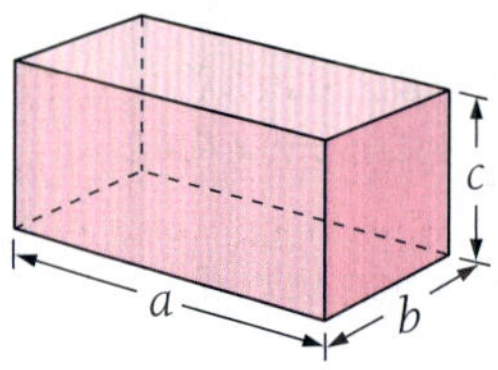

El **volumen** de un **ortoedro** de aristas a, b y c es:

$V_{\text{ORTOEDRO}} = \text{largo} \cdot \text{ancho} \cdot \text{alto} = a \cdot b \cdot c$

Un cubo es un ortoedro con todas sus aristas iguales.

El **volumen** de un **cubo** de arista a es:

$V_{\text{CUBO}} = \text{largo} \cdot \text{ancho} \cdot \text{alto} = a \cdot a \cdot a = a^3$

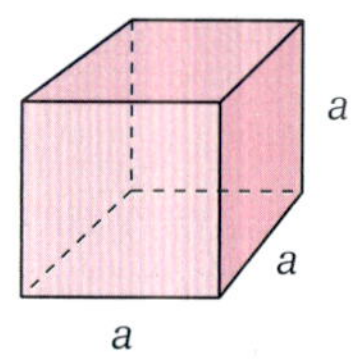

RESUELVE EL RETO

¿Cuánto pesa el agua que se obtiene cuando se derrite un cubito de hielo de 5 cm de arista?

EJEMPLO

5. Calcula el volumen de un ortoedro de aristas 6 cm, 4 cm y 3 cm.

$$V_{\text{ORTOEDRO}} = 6 \cdot 4 \cdot 3 = 72 \text{ cm}^3$$

ACTIVIDADES

20 **PRACTICA.** Halla el volumen de estos cuerpos.

a)

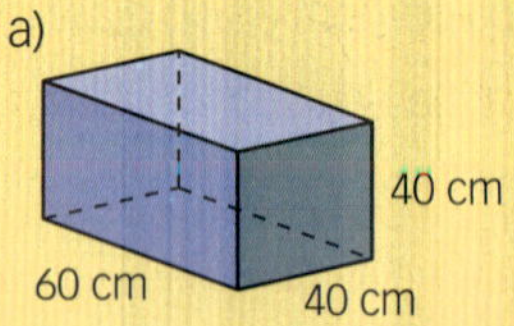

c)

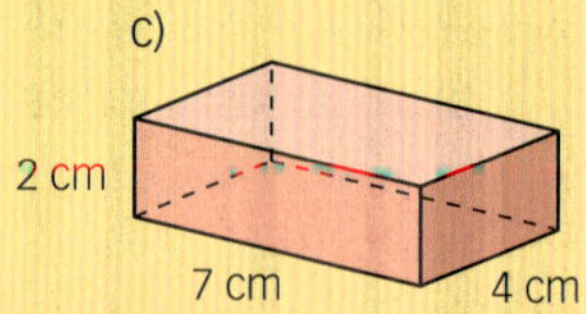

b)

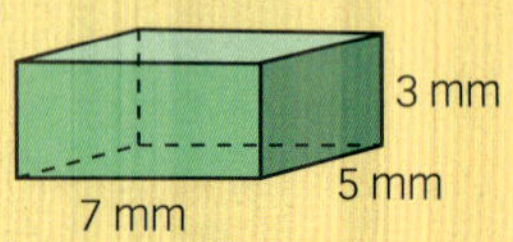

d)

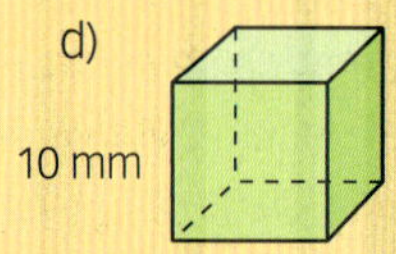

21 **APLICA.** Calcula el volumen de una piscina que tiene 15 m de largo, 10 m de ancho y 3 m de profundidad. Expresa el resultado en m³ y en litros.

22 **REFLEXIONA.** La suma de todas las aristas de un cubo es de 60 cm. ¿Cuál es su volumen? Expresa el resultado en centímetros cúbicos y en litros.

23 **REFLEXIONA.** María dice que el volumen de un ortoedro puede calcularse como el producto del área de su base por su altura. ¿Tiene razón? ¿Depende de la cara en la que esté apoyado?

3.3. Volumen de un prisma

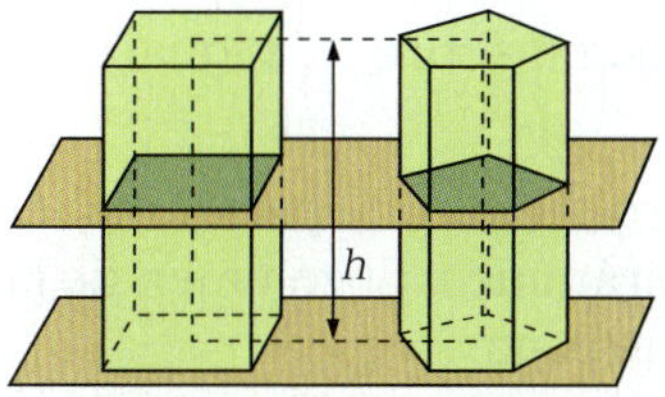

Por el principio de Cavalieri, el volumen de un ortoedro y de un prisma que tengan igual altura y cuyas bases tengan la misma área, será el mismo.

El **volumen** de un **prisma** con altura h y área de la base A_B es:

$$V_{\text{PRISMA}} = A_B \cdot h$$

RECUERDA

El área de un polígono regular es:

$$A = \frac{\text{perímetro} \cdot \text{apotema}}{2} = \frac{P \cdot a}{2}$$

3.4. Volumen de un cilindro

En un cilindro, al igual que en el prisma, cualquier sección hecha por un plano paralelo a la base es idéntica a la base.

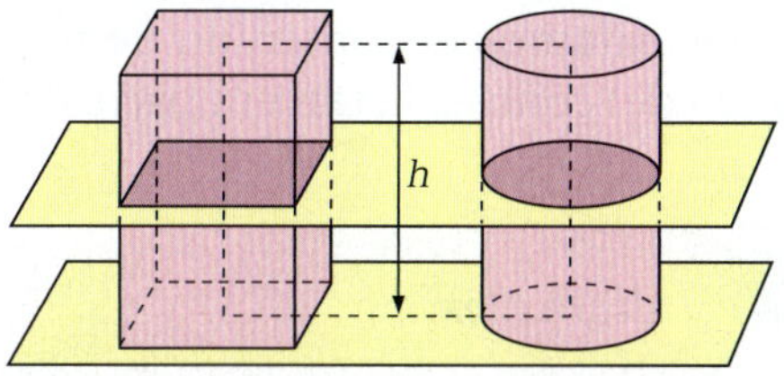

Un cilindro y un prisma con igual altura y cuyas bases tengan la misma área tendrán el mismo volumen, aplicando el principio de Cavalieri.

El **volumen** de un **cilindro** con radio r y altura h, A_B, es:

$$V_{\text{CILINDRO}} = A_B \cdot h = (\pi r^2) \cdot h = \pi r^2\, h$$

RESUELVE EL RETO

¿Qué volumen tiene este cuerpo?

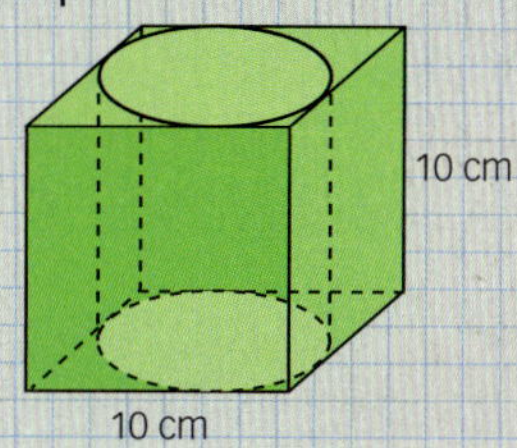

EJEMPLOS

6. Halla el volumen de un prisma pentagonal regular de lado de la base 6 cm, apotema 4,13 cm y altura 10 cm.

$$V_{\text{PRISMA}} = A_B \cdot h = \frac{5 \cdot 6 \cdot 4{,}13}{2} \cdot 10 = 619{,}5 \text{ cm}^3$$

7. Halla el volumen de un cilindro de radio 8 cm y altura 5 cm.

$$V_{\text{CILINDRO}} = \pi r^2\, h = \pi 8^2\, 5 = 1\,004{,}8 \text{ cm}^3$$

ACTIVIDADES

24 PRACTICA. Halla el volumen de este prisma y de este cilindro.

a)

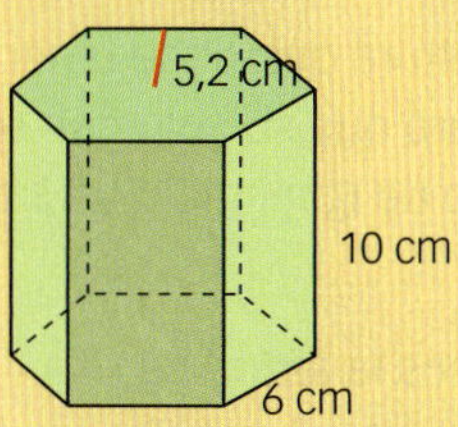

b)

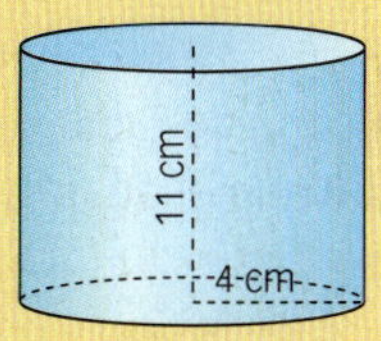

¿Cuál de los dos tiene un volumen mayor?

25 APLICA. Calcula el volumen de un prisma regular de base heptagonal, sabiendo que la altura es 9 cm, el lado de la base 7 cm y la apotema 6,06 cm.

26 REFLEXIONA. Calcula la altura que debe tener un cilindro de radio 10 cm para que su volumen sea el mismo que el de un prisma hexagonal regular de 10 cm de lado de la base y 10 cm de altura.

27 REFLEXIONA. Dibuja dos cilindros distintos que tengan igual volumen.

3.5. Volumen de una pirámide

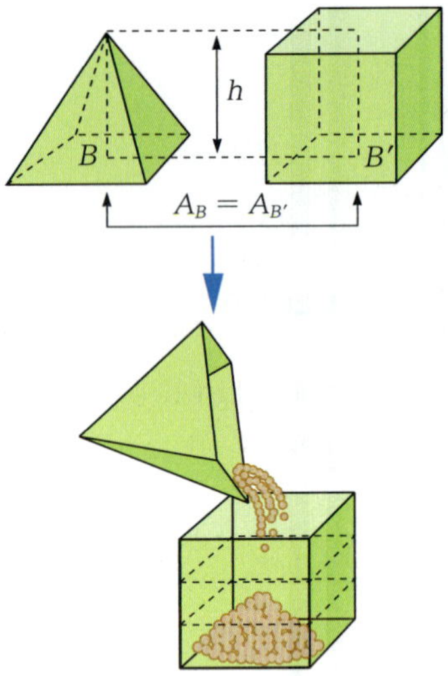

Tomamos una pirámide y un prisma con la misma altura, *h*, e igual área de la base.

Si llenamos la pirámide con arena fina, comprobamos que para llenar el prisma necesitaríamos el contenido de tres pirámides. El volumen de la pirámide es la tercera parte del volumen del prisma.

El **volumen** de una **pirámide** con altura *h* y área de la base A_B es:

$$V_{\text{PIRÁMIDE}} = \frac{1}{3} A_B \cdot h$$

3.6. Volumen de un cono

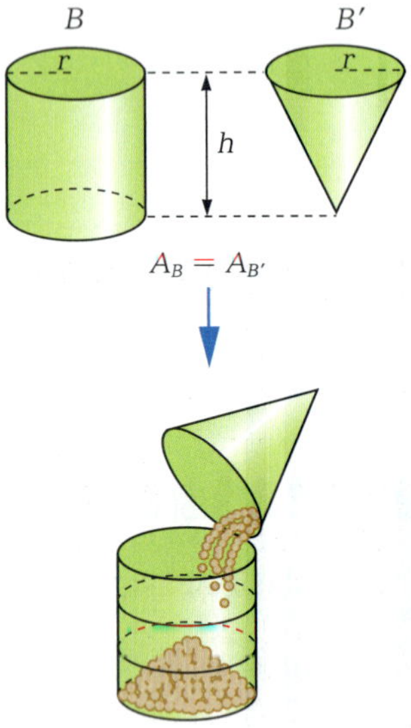

Tomamos un cilindro y un cono con la misma altura, *h*, e igual área de la base.

Si llenamos el cono con arena fina, necesitamos el contenido de tres conos para llenar el cilindro. El volumen del cono es la tercera parte del volumen del cilindro.

El **volumen** de un **cono** con radio *r* y altura *h* es:

$$V_{\text{CONO}} = \frac{1}{3} A_B \cdot h = \frac{1}{3} \pi r^2 h$$

EJEMPLOS

8. Halla el volumen de la pirámide de la figura.

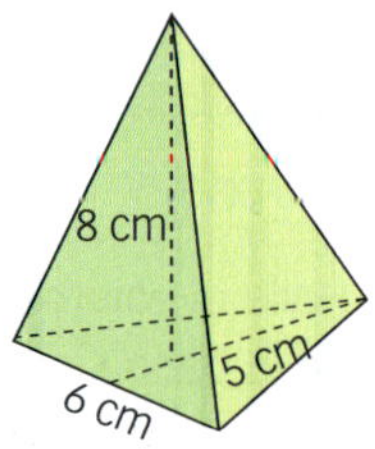

$$V_{\text{PIRÁMIDE}} = \frac{1}{3} A_B \cdot h \rightarrow V_{\text{PIRÁMIDE}} = \frac{1}{3} \cdot \frac{b \cdot a}{2} \cdot h$$

$$V_{\text{PIRÁMIDE}} = \frac{1}{3} \cdot \frac{6 \cdot 5}{2} \cdot 8 = \frac{240}{6} = 40 \text{ cm}^3$$

9. Halla el volumen de un cono de radio y altura 6 cm.

$$V_{\text{CONO}} = \frac{1}{3} \cdot \pi \cdot r^2 \cdot h = \frac{1}{3} \cdot \pi \cdot 6^2 \cdot 6 = 226{,}08 \text{ cm}^3$$

ACTIVIDADES

28 PRACTICA. Halla el volumen de estos cuerpos.

a)

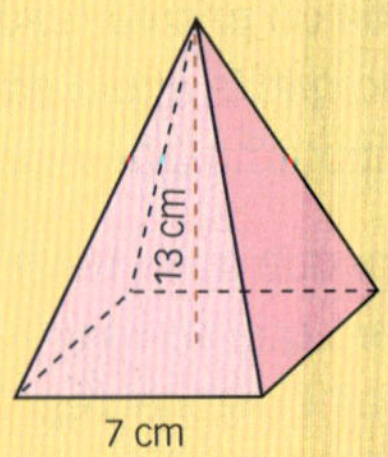

b)

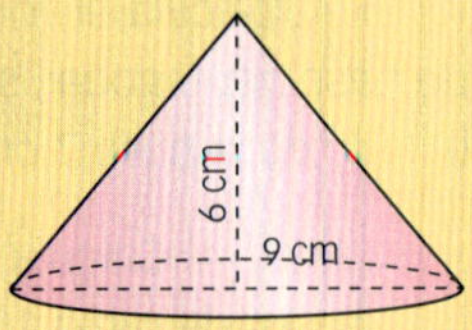

29 APLICA. Calcula el volumen de un cono cuya altura y radio son iguales y miden 30 cm.

30 APLICA. Calcula el volumen de una pirámide hexagonal regular de 10 cm de lado y cuya altura mide 20 cm.

31 REFLEXIONA. Calcula la altura que debe tener un cono de radio 5 cm para que su volumen sea igual que el de un cilindro de igual radio y 12 cm de altura.

32 REFLEXIONA. Si duplicamos la altura de una pirámide, ¿qué ocurre con su volumen? ¿Y si duplicamos la altura de un cono?

3.7. Volumen de una esfera

El volumen de una esfera se determina a partir de un cilindro que tenga la altura y el diámetro iguales al diámetro de la esfera.

Diámetro esfera = Diámetro cilindro = Altura cilindro= $2r$

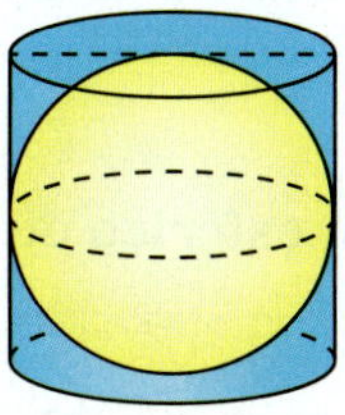

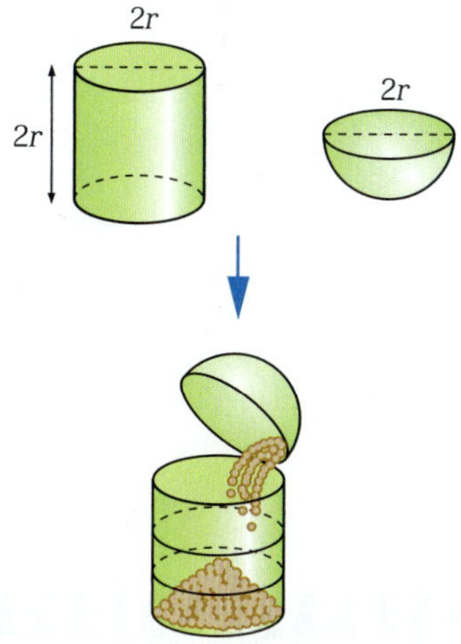

Si llenamos con arena fina la semiesfera y la vaciamos en el cilindro, comprobamos que caben tres semiesferas de arena. El volumen de la mitad de la esfera es un tercio del volumen del cilindro.

Por tanto, el volumen de la esfera es igual a dos tercios del volumen del cilindro.

$$V_{\text{ESFERA}} = \frac{2}{3} \cdot V_{\text{CILINDRO}} = \frac{2}{3} \cdot \pi \cdot r^2 \cdot h =$$
$$= \frac{2}{3} \cdot \pi \cdot r^2 \cdot 2r = \frac{4}{3} \cdot \pi \cdot r^3$$

El **volumen** de una **esfera** de radio r es:

$$V_{\text{ESFERA}} = \frac{4}{3} \cdot \pi \cdot r^3$$

EJEMPLO

10. Halla el volumen de una pelota de tenis de 7 cm de diámetro.

$$V_{\text{ESFERA}} = \frac{4}{3} \cdot \pi \cdot r^3 \rightarrow V_{\text{ESFERA}} = \frac{4}{3} \cdot \pi \cdot 3{,}5^3 = 179{,}5 \text{ cm}^3$$

El volumen de la pelota es 179,5 cm^3.

RESUELVE EL RETO

¿Qué relación hay entre el volumen de una esfera de radio r y el de un cono con radio de la base r y altura igual al radio?

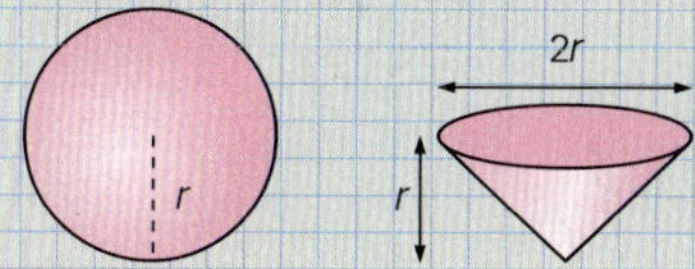

ACTIVIDADES

33 **PRACTICA.** Halla el volumen de estas esferas.

a) $r = 15$ cm
b) $d = 1{,}5$ mm
c) $r = 0{,}23$ m
d) $d = 0{,}1$ dam

Expresa los resultados en decímetros cúbicos.

34 **APLICA.** Considera una esfera y un cilindro en los que el diámetro de la esfera (8 cm) es igual al de la base del cilindro, e igual a la altura del cilindro.

a) Calcula los volúmenes de los dos cuerpos.

b) ¿Qué relación hay entre los volúmenes?

35 **APLICA.** Una semiesfera tiene un diámetro de 18 cm. Calcula su volumen.

36 **REFLEXIONA.** Calcula el volumen comprendido entre un cubo de 5 cm de arista y la esfera que está inscrita.

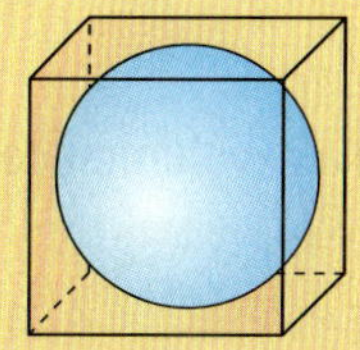

37 **REFLEXIONA.** Calcula el volumen comprendido entre un cilindro de 12 cm de altura y 6 cm de radio de la base, y la esfera que está inscrita.

3.8. Volumen de figuras esféricas

Las figuras esféricas son las que se obtienen al cortar una esfera con uno o más planos.

Casquete esférico es cada una de las partes que se forman al cortar la esfera por un plano.

El **volumen** de un **casquete esférico** de altura h en una esfera de radio r es:

$$V_{\text{CASQUETE}} = \frac{1}{3} \cdot \pi \cdot h^2 \cdot (3r - h)$$

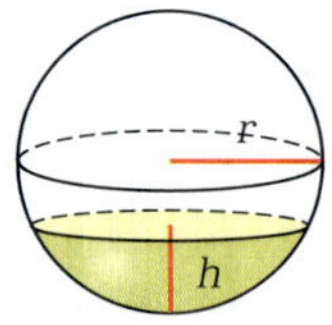

Zona esférica es la parte de una esfera comprendida entre dos planos paralelos.

El **volumen** de una **zona esférica** de altura h y radios R y r es:

$$V_{\text{ZONA}} = \frac{1}{6} \cdot \pi \cdot h\,(h^2 + 3R^2 + 3r^2)$$

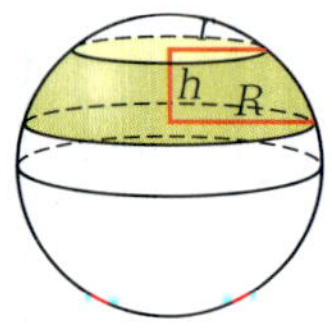

Cuña esférica es la parte de una esfera comprendida entre dos planos secantes que pasan por su centro.

El **volumen** de una **cuña esférica** de amplitud n en una esfera de radio r es:

$$V_{\text{CUÑA}} = \frac{4}{3} \cdot \pi \cdot r^3 \cdot \frac{n°}{360°}$$

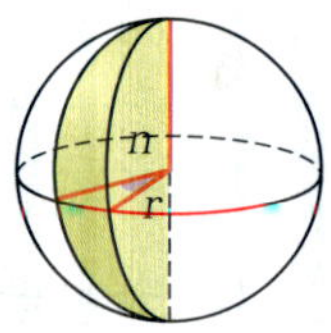

RESUELVE EL RETO

¿Cuál es el volumen de esta figura?

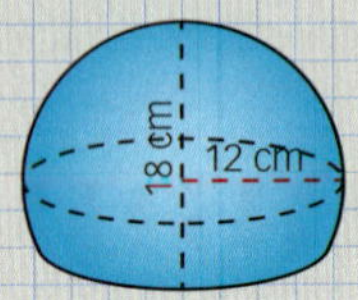

EJEMPLO

11. Halla el volumen de una cuña esférica de 60° de amplitud en una esfera de radio 10 cm.

$$V_{\text{CUÑA}} = \frac{4}{3} \cdot \pi \cdot 10^3 \cdot \frac{60°}{360°} = 697{,}78 \text{ cm}^3$$

ACTIVIDADES

38 PRACTICA. Halla el volumen de estas figuras esféricas:

a) Un casquete esférico de 4 cm en una esfera de radio 12 cm.

b) Una zona esférica de radios 8 cm y 3 cm y altura 6 cm.

c) Una cuña esférica de amplitud 30° en una esfera de radio 20 cm.

39 APLICA. Calcula el volumen de un casquete esférico de altura 2 cm en una esfera de radio 10 cm.

a) ¿Cuál es la altura del otro casquete que se forma?

b) ¿Cuál es su volumen? ¿Cómo puedes hallarlo?

40 REFLEXIONA. Considera una semiesfera como una cuña esférica de amplitud 180° y escribe, expresándola solamente en función de su radio r, la fórmula del volumen de una semiesfera.

SABER HACER

Es importante analizar con cuidado la figura y determinar en qué cuerpos más sencillos podemos descomponerla.

Calcular volúmenes de cuerpos geométricos

Calcula el volumen de estos cuerpos geométricos.

a)

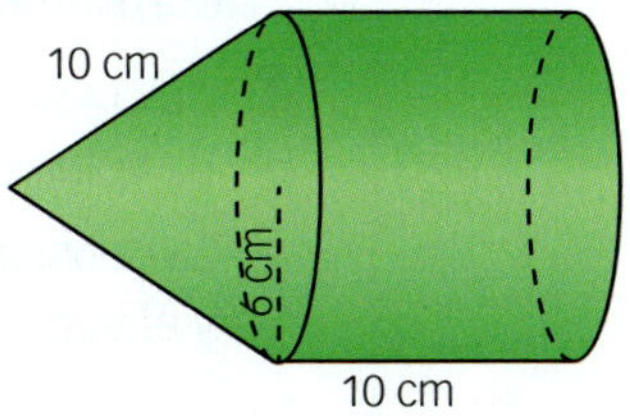

b)

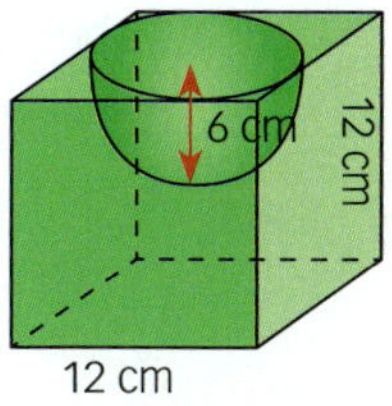

Pasos a seguir

1. Descomponemos la figura en cuerpos más sencillos de los que sabemos calcular su volumen.

a) Está formada por un cono y un cilindro unidos por la base.

Cono → Generatriz = 10 cm; Radio de la base = 6 cm

Cilindro → Altura = 10 cm; Radio de la base = 6 cm

b) Es un cubo al que se le ha excavado un hueco en forma de semiesfera.

Cubo → Arista = 12 cm

Semiesfera → Radio = 6 cm

2. Analizamos si nos falta algún dato para calcular el volumen de cada cuerpo. En caso de que necesitemos algún dato más, lo tenemos que calcular.

a) Para hallar el volumen del cono, necesitamos conocer su altura.

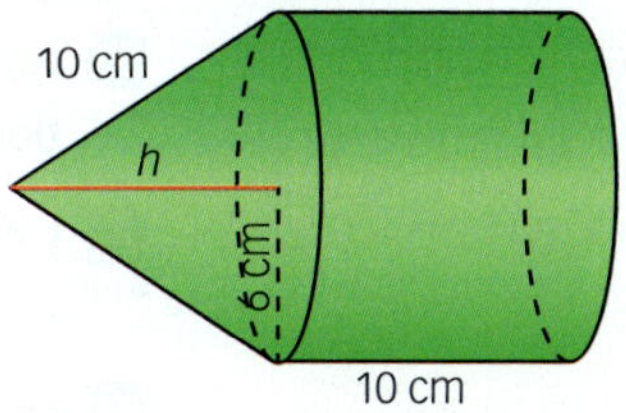

Teorema de Pitágoras

$10^2 = h^2 + 6^2$

$h^2 = 10^2 - 6^2$

$h = \sqrt{64} = 8$ cm

b) Conocemos todos los datos necesarios.

3. Hallamos los volúmenes de los cuerpos aplicando las fórmulas.

a) $V_{\text{CONO}} = \frac{1}{3} \cdot \pi \cdot r^2 \cdot h = \frac{1}{3} \cdot \pi \cdot 6^2 \cdot 8 = 301{,}44 \text{ cm}^3$

$V_{\text{CILINDRO}} = \pi \cdot r^2 \cdot h = \pi \cdot 6^2 \cdot 10 = 1\,130{,}4 \text{ cm}^3$

b) $V_{\text{CUBO}} = a^3 = 12^3 = 1\,728 \text{ cm}^3$

$V_{\text{SEMIESFERA}} = \frac{1}{2} \cdot \frac{4}{3} \cdot \pi \cdot r^3 = \frac{2}{3} \cdot \pi \cdot 6^2 = 452{,}16 \text{ cm}^3$

4. Sumamos o restamos los volúmenes de los cuerpos según el tipo de figura.

a) Sumamos los dos volúmenes, el del cono y el del cilindro

$V = 301{,}44 + 1\,130{,}4 = 1\,431{,}84 \text{ cm}^3$

b) Restamos al volumen del cubo el volumen de la semiesfera.

$V = 1\,728 - 452{,}16 = 1\,275{,}84 \text{ cm}^3$

ACTIVIDADES

41 Halla el volumen de estas figuras.

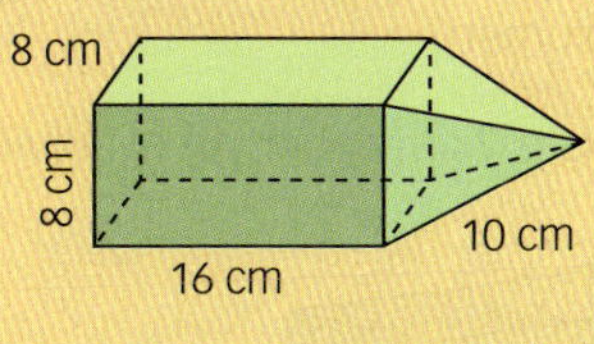

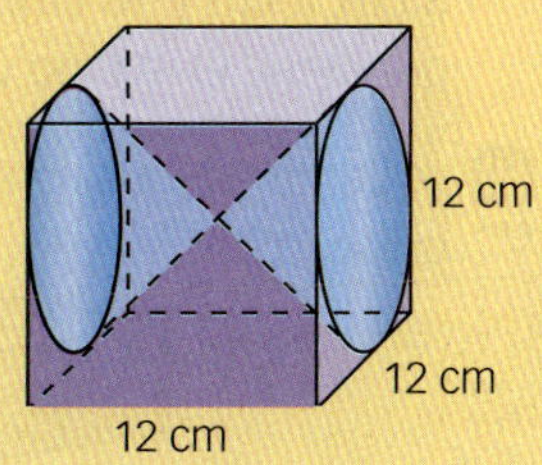

42 Halla el volumen y explica cómo lo has hecho.

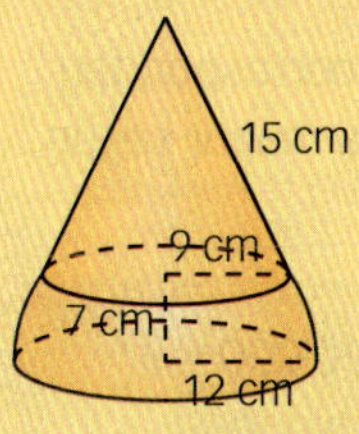

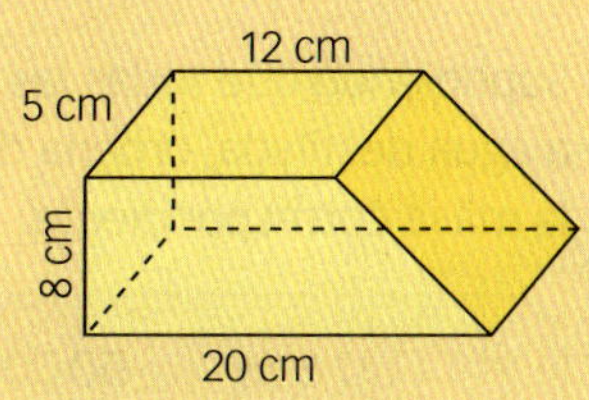

ACTIVIDADES FINALES

Volumen de un cuerpo

43 Expresa estos volúmenes en metros cúbicos.

a) 4,52 cm^3 c) 0,25 hm^3

b) 600 000 mm^3 d) 0,009 km^3

44 Expresa en centímetros cúbicos.

a) 0,58 dam^3 5 m^3 680 dm^3

b) 2 km^3 4 hm^3 2 dam^3

c) 34 dam^3 6 000 dm^3 400 cm^3

d) 87 m^3 80 dm^3 400 mm^3

45 Transforma en forma compleja.

a) 56 895 cm^3 d) 0,88042 dm^3

b) 67 000 099 m^3 e) 90 073 553 dm^3

c) 0,68955 dam^3 f) 6 667 229 503 mm^3

46 Expresa en la unidad indicada.

a) 5,34 m^3 en cm^3 d) 9 800 mm^3 en dm^3

b) 0,08 dam^3 en m^3 e) 900 mm^3 en dm^3

c) 6,5 dm^3 en cm^3 f) 900 dam^3 en hm^3

Volumen, capacidad y masa

47 Transforma en decímetros cúbicos estas medidas.

a) 450 ml c) 500 dl e) 6 dal

b) 33 cl d) 0,5 hl f) 0,3 kl

Si las medidas corresponden a agua destilada, ¿cuál sería su masa expresada en gramos?

48 Transforma en litros estas medidas.

a) 0,05 dam^3 c) 500 cm^3 e) 0,006 hm^3

b) 80 dm^3 d) 5 000 mm^3 f) 0,03 m^3

Si las medidas corresponden a agua destilada, ¿cuál sería su masa expresada en kilogramos?

49 Calcula en metros cúbicos el volumen de agua destilada que corresponde a cada masa.

a) 978 kg c) 80 000 g e) 0,03 t

b) 5 300 kg d) 6,7 t f) 1,008 t

¿Qué capacidad en dm^3 corresponde a cada uno de los volúmenes que has hallado?

50 Suponiendo que todas las medidas corresponden a agua destilada, ordena de menor a mayor según la masa correspondiente.

0,3 m^3 50 000 ℓ 420 000 dm^3
510 000 000 cm^3 520 000 cl

SABER HACER

Determinar la densidad de un cuerpo

51 Calcula la densidad de un trozo de hierro de volumen 6 dm^3 y masa 472,2 hg.

La densidad expresa la relación entre la masa y el volumen. Se suele expresar en kg/dm^3.

$$\text{densidad} = \frac{\text{masa}}{\text{volumen}} \rightarrow d = \frac{m}{V}$$

PRIMERO. Se expresa el volumen en dm^3 y la masa en kg.

$$V = 6\ dm^3 \qquad m = 47{,}22\ kg$$

SEGUNDO. Se aplica la fórmula de la densidad.

$$d = \frac{m}{V} \rightarrow d = \frac{47{,}22\ kg}{6\ dm^3} = 7{,}87\ kg/dm^3$$

52 Halla la densidad del mercurio si 200 cm^3 de mercurio tienen una masa de 270,92 dag.

53 Una pieza de oro tiene una masa de 482,5 g y un volumen de 0,025 dm^3. ¿Cuál es la densidad del oro?

54 La densidad del magnesio es 1 820 kg/m^3.

a) ¿Cuántos kilos pesa 1 ℓ de magnesio? Expresa la densidad en kg/ℓ.

b) ¿Cuántos gramos pesa 1 cm^3 de magnesio? Expresa la densidad en g/cm^3.

55 Calcula la masa de 1 500 cm^3 de benceno si la densidad de este es 0,88 g/cm^3.

56 Si la densidad del alcohol es 0,8 g/cm^3, ¿cuál es la masa de 1,2 dm^3 de este líquido?

57 Halla el volumen de 240 g de potasio si su densidad es 0,862 g/cm^3.

58 La densidad de la plata es 10,5 g/cm^3. ¿Cuál es el volumen de 6 kg de este metal?

Volúmenes de cuerpos geométricos

59 Calcula el volumen de un ortoedro de dimensiones 3 cm, 4 cm y 18 cm. ¿Cuánto mide la arista de un cubo que tiene el mismo volumen?

60 ¿Cuántos cubos de arista 2 cm caben en el siguiente ortoedro?

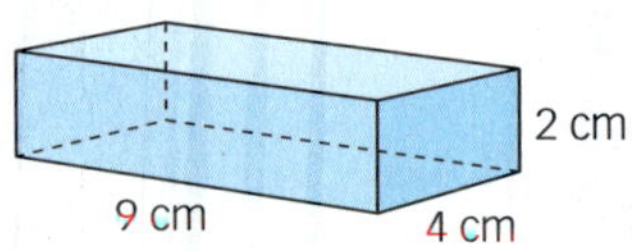

61 Halla el volumen de un cubo de 3 cm de arista.

a) Expresa el resultado en cm^3 y también en m^3.

b) Si está lleno de agua destilada, ¿cuántos gramos pesa esa agua?

62 El volumen de un cubo es de 343 cm^3. Calcula el valor de su diagonal.

SABER HACER

Calcular el volumen de un cubo conociendo su diagonal

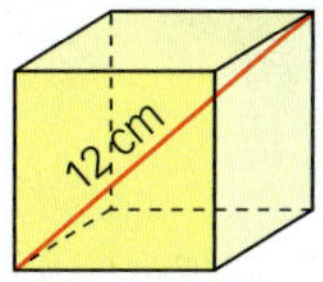

63 Calcula el volumen de este cubo.

PRIMERO. Se aplica el teorema de Pitágoras a los siguientes triángulos rectángulos:

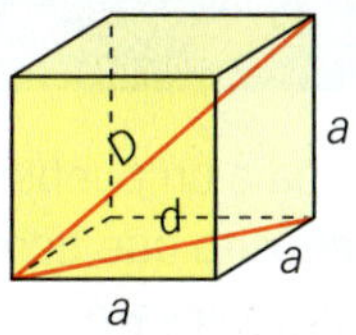

- Hipotenusa D y catetos d y a.

$D^2 = a^2 + d^2 \rightarrow 12^2 = a^2 + d^2$

- Hipotenusa d y catetos a y a.

$d^2 = a^2 + a^2$

SEGUNDO. Se plantea un sistema con las dos ecuaciones.

$$\left.\begin{array}{l} 12^2 = a^2 + d^2 \\ d^2 = a^2 + a^2 \end{array}\right\} \begin{array}{l} \rightarrow d^2 = 12^2 - a^2 \\ \rightarrow 12^2 - a^2 = a^2 + a^2 \rightarrow a^2 = \dfrac{12^2}{3} = 48 \\ \rightarrow a = \sqrt{48} = 6{,}93 \text{ cm} \end{array}$$

TERCERO. Se calcula el volumen.

$$V = (6{,}93)^3 = 332{,}81 \text{ cm}^3$$

64 Calcula el volumen de un cubo de diagonal:

a) 10 cm b) 20 cm

Al duplicar la diagonal, ¿se duplica el volumen?

65 La diagonal de una de las caras de un cubo mide 8 cm. Calcula el volumen del cubo y su diagonal.

66 Calcula el volumen de estos prismas.

a)

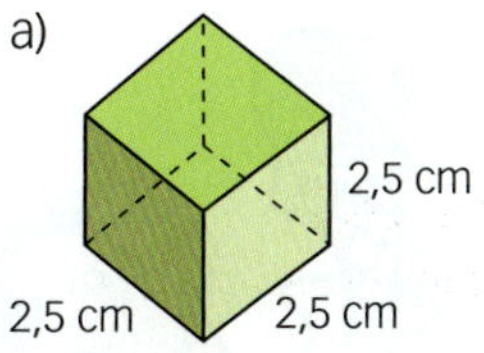

b)

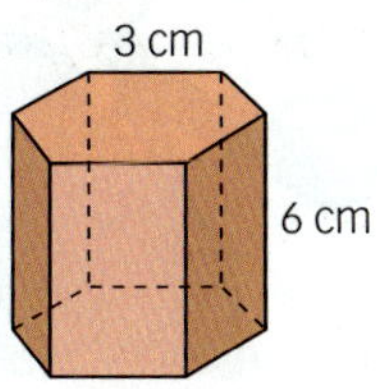

c)

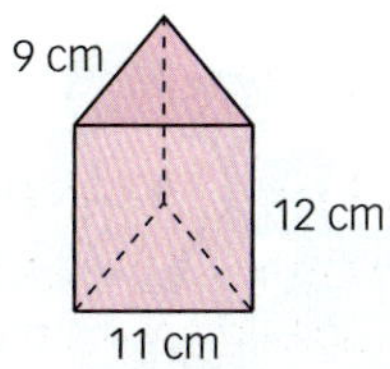

d)

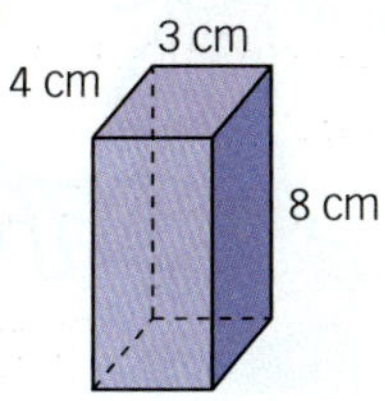

67 Calcula el volumen de un prisma regular de 8 cm de altura que tiene como base un hexágono regular de 5 cm de arista básica.

68 Halla el volumen de una pirámide regular cuadrangular de 15 cm de lado de la base y 20 cm de altura.

69 Un prisma de base cuadrada de 12 cm de altura tiene un volumen de 146 cm^3. Calcula el lado de la base.

70 Calcula el volumen de estos cuerpos.

a)

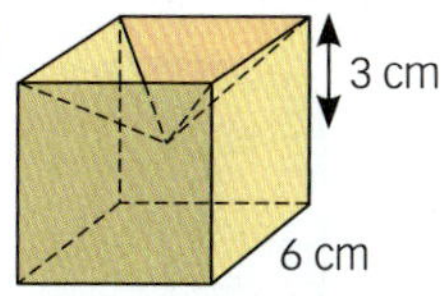

b)

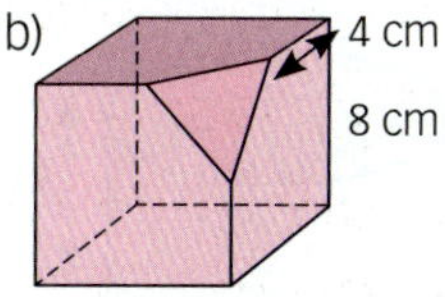

71 Si unimos el centro de un cubo de 16 cm de arista con los 8 vértices, se forman 6 pirámides. ¿Cuál es el volumen de cada pirámide?

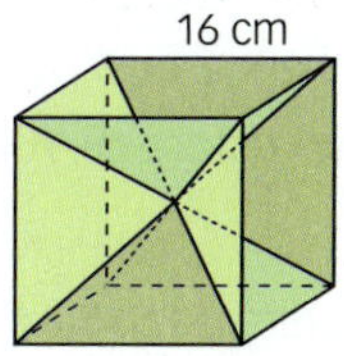

72 Calcula el volumen de un cilindro de 3 cm de radio y de 5 cm de altura.

73 Calcula el volumen de un cilindro que tiene 12 cm de diagonal y de altura la mitad del radio.

74 ¿Cuál es el volumen de un cilindro que tiene un área total de 251,2 cm^2 y en el cual la altura es igual al radio de la base?

75 Calcula el volumen de un cilindro que tiene 5 cm de diagonal y 2 cm de radio.

76 Si el volumen de un cilindro es 300 cm^3, ¿cuál es la longitud del diámetro si su radio y altura son iguales?

77 Calcula el volumen de un cono inscrito en un cilindro de 4 cm de radio de la base y de altura 8 cm.

78 ¿Cuál es el radio de la base de un cono que tiene 12 cm de altura y un volumen de 168 cm^3?

79 Calcula el radio de un cilindro que tiene 8 cm de altura y un volumen de 122 cm^3.

80 Calcula el diámetro de la base de un cilindro que tiene 35,5 cm de altura y un volumen de 2 ℓ.

81 Calcula el volumen contenido entre un cilindro y un prisma regular hexagonal de 4,5 cm de lado y 9 cm de altura en el que está inscrito.

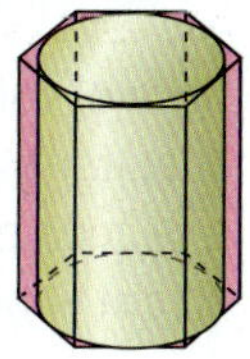

82 Calcula el volumen de estos cuerpos.

a)

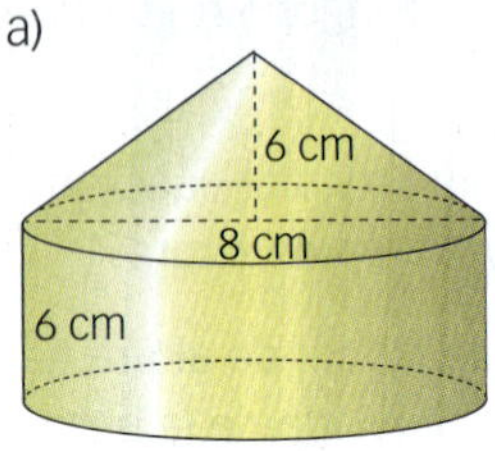

b)

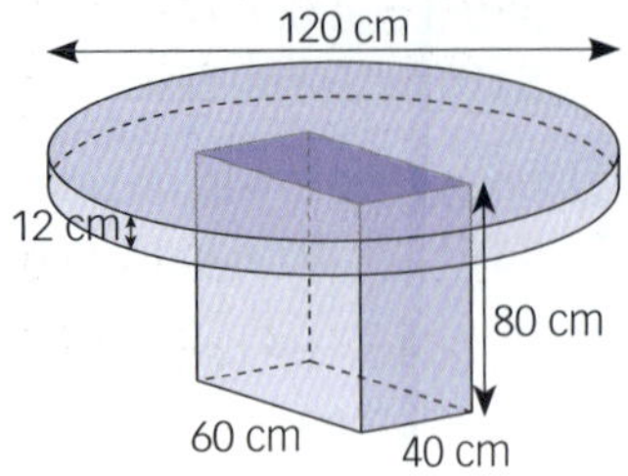

83 Halla el volumen de estas figuras.

a)

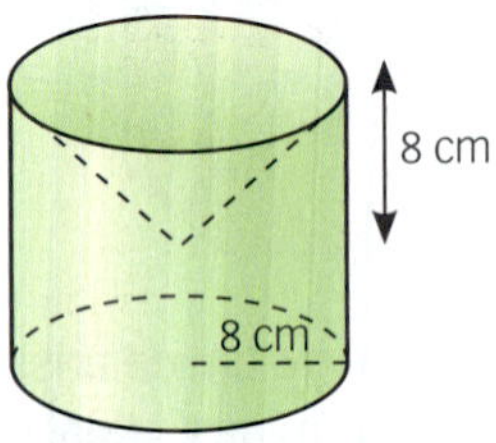

b)

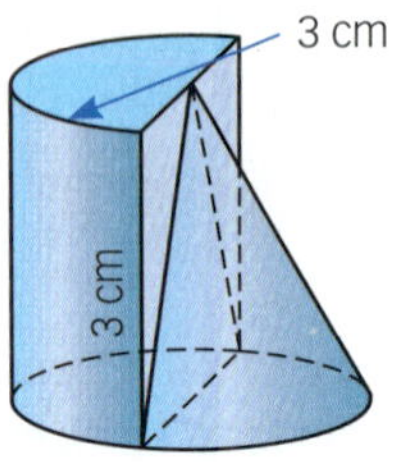

84 Halla el volumen de una esfera de radio:

a) 5 cm
b) 10 cm

85 El volumen de una esfera es 904,32 cm³. ¿Cuál es su diámetro?

86 El área de una esfera es 615,44 cm². ¿Cuál es su volumen?

87 ¿Cuál es el volumen de la cuarta parte de una esfera de diámetro 8 cm? ¿Es igual que el de una esfera de diámetro 2 cm?

88 Calcula cuántos litros de agua destilada caben en una esfera de 30 cm de radio y cuánto pesan.

89 El diámetro de la base y la altura de un cilindro miden 16 cm. Halla el volumen contenido entre el cilindro y la esfera inscrita.

90 Halla el volumen de:

a) Un casquete esférico de altura 12 cm en una esfera de diámetro 40 cm.
b) Una zona esférica de altura 10 cm y radios 20 cm y 30 cm.
c) Una cuña esférica de amplitud 100° en una esfera de radio 20 cm.

91 Halla el volumen de la figura que resulta al quitar a una esfera de radio 1 m un casquete esférico de altura 30 cm y una cuña esférica de 90° de amplitud.

92 Halla el volumen que resulta al quitar a una esfera de radio 1 m una zona esférica de altura 30 cm y radios 60 y 75 cm.

Problemas

93 En una lata caben 330 cm³ de refresco. Si el diámetro de la base es 6 cm, ¿cuál es la altura?

94 Un depósito esférico se utiliza para almacenar gas bajo presión. ¿Qué cantidad de gas podemos meter en un depósito de 12 m de radio si puede contener hasta 33 veces más que su volumen en m³?

95 Los 50 000 ℓ de agua que lleva una cuba a un pueblo que padece sequía se vierten a un depósito que tiene forma cúbica de arista 5 m. ¿A qué altura llegará el agua?

96 Una empresa de butano tiene un depósito de gas de forma cilíndrica y sus extremos son dos semiesferas. El diámetro del cilindro es de 2 m y la altura total del depósito es de 8 m. Calcula los m³ de gas que caben en él y cuántos litros son.

97 Una piscina tiene como dimensiones 6 × 4 × 2 m. ¿Cuánto tardarán en llenarla dos grifos que arrojan 85 ℓ por minuto cada uno?

98 Un depósito en forma de prisma hexagonal regular de arista básica 10 m y altura 20 m se llena con un grifo que vierte 130 ℓ por minuto. ¿Cuánto tiempo tardará en llenarlo?

99 La galleta donde se pone un helado tiene forma cónica y una capacidad de 94,2 cl. Si la altura del cono es 10 cm, ¿cuál es el diámetro de la base?

100 Un envase tiene forma de prisma de base un cuadrado de 25 cm de lado y altura 20 cm; el otro tiene base rectangular de 30 cm × 40 cm y altura 12 cm. ¿En cuál cabe más zumo?

101 Calcula el peso del agua que se obtiene al fundirse un bloque cúbico de hielo de 31,4 cm de arista si sabemos que la densidad del hielo es 0,917 g/cm^3.

102 ¿Cuál es la masa en kilos de una bola de plomo de 15 cm de radio? La densidad del plomo es 11,4 g/cm^3.

103 Colocamos tres pelotas de tenis de 8 cm de diámetro dentro de un recipiente cilíndrico. ¿Cuál es el volumen de aire que queda en el bote?

104 Cada persona necesita unos 15 m^3 de aire para respirar durante un día. ¿Cuánto tiempo podrán respirar cuatro personas en una habitación cerrada de 3 × 2 × 2,5 m?

105 Calcula la cantidad de hierro que se necesita para hacer la pieza cilíndrica de la derecha, si los radios exterior e interior son 12 y 8 cm, respectivamente. La densidad del hierro es 7,87 g/cm^3.

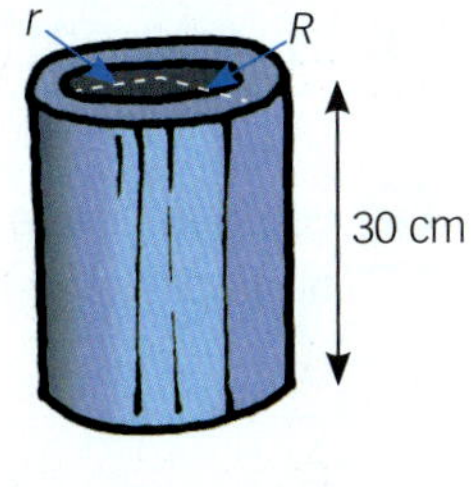

106 Un arquitecto quiere construir una pirámide de piedra. La pirámide es cuadrangular regular de área de la base 16 m^2 y de altura 9 m. Utiliza bloques de piedra de forma cúbica de 7 dm de arista. ¿Cuántos bloques necesitará?

DEBES SABER HACER

Unidades de volumen

1 Escribe dos expresiones en forma compleja equivalentes a 2 503,24 dm^3.

2 Expresa, en cada caso, en la unidad indicada.

a) 12 dam^3 56 dm^3 en m^3

b) 7 hm^3 125 m^3 30 mm^3 en dm^3

3 ¿Cuántos decímetros cúbicos son 1 705,12 dam^3?

Volumen, capacidad y masa

4 Determina.

a) La masa, en kg, de 1,5 hl de agua destilada.

b) La capacidad, en cm^3, de una jarra que puede contener hasta 860 dg de agua destilada.

c) El volumen, en cm^3, de una lata de 33 cl.

d) La capacidad, en dm^3, de una bañera de 8,25 dal.

Volumen de cuerpos geométricos

5 Halla el volumen de estos cuerpos.

a)

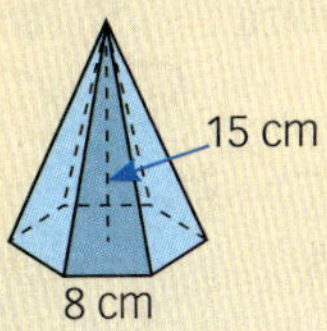

b)

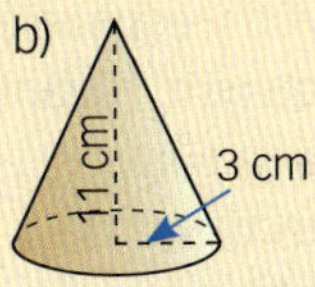

6 Calcula el volumen de un prisma cuadrangular que tiene 8 cm de arista básica y 12 cm de altura.

7 Calcula el volumen de un cilindro de 3 cm de radio y de 7 cm de altura.

8 Determina el volumen de estos cuerpos.

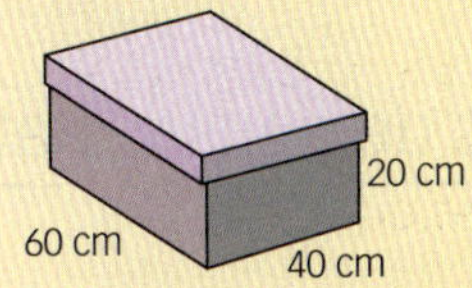

Problemas

9 ¿Cuántas jeringas de 10 cm^3 caben en un frasco de 250 ml?

10 Determina cuánto tiempo es necesario para llenar un bidón de 1,2 hl de agua en una fuente que mana 250 cm^3 por minuto.

11 Calcula el volumen de una cabaña que mide 3 m de radio en la parte cilíndrica y 3,5 m de radio en el tejado en forma de cono. La altura de la base mide 2,5 m y la del tejado 2 m.

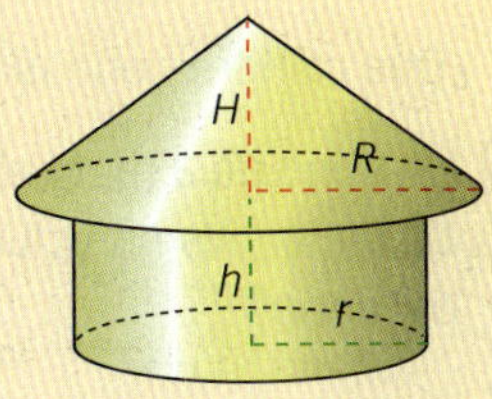

COMPETENCIA MATEMÁTICA

En la vida cotidiana

107 Esteban quiere dar una sorpresa a su familia y ha decidido cocinar una cena especial. Para comenzar tiene pensado hacer una sopa. Ha buscado por la cocina y ha visto que hay tres ollas de forma cilíndrica.

En casa son 4 personas, y ha medido con vasos de agua cuánto cabe en cada plato. En cada plato cabe un vaso de agua de los grandes. Ha medido la capacidad de los vasos y ha visto que un litro de agua son exactamente 4 vasos grandes.

a) ¿Qué olla debe usar para estar seguro de que tendrá suficiente sopa para los cuatro? ¿Cuál es la olla más pequeña que puede usar?

El segundo plato del menú que va a preparar son albóndigas con su salsa secreta. Para moldearlas tiene un molde en forma esférica en el que se mete la carne y salen bolas de 3 cm de diámetro. Además, según la receta, tiene que añadir 1,5 litros de agua para la cocción.

b) Si prepara 5 albóndigas para cada persona, ¿qué olla tendrá que utilizar?

Para acabar, preparará una crema de limón que meterá en una manga pastelera.

c) ¿Cuánta crema le cabe?

Formas de pensar. Razonamiento matemático

108 Coge un folio, enróllalo y crea dos cilindros (sin bases), uno uniendo su ancho y otro su largo.

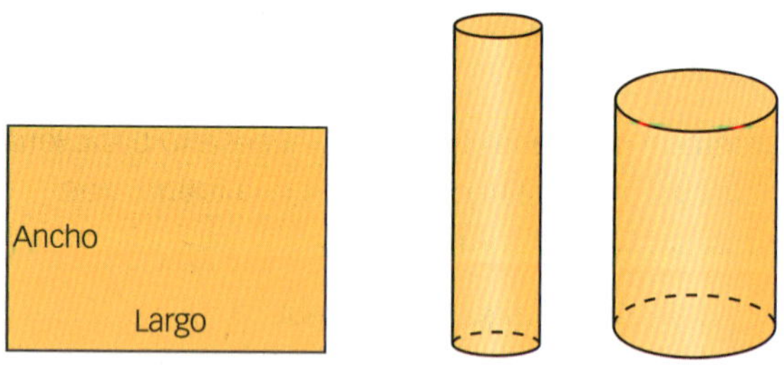

¿Qué cilindro tiene mayor volumen?

109 Un cono de 3 m de altura y una esfera de 3 m de radio tienen el mismo volumen. ¿Cuál es el radio de la base del cono?

110 Si un cono y un cilindro tienen igual base y volumen, ¿qué relación hay entre sus alturas?

111 Arquímedes mandó grabar en su tumba un cilindro dentro del cual se encontraba inscrita una esfera.

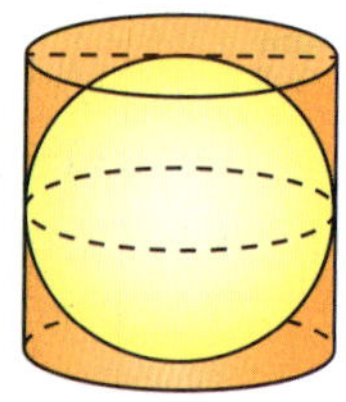

Calcula cuál es la diferencia de volúmenes entre la esfera y el cilindro en función del radio de la esfera.

112 Un adulto en reposo respira 12 veces por minuto. Si en cada inspiración y espiración moviliza 500 ml de aire, ¿cuántos decímetros cúbicos de aire es capaz de intercambiar con el medio en un minuto?

PROYECTO FINAL. **Trabajo cooperativo**

OBJETIVO: Preparar una tarta para un desayuno en el centro

1.ª Fase.

- Buscad recetas sobre dulces y tartas.
- Decidid el tipo de receta que vais a elegir teniendo en cuenta la dificultad en su ejecución, los ingredientes necesarios y las preferencias del grupo.

2.ª Fase.

- Haced una lista con los ingredientes necesarios para realizar la receta y con los utensilios que necesitaréis para su ejecución.
- Determinad el número de personas para las que vais a hacer la tarta y calculad la cantidad necesaria de cada uno de los ingredientes.
- Poneos de acuerdo para repartir las tareas y el lugar donde cocinaréis.

3.ª Fase.

- Elaborad la receta según los criterios que habéis establecido e idead una presentación atractiva con vuestro toque personal.

Pruebas PISA

Mirando la torre

113 ●●● En las figuras 1 y 2 de abajo se ven dos dibujos de la misma torre. En la figura 1 se ven tres caras del tejado de la torre. En la figura 2 se ven cuatro caras.

Figura 1

Figura 2

En el siguiente dibujo se muestra la vista del tejado de la torre desde arriba. Se han señalado cinco posiciones en el dibujo. Cada una de ellas está marcada con una cruz (×) y se han denominado de P1 a P5.

Desde cada una de estas posiciones, una persona que mirase la torre sería capaz de ver un número determinado de las caras del tejado de la torre.

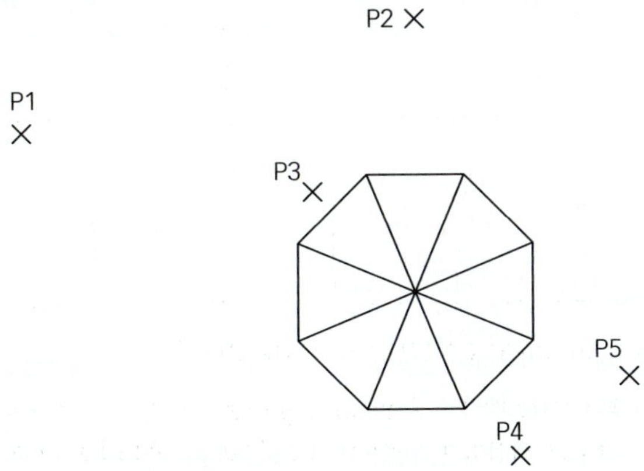

Calcula el número de caras que se verían desde cada una de estas posiciones.

(Prueba PISA 2012)

CLAVES PARA EMPEZAR

Cómo se traduce una expresión al lenguaje algebraico

Una expresión algebraica es un conjunto de números y letras unidos por los signos de las operaciones aritméticas.

EJEMPLO

Lenguaje común	Lenguaje algebraico
El triple de un número	$3x$
La mitad de un número	$\frac{x}{2}$
El cuadrado de un número más 2	$x^2 + 2$

ACTIVIDADES

1 Expresa mediante lenguaje algebraico.

a) El doble de un número más seis unidades.

b) El triple de un número menos su doble.

c) Una cuarta parte de un número al cuadrado.

2 Escribe estas expresiones algebraicas mediante enunciados.

a) $4x - 2$ b) $x^3 - 1$ c) $3x - \frac{x}{2}$ d) $(2x)^2 - 1$

Cuándo son directamente proporcionales dos magnitudes

Dos magnitudes son directamente proporcionales si, cuando multiplicamos o dividimos una de las dos por un número, la otra queda multiplicada o dividida por este mismo número.

EJEMPLO

En esta tabla se muestra la relación entre el peso de cierto producto y su precio.

Peso (kg)	1	2	3	6	...
Precio (€)	8	16	24	48	...

1 kg cuesta 8 €.

El doble de kilos, $2 \cdot 1 = 2$ kg, cuesta, $8 \cdot 2 = 16$ €, el doble de dinero.

El triple de kilos, $3 \cdot 1 = 3$ kg, cuesta, $8 \cdot 3 = 24$ €, el triple de dinero…

Las magnitudes *peso* y *precio* son directamente proporcionales.

ACTIVIDADES

3 Indica si estos pares de magnitudes son directamente proporcionales.

a) El número de entradas de cine y su precio.

b) La velocidad de un coche y el tiempo que tarda.

c) El número de personas que hacen un trabajo y el tiempo que tardan en acabarlo.

1877
Thomas Alva Edison inventa un aparato que es capaz de grabar y reproducir sonidos. A este aparato se le denomina fonógrafo.

Funciones

13

SABER

- Coordenadas cartesianas
- Concepto de función
- Formas de expresar una función
- Estudio de una función
- Funciones de proporcionalidad directa y funciones lineales

SABER HACER

- Representar una función a partir de una tabla de valores
- Representar una función a partir de su ecuación
- Estudiar el crecimiento y decrecimiento de una función
- Representar funciones lineales

? VIDA COTIDIANA

El fonógrafo

El fonógrafo fue el primer aparato que grabó y reprodujo sonidos. Utilizaba un sistema de grabación analógica, en el cual las ondas sonoras se transforman en vibraciones mecánicas.

- ¿Sabes qué propiedades del sonido representa esta gráfica?

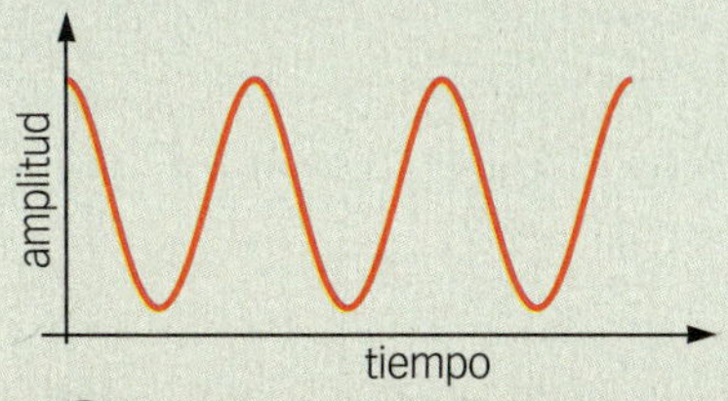

1888
Emile Berliner patenta el gramófono, instrumento muy similar al fonógrafo que se utilizó para sonorizar las películas.

1925
Aparece el tocadiscos, que gira de forma eléctrica y mejora la calidad del sonido al ser la velocidad de giro constante.

1963
La empresa Philips introduce la cinta de casete. Consiste en una caja de plástico hermética que contiene 100 m de cinta recubierta de óxido férrico.

1979
Sony y Philips crean el disco compacto (CD). Estos discos permiten un notable avance en la calidad del sonido y reducen los costes de grabación.

1 Coordenadas cartesianas

Las coordenadas de un punto P en el plano están determinadas por un par ordenado de números, x e y, denominados **coordenadas cartesianas** del punto.

$\mathbf{P(x, y)} \rightarrow$ Punto P de coordenadas x e y

- La primera coordenada, x, se mide sobre el eje horizontal, que llamamos eje de abscisas o eje X. Se denomina **abscisa** del punto P.
- La segunda coordenada, y, se mide sobre el eje vertical, que llamamos eje de ordenadas o eje Y. Se denomina **ordenada** del punto P.
- El punto de corte de los ejes se denomina **origen de coordenadas**, O, y corresponde al punto (0, 0).

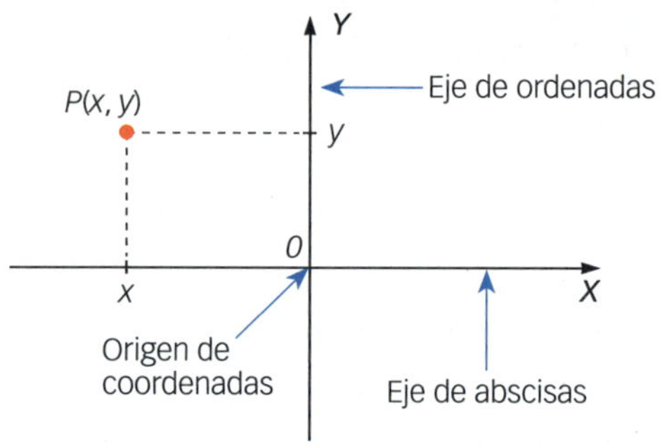

EJEMPLO

1. Representa los siguientes puntos en un sistema de coordenadas e indica en qué cuadrante se encuentran.

$A(2, -3)$ $B(-1, 2)$ $C(4, 4)$ $D(-4, -1)$ $E(0, 4)$ $F(-4, 0)$

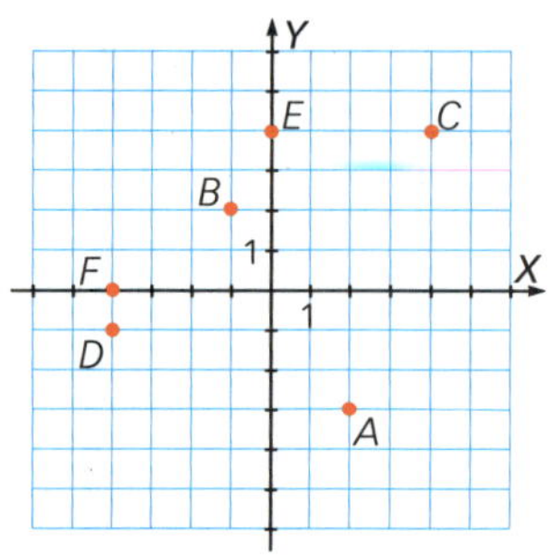

$A(2, -3) \rightarrow (+, -)$: Cuarto cuadrante.
$B(-1, 2) \rightarrow (-, +)$: Segundo cuadrante.
$C(4, 4) \rightarrow (+, +)$: Primer cuadrante.
$D(-4, -1) \rightarrow (-, -)$: Tercer cuadrante.
$E(0, 4) \rightarrow (0, +)$: Sobre el eje Y. Encima del origen de coordenadas.
$F(-4, 0) \rightarrow (-, 0)$: Sobre el eje X. A la izquierda del origen de coordenadas.

ACTIVIDADES

1 PRACTICA. Dados los siguientes puntos:

$A(4, -1)$ $B(3, 4)$ $C(-3, 2)$ $D(-2, -3)$

Determina el cuadrante en el que se encuentra cada uno y represéntalos en el plano.

2 APLICA. Indica el cuadrante, sin representar los puntos.

$A(5, 0)$ $B(3, 4)$ $C(-3, 2)$ $D(-5, 0)$ $E(0, -4)$

3 REFLEXIONA. Considera un punto $P(x, y)$ con $x > 0$. ¿En qué cuadrante puede estar representado?

2 Concepto de función

Una **función** es una relación entre dos variables numéricas, *x* e *y*, de forma que a cada valor de *x* le corresponde un único valor de *y*.

x es la **variable independiente**, y es un valor prefijado; *y* es la **variable dependiente**, y su valor depende del valor de *x*.

Si representamos todos los puntos formados por los pares de valores relacionados (*x*, *y*) en un sistema de coordenadas, obtenemos la gráfica de la función.

EJEMPLOS

2. Decide si estas relaciones son funciones o no.

a) El precio por minuto en una llamada telefónica es 0,09 €.

Es una función, ya que a cada duración de la llamada (minutos que dure) le corresponde un precio.

A cada valor de *x* (número de minutos) le corresponde un único valor de *y* (precio de la llamada).

b) Cada número se asocia con sus divisores.

No es una función, ya que cada valor de *x* (cada número) se puede relacionar con varios valores de *y* (sus divisores).

Por ejemplo: 6 se relaciona con 1, 2, 3 y 6.

3. Explica si estas tablas se corresponden con una función.

a)

Tiempo (s)	1	2	3	4	5
Espacio (m)	2	4	6	8	10

Es una función, porque a cada valor de *x* (tiempo), le corresponde un único valor de *y* (espacio).

b)

Edad	13	13	14	14	14
Peso (kg)	45	52	48	52	60

No es una función, ya que a cada valor de *x* (edad), le corresponden varios valores de *y* (peso).

Si a un valor de la variable independiente le corresponden varios valores de la variable dependiente, la relación entre las dos variables no es una función.

ACTIVIDADES

4 PRACTICA. Estudia si la variación de temperatura durante una semana es una función.

Tiempo (días)	1	2	3	4	5	6	7
Temperatura (ºC)	16	10	12	24	20	16	14

5 PRACTICA. Indica si esta gráfica representa una función y justifica la respuesta.

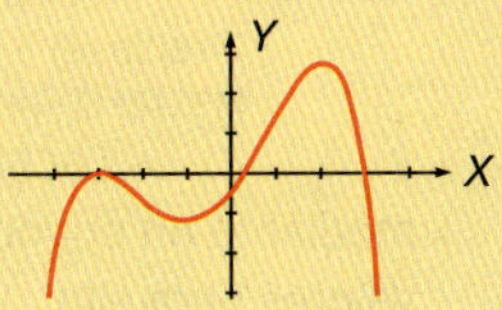

6 APLICA. Decide si son funciones o no.

a) A cada número natural le asociamos su triple menos tres.

b) A cada número natural le asociamos sus dos raíces cuadradas.

7 REFLEXIONA. Construye una tabla de valores que represente una función. Define con un ejemplo la variable independiente y la dependiente.

3 Formas de expresar una función

3.1. Mediante un enunciado

La función que relaciona dos variables se puede expresar mediante un enunciado.

EJEMPLO

4. **Una persona bebe dos litros de agua al día. Decide si la relación entre el agua consumida y los días transcurridos es una función. Indica la variable dependiente y la independiente.**

$x \rightarrow$ Días transcurridos $\qquad y \rightarrow$ Litros consumidos

Si han transcurrido 2 días ($x = 2$), se ha bebido 4 litros de agua ($y = 4$).

Si han transcurrido 3 días ($x = 3$), se ha bebido 6 litros de agua ($y = 6$)…

A cada valor de la variable independiente x le corresponde un único valor de la variable dependiente y. La relación es una función.

3.2. Mediante una tabla de valores

Las variables x e y de una función también se pueden escribir como pares (x, y) que se obtienen a partir de una tabla de valores.

EJEMPLO

5. **En esta tabla se han recogido la cantidad de litros de leche que da una vaca durante los siete primeros días del mes. Indica si es una función.**

Día	1	2	3	4	5	6	7
Leche (litros)	38	41	37	41	40	37	38

$x \rightarrow$ Día $\qquad y \rightarrow$ Litros de leche

A cada valor de la variable x (día) le corresponde un único valor de la variable y (litros de leche). La relación es una función.

La variable y (litros de leche) es la variable dependiente, porque depende del día en que se mida la producción, que es el valor de la variable independiente x.

En una función dos valores distintos de x pueden tener un mismo valor de y.

El día 2 y el día 4 la vaca ha dado la misma cantidad de leche, 41 litros. Es decir:

$x = 2 \rightarrow y = 41$

$x = 4 \rightarrow y = 41$

ACTIVIDADES

8. PRACTICA. **Explica cuál es la variable dependiente y cuál la independiente en los siguientes enunciados.**
   a) Los kilos de manzanas y el dinero que cuestan.
   b) El tiempo que está un grifo abierto y la cantidad de litros de agua que salen.
   c) Si vamos más deprisa, tardaremos menos.

9. APLICA. **Explica la siguiente tabla de valores.**

N.º lápices	1	2	3	4
Precio (€)	0,40	0,80	1,20	1,60

10. REFLEXIONA. **Escribe un ejemplo de una función mediante un enunciado y realiza una tabla de valores para ella.**

SABER HACER

Representar una función a partir de una tabla de valores

En una cafetería, el precio de un café es de 1,10 €. Expresa el precio total en función del número de cafés consumidos como una tabla y represéntalo gráficamente.

Pasos a seguir

1. Identificamos la variable dependiente y la independiente.

Variable independiente: x → Número de cafés consumidos.

Variable dependiente: y → Precio a pagar.

Un café cuesta 1,10 €.

Dos cafés cuestan 2,20 €...

Es una función, ya que a cada valor de x le corresponde un único valor de y.

2. Construimos la tabla de valores.

N.º cafés	1	2	3	4
Precio (€)	1,10	2,20	3,30	4,40

3. Representamos los pares de valores en unos ejes cartesianos:
   - Los valores de la variable independiente se representan sobre el eje de abscisas.
   - Los valores de la variable dependiente se representan sobre el eje de ordenadas.

El número de cafés se representa en el eje X y el precio en el eje Y.

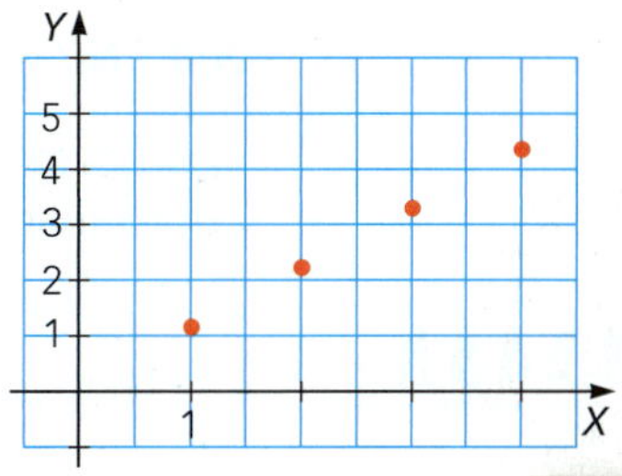

4. Analizamos si estos puntos se pueden unir.

En este caso, no podemos unir los puntos porque x, el número de cafés, no puede ser un número decimal. No tiene sentido 2,1 cafés, 3,7 cafés…

Para determinar si tiene sentido o no unir los puntos mediante una recta o una curva, hay que reflexionar sobre los valores que pueden tomar las variables.

ACTIVIDADES

11 En un cibercafé el precio por minuto de conexión es de 4 céntimos.

a) ¿Cuáles son la variable dependiente y la independiente de esta relación?

b) Haz una tabla donde se refleje el precio que se tiene que pagar por 1, 2, 3, 4, 5 y 6 minutos.

Representa gráficamente la situación.

12 El precio de un menú diario en un bar es 9,50 €.

a) Haz una tabla en la que se relacionen el número de menús y el precio.

b) Representa gráficamente estos valores.

13 Pedro ha ido al supermercado a comprar patatas. Hay de tres precios diferentes.

a) Construye una tabla de relación de los kilos y del precio para cada uno de los tres tipos de patatas.

b) Representa en los mismos ejes de coordenadas los valores de cada tabla.

3.3. Mediante una ecuación

La expresión algebraica de una función se escribe como $y = f(x)$ y se denomina **ecuación de la función**.

EJEMPLO

6. **La ecuación $y = 2{,}50x$ es la ecuación que relaciona el peso de las fresas, en kilos, con su precio en euros. Realiza una tabla de valores y di si es una función.**

El peso no puede tomar valores negativos.

Tomamos, por ejemplo, los valores 1 kg, 2 kg, 3 kg y 4 kg:

Si $x = 1 \longrightarrow y = 2{,}50 \cdot 1 = 2{,}50$

Si $x = 2 \longrightarrow y = 2{,}50 \cdot 2 = 5$

Si $x = 3 \longrightarrow y = 2{,}50 \cdot 3 = 7{,}50$

Si $x = 4 \longrightarrow y = 2{,}50 \cdot 4 = 10$

Peso (kg)	1	2	3	4
Precio (€)	2,50	5	7,50	10

Es una función, ya que a cada peso, valor de x, le corresponde un único precio, valor de y.

3.4. Mediante una gráfica

Los pares (x, y) de una función son puntos del plano en un sistema de coordenadas cartesianas. La representación de los puntos es su **gráfica**.

RESUELVE EL RETO

Dibuja la gráfica de una función que no sea expresable mediante una ecuación.

EJEMPLO

7. **Esta gráfica muestra el número de barras de pan horneadas cada hora en una panadería.**

Explica la gráfica e indica cuál es la variable dependiente e independiente.

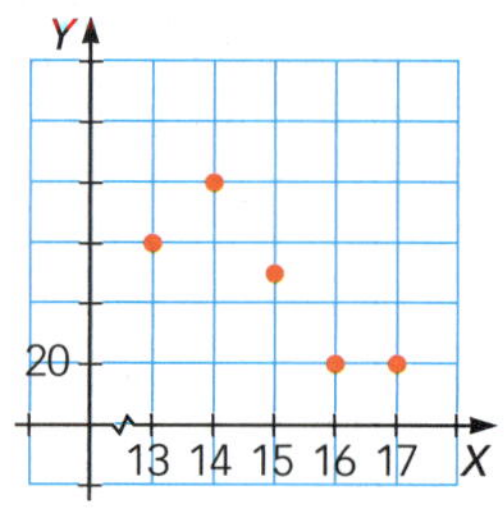

A las 13 h, se hornean 60 barras de pan.

A las 14 h, se hornean 80.

A las 15 h, 50; y a las 16 y 17 h, 20 barras.

La variable independiente, x, es el tiempo y la variable dependiente, y, es el número de barras de pan que se hornean.

ACTIVIDADES

14 PRACTICA. Escribe la expresión algebraica de la función que hace corresponder a cada número su mitad más 3.

15 PRACTICA. Completa en tu cuaderno la siguiente tabla, teniendo en cuenta que corresponde a la expresión algebraica $y = -2x - 2$.

x	−3	−2	−1	0	1	2	3
y				−2			

16 APLICA. Dada la función que asocia cada número a su cuadrado menos dos, halla su expresión algebraica. Calcula $f(-1)$, $f(0)$ y $f(2)$.

17 APLICA. Determina la expresión algebraica de la función que relaciona el número de motos en función del número de ruedas que hay en un garaje.

18 REFLEXIONA. Escribe un enunciado cuya ecuación sea $y = 3x$.

SABER HACER

No todas las funciones se pueden expresar mediante una expresión algebraica.

No existe una ecuación que relacione la hora del día con la temperatura en ese momento.

Representar una función a partir de su ecuación

Escribe la expresión algebraica que relaciona la longitud del lado de un cuadrado con su área. Realiza una tabla de valores para cuadrados con diferentes medidas de lados, y represéntala gráficamente.

Pasos a seguir

1. Identificamos la variable dependiente y la independiente, y escribimos la ecuación que las relaciona.

Variable independiente: $x \rightarrow$ Longitud del lado.

Variable dependiente: $y \rightarrow$ Área del cuadrado.

El área de un cuadrado de lado x es: $x \cdot x = x^2$.

Por tanto, la ecuación de la función es: $y = x^2$.

2. Elaboramos una tabla de valores a partir de su expresión algebraica.

Tomamos varios cuadrados con longitudes de lado diferentes y calculamos su área.

Si $x = 1$ cm $\longrightarrow y = 1^2 = 1$ cm^2

Si $x = 2$ cm $\longrightarrow y = 2^2 = 4$ cm^2

Si $x = 3$ cm $\longrightarrow y = 3^2 = 9$ cm^2

Si $x = 4$ cm $\longrightarrow y = 4^2 = 16$ cm^2

Lado (cm)	1	2	3	4
Área (cm²)	1	4	9	16

3. Representamos los puntos de la tabla en unos ejes cartesianos, para obtener la gráfica de la función.

Los pares de valores que obtenemos son:

(1, 1) (2, 4)

(3, 9) (4, 16)

4. Analizamos si estos puntos se pueden unir.

En este caso, se pueden unir los puntos, ya que pueden existir cuadrados cuya longitud de lado sea cualquier número positivo.

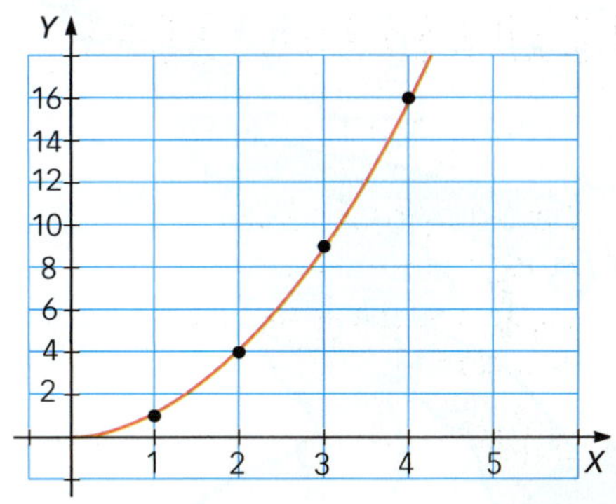

ACTIVIDADES

19 El precio del kilo de cerezas es 4,25 €.

a) Escribe la expresión algebraica de esta relación.

b) Construye una tabla de valores que represente la función y represéntala gráficamente.

20 En una tienda se venden libros por 9,50 € cada uno, más 3,50 € de gastos de envío.

a) Escribe la expresión algebraica que relacione el precio de un pedido, en función del número de libros comprados.

b) Representa la expresión.

21 Queremos colocar cintas para decorar un jardín y un rollo de cinta mide 6 m.

a) Relaciona las magnitudes *número de rollos* y *longitud total de cinta* mediante una expresión algebraica.

b) Represéntala gráficamente.

22 Un coche circula por una autopista a una velocidad de 100 km/h.

a) Escribe la expresión algebraica que indica el espacio recorrido en función del tiempo y represéntala.

b) ¿Cuántos kilómetros recorrerá en dos horas y media?

4 Estudio de una función

4.1. Continuidad de una función

Una función real es **continua** si podemos dibujar la gráfica con un solo trazo. En caso contrario, es una función **discontinua**.

EJEMPLO

8. La siguiente gráfica relaciona la posición del Sol en función de la hora. ¿Es una función continua?

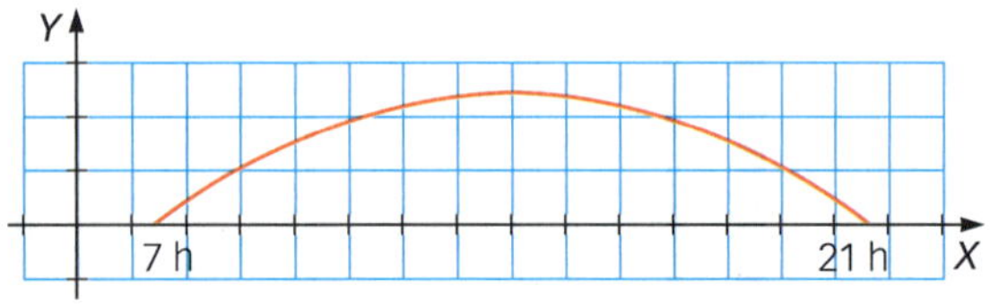

Es una función continua, ya que se puede representar de un solo trazo (sin levantar el lápiz del papel).

4.2. Puntos de corte con los ejes

Los **puntos de corte** con los ejes de una función son los puntos de intersección de su gráfica con los ejes de coordenadas.

EJEMPLO

9. Determina los puntos de corte con los ejes de esta función.

Puntos de corte con el eje *X*:

$(-1, 0)$ $(5, 0)$ $(7, 0)$

Punto de corte con el eje *Y*:

$(0, 2)$

ACTIVIDADES

23 PRACTICA. Decide si la siguiente función es continua o discontinua.

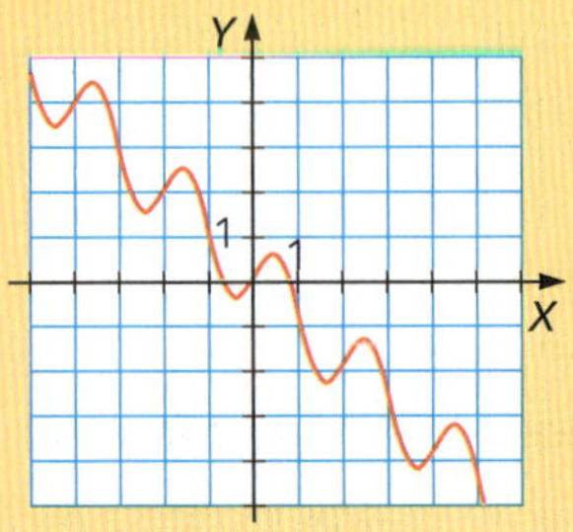

24 APLICA. Halla los puntos de corte con los ejes de coordenadas de esta función.

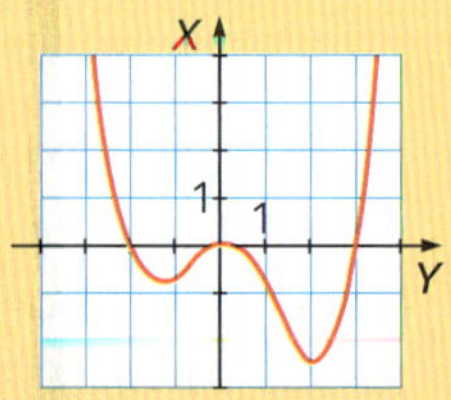

25 REFLEXIONA. Representa una función que corte solo una vez al eje *X* y que pase por el punto (0, 3).

4.3. Crecimiento y decrecimiento

- Una **función** es **creciente** en un tramo si al aumentar el valor de x también aumenta el valor de y.
- Una **función** es **decreciente** en un tramo si al aumentar el valor de x disminuye el valor de y.

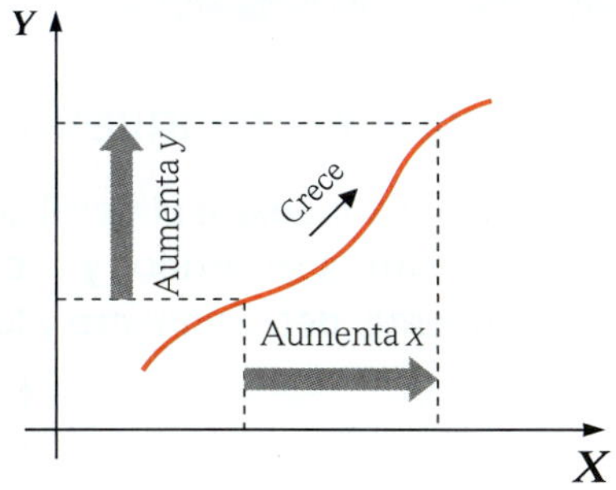

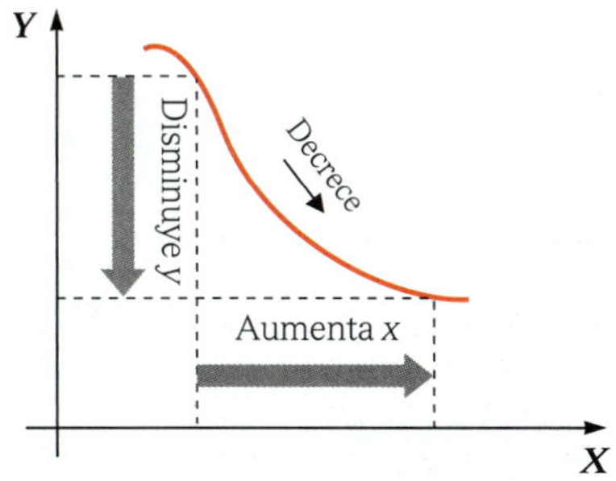

4.4. Máximos y mínimos

- En los puntos donde la gráfica pasa de ser creciente a ser decreciente, se dice que la función alcanza un **máximo**.
- En los puntos donde la gráfica pasa de ser decreciente a ser creciente, se dice que la función alcanza un **mínimo**.

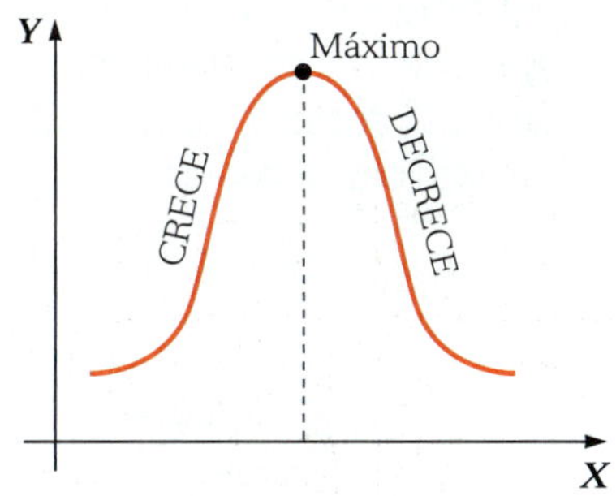

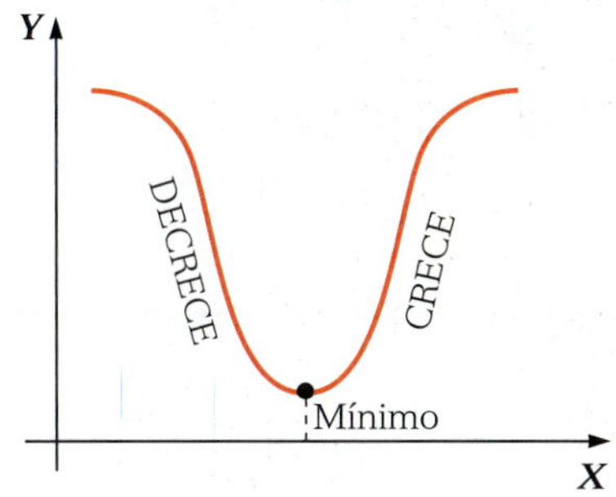

EJEMPLOS

10. Estudia el crecimiento y decrecimiento de esta función.

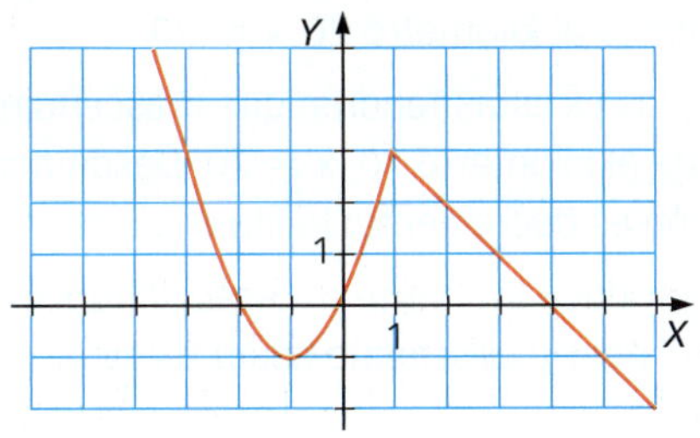

Es decreciente hasta $x = -1$.

Es creciente entre $x = -1$ y $x = 1$.

Es decreciente a partir de $x = 1$.

11. Indica los puntos de máximos y mínimos en la siguiente función.

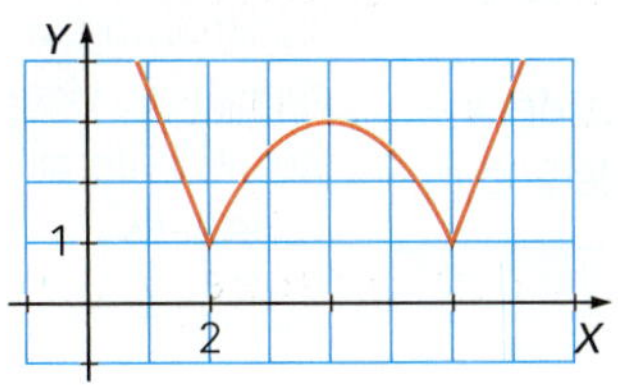

En los puntos (2, 1) y (6, 1) hay mínimos, ya que la función pasa de ser decreciente a ser creciente.

En el punto (4, 3) hay un máximo, ya que la función pasa de ser creciente a ser decreciente.

ACTIVIDADES

26 PRACTICA. Observa la siguiente gráfica e indica los tramos de crecimiento y decrecimiento.

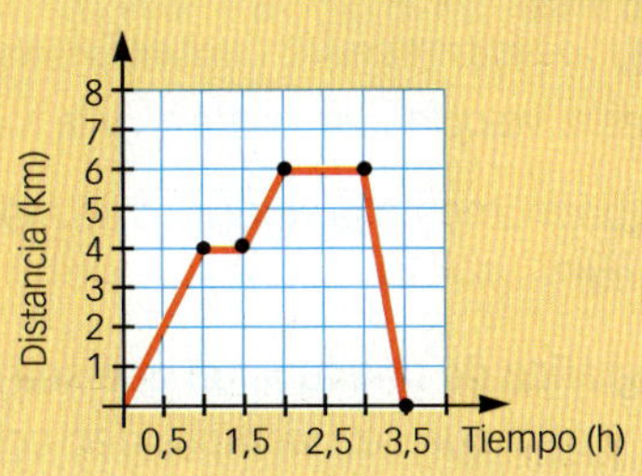

27 APLICA. Dibuja una función que sea creciente desde $x = -2$ hasta $x = 1$, decreciente desde $x = 1$ hasta $x = 3$, y que a partir de $x = 1$ sea creciente.

28 REFLEXIONA. Dibuja una gráfica con dos máximos y tres mínimos.

¿Es posible dibujar una gráfica con dos máximos y ningún mínimo?

SABER HACER

Estudiar el crecimiento y decrecimiento de una función

Esta gráfica muestra el perfil de la etapa de una prueba ciclista, donde la coordenada *x* representa los kilómetros recorridos y la coordenada *y* representa la altura respecto al nivel del mar. Estudia su crecimiento, decrecimiento y los puntos máximos y mínimos.

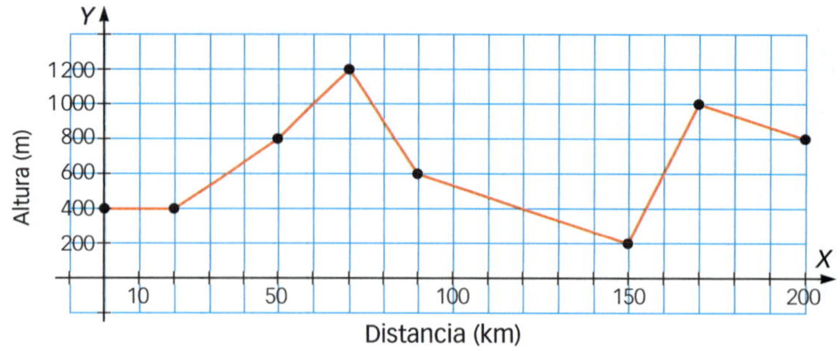

Pasos a seguir

1. Determinamos los valores de x en los que la función crece, decrece o es constante (ni crece ni decrece), observando de izquierda a derecha.

La prueba comienza, $x = 0$, a una altura de 400 m, $y = 400$. Esta altura se mantiene constante hasta el kilómetro 20, $x = 20$.

A partir de ese punto, los ciclistas tendrán que ir ascendiendo en altura (la función crece) hasta el kilómetro 70, $x = 70$. Desde aquí habrá un descenso (la función es decreciente) hasta el kilómetro 150.

En este kilómetro se produce un fuerte ascenso, la función vuelve a crecer hasta el kilómetro 170, donde desciende hasta terminar la etapa, $x = 200$.

2. Estudiamos si hay algún máximo o mínimo.

Existen dos máximos:

- Uno en el kilómetro 70, que llega hasta una altura de 1 200 m, es decir, en el punto (70, 1 200).
- El otro en el kilómetro 170, que alcanza los 1 000 m, es decir, en el punto (170, 1 000).

Solo existe un mínimo en el punto (150, 200). Es decir, en el kilómetro 150, que baja hasta una altura de 200 m.

En $x = 20$ no hay un mínimo, porque la función no viene de ser decreciente, sino constante.

ACTIVIDADES

29 Esta gráfica muestra la temperatura de un enfermo durante una noche.

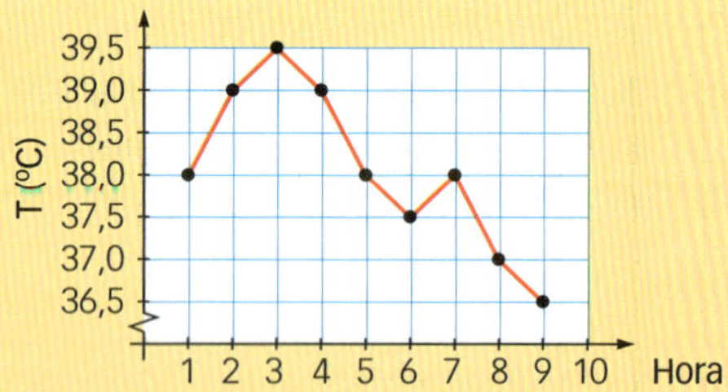

a) Estudia el crecimiento y decrecimiento de la función representada.

b) Determina los máximos y mínimos.

30 Representa gráficamente los datos de la tabla que muestran la variación de la velocidad de un atleta durante el recorrido.

Distancia (km)	1	2	3,5	5	6	7,5	9	10
Velocidad (m/s)	4	5	5	6	7	6	4	6

a) ¿Cuál es la velocidad máxima?, ¿y la mínima?

b) ¿En algún momento la velocidad se mantiene constante?

31 Dibuja la gráfica de una función que sea siempre creciente y otra que sea siempre decreciente.

5 Funciones de proporcionalidad directa

Una **función de proporcionalidad directa** es una función que relaciona dos magnitudes directamente proporcionales.

- Su expresión algebraica es del tipo $y = mx$, donde m es la constante de proporcionalidad directa.
- La constante de proporcionalidad m se llama **pendiente** de la recta. Si m es un número positivo, la función es creciente; si es negativo, es decreciente.

EJEMPLO

12. Una bicicleta circula a una velocidad de 20 km/h. Decide si las magnitudes *tiempo* y *kilómetros recorridos* son directamente proporcionales. Representa la situación e indica la constante de proporcionalidad.

Las variables son directamente proporcionales, ya que si aumenta el tiempo, aumentan en la misma medida los kilómetros recorridos.

Tiempo → Distancia
1 hora → 20 km
2 horas → $20 \cdot 2 = 40$ km
3 horas → $20 \cdot 3 = 60$ km
4 horas → $20 \cdot 4 = 80$ km...

La expresión algebraica es $y = 20x$.

La constante de proporcionalidad es $m = 20$.

Tiempo (h)	1	2	3	4
Distancia (km)	20	40	60	80

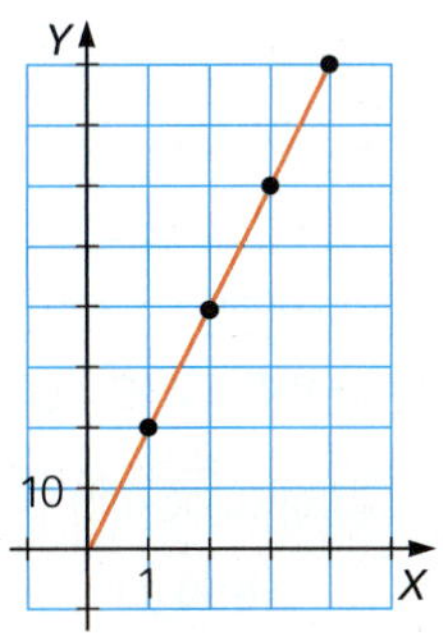

La gráfica de una función de proporcionalidad directa es una recta que pasa por el origen de coordenadas.

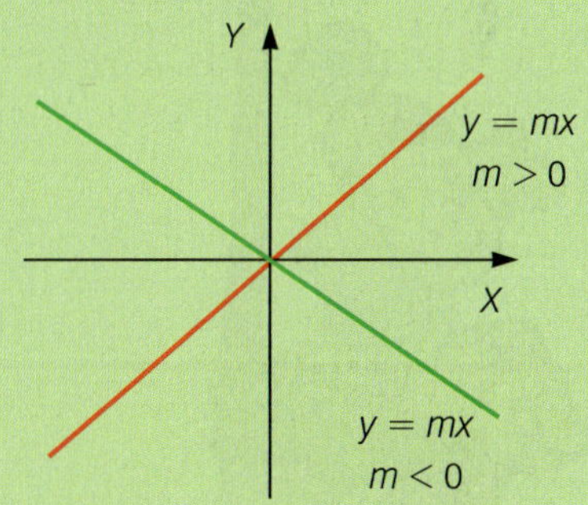

La recta está más inclinada cuanto mayor sea el valor absoluto de m.

ACTIVIDADES

32 PRACTICA. Indica si las funciones representadas son de proporcionalidad directa.

a)
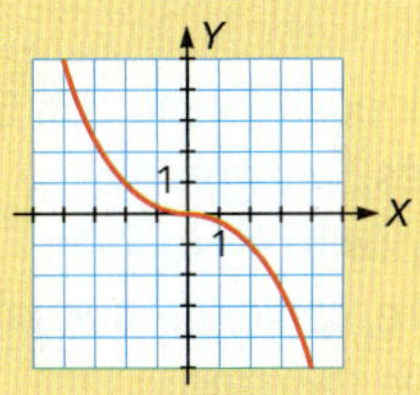

c)
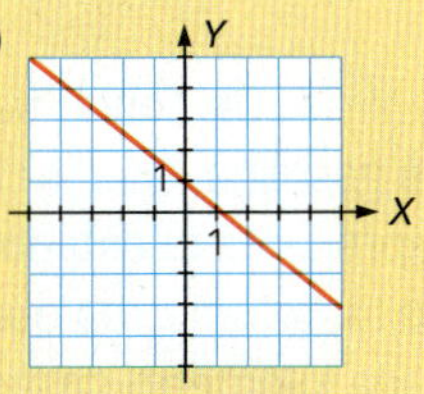

b)
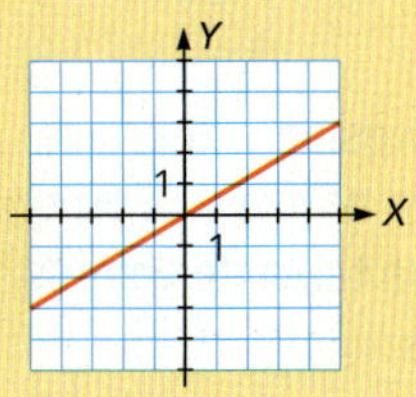

d)
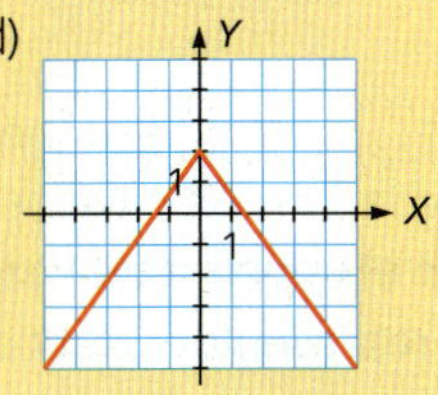

33 APLICA. Una máquina empaqueta 420 cajas en 4 horas. Si ha ido siempre a un ritmo constante:

a) Construye una tabla de valores que represente el número de cajas empaquetadas, en función del tiempo que ha tardado.

b) ¿Son directamente proporcionales el número de cajas y el tiempo? Indica la constante de proporcionalidad.

34 REFLEXIONA. ¿Cuál de las funciones lineales será representada por una recta más inclinada?

a) $m = 3$ $\quad m = 2$ $\quad m = 5$

b) $m = -4$ $\quad m = -1$ $\quad m = -2$

6 Funciones lineales

Una **función lineal** es una función cuya representación gráfica es una recta. Su ecuación es del tipo $y = mx + n$, donde m y n son números.

- Si $n = 0$, $y = mx$ es una función de **proporcionalidad directa**.
- Si $m = 0$, $y = n$ decimos que es una **función constante**.

A m se le llama **pendiente** de la recta e indica la inclinación de la misma.

A n, **ordenada en el origen**, y marca el punto de corte de la recta con el eje Y.

EJEMPLO

13. Alfonso está leyendo la factura del agua. Este mes debe pagar 5 € de servicio y 1,50 € por m^3 consumido.

Escribe la expresión algebraica que relaciona la cantidad de agua consumida y el precio que debe pagar, y representa la situación.

$x \rightarrow m^3$ consumidos $y \rightarrow$ precio a pagar

Si no consume agua: $x = 0\ m^3 \rightarrow y = 5$ €

Si consume 1 m^3: $x = 1\ m^3 \rightarrow y = 1 \cdot 1{,}50 + 5 = 6{,}50$ €

Si consume 2 m^3: $x = 2\ m^3 \rightarrow y = 2 \cdot 1{,}50 + 5 = 8$ €

Si consume 3 m^3: $x = 3\ m^3 \rightarrow y = 3 \cdot 1{,}50 + 5 = 9{,}50$ €...

La expresión algebraica es $y = 1{,}50x + 5$.

Consumo (m^3)	0	1	2	3
Precio (€)	5	6,50	8	9,50

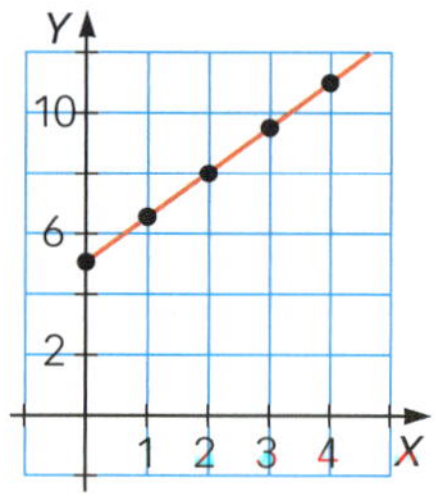

La pendiente es $m = 1{,}50$ y la ordenada en el origen $n = 5$, es decir, la recta corta al eje Y en el punto (0, 5).

ACTIVIDADES

35 PRACTICA. Un teléfono móvil tiene la batería cargada al 76 %. Cada hora que pasa, se reduce en un 4 %. Representa la función que relaciona el tiempo con la batería hasta que se agote. ¿Cuánto tiempo habrá pasado?

36 APLICA. Completa en tu cuaderno la tabla de valores sabiendo que la función es constante.

x	1	2		4
y		3		

37 APLICA. Un coche tiene el depósito lleno con 50 ℓ de gasolina. Escribe la expresión algebraica y representa el estado del depósito en función de los kilómetros que recorre, sabiendo que por cada kilómetro gasta 0,1 ℓ de gasolina.

38 REFLEXIONA. Escribe la expresión algebraica de la función cuya pendiente es −1 y la ordenada en el origen es 5. Realiza una tabla de valores y represéntala gráficamente.

➔ SABER HACER

Representar funciones lineales

Para representar gráficamente una recta basta con conocer dos de los puntos por los que pasa.

Representa las siguientes funciones lineales:

a) $y = 2x$ **b)** $y = -x + 2$ **c)** $y = 3$

Pasos a seguir

1. Determinamos el tipo de función que es y sus características.

a) $n = 0 \rightarrow$ Función de proporcionalidad directa.

Pendiente $m = 2 > 0 \rightarrow$ Es creciente.

Ordenada en el origen $n = 0 \rightarrow$ Corta al eje Y en (0, 0).

b) $m \neq 0, n \neq 0 \rightarrow$ Función lineal.

Pendiente $m = -1 < 0 \rightarrow$ Es decreciente.

Ordenada en el origen $n = 2 \rightarrow$ Corta al eje Y en (0, 2).

c) $m = 0 \rightarrow$ Función constante.

Ordenada en el origen $n = 3 \rightarrow$ Corta al eje Y en (0, 3).

2. Calculamos dos puntos por los que pasa la función.

a) Corta al eje Y en el punto (0, 0).

Si $x = 1 \rightarrow y = 2 \cdot 1 = 2 \rightarrow$ La recta pasa por (1, 2).

b) Corta al eje Y en el punto (0, 2).

Si $x = 1 \rightarrow y = -1 + 2 = 1 \rightarrow$ La recta pasa por (1, 1).

c) Corta al eje Y en el punto (0, 3).

Si $x = 1 \rightarrow y = 3 \rightarrow$ La recta pasa por (1, 3).

3. Dibujamos los puntos y trazamos la recta que pasa por ellos.

a)

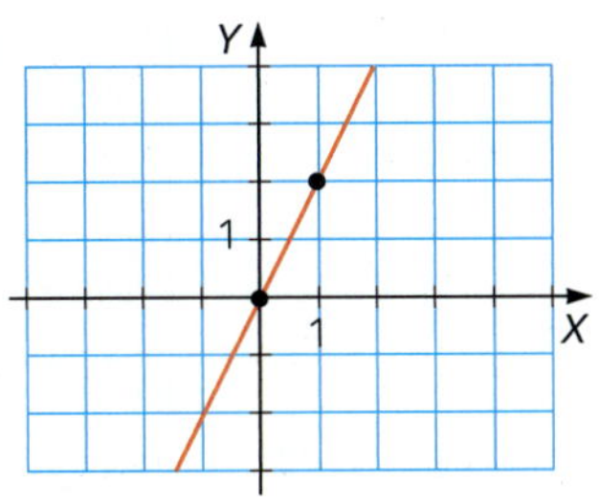

b)

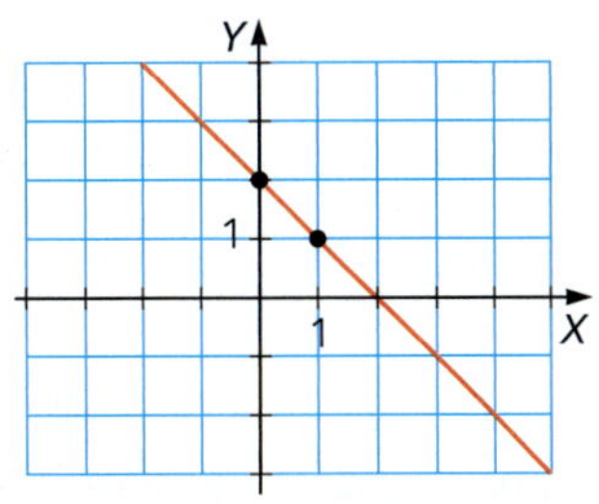

c)

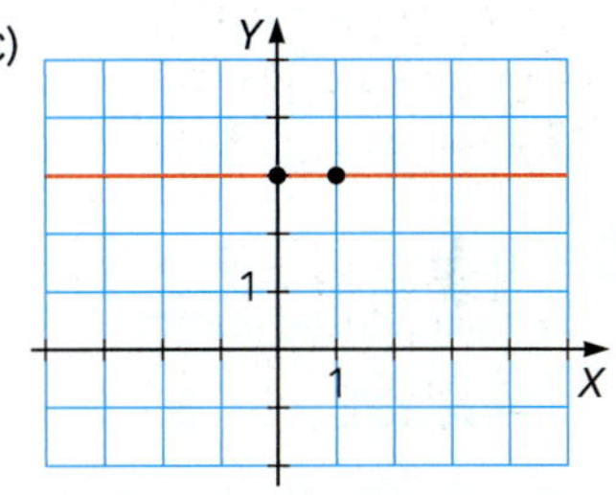

ACTIVIDADES

39 Dibuja las funciones en los mismos ejes de coordenadas y explica sus diferencias.

a) $y = 2x$ c) $y = -2x$ e) $y = -4x$

b) $y = \frac{x}{10}$ d) $y = -\frac{x}{5}$ f) $y = -\frac{x}{10}$

40 Representa las siguientes rectas.

a) $y = 2$ b) $y = -1$ c) $y = \frac{1}{2}$

41 Dibuja en los mismos ejes de coordenadas.

a) $y = 2x + 1$ $y = 2x$ $y = 2x - 1$

b) $y = -x$ $y = -x + 1$ $y = -x - 1$

42 Escribe la expresión algebraica y representa una función constante en cada uno de estos casos.

a) Su ordenada en el origen es 5.

b) Pasa por el punto (3, 1).

c) Pasa por el origen de coordenadas.

43 Representa gráficamente cada una de estas funciones.

a) Una función de proporcionalidad directa que pase por el punto (3, 2).

b) Una función lineal que pase por los puntos (−1, 2) y (2, 1).

ACTIVIDADES FINALES

Coordenadas cartesianas

44 Dibuja unos ejes de coordenadas cartesianas, y representa los siguientes puntos.

$A(1, 4)$ $C(0, -6)$ $E(-1, 0)$ $G(-2, -5)$

$B(-7, 2)$ $D(5, -3)$ $F(1, -1)$ $H(-8, 8)$

45 Representa en los ejes de coordenadas cartesianas estos puntos.

$A\left(-1, \frac{3}{2}\right)$ $B\left(\frac{1}{3}, 0\right)$ $C\left(-\frac{5}{3}, \frac{1}{4}\right)$ $D\left(-\frac{1}{2}, -\frac{3}{5}\right)$

46 Determina las coordenadas de los vértices del siguiente pentágono. Indica en qué cuadrante está situado cada uno de los vértices.

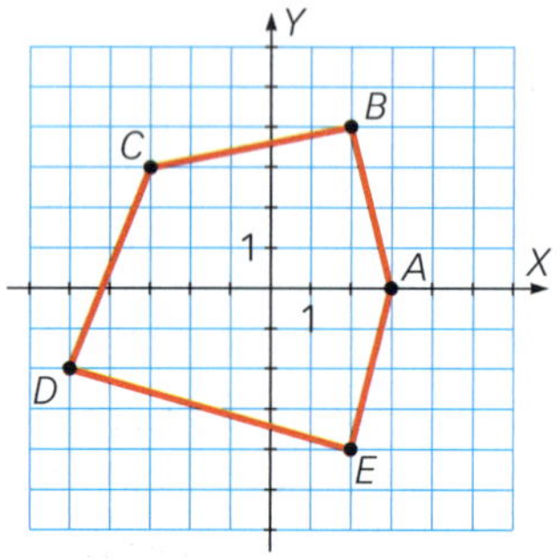

47 Escribe, en cada caso, dos puntos que cumplan las condiciones que se indican.

a) Con la abscisa negativa y la ordenada negativa.

b) Con la abscisa positiva y la ordenada de valor 0.

c) Con la ordenada de valor el doble de la abscisa.

48 Dibuja en unos ejes de coordenadas cartesianas los siguientes puntos.

$A(-6, -2)$ $B(-3, 5)$ $C(3, 5)$ $D(6, -2)$

a) Une los vértices y especifica qué tipo de cuadrilátero representa.

b) Indica en qué cuadrante está situado cada punto.

49 Un rectángulo tiene el centro en el punto $A(0, -1)$ y uno de sus vértices es el punto $B(-2, -3)$. Halla el resto de los vértices del rectángulo.

50 La siguiente gráfica relaciona las llamadas que se han recibido en una centralita durante un tiempo determinado. Indica qué representan los puntos A, B, C y D.

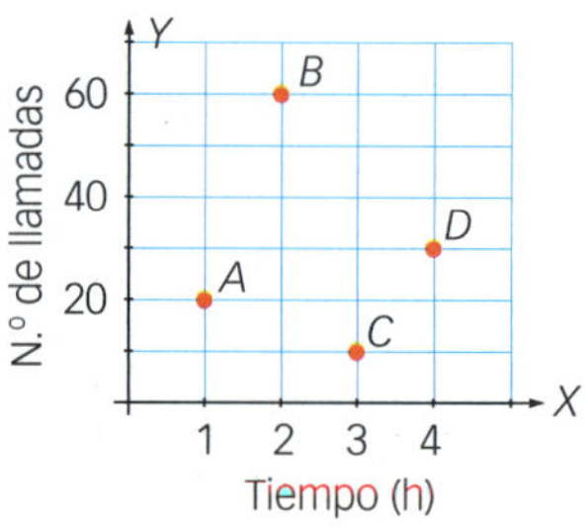

Concepto de función. Formas de expresar una función

51 Indica si la relación entre los siguientes pares de magnitudes es una función o no.

a) La altura de una persona y su edad.

b) La longitud del lado de un triángulo equilátero y su área.

c) La distancia recorrida por un atleta y el tiempo transcurrido.

d) Un número y sus múltiplos.

52 El precio de una garrafa de 5 litros de aceite de oliva es de 22,50 €.

a) Justifica si esta relación es una función o no.

b) Elabora una tabla de valores donde consten los litros de aceite y el precio.

c) Indica la variable independiente y la variable dependiente.

d) Halla la expresión algebraica.

e) Determina cuántas garrafas hemos comprado si hemos pagado 90 €.

53 Indica cuáles de estas gráficas corresponden a una función. Razona la respuesta.

a)

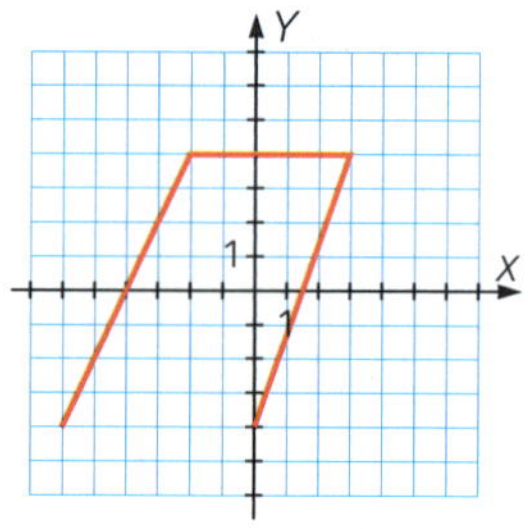

c)

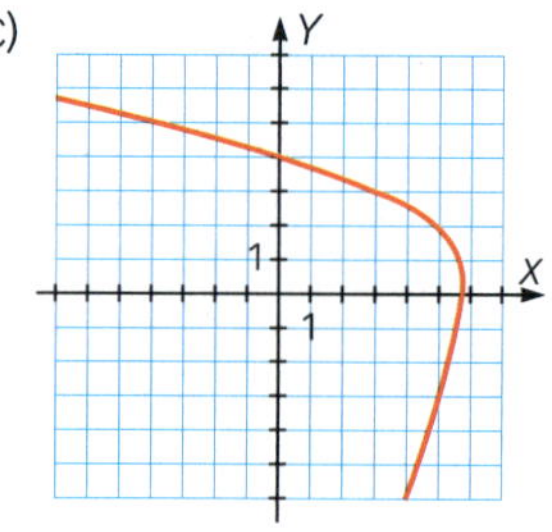

b)

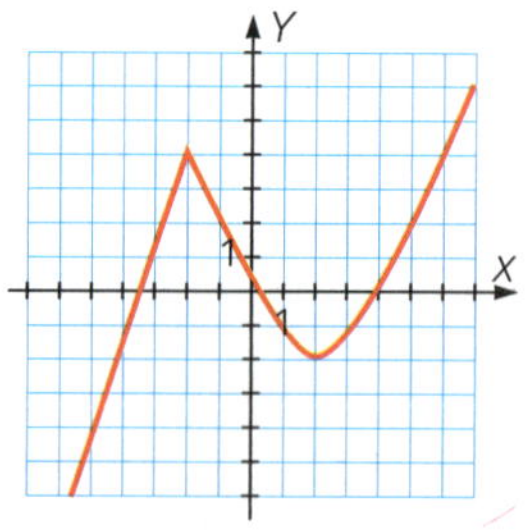

d)

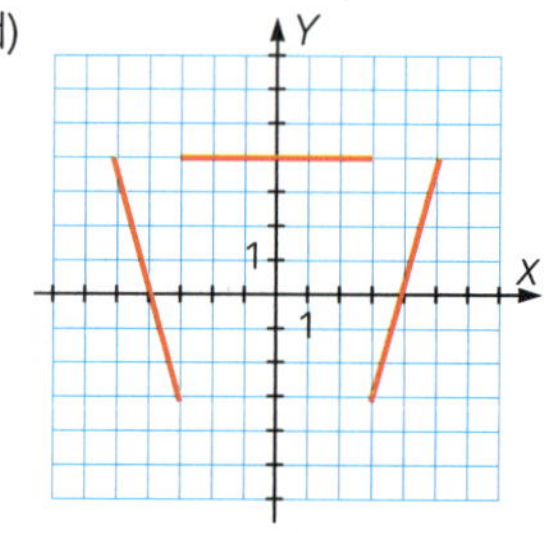

54 Justifica si las siguientes tablas de valores representan una función o no.

a)

x	1	1	2	2	3	3
y	2	4	6	8	10	12

b)

x	1	2	3	4	5	6
y	2	2	4	8	16	32

55 Pablo bebe 2,5 ℓ de agua al día. Expresa esta función en forma de tabla y represéntala gráficamente.

56 Halla la expresión algebraica de la función que asocia a cada número:

a) Su opuesto más 6 unidades.

b) La mitad del número menos 5 unidades.

c) El cuadrado de la cuarta parte del número.

d) El cubo de su doble.

e) Su doble más su mitad.

SABER HACER

Determinar si un punto pertenece a una función

57 Dada la función $y = 2x - 7$, determina si los puntos $(-2, 0)$ y $(3, -1)$ pertenecen a ella.

PRIMERO. En la ecuación de la función, se sustituye x por la primera coordenada del punto e y por la segunda.

$$A(-2, 0) \rightarrow y = 2x - 7 \xrightarrow{x=-2\ \ y=0} \begin{array}{l} 0 \neq 2\cdot(-2) - 7 \\ 0 \neq -11 \end{array}$$

$$B(3, -1) \rightarrow y = 2x - 7 \xrightarrow{x=3\ \ y=-1} \begin{array}{l} -1 = 2\cdot 3 - 7 \\ -1 = -1 \end{array}$$

SEGUNDO. Si la igualdad se cumple, el punto pertenece a la función; si no se cumple, no pertenece.

Así pues, el punto $(-2, 0)$ no pertenece a la función y el punto $(3, -1)$ sí que pertenece.

58 Averigua cuáles de estos puntos pertenecen a la función $y = 3x - 2$.

$A(1, 1)$ $\quad$ $D(-1, -5)$

$B(2, 2)$ $\quad$ $E(-2, -8)$

$C(0, 2)$ $\quad$ $F(3, 7)$

59 Indica a cuáles de las siguientes funciones pertenece el punto $A(-2, 2)$.

a) $y = 2 + x^2$ $\quad$ c) $y = 3x + 4$

b) $y = x^2 - 2$ $\quad$ d) $y = 2x + 6$

60 Dada la función que asocia a cada número su triple más 2 unidades:

a) Elabora una tabla de valores.

b) Halla la expresión algebraica.

c) Indica si el punto $(0, -2)$ pertenece a la función.

d) Calcula $f(-1)$, $f(1)$ y $f(4)$.

e) Represéntala gráficamente.

61 El precio de una entrada de teatro es de 21 €.

a) Construye una tabla que represente el precio que se tiene que pagar, hasta un total de diez entradas.

b) Escribe la función mediante una expresión algebraica.

c) Indica cuál es la variable independiente.

d) Representa gráficamente la función.

Estudio de una función

62 La gráfica muestra la velocidad media de un coche.

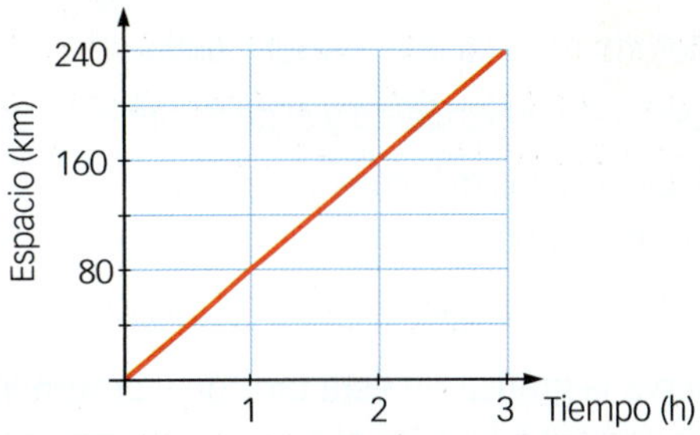

a) Representa la tabla de valores de la función.

b) ¿Cuántos kilómetros ha recorrido al cabo de dos horas?, ¿y al cabo de dos horas y media?

c) El espacio, ¿a qué tipo de variable corresponde?, ¿y el tiempo?

d) ¿Cuántas horas tiene que estar circulando el coche para hacer un recorrido de 400 km?

63 Determina si las siguientes funciones son continuas o discontinuas. Justifica la respuesta.

a)

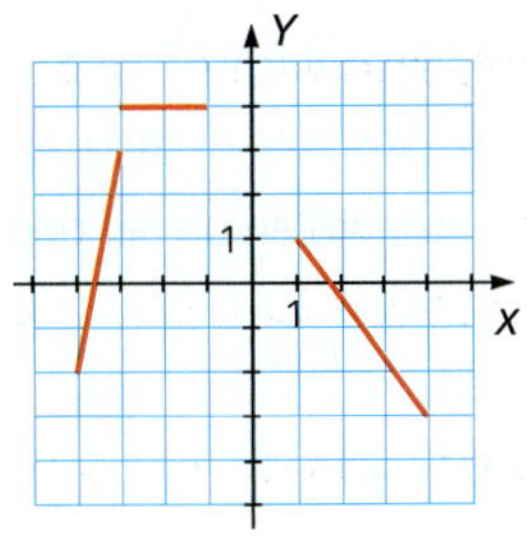

c)

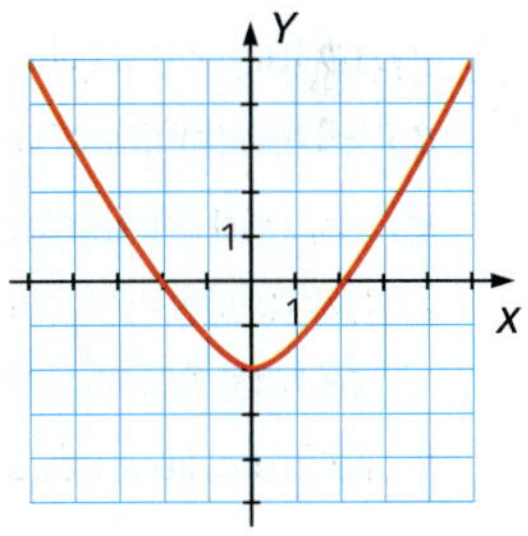

b)

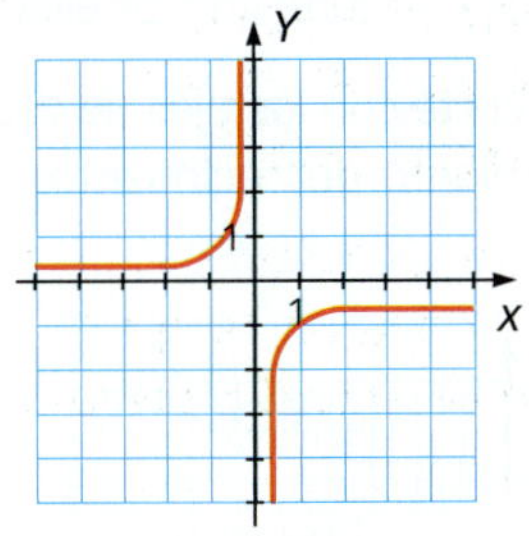

d)

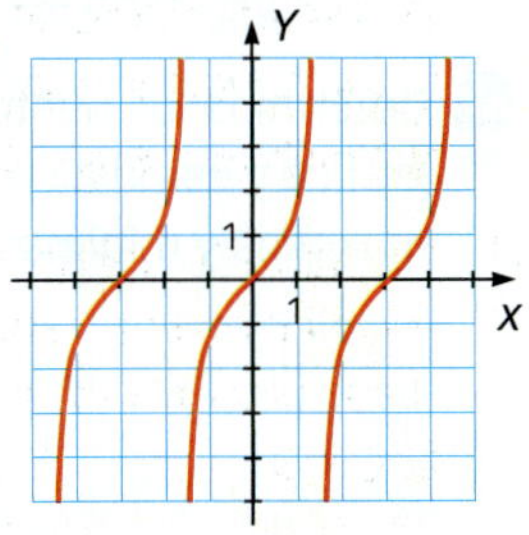

64 Determina los máximos y mínimos de esta función.

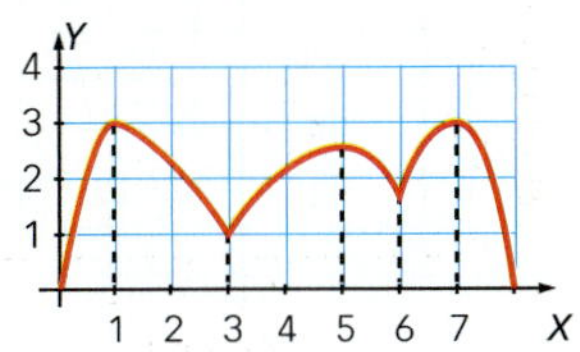

ACTIVIDADES FINALES

65 Dada la siguiente gráfica:

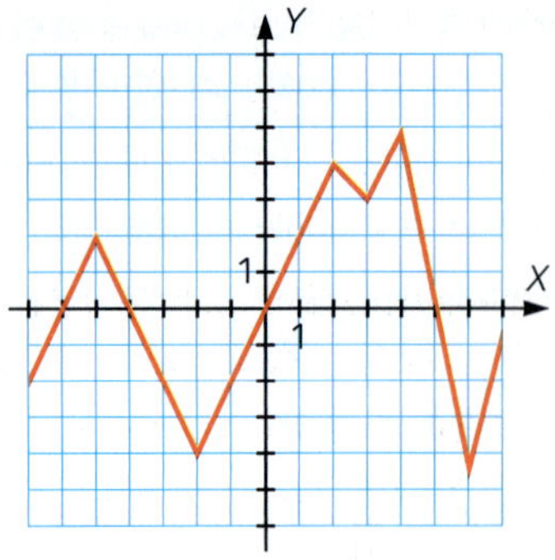

a) Determina si es una función continua.

b) Estudia el crecimiento y el decrecimiento de la función.

c) Especifica los máximos y mínimos, e indica los absolutos.

d) Determina los puntos de corte con los ejes.

66 **Observa la gráfica de esta función y determina si son verdaderas o falsas las siguientes afirmaciones. Corrige las falsas.**

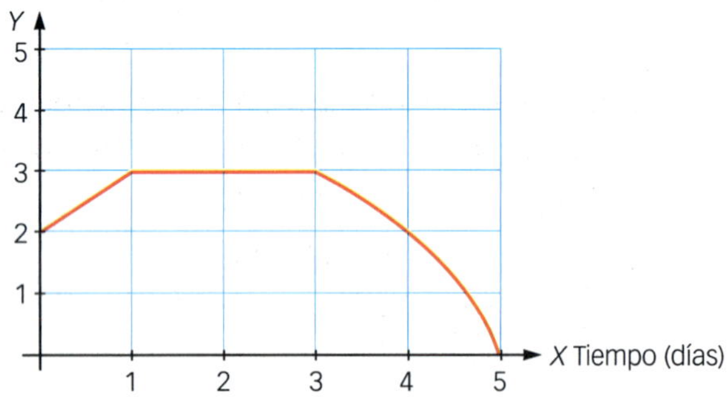

a) La función es decreciente de los 3 a los 5 días.

b) La función tiene un máximo absoluto al cabo de un día.

c) La función se mantiene constante en un período de 3 días.

d) La función no tiene límites.

e) La función es discontinua.

f) La función no tiene puntos de corte con los ejes.

67 **Determina los puntos de corte con los ejes de esta gráfica y estudia su crecimiento, decrecimiento, máximos y mínimos.**

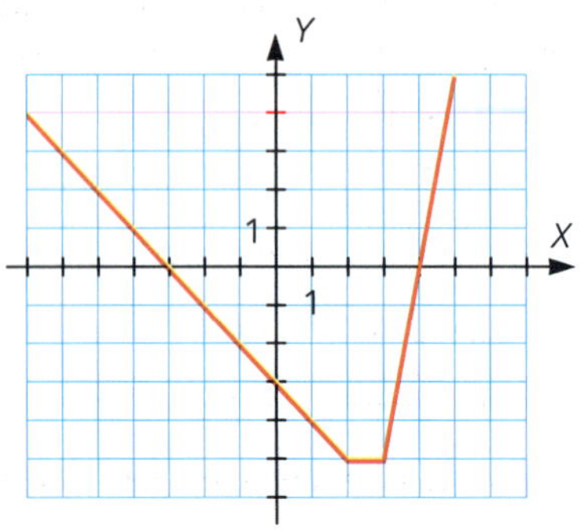

SABER HACER

Determinar los puntos de corte con los ejes

68 **Determina los puntos de corte con los ejes de la función $y = 3x - 3$, y represéntala.**

PRIMERO. Los puntos de corte con el eje *X* son de la forma $(a, 0)$. Por tanto, se sustituye *y* por 0 en la ecuación y se obtiene *x*.

$$y = 3x - 3 \xrightarrow{y=0} 0 = 3x - 3 \rightarrow x = 1$$

La gráfica corta al eje *X* en el punto (1, 0).

SEGUNDO. Los puntos de corte con el eje *Y* son de la forma $(0, b)$. Por tanto, se sustituye *x* por 0 en la ecuación y se obtiene *y*.

$$y = 3x - 3 \xrightarrow{x=0} y = 3 \cdot 0 - 3 \rightarrow y = -3$$

La gráfica corta al eje *Y* en el punto (0, −3).

TERCERO. Se representa la gráfica.

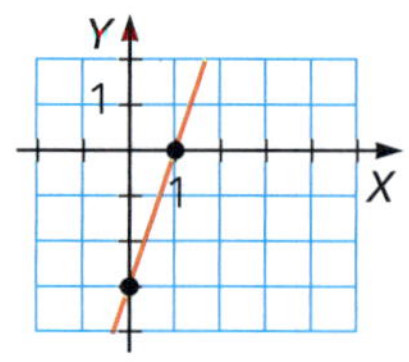

69 **Halla los puntos de corte con los ejes de las funciones.**

a) $y = 2x + 1$ b) $y = 3x - 2$ c) $y = -4x + 2$

70 **Esta gráfica muestra el número de asistentes a un concierto de música rock, durante cinco días. Indica cuáles de las siguientes afirmaciones son verdaderas.**

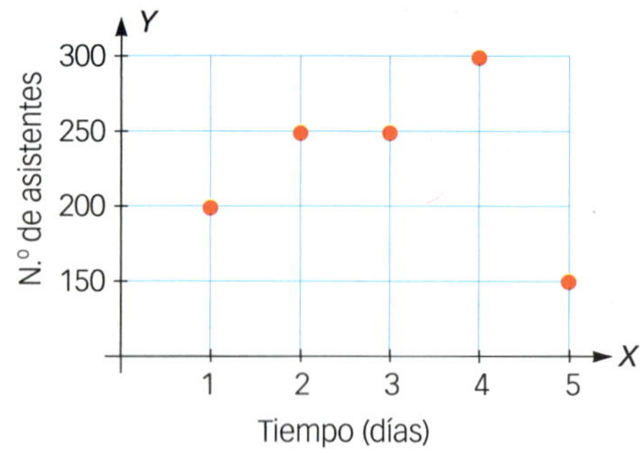

a) La tendencia ha sido creciente en el número de asistentes durante los cuatro primeros días.

b) La asistencia del penúltimo día fue máxima.

c) Cada día se superaron los 50 participantes.

d) El tercer día se vendieron 200 entradas.

e) Si cada entrada costaba 45 €, el tercer día se recaudaron 6 750 €.

f) Durante los primeros dos días asistieron 225 personas.

g) En dos días se vendieron 150 entradas.

71 Considera la función $y = -3x - 1$.

a) Represéntala gráficamente.

b) Halla los puntos de corte con los ejes.

c) Especifica los máximos y los mínimos.

d) Estudia el crecimiento y el decrecimiento.

72 Dibuja la gráfica de una función que corte tres veces el eje X y una vez el eje Y.

73 Esta tabla indica las precipitaciones en una ciudad a lo largo de un año.

Mes	Precipitación (ℓ/m²)
Enero	43,0
Febrero	22,8
Marzo	37,9
Abril	145,8
Mayo	50,8
Junio	27,8
Julio	32,6
Agosto	39,7
Septiembre	94,2
Octubre	64,8
Noviembre	53,1
Diciembre	72,4

a) Representa la gráfica.

b) Identifica los mínimos y los máximos.

c) ¿Cuál fue el mes del año más lluvioso?, ¿y el más seco?

d) ¿En qué meses llovió menos de 40 ℓ/m²?

e) ¿Cuál fue la precipitación acumulada durante el último trimestre del año?

Funciones de proporcionalidad directa

74 Representa las siguientes funciones en los mismos ejes de coordenadas.

a) $y = -2x$ b) $y = 4x$ c) $y = 10x$ d) $y = -8x$

¿Qué tienen en común las funciones a) y d)?, ¿y las funciones b) y c)?

75 La tabla muestra el precio de las avellanas en un supermercado.

Peso (kg)	1	2	3		
Precio (€)	2,80			14	28

a) Completa los datos de la tabla en tu cuaderno.

b) Representa los datos gráficamente.

c) ¿Las dos magnitudes son directamente proporcionales?

d) Halla la expresión algebraica de esta función.

e) ¿Cuánto costarían 15 kg de avellanas?, ¿y 20 kg?

Si por cada 25 kg se aplica un descuento de 0,50 €, ¿cuánto costarían 75 kg?

SABER HACER

Determinar la ecuación de una función de proporcionalidad directa conociendo uno de sus puntos

76 Determina la ecuación de la función de proporcionalidad directa que pasa por $P(2, -2)$.

PRIMERO. En la ecuación $y = mx$, se sustituye x por la primera coordenada e y por la segunda.

$$y = mx \xrightarrow{x=2 \quad y=-2} -2 = m \cdot 2$$

SEGUNDO. Se calcula m.

$$-2 = 2m \rightarrow m = \frac{-2}{2} = -1$$

Por tanto, la ecuación de la función es $y = -x$.

77 Halla la ecuación de la función de proporcionalidad directa que pasa por estos puntos y represéntala.

$A(1, -5)$ $B(2, 1)$ $C\left(\frac{3}{4}, \frac{1}{2}\right)$

78 Determina la ecuación de la recta de proporcionalidad directa que pasa por el punto $A(-1, 9)$ y represéntala.

a) ¿Qué signo tiene la pendiente m?

b) A partir de la representación gráfica, ¿qué conclusiones puedes extraer sobre rectas con pendiente m negativa?

SABER HACER

Determinar la ecuación de una función de proporcionalidad directa conociendo su gráfica

79 Determina la ecuación de esta función.

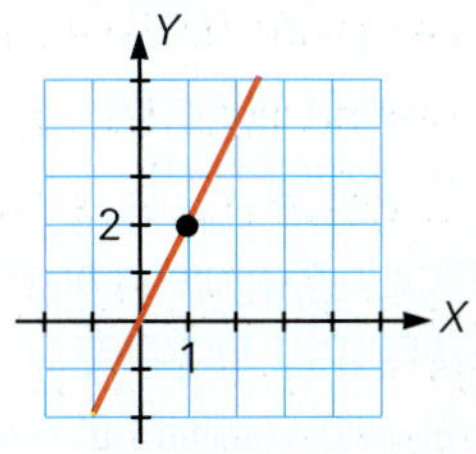

PRIMERO. Si la función es una recta y pasa por el origen de coordenadas, es de proporcionalidad directa.

Su ecuación es del tipo $y = mx$.

SEGUNDO. Se halla un punto de la función.

La función pasa por el punto (1, 2).

TERCERO. Se calcula m.

$$y = mx \xrightarrow{x=1 \quad y=2} 2 = m \cdot 1 \rightarrow m = 2$$

Por lo tanto, la ecuación de la función es $y = 2x$.

80 Determina las ecuaciones de las siguientes funciones.

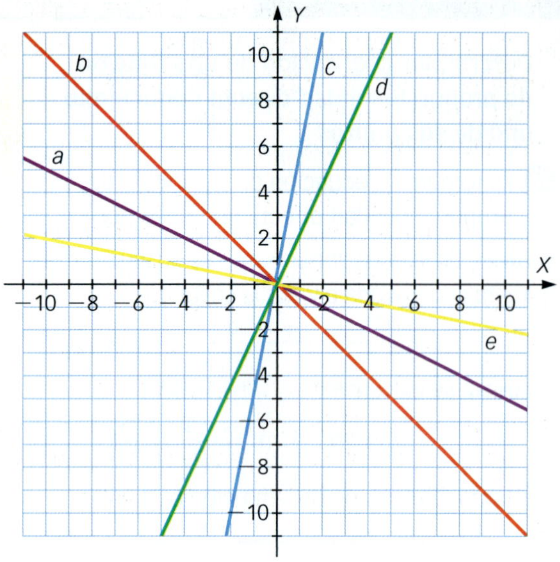

Funciones lineales

81 Representa las siguientes funciones e indica de qué tipo son.

a) $y = 5x$
b) $y = x + 6$
c) $y = 4$
d) $y = -x + 2$
e) $y = -3$
f) $y = -7x$

82 Escribe las expresiones algebraicas de las funciones que se indican y represéntalas.

a) Función lineal de pendiente $m = 2$ y pasa por el punto $P(4, 1)$.

b) Función lineal de pendiente $m = -1$ y pasa por el punto $P(0, 3)$.

c) Función lineal de pendiente $m = \frac{1}{2}$ y pasa por el punto $P(3, 2)$.

d) Función lineal de pendiente $m = -\frac{3}{5}$ y pasa por el punto $P(1, 1)$.

83 Indica la expresión algebraica y representa las siguientes funciones constantes.

a) Función constante que pasa por el punto $(-1, -2)$.

b) Función constante cuya ordenada en el origen sea 4.

84 Escribe la expresión algebraica de las funciones representadas.

a)

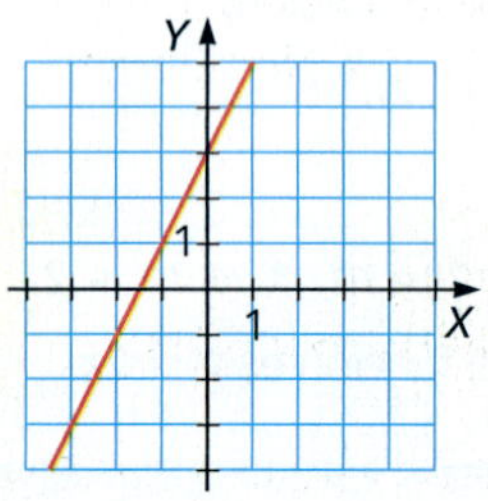

b)

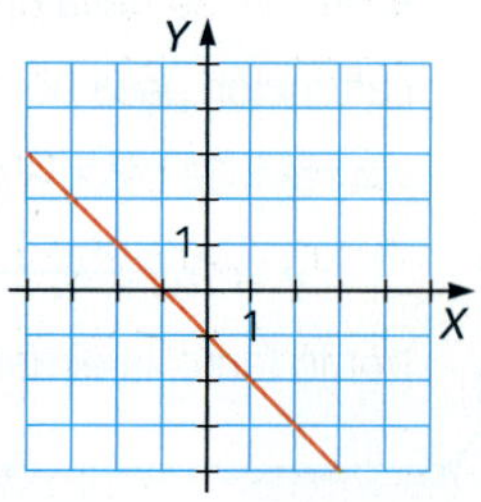

SABER HACER

Determinar la ecuación de una función lineal conociendo dos de sus puntos

85 Halla la ecuación de la función lineal que pasa por los puntos (1, 2) y (2, 3), y represéntala.

PRIMERO. Se sustituyen en la ecuación $y = mx + n$ los pares (x, y) de los puntos dados.

$$y = mx + n \xrightarrow{x=1 \quad y=2} 2 = m \cdot 1 + n$$

$$y = mx + n \xrightarrow{x=2 \quad y=3} 3 = m \cdot 2 + n$$

SEGUNDO. Se resuelve por el método de reducción el sistema que resulta.

$$\left.\begin{array}{l} 2 = m + n \\ 3 = 2m + n \end{array}\right\} \rightarrow m = 1, n = 1$$

La ecuación de la recta es $y = x + 1$.

TERCERO. Se representa la función.

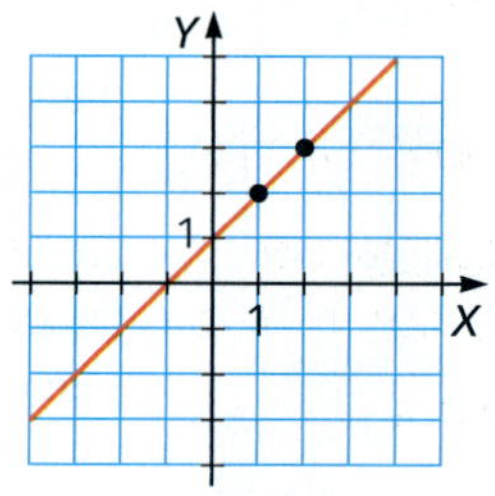

86 Determina la expresión algebraica de las funciones que pasan por los puntos indicados y represéntalas.

a) $(2, 3)$ y $(5, 6)$
b) $(1, 5)$ y $(3, 3)$
c) $(3, -4)$ y $(1, 1)$
d) $(-2, 5)$ y $(-1, -3)$
e) $\left(\frac{1}{4}, 1\right)$ y $(2, 3)$
f) $(0, -1)$ y $(4, 0)$

Problemas con funciones

87 En una fiesta, las personas se agrupan por parejas. Decide si la relación entre el número de parejas y el número de personas de la fiesta es una función, y encuentra su ecuación.

88 La siguiente expresión algebraica representa la ecuación del movimiento de un tren que circula a una velocidad constante de 180 km/h.

$$y = 180 \cdot x$$

a) Determina qué magnitudes representan las variables x e y.

b) Haz una tabla de valores de la función y represéntala.

c) ¿A qué velocidad tendría que ir el tren para hacer un recorrido de 30 km en 15 minutos?

89 La gráfica muestra el recorrido de dos ciclistas en función del tiempo. Observa y responde.

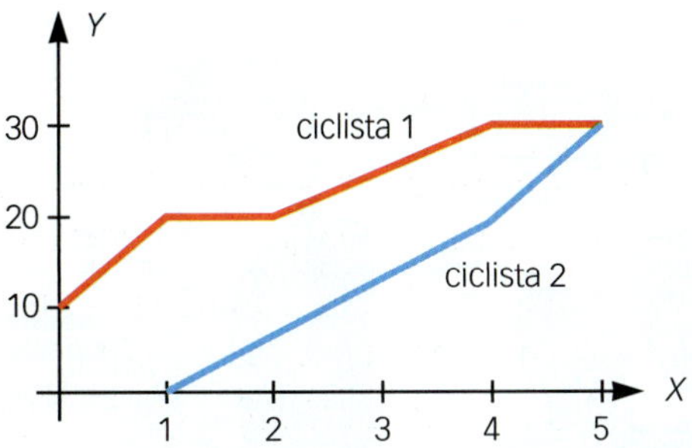

a) ¿Los dos ciclistas parten del mismo punto?, ¿y a la misma hora? Justifica la respuesta.

b) ¿Ambos recorren la misma distancia? ¿Qué distancia han recorrido? ¿Cuánto ha tardado cada ciclista?

c) ¿Crees que algún ciclista se ha parado?

90 En una pizzería cada repartidor de pizzas hace 20 entregas por noche. Decide si las magnitudes *número de repartidores* y *entregas* son directamente proporcionales. Representa la situación e indica la constante de proporcionalidad.

91 En un gimnasio se pagan 20 € de matrícula y 30 € cada mes por una actividad. Representa el precio que paga una persona durante un año mediante una gráfica. ¿Es posible unir los puntos?

92 Marta va a alquilar un coche. Le cobran 20 € de entrada, más 15 € cada día que lo tiene. Escribe la expresión algebraica que representa la relación entre el número de días que tiene el coche y el precio.

DEBES SABER HACER

Coordenadas cartesianas

1 Une los siguientes puntos por orden alfabético y el punto E con el punto A. ¿Qué figura obtienes?

$A(5, 0)$ $B(3, 4)$ $C(-3, 4)$ $D(-5, 0)$ $E(0, -4)$

2 Escribe las coordenadas de los vértices del siguiente triángulo y determina el cuadrante donde están situados.

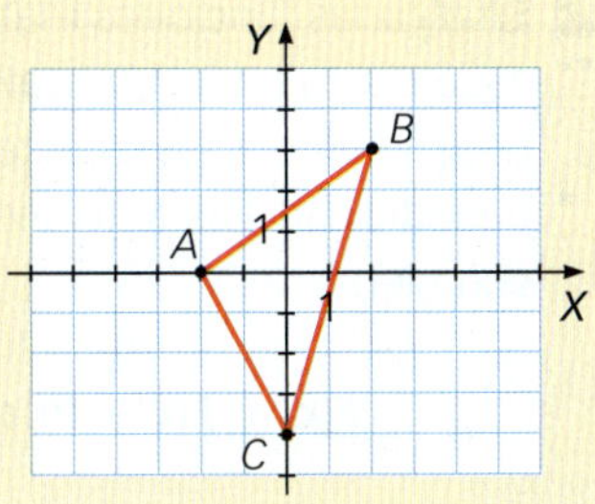

Funciones

3 Indica si estas gráficas corresponden a una función.

a)

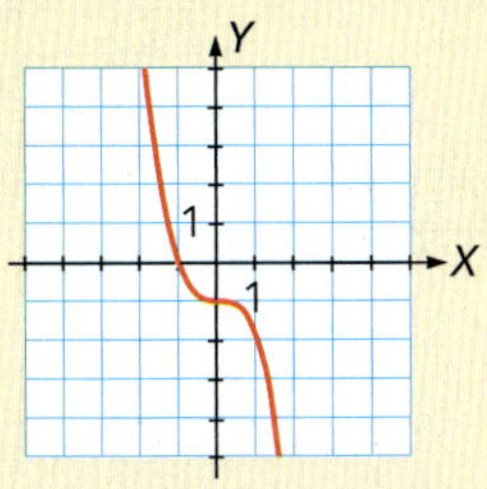

b)

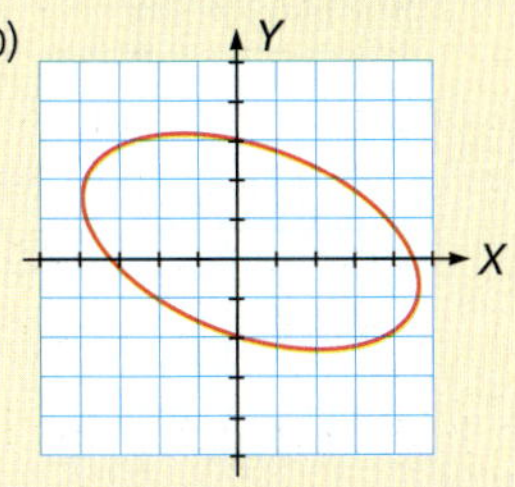

4 Las tarifas de un taller de reparaciones son 45 € por hora trabajada y 20 € por desplazamiento. Si el taller solo factura horas enteras:

a) Construye una tabla de valores.

b) Escribe la expresión algebraica.

c) Haz la representación gráfica.

Estudio de una función

5 Dada la siguiente gráfica:

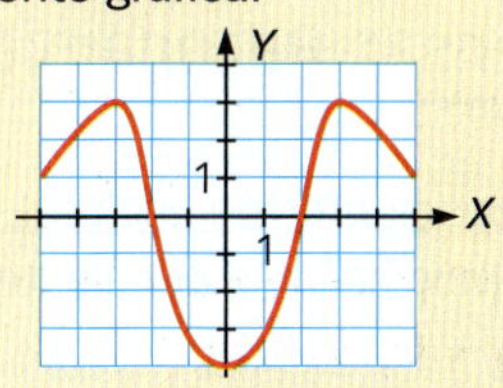

a) Indica si es una función continua o discontinua.

b) Halla los puntos de corte con los ejes.

c) Estudia el crecimiento y el decrecimiento, y determina los extremos.

d) Calcula la tasa de variación entre el tramo que va desde $x = -2$ hasta $x = 0$.

Funciones lineales

6 Completa la tabla en tu cuaderno. Determina si hace referencia a una función de proporcionalidad directa o inversa, y escribe la expresión algebraica correspondiente.

X	0,02	0,1			1	2
Y	600		60	24	12	

7 Escribe la expresión algebraica de cada una de estas funciones y represéntalas gráficamente.

a) Un número y su mitad.

b) Un número y su opuesto.

c) Un número y su triple menos tres unidades.

En la vida cotidiana

93 Thomas Alva Edison fue el creador del fonógrafo en el año 1877. Fue el primer aparato de la historia capaz de registrar y reproducir sonidos. Su nombre proviene del griego y quiere decir «sonido escrito».

El sonido, como cualquier onda, depende de un medio para propagarse. La velocidad del sonido no depende únicamente del medio, sino también de la temperatura a la que se encuentre este medio.

A continuación, se muestra una tabla con la variación de la velocidad del sonido, a medida que aumenta la temperatura.

Temperatura (°C)	Velocidad del sonido en el aire (m/s)
0	332
10	338
20	344
30	350
40	356

a) Representa la gráfica a partir de los datos de la tabla.

b) Las magnitudes *temperatura* y *velocidad del sonido*, ¿son directamente proporcionales?

c) A 15 °C, ¿cuál sería la velocidad del sonido?, ¿y a −10 °C?

Formas de pensar. Razonamiento matemático

94 Si conocemos dos puntos de una recta, $A(x_1, y_1)$ y $B(x_2, y_2)$, podemos hallar la pendiente, aplicándole la fórmula:

$$m = \frac{y_2 - y_1}{x_2 - x_1}$$

Por ejemplo, los puntos (2, 0) y (−4, 3) forman parte de una recta que tiene por pendiente:

$$m = \frac{3 - 0}{(-4) - 2} = \frac{3}{-6} = -\frac{1}{2}$$

Halla la pendiente de estas rectas.

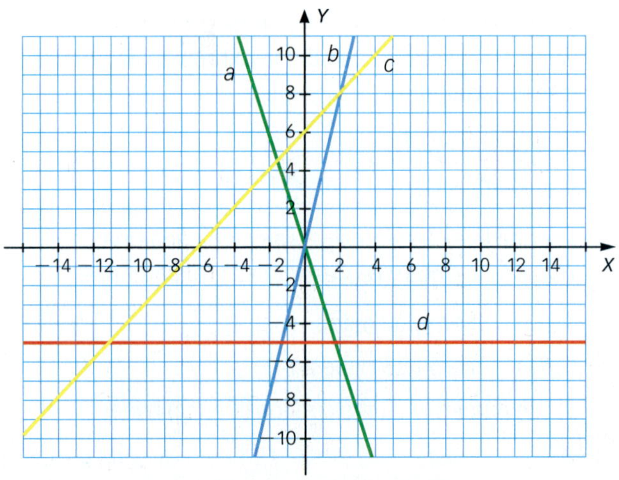

95 En algunas funciones matemáticas se repite cada cierto período el valor de la variable dependiente. Esta característica se denomina periodicidad. Las funciones periódicas cumplen:

$F(x) = F(x + P)$, donde P es el período.

Estudia si las siguientes funciones son periódicas. En caso afirmativo, halla P.

a)

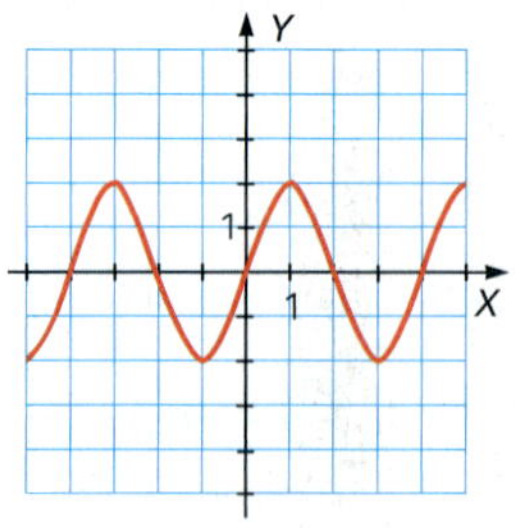

c)

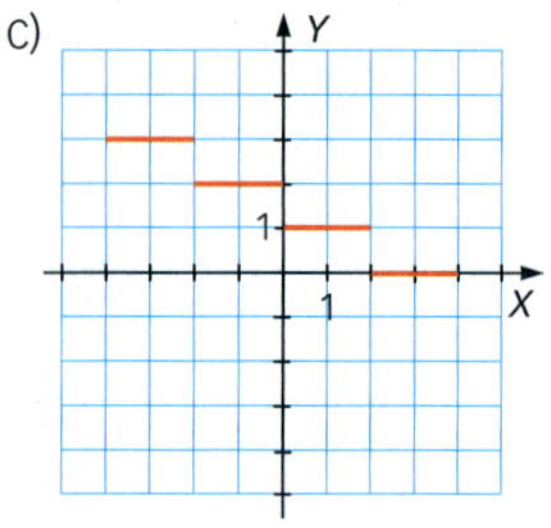

b)

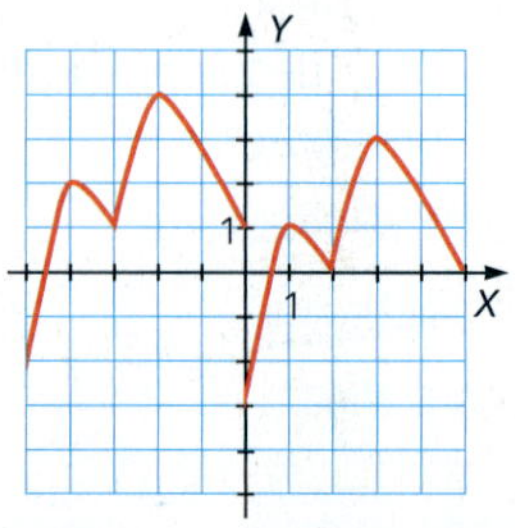

d)

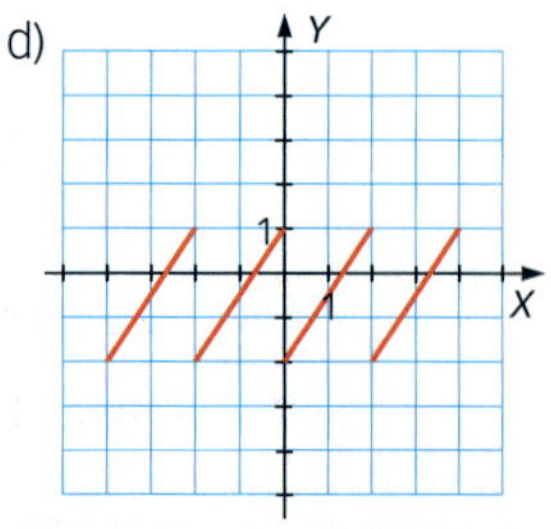

PROYECTO FINAL. **Trabajo cooperativo**

OBJETIVO: Hacer un estudio sobre los cambios de estado del agua

1.ª Fase.

- Buscad información sobre el ciclo del agua y sus tres estados: sólido, líquido y gaseoso.
- Investigad sobre los cambios de estado de la materia.

2.ª Fase.

- Experimentad los cambios de estado del agua destilada, vaporización y fusión, en el laboratorio de vuestro centro.
- Elaborad los gráficos correspondientes a los cambios de estado, en función de la temperatura (°C) y el tiempo (min), y analizad cómo varía la temperatura en todo el proceso.

3.ª Fase.

- Elaborad un informe completo de la práctica experimental llevada a cabo.
- Organizad un debate sobre la importancia del ahorro de agua.

Pruebas PISA

Crecer

96 **La juventud se hace más alta**

La estatura media de los chicos y chicas de Holanda en 1998 está representada en el siguiente gráfico.

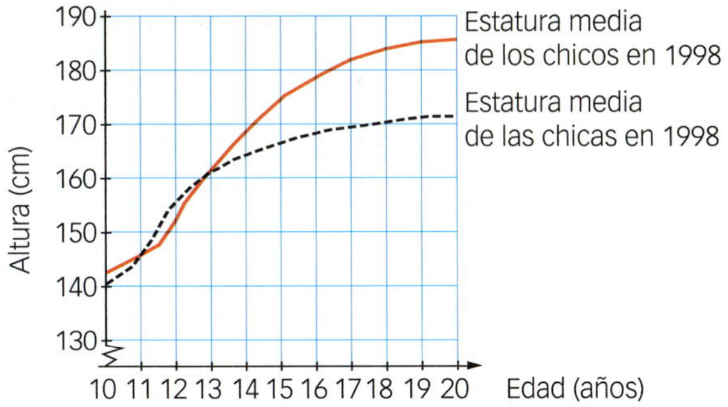

a) Desde 1980 la estatura media de las chicas de 20 años ha aumentado 2,3 cm, hasta alcanzar los 170,6 cm. ¿Cuál era la estatura media de las chicas de 20 años en 1980?

b) Explica cómo el gráfico muestra que la tasa de crecimiento de la estatura de las chicas disminuye a partir de los 12 años.

c) De acuerdo con el gráfico, ¿en qué período de la vida las chicas son, por término medio, más altas que los chicos de la misma edad?

(Prueba PISA 2003)

El depósito de agua

97 Un depósito de agua tiene la forma y dimensiones que se muestran en el dibujo.

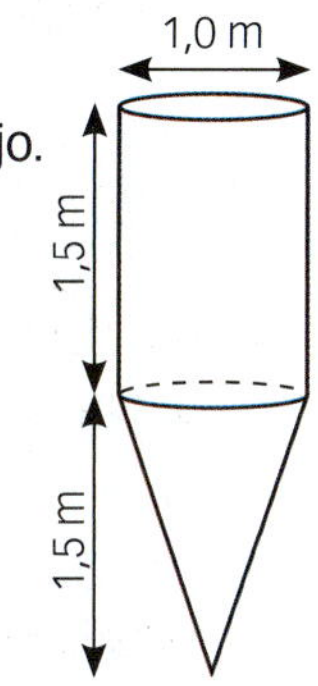

Inicialmente, el depósito está vacío. Después, se llena con agua a razón de un litro por segundo.

¿Cuál de los gráficos siguientes muestra la altura que alcanza la superficie del agua en la cisterna en función del tiempo?

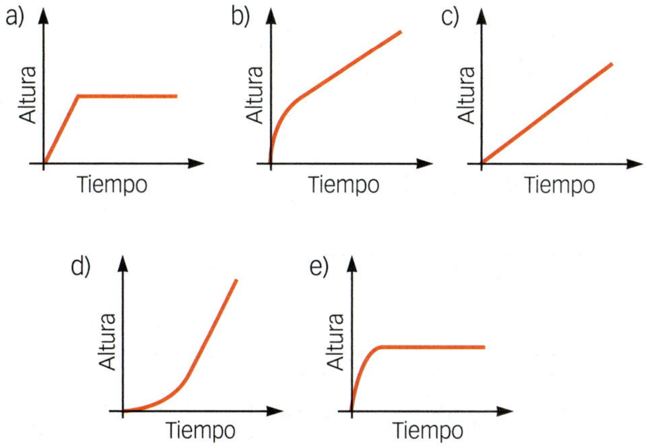

(Prueba PISA 2000)

CLAVES PARA EMPEZAR

Qué es un sector circular

- Un sector circular es la parte del círculo limitada por dos radios y su arco correspondiente.
- Para dibujar un sector circular hay que conocer la longitud del radio y el ángulo que abarca el sector circular.

EJEMPLO

Dibuja un sector circular de 85° en una circunferencia de 5 cm de diámetro.

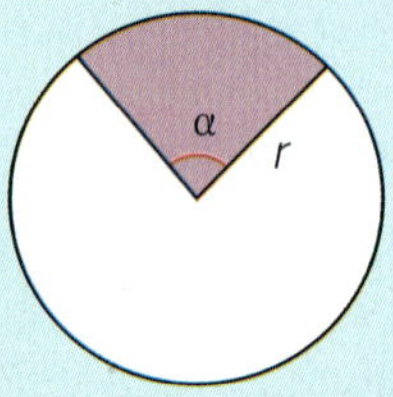

$\alpha = 85°$
$r = 2{,}5$ cm

ACTIVIDADES

1 Dibuja los siguientes sectores circulares en una circunferencia de 3 cm de radio.

a) De 45° de amplitud. b) De 180° de amplitud.

2 Determina el radio y el ángulo de los siguientes sectores circulares.

a)

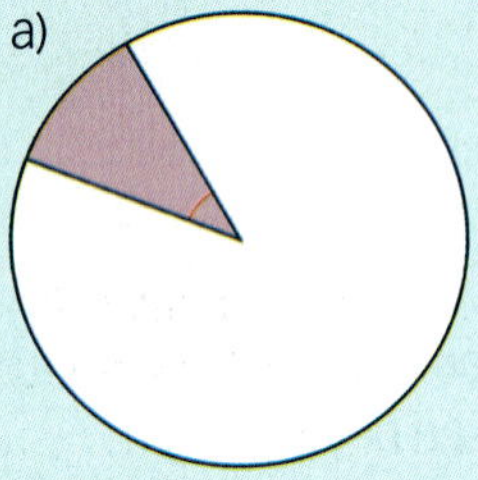

b)

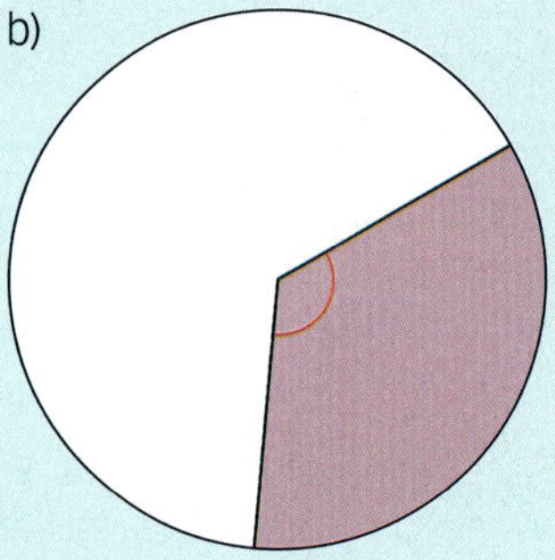

Cómo se calcula un porcentaje

Para calcular el tanto por ciento de una cantidad, multiplicamos la cantidad por el tanto por ciento, y lo dividimos entre 100.

$$t\,\%\text{ de }Q = \frac{t}{100} \cdot Q$$

EJEMPLO

Determina el 20 % de 300.

$$20\,\%\text{ de }300 = \frac{20}{100} \cdot 300 = \frac{20 \cdot 300}{100} = 60$$

ACTIVIDADES

3 Calcula.

a) 70 % de 2 400 c) 5 % de 200
b) 18 % de 540 d) 90 % de 4 500

1838
Samuel Morse hace una demostración pública sobre la utilización del telégrafo. La invención de Morse transmite mensajes a través de pulsos de corriente que producen códigos escritos en una tira de papel.

Estadística y probabilidad 14

SABER

- Variables estadísticas
- Frecuencias. Tablas
- Gráficos estadísticos
- Medidas estadísticas
- Probabilidad de un suceso

SABER HACER

- Construir tablas de frecuencias
- Interpretar gráficos estadísticos
- Calcular e interpretar las medidas estadísticas
- Calcular probabilidades mediante la regla de Laplace

? VIDA COTIDIANA

El telégrafo

La invención del telégrafo permitió por primera vez la comunicación instantánea mediante el alfabeto Morse.

Este código está formado por dos señales eléctricas, una corta (punto) y una larga (raya) que combinadas entre ellas, representan todas las letras del alfabeto y las cifras del 0 al 9.

- Si el código Morse solo utilizara puntos, ¿cuántos puntos como mínimo se necesitarían utilizar? ¿Y si se pudiese incluir como máximo una raya?

1844
Morse transmite un mensaje desde la Corte Suprema de Estados Unidos en Washington, a su asistente Alfred Vail, en Baltimore.

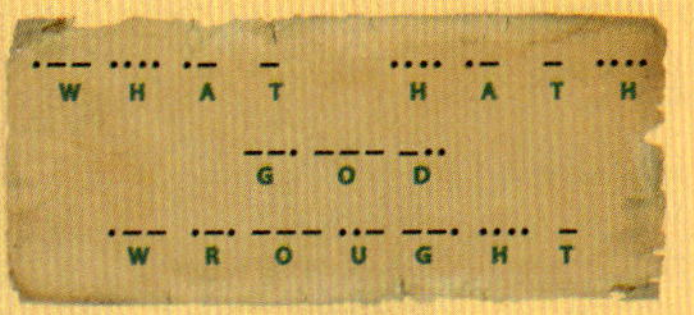

1845
Se inaugura la primera línea telegráfica de los Estados Unidos, entre Washington y Baltimore, que utiliza el sistema de telegrafía en alfabeto Morse.

1866
Se pone en marcha el primer cable de telégrafo transatlántico. Por primera vez en la historia es posible la comunicación global e inmediata, dejando atrás las distancias geográficas.

Finales del siglo XX
La invención en 1985 del SMS, que fue implantado en las redes de telefonía, y la creación del correo electrónico hacen que la transmisión de mensajes telegráficos prácticamente desaparezca.

1 Estudios estadísticos. Variables estadísticas

RECUERDA

Población: conjunto de todos los elementos del estudio estadístico.

Muestra: parte de la población que estudiamos para deducir cualidades de la población.

La **estadística** es la ciencia que se ocupa de recoger y ordenar datos referidos a diversos fenómenos y posteriormente, analizarlos e interpretarlos.

Una **variable estadística** es cualquier característica que se estudie en los individuos de la población o de una muestra.

Según sus posibles valores las variables se clasifican así:

- **Cualitativas**: los valores de la variable no son números, sino cualidades. Por ejemplo, *sexo* (mujer u hombre).
- **Cuantitativas**: los valores que toma la variable son números. Dentro de las variables cuantitativas hay dos clases:
  - **Discretas**: entre cada dos valores, la variable solo puede tomar un número finito de valores. Por ejemplo, *número de páginas de un libro* (entre 112 y 114 solo hay un posible valor, 113).
  - **Continuas**: entre cada dos valores, la variable puede tomar tantos valores como queramos. Por ejemplo, la *temperatura* (entre 10 °C y 11 °C hay 10,1 °C; 10,15 °C..., infinitos valores posibles).

EJEMPLO

1. Se va a hacer un estudio sobre el peso, la comida preferida y el número de comidas que hacen al día los alumnos de un IES. Clasifica las variables estadísticas del estudio.

   Las variables son:

   - Peso → cuantitativa continua
   - Comida preferida → cualitativa
   - Número de comidas diarias → cuantitativa discreta

ACTIVIDADES

1 **PRACTICA.** En un estudio sobre deporte escogemos 250 personas de una ciudad y les preguntamos por su edad y su deporte favorito.

a) ¿Cuál es la población y la muestra?

b) Clasifica las variables estadísticas que aparecen.

2 **APLICA.** Diseña un estudio sobre el sueldo de los empleados de una fábrica. Especifica la población, la muestra y da algunos valores que puedan tener las variables estadísticas del estudio.

3 **REFLEXIONA.** Indica si es más conveniente estudiar la población o una muestra. Explica por qué.

a) La altura de los alumnos de un instituto.

b) El peso de los jugadores de un equipo de fútbol.

c) El modelo de teléfono móvil que utilizan los alumnos de una clase de 2.º de ESO.

d) Los gustos musicales de los habitantes de una ciudad.

e) La duración de las canciones de un disco.

2 Frecuencias

- La **frecuencia absoluta** de un dato estadístico es el número de veces que se repite. Se representa por f_i.
- La **frecuencia relativa** es el cociente entre la frecuencia absoluta y el número total de datos. Se representa por h_i.
- La **frecuencia absoluta acumulada**, F_i, de un dato, x_i, es la suma de las frecuencias absolutas de los valores que son menores o iguales a este dato.

$$F_i = f_1 + f_2 + f_3 + \ldots + f_i$$

- La **frecuencia relativa acumulada**, H_i, de un dato, x_i, es la suma de las frecuencias relativas de los valores menores o iguales a este dato.

$$H_i = h_1 + h_2 + h_3 + \ldots + h_i$$

Para hacer el recuento de datos:

- Si la variable es **cuantitativa**, se ordenan los valores de los datos en orden creciente y se apunta la cantidad de veces que aparece cada uno.
- Si la variable es **cualitativa**, se escriben todos los valores y se apunta la cantidad de veces que aparece cada uno.

EJEMPLO

2. Completa la tabla de frecuencias con las frecuencias acumuladas.

x_i	0	1	2	3	4
f_i	6	16	15	10	3

Calculamos las frecuencias acumuladas por ser la variable cuantitativa.

x_i	f_i	F_i	h_i	H_i
0	6	6	0,12	0,12
1	16	22	0,32	0,44
2	15	37	0,3	0,74
3	10	47	0,2	0,94
4	3	50	0,06	1
	50		**1**	

La última frecuencia absoluta acumulada coincide con el número total de datos.

La última frecuencia relativa acumulada es siempre 1.

NO OLVIDES

- La suma de las frecuencias absolutas es el número total de datos.
- La suma de las frecuencias relativas es igual a la unidad.
- La frecuencia relativa acumulada equivale al cociente entre la frecuencia absoluta acumulada del dato y el número total de datos.

$$H_i = \frac{f_1 + f_2 + f_3 + \ldots + f_i}{N} = \frac{F_i}{N}$$

ACTIVIDADES

4 PRACTICA. Organiza estos datos en una tabla.

40 39 41 39 40 38 37 40 40 41 42 39 40 39 39

5 APLICA. Completa en tu cuaderno esta tabla.

x_i	f_i	F_i	h_i	H_i
1	17		0,17	
2			0,16	
3	14			
4				
5			0,15	
6	20			

6 REFLEXIONA. En una clase de 28 alumnos de 2.º de ESO, las calificaciones que se han obtenido en el último examen de Ciencias son:

7, 8, 3, 5, 9, 4, 6, 7, 3, 6, 8, 5, 9, 7,
4, 6, 5, 8, 7, 3, 10, 7, 6, 4, 8, 3, 6, 7

a) Haz un recuento de los datos y halla las frecuencias absolutas y relativas.

b) ¿Qué porcentaje de la clase ha suspendido?

SABER HACER

Para calcular las frecuencias acumuladas, los datos se tienen que poder ordenar, es decir, la variable tiene que ser cuantitativa.

Construir tablas de frecuencias

Organiza en una tabla de frecuencias los datos de estas dos variables.

a) El número de hermanos.

1 1 3 4 4 2 2 2 1 4 4 2 3 2 3 2 3 1 1 2 2 1 3 1 2

b) Color de ojos.

Azul: 5 Castaño: 6 Negro: 6 Verde: 8

Pasos a seguir

1. Contamos el número de veces que aparece cada dato (f_i).

a) 1 → |||| || 3 → ||||
2 → |||| |||| 4 → ||||

b) El recuento ya está realizado.

2. Elaboramos una tabla colocando en la primera columna los valores que toma la variable (en orden creciente si la variable es cuantitativa) y añadimos su frecuencia absoluta.

a)

Datos (x_i)	f_i
1	7
2	9
3	5
4	4
Total	25

b)

Datos (x_i)	f_i
Azul	5
Castaño	6
Negro	6
Verde	8
Total	25

3. Dividimos las frecuencias absolutas entre el número total de datos, para hallar las frecuencias relativas, y lo anotamos en la siguiente columna.

a)

Datos (x_i)	f_i	h_i
1	7	7/25 = 0,28
2	9	9/25 = 0,36
3	5	5/25 = 0,2
4	4	4/25 = 0,16
Total	25	1

b)

Datos (x_i)	f_i	h_i
Azul	5	5/25 = 0,2
Castaño	6	6/25 = 0,24
Negro	6	6/25 = 0,24
Verde	8	8/25 = 0,32
Total	25	1

4. Completamos la tabla con las frecuencias. Además, si la variable es cuantitativa podemos anotar también las frecuencias acumuladas sumando las frecuencias en orden creciente.

a)

x_i	f_i	F_i	h_i	H_i
1	7	7	0,28	0,28
2	9	16	0,36	0,64
3	5	21	0,2	0,84
4	4	25	0,16	1
Total	25		1	

b)

Datos (x_i)	f_i	h_i
Azul	5	0,2
Castaño	6	0,24
Negro	6	0,24
Verde	8	0,32
Total	25	1

ACTIVIDADES

7 Halla la tabla de frecuencias de las temperaturas en el mes de junio.

20, 28, 24, 26, 22, 24, 28, 22, 26, 30,
20, 22, 26, 24, 28, 20, 24, 26, 22, 24,
24, 26, 22, 24, 28, 20, 26, 22, 24, 26

8 Copia y completa la tabla sabiendo que el número de empates total es 15.

Resultados	f_i	h_i	%
Ganados			
Perdidos	12		
Empatados			
Total	50		100

3 Gráficos estadísticos

Al margen de las tablas de frecuencias, otra forma de organizar y resumir los datos son las **representaciones gráficas**.

Los gráficos estadísticos nos permiten captar inmediatamente las características más relevantes de un estudio estadístico.

3.1. Diagrama de barras

Un **diagrama de barras** consiste en un gráfico compuesto por barras que representan las frecuencias de cada dato.
Se utiliza para representar frecuencias de variables cualitativas y de cuantitativas discretas que tomen pocos valores.

Cuando la variable es cuantitativa, podemos unir con líneas los extremos superiores de las barras y obtenemos una línea poligonal denominada **polígono de frecuencias**.

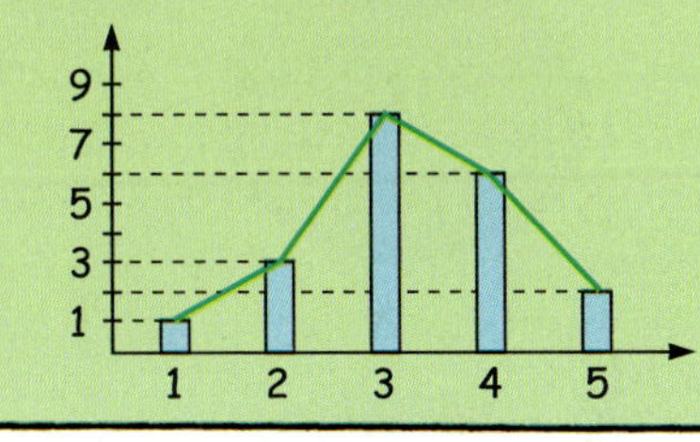

Para construir un diagrama de barras, dibujamos unos ejes de coordenadas y a continuación:

- Representamos los valores de la variable en el eje horizontal.
- Representamos las frecuencias en el eje vertical.
- La frecuencia de cada dato se representa con una barra. Las alturas de las barras son proporcionales a las frecuencias correspondientes.

EJEMPLO

3. Representa con un diagrama de barras, los datos de la siguiente tabla.

Novela preferida	Frecuencia (f_i)
Aventuras	12
Histórica	8
Ciencia-ficción	14
Romántica	6

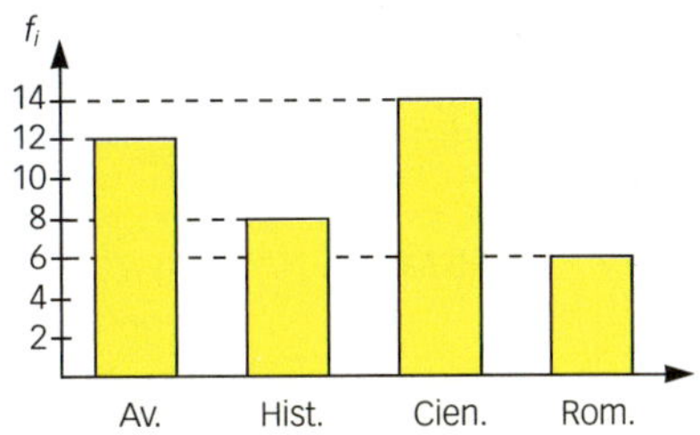

En este caso, como la variable *Novela preferida* es cualitativa, no podemos hacer el polígono de frecuencias.

ACTIVIDADES

9 PRACTICA. Las preferencias sobre el tipo de música que gusta a un grupo de alumnos de ESO vienen recogidas en la siguiente tabla:

Música	Rock	Pop	Tecno	Country	Baladas
f_i	30	22	25	5	18

Representa los datos en un diagrama de barras.

10 APLICA. Las edades de 30 alumnos son:

12, 13, 14, 15, 12, 13, 14, 12, 15, 16, 13, 14, 13, 15, 13, 15, 13, 12, 15, 16, 15, 13, 14, 12, 14, 15, 16, 13, 14, 15

Elabora una tabla de frecuencias y representa los datos en un diagrama de barras.

11 REFLEXIONA. De una variable estadística solo conocemos sus frecuencias acumuladas y tenemos su diagrama de barras. ¿Podemos trazar su polígono de frecuencias?

3.2. Diagrama de sectores

Un **diagrama de sectores** está compuesto por un círculo dividido en sectores que representan a cada uno de los valores de la variable. Es un gráfico que se puede utilizar para representar cualquier tipo de variable.

Para construir un diagrama de sectores, dibujamos un círculo y lo dividimos en sectores.

- Cada sector representa un valor de la variable.
- La amplitud de un sector, su ángulo, es proporcional a la frecuencia del dato que representa.
- El ángulo del sector circular lo obtenemos aplicando esta fórmula:

$$\text{Ángulo del sector circular} = \frac{f_i}{N} \cdot 360° = h_i \cdot 360°$$

EJEMPLO

4. En la siguiente tabla podemos ver los resultados obtenidos en una encuesta sobre el género de la última película que han ido a ver al cine 400 personas. Completa la tabla de frecuencias y realiza un diagrama de sectores.

Género	f_i
Aventuras	120
Ciencia-ficción	80
Comedia	140
Drama	60
Total	$N = 400$

Completamos la tabla y dibujamos el diagrama (margen).

Género	f_i	h_i	%	Ángulo (°)
Aventuras	120	$\frac{120}{400} = 0{,}3$	30 %	$0{,}3 \cdot 360 = 108°$
Ciencia-ficción	80	$\frac{80}{400} = 0{,}2$	20 %	$0{,}2 \cdot 360 = 72°$
Comedia	140	$\frac{140}{400} = 0{,}35$	35 %	$0{,}35 \cdot 360 = 126°$
Drama	60	$\frac{60}{400} = 0{,}15$	15 %	$0{,}15 \cdot 360 = 54°$
Total	$N = 400$	1	100 %	360°

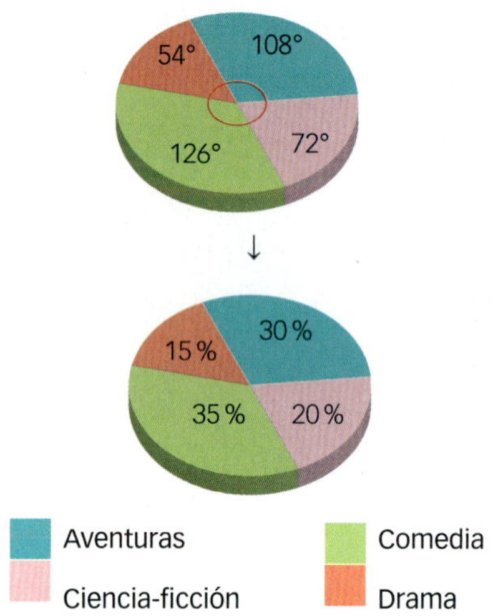

ACTIVIDADES

12 PRACTICA. Hemos preguntado a 50 alumnos el número de hermanos que tienen. Representa los datos en un diagrama de sectores.

N.º de hermanos	Frecuencia
0	14
1	16
2	10
3	6
4 o más	4

13 APLICA. Representa, en un diagrama de sectores, estos datos de los alumnos de ESO que hay en una población costera.

1.º ESO: 1 250 alumnos
3.º ESO: 1 800 alumnos
2.º ESO: 1 500 alumnos
4.º ESO: 900 alumnos

14 REFLEXIONA. Pon dos ejemplos que te ayuden a explicar las ventajas y los inconvenientes de usar un diagrama de sectores, en lugar de usar para la misma variable el diagrama de barras.

SABER HACER

Interpretar gráficos estadísticos

Observa los gráficos y contesta.

a) El diagrama de sectores representa los gastos de una familia con una renta de 1 800 € mensuales. ¿Cuánto dinero gasta en cada concepto?

b) En el gráfico de barras podemos ver las ventas de coches de un concesionario según el tipo de vehículo. ¿Qué porcentaje de ventas corresponde a turismos? ¿Y a deportivos?

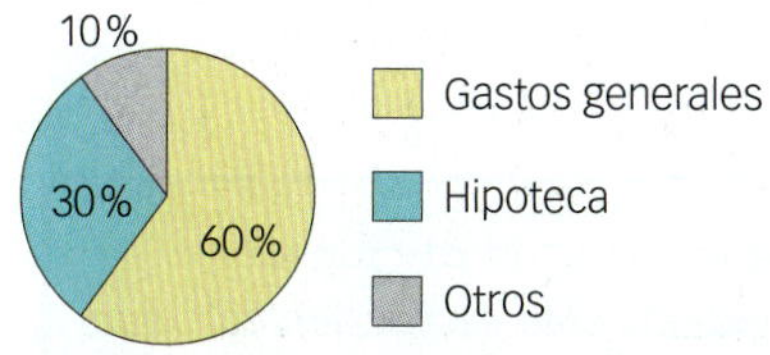

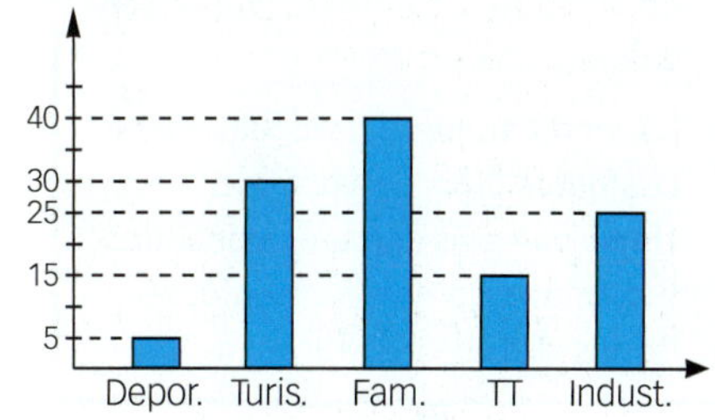

Pasos a seguir

1. Analizamos los datos que nos ofrece el enunciado del problema y el gráfico.

a) El 60 % de los gastos son generales, el 30 % es de hipoteca y el 10 % restante a otros conceptos.

b) Recogemos en una tabla los datos del gráfico de barras.

x_i	Deportivo	Turismo	Familiar	Todo terreno	Industrial
f_i	5	30	40	15	25

2. Calculamos a partir de los datos lo que nos pide el problema.

a) Gastos generales: 60 % de 1 800 = 1 080 €.

Hipoteca: 30 % de 1 800 = 540 €. Otros: 10 % de 1 800 = 180 €.

b) Calculamos los coches vendidos y hallamos el porcentaje:

Total de ventas: 5 + 30 + 40 + 15 + 25 = 115

% de turismos: $\frac{30}{115} = \frac{x}{100} \rightarrow x = \frac{30 \cdot 100}{115} = 26{,}1\,\%$

3. Interpretamos el resultado.

a) Gastan en gastos generales 1 080 €, en hipoteca, 540 €, y en otros gastos, 180 €.

b) El 26,1 % de los coches vendidos son turismos y el 4,3 % son deportivos.

Para calcular el tanto por ciento que representa un dato en un diagrama de sectores del que solo conocemos la amplitud del sector utilizamos esta fórmula.

$$\frac{\text{Amplitud del sector}}{360} \cdot 100$$

ACTIVIDADES

15 El gráfico muestra el número de entradas de cine vendidas durante una semana. El precio de la entrada de lunes a viernes es de 6,50 €, menos el día del espectador, que es el jueves y cuesta 5 €. El sábado y el domingo el precio es de 7,50 €. ¿Cuánto dinero se ha recaudado durante la semana?

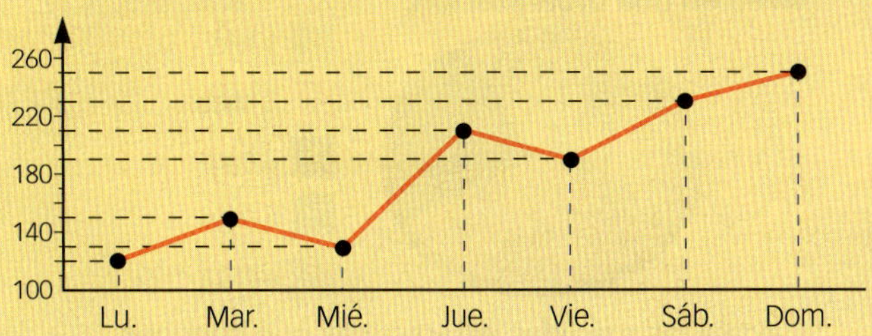

16 Una tienda vende camisetas de cuatro colores. El siguiente diagrama muestra las preferencias, en cuanto al color, de los clientes de esa tienda.

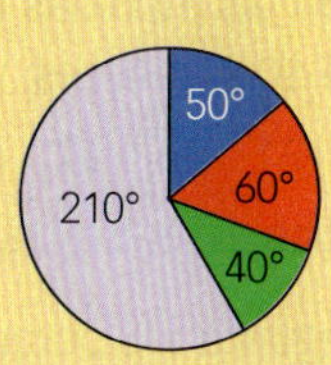

a) ¿Cuál es el color que prefiere la mayoría?

b) Si se atendió a 720 personas en enero, ¿cuántas prefirieron cada color?

4 Medidas estadísticas

- La media aritmética y la mediana solo se pueden calcular en variables cuantitativas y son valores únicos.
- La moda se puede calcular para cualquier tipo de variable, no tiene por qué ser un valor único y siempre coincide con alguno de los datos.

Una vez organizados los datos de un estudio estadístico, podemos calcular una serie de valores que nos ayudarán a interpretarlos: son las medidas estadísticas. Las medidas que vamos a estudiar son: la **media aritmética**, la **mediana**, la **moda** y el **rango** o **recorrido**.

- **Media aritmética**: se representa por $\overline{x}$ y es el número que resulta de dividir la suma de todos los datos entre el número total de ellos.
- **Mediana**: se representa por ***Me*** y es el valor que ocupa la posición central de los datos después de ordenarlos, o la media de los dos valores centrales en el caso de que el número de datos sea par.
- **Moda**: se representa por ***Mo*** y es el dato (o datos) más repetido, es decir, el que tiene mayor frecuencia absoluta.
- **Rango** o **recorrido**: se representa por ***R*** y es el número que resulta de restar el dato menor al dato mayor.

RESUELVE EL RETO

La media de un grupo de tres números es 15 y la de un grupo de dos números es 9. ¿Cuál es la media de los cinco números?

EJEMPLO

5. Calcula las medidas estadísticas de esta serie de datos:

5 6 7 3 1 3 4 5

Hay 8 datos → $N = 8$

Media. $\overline{x} = \dfrac{5+6+7+3+1+3+4+5}{8} = \dfrac{34}{8} = 4{,}25$

Mediana. Ordenamos los datos y escogemos el central.

$\underbrace{1\ \ 3\ \ 3}_{\text{3 datos}}\ \ \boxed{4}\ \ \boxed{5}\ \ \underbrace{5\ \ 6\ \ 7}_{\text{3 datos}} \rightarrow Me = \dfrac{4+5}{2} = 4{,}5$

Moda. Los datos con mayor frecuencia son 3 y 5, luego hay 2 modas. → $Mo_1 = 3$ y $Mo_2 = 5$

Rango. $7 - 1 = 6 \rightarrow R = 6$. Los datos varían entre 1 y 7.

ACTIVIDADES

17 PRACTICA. Calcula las medidas estadísticas de los pesos en kilos de 10 jugadores.

74 68 72 71 76 69 65 80 75 75

Calcula las medidas estadísticas.

18 APLICA. Se le pregunta a 5 personas por su color de ojos y la longitud de la palma de su mano. Calcula las medidas estadísticas de ambas variables.

Longitud en cm:	19	21	22	22	25
Color de ojos:	Verde	Castaño	Verde	Azul	Negro

19 REFLEXIONA. El diagrama de sectores muestra el número de hijos que tienen 200 familias que viven en una urbanización.

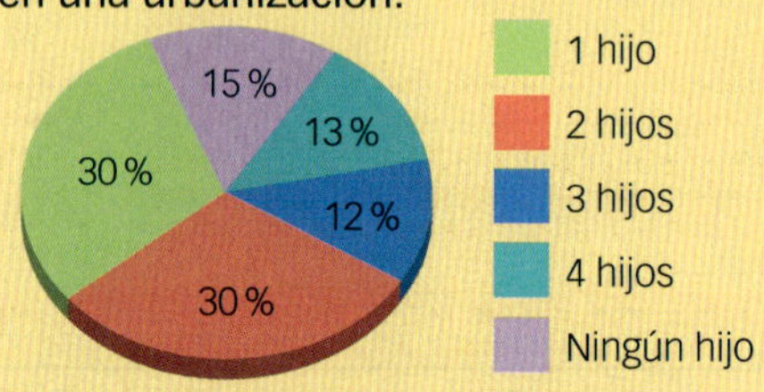

Calcula las medidas estadísticas que conoces.

SABER HACER

La media, la mediana y el rango solo existen si la variable es cuantitativa.

Calcular e interpretar las medidas estadísticas

La siguiente tabla muestra el número de intentos que han tenido que realizar un grupo de personas para obtener el carné de conducir.

Calcula e interpreta sus medidas estadísticas.

Número de intentos	Personas
1	27
2	65
3	8

Pasos a seguir

1. Determinamos el tipo de variable.

La variable *Número de intentos* es una variable cuantitativa.

2. Completamos la tabla:
   - Añadimos una columna con F_i para facilitar el cálculo de la mediana.
   - Otra columna con el producto de cada valor por su frecuencia.
   - Y una fila con las sumas de los datos de las columnas para facilitar el cálculo de la media.

x_i	f_i	F_i	$f_i \cdot x_i$
1	27	27	$1 \cdot 27 = 27$
2	65	$27 + 65 = 92$	$2 \cdot 65 = 130$
3	8	$92 + 8 = 100$	$3 \cdot 8 = 24$
Total	$27 + 65 + 8 = 100$		$27 + 130 + 24 = 181$

3. Hallamos las medidas estadísticas.

- **Media aritmética** $\overline{x} = \dfrac{f_1 \cdot x_1 + f_2 \cdot x_2 + f_3 \cdot x_3}{N} = \dfrac{181}{100} = 1{,}81$
- **Mediana** El valor central ocupará la posición: $\dfrac{N}{2} = 50$. Por las frecuencias absolutas acumuladas sabemos que los 27 primeros datos son 1 y a partir de ahí, hasta la posición 92 son 2. Los datos que ocupan los lugares 50 y 51 son 2. $\rightarrow Me = (2 + 2)/2 = 2$
- **Moda** El valor más repetido, 65 veces, es 2 $\rightarrow Mo = 2$
- **Rango** Máximo = 3, mínimo = 1 $\rightarrow R = 3 - 1 = 2$

4. Interpretamos las medidas estadísticas.

Según la media, se necesitan 1,81 intentos (casi 2) para aprobar.
La mediana cerca de la media significa que los datos están repartidos uniformemente. La mayoría necesitan 2 intentos para aprobar (moda).

ACTIVIDADES

20 Halla las medidas estadísticas para el estudio reflejado en la siguiente tabla.

N.º de dispositivos electrónicos (x_i)	0	1	2	3	4
N.º de trabajadores (f_i)	2	5	8	6	3

21 Halla las medidas estadísticas correspondientes al estudio de la altura (en cm) de 24 estudiantes.

Datos x_i	0	1	2	3	4
Frecuencia absoluta f_i	2	5	8	6	3

22 Observa este diagrama de barras.

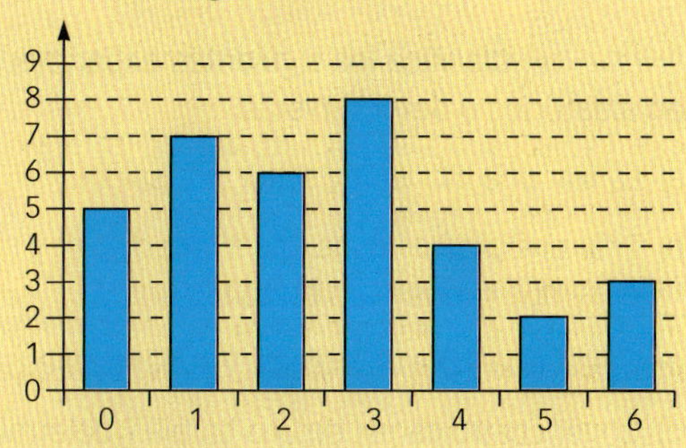

Calcular las medidas estadísticas.

5 Experimentos aleatorios

Existen experimentos en los que antes de realizarlos sabemos lo que ocurrirá. Si dejamos caer una piedra desde una cierta altura, sabemos con seguridad que llegará al suelo.

Sin embargo, en otras ocasiones, no podemos predecir el resultado. Por ejemplo, al lanzar un dado no sabemos qué número saldrá.

- Un **experimento** es **aleatorio** si no podemos predecir el resultado que obtendremos cuando lo hacemos, es decir, cuando depende del azar.
- Un **experimento** es **determinista** si sabemos por adelantado el resultado que obtendremos.

Si al realizar un experimento se puede dar más de un resultado, el experimento es aleatorio.

Si al realizar un experimento solo se puede dar un resultado, el experimento es determinista.

EJEMPLO

6. Clasifica los siguientes sucesos en aleatorios o deterministas.

a) Determinar el día de la semana que será mañana.

Si sabemos qué día de la semana es hoy, podremos determinar con exactitud qué día será mañana. El experimento es determinista.

b) Coger una carta de la baraja española y adivinar el palo.

Cuando cogemos una carta puede ser de oros, copas, bastos o espadas. Antes de cogerla de la baraja, no podemos saber de qué palo será. El experimento es aleatorio.

c) Lanzar una chincheta y determinar cómo caerá.

Cuando lanzamos una chincheta, puede caer con la punta hacia abajo o hacia arriba.

Aunque es más probable que caiga con la punta hacia abajo, no podemos saber cómo caerá. El experimento es aleatorio.

ACTIVIDADES

23 PRACTICA. Clasifica los siguientes experimentos en aleatorios o deterministas.

a) Lanzar una moneda y saber qué saldrá.

b) Tirar una piedra desde una altura de 5 m y saber el tiempo que tardará en caer.

c) Coger una ficha de dominó y saber cuál es.

d) Coger cuatro cartas de una baraja y determinar cuáles son.

24 APLICA. Escribe dos experimentos aleatorios y dos deterministas.

25 REFLEXIONA. Pablo dice que puede existir un experimento que sea aleatorio y determinista a la vez. En cambio, María dice que eso no es posible. ¿Quién tiene razón? Justifica la respuesta.

6 Sucesos

En los experimentos aleatorios no podemos predecir el resultado.

- Un **suceso elemental** es cada uno de los resultados posibles de un experimento aleatorio.
- Un **suceso compuesto** es un suceso que contiene dos o más sucesos elementales.

Espacio muestral de un suceso

El conjunto formado por todos los resultados posibles de un experimento aleatorio es el **espacio muestral**. Se representa por $\boldsymbol{E}$.

EJEMPLO

7. Determina el espacio muestral, los sucesos elementales y un suceso compuesto en los siguientes experimentos aleatorios:

a) Lanzamos un dado y apuntamos el resultado.

Espacio muestral → $E = \{1, 2, 3, 4, 5, 6\}$

Sucesos elementales → $\{1\}, \{2\}, \{3\}, \{4\}, \{5\}$ y $\{6\}$

Suceso compuesto → «Obtener un número impar» $= \{1, 3, 5\}$

b) Lanzamos dos monedas y anotamos el número de caras que han salido.

Espacio muestral → $E =$ {2 caras, 1 cara, 0 caras}

Sucesos elementales → {2 caras}, {1 cara} y {0 caras}

Suceso compuesto → «Obtener alguna cara» = {2 caras, 1 cara}

SE ESCRIBE ASÍ

Para expresar los sucesos que contiene el espacio muestral o un suceso compuesto escribimos los sucesos que contiene entre llaves ({ }).

Al tirar un dado:

$E = \{1, 2, 3, 4, 5, 6\}$

«Que salga par» $= \{2, 4, 6\}$

ACTIVIDADES

26 PRACTICA. **Escribe el espacio muestral, los sucesos elementales y un suceso compuesto asociado a cada uno de estos experimentos aleatorios.**

a) Extraer una bola de una urna que contiene 10 bolas numeradas del 1 al 10.

b) Lanzar un dado de ocho caras y anotar el resultado.

c) Lanzar dos dados de seis caras y anotar la suma de las puntuaciones.

d) Lanzar tres monedas y anotar el número de cruces que han salido.

27 APLICA. **En el experimento aleatorio que consiste en lanzar un dado de 8 caras y anotar el resultado clasifica los siguientes sucesos en elementales y en compuestos.**

a) Que salga un número primo.

b) Que salga un número mayor que 7.

c) Que salga un divisor de 6.

28 REFLEXIONA. **Si cogemos una carta de una baraja de 40 cartas, ¿cuál de estas opciones tiene más posibilidades de salir: una carta de oros, un rey o una figura?**

7 Probabilidad de un suceso

SE ESCRIBE ASÍ

La probabilidad del suceso *A* se representa por *P*(*A*).

La **probabilidad**, ***P***, de un suceso *A*, es un número comprendido entre 0 y 1 que indica la posibilidad de que ese ocurra.

Ley de los grandes números: si realizamos un experimento aleatorio un número elevado de veces, la probabilidad de un suceso es igual a su frecuencia relativa, $P(A) \approx h_A$.

A mayor probabilidad, mayor será la posibilidad de que ocurra.

- Si $P(A) = 1$, decimos que *A* es un suceso seguro, *A* siempre ocurre.
- Si $P(A) = 0$, *A* es un suceso imposible, *A* no ocurre nunca.

Regla de Laplace

Dos sucesos de un experimento aleatorio son **equiprobables** si tienen la misma probabilidad de ocurrir. Si todos los sucesos elementales de un experimento aleatorio son equiprobables, el **experimento** es **regular**.

EJEMPLO

8. Determina si estos experimentos son regulares.

a) Lanzar una moneda y observar qué sale.

El experimento es regular, porque los sucesos elementales (cara) y (cruz) tienen la misma probabilidad de salir; son equiprobables.

b) Lanzar una moneda trucada y observar qué sale.

El experimento no es regular, porque, como la moneda está trucada, los sucesos elementales no son equiprobables.

La **regla de Laplace** dice que la probabilidad de un suceso es igual al cociente entre el número de resultados favorables al suceso y el número total de casos posibles.

$$P(A) = \frac{\text{N.º de casos favorables al suceso } A}{\text{N.º de casos posibles}}$$

ACTIVIDADES

29 PRACTICA. En el experimento de tirar dos dados de cuatro caras y sumar los puntos, escribe un suceso seguro y uno imposible.

30 APLICA. Lanzamos al aire dos monedas. ¿Cómo clasificarías el suceso *Sacar una cara y dos cruces*? ¿Cuál sería su probabilidad?

31 REFLEXIONA. Después de lanzar muchas veces la misma moneda, obtenemos que $P(\text{cruz}) = 0{,}37$.

a) ¿Cuál es la probabilidad de que salga cara?

b) ¿Qué podemos afirmar de la moneda?

SABER HACER

Calcular probabilidades mediante la regla de Laplace

Raúl lanza un dado del parchís.

¿Qué probabilidad hay de que le salga un 5?

¿Y de que le salga un número menor que 5?

Pasos a seguir

1. Para poder aplicar la regla de Laplace, el experimento debe ser regular.

Si el dado no está trucado, todas las caras del dado tienen la misma probabilidad de salir. Así pues, el experimento es regular.

2. Calculamos el espacio muestral, y contamos el número de sucesos elementales que tiene. Este número es el número de casos posibles.

$E = \{1, 2, 3, 4, 5, 6\}$

Número de casos posibles $= 6$

3. Determinamos los sucesos que se nos piden y contamos el número de sucesos elementales de los que están compuestos. Este será el número de casos favorables.

$A =$ «Sacar un 5» $= \{5\}$

Número de casos favorables de $A = 1$

$B =$ «Sacar un número menor que 5» $= \{1, 2, 3, 4\}$

Número de casos favorables de $B = 4$

4. Aplicamos la regla de Laplace.

$$P(A) = \frac{\text{N.º casos favorables a } A}{\text{N.º casos posibles}} = \frac{1}{6} = 0{,}1\widehat{6}$$

$$P(B) = \frac{\text{N.º casos favorables a } B}{\text{N.º casos posibles}} = \frac{4}{6} = 0{,}\widehat{6}$$

La regla de Laplace solo se puede aplicar si el experimento es regular.

Si no lo es, hay que calcular la probabilidad de forma experimental (ley de los grandes números).

ACTIVIDADES

32 En una urna tenemos cuatro bolas de colores diferentes: azul, verde, blanco y negro. Cogemos una al azar.

a) Halla el espacio muestral.

b) Determina la probabilidad de obtener cada color.

33 En una bolsa tenemos cinco bolas numeradas del 1 al 5. Calcula.

a) La probabilidad de obtener un 5.

b) La probabilidad de obtener un número impar.

c) La probabilidad de obtener un múltiplo de 2.

34 De la palabra PROBABILIDAD, escogemos una letra al azar.

a) ¿Qué probabilidad hay de que sea una vocal?

b) ¿Y una consonante? ¿Y la letra *B*?

35 En el experimento de coger una bola de una bolsa, calcula la probabilidad del suceso *Coger una bola blanca* si:

a) La bolsa contiene 2 bolas blancas y 2 negras.

b) La bolsa contiene 1 bola blanca y 2 negras.

c) La bolsa contiene 2 bolas blancas, 2 negras y 2 verdes.

36 Lanzamos al aire un dado de 10 caras. Calcula las probabilidades de los siguientes sucesos, y ordénalos de mayor a menor probabilidad.

a) Sacar un número par.

b) Sacar un número mayor que 5.

c) Sacar un 7.

d) Sacar un 1 o un 10.

e) Sacar un divisor de 9.

Estudios y variables estadísticas

37 Explica cómo harías un estudio sobre el número de personas que viven en cada vivienda de un edificio. Determina la población, la muestra, el tamaño de la muestra y algunos valores de la variable.

38 Indica el tipo de variable estadística: cualitativa o cuantitativa. Clasifica las cuantitativas en discretas o continuas.

a) Número de primos.
b) Perímetro craneal.
c) Profesión.
d) Grupo sanguíneo.
e) Peso de una sandía.
f) Destino de las vacaciones.
g) Género cinematográfico preferido.
h) Nacimiento de niñas en el último año.
i) Tiempo de espera del tren.
j) Goles de un partido de fútbol.
k) Estado civil.
l) Altura de los alumnos de 2.º ESO.

39 Para hacer un estudio estadístico sobre el género musical preferido de los jóvenes y el tiempo que dedican a escuchar música durante la semana, hemos consultado a 80 jóvenes, de los 330 que estudian en un instituto.

a) Especifica la población y el tamaño de la muestra.
b) Determina el tipo de variables que se estudian y clasifícalas.

40 Se quiere hacer un sondeo de opinión en un municipio de 13 510 habitantes. Sabiendo que en la población el 40 % son hombres, ¿cuántas mujeres viven en él?

a) Si para el estudio se escoge una muestra de 500 habitantes, ¿cuántos hombres y mujeres participarán en este estudio?
b) Si la muestra es de 850 habitantes, ¿qué composición de hombres y de mujeres tiene?
c) Especifica tres tipos de variables estadísticas que se podrían estudiar y clasifícalas.

Frecuencias

41 El número de llamadas telefónicas que ha hecho a lo largo de un día un grupo de 30 personas es:

3 2 5 3 0   4 6 8 3 1   6 3 2 0 3
1 1 0 5 3   2 1 5 0 4   7 5 3 2 4

Haz una tabla con el recuento de datos, y calcula las frecuencias absolutas y relativas y los porcentajes.

42 Se ha hecho una consulta a unos jóvenes sobre su deporte favorito: fútbol (F), baloncesto (B), atletismo (At), tenis (T), karate (K), voleibol (V), ajedrez (A), natación (N) y otros (O).

B F F V E At A   N K B F F V F
T K N A E N B   B F B F B F At
T At V F B N K   V F F F B F F

a) Indica cuál es la variable y de qué tipo es.
b) Construye la tabla de frecuencias.

43 Las puntuaciones que han obtenido los alumnos de 2.º ESO en una prueba de tipo test son:

8, 4, 9, 3, 2, 5, 2, 3, 2, 4, 6, 4, 6, 7, 8, 4, 5, 7, 8 y 9

A partir de las calificaciones anteriores, completa en tu cuaderno la tabla.

Notas	f_i	F_i	h_i	H_i	%
2	1	3			
3					10
4			0,2		
5	2				
6	2			0,65	
7	2				
8					
9		20			

Gráficos estadísticos

44 Una agencia de viajes ha preguntado a un grupo de jubilados cuál es su destino preferido para viajar.

Representa los datos en un diagrama de barras.

Destino	N.º de jubilados
Tenerife	28
Benidorm	35
Mallorca	20
Santiago	12
Málaga	5

45 Representa estos datos del grupo sanguíneo de 40 personas con un gráfico de sectores.

Grupo sanguíneo	N.º de personas
Grupo A	18
Grupo B	8
Grupo AB	2
Grupo 0	12

46 Para hacer su fiesta de aniversario, Miguel ha gastado un total de 200 €. Observa el siguiente gráfico de sectores y calcula cuánto dinero se ha gastado en cada concepto.

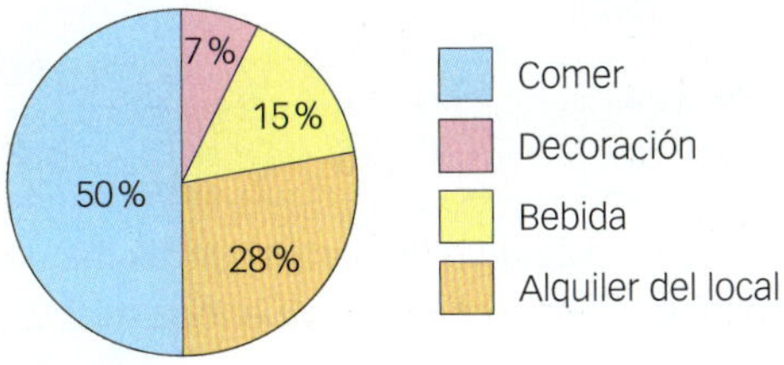

47 Pregunta a tus compañeros cuál es su postre favorito, elabora una tabla de frecuencias con los resultados y representa los datos en un gráfico de sectores. Escribe para cada sector el porcentaje que representa y el número de personas que prefieren ese postre.

SABER HACER

Representar gráficos lineales

48 Representa con un gráfico de líneas la evolución en un año que se ha observado en la venta de coches en un concesionario.

Mes (x_i)	E	F	M	A	M	J
N.º de coches (f_i)	20	10	16	19	22	25
Mes (x_i)	J	A	S	O	N	D
N.º de coches (f_i)	32	40	24	30	32	45

PRIMERO. Se representan los valores de la variable en el eje horizontal y las frecuencias en el eje vertical.

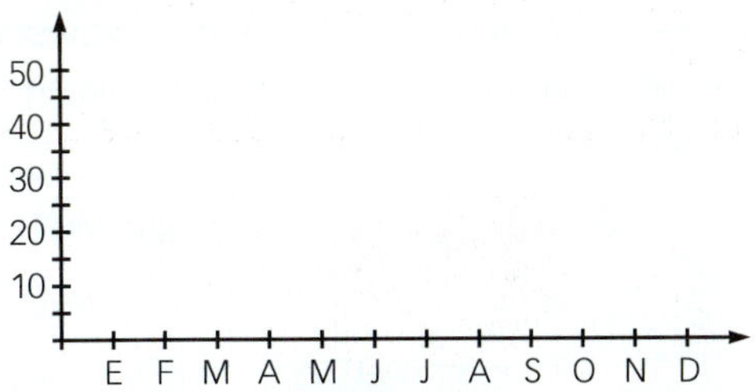

SEGUNDO. Se marca sobre cada valor de la variable un punto a la altura de la frecuencia que le corresponde y se unen los puntos con una línea.

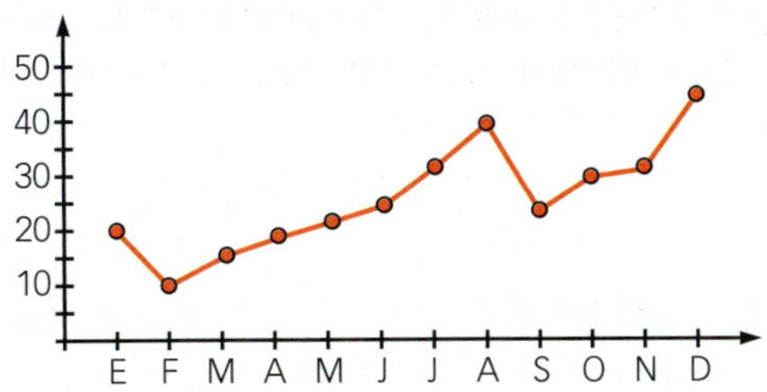

49 En un hospital se toma la temperatura de un enfermo de gripe cada hora, durante 12 horas, para ver cuál ha sido su evolución clínica.

Horas	8:00	9:00	10:00	11:00	12:00	13:00
T (°C)	36	36,5	37	39	38,5	37,5
Horas	14:00	15:00	16:00	17:00	18:00	19:00
T (°C)	37,5	37	36,5	36,5	36	36

Representa los datos en un diagrama de líneas.

50 Se ha hecho un estudio sobre el número de teléfonos móviles vendidos durante un año, en una tienda determinada.

Meses	*E*	*F*	*M*	*A*	*M*	*J*
Ventas	45	10	12	25	18	20
Meses	*J*	*A*	*S*	*O*	*N*	*D*
Ventas	32	15	25	20	30	70

a) Represента los datos de la tabla en un diagrama de líneas.

b) Representa los datos del primer semestre mediante un diagrama de barras.

51 Hemos preguntado a un grupo de personas por sus helados preferidos. A partir del siguiente diagrama de barras, resuelve:

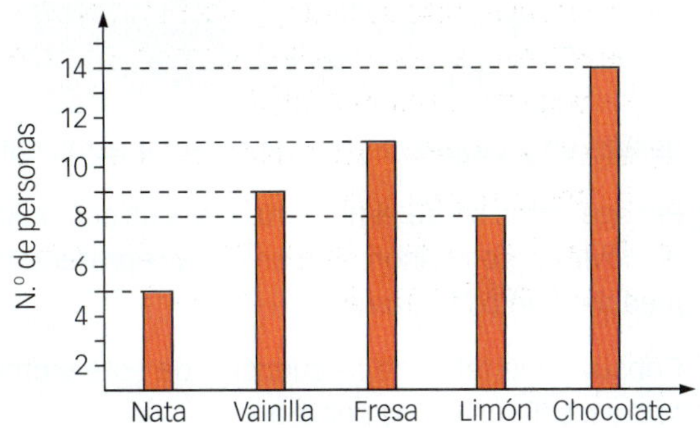

a) Indica el total de individuos de la muestra.

b) Elabora una tabla de frecuencias absolutas.

c) Determina las frecuencias relativas.

d) Calcula el porcentaje de cada gusto.

e) Dibuja un diagrama de sectores con los datos.

ACTIVIDADES FINALES

SABER HACER

Dibujar pictogramas

52 La cantidad de hectáreas dedicadas al cultivo de trigo en cuatro provincias se muestra en esta tabla.

Provincia	N.º de hectáreas
A	6 000
B	9 000
C	8 000
D	12 000

Representa los datos mediante un pictograma.

PRIMERO. Se elige un dibujo representativo.

En este caso elegimos una espiga de trigo.

SEGUNDO. Se marcan en el eje vertical los valores de la variable y sobre cada uno de ellos se dibuja el dibujo representativo con una altura, o una superficie, proporcional a la frecuencia observada.

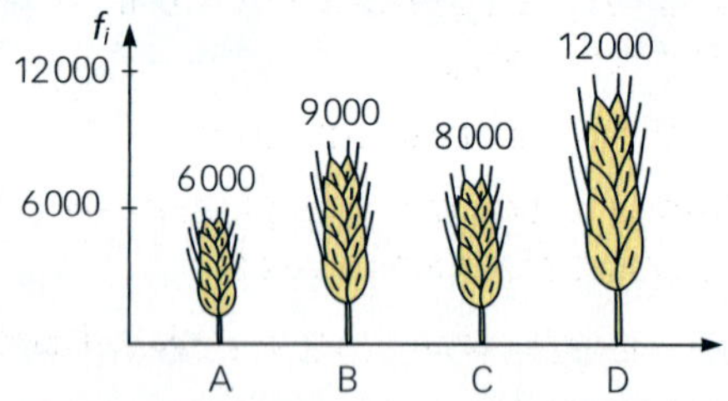

53 La población, en miles de personas, de las provincias de la Comunidad Autónoma de Castilla-La Mancha se refleja en la siguiente tabla.

Provincia	Población en miles
Albacete	394
Ciudad Real	514
Cuenca	204
Guadalajara	259
Toledo	706

Realiza un pictograma para representar estos datos.

54 Recoge datos sobre el número de veces que utilizan el móvil tus compañeros en un día, y represéntalo mediante un pictograma.

55 Construye la tabla de frecuencias de este pictograma sobre los libros leídos por Teo.

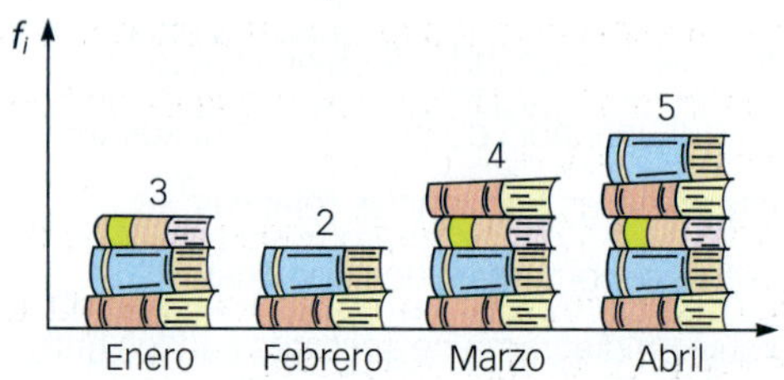

Medidas estadísticas

56 Las notas de María y Roger en la materia de Música a lo largo de un año están representadas en la siguiente tabla:

María	5	4	5	7	6	4	5	6	3
Roger	8	5	2	3	3	9	3	2	1

a) Dibuja un diagrama de barras con las frecuencias absolutas y otro con las frecuencias relativas.

b) Calcula la nota media de cada alumno. ¿Los dos aprueban el curso?

c) ¿Qué nota se repite con una frecuencia mayor en María? ¿Y en Roger?

d) Calcula la mediana de las notas de María y de las de Roger.

57 Las edades de los socios y socias de un club de vela son:

15 22 35 16 24 31 42 28 20 25
35 40 16 18 25 18 25 29 34 25
45 37 25 30 28 23 32 20 17 43

a) ¿Cuál es la edad media de los socios del club?

b) ¿Cuál es la mediana? ¿Y la moda?

c) Calcula el porcentaje de socios que tienen menos de 30 años y el de los que superan esta edad.

d) ¿Cuál es el rango de este conjunto de datos?

Problemas con estadística

58 Observa el siguiente diagrama de sectores, en el que se representan los resultados de una encuesta hecha a 5 000 personas sobre la calidad del agua en su localidad.

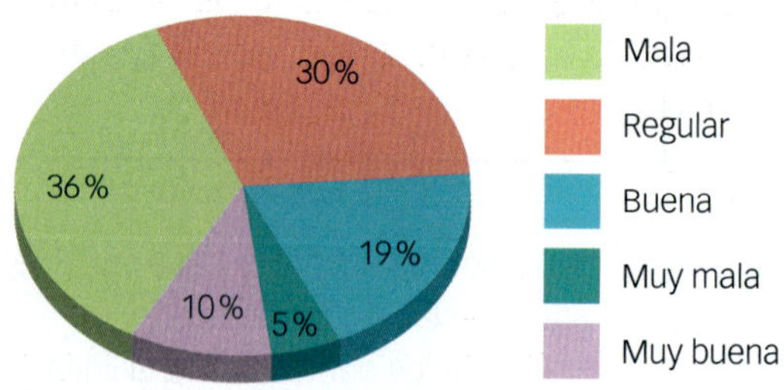

a) Elabora una tabla con las frecuencias absolutas y las relativas de cada opinión. Incluye también las frecuencias acumuladas.

b) ¿Cuántas personas consideran que el agua es muy mala?

c) ¿Cuántas personas creen que el agua es mala o regular?

d) ¿Y cuántas creen que es buena o muy buena?

59 En una librería, el número de libros que han vendido tres trabajadores en una semana de trabajo ha sido el siguiente:

	L	M	X	J	V	S
Anna	4	2	7	3	8	3
Quim	5	4	6	6	4	3
Clara	4	4	4	4	4	4

a) Calcula las medidas estadísticas de lo que ha vendido cada trabajador.

b) ¿Cuántos libros tiene que vender el sábado Aleix para tener la misma media que Quim?

	L	M	X	J	V	S
Aleix	5	3	6	2	4	x

60 Un ciclista se ha entrenado de lunes a viernes, y ha recorrido las siguientes distancias:

15 km 20 km 18 km 15 km 12 km

a) Calcula la media, la moda y la mediana de los kilómetros recorridos durante la semana.

b) Determina el rango.

c) Si el sábado y el domingo también se entrena, y recorre 25 km y 35 km respectivamente, ¿cuáles serán ahora la media y la mediana semanal de kilómetros recorridos?

61 El siguiente diagrama de líneas muestra los metros cuadrados de la vivienda habitual de un grupo de familias:

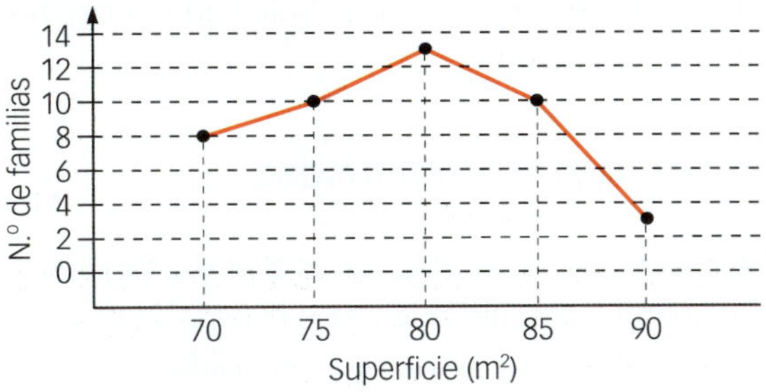

a) ¿A cuántas familias se ha encuestado?

b) ¿Cuántas familias viven en una vivienda de más de 80 m^2?

c) ¿Cuál es la superficie media de las viviendas?

d) ¿Cuál es la mediana de los datos representados? ¿Y la moda?

62 El área de Medio Ambiente de un municipio A ha publicado un estudio sobre el reciclaje en su población. Cada ciudadano ha aportado una media de 14,9 kg de envases ligeros, 35,8 kg de vidrio y 20,1 kg de papel y cartón.

a) ¿Cuántas toneladas de cada residuo se han reciclado si la población es de 125 000 habitantes?

b) En un municipio B, de 45 000 habitantes, han reciclado 823,5 toneladas de envases. Analiza qué población ha estado más concienciada en la gestión de residuos.

Experimentos aleatorios. Sucesos

63 Clasifica los siguientes experimentos en deterministas o aleatorios.

a) Extraer una carta de una baraja y observar el número y el palo.

b) Adivinar los goles que marcará un jugador de fútbol en un partido de liga.

c) Determinar la raíz cuadrada de 49.

d) Determinar el próximo color que mostrará un semáforo si ahora está verde.

e) Abrir la agenda por una página y mirar el día del año.

f) Calcular la hipotenusa de un triángulo rectángulo, conociendo los catetos.

g) Saber el sexo del primer hijo de una pareja.

64 Determina de los siguientes sucesos cuáles son elementales y cuáles son compuestos.

a) Lanzar un dado y que salga un número par.

b) Lanzar una moneda al aire y que salga cara.

c) Coger una carta de una baraja española y que salga un as.

d) Coger una ficha de dominó y que sea doble.

e) Extraer una tarjeta del bolsillo de un árbitro de fútbol, sin mirar, y que sea roja.

65 De una bolsa donde hay tarjetas con todas las letras de la palabra VACACIONES, sacamos una.

a) Escribe el espacio muestral.

b) Determina un suceso elemental y uno compuesto.

66 Escribe el espacio muestral de cada experimento.

a) Extraer un billete de una caja fuerte de un banco y observar el valor y el color.

b) Extraer una bola de bingo y anotar el número.

c) Tirar dos dados de 4 caras y anotar el producto de los números que se obtengan.

Probabilidad. Regla de Laplace

67 En el experimento de tirar un dado cúbico diversas veces y anotar el número de veces que sale el 4, hemos obtenido estos resultados:

N.º de lanzamientos	10	50	100	150	200
N.º de veces que sale 4	2	9	16	26	33

Determina mediante el cálculo de frecuencias relativas, la probabilidad asignada al suceso *Sale 4*.

68 En el experimento *Tirar al aire un dado de 6 caras y anotar la cara*, calcula la probabilidad de los siguientes sucesos, y ordénalos de mayor a menor probabilidad:

a) A = Sacar un número impar.

b) B = Sacar un número mayor o igual que 5.

c) C = Sacar un 3.

d) D = Sacar un número menor que 6.

69 En una urna hay 20 bolas de colores: 5 verdes, 8 rojas y el resto, negras. Calcula qué probabilidad hay de coger una bola que sea:

a) Verde.

b) Roja.

c) Negra.

d) Verde o roja.

e) Azul.

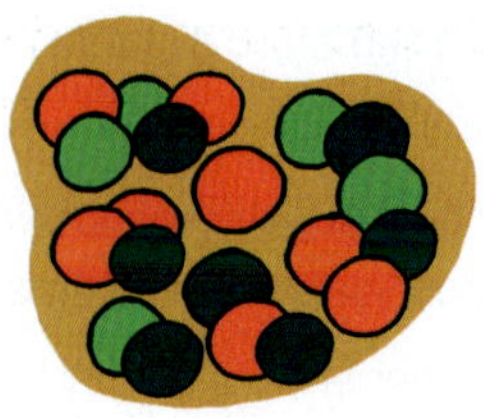

70 De la palabra ESTERNOCLEIDOMASTOIDEO, escogemos una de las letras al azar. Calcula la probabilidad de que la letra escogida:

a) Sea vocal.

b) Sea consonante.

c) Sea la letra O.

d) Sea la letra T.

e) Sea la letra P.

f) Sea A o 2.

71 En un dado octaédrico con las caras numeradas del 1 al 8, calcula la probabilidad de que cuando lancemos el dado salga:

a) Un 7.

b) Un número par.

c) Un número primo.

d) Un múltiplo de 2.

e) Un número menor que 4.

f) Un número mayor o igual a 3.

72 Hemos trucado un dado de seis caras de forma que la probabilidad de obtener un número par es el doble que la de obtener un número impar. Calcula la probabilidad de obtener cada número.

SABER HACER

Calcular probabilidades mediante un diagrama de árbol

73 En una bolsa tenemos 2 bolas blancas y 4 rojas. ¿Cuál es la probabilidad de extraer una bola blanca y después de devolver la bola a la bolsa extraer una bola roja?

PRIMERO. Se hace un diagrama de árbol poniendo en cada rama la probabilidad del suceso.

$$P_{\text{blanca}} = \frac{2}{6} \qquad P_{\text{roja}} = \frac{4}{6}$$

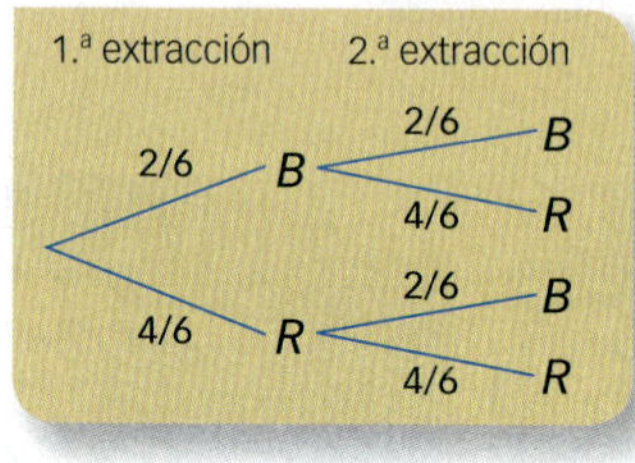

SEGUNDO. Se calcula la probabilidad del suceso compuesto multiplicando las probabilidades de los sucesos simples que lo componen.

$$P_{\text{blanca, roja}} = \frac{2}{6} \cdot \frac{4}{6} = \frac{8}{36} = 0,\widehat{2}$$

74 En una urna tenemos 5 bolas blancas y 3 negras, y cogemos 3 bolas. Si cada vez que se coge una bola, se devuelve a la urna:

a) Calcula la probabilidad de que las tres sean blancas.

b) Calcula la probabilidad de que las tres sean negras.

c) Halla las probabilidades anteriores si las bolas no se devuelven a la urna.

75 Tenemos en una urna 5 bolas blancas y 3 negras, y hacemos tres extracciones al azar, anotando el resultado. Calcula qué probabilidad hay de que todas las bolas sean blancas, si la bola que se coge no se devuelve a la urna.

Problemas con probabilidad

76 Lanzamos dos dados cúbicos al aire y sumamos los puntos obtenidos. Escribe el espacio muestral del experimento y halla la probabilidad de que la suma sea:

a) Un número par.

b) Un número superior o igual a 6.

c) Un múltiplo de 3.

d) Un número comprendido entre el 5 y el 9.

77 En un grupo de amigos se sabe que:

	Diestros	Zurdos
Hombres	15	5
Mujeres	22	8

Si escogemos al azar a una persona, halla la probabilidad de que:

a) Sea hombre.

b) Sea mujer zurda.

c) No sea hombre zurdo.

d) Sea zurdo o mujer.

78 En una escuela de música los alumnos se tienen que matricular en el estudio de un instrumento: guitarra o piano. Esta tabla recoge las matriculaciones.

	Chico	Chica
Guitarra	x	6
Piano	9	12

a) Calcula el número de chicos que estudiarán guitarra, si corresponde al 25 % de alumnos matriculados.

b) Si escogemos un alumno al azar, calcula la probabilidad de estos sucesos:

A = Estudiar guitarra.

B = Ser chica y estudiar piano.

C = No ser chico y estudiar guitarra.

79 En una fábrica utilizan una máquina que tiene dos motores independientes, con una probabilidad de funcionar correctamente cada uno de 0,89. ¿Cuál es la probabilidad de que se tenga que parar la producción porque no funciona ningún motor?

80 En un hospital se constata que, durante el invierno, el 40 % de las urgencias son por gripe.

a) Si han atendido a 1 250 personas, ¿a cuántas se les ha diagnosticado gripe? ¿Y otras patologías?

b) Si el médico recomienda a los enfermos de gripe un antigripal con el 2 % de efectos secundarios, ¿cuántas personas podrían sufrir estos efectos?

81 En una caja de 20 bombones hay 6 de chocolate negro, 2 de blanco, 4 con relleno de avellanas y el resto, de chocolate con leche. Si cogemos un bombón al azar de la caja, calcula la probabilidad de que el bombón:

a) Sea de chocolate negro.

b) No sea de chocolate blanco.

c) Si en vez de coger un bombón, cogemos dos, ¿cuál será la probabilidad de coger dos bombones de chocolate relleno de avellanas?, ¿y de coger uno de chocolate blanco y uno de chocolate negro?

DEBES SABER HACER

Variables estadísticas

1 Clasifica las variables estadísticas referidas a una población.

a) Medida del pie.

b) Lugar de nacimiento.

c) Profesión.

d) N.º de días de vacaciones al año.

e) Tiempo dedicado a dormir diariamente.

Frecuencias. Tablas

2 Copia esta tabla de frecuencias y complétala.

Datos	Frecuencia absoluta	Frecuencia relativa
2		0,25
3	7	
7		0,125
20	13	
	$N = 32$	

Completa la tabla con dos columnas que presenten las frecuencias acumuladas.

Gráficos estadísticos

3 Este diagrama de sectores corresponde a las notas de un examen de 40 alumnos.

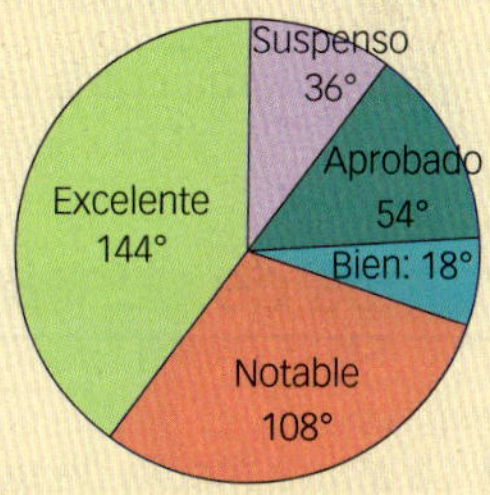

a) Calcula los porcentajes.

b) ¿Cuántos alumnos han aprobado el examen?

4 Construye una tabla de frecuencias y representa, en un gráfico estadístico, estos datos de la altura en cm de un grupo de jóvenes.

158 158 158 158 159 159 160 162 158 158
159 159 160 162 158 158 158 158 159 160
158 158 159 159 160 162 158 158 158 158

Medidas estadísticas

5 Halla las medidas estadísticas de la actividad anterior.

Probabilidad de un suceso

6 El juego del dominó tiene 28 fichas. ¿Cuál es la probabilidad de sacar al azar un doble?

En la vida cotidiana

82 ••• Hasta la invención del telégrafo, para poder comunicarse con una persona que vivía lejos, había que enviar cartas que tardaban semanas o meses en llegar a su destino. Con la llegada del telégrafo esta comunicación pasó a ser inmediata.

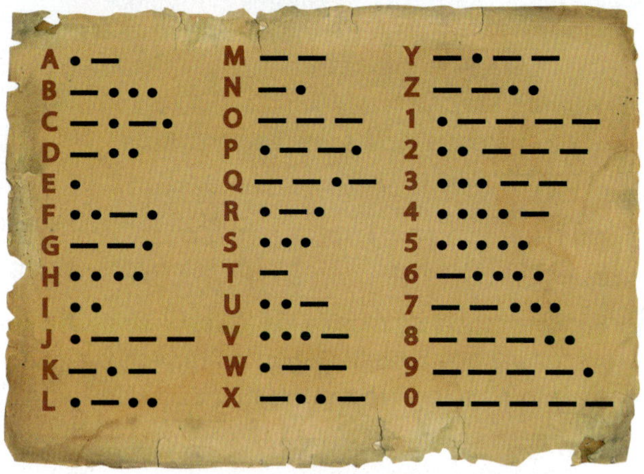

Para transmitir los mensajes, se utilizaba el código Morse. Este código asigna a cada letra del abecedario un código compuesto por rayas y puntos. Los puntos se identifican con un impulso corto en el telégrafo, y las rayas con un impulso largo.

Uno de los problemas de comunicarse mediante este sistema era que las transmisiones no eran muy fiables. En muchas ocasiones fallaban y el mensaje que se transmitía quedaba a medias. Esto hacía necesario que los mensajes fuesen lo más cortos posible.

Para ello, Samuel Morse estudió la frecuencia en la utilización de las letras en las palabras y otorgó los códigos más cortos a las letras que más se utilizaban. Esto permitía acortar el mensaje y, por tanto, tardar menos tiempo en transmitirlo.

Esta es la frecuencia de utilización de las letras del abecedario en castellano y en inglés.

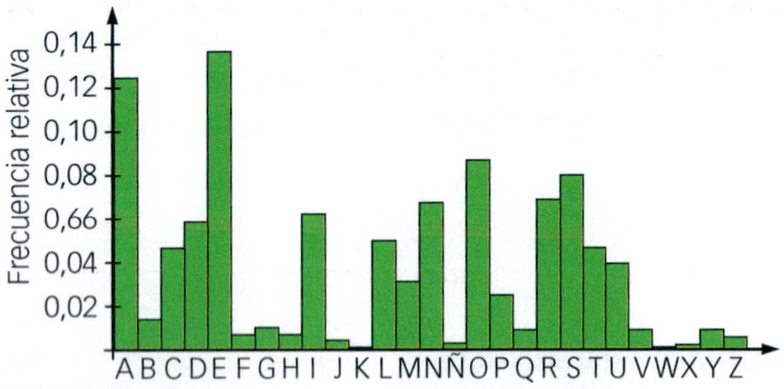

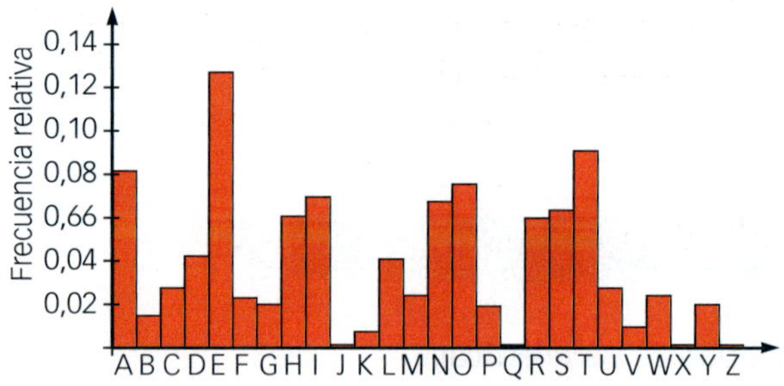

¿Qué idioma crees que estudió Morse para crear su código?

Formas de pensar. Razonamiento matemático

83 ••• La altura media de un grupo de cinco amigos es de 174 cm. Si la altura de cuatro de ellos es 170, 177, 180 y 170 cm, ¿cuál es la altura de la quinta persona?

a) Si en el grupo entra otro amigo, ¿qué altura tiene que tener para que se mantenga la media?

b) Si comparamos el grupo de amigos anterior con otro en el que las alturas son 180, 173, 168, 180, 177 y 172 cm, ¿qué media es más representativa del conjunto de datos?

84 ••• En la caja fuerte de una entidad bancaria hay billetes de 5 a 500 €. Durante la mañana, un cajero de la entidad ha hecho el recuento del número de billetes.

Valor de los billetes (€)	5	10	20	50	100	200	500
Recuento	110	160	90	75	45	15	5

Calcula qué probabilidad hay de que, si el cajero coge dos billetes de la caja fuerte sin mirar:

a) Coja dos billetes de 50 €.

b) Coja un billete de 5 € y uno de 100 €.

c) No saque ningún billete de 500 €.

d) El valor total de los dos billetes sea de 250 €.

PROYECTO FINAL. **Trabajo cooperativo**

OBJETIVO: Hacer un vídeo resumen con lo mejor del curso

1.ª Fase.

- Haced un listado con los momentos y las situaciones que queréis que incluya el vídeo.
- Buscad información sobre programas de edición de vídeos y sus utilidades.

2.ª Fase.

- Elaborad un guion para cada una de las escenas que vais a incluir en el vídeo.
- Montad el vídeo utilizando el programa de edición que habéis elegido.
- Haced distintos visionados para poder debatir mejoras en cada una de las escenas.

3.ª Fase.

- Mostrad el vídeo en clase para que todos vuestros compañeros puedan opinar sobre vuestro trabajo.
- Haced una breve exposición del motivo por el que consideráis que el vídeo resume los mejores momentos del curso.

Pruebas PISA

Estatura de los alumnos

85 ●●● Un día, en clase de Matemáticas, se mide la estatura de todos los alumnos. La estatura media de los chicos es de 160 cm y la estatura media de las chicas es de 150 cm. Elena ha sido la más alta (mide 180 cm). Pedro ha sido el más bajo (mide 130 cm).

Dos estudiantes faltaron a clase ese día, pero fueron a clase al día siguiente. Se midieron sus estaturas y se volvieron a calcular las medias. Sorprendentemente, la estatura media de las chicas y la estatura media de los chicos no cambió. ¿Por qué crees que ocurrió esto?

(Prueba PISA 2006)

Feria

86 ●●● En un juego de una caseta de feria se utiliza en primer lugar una ruleta. Si la ruleta se para en un número par, entonces el jugador puede sacar una canica de una bolsa. La ruleta y las canicas de la bolsa se representan en los dibujos siguientes.

Cuando se saca una canica negra, se gana un premio. Daniela juega una vez.

¿Cómo es de probable que Daniela gane un premio?

(Prueba PISA 2000)

Dirección de arte: **José Crespo**

Proyecto gráfico:
Portada: **CARRIÓ/SÁNCHEZ/LACASTA**
Interiores: **Manuel García**
Ilustración: **Bartolomé Seguí, Félix Moreno, Pablo Pérez, David Cabacas, Enrique Cordero, Emilio del Peso.**

Jefa de proyecto: **Rosa Marín**
Coordinación de ilustración: **Carlos Aguilera**
Jefe de desarrollo de proyecto: **Javier Tejeda**
Desarrollo gráfico: **Raúl de Andrés**

Dirección técnica: **Jorge Mira**

Coordinación técnica: **Alejandro Retana**
Confección y montaje: **Marisa Valbuena, Alfonso García, José Yugo**
Cartografía: **Tania López**
Corrección: **David González, Nuria del Peso**
Documentación y selección fotográfica: **Nieves Marinas**

Fotografías: Alicia García; D. López; Gilbert Rigaud; J. Jaime; J. V. Resino; J. Vendrell; M. del Pozo; M. Moreno; Michele di Piccione; ORONOZ; P. Esgueva; P. López; Prats i Camps; S. Enríquez; S. Padura; X. S. Lobato; 123RF; A. G. E. FOTOSTOCK/THE GRANGER COLLECTIO, Galyna Andrushko, Quint&Lox, Palladium; ABB FOTÓGRAFOS; ALBUM/De Agostini/L.Romano, Bridgeman Images, AKG; CORDON PRESS/SYGMA/Philippe Ledru, L'ILLUSTRATION, SIEMENS; DIGITALVISION; EFE/Hermes Pato; EFE/SIPA-PRESS/Michel Ginies; FOTONONSTOP; GARCÍA-PELAYO/JUANCHO; GETTY IMAGES SALES SPAIN/Photos.com Plus, Thinkstock; I. PREYSLER; ISTOCKPHOTO/Getty Images Sales Spain, Dean Mitchell, sunstock; MUSEUM ICONOGRAFÍA/J. Martin; NASA; NOVOSTI; PHOTODISC; SHUTTERSTOCK/89studio; DreamWorks Animation; ARCHIV FÜR KUNST UND GESCHICHTE, BERLIN; BIBLIOTECA NACIONAL DE ESPAÑA/Laboratorio Biblioteca Nacional; BNF/Ph. © Bibl. nat. de France/Clam/Christine de Coninck; CONSERVATORIO DE ARTES Y OFICIOS, PARÍS; HOSPITAL TAVERA, TOLEDO; J. E. Casariego; J. Gómez; MATTON-BILD; REAL COLEGIO CARLO ALBERTO MONCALIERI, TURÍN; SERIDEC PHOTOIMAGENES CD; SPERRY, S.A.; TEATRO DE LA ZARZUELA; UNIVERSIDAD COMPLUTENSE, MADRID; ARCHIVO SANTILLANA